Die Pflanze
und
das Pflanzenreich.

Nach einer neuen natürlichem
Methode dargestellt

von

Dr. Carl Heinrich Schultz.

Erster Band
welcher das individuelle Pflanzenleben
enthält.

Mit vier Kupfertafeln.

Berlin, 1823.
Gedruckt und verlegt
bei G. Reimer.

Die Natur der lebendigen Pflanze.

Erweiterung und Bereicherung der Entdeckungen des Kreislaufs im Zusammenhange mit dem ganzen Pflanzenleben

nach einer neuen Methode dargestellt

von

Carl Heinrich Schultz,

der Medizin und Chirurgie Doctor und Privatdocenten an der königl. Universität zu Berlin, ausübendem Arzte daselbst und Mitglied mehrerer gelehrten Gesellschaften.

Erster Theil

das Leben des Individuums.

Mit vier Kupfertafeln.

Berlin, 1823.

Gedruckt und verlegt bei G. Reimer.

Seiner Excellenz

dem Königl. Preuß. wirklichen Geheimen Staatsminister und Chef der Geistlichen-, Unterrichts- und Medizinal-Angelegenheiten, Präsidenten des Staatsraths, des rothen Adlerordens erster Klasse und des eisernen Kreuzes Ritter, Mitgliede der Academie der Wissenschaften zu Berlin und mehrerer andern gelehrten Societäten 2c. 2c. 2c.

Herrn Freiherrn

Carl Sigismund Franz
Stein von Altenstein.

Die ausgezeichnete Theilnahme, welche Ew. Hochfreiherrliche Excellenz, aus der reinsten Liebe für die Wissenschaft, an meinen Arbeiten in der Botanik gezeigt haben, ermuntert mich zu der Hoffnung, daß Sie gegenwärtigen Anfang meiner Darstellung des Pflanzenlebens, welchen ich Hochihnen hiermit zu überreichen mich unterthänigst beehre, Ihrer hohen Aufmerksamkeit nicht ganz unwerth finden werden. Es ist für mich sehr belohnend gewesen, zu sehen, mit welchem seltenen Interesse Ew. Excellenz Hochselbst die Erscheinungen des innern Pflanzenlebens, von welchen diese Blätter handeln, in der Natur beobachtet haben, und ich hätte nur gewünscht meine Darstellungen gleich zu der Vollendung ausbilden zu können, welche sie billig haben sollten, um Ewr. Hochfrei=herrlichen Excellenz völlig würdig zu sein. Jedoch läßt mich die genaue Kenntniß, mit welcher Ew. Excellenz die Sache beurtheilen, erwarten, daß Sie die Unvoll=kommenheiten meiner Arbeit mit den Schwie=rigkeiten welche die Sache nothwendig mit sich führt, Hochgütigst entschuldigen werden.

Mit der ausgezeichnetsten Verehrung

Ewr. Hochfreiherrlichen Excellenz

ganz gehorsamster
Dr. Schultz.

Berlin, den 18. März
1823.

Vorrede.

Wie der Mensch erst nach langer Uneinigkeit mit sich selbst, nach mancherlei mißlungenen und vereitelten Versuchen eine geebnete Bahn zu betreten, auf allerhand Umwegen und nur mit ausdauernder Mühseligkeit, zu bleibenden Grundsätzen seiner praktischen Denk- und Handelsweise gelangt; wie der Zwiespalt der Nationen erst durch Krieg und Elend die allgemeine Vereinigung im Frieden zur Folge hat; und wie die Gewissens-Unruhe des Verbrechers nothwendig erst durch die Strafe, in welcher ihm endlich seine wahre menschliche Ehre widerfährt, besänftigt oder verlöscht wird: so zeigt die Geschichte der Wissenschaft, daß der menschliche Geist im Streben nach der Erkenntniß der Wahrheit lange unbefriedigt in Widersprüchen umhergeht, bevor er nach rastloser Thätigkeit und unermüdeter Arbeit zu dem Ziel gelangt, wonach seine Absichten von Anfang gerichtet waren. So sehen wir die Geschichte verlaufen, und ich zweifle daran, daß ihre Perioden je durch menschliches Wirken um ein Haarbreit verrückt verrückt werden können. Zu allen Zeiten hatten die Menschen den guten Willen das Wahre zu erkennen; zu allen Zeiten arbeiteten sie mit mehr oder weniger Muße und Fleiß auf dem Felde der Wissenschaft, an dessen Bebauung das innere Interesse nie ganz untergegangen ist: und doch sehen wir, daß die größten Geister früherer Zeit sich zuweilen an Dingen den Kopf zerbrochen haben, welchen wir jetzt, weil sie uns leicht zu erklären sind, wenig Aufmerksamkeit mehr schenken. Das finden wir in der Geschichte der Wissenschaft überall, und so auch in der Naturwissenschaft, wovon ich einen Theil zum Vorwurf meiner gegenwärtigen Arbeit gemacht habe. Die verschiedenen Theile des Wahren gehören einem Ganzen an, und müssen sich auch gleichzeitig mit diesem entwickeln, und es ist hier interessant zu sehen, wie gegenseitig die verschiedenen Zweige der Naturwissenschaft auf einander in ihrer Entwickelung Einfluß gehabt, und sich behindert und gefördert haben.

Betrachten wir in dieser Rücksicht die Geschichte der Botanik, besonders von der anfangenden Entwickelung der Kenntniß der innern Pflanzentheile mit Grew und Malpighi an gerechnet; so sehen wir seit dieser Zeit zuvörderst eine innere unruhige Bewegung in dieser Wissenschaft entstehen, wovon das frühere Zeitalter noch nichts geahnt hatte; es entstand seitdem ein Streit über Meinungen, welche früher gar nicht da gewesen waren, und es häuften sich dabei Widersprüche auf Widersprüche, welche nur aus der fortschreitenden Kenntniß des innern Pflanzenbaues hervorgingen: aus keinem andern Grunde, als deshalb, weil aus den andern Zweigen der naturwissenschaftlichen Kenntniß die Grundsätze auf das Pflanzenleben übertragen, und Vergleiche gemacht wurden, die nicht paßten, weil man da Analogieen suchte, wo die Natur nur Unterschiede gemacht hat. So kann man es seit dieser Zeit den Darstellungen der Pflanzennatur immer schon von ferne ansehn, was für allgemeine wissenschaftliche Grundsätze vorzugsweise geherrscht haben. Das mechanische Zeitalter hat die Pflanzenphysiologie nicht erlebt. Grew und Malpighi arbeiteten zu einer Zeit wo einerseits die rohen chemischen Ansichten der Natur überhaupt, seit Helmont und Sylvius durch alle Theile der Naturwissenschaft ihre Wirkung äußerten, und andererseits nicht lange vorher der Kreislauf des Blutes in den Thieren von Harvey entdeckt und zur öffentlichen Kenntniß gebracht worden war. Darum machte Grew wie Malpighi die Versuche, die vegetativen Processe durch allerhand Gährungen und Filtrationen zu erklären, wie man in der thierischen Physiologie ein Gleiches zu thun geneigt war, und wer sieht dabei nicht, daß diese Gährung nur der Wissenschaft aber nicht der Natur angehörte? Andererseits war die Aufmerksamkeit der Botaniker wieder dahin gerichtet, auch einen Kreislauf ebenso in den Pflanzen zu finden, wie ihn Harvey in den Thieren entdeckt hatte. Die merkwürdige Entdeckung der Luftpumpe hatte der Bürgermeister Otto von Guerike in demselben Jahrhundert gemacht, und also kein Wunder, daß man in den Pflanzen vorzugsweise nur auf die Gefäße Rücksicht nahm, in denen die Luft enthalten sei, welche man mit dem neu erfundenen Instrumente aus der Pflanze herauspumpen konnte.

Die neueren Entdeckungen unserer Zeit, in der chemischen Wissenschaft haben Veranlassung gegeben, die lebendige Pflanze ohne weiteres auszupressen und chemisch zu zergliedern in der Absicht ihre lebendigen innern Verhältnisse kennen zu lernen, und man glaubt dabei noch recht sicher zu gehen, wenn man Wurzel, Stengel und Blätter für sich ausquetscht, indem man meint, daß diese äußeren Theile verschiedene chemische Bestandtheile haben müssen, ohne zu untersuchen ob Wurzel, Stengel und Blatt auch wirklich und wesentlich organisch verschiedene Dinge an der Pflanze sind, oder nicht. Nämlich man spricht so gedankenlos von Bestandtheilen und der Analyse der Naturkörper, daß man dabei immer nur chemische Bestandtheile im Auge hat, ohne auch nur im entferntesten daran zu denken, daß es neben diesen auch noch organische Bestandtheile ebenso geben muß, und giebt als jedes andere körperliche und geistige Ding, als Ganzes betrachtet, auch seinen ihm allein eigenen Theile oder Bestandtheile haben muß. Wenn ein Grammatiker von den Bestandtheilen einer Sprache, der Pastor von den Bestandtheilen seiner Predigt u. s. w. spricht, so wird niemand chemische Bestandtheile darunter verstehen; aber in der Natur denkt man nicht daran, daß es außer den chemischen auch noch organische Bestandtheile in der Welt giebt, die auch, so lange der Organismus lebt, durch organische Analyse aufgelößt sein wollen. Ja diese äußere Gewalt des wissenschaftlichen Zeitalters geht so weit, daß man wirklich bequem mit der organischen Zergliederung anfängt und bis zu einem gewissen Punkte fortgeht; aber von hieraus nun ohne allen Anstand zur chemischen unbekümmert seine Zuflucht nimmt, wenn man gerade mit dem organischen Zergliedern nicht weiter fort kann. So zergliedert man den thierischen Körper organisch in Muskeln, Nerven, Blut u. s. w. Anstatt nun die organischen Verhältnisse dieser Dinge tiefer zu verfolgen, heißt es vom Blut, z. E., dann weiter: es besteht aus Serum und Cruor. Das Serum besteht aus Wasser, Eiweißstoff, Kochsalz u. s. w. Der Cruor aus Eisen, Schwefel, Phosphor u. s. w. Dabei merkt man so ganz und gar nicht, daß man so unversehens aus dem organischen Gebiet durchaus herausgegangen ist, daß man sich sogar höchlich wundert wie man diesen gedankenlosen Schritt nicht schon früher hat machen können. Man quält sich mit bewunderswerther Mühe, noch irgend einen chemischen Stoff aus dem Organismus heraus zu analysiren und freut sich wenn man ihn wirklich findet, schreibt davon ein bogenlanges Gesäure, spottet wohl gar über vernünftige Alte, welche sich in dieses Labyrinth von Verirrungen nicht hinein gewagt haben, weil sie einsahen, daß da nicht wieder herauszufinden sei; aber über sich selbst kommt man nicht zur Besinnung.

Man hat sogar weiter diese empirischen Verwüstungen in der Wissenschaft philosophisch und mathematisch als nothwendig durch allerhand algebraische Formeln beweisen, und die Unveränderlichkeit der chemischen Stoffe befestigen wollen, woraus dann der ganze Lebensproceß, mit der frechsten Anmaßung, wie man sich ausdrückt, hat construirt werden sollen, wobei dann nicht allein die vernünftige Ansicht des Organismus aufgehalten, sondern zugleich die wirklichen Fortschritte der chemischen Wissenschaft in ihrer Einfachheit völlig wieder zernichtet werden, weil da wo man die organische Wahrheit durch chemische Brillen nicht finden kann, die chemische Wahrheit nach gedichteter Vorstellung in beliebige Irrthümer verwandelt wird, ohne nur im entferntesten zu ahnen, daß es nur die blinde Gewalt des rohen Glaubens und Meinens ist, welche hier fesselt, aber keine vernünftige Erkenntniß der Wahrheit der Natur, welche unser inneres Interesse an dem Begreifen derselben vollständig befriedigen kann. Von denjenigen welche auf diese Weise diese „solida et expressa effigies“ der Natur suchen, müssen wir mit Bedauern sagen: umbra et imaginibus utuntur.“

Freilich ist man in diesen Weisen der Behandlung der Wissenschaft von einer Seite sicher gestellt, indem man dabei die seit Buffon und Bonnet gleichzeitig herrschende Vorstellung von der unhaltbaren Metamorphose der Natur auf dem Gipfel der Einseitigkeit ins Auge gefaßt hat, und somit der dargestellten Metamorphose der Natur zugleich immer eine Metamorphose der Meinungen parellell geht, die nirgends haltbar sind, sondern überall nur verschwinden und also aus den höchsten Widersprüchen und Verirrungeu durch eine leichte Metamorphose wieder plötzlich freien Fußes entschlüpfen.

Allein die Wahrheit der Natur ist ernst, und keine spielende Metamorphose, sondern ihre Ewigkeit ist gerade das Bleibende und Unveränderliche, was bei allem Verschwinden und Uebergehen unerschütterlich sich erhält. Und dieses kennen zu lernen ist unsere Absicht. Die Metamorphose geht zu Grunde; aber das Gesetz ist der ewige Quell aus dem immer neue Gestalten geboren werden, und in welches sie wieder untergehen, ohne daß die geringste Verwandlung an ihm selbst bemerkbar wäre. Es ist unsterblich was Haller hierüber gesagt hat:

> Furchtbares Meer der ernsten Ewigkeit!
> Uralter Quell von Welten und von Zeiten!
> Unendlichs Grab von Welten und von Zeit!
> Beständigs Reich der Gegenwärtigkeit!
> Die Asche der Vergangenheit
> Ist dir ein Keim von Künftigkeiten.

Also müssen wir überall das ewig gegenwärtige Gesetz im Auge behalten und uns nicht in der

Verfolgung seiner vergänglichen Geburten unberuhigt verlieren. Ich habe nach diesem Grundsatze gegenwärtige Arbeit angefangen, um den Versuch zu machen, ob das Leben der Pflanze sich nicht in einer beruhigten Erkenntniß seines Gesetzes begreifen lasse. Allein ob meine Bemühungen sogleich allgemeine und einstimmige Berücksichtigung erfahren werden, daran zweifle ich sehr, und habe sogar Ursache zu glauben, daß dieß fürs erste nicht der Fall sein wird. Ich schreibe zu einer Zeit, wo weltberühmte Auctoritäten theils die Natur aus dem menschlichen Geiste, theils aus Verhältnissen begreifen wollen, welche, wie mir es scheint, der Natur feindlich und fremd sind, und dabei muß ich versuchen einen Weg zu gehen, der dem, welchen der Zeitgeist gewählt hat, schnurstracks entgegen gesetzt ist. Ich schreibe sogar gegen die Meinungen meiner eignen Lehrer aus deren früheren Mittheilungen größtentheils meine wissenschaftliche Bildung in dem Fache, worin ich hier arbeite, hervorgegangen ist, und mir selbst dringt sich dabei immer ein gewisses Gefühl von Undank auf, welches ich gerne von mir entfernt sehe. Ich gestehe, so gerne ich mich durch das alte Sprichwort: „man schwöre nicht auf die Worte seines Meisters" aus der Verlegenheit, in welcher ich mich hier befinde herauswinden möchte, so ist dieß doch ein Punkt auf den ich ungern zurückkomme, und ich kann mich nur dabei beruhigen, daß ich allein an der Hand der Natur auf diesen andern Weg gerathen bin, und überall die Natur zum Zeugen der Wahrheit meiner Behauptungen aufrufen kann.

Im Vertrauen auf die Offenheit derjenigen Naturforscher, denen die Wahrheit am Herzen liegt tröste ich mich auch für die Zukunft mit der Hoffnung, daß der große Mann, sobald der Zweck meiner Arbeiten erst völlig gefaßt sein wird, die Richtigkeit meiner Darstellungen anerkennen wird, selbst wenn er früher einer andern Meinung von diesem Gegenstande gewesen seyn sollte; denn schon Celsus sagt: „Magno ingenio multaque nihilominus habituro, convenit etiam simplex veri erroris confessio.“ Dagegen glaube ich ebensowohl, daß Viele die Wahrheit meiner Darstellungen noch lange bestreiten werden, und schon Celsus fügt seinen Worten hinzu: „nam levia ingenia quia nihil habent, nihil sibi detrahunt.“

Ich habe auch wirklich nicht selten eine sehr unfreundliche Begegnung erfahren, wo ich freundschaftliche Erwiederung auf meine uneigennützigen Wünsche erwartet hatte, kann jedoch versichern, daß mir dergleichen Schicksale in der Regel mehr förderlich als hinderlich gewesen sind; und im Allgemeinen kann ich mich auch wohl dabei beruhigen, daß schon Einige den wahren Zweck meiner früheren Arbeiten begriffen und sich darüber öffentlich ausgesprochen haben. Herr Professor Reichenbach *)

*) Flora oder botanische Zeitung 5. Jahrgang 2. Band S. 609.

dem die ersten Versuche, die Bewegungen des Saftes im Schöllkraute zu sehen, mißlungen waren, sagt, bei Gelegenheit einer Recension meiner Schrift, über den Kreislauf des Saftes im Schöllkraute: „bei zu anderer Zeit wiederholten Versuchen zeigte sich aber die Bewegung mit der größten Leichtigkeit und ganz so, wie sie Herr Dr. Schultz beschrieben hat und gegenwärtig so ohne alle Mühe, daß er mir nicht ganz begreiflich ist, warum ich sie zum ersten Male nicht gesehen habe." Die Redaction der genannten Zeitschrift, fügt in einer Anmerkung hinzu: „Wir fordern alle Botaniker auf, dies Werkchen zu lesen und dann selbst zu beobachten, es ist das einzige Mittel zum Ziel zur Erkenntniß der Wahrheit zu gelangen. Der Gegenstand ist zu wichtig, um nicht das allgemeine Interesse zu erregen ꝛc." Ein mir unbekannter Rec. meiner Schrift über den Kreislauf des Saftes hat*) meine Arbeiten ebenfalls einer ausführlichen Beurtheilung werth gehalten, und ich sehe daran, daß das Zeitalter also nicht ohne Aufmerksamkeit an denselben vorbeigeht.

Es ist zwar völlig richtig, daß meine Entdeckungen, so für sich, wie ich sie in meinen früheren Schriften dargestellt habe, auf keine Weise mit der bisherigen Methode vereinigt, oder in die gewohnte Darstellung des Pflanzenlebens bloß so eingeschaltet werden können, wie eine neue Fliege

*) Am angeführten Orte p. 665 ff.

oder ein neuer Pilz zu den längst gemachten Gattungen und Arten in der Zoologie und Botanik bloß hinzu gerechnet zu werden brauchen; denn in diesem Fall würde man auf die größten Widersprüche aufmerksam gemacht werden. In dieser Beziehung konnte also bisher noch kein fester Standpunkt angenommen werden, von wo aus meine Darstellungen beurtheilt werden müssen; überdem, da ich selbst früher die sich mir in Masse aufdringenden Widersprüche nicht zugleich sicher und allgemein auflösen und den Zusammenhang der Sache in der Naturwissenschaft überhaupt lichtvoll darstellen konnte. In diesem Betracht ist es also zuförderst meine Sache mich über dasjenige, was ich eigentlich beabsichtige, ausführlich auszusprechen, weil niemand meine Gedanken, ohne daß ich sie mittheile zur Voraussetzung haben kann, um sich alle die bei Betrachtung der Sache aufdringenden Fragen beantworten zu können.

Die Hauptsache dabei ist also im Allgemeinen, daß man zuvörderst den Versuch gar nicht machen muß, meine früher für sich gegebenen Ansichten in Zusammenhang mit allgemein angenommenen physiologischen Grundsätzen bringen zu wollen, da dieß ganz und gar nicht angeht, indem ich die Gliederung der Natur von einem ganz anderen Standpunkte aus ansehe, als man dieß vor mir gethan hat. Und um mich über diesen Punkt zu verständigen, habe ich in der Einleitung zu meiner vorliegenden Arbeit so kurz und verständlich als möglich meine Beobachtungen und Gedanken auseinander gesetzt. Das erste dabei ist dieß, daß man die Prozesse des allgemeinen Naturlebens und der individuellen Organisation durchaus als die größten gegenseitigen Feinde betrachten muß, welchemgemäß es von ebenso großer Wichtigkeit ist, daß man die Analyse des allgemeinen physikalischen Prozesses von der Analyse des lebendigen Organismus wohl unterscheide, und beide nie durcheinander menge. Es ist also die schlechteste Manier, in der Pflanze von chemischen, elektrischen und galvanischen Polaritäten und dergleichen mehr zu reden, als ob es außerdem in der Natur gar keine Differenzen mehr gäbe. Man läßt sich vom Strome des Zeitalters, wie die Eisschollen vom Wasser mit forttreiben und rennt alle Vernunft zu Boden, ehe man sich in dem Glücke finden kann, was man darin setzt, daß irgendwo eine neue Differenz gefunden ist, welche man mit in den verworrenen Brei der galvanischen Polaritäten hineinziehen kann. Man möchte öfter sagen, daß sich der Vernunft die Unvernunft polarisch gegenüber stellt, wenn man das blinde und wüste Treiben mit den Polaritäten in der organischen Natur sieht und hört. Die Naturwissenschaft ist jetzt im strengsten Sinne des Wortes polar, d. h. sie dreht sich in leeren Kreisen herum, ohne einen Schritt weiter zu kommen. Was würde man mir antworten, wenn ich das Pflanzenleben dadurch erklären wollte, daß ich sagte: Assimilations- und Bildungssystem sind Polaritäten der Pflanze ohne irgend weiter die besonderen Bestimmungen dieser Dinge hinzuzufügen? Wäre ich dadurch einen Fingerbreit in der Erkenntniß des Pflanzenlebens weiter gekommen? Gewiß nicht, und nothwendig muß die Wissenschaft in demselben Maaße zurücksinken, als man bei ihrem besondern Inhalte nichts thut, als Polaritäten sucht, denen die elektrischen und galvanischen wohl gar noch zum Grunde liegen sollen. Sogar das Licht soll polar sein: man verwechselt hier aber das wirkliche Licht mit Lichte in der Wissenschaft.

Wir müssen durchaus dann zweitens auch weiter die Gliederung und besondere Entfaltung der individuellen Organisationen aus ihnen selbst und nie aus einem andern durch sogenanntes Urtheilen und Schließen des Geistes entnehmen, wenn wir uns rein von Verirrungen erhalten wollen. Wir können weiter nichts thun als der Natur in ihren eigenen Operationen des Urtheilens und Schließens zusehen, und es ist eine, für die Naturforschung verderbliche, Maxime gewesen, allerhand geistige Produktionen auf die Natur übertragen zu wollen. Mit dem Begriff der Analyse des Lebens, wie des physikalischen Prozesses, hört dann auch unsere Erkenntniß von der Natur auf, und darüber hinaus können wir nichts von ihr begreifen: aus dem ganz einfachen Grunde, weil sich innerhalb dieses Begriffs das Naturleben in sich nothwendig und ewig selbst abschließt. Ich kann nicht von der Pflanze auf das Thier und umgekehrt schließen, denn beide schließen sich in der Natur nicht zusammen, sondern trennen sich umgekehrt auf eine gesetzmäßige Weise, und daher muß ich dieser immanenten Diremtion zusehen, und dann werde ich ihren eigenen Schluß nur in ihnen selbst und nicht in einem andern finden.

Ferner scheint man sich daran zu stoßen, daß ich die Bewegungen des Lebenssaftes der Pflanzen einen Kreislauf genannt habe, weil an diesen Namen seit langer Zeit die Vorstellung der Art und Weise angewurzelt ist, wie im Menschen und den höheren Thieren der Kreislauf des Blutes vor sich geht. Ich will im Voraus bemerken, daß zwischen dem Kreislauf der bildenden Säfte (welche ich bei den höhern, Holzpflanzen Lebenssaft genannt habe) in den Pflanzen und in den Thieren zwar eine so große Allgemeinheit Statt findet, daß der Name Kreislauf auch für die Pflanzen im strengsten Sinne des Wortes paßt; daß jedoch zwischen dem thierischen und dem pflanzlichen Kreislauf ein ebenso wesentlicher und allgemein durchgreifender Unterschied herrscht, wie zwischen dem Thier und der Pflanze, als ganzen organischen Wesen, überhaupt, wie ich dies im Verlaufe der Darstellung selbst, so gut es mir möglich gewesen ist, geschichtlich und naturgemäß auseinander gesetzt habe. Ebenso habe ich im Besondern überall auf das Verhältniß der früheren Vorstellungen zu meinen Darstellungen Rücksicht genommen, weshalb ich auch im Allgemeinen keinen Vergleich zwischen beiden anstellen will, da dieß doch nur erst ganz im Speciellen deutlich eingesehen werden kann.

In einzelnen Punkten ist es mir freilich ungeachtet aller Mühe, welche ich mir gegeben habe, nicht überall gelungen, meinen Wünschen gemäß, mit der Einsicht in die vegetativen Processe durch und durch zu gehen, und dieß gilt namentlich von den Verhältnissen der Pflanze zum allgemeinen Naturleben. Dem Kenner wird es leicht sein einzusehen, mit welchen Schwierigkeiten man auf dem noch durchaus unbebauten Felde der Pflanzenphysiologie überall zu thun hat. Wo einem nur Irrthümer vorangehen, da ist zwar einerseits der Anfang in so fern leicht, als man im Allgemeinen nicht in Verlegenheit kommen kann, ungeprüfte Voraussetzungen als wahr anzunehmen und darauf weiter fortzuirren; aber andererseits ist es hier auch für den Augenblick fast unmöglich, überall zu befriedigenden Resultaten zu gelangen, wo man vom Grunde aus anfangen und fortgehen soll. Denn hier ist es uns nicht darum zu thun, Aufgaben zu geben, sondern Aufgaben zu lösen. Die Aufgabe ist leicht: wir wollen die Pflanze und das Pflanzenreich begreifen, und dabei helfen uns alle leere Forderungen an eine niedere und höhere Botanik nichts. So lange nicht gearbeitet ist, bleiben alle Aufgaben gleich niedrig und wo sie gelöst sind, da schwindet der Unterschied zwischen der niedern und höhern Botanik. Es ist eine schlechte Methode beim Tadel seiner Vorgänger, die sich's haben sauer werden lassen, stehen zu bleiben, und dabei noch wohl gar mit persönlicher Verachtung auf die ungekünstelten und schlichten Darstellungsweisen solcher, die sich in keine Gedankenspiele eingelassen haben, zurückzusehen, während man das eigentlich sogenannte Höhere in der botanischen Wissenschaft in leeren Formen und künstlichen Schattenbildern sucht, die doch in der Wirklichkeit nur mit dem Dunst zu vergleichen sind, von welchem Grew voraussetzte, daß er das in die Höhe gehende Wachsthum der Pflanzen befördere oder verursache. Solche luftige Gespinnste verflüchtigen sich über kurz oder lang doch, ihre Verfasser mögen auf die Empirie so viel schimpfen als sie wollen. Ich bin hier des Glaubens mit Rudolphi, daß man die Gegenwart festhalte und sich weder in Klagen über die Vergangenheit noch in Träumen von der Zukunft verliere. In der Regel findet sich auch, daß die von solchen Leuten gegebenen Aufgaben, welche sie nicht selbst zu lösen verstehen, ganz und gar nichts taugen. Der Eine glaubt die Pflanze chemisch durch ein gedankenloses Gesäure, der Andere philosophisch durch leere und inhaltlose Grübeleien zu begreifen, was so im abstrakt Allgemeinen, wie im sinnlich Besondern, lange unbemerkt hingehen kann; aber wer selbst sehend und denkend an das concrete Werk geht, der sieht die Unvollkommenheit solcher Maximen bald ein. Es ist schon ein wichtiger Unterschied zwischen den Naturforschern, welche erst sehen und dann denken, und denen, welche erst denken und dann sehen, und der erstere wird immer sicherer gehen als der letztere, wenn gleich der am sichersten geht, der nur zugleich denkt und sieht. Diejenigen, welche sehen ohne zu denken oder denken ohne zu sehen, möchte ich schon gar nicht mitrechnen, wenn ich nicht noch weiter zugeben müßte, daß gewisse Leute, ohne weder zu denken noch zu sehen, bloß ungedachte und ungesehene Sachen nachbeten und gegenseitig loben, als Naturforscher ihr Glück machen, wenn sie einmal eine unbedeutende Fliege an einem ungewöhnlichen Orte gefunden haben, durch welche merkwürdige Entdeckung sie niemand in seinen vorgefaßten Irrthümern stören, oder gar widerlegen und dafür allgemeinen Beifall erlangen.

Die erste Abtheilung der vorliegenden Blätter habe ich, um mich nur erst von allen Seiten gesichert auf den gewünschten Standpunkt setzen zu können, durchaus historisch und dialektisch darstellen müssen, jedoch habe ich nicht verabsäumt, dabei zugleich die bestimmte Ansicht des äußeren sich unmittelbar den Sinnen darstellenden Pflanzenlebens nebenher zu berücksichtigen, was späterhin einmal ihr Hauptzweck sein muß. Jetzt war nur vorzugsweise zu zeigen nöthig, daß Wurzel, Stamm und Blätter an der individuellen Pflanze, ihrer ganzen concreten Natur nach, keine allgemeinen Unterschiede sind, und daß also aus den Verhältnissen dieser äußern Theile zu einander auch die Natur der Pflanze ganz und gar nicht begriffen werden kann, sondern daß es eine andere innere Differenz geben müsse, in welcher die Gesetzmäßigkeit des Pflanzenlebens begründet ist, und welche die äußere Wandelbarkeit dieser Pflanzentheile in ihrer geregelten Bahn erhält. Da dieß der

Anfang ist, so bleibt hier freilich die Bestimmung der innern Gesetzmäßigkeit noch unerläutert, indem der Zusammenhang der äußeren Lebenserscheinungen der Pflanze mit dem inneren Proceß erst beim Uebergange zur speciellen Betrachtung desselben eingesehn werden kann, womit sich die zweite Abtheilung, die Analyse des Pflanzenlebens, beschäftigt. Hier unterscheide ich zunächst naturgemäß den Lebensprozeß der holzlosen Pflanzen (plantae axylae) von dem Lebensprozeß der Holzpflanzen (p. xylinae). Beide unterscheiden sich wesentlich dadurch, daß in den ersteren die vegetativen Differenzen von Ernährungs- und Bildungssystem, welche die Gesetzmäßigkeit und Allgemeinheit des Pflanzenlebens ausmachen, in eine ununterschiedene Einheit der Organe und des Prozesses versunken sind, während in den Holzpflanzen sich des Assimilationssystem im Holze, das Bildungssystem in der Rindensubstanz, deutlich unterschieden, darstellt.

Die durch und durch gehende Verfolgung des Verlaufs dieser Processe macht den besondern Inhalt meiner Analyse des Pflanzenlebens aus, und damit beschließe ich gegenwärtigen Theil. Seitdem ich daran zu arbeiten anfing, hatte ich mir in Gedanken Entwürfe zur speciellen Ausführung meiner Ansichten gemacht, welche von der Form der Darstellung, welche ich hier befolgt habe, sehr abweichen. Bei genauerer Verfolgung, wiederholter Besichtigung und Ueberlegung der speciellen Punkte, änderte sich, selbst im Allgemeinen, Manches; spätere Beobachtungen und Berichtigungen brachten in mir hin und wieder andere Ansichten hervor, und ich weiß jetzt noch nicht, ob ich nicht später einmal hie und da ganz im Speciellen die Eintheilungen verändern werde. Im Allgemeinen steht das Ganze fest und da es hier kein Haarbreit von der Natur abweicht, so darf ich voraussetzen, daß es ebenso bleibend als die Natur selbst sein werde. Im Besondern wird man freilich alle Tage klüger und hier kömmt auch auf kleine Abweichungen von einer allgemein angenommenen Form nichts an, wenn sie nur überall aus Gründen, welche im der Natur und nicht allein im Gehirn liegen gemacht werden. Es gehört eine strenge Aufmerksamkeit dazu, daß man bei der Darstellung ganz specieller Sachen, aus denen man doch, als aus den Elementen des Ganzen, das Ganze zusammensetzen muß, die Allgemeinheiten nicht aus dem Auge verliere, und sich dadurch den Standpunkt nicht verrücke von welchem aus die Betrachtung regiert wird, und hier kann man leicht die eine oder die andere Kleinigkeit übersehen, oder an den unrechten Ort bringen, was bei wiederholter Prüfung aber leicht erkannt wird. Beim freien Denken oder Vortragen einer Sache kömmt es weniger genau darauf an, wie man die Thatsachen im Besonderen an einander reiht, so bald die Gliederung des Ganzen im Allgemeinen richtig gefaßt ist; und darum ist es beim Aufschreiben etwas ungewohnt, wenn man sich die genau passenden Punkte gleichsam wie ein Sandkorn nach dem andern erst auslesen muß, um das übrige, was einem sich dabei gleichzeitig aufdringt, noch aufzubewahren, damit die specielle Darstellung am Ende nicht vollkommen willkührlich erscheint.

Indem ich nun auf diese Weise nur der Natur Schritt vor Schritt in meinen Schilderungen gefolgt bin, glaube ich zu einer Darstellung des Pflanzenlebens gelangt zu sein, und noch weiter zu gelangen, welche eine innere Nothwendigkeit in sich trägt und zwar so, daß jede schlichte Anschauung den Zusammenhang des Vereinzelten und Besonderten auf eine einleuchtende Weise einsehen kann. Das ist zeither die unbeschreibliche Unvollkommenheit in der Botanik gewesen, daß man die zerstückelte und zerrissene Pflanze nicht wieder natürlich hat zusammensetzen können und daher sind die ängstlichen und gezwungenen, künstlichen und bunten Theorien und Vorstellungen gekommen, deren Wahrheit nie eingesehen werden konnte, weil sie falsch sind, und darum weiter, ist das allgemeine Interesse an dem eigentlichen Leben in der botanischen Wissenschaft zeither noch nicht geboren worden. Das anziehende der Pflanzenwelt lag bis jetzt nur in der unmittelbaren Anschauung der Mannigfaltigkeit und Vielheit, in dem äußeren Reiz, welchen Gestalt und Farbe dem sinnlichen Gefühl dabieten, und überall wo sich die Verehrer der Botanik weiter ins Innere gewagt haben, wurden sie abgeschreckt, weil hier eine bodenlose Tiefe von Wirrwar herrschte, und mit der ebenso corpulenten als gedankenlosen Terminologie dem denkenden Geiste nicht gedient ist. Daher die allgemeinen Klagen über das Schwierige der Botanik, während sie beim rechten Ende angefaßt und durchgeführt das Allerleichteste, selbst zu begreifen ist. Die Vielheit bunter Formen in der Pflanzenwelt hat ein vergängliches Interesse und man freut sich fürs erste wohl so mannichfaltige, von einander abweichende, Formen und deren Uebergänge in einander kennen zu lernen, und sieht dem Spiel der Metarmophose eine Zeitlang mit Wohlgefallen zu, so lange man nichts Weiteres kennt. Aber was soll man hier festhalten? Die Namen werden von dem, der sie nicht täglich wieder hört und sieht, vergessen, die Unterschiede der Formen nicht mehr so genau beachtet. Die Kenntniß schwindet hier durch Metamorphose wie die Sache selbst, aus dem endlichen Gedächtniß und die unendliche und ewige Vernunft hatte nichts zu begreifen. Der Geist wird dieser rein äußerlichen Ansicht müde, indem ihm unhaltbare und vergängliche Formen aufgetischt werden, wo sein wahres Interesse nur in der Erkenntniß des haltbaren und unvergänglichen Gesetzes beruhigt werden kann. Deshalb erscheint es zugleich dringendes Bedürfniß die Begriffe der Pflanze und des Pflanzenreichs in einer begreiflichen Darstellung haltbar zu machen und die zerrissene Kenntniß zu vereinen, und in einem unvergänglichen Gesetz zu überliefern.

Um wo möglich auch für diejenigen, welche nicht im bisherigem Sinne des Wortes Botaniker sind, d. h. welche nicht die Gestalten und Namen aller ausländischen und seltenen Gewächse kennen, verständlich zu werden, habe ich meine Betrachtungen, so weit es nur irgend möglich gewesen ist, immer an ganz allgemein bekannte einheimischen Pflanzen geknüpft, wozu ich noch den zweiten Grund gehabt habe, daß an diesen die Versuche so wohl leicht und bequem, als auch mit weit besserem Erfolg nachgemacht werden können, weil in ihnen das Leben größtentheils viel energischer, als in den bei uns gezogenen exotischen Gewächsen ist. Ich bedaure also im Voraus, daß für diejenigen, welche gerne recht viel lange und neue Namen seltener Pflanzen als Wunderdinge hören, in meinem Buche nicht viel zu holen seyn wird. Alles bloße Wissen, selbst wenn es durchaus wahr ist, kann uns nichts helfen wenn es nicht ins Leben übergeht, und es ist das wahre Kennzeichen einer guten Theorie, daß sie überall mit der Praxis zugleich eins und dasselbe ist. Darum ist es ein taubes Gerede, wenn man sogenannte Theorieen wichtig machen will, an welche sich kein ächter Praktiker heran traut, weil sie seinen erfolgreichen Methoden zu arbeiten, ganz und gar widersprechen, oder weil sie so ganz und gar überflüssig sind, daß er ohne sie viel besser fertig wird. Die Naturwissenschaft und besonders die Botanik, ist jetzt so überfüllt mit gehaltlosen sogenannten Hypothesen auf welche dann ohne Umstände sogleich auch eine völlig unnütze Theorie gebaut wird, daß schon etwas Abschreckendes in ihrer traditionellen Kenntniß liegt, ohne daß man einmal an ihre dialektische Würdigung geht. Solche Theorieen werden dann in der Regel einige Mal, gegen kleine Anfechtungen von nothwendigen Widersprüchen, metamorphosirt, bis sie wieder plötzlich im Stillen übergangen werden, und verschwinden, damit sie ähnlichen neuen Platz machen, und man sieht so nicht selten die Verfasser nach einiger Zeit ihre eigne Machwerke gänzlich verleugnen.

Dieserhalb habe ich meine Darstellungen der Natur immer erst an praktischen Thatsachen geprüft und überall wo es nicht unwichtig schien, auf die Erklärung bekannter technologischer Erfahrungen Rücksicht genommen, damit nicht allein der Gelehrte sondern auch der Praktiker von meinen Arbeiten etwas profitire. Jedoch habe ich auch dieses nur in besonderen Fällen nöthig gehabt, da eigentlich alle meine Theorieen, gegen die allgemeine Regel aus der Praxis hervorgegangen sind, indem ich von Jugend auf gewohnt gewesen bin überall selbst Hand ans Werk zu legen, und es mir im strengsten Sinn des Worts so geht, wie Celsus sagt: „post inventam medicinam ratio est quaesita.“ Aus einer richtigen Einsicht in den Lebensprozeß der Pflanzen fließen praktische Regeln für die Verpflanzungen und die individuellen Fortpflanzungsarten der Gewächse, für die Kenntniß der Dauerhaftigkeit des Holzes zu technologischen Zwecken, für die beste Zeit zum Holzfällen u. s. w. auf welche Punkte ich gehörigen Orts wenigstens aufmerksam gemacht habe, um zu zeigen, inwiefern meine Theorieen durchaus mit der Praxis übereinstimmen.

Was in Besonderen das „Versuchen" mit den Pflanzen betrifft, so habe ich eigentlich in dem gewöhnlichen Sinne dieses Worts wenig Experimente mit den Pflanzen gemacht, und halte es sogar für eine höchst verderbliche Gewohnheit mit lebendigen Wesen, deren Natur man auf andere Weise fassen kann, allerhand chemische und mechanische Experimente zu machen. Dadurch wird offenbar das was man sucht, nämlich die inneren, lebendigen Verhältnisse, gerade zerstört. Wo man also mit dem möglichst kunstlosen Zusehen der ungestörten lebendigen Bewegungen nur irgend ausreichen kann, ist es weit vortheilhafter sich von allem künstlichen, sogenannten Experimentiren fern zu halten und nur in den Fällen wo die Verhältnisse der Pflanze zum physikalischen Leben untersucht werden mußten, habe ich die erforderlichen Veränderungen der naturgemäßen Außenverhältnisse der Pflanze abgeändert und ihren Erfolgen zugesehen. Aber wo es auf die Erspähung der eigenmächtigen inneren Bestimmungen des Pflanzenlebens ankömmt, da habe ich so sorgfältig als möglich die Pflanzen mit ihrer höchstmöglichen innern und äußern Integrität beobachtet, weil ohnehin in den meisten Fällen durch die nöthige Trennung und Zerschneidung der äußern Theile, die Pflanze schon sehr zerstört und ihre innern Bewegungen unterdrückt werden.

Bei

Bei dem nöthig erscheinenden Experimentiren ist mir der Herr Major und Professor Turte, durch seinen Schatz physikalischer Instrumente, welchen er mir ganz zu meiner beliebigen Disposition frei und offen hingestellt hat, auf eine sehr freundliche und dankenswerthe Weise zu Hülfe gekommen, und namentlich ist es mir sehr angenehm gewesen, durch Benutzung vieler seiner vorzüglichsten Mikroskope allerhand Vergleichungen des Baues und der Bewegungen im verschiedenen Lichte durch die neben einander stehenden Mikroskope zu machen, durch welche mir bedeutende Vortheile erwachsen sind. Nicht minder hat der Herr Geheimerath Rudolphi meine Arbeiten, mit einer seltenen Bereitwilligkeit und Gefälligkeit, durch seinen Reichthum litterarischer Hülfsmittel unterstützt, und dadurch die historischen Darstellungen mir sehr erleichtert.

Den größten Theil der Pflanzen, an denen ich meine Beobachtungen gemacht habe, brauchte ich nicht weit zu holen, weil diese überall wild wachsen. Vergleichungen solcher, welche zu verschiedenen Jahreszeiten, an verschiedenen Orten, in verschiedenen Gegenden u. s. w. wachsen, haben mir zu interessanten Bemerkungen Gelegenheit gegeben, und oft auf entgegengesetzte Gedanken von Dingen gebracht, welche ich mir zuvor anders vorgestellt hatte. Doch bin ich eigentlich selbst nicht mehr im Stande, die allmählige Entstehung meiner Arbeit in allen ihren Veränderungen, die sie unterdessen erlitten hat, anzugeben, da ich mir einzelne Beobachtungen nie anders angemerkt habe, als bis ich zu allgemeinen Resultaten gekommen war, und nicht eher angefangen habe zu schreiben, als bis ich mit der ganzen Darstellung wie sie hier vorliegt aufs Reine gekommen war. Einen, wie ich glaube wichtigen, Theil meiner Untersuchungen habe ich hier ganz und gar weglassen müssen, weil allerhand unvorhergesehene Hindernisse, wo ich auf äußere Begünstigung gerechnet hatte, die weitere Ausführung des Angefangenen vereitelten. Nämlich ich meine den Einfluß, welchen die Contractionen der Lebensgefäße auf die äußeren Bewegungen der Blätter, der Staubfäden und vieler andern zum Geschlecht gehörigen Theile haben. Ich kann und werde jedoch auch diesen Punkt sehr bequem im folgenden Theil bei Gelegenheit der Bewegungen in der geschlechtlichen Pflanze abhandeln, nachdem ich die schon auf dem Lande vorbereiteten Anstalten zu der weitern Verfolgung dieser Erscheinungen, ausgeführt, und die mir nöthig erscheinenden Versuche gemacht haben werde. Daß es die Lebensgefäße sind, welche in den Pflanzen auch die äußeren Bewegungen bewirken, darüber bin ich gar nicht mehr in Zweifel, und wie das ganze sogenannte irritable System in den Thieren wieder als Muskel und Kreislaufssystem unterschieden entfaltet ist, so liegt es unentwickelt in der Pflanze allein in dem Kreislaufssystem; und wie bei den niedern Pflanzen die Differenzen der Assimilation und des Kreislaufs in eine ununterschiedene Einheit versinken, so erscheinen auch bei den höhern Pflanzen die Systeme, welche wir im Thiere noch weiter in sich dirimirt finden, in Eins versunken und bleiben in diesem Zustande der unentfalteten innern Gegensätze stehen.

Im Allgemeinen halte ich zwar nicht viel von großen Plänen, die ich nicht sogleich ausführen kann, indem sie am Ende doch oft nur leere Wünsche bleiben, und zu den nicht gelösten Aufgaben gehören, die uns nichts helfen können; allein, wenn man ein Ganzes vor Augen hat, dessen Theile einzeln bearbeitet werden müssen, so kann man nicht umhin, sich das Ganze zuvor im Entwurf zu denken, nach welchem man in der Zeit den besondern Inhalt ausführen will, und so bin ich also gezwungen gewesen mir fürs erste folgenden Plan zu machen. Zuförderst wollte ich die Pflanze und das Pflanzenreich dem Begriff nach in seiner Entwickelung scheiden, und zuerst von der Pflanze reden. Hier wollte ich das individuelle von dem geschlechtlichen Leben gesondert abhandeln, und das erstere habe ich in gegenwärtigem Bande vorgenommen; das Geschlecht der Pflanzen will ich im folgenden Bande als dem zweiten Theil der Darstellung des ganzen Pflanzenlebens folgen lassen. Da nun mit einem wahren Begriff der Pflanze in ihrer Entwickelung, die Natur des Pflanzenreichs ganz unzertrennlich verbunden ist, so will ich früher oder später die Grundsätze meines natürlichen Pflanzensystems von welchem ich schon gegenwärtig gelegentlich die ersten Abtheilungen habe berühren müssen, und die damit zusammenhängende veränderte Terminologie der Theile in einem besondern Bande auseinandersetzen, und mit einer diesemgemäß vorzunehmenden Anordnung der Gattungen und Arten das Ganze beschließen. Jedoch kann ich, da die einzelnen Theile dieses Ganzen durchaus neu bearbeitet werden müssen, und ich nur einen kleinen Theil meiner Zeit diesen Arbeiten widmen kann, sie nicht rasch auf einander folgen lassen, wenn gleich an der Ausführung, so Gott will, kein Zweifel ist, da ich nicht aus äußerem Zwange, sondern aus einem freien innern Interesse und, wie es scheint, mit vielem Glücke an der Sache arbeite, so daß ich mich wenigstens durch die Erfolge meiner Arbeiten selbst reichlich belohnt und ermuntert finde, und eben in ihnen meine größten wahren Freuden habe. Nur ist es möglich, daß ich zwischendurch zur Veränderung noch eine andere Arbeit vornehme, worüber ich jedoch durchaus nichts im Voraus bestimme.

Inhaltsverzeichniß.

Einleitung.

Erste Abtheilung.
Entwickelung der äußeren Pflanzentheile und des Pflanzenreichs.

Zweites Kapitel.

Von den nach oben wachsenden Pflanzentheilen.

Zweite Abtheilung.
Analyse des Pflanzenlebens.

Dritter Artikel. Vom Kreislauf.

Drittes Kapitel.

Von den Bildungen. Im Allgemeinen. Das Zellgewebe.

Erster Artikel. Das Wachsthum.

Zweiter Artikel. Von den Absonderungen.

Erklärung der Kupfertafeln.

Erste Tafel.

Fig. 1. Der ausdauernde Theil von Poa aquatica, um das Wachsthum des Stengels nach unten bei den Gräsern zu zeigen. S. 165. An der Richtung der Scheiben (a) des unterirdischen Stengels von den Knoten aus, erkennt man die Richtung des Stengelwachsthums.

Fig. 2. Ein Stück von dem unterirdischen Theil des Stengels von Arundo Epigejos, um den Ursprung der Knospen (a) aus den Knoten, und die Aehnlichkeit mit den Zwiebeln zu zeigen. S. 189.

Fig. 3. Ein Durchschnitt eines Theils der Wurzel und des Stengels vom Schöllkraute im Umriß, (S. 313.) um die Zertheilung des Holz- und Rindenkörpers der Wurzel in die Gefäßbündel des Stengels und der Blattstiele zu zeigen, a die Rinde, b das Holz der Wurzel, c Gefäßbündel des Stengels, in welche sie sich auflösen.

D

Zweite Tafel.

Fig. 1. Eine einjährige ganze Pflanze von Chara flexilis, deren Stengel noch mit der grünen Rinde überzogen sind, in natürlicher Größe. a Stengel, b Wurzel, c einfache und zusammengesetzte Knoten der Wurzel. S. 340

Fig. 2. Ein vergrößertes Internodium der Wurzel mit einfachen Knoten im hellen Lichte betrachtet, um die innere Gestaltung des Saftes, und den Kreislauf desselben durch die Knoten zu zeigen. Der Saft in dem durchschnittenen Theil des untern Internodiums fließt in der Richtung a c b f, und strömt bei d aus. Der Saft in dem oberen Zwischenknoten fließt in entgegengesetzter Richtung a b c e. S. 356.

Fig. 3. Zeigt die Gestalt der von einander getrennten fußförmigen Enden der Zwischenknoten, welche einen einfachen Knoten bilden, von der Seite angesehen. Die Hacken (a a) fügen sich gegen die Spitzen b b, und daher ist die zwischen dem oberen und unteren Internodium befindliche Scheidewand doppelt. S. 354.

Fig. 4. Ein ähnlicher einfacher Knoten in Integrität von oben angesehen. a b sind die Stellen, wo die Hacken der beiden Extremitäten sich um die Spitze des Fußes legen. S. 354.

Fig. 5. Ein vergrößertes Stück eines Wurzelzweiges im Schattenlichte betrachtet. Man sieht daran den Kreislauf durch die Knoten, an den im Safte schwimmenden Luftblasen, und außerdem die allmählige Zusammensetzung der einfachen Knoten, durch Anlagen neuer Wurzelenden, welche sich anfangs nur an der untern Extremität des obern Internodiums einfügen. S. 345. 355. 357. 358.

Fig. 6. Zeigt die Einlenkung der Zwischenknoten, in den Stengelknoten. S. 358.

Fig. 7. Ein Theil des von der äußeren Haut entblößten Internodiums des Stengels, mit dem die innern Seitenwandungen bekleidenden, gestreiften, grünen Ueberzuge der zwischen den Saftströmen in dem Raum c d fehlt. S. 360.

Fig. 8. Ein vergrößertes, von der äußeren Haut entblößtes Internodium des Stengels mit der Bewegung des Saftes im Schattenlichte betrachtet. Die großen runden Kugeln, welche in dem Strom unbeweglich schwimmen, sind Luftblasen, welche sich zuweilen in einen größeren Haufen (a) zusammenwälzen, der sich durch die auf- und absteigende Ströme um seine Axe dreht. c b f e ein zusammengesetzter Stengelknoten, durch den man die Ströme nicht verfolgen kann. d ausströmender Saft mit den Luftblasen, welche zuweilen zerplatzen. S. 345. 346. 347. 348. 376.

Fig. 9. Ein noch wenig zusammengesetzter Knoten der Wurzel in der Diagonale angesehen.

Fig 10. Die äußere mit Krystallen von kohlensaurer Kalkerde erfüllte grüne Haut der Stengel, welche, wie die Blätter der Holzpflanzen, periodisch abstirbt. S. 217. 342.

Dritte Tafel.

Fig. 1. und Fig. 2. Spiralgefäße aus dem jungen Holze der Musa. S. 421.

Fig. 3. Ein Stück von einem ältern Spiralgefäße derselben Pflanze, mit den daran festgewachsenen Lebensgefäßen, welche ihm das Ansehen von Längsfibern geben, die darüber hinzulaufen scheinen. S. 421.

Fig. 4. Spiralgefäße aus dem älteren Holze der Wurzel der Angelica, in welchen man das gestreifte Ansehen theilweise schon verschwinden sieht. Sie sind wie die Lebensgefäße gegliedert. S. 434.

Fig. 5. Längsdurchschnitt parallel mit den Markstralen vom Eichenholze. b b b die verholzten Spiralgefäße mit eingesogener rother Flüssigkeit. a die großen Längszellen des Holzes, welche im Schattenlichte punktirt aussehen. c die Markstralen, welche an den Stellen, wo sie über die punktirten Zellen hinlaufen, diesen ein quergestreiftes oder schuppiges Ansehen geben. S. 452.

Fig. 6. Längsdurchschnitt des Fichtenholzes (P. Abies) sich kreuzend mit den Markstralen. a querdurchschnittene Markstralen. b verholzte Spiralgefäße.

Fig. 7. Längsdurchschnitt desselben Holzes, welcher mit den Markstralen parallel geht. b d verholzte Spiralgefäße. a Markstralen. c Theile der untern Wand der Markstralen, welche mit den verholzten Spiralgefäßen verwachsen sind. S. 457—460.

Fig. 8. Längsdurchschnitt des Eichenholzes, welcher sich mit den Markstralen kreuzt, c verholzte Spiralgefäße, d querdurchschnittene Markstralen, a b große Holzzellen, deren Querwände nach Wegnahme der obern Seitenwand zu sehen sind. S. 455.

Fig. 9. Ein Theil des Querdurchschnitts von einigen Jahrringen aus dem Eichenholze. a Markstralen, b Oeffnungen der Spiralgefäße, c Oeffnungen der großen Holzzellen, welche bei vielen noch theilweise, bei andern (d) ganz mit der zelligen Querwand verschlossen erscheinen. S. 450.

Fig. 10 Ein Theil der Seitenwandungen der sogenannten punktirten Holzzellen im hellen Lichte besehen. S. 454.

Fig. 11. Gegliederte Spiralgefäße mit noch nicht verwachsenen Seitenwandungen aus Chelidonium laciniatum. S. 248. 427.

Fig. 12. Ein Stück der zelligen Haut von dem Harzgange aus der Fichte (P. communis).

Fig. 13. Ein ganz von den umgebenden Lebensgefäßen befreiter Harzgang aus dem Sumach.

Fig. 14. Dasselbe aus der offizinellen Angelica im Umriß, um den Verlauf und Zusammenhang zu zeigen. Bei b ist der Harzgang ganz, bei a ist die obere Wand zufällig mit weggerissen

Fig. 15. Oberhaut einer Aloe mit Spaltöffnungen bei a.

Vierte Tafel.

Fig. 1. Eine Schicht von dem Heerde des Kreislaufssystems aus der Rinde des Spitzahorns (A. platanoides) d Zellgewebe. Das Uebrige Saftströme. An dem Ausfließen des Saftes bei c sieht man, daß zwei nebeneinander liegende Ströme sich immer in entgegengesetzter Richtung bewegen. An vielen Stellen machen die Saftströme Seitenbiegungen, wo sich die Gefäße seitlich einlenken, wie bei a, oft gehen auf diese Weise zwei Ströme in einen und umgekehrt über, wie bei b. S. 578—588.

Fig. 2. Eine Schicht aus der Rinde des Rhus typhinum. a Harzgang. b Lebensgefäße mit dem Kreislauf des Saftes. Das Uebrige Zellgewebe.

Fig. 3. Dicht contrahirte Lebensgefäße aus einem jüngeren Triebe vom Schöllkraute (Ch. majus) (b) mit einigen noch durch den darin enthaltenen Lebenssaft ausgedehnten Gefäßen bei a. S. 586.

Fig. 4. Eine Schicht aus dem jungen Marke von Ficus populifolia mit dem Kreislauf. a Zellgewebe. b Saftströme. S. 59.

Fig. 5. Epidermis von der Wurzel des offizinellen Baldrians mit den darin befindlichen Oelbläschen bei a.

Fig. 6. Querdurchschnitt eines jungen Zweiges von Abroma augusta. a Gummigänge im Marke, b in der Rinde, c das Holz.

Fig. 7. Querdurchschnitt des Blattstengels von Hibiscus diversifolius. a Gummigänge im Marke, b Gummigänge in der Rinde, c Holzbündel, d Rindensubstanz.

Fig. 8. Längsdurchschnitt der Gummigänge, a in der Rinde, e im Marke, b Lebensgefäße, c Bast, d Holz.

Fig. 9. Querdurchschnitt eines Zweiges von Hibiscus mutabilis a Gummigänge im Marke, welche nichts als eckige Gänge zwischen den Zellen sind. b Holz, c Rinde.

Fig. 10. Lebensgefäße aus dem Schöllkraute. S. 521.

Fig. 11. Dieselben aus dem Feigenbaum.

Fig. 12. Aus dem Sumach.

Fig. 13. Aus dem Ahornbaum, an welchen die seitliche Einlenkung der Glieder zu sehen ist.

Fig. 14. A. Ein Theil des Blattes von Melaleuca salicifolia in seiner Integrität, worin man die Oelbläschen c durch die Epidermis schimmern sieht. B. Ein durch Maceration aus dem Zusammenhange frei abgelöstes Oelbläschen, (a) mit zelliger Struktur und den hineingehenden Gefäßen, (b) stark vergrößert.

Fig. 15. Ein Stück aus dem Parenchym der Wurzel von Amomum Zedoaria. Mehrere Zellen sind noch mit Mehlkörnern (a) erfüllt. Zwischen den Zellen liegen die Oelbläschen (b) mit gelbem ätherischen Oel erfüllt.

Fig. 16. Eine Bastschicht aus der Rinde des Acer platanoides. a Bastzellen, b Querdurchschnitte der Rindenmarkstralen.

Die Natur

der

ebendigen Pflanze.

Erster Theil.

Einleitung.

§. 1.

Inneres und Aeußeres der Natur.

Das Wort Natur wird gemeinhin in einer zwiefachen, verschiedenen Bedeutung genommen, so, daß es entweder das Innere, die Kraft, oder das Aeußere, die Erscheinung, bezeichnet. Allein in der Wirklichkeit finden sich diese Unterschiede in der Natur nicht: das Innere verschwindet im Aeußern und umgekehrt, und es ist eben so wenig eine Kraft ohne Erscheinung, als eine Erscheinung ohne Kraft vorhanden. Insofern also dem einen oder dem andern dieser Dinge der Name: Natur vorzugsweise zur Bezeichnung dienen soll, kann dieß nur uneigentlich auf dem Standpunkt der reflektirenden Betrachtung geschehen, wo die Verhältnisse der Dinge für sich, ohne auf die geschlossene Einheit und den Zusammenhang des Ganzen zu sehen, betrachtet werden.

§. 2.

Diese Unterscheidung eines Innern der Natur, als einer selbstständigen Kraft, von ihrer Erscheinung und Aeußerung, schreibt sich besonders von Kant her, und war ursprünglich nur gegen die rohen mechanischen Vorstellungen eines früheren reflektirenden Zeitalters gerichtet, nach denen der Grund des Lebens, außerhalb des Lebendigen, in rein äußerliche Bestimmungen gesetzt worden war. Kant zeigte aber, daß die Materie den Grund ihrer Existenz in sich selbst trage, und reinigte dadurch die Naturlehre von einer Menge Irrthümer, welche durch die früheren rein äußerlichen, mechanischen Betrachtungen entstanden waren. Indessen stellte er das Innere der Natur als etwas durchaus von dem Aeußern Verschiedenes und Unbegreifliches, Ding an sich, vor, und unterschied sich also nur dadurch von den früheren Vorstellungen, daß die Kraft, als der Grund der Erscheinung, nicht erst von Außen komme. Auch waren seine Bemühungen mehr auf das allgemeine physikalische Naturleben gerichtet, dessen Erscheinungen er durch seine sogenannte dynamische Naturlehre besonders zu erklären, und ins Licht zu stellen bestrebt war. Er sprach aber das eigentliche Verhältniß der von ihm angegebenen Bestimmungen des Innern zu dem Aeußern nicht aus; er sah dieß Ding an sich als ein unerreichbares Etwas an, und begnügte sich gezeigt zu haben, daß die rein äußerlichen Vorstellungen unzureichend seien; so wie auch Haller sagte: „Ins Innere der Natur dringt kein erschaffener Geist. Glückseelig! wem sie nur die äußere Schale weist!" worauf Göthe höchst naiv, antwortet: „Natur hat weder Kern noch Schale, alles ist sie mit einem Male". (Zur Morphologie S. 304.).

§. 3.

Nach Kant hat man auch seine sogenannten dynamischen Lehren auf die individuellen Organisationen übertragen, und an diesen eine oder mehrere Kräfte, je nachdem die Umstände es erforderten, unter dem Namen der Lebenskräfte, als den Grund der Lebenserscheinungen unterschieden. Dieß hat einerseits dadurch, daß man unterließ, den Lebenserscheinungen die Processe des allgemeinen Naturlebens zum Grunde zu legen, viel Gutes gestiftet. Die Erklärung des Lebensprocesses der individuellen Organisation aus Ansichten, welche aus dem allgemeinen physikalischen Proceß geschöpft waren, kamen in billige Verachtung, und man konnte sich dem Gedanken nähern, daß beide in eigenen, geschlossenen Kreisen sich bewegten, deren Bahnen durchaus nicht unter einander vermengt, oder für eins und dasselbe gehalten werden dürfen. Anderseits aber umhüllte sich bei dieser Gelegenheit die Physiologie mit einem dicken Schleier, unter welchem sie alles dasjenige in dem Proceß der individuellen Organisation, wovon sie den innern Zusammenhang nicht weiter einsehen konnte, als tief verborgen liegen ließ, und mit dem Namen einer Kraft belegte, welche man von den übrigen Kräften durch die Erscheinung unterschied, der sie zum Grunde liegen sollte.

§. 4

Allein durch die Annahme einer solchen verborgenen Kraft ist in Bezug auf den innern Verlauf der organischen Thätigkeiten, durch welche die Aeußerungen des Lebens hervorgebracht werden, weiter gar nichts gewonnen, und wir erkennen die Kraft eben nur aus der Erscheinung, welcher sie untergeschoben wird, und es bleibt am Ende nichts übrig, als daß man eine Kraft aus der andern, wie aus einem Wunder erkläre. Das Aeußere ist keinesweges weder erklärt noch begriffen, wenn es das Innere nicht ist, und umgekehrt: im Proceß verschwindet beides in einander, und wo das Naturleben wirklich begriffen ist, da kann weder von einer Kraft noch von ihrer Aeußerung die Rede sein, und ist es auch nicht. Die Natur ist in ihrer Wirklichkeit und Ewigkeit Eins, ein verkörperter Gedanke, der sich bewußtlos gestaltet und dem Geiste gegenüberstellt; aber in dieser Aeußerlichkeit ein Abbild des selbstbewußten Geistes ist, wie die Bildsäule das Abbild von dem Gedanken des Künstlers. Beide, die Kunst wie die Natur, beruhen auf gleicher Gesetzmäßigkeit und Nothwendigkeit und der Unterschied zwischen den Werken der Kunst und der Natur liegt nur darin, daß der Künstler den Gedanken nur der Form nach darstellen kann, während der Inhalt des Kunstwerks durchaus ideell bleibt, wogegen in der Natur sich die Idee der Form und dem Inhalte nach, durch und durch verkörpert und alle ihre Verhältnisse in die Gestalt überträgt. Eben so wenig, als nun von einer Bildsäule, ihr geistiger Inhalt (die Erklärung was sie darstellen soll) getrennt werden kann, kann von der Erscheinung der Natur in ihrer äußern Gestalt, ihr Inneres getrennt und beides in einer verschiedenen Bedeutung betrachtet werden. So lange ich nicht weiß, welchen Gedanken der Künstler in seiner Bildsäule hat darstellen wollen, so lange bleibt mir ihre Erscheinung fremd, eben so wie die Natur so lange ich ihr Inneres nicht durch und durch zugleich mit ihrem Aeußern erfaßt habe.

§. 5.

Sobald man die Kraft als etwas von ihrer Erscheinung Verschiedenes betrachtet, bleibt auch der Zusammenhang, den beide unter einander haben, vollkommen unerklärt: etwas, das von der größten Wichtigkeit und gerade der Punkt ist, wonach man suchen sollte. Wenn man den wahren Zusammenhang irgend einer Lebenserscheinung mit dem Ganzen nicht kennt, und diese nur aus einer Kraft erklärt, so ist dieß, wie man leicht einsieht, immer wieder eine rein äußerliche Betrachtung und es ist dadurch keine weitere Einsicht in den Lebensproceß gewonnen: es ist um nichts besser, als ob man gradezu nur bei der Erscheinung stehen geblieben wäre. Man betrachte nur selbst die gehaltreichsten und vortrefflichsten, über die Lebenskraft erschienenen Schriften in dieser Rücksicht, um sich zu überzeugen, daß in denselben gerade durch die Kraft am allerwenigsten erläutert ist. So lange man den Zusammenhang des Vielen mit der Einheit einsieht, braucht man die Annahme einer Kraft nicht, und die Schriften über die Lebenskraft, eines Wolff, Blumenbach und Anderer erhalten ihren Werth nicht etwa durch die Annahme der Kräfte, sondern nur durch die reiche Aufstellung von Thatsachen, (Erscheinungen) denen diese Kräfte und Triebe untergelegt sind. Auch die Schriften von Roose, Brandis, Darvin u. A. über die Lebenskraft, sind großentheils mit Erscheinungen des Lebens erfüllt, und man täuscht sich sehr, wenn man darin einen Aufschluß über die Kraft sucht. Ein Beweis, daß Alle die Erscheinungen als eins und dasselbe mit der Kraft müssen anerkannt haben, während sie beides als verschiedene Dinge betrachtet haben.

§. 6.

Es ist überhaupt etwas Wohlbekanntes, daß wir, so weit wir den innern Verlauf der Thätigkeiten in einer Erscheinung uns zu erklären vermögen, nicht von Kräften reden, sondern die Sache als begriffen ansehen, wenn durch und durch die eine Erscheinung, als der Grund der andern, bekannt ist, wie bei den mechanischen und chemischen Processen. Man sagt zum Beispiel von einem Salze nicht, daß es durch eine salzbildende Kraft entstanden sei; weil es genau bekannt ist, daß analytisch und synthetisch gezeigt werden kann, wie durch die Wechselwirkung von Säure und Alkali das Salz entsteht, und daß zu seiner Erzeugung die chemischen Stoffe sich nur in bestimmten Verhältnissen vereinigen, so daß der innere Verlauf der Thätigkeiten, wodurch die Erscheinung der Salzbildung vollendet wird, ganz und gar durchschaut werden kann. Wir betrachten aber die selbstständige Bewegung des Blutes zum Beispiel, als aus einer eigenen Kraft entsprungen, so lange wir ihre Motive nicht kennen, sehen aber diese Kraft verschwinden, sobald wir den innern Verlauf des Processes kennen lernen, der diese Bewegung hervorbringt. Hier löst sich die ganze Kraft in die Erscheinung auf, eben so wie in dem eben angegebenen Fall bei der Salzbildung.

§. 7.

Wir finden nämlich, daß sich das Blut in dem Haargefäßsystem der Thiere, und der Saft in den Pflanzen fortbewegt, ohne daß eine zureichende, äußere Ursache dieser Erscheinung angegeben werden könne. Daher hat man als Grund dieser Erscheinung zeither mit Kielmeyer, der über die organischen Kräfte eine schöne Abhandlung geschrieben hat, eine eigene Propulsionskraft angenommen. Verfolgen wir aber die inneren Bewegungen des Blutes und seine Wechselwirkungen mit den Gefäßen beim hellen Lichte genauer, so erkennen wir in eben diesen Verhältnissen, welche das Blut mit den Gefäßen hat, den Grund der Bewegung, und die Propulsionskraft löst sich gänzlich auf. Wir sehen nun, daß die Blutbewegung durch substanzielle Beziehungen zu Stande kommt, welche sich durch und durch mit den Augen verfolgen lassen. Die Analyse aber dieser Lebenskraft ist, wie man leicht einsieht, eben so wie die Analyse des chemischen Processes bei der Salzbildung, weiter nichts, als das Wissen um die Ursachen und den Verlauf der Erscheinungen. In beiden Fällen liegen nun die Ursachen der Erscheinung (die Kräfte) in der Erscheinung selbst, und es ergiebt sich, daß außer der Erscheinung weiter nichts vorhanden ist, als eben ihre eigenen immanenten Bestimmungen. Die Kraft selbst erscheint, und ist eines und dasselbe mit den Verhältnissen der erscheinenden Substanz, in deren Bestimmungen sie eben begründet ist. Eben so trägt sich die Erscheinung in die Kraft über, indem sie selbst der Grund ist, aus dem ihre eigenen Bewegungen fließen.

§. 8.

Gleichwohl ist man in der organischen Natur zeither wenig aufmerksam darauf gewesen, daß es hier, eben so wie im Mechanischen und Chemischen, nur auf die Analyse dieser Kräfte ankömmt, um zu zeigen, daß sie durchaus nichts Selbstständiges, von der Materie Verschiedenes sind, das hinter der Erscheinung liegt, sondern einzig und allein in den Verhältnissen begründet sind, welche die verschiedenen Momente der lebendigen Substanz unter einander haben: daß also die Natur nur ein und dasselbe, sich selbst gleiche Wesen sei, welches erscheint, und eine Erscheinung, die zugleich ihr inneres Wesen ist, ohne daß man, wenn man der Sache keine offenbare Gewalt anthun will, nur den entferntesten Grund hat, das Innere der Natur, als etwas selbstständig Verschiedenes von ihrem Aeußern, zu unterscheiden. Und wenn ich gegenwärtig von der Natur der lebendigen Pflanze rede, so soll dieß weder die Erscheinungen des vegetativen Lebens, noch die sogenannten Kräfte desselben für sich andeuten, sondern den concreten und energischen Lebensproceß der Pflanze, als das inhaltvoll erscheinende Wesen, in welchem die Kraft sich in die Erscheinung auflöst.

§. 9.

Naturwissenschaft.

So wie es nun die Hauptabsicht der physikalischen und chemischen Wissenschaft ist, die Processe des allgemeinen Naturlebens bis in ihre letzte Gliederung physikalisch und chemisch zu analysiren, so ist die höchste Aufgabe der Physiologie, die Analyse der organischen

Kräfte, oder vielmehr der organischen Processe, so, daß jede Vorstellung von Kraft, als einem unmittelbaren Wesen, das hinter der dunklen Erscheinung liegt, verschwindet, und sich gerade so analytisch in einen hellen Begriff verwandelt, wie sich die dunkele Gestaltung und Bewegung des Blutes und des Lebenssaftes der Pflanze in eine klare und deutliche Erscheinung auflöst, in demselben Maaße, als man die Beleuchtung in dem Schattenlicht, mit dem reinen, hellen Sonnen- oder Feuerlichte verwechselt.

§. 10.

Es ist aber von großer Wichtigkeit, daß man, um den Begriff der Natur zu fassen, nicht etwa bei der unmittelbaren Betrachtung des Analytischen in den Processen der Natur stehen bleibe, sondern weiter sehe, wie sich diese nach der elementarischen Trennung des Lebendigen aus dem innern Widerspruche wieder zur Einheit vermitteln und in dieselbe zurückkehren, eben so wie sie von ihr ausgegangen sind. Durch eine solche unmittelbare und gedankenlose Anschauung der Natur sind besonders Franzosen, wie Condillac, zu den oberflächlichsten und inhaltleersten Betrachtungen gekommen. Der Begriff der Natur fließt erst aus dem innern Zusammenhang, der ihre Gliederung wieder zur Totalität verbindet, und die Erkenntniß desselben schließt sich erst mit der vollständigen Verfolgung des Processes aus der Trennung in die Vereinigung seiner Momente, wodurch erst der Lebenskreis von Thätigkeiten sich in sich selbst abschließt, und aus der Unruhe in seine bewegte Ruhe zurückkehrt. Diese Rückkehr des getrennten Ganzen zu der untrennbaren, lebendigen Einheit ist eben der Durchgang, den wir in den Processen der Natur zu verfolgen haben. Die eine Totalität unterscheidet sich innerhalb ihrer, in Differenzen, welche sich wieder in Gegensätze trennen und so fort. Aber am Ende nimmt die Totalität die ganze elementare Trennung, zu welcher sie sich aufgeschlossen hat, in ihre Einheit zurück, und beschließt den Lebenskreis, innerhalb dessen sie sich ewig bewegt. Zum Beispiel die Pflanze unterscheidet sich in Ernährungs- und Bildungssystem. In beiden Systemen setzt sie die Scheidung in Gegensätze fort, indem sie Gefäße den Säften gegenüberstellt, und in diesen Theilen hat die Pflanze ihre elementare Trennung in die bewegte Kugelform (oder vielmehr Ellipse), durch welche sie in sich selbst zurückkehrt, und die Theilung ihrer Substanz zu der innern Einheit zusammenschließt, in welcher wir das Ganze erblicken.

§. 11.

Ginge freilich diese Trennung nach den mechanischen Vorstellungen ins Unendliche fort, so würde man aus der ewigen Analyse nie wieder zur Einheit der Theile zurückkommen können. Glücklicherweise trennt sich die Natur in ihrem freien Laufe nie wirklich ins Unendliche, sondern hält Schritt für Schritt das Entzweite zugleich wieder in einer Einheit zusammen, und es kömmt nur darauf an, diesen ihren Operationen in ihrem innern Verlaufe zuzusehen, um aus der weiten Zerspaltung der Momente einer Totalität wieder unversehens zu dem Anfang, von wo die Theilung ausging, in einen geschlossenen Kreis zurückgeführt zu werden.

Auf diese Weise ist die Natur uns allein Führer'n in der Erspähung ihrer Gesetze, und jede Vorstellung, welche wir uns, ohne sie zu beschauen, von ihrer Besonderung nach geistigen Formen machen, kann, wenn sich die Congruenz beider bestätigen sollte, nur die Geburt des zweifelhaftesten Zufalls sein. Im Allgemeinen findet sich aber zwischen Geist und Natur in ihrer innern Entfaltung eine hohe Uebereinstimmung, welche die Philosophen schon (Plato, Leibnitz) früher geahnt, und Hegel jetzt auf eine eben so tief durchdachte, als wahre Weise dem Begriff nach dargestellt hat. Meine Entdeckungen des innern Blut= und Saftlebens stimmen durchaus mit der Darstellung überein, in welcher Hegel den Gedanken in seiner Entfaltung verfolgt hat, und können als eine Bestätigung der Wahrheit angesehen werden, daß eine allgemeine Uebereinstimmung zwischen den Thätigkeiten des Geistes und der Natur vorhanden ist.

§. 12.

Indessen berechtigt uns dieß keinesweges zu der Folgerung, daß sich überall die Gesetze der Natur aus dem Gedanken werden ableiten lassen: im Gegentheil findet sich in der Regel, daß die Ableitung der Naturgesetze aus den Formen des Geistes beim Uebergang in das Besondere zu großen Irrthümern hingeführt hat. Deshalb kann der Naturforscher, dem auch ganz vorzüglich das Besondere in der Natur am Herzen liegt, sich auf die philosophische Ableitung nicht verlassen, sondern er muß den Prozeß der Natur Schritt vor Schritt ins Innere verfolgen, und von der philosophischen Darstellung desselben abweichen, wo die Natur der

Gedankenform widerspricht. Der Naturforscher muß den Begriff der Natur aus ihr selbst schöpfen, und zeigen, daß er durch und durch seinem Objekte entspricht. Es ist daher die höchste Aufgabe der Naturwissenschaft die erfahrungsgemäße Analyse der Natur, und die Vereinigung der aus ihr geschöpften Ansichten zu einem Begriff, welcher der Wirklichkeit seines Objektes durch und durch entspricht. Man muß die Natur vergeistigen, so, daß in der Wissenschaft nichts von ihr übrig bleibt, als das eine Gesetz. Dieß Streben des Geistes nach der Wahrheit der Natur in Auffindung ihrer Gesetze kann man mit dem Streben der Organismen vergleichen, sich die Außendinge zu assimiliren. Der Geist will sich die Natur aneignen, das heißt, er will sie in einer ihm angemessenen geistigen Gestalt auffassen, begreifen, eben so wie das Thier und die Pflanze sich der Nahrung bemächtigt, und diese in seine Natur umschafft, sich dieselbe zu eigen macht. Als etwas Fremdes duldet das Thier in sich eben so wenig die Nahrung, als der Gedanke das Gesetz der Natur, und man bedient sich mit Recht des bildlichen Ausdruckes in der Wissenschaft, daß sie verdaut werden müsse.

§. 13.

Der Naturforscher setzt vor allen Dingen die, seinem Gedanken gegenüberstehende Existenz der Natur, voraus, und es kann ihm bei seiner Betrachtung sehr gleichgültig sein, ob es durchaus eine Natur geben müsse, oder ob auch statt derselben etwas Anderes da sein könne: kurz, er geht unmittelbar an die Untersuchung ihrer Beschaffenheit, weil sie da ist, und es daran gelegen ist, zu wissen, wie sie da ist. Denn es ist Sache einer rein geistigen oder philosophischen Untersuchung, zu zeigen, in welchem Zusammenhange Natur und Geist stehen, und wie sich hier das Eine aus dem Anderen durch innere Nothwendigkeit ableiten läßt.

§. 14.

Aber der Inhalt der Natur muß durchaus von Anfang an als ein Ganzes, das sich nach ewigen Gesetzen bewegt, gefaßt werden. Bei dem Streben nach der Erkenntniß des Naturganzen muß man sich jedoch dafür hüten, Gedankenformen, unter dem Namen der Ideen, sich durch den Geist als ein Schema vor Augen zu stellen, in welches hinein nun der ganze concrete Inhalt der Natur construirt werden soll. Dieß würde zu den größten Mißgriffen in der Erkenntniß der Natur Veranlassung geben, indem die Begriffsbestimmungen des Geistes durch und durch von uns gedacht werden können, um den Gedanken durch das Denken zu erkennen; aber ein bloßes Denken nie zu dem wirklichen Inhalt der Natur führen kann, weil diese etwas dem Geiste Aeußerliches und Gegenüberstehendes ist, das durch seinen Begriff ganz anders entfaltet sein kann, als wir es uns in der Form unserer Idee vorgestellt haben. Solche Ideen, in welche man die Natur hinein zu construiren sucht, sind ohnehin gar keine wirkliche Ideen, das heißt, inhaltvolle Gedanken über die Natur, sondern bloße Abstraktionen oder leere Formen des Geistes, ja selbst oft ganz willkührliche Vorstellungen und oberflächliche Vergleiche, welche dem gesetzmäßigen und tiefen Inhalte der Natur ganz und gar nicht entsprechen, sondern demselben im höchsten Grade unangemessen sind. Die Natur ist, wie der Geist, ein in sich geschlossenes Ganzes, dessen innerem Zusammenhange die ewige Idee zum Grunde liegt, und diese Idee in ihrer äußern Entfaltung als Natur zu fassen, ist Sache des Naturforschers.

§. 15.

Die Naturwissenschaft ist weder rein empirisch noch rein speculativ.

Es ist vor allen Dingen fest zu halten, daß wir diesen innren Zusammenhang, diese leitende und regierende Idee in den Totalitäten der Natur selbst zu suchen haben, weil sie ihr immanent ist, und daß es uns besonders darauf ankommt zu wissen, wie die Natur bei der äußern Entfaltung ihrer Ideen zu Werke geht, wie sie sich realisirt, und in ihrer Wirklichkeit bewegt. Die unmittelbare Anschauung der natürlichen Dinge und ihrer Erscheinungen, wie sie außereinander sind, kann uns allein nichts helfen; wir müssen sehen, wie die Erscheinungen im Kreise der geschlossenen Naturthätigkeiten durch Nothwendigkeit und Gesetzmäßigkeit zusammenhangen, wie die Glieder der Totalitäten in Ruhe und Eintracht zusammenwirken, und in ihrer Bewegung und Wechselwirkung sich innerlich zu einander verhalten. Es handelt sich darum, das Bleibende und Gesetzmäßige zu finden, was die höchste Veränderlichkeit und Flüchtigkeit der Naturerscheinungen ordnet und regiert, und dadurch den unveränderlichen, ewigen Gedanken in dem Uebergehen seiner Momente offenbart.

§. 16.

Zu der Erkenntniß dieser Idee der Natur können wir aber nicht von innen heraus gelangen, sondern wir müssen von außen hineinzukommen suchen, weil uns die Natur unmittelbar in ihrer äußerlichen Seite gegeben ist, von der die Betrachtung nothwendig anfangen muß. Trifft es sich nun auf diesem letztern Wege zufällig, daß wir durch die zunächst äußere Erkenntniß der Natur weiter zu einem Begriff derselben gelangen, dem die Gedankenbestimmungen entsprechen, so ist in dieser Uebereinstimmung des Geistes und der Natur durchaus keine Nothwendigkeit zu suchen, indem der innere Verlauf der Naturthätigkeiten ins Einzelne hinein, einen concreten Inhalt haben kann und muß, den wir unmöglich aus den Bestimmungen des Geistes zu abstrahiren im Stande waren. Denn wir können uns im eigenen Elemente des Denkens wohl so bewegen, daß wir den Geist mit dem Geiste unmittelbar anschauen; aber die Natur müssen wir durchaus mit den Sinnen unmittelbar anschauen: wir müssen es erfahren, wie sie ist, und jeder Versuch einer sogenanuten Construktion der Natur durch den Geist muß, sobald sie ins Einzelne der Natur übergeht, für immer höchst mangelhaft und vernunftlos bleiben, indem von uns die Natur bloß a n a l y s i r t werden kann, um zuzusehen, wie sie sich selbst durch ihre eigene Macht c o n s t r u i r t.

Freilich ist aber das rein äußere Auffassen der Natur durch die Sinne etwas, das den innern Zusammenhang der Erscheinungen liegen läßt, und eine solche rohe Empirie ist mit vollem Rechte zu tadeln. Aber darum ist auch weiter zuzusehen, wie sich das Ganze aus seiner Besonderung wieder zu seinem Begriff verknüpft, und wie sich die einzelnen Erscheinungen, nur als übergehende Momente in die Totalität, darstellen.

§. 17.

Diesem gemäß ist die Naturwissenschaft eine analytisch und synthetisch vergeistigte Natur, vermittelt durch die genaue Verfolgung des Verlaufs der Thätigkeiten, welche in der Natur gefunden werden. Es kann also durchaus keine rein spekulative Naturwissenschaft geben, eben so wenig, als es eine wirkliche, rein empirische Wissenschaft von der Natur geben kann. Erstere wäre eine gehaltlose Vorstellung, in der nichts als Schattenbilder vorkommen könnten; letztere ein Haufen von Naturerscheinungen, ohne Regel und Ordnung durch einander geworfen. Denken und Erfahren müssen sich einander die Hand bieten, wenn eine Naturwissenschaft wirklich werden soll, und es ist auch gar nichts Ungewöhnliches, daß in den Werken über die sogenannte speculative Naturwissenschaft ein Reichthum von Erfahrungen, und in den empirischen, die vernünftigsten Betrachtungen über das Erlebte vorkommen. Der Unterschied einer empirischen und speculativen Naturwissenschaft verschwindet, so wie die Wahrheit der Natur erkannt ist, und es bleibt nichts übrig, als das Wissen um das Gesetz, welches weder empirisch, noch spekulativ ist. Selbst die Art, wie wir zur Erkenntniß des Gesetzes gelangen, ist weder rein spekulativ, noch rein empirisch, und in sofern würde auch die Erkenntnißweise keinen zureichenden Grund für die Eintheilung abgeben, wenn man anders nach solchen zufälligen Bestimmungen eine Wissenschaft

benennen

benennen wollte, wie dies wohl hin und wieder geschehen ist.

§. 18.

Eintheilung der Naturwissenschaft.

Die Eintheilung einer Wissenschaft muß nach ihrem Inhalt gemacht werden, abgesehen von der Art wie ich zur Kenntniß desselben gelange. Denn letzteres ist durchaus zufällig, und kann auf mancherlei Weise geschehen. Dagegen ist der Inhalt bleibend, und seine eigene innere Trennung muß uns auf die Eintheilung führen, die dann eben so unveränderlich sein wird, als der Gegenstand selbst, dessen Idee in der Wissenschaft enthalten ist, sobald man nemlich die Sache in ihrer Wahrheit erkannt hat.

§. 19.

Die Eintheilung der Naturwissenschaften muß also nach den Unterschieden gemacht werden, welche sich in der Natur selbst finden, und in sofern ist es von großer Wichtigkeit, daß man zunächst das allgemeine Leben der Erde von dem, gegen dasselbe individuellen und besondern Leben der Organismen, unterscheide. Diese Unterscheidung muß dann auch beim Uebergang der Betrachtung in die unterschiedenen Theile festgehalten werden, so daß nicht Prozesse des allgemeinen Naturlebens mit denen der Organisationen vermengt, verwechselt, für einerlei gehalten, oder gar der eine als der Grund des andern angesehen wird, wie dieß letztere häufig mit den galvanischen und chemischen Prozessen, die man als den Grund mancher Lebenserscheinungen der Organisationen angenommen hat, der Fall gewesen ist.

Wenn die allgemeinste Eintheilung der Naturwissenschaft nicht gleich der Natur entsprechend ist, so wiederholen sich die hier vorgekommenen Mißdeutungen und Irrthümer beim Uebergang der Wissenschaft zu dem Besondern und Vereinzelten eben so oft, als sich das allgemeinste Gesetz des Lebens immer wieder an dem Besondern der Dinge in Wiederholungen zur Erscheinung treibt, welche sich beim Anfang und am Schluß des Ganzen begegnen, und an welchen der Naturforscher, entweder bewußt, oder unbewußt, aber in beiden Fällen gleich nothwendig, seine Gedanken, so wie seine Irrthümer anknüpft.

§. 20.

Hat man nun bei der Untersuchung des besondern Inhalts der Natur einmal die Wahrheit des innern Zusammenhanges aus den Augen verloren, oder solche gleich im Anfang nicht richtig erkannt, so verliert man sich in regel- und ordnungslose Vorstellungen, welche dem Gegenstande nicht entsprechen, und man erreicht nur mit Mühe wieder den freien Standpunkt, von welchem aus die vernünftige und besonnene Forschung in ihrem Fortgange geleitet seyn will. Die Wissenschaft vom Naturleben muß sich also, gemäß der Natur, zuförderst in die Betrachtung des allgemeinen und des individuellen Organismus unterscheiden, und der Inhalt beider Lehren darf im Fortgange durchaus nicht durcheinander geworfen werden.

§. 21.

Allgemeines und individuelles Naturleben überhaupt.

Genau da, wo sich unabhängig vom Mechanismus sowohl, als vom allgemeinen tellurisch-physikalischen Prozeß Körper aus innerer Macht gestalten, scheidet sich das individuelle Leben von dem allgemeinen irdischen Zusammenhange ab, und man hat diese Trennung auch von jeher durch die Begriffe der organischen und unorganischen, oder der lebendigen und todten Natur gemacht.

Allein die Unterscheidung der Natur in eine leblose oder todte und lebendige taugt nichts; denn es giebt in der Natur nichts wahrhaft Todtes, und es kömmt nur darauf an, den innern Zusammenhang der Dinge untereinander aufzuzeigen, um überzeugt zu werden, daß das Todte nur scheinbar existirt. Betrachten wir zum Beispiel irgend einen Theil der allgemeinen Natur, wie das Wasser, die Luft, die Erde und so fort, jeden für sich, ohne auf den Zusammenhang zu sehen, den diese Dinge in der Totalität des Makrokosmus unter einander haben, so erscheinen sie uns unthätig und todt, weil sie so für sich kein eigenes Leben zu haben scheinen, und auch wirklich nicht haben. Sehen wir aber diese Dinge unter einander entweder im physikalischen oder chemischen Proceß begriffen, so wird es jedem, welcher der Sache nur einige Aufmerksamkeit schenkt, leicht begreiflich werden, daß die Wechselwirkung welche sie unter einander haben, aus den innern Verhältnissen ihrer Natur entspringen müsse, indem keine äußere Gewalt sie zu den Aeußerungen ihrer Thätigkeiten bringen kann, welche sie, unter einander in Wechselwirkung, von selbst zeigen.

§. 22.

Auf die Betrachtung dieses innern Zusammenhanges, in welchem die Theile mit dem Ganzen stehen, kömmt es vorzüglich an. Wir dürfen das Einzelne und Besondere nicht für sich, sondern in den Verhältnissen untersuchen, durch welche es in die Kette der Totalität eingreift, worin es sein Bestehen hat. Nur in dem geschlossenen Kreise, in der Einheit, in welcher sich die Erscheinung, als äußere Wirklichkeit der Idee bewegt, können wir auch die sogenannte Ursache des Lebens, als durch die Aeußerung der Idee begründet, suchen. Der Grund des Lebens ist als die Einheit anzusehen, in welcher die unterschiedenen Theile eines Ganzen, durch den innern Zusammenhang, vermittelst welches sie in einander übergehen, zusammengehalten werden. Eben diese Macht der Totalität, welche das Entfaltete im Verschwinden und im Uebergange erhält, und nur sich selbst als bleibende Einheit setzt, das ist das Leben selbst.

§. 23.

Daß man nun zeither die Momente des allgemeinen Naturlebens, weniger in ihrem Zusammenhange, als Unterschiede Einer Totalität, dagegen mehr für sich, als selbstständige Qualitäten angesehen hat, darin scheint der Grund zu liegen, daß man sie für todt gehalten hat. Auch treten uns die physikalischen und elementaren Glieder der allgemeinen Natur unmittelbar in sehr großen Massen vor die Sinne, so daß meist jede innere Bewegung, als das erste Zeichen, welches wir von der lebendigen Veränderung eines Dinges haben können, nicht sogleich bemerkbar wird. Dabei fällt anch nicht immer sogleich in die Augen, daß diese Massen den Proceß ihrer Bildung meist schon zu ihrer Voraussetzung haben, und dann zeigt auch der allgemeine physikalische Prozeß in seinem natürlichen Verlaufe eine so große Langsamkeit im Verhältniß zu dem Organischen, daß wir die continuirlichen Bewegungen der Momente desselben für Ruhe zu halten geneigt sind, welche mit dem Tode der organischen Natur für gleich geachtet worden ist. Wahrscheinlich sind auch diejenigen elektrischen und chemischen Processe, welche wir mit unsern Sinnen in dem allgemeinen Naturleben wahrzunehmen im Stande sind, nur ein sehr kleiner Theil der unaufhaltsam vor sich gehenden Veränderungeu, welche in dem Dunstkreise, dem Wasser, der Erde und durch die Wechselwirkung dieser Elemente unter einander, zu Staude kommen.

§. 24.

Der Grund des Lebens der allgemeinen physikalischen Natur liegt also in dem Zusammenhange ihrer verschiedenen Momente zu einer untrennbaren Einheit, und als solche muß sie daher die Naturwissenschaft betrachten. In sofern hat das allgemeine Naturleben eben so wie das individuelle der Organismen den Grund seiner Existenz in seinem eigenen Innern, und erhält sich kraft dieser eigenen Macht zu dem Organischen, wie dieses zu jenem, als etwas Aeußerliches und Fremdes. Beide können in keinen innern Zusammenhang treten, weil sich die Glieder in dem allgemeinen irdischen Proceß zu der Totalität ihres Erdenlebens, wie die Momente der organischen Individualität zu ihrer eigenen innern lebendigen Einheit verhalten.

§. 25.

Allgemeines Naturleben ins Besondere. Physik und Chemie.

Für das Ganze des allgemeinen Naturlebens hat die Wissenschaft keinen entsprechenden Namen, wenn man nicht etwa das Wort Physik, welches auch zur Bezeichnung eines Theils dieses Ganzen dient, zugleich im Allgemeinen dafür gebrauchen will. In der Regel handelt man von der Natur der allgemeinen irdischen Processe in zwei besondern Wissenschaften, von denen die eine Physik, die andere aber Chemie heißt.

Ueber das Verhältniß dieser beiden Wissenschaften zu einander sowohl, als zu dem Ganzen dem sie angehören, so wie über ihr Verhältniß zur Organisation, will ich, so weit es hier zu meinem Zweck gehört, Einiges hinzufügen, um den Standpunkt des Organischen im Gebiete der Natur festzustellen, und die Wichtigkeit einer consequenten Unterscheidung des allgemeinen und individuellen Lebens zu zeigen.

§. 26.

Physik und Chemie umfassen die Kenntniß aller Naturerscheinungen, welche in dem allgemeinen Erdenleben ihren Grund haben, und innerhalb dieser beiden Wissenschaften müssen alle Vorgänge ihre Aufklärung finden, welche in innerem Zusammenhange mit dem tellurischen Proceß stehen, eben so wie jedes Phänomen des individuellen organischen Lebens durchaus von ihrem Gebiete ausgeschlossen ist. Man könnte für sie den allgemeinen Namen: Physiologie der Erde, nehmen, wodurch dann von der Wissenschaft zugleich dasjenige rein ausgeschlossen würde, was auf die Beziehungen der Erde, als eines Theils des Weltsystems, zu den übrigen Weltkörpern Bezug hätte; weil dies in die astronomische Wissenschaft gehört, und von der Physik eben deshalb durchaus abgesondert werden muß, weil das Erdenleben hier nicht als Totalität für sich, sondern als Moment des Weltsystems in Betrachtung kommt.

§. 27.

Beide Wissenschaften sind also Theile eines Ganzen, welche einer natürlichen Gliederung ihrer Objekte entsprechen, und darin ihren Grund haben müssen. Dieß ist zwar im Allgemeinen der Fall, indem die Physik, die unmittelbare Gliederung des irdischen Ganzen in noch zusammengesetztere Theile, und deren Verhältniß zu einander, die Chemie aber die entferntere und ganz elementare Trennung der physikalischen Glieder in die sogenannten chemischen Elemente zum Gegenstand ihrer Betrachtung haben soll. Aber im Besondern umfaßt vorzugsweise die Physik, wie sie gemeinhin abgehandelt wird, Gegenstände, welche offenbar zweierlei verschiedenen Seiten ihres Inhalts angehören. Das eine betrifft das Verhältniß der allgemeinen physikalischen Körper zum Ganzen der Erde, das andere ihr Verhältniß unter einander.

§. 28.

Indessen läßt sich dieser verschiedene Inhalt der Physik noch dadurch allenfalls rechtfertigen, daß man das erstere dem letztern als eine allgemeinere Lehre vorschickt. Zu dem Verhältniß der physikalischen Theile zum Ganzen der Erde, welches den Inhalt der allgemeinen Physik ausmachen soll, gehört vorzugsweise ihre Schwere gegen den Mittelpunkt der Erde, nebst den Gesetzen, nach welchen diese wirksam ist. Aus der Entwikkelung dieser Gesetze entstehen die Lehre vom Falle der Körper, von ihren absoluten und spezifischen Gewichten, von den Pendelschwingungen, von der Bewegung und Ruhe, in sofern dieß centripetale Wirkungen sind. Was gemeinhin unter dem Namen der Mechanik in der Physik abgehandelt wird, sind ebenfalls Entfaltungen und Anwendungen des Gesetzes der Schwere der Körper und deren Wirkungen, mit Hülfe der mathematischen Wissenschaft.

§. 29.

Es frägt sich nun aber, wo das Licht und seine physikalische Bedeutung abgehandelt werden soll. In der Regel handelt man von demselben, unbekümmert um den Zusammenhang und die Verhältnisse, welche das Licht zu den übrigen Gegenständen der Physik hat, an einer beliebigen Stelle der speciellen Physik, neben der Wärme, der Elektrizität und dem Magnetismus. Dies würde dann ganz richtig sein, wenn nur von dem Lichte, welches die physikalischen und chemischen Elemente durch das Feuer bei ihrer Verbrennung verbreiten, allein die Rede wäre. Denn in diesem Falle würde vom Licht und der Wärme, als Erscheinungen bei der Rückkehr der chemischen Elemente zum physikalischen Prozeß gehandelt werden, und es fände seine Stelle mit Recht an dieser Stelle.

§. 30.

Allein dies irdische Licht ist gemeinhin nicht Gegenstand der Betrachtung, sondern man redet allein von dem Lichte, welches uns vom Mittelpunkte des Weltsystems aus beleuchtet, vom Sonnenlichte. Dieses aber in der speciellen Physik zu betrachten ist doppelt unrecht; denn das Sonnenlicht gehört gar nicht einmal zur Individualität des Erdenlebens, sondern vermittelt nur den Zusammenhang und die Abhängigkeit des Erdenlebens vom Sonnensystem, und ist in dieser Beziehung viel zu allgemeiner Natur, als daß es neben so besondern Dingen, als die physikalischen Elemente der Erde sind, gestellt werden könnte. Es gehört also durchaus die Betrachtung der Natur des Sonnenlichtes auch in eine viel allgemeinere Doctrin, welche das kosmische Leben überhaupt betrachtet.

§. 31.

Die Hauptangelegenheit indessen, weshalb man dem Sonnenlichte in der Physik eine Stelle anweist, ist jedoch nur, um bei der Gelegenheit zugleich die physikalischen Eigenschaften des Lichtes überhaupt, wohin vorzugsweise die Brechung, Zurückwerfung der Strahlen gehören, durchzugehen, auf deren Gesetzmäßigkeit sich die ganze Optik stützt. Indessen sind die optischen Eigenschaften des irdischen und Sonnenlichtes ganz dieselben, sogar in ihrer Wirkung auf die Organisation, so daß Humboldt eine im Finstern gebleichte lebendige Pflanze beim Lampenschein grün werden sah, und man kann daher die Lehre vom Licht mit demselben Rechte neben dem Feuer, wodurch das irdische Licht erzeugt wird, abhandeln, als dies bei der Betrachtung des Sonnenlichtes geschieht, ohne also um den Platz dieser Doctrinen in der Physik in Verlegenheit zu kommen. Denn in ihrer Entfaltung hat es die Lehre vom Licht weder mit dem Sonnen- noch mit dem irdischen Lichte besonders zu thun, und die Beziehungen des Lichtes sind theils physiologisch theils mathematisch, weshalb auch oft genug die Optik in der angewandten Mathematik abgehandelt wird.

§. 32.

Der Inhalt der speciellen eigentlichen Physik nun bezieht sich auf das Verhältniß und den innern Zusammenhang der irdischen Glieder unter einander.

Zum allgemeinen Naturleben der Erde gehört nemlich nicht allein das Erdreich im strengen Sinne des Worts, sondern auch die es umgebende Luft, die Atmosphäre, so wie das Wasser, mit einem Worte die Elemente der Alten, welche Dinge als Theile des ganzen irdischen Prozesses, in dem innern Zusammenhange ihrer Wechselwirkung, die unmittelbare Gliederung ausmachen, in welcher das eine Ganze sich aufhebt, vergleichbar der organischen Theilung in ihre verschiedenen Systeme. Mit der Betrachtung der Verhältnisse dieser Unterschiede im tellurischen Ganzen, beschäftigt sich die Physik nun besonders, ohne jedoch auf ihre weitere Trennung und letzte Theilung in den elementaren chemischen Prozeß Rücksicht zu nehmen.

§. 33.

Die Physik handelt das Wasser in der Lehre von der Verdunstung, Hygrometrie, vom Regen, Thau u. s. w. ab, wogegen die Zerlegung des Wassers in die chemischen Elemente nicht zur physikalischen Betrachtung desselben gehört. Sie zeigt an der Luft ihre Wechselwirkung mit dem Wasser durch Wärme und Kälte, die Natur der Winde, die Entstehung und Fortpflanzung des Schalls und so weiter. Das Verhältniß der Erden und Salze in ihrer Wechselwirkung mit dem Wasser, zeigt sich in der Auflösung dieser Substanzen im Wasser und ähnlichen Erscheinungen. Durch die Verhältnisse, welche die Erde als Metall darbietet, in den elektrischen Erscheinungen, gelangt endlich die Physik zu der Gewißheit einer weitern ursprünglichen Theilung, welcher die physikalischen Glieder fähig sind, und geht dadurch in die Chemie über, welche von der Wechselwirkung der Elementartheile der zusammengesetzteren physikalischen Körper handelt.

§. 34.

Hierbei ist aber zu bemerken, daß man die Chemie nur in dieser Bewegung ihres Inhalts auffassen muß, und daß es in ihrem innern Zusammenhange weniger darauf ankommt, die sogenanten chemischen Stoffe isolirt festzuhalten, als diese nur eben in ihren Uebergängen und gegenseitigen Verhältnissen zu fassen. Thenard definirt daher die Chemie mit großem Rechte, nicht als die Lehre von der Mischung oder den Bestandtheilen der Körper, wie es früher geschehen ist, sondern als das Wissen um den elementaren Proceß, vermittelst welches die Körper der allgemeinen Natur in innerer Wechselwirkung sind.

§. 35.

Bis jetzt hat man indessen den Inhalt der Chemie aus diesem Gesichtspunkte noch nicht geordnet und eingetheilt, und man begnügt sich damit, von jedem sogenannten chemischen Stoffe alle seine Eigenschaften zu nennen. Allein, abgesehen von dem äußerlichen Hindernisse, welches hierbei in den Weg tritt, daß bei der Abhandlung eines chemischen Stoffes seine Eigenschaften so oft vorkommen müssen, als seine Verhältnisse zu anderen Stoffen zur Sprache kommen, so sind eben die chemischen Eigenschaften weiter nichts als diese Beziehungen, durch welche die chemischen Stoffe in dem Proceß begriffen sind, und es ist unmöglich eine chemische Eigenschaft von einem Dinge zu nennen, ohne dabei zugleich eine zweite Eigenschaft eines andern Körpers mit zu gedenken, oder diese vorauszusetzen. Vom Kali sagt man zum Beispiel, es habe eine Eigenschaft mit Säuren Salze zu bilden. Allein diese Eigenschaft würde es nicht besitzen, wenn nicht die Säure ein eben so inneres Verhältniß zum Kali hätte, und beide gehören in dem Prozeß so unzertrennlich zusammen, wie die beiden Pole eines electrischen Körpers, von denen man aber doch schwerlich einen nach dem andern in verschiedenen Kapiteln abzuhandeln geneigt sein möchte. Man würde also besser den analytischen Weg wählen, und von einem physikalischen Körper, sein Zerfallen in entgegengesetzte chemische Differenzen, und wiederum deren Vereinigung zu einem Ganzen aufzeigen.

§. 36.

Früher war dieser chemische Proceß unbekannt, das heißt, die Alten kannten die sogenannten chemischen Bestandtheile nicht; sie hielten daher die Erde, die Luft uud das Wasser schon für elementarische Theile des allgemeinen Organismus, und nannten diese: Elemente, denen sie noch das Feuer hinzufügten, welches indessen nicht als substanzieller Theil der Erde, sondern vielmehr als die vereinigende Mitte anzusehen ist, wodurch die chemischen Elemente aus der Trennung wieder zur Vereinigung gelangen.

Es liegt indessen in dieser Lehre des Empedocles von den Elementen, der tiefe Gedanke, daß sie Glieder einer Einheit sind, welche unter sich in einem innern Zusammenhange stehen, und es ist für Unrecht zu halten, wenn man seit Entdeckung der chemischen Elemente, sich einseitig mit der elementarischen Zertheilung der allgemeinen Naturkörper beschäftigt, und dabei die Totalität ganz aus den Augen verliert, welche diese ursprüngliche Theilung durch den Proceß in Eins zusammenhält.

Vielmehr sind die Elemente der Alten als eigentlicher Gegenstand der speziellen Physik den chemischen gegenüber, als physikalische beizubehalten, und ihre wahren Verhältnisse weiter aufzusuchen, damit über die Vielheit der Dinge ihre Einheit und Allgemeinheit nicht verloren gehe.

§. 37.

Die elektrischen Erscheinungen vermitteln die freie Trennung in die chemischen Elemente, in dem Laboratorio der Natur. Die Elektrizität ist wie der Magnetismus kein selbstständiges Etwas, sondern mehr eine Erscheinung der gegenseitigen inneren Verhältnisse, durch welche die sie erzeugenden Momente des physikalischen Processes, die sogenannten Bedingungen der Elektrizität in ihre thätige Wirkung gegen einander treten. Diese

Wirkungen sind überall die Trennung einer physikalischen Einheit, der Luft, des Wassers oder der Erde in chemischen Differenzen. Da wo die Elektrizität frei für sich hervortritt, kann man sie als ein formelles Abbild betrachten, nach welchem ihre concreten Wirkungen zu Stande kommen. Immer tritt sie in entgegengesetzte Pole aus einander und man kann sagen, daß diese innere freie Besonderung in entgegengesetzte Unterschiede ihre eigentlich wahre Natur sei. Auf dieselbe Weise bewirkt sie eine Scheidung eines physikalischen Körpers in verschiedene Momente, welche man der Analogie zufolge, besser seine Pole als seine chemischen Bestandtheile nennen könnte, welche mit den chemischen Elementen eins sind.

§. 38.

Die chemischen Trennungen durch Wahlverwandschaften, durch welche vermittelst der Kunst die meisten chemischen Processe von uns bewerkstelligt werden, sind allemal nur Resultate wechselseitiger Verbindungen, welche ebenfalls nur als Verwechselungen der Elemente oder der Pole und keinesweges als ursprüngliche Vereinigungen oder Trennungen anzusehen sind. Sie widersprechen daher dem Gesagten keinesweges. Denn hier ist nur die Rede von dem freien Proceß, wodurch die unorganische Natur ihre letzten Unterschiede aus sich entläßt, indem dieser Proceß allein Gegenstand der reinen Chemie sein kann.

§. 39.

Die chemischen Elemente beharren aber in ihrem Zustande auf keine Weise, sondern sie sind nur durch gegenseitige Vereinigung zur Beruhigung zu bringen, und dieser Proceß wird durch die Verbrennung vermittelt, welcher indessen keinesweges mit der Entwickelung einer Flamme begleitet zu sein braucht, wenn es gleich möglich ist, daß man eine und dieselbe chemische Verbindung, unter gewissen Bedingungen, sowohl mit als ohne Feuererscheinung bewerkstelligen kann. Dieß ist z. B. bei der Verbindung der Talkerde mit Schwefelsäure der Fall. Bringt man die concentrirte Schwefelsäure mit der Magnesia zusammen, so erhitzt sich die Masse bis zum Glühen, verdünnt man aber die Säure vorher mit Wasser, so ist die Temperaturerhöhung bei der Verbindung in demselben Maaße geringer, als die Menge des zugesetzten Wassers größer ist. Auch entwickelt sich bei den meisten chemischen Verbindungen, sie mögen auf nassem oder trocknem Wege zu Stande kommen, eine Temperatur, welche nicht selten zum wirklichen Ausbruch des Feuers kommt und es läßt sich auch eine Stufenfolge von der Oxydation ohne Gluth, dem wirklichen Glühen, bis zum flammenden Feuer, der sich in Gas auflösenden Körper darthun. Denn die Flamme ist eben das Glühen des in Gas aufgelöseten Körpers. Am Phosphor lassen sich diese Phänomene vereint zeigen. Bei einer niedrigen Temperatur in freier Luft wird derselbe ohne merkliche Temperaturerhöhung allmählig zur Säure verbrannt, in einer wärmeren Atmosphäre geräth er ins Glühen, und bald verflüchtigt er sich durch die Hitze in Dampfgestalt und es entsteht ein gewaltig rasches Verbrennen unter der heftigsten Feuerentwikkelung.

§. 40.

Auch muß man unter dem Verbrennungsproceß, wodurch im Allgemeinen die chemische Verbindung erfolgt, nicht nur die Vereinigung des Sauerstoffs mit einem brennbaren Körper, sondern überhaupt jede Vereinigung zweier chemischen Elemente verstehen: denn es entstehen auch chemische Vereinigungen zweier Körper durch wirkliche Verbrennung, unter Entwickelung von flammendem Feuer, wenn gleich kein Sauerstoff in die Verbindung eingeht: dieß ist bei allen Verbindungen der Metalle mit dem Schwefel auf dem trocknen Wege der Fall.

§. 41.

Selbst das elektrische Feuer ist nicht sowohl als Produkt der Elektricität, sondern vielmehr als eine, durch Verbrennung vor sich gehende, Vereinigung der entgegengesetzten elektrischen Pole anzusehen. Das Streben der elektrischen Pole zur Vereinigung kömmt durchs Feuer zur Realität, oder vielmehr die entgegengesetzten Elektrizitäten verbrennen, wie zwei andere Körper, mit Entwickelung von Feuer.

Anmerkung. Ruhland [1]) stellt den Satz auf, daß der chemische und elektrische Proceß Gegensätze eines Ganzen seien, so daß die chemische Verwandtschaft der Grund der elektrischen Vereinigungen sei. Willbrand [2]) ist nach mancherlei Betrachtungen für und gegen diese Meinung nicht ganz abgeneigt, ihr beizustimmen. Dieses wäre also grade die entgegengesetzte Meinung von Berzelius, welcher in seinem

1) Ruhland über den Gegensatz der Elektrizität und des Chemismus. In Gehl'n's Journal für Chemie 9r Bd. 3s Heft, S. 426.

2) Willbrand das Gesetz des polaren Verhaltens in der Natur, Giessen 1819. S. 97 u. s. w.

nem „Versuch über die Theorie der chemischen Proportionen rc., a. d. Schwedischen von Blöde, Dresden 1820" die Elektrizität als den Grund der chemischen Verwandtschaft angesehen hat. Allein die Elektrizität kann weder der Grund der chemischen Verwandtschaft, noch letztere der Grund der elektrischen Vereinigungen sein, sondern alle beide haben ihren gemeinschaftlichen Grund in dem Feuer. Die elektrischen Polaritäten und die chemischen Gegensätze verbrennen bei ihrer Vereinigung, und es stehen sich nicht chemische Verwandtschaft und Elektrizität, sondern elektrische Differenz und Vereinigung durch Feuer gegenüber.

§. 42.

Somit bin ich geneigt, das Ganze des chemischen Processes in seinem inneren Verlaufe für eine Zusammensetzung aus der Elektrizität und dem Feuer zu halten. Vor einer freien Trennung in elementare Unterschiede, durch das elektrische Verhältniß der Körper, welche Bedingungen jeder chemischen Aktion sind, ist kein Chemismus denkbar, und umgekehrt giebt es keine elementare Vereinigung in der allgemeinen Natur, als durch den Oxydations- oder Verbrennungsproceß. Nur durch eine solche allgemeinere und freiere Ansicht der chemischen Aktion lassen sich mehrere problematische Erscheinungen, z. B. die Verbrennung des Wasserstoffs in der Chlorine erklären, und ihr Zusammenhang mit der Totalität begreifen.

§. 43.

Berzelius hält dafür, daß man den Grund zu der chemischen Vereinigung, welche man die chemische Verwandtschaft zu nennen pflegt, in der Elektrizität der Körper suchen solle, und er erklärt das Ganze des chemischen Processes mit der Elektrizität durchaus für eins und dasselbe. Allein unter diesen Umständen fließt einem das offenbar in der Erscheinung Verschiedene in Eins zusammen, und man ist nicht im Stande, aus dem Chaos solcher Vorstellung die natürliche Besonderung der Unterschiede herauszufinden. Auch betrifft diese Aehnlichkeit nur allein die Form, und dem concreten Inhalte nach muß der chemische Proceß von dem elektrischen als ganz verschieden betrachtet werden. Ich möchte sogar das Moment des chemischen Processes, von dem Berzelius den Grund in der Elektrizität sucht, als ein dieser völlig entgegengesetztes Phänomen ansehen, nämlich die chemische Verwandtschaft, indem diese das durch Feuer vereinigt, was die elektrische Wirkung trennt. Durch Elektrizität kann man nur Trennung, keine Vereinigung bewirken, und in allen Fällen, wo es den Schein hat, als wirke die Elektrizität bei einer chemischen Vereinigung mit, da ist es nur das elektrische Feuer, welches die Elemente zur Verbrennung anzündet.

§. 44.

Die Betrachtung also der ersten und unmittelbaren Gliederung des tellurischen Ganzen in Erde, Wasser und Luft, in ihrer Beziehung zur Totalität und untereinander, ist vorzugsweise Gegenstand der Physik, und diese tritt durch die elektrische Spannung im Unterschiede der physikalischen Körper, in Zusammenhang mit dem chemischen Proceß, so, daß die Elektrizitätslehre den Uebergang aus der Physik in die Chemie macht. Die chemischen Elemente endlich kehren durch ihre Vereinigung, welche durch die Verbrennung oder das Feuer vermittelt wird, unmittelbar in das allgemeine physikalische Leben zurück. Indessen sind die Produkte dieses Processes in vielen Fällen einer selbstständigen freien Gestaltung zu Krystallen fähig, und in dieser Beziehung tritt der Chemismus offenbar mit dem individuellen Leben nahe zusammen, indem seine Resultate die Substanz ausmachen, an welcher zuerst die Idee einer individuellen Organisation zur Realität gelangt.

§. 45.

Verhältniß des allgemeinen zum individuellen Naturleben.

Aus dieser Verfolgung des Verlaufs und Inhalts der allgemeinen physikalischen Processe der Erde überhaupt, ergiebt sich das Verhältniß derselben zum individuell organischen Proceß. Beides sind Totalitäten, und müssen mit sorgfältiger Scheidung ihrer Processe von einander betrachtet werden. In dieser Beziehung haben die Alten sehr glücklich das Ganze der organischen Natur in ihre drei Reiche getheilt, und diese umfaßten bei ihnen nur die individuell gestalteten Körper mit strengem Ausschluß des Inhaltes vom allgemeinen Naturleben der Erde, welches sie ebenfalls vortrefflich nach seiner natürlichen Gliederung in die Elemente, welche bei ihnen einen totalen Zusammenhang hatten, dargestellt haben. Wenn man also in neuerer Zeit dem Pflanzen=, Thier= und Mineralienreiche noch ein Luft- und wohl gar ein Wasserreich zur Seite stellen will, indem man diese als für sich bestehende, durch sich selbst thätige Dinge betrachtet, so ist dieß die offenbarste Verwirrung, indem man Totalitäten der organischen Natur mit den Gliedern des allgemeinen irdischen Processes oder der sogenannten unorganischen Natur gleichen Rang zu geben geneigt ist.

§. 46.

Eben so unrecht ist es, die Processe des allgemeinen Naturlebens z. B. den galvanischen, für einerlei mit dem Lebensproceß der Organisation, oder wohl gar für den Grund ihres Lebens zu halten. Man hat wohl gesagt: wenn die galvanische Säule sich selbst erhalten könne, so würde sie ein vollständiger Organismus sein. Allein in der absoluten Abhängigkeit vom allgemeinen Naturleben liegt eben der nothwendige Zusammenhang, den der galvanische Proceß mit dem physikalischen Leben hat. Es ist ein Theil desselben, wie der Verdauungsproceß ein Theil des thierischen Lebens ist. Ohne das allgemeine Naturleben wäre der galvanische Proceß nichts, darin allein hat er seinen Grund, wie die Verdauung in dem individuellen organischen Leben ihr Bestehen hat und umgekehrt.

§. 47.

Auch sind die Processe der physikalischen Natur keinesweges so im Organismus vorhanden, daß sie ihm gleichsam unterworfen wären, sondern beide haben ihr Bestehen immer gegen einander; wo der eine anfängt, geht der andere unter. Dieß ist auch von Willbrand [3]) bemerkt, und als ein polares Verhalten beider Naturen zu einander angesehen worden. In den Organismus kann weder der chemische, noch der mechanische Proceß ohne Zerstörung

3) Willbrand das Gesetz des polaren Verhaltens in der Natur, Giessen 1819. S. 128.

seiner Natur aufgenommen werden, und der Organismus gehorcht den Gesetzen der allgemeinen Schwere, nur in sofern er in Relation zur allgemeinen Natur steht, ohne daß dieß auf seine innerlichen Verhältnisse den mindesten Einfluß hätte. Das Verhältniß der Organisation zur Luft, zum Wasser, der Nahrung u. s. f. ist immer ein feindliches und fremdes, und diese Außendinge müssen im Organismus zu Grunde gehen, so lange er besteht, wenn sie mit ihm in innere Verhältnisse treten wollen. Es geschieht weder ein chemischer, noch ein mechanischer Proceß unter der Herrschaft des Lebens, wie Roose [4]) glaubt, sondern jede physische Thätigkeit geht unter der Herrschaft der Organisation vollkommen zu Grunde, damit die lebendige Substanz durch ihre immanenten und abgeschlossenen Verhältnisse sich in ihrem eigenen Kreise bewege, welcher durchaus von dem Lebenskreise der allgemeinen Natur verschieden ist. In dieser Individualität, wodurch sich die besondern Gestalten der organischen Natur von dem allgemeinen Naturleben unterscheiden, und sich gegen dieselbe erhalten, liegt der Grund der Definition welche Humbold [5]) nach G. E. Stahl [6]) vom Leben gegeben hat. Er sagt, es sei die Kraft welche die Bande der chemischen Verwandtschaft löse, und die freie Verbindung der Elemente in dem Körper hindere, weshalb das natürliche Zeichen des Todes die Fäulniß sei. Humbold hätte nur dabei noch berücksichtigen müssen,

4) Roose Grundzüge der Lehre von der Lebenskraft, Braunschweig 1794, S. 23 u. folg.

5) Aphorismen aus der chemischen Physiologie der Pflanzen, S. 9.

6) Stahl Theoria medica vera p. 254.

daß es eben so gut organische als chemische Elemente giebt und daß es keinesweges nöthig sei, daß die organischen Körper beim Uebergang in den allgemeinen physikalischen und chemischen Proceß gerade faulen müssen.

§. 48.

Seitdem man angefangen hat eine nähere Kenntniß des chemischen Processes zu gewinnen, hat man sich verleiten lassen, auch die Ueberreste organischer Körper von der chemischen Seite in der Voraussetzung zu betrachten, daß dadurch ein tieferer Blick in den elementaren Proceß der Organismen gemacht werden könne. Dieser Versuch ist ganz natürlich von einem andern, als dem erwünschten Erfolge gewesen, indem jeder Körper, sobald er in den chemischen Proceß übergeht, nicht mehr individuell lebendig, sondern Moment des allgemeinen Naturlebens ist, und es also keinen chemischen, sondern nur einen lebendigen Proceß der Organismen giebt.

§. 49.

Man kann freilich die organischen Körper aller drei Reiche einer chemischen Zergliederung unterwerfen, und insofern eine Thier-, Pflanzen- und Mineralchemie unterscheiden; allein diese ist dann kein Theil der organischen Wissenschaft mehr; die Pflanzenchemie gehört nicht zur Pflanzenphysiologie, die thierische Chemie nicht zur Lehre vom thierischen Leben, sondern vom Tode desselben, also ganz in das Gebiet der Wissenschaft vom allgemeinen physikalischen Leben, eben weil der Proceß, welcher Gegenstand der Wissenschaft ist, durchaus der sogenannten unorganischen Natur angehört. Denn so lange der Körper noch individueller

Organismus ist, lebt er sein organisches Leben, so wie die Erde ihr physikalisches und chemisches Leben lebt, so lange sie Erde ist, und in dieser Selbstständigkeit, in welcher beide Theile offenbar gegen einander auftreten, kann und darf man so wenig im Chemismus die lebendige, als im Organismus die chemische Theilung suchen und finden.

§. 50.

Alle einzelnen Gestalten sind, von der allgemeinen Natur durch sich selbst abgeschlossene, Ganze, welche sich sowohl ihrer Idee, als der Erscheinung nach, dem physikalischen Leben gegenüberstellen, dessen Abbilder sie als Totalitäten sind. Diese Bildungen also scheiden sich durch ihre eigene innere Macht aus dem unmittelbaren Zusammenhange des allgemeinen Naturlebens ab, und sind mithin auch nicht mehr als Glieder desselben zu betrachten, wenigstens so lange nicht, als sie gegen diesen allgemeinen Proceß ihre besondere Gestaltung erhalten. Denn ihr absoluter Zusammenhang mit der allgemeinen Natur macht sie am Ende doch gegen dieselbe ohnmächtig, und in ihrem Uebergange, welchen man ihren Tod nennt, stellen sie sich immer wieder als Momente desselben dar: die Erde nimmt die irdische Existenz der individuellen Gestalten wieder in sich zurück, nachdem sie, in längeren oder kürzeren Lebenskreisen, sich durch eigene Macht gegen die Einflüsse von Außen selbstständig erhalten hatten.

§. 51.

P h y s i o l o g i e.

Die Betrachtung des Lebens der individuellen Organismen ist zunächst Gegenstand der Physiologie überhaupt. Diese umfaßt sowohl das Leben der Krystalle als der Pflanzen und Thiere; denn die Krystallehre, welche gemeinhin als Zweig der allgemeinen Physik betrachtet wird, hat mit dieser nichts mehr und nichts weniger gemein, als die Lebenslehre der Pflanzen und Thiere. Es hat einerseits der Bildungsproceß des Krystalles eben so gut den Grund seiner Existenz in sich selbst, und zwar gegen den allgemeinen physikalischen Proceß, als ihn das Thier und die Pflanze hat, und andrerseits kehrt der Krystall, gerade so wie das Thier und die Pflanze, nur erst nach seinem Zerfallen, mit der Zerstörung seiner Gestalt, zum allgemeinen physischen und chemischen Leben zurück, und hier sind dann alle drei erst Gegenstände einer Betrachtung des physikalischen und chemischen Processes.

§. 52.

Krystallisation.

Indessen ist zeither der Bildungsproceß der Krystalle sehr wenig beachtet worden, und man hat ihn für ein Produkt der chemischen oder elektrischen Anziehungen gehalten, und diesem gemäß, neben den sogenannten Attraktivkräften in der Physik oder der Chemie, von der Krystallbildung allein gehandelt. Man braucht der Sache indessen wenig Aufmerksamkeit zu widmen, um einzusehen, daß die Krystallbildung von der mechanischen, chemischen oder elektrischen Anziehung himmelweit verschieden sei, und daß sie die größte Uebereinstimmung mit dem individuellen organischen Bildungsproceß habe. Auch hat man schon früher die Schwierigkeit eingesehen, die Natur der Krystalle aus der chemischen Analyse kennen zu lernen. Klaproth [7]) gesteht schon, daß es schwer zu erklären sei, wie durch eine chemische Anziehung aus Thonerde und einer höchst geringen, vielleicht gar zufälligen Menge Eisen, der Saphir gebildet werden könne.

Dergleichen Fälle, wo einerlei chemische Bestandtheile, oder wenigstens eine kaum zu bemerkende Verschiedenheit derselben in den unähnlichsten Krystallen enthalten sind, und umgekehrt die ähnlichsten Krystalle mit den verschiedensten chemischen Bestandtheilen, wie in den organischen Gestalten, lassen sich viele anführen. Ich will als Beispiel für den ersten Fall nur besonders die farbigen, fast aus reinem Thon bestehenden Edelsteine, den Turmalin, Saphir, Topas ꝛc., und für den zweiten Fall, die Vergleichung des Diamanten mit den übrigen Edelsteinen anführen. In dieser Rücksicht sagt v. Dolomien [8]), daß es bei der Analyse der Steinarten weniger darauf ankomme, die genauen Verhältnisse der Stoffe zu wissen, welche die chemische Analyse liefert, als die Art der Verbindung zu unterscheiden, welche die Formbestandtheile (molecules) dadurch gewinnen, daß ihnen eine Flüssigkeit entweder zugemischt oder entzogen wird. Denn die Steine, welche in ihrer Gestalt oft die größte Unähnlichkeit zeigen, haben oft nichts desto weniger gleiche chemische Bestandtheile.

§. 53.

Ist von den physikalischen Processen verschieden.

Daß die Krystallbildung von den Anziehungen der allgemeinen physikalischen Processe verschieden sei, sieht

7) Klaproth Beiträge zur chemischen Kenntniß der Mineralkörper, Berlin 1795. 1r Bd. S. 89.

8) Journal de Physique, Mai 1792.

man offenbar darin, daß letztere die Gestalt des Krystalls, in welcher doch seine wesentliche Natur begründet ist, allemal zerstören, wenn die krystallisirten Stoffe wieder in den physikalischen und chemischen Proceß zurückgehen sollen, grade so wie dieß mit den Pflanzen und Thieren der Fall ist. Wie Luft und Wasser, die Temperatur u. s. f. durch physikalische und chemische Aktionen die Pflanzen und Thiere zerstören, so geht es ebenfalls mit den Krystallen zu. Sie gehen zu Grunde wenn man sie in Wasser auflöst, oder in der Wärme schmilzt, oder chemisch zerlegt. Und umgekehrt muß, wenn die Krystallbildung vor sich gehen soll, der chemische Proceß vollkommen beendet sein, so daß auch Kastner [9]) sehr richtig aus diesem Grunde die Betrachtung der Krystalle von der Chemie ausschließt, und sie zum Gegenstand der Naturbeschreibung macht, indem sie sich ohne unser Zuthun erzeugen.

§. 54.

Verschiedenheit von dem elektrischen Proceß.

Zwar ist die Wirkung der Elektrizität von vielen Naturforschern als Grund der Krystallbildung angesehen worden, seitdem man besonders am negativen Pole der galvanischen Säule sich Krystalle bilden sah. Dergleichen Beobachtungen sind von Nicholson, Volta, Gruner, Cruikshank gemacht, und im 6sten und 8ten Bande der Gilbertschen Annalen zu lesen. Zimmermann [10]) machte über diesen Gegenstand mehrere Versuche in der Absicht, die elektrische Wirkung bei der

9) Kastner Einleitung in die neuere Chemie. Halle 1814. S. 223.

10) Schweigger's Journal für Chemie und Physik, 5s Heft, S. 337.

Krystallbildung zu zeigen, und ohne Frage zeigen die Versuche, daß die elektrische Spannung eine entfernte Ursache zur Krystallbildung sein kann. Aber, daß sich die Metalltheile durch elektrische Anziehung zu Krystallen zusammenhäufen, das zeigen sie nicht, wie auch Davy dieß sehr richtig bewiesen hat. Die elektrische Thätigkeit thut in den Fällen, wo sich an ihren negativen Polen Krystalle bilden, nichts mehr, als ihre ganz gewöhnlichen Wirkungen, indem durch sie die Metallsalze und Oxyde zerlegt werden. Der Sauerstoff sammelt sich am positiven Ende, und das aus den chemischen Fesseln befreite regulinische Metall krystallisirt eben so, als ob es durch Wärme, oder auf sonst eine andere Weise, zur Krystallisation gebracht wird, durch seine eigene innere Thätigkeit.

§. 55.

Die Verschiedenheit des Krystallisationsprocesses von der elektrischen Anziehung sieht man ebenfalls sehr deutlich, wenn man die Lichtenbergischen Figuren mit einem Krystalle vergleicht. Diese sind, eben so wie die Eisenfeilspäne, welche sich baumförmig an einen Magnet hängen, äußere Zusammenhäufungen, welche durch elektrische Anziehung wirklich bedingt sind, und der ganze Haufe fällt bei einer äußern Berührung nach Entfernung der elektrischen Wirkung zusammen. Dagegen hält der gebildete Krystall seine Gestalt fest, er mag gebildet sein, unter was für Umständen er will, aus dem natürlichen Grunde, weil die Anziehungen, welche ihn bildeten, in seiner eigenen Substanz begründet sind.

§. 56.

Verschiedenheit von der chemischen Anziehung.

Im chemischen Proceß vereinigen sich **gestaltlose** Stoffe entgegengesetzter Natur zu einem Produkt, in welchem die Eigenschaften beider durchaus vernichtet sind. Sie sind in eine neutrale ruhige Masse verschlossen, welche nicht im Stande ist, in sich selbst wieder eine neue Differenz anzufachen. Dagegen treten im Krystallisationsproceß **gestaltete**, durch und durch in der chemischen Mischung gleiche Theile, eines und desselben Gebildes z. B. eines Salzes, Metalls, des Schwefels u. s. f., zusammen, und nirgends zeigt sich der Ungrund der Vorstellung, daß der Krystallisationsproceß Wirkung einer chemischen Anziehung sei, mehr, als grade bei der Krystallisation der chemisch einfachen Stoffe, besonders der Metalle. Dieß sind durchaus chemisch einfache Dinge, in deren Theilen nicht die mindeste Spur einer chemischen Differenz, und somit auch einer gegenseitigen chemischen Anziehung vorhanden ist, und doch sind es grade die Metalle, welche in den sogenannten Metallvegetationen die schönsten und bewundernswürdigsten Gestalten annehmen.

§. 57.

Verschiedenheit vom Mechanismus.

Die Vorstellung endlich, daß eine mechanische Anziehung den Krystall bilde, ist die schlechteste von allen. Wäre die Bildung der Krystalle eine äußerliche Anhäufung, so müßte dieß ins Unendliche gehen können. Allein die Krystalle haben eine bestimmte, begrenzte Größe und Gestalt, die ihnen in einer gewissen Breite unveränderlich eigen ist, bei verschiedenen nach ihrer Natur sich unterscheidet, und durch Einflüsse bei der Bildung befördert und vernichtet werden kann, welche mit dem Mechanismus gar nichts zu thun haben. Dieß könnte nicht der Fall sein, wenn nicht eine innere Bestimmung ihre Bildung veranlaßte, und eine äußere Gewalt sie gestaltete. Eher könnten sich die Typen in dem Schriftkasten des Buchdruckers durch Schütteln zu einem Buche ordnen, als eine mechanische Ursache den Krystall bilden. Mit demselben Rechte könnte man die Bildung eines Infusionsthiers und dessen Wachsthum auch aus einer mechanischen Anhäufung erklären: etwas das wohl niemand zuzugeben geneigt sein wird.

Wir müssen also den Krystallisationsproceß mit dem organischen Bildungsproceß im Allgemeinen für übereinstimmend halten. Sobald die Körper des allgemeinen Naturlebens sich dem physikalischen und chemischen Proceß entreißen, und sich zu selbstgebildeten Gestalten formen, so treten sie aus dem allgemeinen physikalischen Proceß in das individuelle Naturleben über, und gehen nun gleichen Schritt mit den Organisationen. Der Unterschied zwischen den Krystallen und den Pflanzen und Thieren ist auch wirklich so gewaltig nicht, wie man ihn zeither dargestellt hat, und es kommt nur darauf an, ihre innern Allgemeinheiten richtig aufzufassen.

§. 58.

Die Krystallbildung ist ein individueller Lebensproceß.

Krystalle gestalten sich, wie die Pflanzen und Thiere, aus innerer Macht, und zwar bilden sie sich aus ursprünglich geformten Gegensätzen, die man ihre organischen Elemente nennen könnte. Bei den Krystallen sind dieß die Kerngestalten, bei den Pflanzen und Thieren die Kügelchen, in welche sich zuletzt alle Theile derselben auflösen lassen.

Anmerkung. Daß diese Kügelchen keine Blasen, sondern durch und durch dichte, aus einer gleichartigen Masse bestehende Theile sind, werde ich bei Gelegenheit der vegetativen Bildung zeigen.

In diesen organischen Elementen ist jede chemische Differenz durchaus zur Ruhe gebracht, und aus dem chemischen Tode gehen sie erst ins individuelle Leben über. Die Bildung aller individuellen Gestalten hat daher eine totale Bedeutung durch eine in ihnen selbst verschlossene Thätigkeit, anstatt daß die physikalischen Processe nur Momente in dem Ganzen des allgemeinen Naturlebens sind. Auf die Bildung des Krystalls wirken die meisten physischen Agentien eben so wie auf die Bildung der Organisationen ein, indem sie solche entweder erregen oder zerstören. Wie alles Organische, entsteht auch der Krystall aus dem Flüssigen, und Ruhe ist zu einer regelmäßigen Krystallisation, wie zu der Bildung der Pflanzen und Thiere, eine wichtige Bedingung. Ist diese nicht vorhanden, und kann also die Bildung nicht ungestört vor sich gehen, so entstehen bei den Krystallen, wie bei den Pflanzen und Thieren, Mißbildungen. Der Krystall ist in sich selbst Mittel und Zweck seiner Existenz, und gestaltet sich durch seine eigene Energie, eben so wie die Totalitäten der übrigen organischen Körper.

§. 59.

Allgemeinheit der Krystallisation und der organischen Erzeugung.

Daß bei dem Wachsthnm und der Bildung der Pflanzen und Thiere die Stoffe erst innerlich aufgenommen, und zur Bildung vorbereitet werden, ist etwas, das man vielfältig und seit langer Zeit als einen absoluten Unterschied zwischen den Krystallen und den Pflanzen und Thieren allgemein angenommen hat. Jedoch ist hierin bei näherer Betrachtung durchaus kein wesentlicher Unterschied begründet. Es ist sehr richtig, daß die Ernährung und fortgehende Bildung der meisten vollkommneren Pflanzen und Thiere durch zuvor innerlich aufgenommene Stoffe geschehe, und ich will dagegen gar nicht einwenden, daß, in Bezug auf den zu bildenden und ernährenden Theil, die Stoffe immer von Außen angesetzt werden müssen, sie mögen herkommen, von wo sie wollen und können. Allein man werfe nur einen Blick auf die ursprüngliche Erzeugung aller Pflanzen und Thiere, und besonders auf die freiwillige Erzeugung (generatio spontanea Rud.) der niedern Classen dieser Geschöpfe, um die Ueberzeugung zu gewinnen, daß hier überall die ersten bildenden Gegensätze durchaus von Außen, geradezu, und ohne alle Vermittelung zusammentreten, eben so wie es bei der Bildung der Krystalle zugeht. Denn überall ist hier eine innerliche Durchdringung der von Außen kommenden bildenden Stoffe, überall ist der Grund ihrer Vereinigung in ihnen selbst enthalten, und keine äußere Macht reicht zu ihrer Bildung hin.

§. 60.

Aus diesem Grunde ist auch die Erzeugung der Thiere und Pflanzen, und besonders die freiwillige, (generatio spontanea, aequivoca) gar nicht unpassend mit der Krystallbildung verglichen worden. Ueberall setzt sich die Idee der Organisation ursprünglich durch die Vereinigung zweier Elementartheile ins Leben. Aber sofort setzt es in diesen ursprünglichen Unterschieden neue Differenzen, und erhebt sie zu höhern Gegensätzen, in welchen schon zusammengesetzte Momente, als Factoren des Processes, enthalten sind. Dieselbe Bewegung wiederholt sich in den innern, höhern Organisationen, so daß sich nach und nach die polaren Gegensätze der Totalität selbst zu relativen Ganzen abschließen, welche nur noch in einem vermittelten Zusammenhange mit dem Ganzen stehen. Die freiwillige Erzeugung der Infusionsthiere, der Pilze, der grünen Materie u. s. f. ist ursprünglich eben so wie die Krystallbildung eine Vereinigung verschiedener Gegensätze, welche alle nur geradezu von Außen kommen, und es ist sogar nicht unwahrscheinlich, daß das Wachsthum vieler solcher Erzeugnisse durch eine unmittelbare Vereinigung äußerer Theile mit dem neuen Gebilde von Statten gehe, da es vielen durchaus an Organen fehlt, durch welche diese Stoffe innerlich aufgenommen werden könnten, um auf eine vermittelte Weise zu den Bildungen umgestaltet zu werden, so wie es bei den höhern Organismen geschieht.

Anmerkung. Die freiwillige Erzeugung der Pilze und anderer niederer Organisationen, an der man viel gezweifelt hat

hat, ist von Treviranus [11]) sowohl durch einen Reichthum eigener Erfahrungen, als auch anderer zur Gewißheit erhoben worden.

§. 61.

Wenn es sich bestätigen sollte, daß selbst höhere Pflanzen und Thiere, durch freiwillige Erzeugung entstehen können, so würde auch bei diesen ebenfalls nur ein ursprüngliches Zusammentreten der Stoffe von Außen zu den Bildungen Statt finden können. Ich will nicht behaupten, daß die Amphibien, besonders die Frösche und Kröten, welche öfters an solchen Orten gefunden worden sind, wohin sie dem Anschein nach unmöglich gebildet, oder durch wirkliche Fortpflanzung gekommen sein können, daselbst durch generatio spontanea entstanden seien: denn diese Thiere haben ein gewaltig zähes Leben und es läßt sich immer sagen, daß sie in diese unzugängliche Orte, schon gebildet, gekommen sein können und daselbst, ohne Nahrung durch den Mund zu sich zu nehmen, gelebt haben mögen [12]).

Allein von Bonnet [13]) und Adanson ist beobachtet worden, daß sich Fische in Gewässern erzeugten, von denen sich durchaus der Ursprung durch Fortpflanzung nicht entdecken ließ. Adanson [14]) bemerkte in einigen Seen

11) Treviranus Biologie oder Philosophie der lebenden Natur. 2r B. S. 363 u. folg.

12) Beispiele ähnlicher Fälle finden sich in reicher Menge aus verschiedenen Schriften gesammelt in Treviranus Biologie 3r B. 1r Abschn. rc.

13) Bonnet Traité des corps organisés T. III. p. 345.

14) Adanson Reise nach dem Senegal. Uebersetzt von Schreber, S. 142.

auf der Rothinsel, welche durch häufiges Regenwasser periodisch entstanden und wieder durch grosse Hitze austrockneten, mehrere Rothfedern. Diese Fische starben natürlich, wenn die Gewässer austrockneten; allein sie erzeugten sich wieder, sobald im folgenden Jahre durch den Regen sich wieder Wasser ansammelte. Der Nil war 300 Toisen von diesen Gewässern entfernt, und hatte weder Gemeinschaft mit ihnen, noch waren in demselben diese Fische vorhanden. Es ließ sich also vermuthen, daß sie sich freiwillig wiedererzeugt hatten. Die beiden Forster fanden auf dem Feuerlande Pinguicula alpina, Galium Aparine, Arenaria vulgaris, Ranunculus lapponicus, und es möchte schwer sein, die Verpflanzung derselben durch Saamen in dieses Land zu zeigen. Ich erinnere mich irgendwo gelesen zu haben, daß in einem See in Seeland sich eine Carex-Art in Menge erzeugt hatte, die in dem Lande sonst gar nicht vorkommt. Von andern höhern Pflanzen, die wahrscheinlich auf ähnliche Weise entstanden sind, finden sich Beispiele, gesammelt in Treviranus Biologie 2r Band S. 363.

§. 63.

Die Erzeugung solcher Organisationen setzt also ebenfalls ein ursprüngliches Zusammentreten ihrer innern Gegensätze, von Außen voraus, welches mit der Krystallbildung im Allgemeinen übereinstimmt, wenn gleich im Fortgange des Wachsthums und der Bildungen dieser Proceß durch eine Assimilation im Innern vermittelt wird.

§. 64.

Fortpflanzung unterscheidet die Krystallbildung von der thierischen und vegetativen Bildung nicht.

Es giebt sogar die Fortpflanzung der Pflanzen und Thiere, wenigstens die geschlechtliche, kein allgemeines wesentliches Unterscheidungszeichen derselben von den Krystallen ab. Eine wirklich geschlechtliche Fortpflanzung, findet schon bei den meisten der niedern Pflanzen und vielen Thieren nicht mehr statt. Die Fortpflanzung durch Sprossen und Knospen, welche bei den niedern Geschöpfen vorkömmt, ist aber eigentlich nur als eine bloße Verlängerung, und Fortsetzung des individuellen Wachsthums anzusehen, weil sie nicht durch eine geschlechtliche Differenz, sondern nur durch das individuelle Wachsthum producirt wird, und sich in dieser Beziehung von dem Wachsen einer Metallvegetation, oder des (effloreszirenden) auswitternden krystallinischen schwefelsauren Kali's, des benzoesauren Ammoniaks, des kohlensauren Natrums, schwefelsauren Zinks und anderer Salze, nicht wesentlich unterscheidet.

§. 65.

Ich stimme zwar mit denen nicht überein, welche z. B. die individuelle Fortpflanzung der Wasserpolypen und anderer niederer Thiere, für ein dem Pflanzenleben analoges Aussprossen halten; denn die innere Abgeschlossenheit und Centralität des Thieres erfordert, daß sich, in jedem Keim zu dem neuen Geschöpfe, sogleich wieder diese centrale Beziehung der Theile auf das Ganze setze, so daß der junge Polyp sich zu dem Mutterkörper, nicht wie die Knospe oder Sprosse zu der Pflanze, sondern wie der Embryo der höhern Thiere zu dem Mutterkörper, in dem er erzeugt ist, verhält. Die Knospe oder Sprosse der Pflanze hat einen unmittelbaren Zusammenhang mit der Mutterpflanze, aber das Verhältniß des jungen Polypen zum alten ist ein vermitteltes wie in den höhern Thieren.

§. 66.

Allein es giebt Thiere, die nur durch generatio aequivoca, wie der Krystall, entstehen, und sich gar nicht fortpflanzen, weder durch das Geschlecht, noch durch das Individuum, sondern eben so wieder untergehen wie sie entstanden sind. Dies ist gewiß bei allen einfachen Infusionsthieren, und eben so bei den Blasenwürmern Rudolphi's, unter den Eingeweidewürmern der Fall. Daß bei den zusammengesetzteren Infusionsthieren eine Theilung des Individuums in zwei Stücke vorkomme, von denen ein jedes ein Individuum in sich ausmacht, wie Saussure beobachtet, und in einem Briefe an Bonnet bekannt gemacht hat, welches man als eine wirkliche Fortpflanzung angesehen hat, mag der Fall sein, obgleich ich es nie habe beobachten können, nachdem ich mich, bei Gelegenheit der Untersuchung macerirter Pflanzentheile, über Jahr und Tag darnach bemüht habe, es zu sehen. Allein die einfachsten Infusorien theilen sich gewiß nie, indem sie nur aus einer Vereinigung zweier einfachen organischen Kügelchen bestehen, nach deren Trennung das ganze Leben des Thiers aufgelöst werden müßte. Für die Geschlechtslosigkeit der Blasenwürmer führe ich Rudolphi's [15]) Auctorität an.

15) Rudolphi's Historia naturalis ac medica Entozoorum T. 1. p. 3?5 und Synopsis Entozoorum.

§. 67.

Eine solche Theilung des Individuums, welche man bei den zusammengesetzteren Infusorien gefunden hat, kann man übrigens auch an der Krystallbildung sehen. Es kommt nur darauf an, daß man nicht den fertig gebildeten und ruhigen Krystall, sondern den Proceß vor Augen habe, durch welchen sich der Krystall bildet. Wer mikroskopisch das Anschießen der Krystalle, besonders der metallischen, beobachtet hat, dem wird es nicht entgangen sein daß, nachdem sich mehrere Krystalltheile durch ihre Anziehung unter einander verbunden haben, das Ganze oft plötzlich sich theilt, und aus einander geht. Nur geht dieser Proceß sehr rasch von Statten, und nach beendeter Krystallisation hört alle Bewegung auf. Diese Trennung kann eben so wenig eine elektrische Repulsion, als die Bildung des Krystalles überhaupt eine elektrische Attraktion sein.

§. 68.

Gehen wir insbesondere zu den Pflanzen über, so finden wir bei den Lichenen, Conferven, den Ulven und Tremellen, den Ceramien, durchaus nur Geschlechtslosigkeit, und ihre Vermehrung ist ein bloßes individuelles Fortwachsen durch Sprossen oder Knospen. Zwar haben Adanson, Hedwig, Micheli und andere, auch diesen Pflanzen, wie den höhern, Saamen zueignen wollen, allein man braucht nur auf die Entstehung der Saamen bei den höhern Pflanzen und der Theile, welche diese Naturforscher bei diesen niederen Geschöpfen für Saamen haben ausgeben wollen, zurückzugehen, um sich zu überzeugen, daß sie nichts als individuelle Fortsätze sind. Zur Erzeugung des Saamens der Pflanzen gehört ein Zusammenwirken zweier Geschlechter, welche an diesen Pflanzen durchaus nicht vorhanden sind.

§. 69.

Die Flechten zeigen nach Gärtners [16]) schönen Beobachtungen an ihrer Oberfläche kleine, oft mit Deckblättchen besetzte staubartige oder spitze Fortsätze, welche ohne alle Verwandlung zu Pflanzen, wie der Mutterstamm heranwachsen. Ein solches unmittelbares Entkeimen also, kann durchaus keine geschlechtliche Bedeutung haben.

§. 70.

Die Conserven sind immer geschlechts- und saamenlos. Sie keimen aus den sich von selbst ablösenden, völlig unveränderten Gliedern wieder zu größeren Pflanzen empor, welche eben nichts als eine Sammlung und Vereinigung solcher Glieder sind, als dasjenige von welchem die Bildung ausging. Die Tremellen zeigen auch keine Spur einer geschlechtlichen Fortpflanzung, und haben ein bloßes fortgesetztes individuelles Wachsthum, welches man nur dem Anschießen eines Krystallbaumes um einen Kern vergleichen kann. Die Ceramien pflanzen sich ebenfalls nur durch saamenähnliche Knoten fort, welche unmittelbar aus jedem Theil ihrer Oberfläche hervorwachsen, und daher durch keine generelle Differenz erzeugt sein können. Die Beobachtungen Gärtners über die Bildung der niedern Pflanzen aus Fortsätzen des Mutterstammes, finden sich sehr

16) Gartners de fructibus et seminibus plantarum p. xv.

lichtvoll dargestellt, und mit andern Meinungen verglichen, in Borkhausens botanischem Wörterbuch mit Zusätzen von Dietrich, Gießen 1816.

§. 71.

Was die Pilze anbelangt, so ist selbst ihre individuelle Fortpflanzung den größten Zweifeln unterworfen, und sie erzeugen sich nur immer von Neuem durch generatio spontanea, wie der Krystall. Dessenungeachtet möchte ich aber nicht mit Delametherie [17]), Medikus, Märklin und andern die Bildung der Pilze eine wahre Krystallisation, sondern lieber eine generatio spontanea nennen, wodurch ihre Analogie mit der freiwilligen Erzeugung der Thiere zugleich angedeutet wird. Ob aber die Pilze wegen dieser ihrer freiwilligen Erzeugung mit Necker [18]) und Medicus [19]) von dem Pflanzenreiche ausgeschlossen zu werden verdienen, oder nicht, ist hier zwar gleichgültig. Ich will jedoch nur darauf aufmerksam machen, daß man aus demselben Grunde auch die Infusionsthiere von dem Thierreiche ausschließen müßte. Pflanzten sich die Pilze im natürlichen Zustande fort, so müßten, wie Märklin [20]) sehr richtig bemerkt, durch

17) Delametheria Principes de philosophie naturelle 1re edition. 1777.

18) Necker Traité sur la Mycetologie. Mannheim 1793.

19) Medicus über den Ursprung und die Bildungsart der Schwämme. In den Vorlesungen der kurpfälzischen physikalisch-ökonomischen Gesellschaft zu Heidelberg, 3r Band.

20) Märklin sind die Schwämme Insektenwohnungen? und entstehen sie von Insekten? in Römers und Usteri's Magazin für die Botanik St. 3. S. 137, 145, 151.

die unendliche Menge des Staubes, den man an den Pilzen für Saamen gehalten hat, am Ende eine Ueberschwemmung der Erde mit Pilzen vorkommen. Wie viele Pilze erzeugen sich auch an Orten, die für den Saamen theils unzugänglich sind, z. B. in verschlossenen Mistbeeten, und zu einer Zeit, wo unmöglich ein Saame an diesen Stellen aufbewahrt werden konnte, wie auf alten Brandstätten u. s. f. nach Medicus Bemerkungen.

§. 72.

Die Beobachtungen de Reynier's [21]) zeigen sogar, daß auch außer den Pilzen mehrere andere sogenannte kryptogamische Gewächse durch freiwillige Erzeugung entstehen können. Er machte, im Sommer 1788, in den Bleibergwerken von St. Marie aux mines, die Bemerkung, daß alles sich in den Gruben befindliche alte Holz, welches zum Stützen gebraucht war, gleichsam besäet erschien mit Lichen radiciformis. Er konnte an dem Holze die Entstehung dieser Pflanze von dem ersten Entkeimen an, bis zur vollendeten Organisation verfolgen, und macht davon folgende Beschreibung. Auf der Fläche des Holzes zeigte sich anfangs ein Tropfen schleimigen Wassers, welches in demselben Maaße trüber wurde, als es neuen organischen Stoff in sich nahm. Es verhärtete sich im Grunde, und dehnte sich nun aus, während es am obern Theile noch immer durchsichtig blieb. Doch wurde es nach und nach dunkler, so wie es die Pflanzengestalt entschiedener annahm. Als die Masse ohngefähr eine Länge von einem Zoll erreicht hatte, so

---

21) de Reynier, Journal de Physique, 1788. Septbr.

sah man von den Wassertropfen nichts mehr; die Pflanze entwickelte sich immer mehr, und schien sich schon durch ihre äußern Organe zu ernähren. Nun änderte sie auch die Farbe, welche vom weißen ins Falbe, und so durchs Braune in Schwarz überging. De Reynier hält es für ausgemacht, daß in ihrer Entstehung sich die Pflanze nicht durch Intussusception ernährte, sondern durch die bloße von Außen kommende Vereinigung des Stoffes weiter gebildet werde.

§. 73.

Außer diesem Moose fanden sich in den Erzgruben noch mehrere andere Pflanzen: Schimmel, Lerchen- und Eichenschwämme, Tremellen von ganz eigener Entstehungsart und Bildung. Eben so fand de Reynier in den Bleigruben bei Sallingue, die erst seit einigen Jahren geöffnet waren, und von allen übrigen weit entfernt lagen, eine Menge kryptoganischer Pflanzen, die nur hier vorkommen.

§. 74.

Wollte man die Entstehung dieser Erzeugnisse aus Saamen erklären, die in der Luft umherschwebten, und sich an diesen Stellen nur deshalb festsetzten und entwickelten, weil sie einen passenden Boden fänden, so sieht man nicht ein, warum nicht an tausend anderen passenden Stellen, die Saamen sich auch entwickeln könnten. Daß bei verhinderter Mitwirkung der Luft keine freiwilligen Erzeugnisse Statt finden, wird um so weniger wunderbar vorkommen, wenn man bedenkt, daß selbst die in ihrer Bildung vollendeten Organisationen ohne Luft sterben, wenn sie schon selbstständig leben; um wie viel weniger also kann es möglich sein, daß sich neue Geschöpfe ohne Luft freiwillig erzeugen. Die Luft hat also bei der Bildung der Körper aus äußeren Stoffen gewiß eine ganz andere Funktion, als die Keime herumzutragen.

§. 75.

In dieser freiwilligen Erzeugung haben also die Pflanzen und Thiere mit der Bildung der Krystalle die größte Uebereinstimmung. Der Krystall bildet sich, wie der Pilz und das Infusionsthier, durch seine eigene totale Macht, und wie bei den letzteren, so kann auch bei ihm die Bildung durch äußere Einflüsse gehindert und begünstigt werden, ohne daß jedoch der Grund dieser ursprünglichen Erzeugung in den äußern Verhältnissen des allgemeinen Naturlebens begründet wäre.

§. 76.

Vergleichen wir weiter die Gestalt des Krystalles mit der Gestalt der Pflanzen und Thiere, so finden wir überall, daß sie der Ausdruck einer innern Einheit in einem zusammengesetzten individuellen Ganzen ist. In dieser Einheit in welcher die mannigfaltigsten und buntesten Formen aller individuellen Gestalten verschlossen sind, liegt der Grund ihrer Symmetrie, welche sich bei den Krystallen, wie bei den Pflanzen und Thieren findet. Die Symmetrie der Krystalle ist freilich nur einfach wie ihre Bildung, und wiederholt sich nicht in innern Gegensätzen wie bei den höhern Pflanzen und Thieren; allein dessenungeachtet ist die Einheit in ihrer Gestalt unverkennbar, und sie läßt sich wenigstens in zwei einander gleiche Theile auflösen, wenn diese sich auch nicht weiter symmetrisch theilen lassen.

§. 77.

Unterschied der Krystallisation von dem Leben der Pflanzen und Thiere.

Wenn wir nun also einerseits die Krystallbildung weder von mechanischen, noch chemischen, noch elektrischen und galvanischen Prozessen ableiten können, und sogar finden, daß diese Prozesse des allgemeinen Naturlebens eben so feindlich auf die Bildung des Krystalls, wie auf die übrigen Organisationen einwirken, und daß sich umgekehrt der Krystall gegen sie egoistisch verhält, wenn andererseits der Krystall eben so eine für sich, und durch sich selbst bestehende Totalität ist, wie das Thier und die Pflanze, und daher in dieser Rücksicht eine innere Allgemeinheit mit denselben hat: so entsteht die Frage, welche besondere Unterschiede sich in dem concreten Krystallleben, von der Organisation der Pflanzen und Thiere finden. Betrachtet man die Krystallisation als Moment des allgemeinen Naturlebens, so ist man mit dieser Unterscheidung bald fertig, indem man sagt, der Krystall ist todt, weil er zur todten Natur gehört, die Pflanze und das Thier leben. Allein der Krystall setzt sich auch durch sein eigenes Leben ins Dasein, und in seinem Bildungsprozeß zeigt er eben so gut innerliche, durch sich selbst erregte, Bewegungen, wie die Pflanze und das Thier; darin dürfen wir den Unterschied beider also nicht suchen. Gestaltung aus innerer Macht ist ein allgemeiner Character aller individuellen Geschöpfe. Dazu gehört eine innere Differenz der bilbenden Theile, in welcher die Organisation begründet ist. Es klingt zwar auffallend, den Krystall auch organisirt zu nennen; aber seine Kerngestalten sind gewiß eben so gut organische Differenzen, als die des Infusionsthiers und des Pilzes, und die Organisirung der höhern Pflanzen und Thiere, unterscheidet sich nur durch eine größere Zusammensetzung.

§. 78.

Der wesentliche Unterschied zwischen dem Krystall und den Pflanzen und Thieren liegt darin, daß der Krystall in seinem eigenen Bildungsprozeß erstirbt, die Pflanze und das Thier aber ihre Bildung überleben. Der Lebenskreis (periodus) des Krystalls ist vollendet, sobald seine Gestalt gebildet ist; dagegen geht das Leben der Pflanze und des Thiers über ihre Erzeugung hinaus; diese erhalten sich längere Zeit hindurch gegen das allgemein physikalische Leben, was der Krystall nicht kann. Derselbe kann höchstens in einer todten Gestalt erhalten werden, indem die Einflüsse der allgemeinen Natur, ihn zu zerstören abgehalten werden, wie man auf ähnliche Weise Pflanzen und Thiere nach ihrem Tode durch Weingeist, vor der Zerstörung ihrer Gestalt durch Gährung oder Fäulniß, bewahren kann, indem dadurch die physikalischen Potenzen auf sie einzuwirken verhindert werden. In Berührung mit den physikalischen Einflüssen wird der Krystall zerstört. Er schmilzt durch Hitze, verwittert an der Luft u. s. f. Man könnte daher die Krystalle gebildete, die Pflanzen und Thiere bildende Organisationen nennen.

§. 79.

Mit dieser Erhaltung des Lebens in Pflanzen und Thieren nach ihrer Zeugung, hängt nothwendig eine Fortdauer der innern Bewegungen zusammen, welche im Krystall nur so lange währen, bis die Bildung seiner Gestalt vollendet ist. Jede innere Bewegung geht mit der vollendeten Erzeugung des Krystalls zu Grabe. Bei den Pflanzen und Thieren aber wird sie ursprünglich durch die fortgesetzte Wechselwirkung ihrer elementaren Gegensätze hervorgebracht. Unterhalten wird sie durch den allgemeinen Proceß der Aufnahme fremder Substanz in ihr Inneres, deren Assimilation zur eigenen Substanz, und Anwendung zur Fortsetzung der Bildung. Diese Macht sich gegen die Außenwelt nicht allein selbstständig zu erhalten, sondern solche sogar ihrer ganzen Natur nach zu Grunde zu richten, und zum Theil der eigenen Totalität zu machen, der in das Ganze harmonisch eingreift, haben die Krystalle nicht in ihrem vergangenen Bildungsproceß. Sie entstehen nur aus der sich selbst gleichen Substanz, und sind ohnmächtig gegen die geringsten heterogenen Einflüsse, welche auf ihre ruhige Erzeugung störend einwirken. Aeußere mitgetheilte Bewegungen durch Schütteln, zu viel oder zu wenig Flüssigkeit, fremdartige Beimischung und so fort, verhindern eine regelmäßige Krystallisation. Ruhe, Luft und Licht, Reinheit des zu krystallisirenden Stoffes u. dgl. begünstigen sie.

Freilich hat auch der Erzeugungsprozeß der übrigen organischen Körper, eben weil es der Akt ist, durch welchen ihre egoistische Macht erst hervorgerufen werden soll, noch keine so hohe Gewalt, sich gegen die äußeren

Einflüsse zu behaupten, daß diese nichts gegen ihn vermöchten. Oft bringen äußere, störende Einflüsse, die während des Bildungsprozesses der Pflanzen und Thiere beunruhigend einwirken, anstatt Gestalten, Unstalten hervor; aber dennoch liegt in der ursprünglichen Durchdringung der zeugenden Stoffe bei ihrer Bildung, welches gleichsam schon eine Assimilation des einen durch den andern ist, ein viel tieferer, innigerer Proceß als bei der Krystallisation.

§. 80.

Zugleich ist durch die Erhaltung des Lebensprocesses der Pflanzen und Thiere nach ihrer Erzeugung, in ihrer Organisation, ein innerer Gegensatz von Assimilations- und Bildungsorganen bedingt, welcher in den Krystallen nicht Statt hat, und den Bau des Krystalles von dem Bau der Pflanzen und Thiere wesentlich unterscheidet. Zwar tritt diese Differenz erst bei den höhern Thieren und Pflanzen in deutlicher Entfaltung hervor, und ist bei den niedern Geschöpfen dieser Reiche eine fast ununterschiedbare Einheit, wie der Krystall; allein die Verrichtungen erscheinen unverkennbar, und lassen das Krystallleben weit hinter sich zurück.

§. 81.

Ueber die Pflanzen und Thiere im Allgemeinen.

Sowie man zeither die allgemeine lebendige Uebereinstimmung zwischen den Krystallen und den Pflanzen und Thieren gar nicht beachtet, und die Krystalle als durchaus dem tellurischen Leben angehörig, von den Pflanzen und Thieren, wie lebendiges vom Todten unterschieden hat, so hat man umgekehrt vielfach geglaubt, und durch lange Vergleiche zu beweisen gesucht, daß zwischen den Pflanzen und Thieren eine so große innere Allgemeinheit und Uebereinstimmung Statt finde, daß es durchaus keinen wesentlichen Unterschied beider gebe, und daß in dem organischen Reiche eine Stufenleiter vom Einfachen zum Zusammengesetzten vorhanden sei, in welcher so leise Uebergänge vorkämen, daß das Ganze in eine lebendige Einheit zusammenfließe, in welcher keine durchgreifende wesentliche Differenz zu finden sei. Ob ich nun gleich nicht zu denjenigen gehöre, welche die Wirklichkeit einer innern und wesentlichen Unterscheidung zwischen den Pflanzen und Thieren läugnen, so muß ich doch zugeben, daß sich ihre Meinung zum Theil auf Allgemeinheiten in der Natur der Pflanzen und Thiere gründet, welche nicht übersehen werden dürfen, wenn es gleich dabei richtig ist, daß nicht selten sehr unpassende Vergleiche gemacht worden sind, welche nur aus einer vorgefaßten Meinung, der Verschmelzung durch die Uebergänge, zum Vorschein kamen.

§. 82.

Schon Aristoteles [22]) fand eine große Gleichheit zwischen den Pflanzen und Thieren, indem er sagt, daß in beiden Naturreichen von selbst entstandene Bildungen vorkommen, welche aus einer Zusammenfügung von einerlei Principien hervorgehen.

Zu denjenigen Naturforschern neuerer Zeit, welche eine so große Uebereinstimmung zwischen den Pflanzen

---

22) Aristoteles historia animalium 5. 1.

und Thieren haben festsetzen wollen, daß beide durch keine wesentliche Merkmale zu trennen seien, gehören besonders Pallas [23]), Büffon [24]), Erasmus Darwin [25]), Smellie [26]), und ganz vorzüglich Bonnet [27]).

§. 83.

Pallas sagt am angeführten Orte: „At omnium optime adumbraretur corporum organicorum systema, quae a radice statim, e simplicissimis plantis atque animalibus duplicem varie contiguum proferat truncum, animalem et vegetabilem." Dieselbe Idee hat Mirbel [28]) vorgetragen. Er läugnet eine reale Unterscheidung zwischen Pflanzen und Thieren, und sagt, daß man beide als eine ursprüngliche Einheit betrachten müsse, welche sich in den höhern Thieren und Pflanzen zwar schärfer unterscheide, aber in den niedern in eine ununterscheidbare Gleichheit verschmelze.

§. 84.

Darwin nennt die Pflanzen unvollkommene Thiere, und treibt seine Vergleiche so weit, daß er in den Pflanzen

23) Pallas Elenchus Zoophytorum. p. 23.

24) Büffon allgemeine Naturgeschichte 1. Bd. p. 1—17.

25) Phytonomie; und Zoonomie oder Gesetze des organischen Lebens u. s. w. Hannover 1795. 1. Abtheilung. S. 185.

26) Smellie Philosophie der Naturgeschichte I. p. 3—57.

27) Bonnet contemplation de la nature. In dessen Oeuvres d'histoire naturelle et de philosophie Tom. VIII. Part. X. Parallele des plantes et des animeaux. Cap. I—XXIV.

28) Mirbel elemens de Physiologie vegétale. Part. I. p. 17.

Pflanzen sogar Sinnesorgane und ein Gehirn- und Nervensystem annimmt. Nach einigen Hypothesen, welche Grew an mehreren Stellen seiner Anatomy of vegetables geäußert hat, und der Meinung von de la Baisse, welcher in den Pflanzen einen Kreislauf wie in den höhern Thieren finden wollte, hat sich Darwin eine ausgeputzte Vorstellung von einem Kreislauf des Saftes in den Pflanzen gemacht, der man es leicht ansieht, daß ihr Urheber ein Dichter gewesen ist. Er sagt [29] „die Bewegung der Säfte hängt, in den Pflanzen, wie in den Thieren, von der Reitzbarkeit der Gefäße ab: diese werden nämlich durch den Reitz der dargebotenen Flüssigkeit veranlaßt, dieselben anzusaugen und fortzutreiben. Die zartesten Aeste der Venen in den Blättern saugen den, durch die äußersten Arterienäste ihnen dargebotenen, oxydirten Pflanzensaft in sich, überliefern ihn den Venenstämmen, welche ihn zu dem Blattstiele bringen, dann von Neuem sich verästeln, und die Function der Arterien, nur ohne Pulsation, übernehmen. Durch diese, aus den Blattvenen entsprungenen Arterien, wird der Saft durch den Druck des hinter ihm nachkommenden, und von den Venen immerfort wieder angesaugten Saftes fortgetrieben, bis er zu den Grenzen des Arteriensystems, nämlich in die kleinsten Aeste desselben gelangt ist, wo er wiederum von den Anfängen correspondirender Venen angesaugt, und, wie das Blut in die Hohlader der Thiere, zurückgeführt wird, um aufs Neue den Arterien der Blätter, welche

29) Darwin Phytonomie T. 1. p. 69.

aus der Fortsetzung der vereinigten Venenstämme im Blattstiel entspringen, überliefert, und in den Blättern wiederum oxydirt zu werden. Auf dem Wege durch die Arterien wird ein Theil des Pflanzensaftes von den Drüsen und andern Secretionsorganen aufgenommen und angesaugt, um zur Ernährung und zur Absonderung verschiedener, besonderer Pflanzensäfte verwendet zu werden, und was nach dessen Abgang übrig bleibt, das wird sammt der Feuchtigkeit, welche die Sauggefäße enthalten, auf die eben erwähnte Art den Blattstielen, und durch diese den Blättern zugeführt". Ich glaube nun wohl schwerlich, daß es einem wahrheitsliebenden Naturforscher einfallen wird, zu Gunsten einer vorgefaßten Meinung von der Analogie der Pflanzen mit den höhern Thieren, ähnliche Hirngespinste hervorzurufen: denn man sieht leicht, daß man eine so zusammengesetzte Organisation, wie Darvin den Pflanzen andichtet, gar nicht nöthig anzunehmen hat, um ihre Aehnlichkeit mit den Thieren zu zeigen, da die meisten der niedern Thiere ein so vollständiges Kreislaufssystem gar nicht mehr haben. — Smellie und Buffon suchen besonders durch die Vergleichung des Baues, Wachsthums, der Bewegungen und des periodischen Lebens der Pflanzen und Thiere, ihre Unterschiedlosigkeit zu beweisen. Vergleiche, aus deren besonderer Betrachtung sich theils eben so wohl die bedeutendsten Unterschiede beider Reiche vernehmen lassen, welches von diesen Schriftstellern ganz übersehen ist; theils sind aber die Vergleiche so allgemein, daß sie das Krystallleben nicht ausschließen.

§. 85.

Bonnet hat unter Allen sich die meiste Mühe gegeben, Pflanzen und Thiere, als Geschöpfe von durchaus einerlei Natur, zu charakterisiren, die durch gradweise Verschiedenheiten in einander übergingen, und hat zu diesem Zweck eine weitläuftige und vielseitige Betrachtung über das Verhältniß beider Reiche angestellt, welches nach meinem Dafürhalten das vollständigste von Allen ist. Dessenungeachtet hat er gewiß den Nagel nicht auf den Kopf getroffen. Er vergleicht in einer geregelten Betrachtung den Saamen der Pflanzen mit dem Ei der Thiere, die Knospe, als eine lebendige Geburt, mit dem Foetus, die Ernährung der Pflanze und des Thiers, das Wachsthum, die Befruchtung, die Vermehrung, die Mißbildungen, Krankheiten, das Alter und den Tod beider. Er zeigt Aehnlichkeiten in ihrer Verbreitung, Zahl, Fruchtbarkeit, Größe, Gestalt, Struktur, dem Kreislauf, den Bewegungen, der Empfindung und Reizbarkeit. Dann beschließt er die Betrachtung mit einer innern Zufriedenheit darüber, daß es doch in Wahrheit kein wirkliches Unterscheidungszeichen für den Philosophen zwischen einer Katze und einem Rosenstrauch gebe. Der gemeine Mann wundere sich darüber, weil er die Kunst zu abstrahiren nicht verstehe. Pflanzen und Thiere erscheinen ihm nur als Modifikationen einer organisirten Materie. Die Natur steigt stufenweise vom Menschen zum Polypen, vom Polypen zur Sensitive, von der Sensitive zum Trüffel u. s. f. Alles ist ihm eine wunderbare Kette, und alle verschiedenen Modifikationen derselben sind bloße Nüancen, wie die Farben des Prismas [30]).

Ich will über diese Vorstellungen Bonnets im Allgemeinen keine Bemerkungen machen, bevor ich seine Betrachtungen einzeln gewürdigt habe, und zu diesem Zweck will ich bei Gelegenheit einer jetzt folgenden Darstellung der besondern Momente, welche eine Allgemeinheit zwischen den Thieren und Pflanzen begründen, zeigen, in wie fern die Bonnetschen Vergleiche passend oder unpassend sind.

§. 86.

Ernährungs- und Bildungssystem.

Die erste und wichtigste allgemeine Uebereinstimmung der Pflanzen und Thiere liegt in dem innern Gegensatz von einem Assimilations- und Bildungssystem, durch welches sie die Krystallbildung überleben, und nach ihrer Erzeugung sich in einem geschlossenen Kreise bewegen. Diese durchgreifende Differenz in dem animalischen und vegetativen Lebensproceß ist in den Pflanzen zeither nicht erkannt worden, und ihre Darstellung, durch welche allein die wahre innere Natur des Pflanzenlebens erkannt werden kann, ist daher vorzugsweise im Besondern der Gegenstand meiner gegenwärtigen Arbeit. Insofern kann ich im Allgemeinen nur voraussetzungsweise von diesen Gegensätzen so viel herausheben, als zur Begründung der wesentlichen, allgemeinen Uebereinstimmung zwischen Pflanzen und Thieren, nöthig erscheint, wobei ich die Wahrheit des Gesagten

---

30) Bonnet Oeuvres d'histoire naturelle etc. T. X. p. 514.

erst im Verlaufe der Darstellung über die Natur der lebendigen Pflanze, erfahrungsgemäß zeigen, und aus dem Zusammenhange des Ganzen nachweisen kann.

In den Thieren, wie in den Pflanzen, setzt sich diese innere Differenz vom Moment ihrer Erzeugung ab, und damit hat sich die Idee ihrer Totalität objectivirt. Reil behauptet daher falsch: die Bildung des Thiers sei in einem Momente vollendet, die Bildung der Pflanze daure durch das ganze Leben. Es hat dieser Gedanke von Reil viel Aehnlichkeit mit dem Hunterschen, daß sich bei den Thieren nur bis zur Geburt Epigenesis zeige, dagegen die Pflanzen zeitlebens Rudiment bleiben. Beides ist keinesweges der Fall. Sowohl bei den Pflanzen, als bei den Thieren bildet sich im Akte ihrer Erzeugung die Totalität mit allen ihren innern Differenzen, z. B. in der Pflanze des Ernährungs- und Bildungssystems, und zu diesen Momenten werden durchaus keine andere hinzugebildet; im Gegentheil liegt grade in ihnen der Grund des Ganzen, und somit aller künftigen Bildungen und Erzeugungen. Es liegt dieser Hunterschen und Reilschen Meinung nur die Vorstellung von dem bis zum Tode fortdauernden Wachsthum der Pflanzen zum Grunde, welches aber durchaus nicht in einem Zustande unvollendeter Erzeugung seinen Grund hat, sondern in dem Mangel eines centralen Zusammenhanges der Systeme, wie sich später ergeben wird.

§. 87.

Bei den Pflanzen, wie bei den Thieren, wird die von außen aufgenommene Nahrung nicht unmittelbar zur Bildung des Individuums verwendet, sondern vorher assimilirt und dann in ein eigenes System, wodurch die Bildungen vermittelt werden, hinübergebracht. Bei allen höhern Pflanzen wird das Assimilationssystem durch das Holz oder die Holzbündel dargestellt, welche in ihrer Jugend, bei den Sommergewächsen und in vielen Blättern auch wohl zeitlebens, vorzüglich aus den Spiralgefäßen bestehen, deren Wandungen später dicht verwachsen und verholzen. Durch dieses System kann die Nahrung der Pflanze von allen Theilen der Pflanzen eingesogen werden, wenn gleich dieser Akt gewöhnlich vorzugsweise durch die Wurzel vollzogen wird. In ihrem Lauf durch das Holz oder die Holzbündel wird die eingesogene Nahrung organisirt und dann von dem Bildungssystem aufgenommen.

§. 88.

Das Bildungssystem wird in den Pflanzen, wie in den Thieren, durch einen Kreislauf der organisirten und innerlich lebendig bewegten Säfte bewirkt. In den Thieren ist dieß das Blut, in den Pflanzen nenne ich diesen Saft, um ihn von andern, mit denen er verwechselt worden ist, zu unterscheiden, den Lebenssaft. In den Pflanzen ist der Lebenssaft, wie in den Thieren das Blut, in Gefäßen enthalten, welche in einer lebendigen Wechselwirkung mit dem Inhalte sich befinden. Kein Theil einer Pflanze kann ohne die Vereinigung der beiden genannten Systeme bestehen, so wie umgekehrt jeder abgerissene Pflanzentheil, in dem diese Vereinigung sich findet, das Bild der Totalität darstellt, und wieder eine ganze Pflanze unter Begünstigung äußerer Umstände aus sich entwickeln kann. Im Thier kann eben so wenig das Leben ohne den innern Gegengensatz beider Systeme bestehen; doch schließt sich hier das Ganze zu einem auf seine eigene Mitte bezogenen Lebenskreis ab, durch welchen sich, wie ich weiter zeigen werde, ein eben so wesentlicher Unterschied zwischen dem Thier und der Pflanze begründet.

§. 89.

Verschmelzen in den niedern Pflanzen und Thieren.

In den niedern (holzlosen) Pflanzen, wie in den niedersten Thieren, verschmelzen diese beiden, deutlich in Gegensätze getrennte Systeme, in eine Einheit zusammen, in welcher auf eine höchst einfache Weise die Verrichtungen beider ausgeübt werden. Die Darstellung dieser Vereinigung der Systeme im Thierreiche gehört zwar nicht hierher; um jedoch diese Analogie anschaulich zu machen, will ich nur an die Natur der Räderthiere, der Rhizostomen, Berenicen und vieler Medusen erinnern. Die Hölen im Innern dieser Thiere sind gewiß Magen und Herz zugleich. Die von außen überall eingesogene Nahrung wird in die innere Höle geführt und von hier aus sogleich, wie aus einem Herzen, zur Bildung in den Körper verbreitet. Von den Magensäcken der Medusen aus laufen, (gleichsam aus einer Cysterna chyli oder einem Herzen) radienförmige, mehrfach verzweigte Gefäße, nach dem Rande des Körpers, um dort sich in ein kreisförmiges Gefäß zu ergießen [31]). Die Höle im Innern der Rä-

31) Carus Lehrbuch der Zootomie. Leipzig 18 8 S. 518. und Tab. I. f. IX A c. d

derthiere ist gewiß weder Herz, noch Magen, sondern beides zugleich, eine Vereinigung des Verdauungs- und Bildungssystems. Auf welche merkwürdige Weise in den Pflanzen diese Vereinigung des Assimilations- und Kreislaufssystems sich vereinigt findet, habe ich besonders an der Chara im Folgenden gezeigt.

§. 90.

In demselben Maaße, als bei den höhern Vegetabilien das individuelle Leben sich in deutliche Gegensätze unterscheidet, welche in den niedern Pflanzen in eine ununterscheidbare Einheit verschmelzen, finden wir, daß das generelle oder geschlechtliche Leben ebenfalls in den höhern Pflanzen in deutlicher Entfaltung sich unsern Augen darstellt, und daß in den niedern diese Differenzen des Geschlechts so ineinander sinken, daß es verlorene Arbeit wäre, sie hier aufzusuchen. Die niedern Pflanzen haben weder in ihrem individuellen, noch in ihrem geschlechtlichen Leben entfaltete Gegensätze, und das generelle Leben ist in die Fortpflanzung des Individuums völlig versunken. Die Knospen sind hier Saamen und die Saamen Knospen, wie dieß von Gärtner auf eine eben so einfache, als wahre Weise gezeigt worden ist.

§. 91.

Die Idee von der Verschmelzung der innern Gegensätze in dem Lebensproceß der niedern Pflanzen und Thiere, scheint Treviranus vorgeschwebt zu haben, als er seine Classe der Zoophyten [32]) aufgestellt hat, zu

32) Treviranus Biologie oder Philosophie der lebenden Natur. B. I. S. 405.

welcher er Cuvier's Radiarien und Linnée's cryptogamische Gewächse rechnet. Diese, von Treviranus unter dem Namen der Zoophyten begriffenen Organisationen, würden allerdings durch eine innere Allgemeinheit, eine von den höhern Thieren und Pflanzen sich sehr gut physiologisch unterscheidende Gruppe ausmachen, wenn Treviranus nicht auch die Farrnkräuter und Najaden dazu gerechnet hätte. Wenn man aber diese letztgenannnten Pflanzen auch ausnimmt, so unterscheidet sich diese Classe von Zoophyten doch noch durch eine wichtigere und allgemeinere Differenz in sich selbst, als von den höhern Pflanzen und Thieren.

Die, von Treviranus angenommenen Eintheilungsgründe, berechtigen zu keiner allgemeinen Uebereinstimmung dieser Geschöpfe, weil die Eintheilung der organischen Körper nur nach der Analyse ihrer organischen Bestandtheile gemacht werden kann, indem der chemische Proceß Moment des allgemeinen, und nicht des individuellen Naturlebens ist. Aber diese niedern Geschöpfe zeigen darin eine Analogie, daß in ihnen, mit den angegebenen Ausnahmen, die bei den höhern Pflanzen und Thieren in deutlicher Entfaltung von Gegensätzen auseinandergelegten Systeme und deren Funktionen, in eine unterschiedlose Einheit verschmolzen sind. In ihnen findet sich eigentlich nur ein System, welches die Verrichtungen der verschiedenen in den höhern Pflanzen und Thieren ausübt. Aber der große Unterschied, welcher sich zwischen beiden, den niedern Pflanzen und den niedern Thieren findet, und welcher innerhalb der angegebenen Analogie, erstere zu den höhern Pflanzen und letztere zu den höhern Thieren bringt, liegt, wie sich später noch deutlicher ergeben wird, darin, daß die Strahlenthiere wirklich centrale und physischfreie Geschöpfe sind, wogegen die sogenannten cryptogamischen Pflanzen, wie alle übrigen, ein bloß peripherisches Leben führen.

§. 92.

Die Analogieen der thierischen und pflanzlichen Ernährung, welche Bonnet [33]) anführt, sind nicht von großer Bedeutung. Er vergleicht nach Malpighi die Spiralgefäße mit den Respirationsorganen der Thiere, und findet eine Aehnlichkeit darin, daß die Saftgefäße der Pflanzen, wie die Blutgefäße in den Lungen der Thiere, neben luftführenden Organen hinlaufen. Gesetzt auch, es wäre diese Voraussetzung an den Pflanzen richtig, welches aber, wie sich zeigen wird, durchaus nicht der Fall ist, so ist sie doch durchaus nicht geeignet, eine allgemeine Uebereinstimmung zu zeigen, da weder alle Pflanzen Spiralgefäße, noch alle Thiere Lungen haben.

§. 93.

Sehr gut zeigt indessen Bonnet [34]), daß das, von Boerhave angegebene Unterscheidungszeichen der Pflanzen von den Thieren, nicht allgemein sei. Boerhave vergleicht die Wurzeln der Pflanze mit den Milchgefäßen der Thiere, und sagt: die Pflanze hat ihre Wurzeln nach außen gelagert, das Thier wurzelt in seinem Innern. Bonnet wendet richtig dagegen ein, daß es auch

---

33) Bonnet contemplation de la nature. Cap. VI. VII. und XXXII.

34) Bonnet am angeführten Orte C. XXXII.

Thiere gebe, welche ihre Nahrung geradezu von Außen durch die ganze Oberfläche des Körpers einziehen. Ich setze hinzu, daß auch gar nicht die ganze Wurzel, sondern nur der aus Spiralgefäßen bestehende holzige Theil derselben mit den Milchgefäßen der Thiere verglichen werden kann, indem in der Rinde der Wurzeln aller höheren Pflanzen, eben so wie in der Rinde des Stammes, das Kreislaufssystem enthalten ist. In den Wurzeln der niedern Pflanzen aber findet sich, wie in der ganzen Pflanze, der Gegensatz von Holz und Rinde nicht mehr, sondern die Funktionen beider werden von einfachen Gefäßschläuchen ausgeübt, welche nun also eben so wenig mit den einsaugenden Gefäßen der Thiere, als mit dem Bildungssystem für sich verglichen werden können, da sie beides vereint darstellen.

§. 94.

Mit der unmittelbaren Einsaugung der Nahrungsstoffe durch die äußere Oberfläche der niedern Thiere, z. B. der Rhizostomen, hängt auch zusammen, daß in ihnen, wie in den Pflanzen, die Ernährung eine continuirlich strömende, und keine periodische Aufnahme von Nahrungsstoffen, wie in den höhern Thieren ist. Deshalb kann man auch mit Smellie [35]) und Anderen nicht annehmen, daß sich die Thiere von den Pflanzen durch eine periodische Aufnahme von Nahrungsstoffen unterscheiden.

§. 95.

Die Betrachtung des Kreislaufs des Blutes in den Thieren setzt Bonnet nicht wenig in Verlegenheit,

35) Smellie Philosophie der Naturgeschichte 1r Bd.

bei Durchführung seiner Parallele zwischen den Pflanzen und Thieren, da er mit Hales, Mustel und anderen, in den Pflanzen nur eine einfache, zwischen Auf- und Absteigen in denselben Gefäßen schwankende Bewegung (balancement) der Säfte in den Pflanzen annimmt. Hätte Bonnet gewußt, daß es eine wirklich kreisförmige Bewegung eines, dem Blute analogen Pflanzensaftes, gebe, so würde er darin gewiß einen neuen Triumph seiner Meinung gefunden haben, daß es durchaus keinen wesentlichen Unterschied zwischen der Pflanze und dem Thier gebe. Er hilft sich nun aber damit durch, daß ein wirklicher Säftekreislauf sich nur in den höheren Thieren finde, und daß sich die niederen Thiere also durch eine, dem Pflanzensafte analoge, Bewegung, in dieser Rücksicht doch nicht von den Pflanzen unterscheiden lassen. Wenn es nun aber dessenungeachtet eine wesentliche Differenz dieser einfachen Säftebewegungen giebt, wie ich nachher zeigen werde, so findet sich doch eine allgemeine Uebereinstimmung des Kreislaufs der Säfte in den Pflanzen mit dem Kreislauf des Blutes in den Thieren, darin, daß in beiden Organisationen diese Systeme die Vermittelung ausmachen, durch welche die nach der Erzeugung fortgesetzte individuelle Bildung vollzogen wird, und in den circulirenden Säften sich das ganze bildende Leben concentrirt, indem sie zwischen den rohen Nahrungssäften und den Bildungen der Organisationen in die Mitte treten.

§. 96.

Bau der Organe.

Der Gegensatz von Assimilations- und Bildungssystem in den Pflanzen und Thieren, verwirklicht sich durch eine, im Allgemeinen analoge Struktur der Organe in beiden, welche wieder in den innern Gegensatz von Gefäß und seinem flüssigen Inhalte zerfallen. In den höhern Pflanzen und Thieren entsteht dadurch eine Ungleichartigkeit der Theile, wogegen in den niedern Organisationen, wo beide Gegensätze verschmolzen sind, eine Gleichartigkeit in dem ganzen Baue entstehet, in welchem sich nur noch einerlei flüssige und feste Theile finden. Die niedern Pflanzen bestehen ganz aus einem gleichartigen Gewebe, welches man aber weder mit den Gefäßen, noch mit den Zellen der höhern Pflanzen vergleichen kann, indem es beider Funktionen in sich vereinigt. Dasselbe gilt von den niedern Thieren. Man kann von ihnen keinesweges sagen, sie bestehen ganz aus Zellgeweben, wenn man dieses in Vergleich mit dem Zellgewebe der höhern Thiere bringen will; sondern die Gleichartigkeit ihres Baues schließt die Natur aller ungleichartigen Theile der höhern Thiere in sich. In den höhern Thieren und Pflanzen entfaltet sich nun der Bau zu einer Zusammensetzung aus ungleichartigen Theilen, welche eben nichts anders sind, als die unterschiedenen Gegensätze, in welche die Totalität sich entschieden trennt. In den Pflanzen tritt sich Holz- und Rindenbildung, als Assimilations- und Cirkulationsorgan, (welches sich durchaus in allen höhern Pflanzen und in allen Theilen derselben findet), gegenüber, wie Herz und Magen mit den dazu gehörigen Theilen in den höheren Thieren.

§. 97.

Diese Analogie läßt sich jedoch nur bis auf diese allgemeine Differenz führen, und im Besondern läßt sich

z. B. der Bau der Saftgefäße in den Pflanzen, mit dem Bau der Blutgefäße in den Thieren in weiter nichts vergleichen, als daß beide hohle Kanäle sind, welche in sich eine lebendige Flüssigkeit enthalten, wogegen die besondere Betrachtung ihrer Struktur nur auf die Unterschiede zwischen den Pflanzen und den Thieren führt.

Man kann also mit Duhamel, Bonnet [36]) und v. Humbold [37]) auch den Bau der Knochen in den Thieren nicht mit dem Bau des Holzes der Bäume vergleichen, ohne auf die größten Unterschiede beider aufmerksam gemacht zu werden. Duhamel verglich die Rinde der Bäume mit dem Periosteum, und das Holz mit den Knochen, indem er eine Aehnlichkeit darin fand, daß das Periosteum den Knochen, wie die Rinde das Holz erzeuge. v. Humbold fand eine Aehnlichkeit in der harten Struktur der Knochen und des Holzes. Wollte man Letzteres annehmen, so käme man in Verlegenheit, eben so viele weiche Theile, die sich ganz unähnlich sind, in den Pflanzen und Thieren ebenfalls vergleichen zu müssen. Wenn aber der Duhamelsche Vergleich auch darin überhaupt einseitig ist, daß man die Bildung eines Theils aus dem andern, so wenig in den Thieren, als in den Pflanzen vergleichen kann, indem dieß zu einer unendlichen Causalität führen würde: so ist doch unverkennbar die Allgemeinheit des Gegensatzes zwischen Holz und Rinde und Periosteum und Knochen vorhanden. Dieser läßt sich aber an vielen anderen Thei-

---

36) Bonnet oeuvres d'histoire naturelle VIII. p. 339.

37) v. Humbold Aphorismen aus der chemischen Physiologie der Pflanzen.

len ebenfalls nachweisen, die in ihrer sonstigen Struktur die größte Unähnlichkeit haben. Betrachtet man auch den Bau des Holzes und den Bau des Knochens im Besondern, so zeigt sich, daß ersteres aus Gefäßen, letzterer aus Zellen besteht. Dagegen zeigt das Periosteum der Thiere verästelte, die Rinde hingegen nur gegliederte Gefäße, wie sie in der Pflanze überall vorkommen.

§. 98.

Bewegungen.

In den Pflanzen, wie in den Thieren, kommen die nach ihrem Bildungsproceß fortgesetzten Lebensäußerungen durch innere Bewegungen zu Stande, welche in beiden eine große Uebereinstimmung zeigen, wie ich es in meinen Schriften über den Lebensproceß im Blute, und über den Kreislauf des Saftes, beschrieben habe. Die innern Bewegungen des Blutes und des Lebenssaftes sind durchaus dieselben, und die Wechselwirkung der Blut- und Safttheilchen mit den Gefäßen bewirken in den Pflanzen, wie in allen den Thieren, die kein Herz haben, durch und durch die strömende Bewegung, so wie es mit den Bewegungen des Blutes in den Haargefäßen der höhern Thiere derselbe Fall ist. Diese Bewegungen können in den Pflanzen, wie in den Thieren, durch äußere Einflüsse befördert und angehalten werden, wenn sie gleich ihren Ursprung in den innern Verhältnissen der bewegten Theile unter einander, und zur Totalität haben. Sie sind bei den Thieren und bei den Pflanzen zugleich der unmittelbare Grund äußerer Bewegungen, welche sich in den Pflanzen überhaupt, und in den unwillkührlichen Bewegungen der Thiere finden, und zeigen darin eine große, unverkennbare Allgemeinheit.

§. 99.

Wachsthum.

Durch die Wechselwirkung des Blutes der Thiere und des Lebenssaftes der Pflanzen mit den, schon ursprünglich vorhandenen Gebilden, wird die Bildung neuer Theile zu den schon vorhandenen, und dadurch das Wachsthum beider Organisationen nach ihrer Erzeugung zu Stande gebracht. Der Krystall wächst nur so lange, als seine ursprüngliche Erzeugung dauert. Pflanzen und Thiere haben aber die allgemeine Eigenschaft, daß sie nach ihrer Erzeugung erst zu wachsen anfangen. Alle, durch das Wachsthum erzeugte neue Theile, entstehen aus dem flüssigen Blute oder Lebenssafte, und gehen allmählig durch einen weichen in den festeren Zustand über, welchen sie ihrer Natur nach annehmen müssen. In der besonderen Art dieses Wachsthums aber unterscheiden sich die Thiere von den Pflanzen durchaus, und was Bonnet als Analogieen angeführt hat, sind die wichtigsten Unterschiede zwischen Pflanzen und Thieren, wie sich nachher zeigen wird.

§. 100.

Symmetrische Gestalt.

Die äußere Gestalt der Pflanzen und Thiere zeigt überall den Ausdruck der Individualität durch eine innere Einheit. Wenn schon durch diese Individualität der Gestalt, welche sich besonders durch die Symmetrie ausdrückt, die Krystalle ihre Abgeschlossenheit von dem allgemei-

allgemeinen Naturleben und ihre Uebereinstimmung mit den übrigen Organisationen zeigten, so wird dies mit den Pflanzen und Thieren unter einander, noch in einem viel höheren Grade der Fall sein. Die symmetrische Gestalt ist in allen Pflanzen und Thieren vorhanden, und es kömmt bei dieser Symmetrie nur auf die Idee der innern Einheit an, welche das mannigfaltige des Baues in eine Totalität zusammenbindet, wobei es sehr gleichgültig sein kann, ob zwei, oder unzählbare Theile in solcher Einheit ihren Zusammenhang finden. Treviranus [38]) meint zwar, es seien nur die höhern Pflanzen und Thiere symmetrisch, welche sich nur in zwei gleiche Hälften theilen lassen, die niedern Geschöpfe beider Klassen, seine Zoophyten, haben eine strahlenförmige Bildung. Allein gerade in dieser strahlenförmigen Bildung, indem sie sich auf eine Einheit bezieht, liegt die Symmetrie, sowohl bei den niedern als höhern Organisationen, und der wahre Unterschied der Pflanzen von den Thieren zeigt sich nur in dem besondern Ausdruck dieser Symmetrie, keinesweges aber in ihrer allgemeinen Bedeutung, nach welcher sie das Bild einer abgeschlossenen Totalität ist. Die Eigenschaft der symmetrischen Gestalt der Thiere und Pflanzen, sich in zwei gleiche Hälften theilen zu lassen, findet sich auch erstens nicht bei allen höhern Thieren, z. B. den Schollen, vielen Mollusken, und umgekehrt kann man die niedern Strahlen-Thiere recht gut in zwei gleiche Hälften theilen, wenn man nur den Mittelpunkt, von dem die Strahlen ausgehen, spaltet, oder wo, wie bei den Pflanzen,

38) Treviranus Biologie 1. Bd. S. 170.

bloß peripherische Theile vorhanden sind, man diese durch einen gedachten Mittelpunkt trennt. Betrachtet man auf diese Weise die Zentralorgane der Schollen, so findet man hier sehr wohl eine innere Einheit derselben, nur nicht in der Bedeutung von zwei nicht weiter theilbaren Hälften, sondern in dem Bau jeder der innern Gegensätze, z. B. des Gehirns, des Gefäßsystems, findet sich eine centrale Mitte, welche die strahlenförmige Bildung der ganzen Systeme in sich vereint. Denn man darf bei der Betrachtung dieser symmetrischen Gestalt in den höhern Thieren auch nicht bloß die Zentralorgane, z. B. das Gehirn, für sich betrachten, ohne auf die von ihm strahlenförmig ausgehenden Nerven zu sehen, sondern letztere gehören nothwendig zum ganzen Nervensystem, wie das Gehirn selbst, folglich auch zur symmetrischen Gestalt desselben. Vergleicht man nun mit einem der Systeme höherer Thiere in ihrem totalen Zusammenhange, eine einfache strahlenförmige thierische Bildung, z. B. eine Meduse, so wird man finden, daß sich, in Bezug auf die Symmetrie der Gestalt, gar kein Unterschied findet.

§. 101.

Die symmetrische Gestalt der Pflanzen zeigt sich besonders in dem strahlenförmigen Bau, den man an den Querdurchschnitten des Holzes der Bäume und Sträucher sieht, und welchem der Bau der Wurzeln aller holzführenden Pflanzen analog ist. In den Pflanzen, wo im Stengel die Gefäßbündel zerstreut, oder in geordneten Kreisen um einen Mittelpunkt liegen, hält es auch nicht schwer, die Beziehung des Vielen auf die Einheit zu erkennen. Bei vielen der niederen Pflanzen scheint die Symmetrie schwer nachzuweisen zu sein. Dennoch aber zeigt sich, entweder in der strahlenförmigen Stellung mancher Theile um einen Mittelpunkt, z. B. bei den Pilzen, den Charen, oder an zwei sich gegenüberstehenden gleichen, symmetrisch untheilbaren Hälften, z. B. den gegenüberstehenden Blättern mancher Moose, unverkennbar die Einheit der Symmetrie.

§. 102.

Bonnet hätte zu Gunsten seiner Meinung eine bessere Vergleichung zwischen der Gestalt der Pflanzen und der Gestalt der Thiere anstellen können, als es von ihm geschehen ist. Anstatt die innere Allgemeinheit und Einheit hervorzuheben, legt er gerade im Gegentheil das größte Gewicht auf die Betrachtung der Mannigfaltigkeit bunter Formen. Er sagt: [39]) „es giebt wenig anziehendere Schauspiele für den Naturforscher, als diejenigen, welche ihm die Betrachtung der unendlich verschiedenen Gestalten der Pflanzen und Thiere darbieten. Mag man die unvollkommneren Gattungen mit den vollkommneren, oder die Arten einer und derselben Gattung unter einander betrachten, so ist man gleich erstaunt über die Verschiedenheit der Formen, nach denen die Natur die Thiere und Pflanzen gebildet hat." Ich glaube man hat mehr Ursache gerade die ewige Einheit anzuschauen, innerhalb welcher die Natur sich so mannichfach gestaltet, als in dem bunten Spiel der Formen sich mit seinen Betrachtungen zu verlieren, ohne zu

---

39) Bonnet oeuvres d'histoire naturelle et de philosophie T. VIII. Part. X. p. 393.

wissen, wie man zum Gesetz zurückkommen soll. Göthe sagt an irgend einer Stelle eben so schön als treffend:

Und es ist das ewig Eine,
Das sich vielfach offenbart;
Klein das Große, groß das Kleine,
Alles nach der eigenen Art.

§. 103.

Bonnet vergleicht unter andern auch die Zahl, Größe, den Aufenthaltsort der Pflanzen und Thiere; jedoch unpassend, indem alle diese Bestimmungen theils viel zu allgemein, theils so rein äußerlich und zufällig sind, daß unmöglich eine Uebereinstimmung der Pflanzen und Thiere daraus gezeigt werden kann. So ist z. B. die Zahl eine so große Allgemeinheit, daß man eben so gut die Sterne am Himmel mit den Pflanzen und Thieren, als beide unter einander durch sie vergleichen könnte. Die Größe ist etwas Zufälliges, und gewiß hat mancher Körper, der weder Pflanze noch Thier ist, in seiner Größe mit beiden eine Uebereinstimmung. Der Aufenthaltsort der Pflanzen und Thiere ist freilich die Erde, die Luft, oder das Wasser. Aber man sieht leicht, daß sich in diesen Elementen eben so gut andere Dinge aufhalten können, und wirklich aufhalten. Steine finden sich auf der Erde überall. Dagegen ist die Pflanze immer am Boden gefesselt, und gleicht dem Thiere darin keinesweges, daß es sich überall in der Luft und im Wasser aufhalten, und sich auch anderswohin begeben kann. Bonnet macht auf die parasitischen Pflanzen und Thiere aufmerksam, was an einem andern Orte vielleicht recht gut angebracht wäre; aber eine Aehnlichkeit der Pflanze mit dem Thiere läßt sich aus solchen zufälligen äußern Bestimmungen nicht entnehmen.

Nicht unpassend vergleicht Bonnet unter andern die Krankheiten der Pflanzen und Thiere unter einander, wenn er gleich ihre eigentliche allgemeine Natur nicht recht gefaßt hat. Die Krankheit der Pflanzen ist wie die Krankheit der Thiere, der Anfang ihres Todes, das heißt ihres Rückganges in den allgemeinen mechanischen, physikalischen und chemischen Proceß. Die selbstständige Macht ihres Lebensprocesses unterliegt den allgemeinen Mächten der Natur, und wenn sie sich dieselben nicht assimiliren können, so unterliegen sie der physikalischen Gewalt, und werden in das allgemeine Naturleben aufgelößt. So lange der Kampf zwischen dem allgemeinen und individuellen Leben noch dauert, so lange dauert die Krankheit, und je nachdem das eine oder das andere den Sieg davon trägt, geht dieser entweder zum Leben oder zum Tode der individuellen Organisation. In diesem Betracht finden wir eine sehr gute bildliche allgemeine Vorstellung von der Krankheit bei den Alten, die indessen in dieser größten Allgemeinheit noch keinesweges im besondern befriedigt, wo die sich gegenübertretenden Momente näher bestimmt sein wollen.

Die Vergleichung des thierischen Eies mit dem Saamen der Pflanzen, welche Bonnet [40]) und mit ihm Smellie [41]) macht, ist ebenfalls nicht allgemein. Sie

40) Bonnet oeuvres d'histoire naturelle etc. T. VIII. P. X. Cap. IV. u. V.

41) Smellie Philosophie der Naturgeschichte. A. d. Engl. I. p. 144.

paßt höchstens für die Thiere und Pflanzen, welche eine geschlechtliche Fortpflanzung haben, bei denen aber, wo ein unmittelbares individuelles Auswachsen Statt findet, nicht. Noch weniger passend vergleicht Bonnet den Fötus mit den Knospen der Pflanzen. Der Fötus des Thiers ist eine geschlechtliche Erzeugung, die Knospe der Pflanze ein individuelles Fortwachsen.

§. 104.

Geschlecht.

Das Geschlecht der Pflanzen und Thiere ist, wie ich gezeigt habe, überhaupt gar kein allgemeines Kennzeichen beider, und ist von ihrer individuellen Fortpflanzung sehr wohl zu unterscheiden. Letztere kommt aber bei sehr vielen der niedern Organisationen allein vor, und ist nur in der Fortdauer des Bildungsprocesses des Individuums überhaupt, nach seiner Erzeugung begründet, und von jeder geschlechtlichen Generation unabhängig. Deswegen muß man den Hauptunterschied der Thiere und Pflanzen von den Krystallen, und die allgemeinste Uebereinstimmung, welche beide unter einander haben, allein in dem Ueberleben ihrer Erzeugung, und in dem Proceß setzen, wodurch dieser größere Lebenskreis vollendet wird.

§. 105.

Periodizität.

Endlich will ich noch einer Allgemeinheit alles individuellen Lebens, durch welche also auch die Thiere und Pflanzen eine große Uebereinstimmung haben, gedenken. Dies ist nämlich die absolute Abhängigkeit vom allgemeinen Naturleben, vermöge welcher die organischen Körper nur einen begränzten Lebenskreis zurücklegen können, nach welchem sie sich immer wieder als Moment des allgemeinen Naturlebens darstellen. Darin liegt der Grund ihres Todes, welcher eben nichts anders ist, als die Rückkehr in den irdischen Schooß, der sie gebar. Alle individuellen lebendigen Körper entstehen durch ihre eigene innere Macht, indem sie sich aus dem Kreise des allgemeinen Naturlebens losreißen, und sich selbst Gestalt geben. Aber nachdem sie, in längerer oder kürzerer Zeit, ihren eigenen Lebenskreis durchwandert haben, indem sie die Momente des allgemeinen Lebens zu ihren eigenen umgeschaffen haben, können sie sich gegen dasselbe nicht mehr erhalten; sie gehen in sich selbst zu Grunde, und zerfallen wieder in die Momente des allgemeinen physikalischen Prozesses, aus denen sie sich eigenmächtig losgerissen hatten. Diesen Kreislauf des Lebens nennt man die Periodizität (periodus).

§. 106.

Man thut indessen Unrecht, bloß die Pflanzen und Thiere für periodische Organisationen zu halten, da die Krystalle nichts destoweniger ihren, vom allgemeinen physikalischen Prozeß unabhängigen, Lebenskreis durchlaufen. Freilich ist das Krystalleben kurz, denn es erschöpft sich, und stirbt in seiner eigenen Erzeugung. Nach seiner Bildung ist der Krystall todt, und hat sein Leben hinter sich. Es ist dasselbe also nur eine einfache Periode. Thiere und Pflanzen aber, welche ihre Erzeugung überleben, zeigen zwischen ihrem Entstehen und

Vergehen, also in ihrem ganzen Lebenslauf, noch kleinere Abschnitte (Periodizitäten), in welchem das Leben steigt und fällt, und wodurch die ganze Periode ihrer Existenz eine zusammengesetzte wird. Diese kleineren periodischen Lebenserscheinungen, in welchen sich der ganze Lebenskreis zum öftern wiederholt, sind großentheils den Abschnitten in dem cosmischen und tellurischen Leben entsprechend, wenn gleich nicht allein von ihnen abhängig, sondern in sich selbst begründet. Es gehören zu diesen periodischen Lebenserscheinungen, bei den Pflanzen, das Keimen der Saamen, das Ausschlagen der Blätter, ihr Fall, das Zusammenlegen der Blätter mancher Pflanzen am Abend und ihre Ausbreitung am Morgen, das Aufblühen und Schließen vieler Blumen zu gewissen Stunden, Tages-, Nacht- und Jahreszeiten. So legen die Cassien, Mimosen, Tamarindus, die Acacien und viele andere Pflanzen mit zusammengesetzten Blättern, ihre Blättchen gegen Abend zusammen, und entfalten sie wieder am Morgen. Daß sich ein allgemeiner Zusammenhang des Pflanzenlebens mit dem tellurischen Prozeß findet, zeigen manche Pflanzen, welche bei Wetterveränderungen, z. B. wenn es regnen will, ihre Blätter oder Blumen zusammenfalten. Poliera hygrometrica, ein südamerikanischer Strauch, legt jedesmal, wenn es regnen will, seine gefiederten Blätter zusammen, und ist dort ein sicherer Wetterprophete [42]). Ferner gehören hierher das Entblättern der Pflanze, welches bei einigen im ersten, bei andern im zweiten

42) Wildenow Grundriß der Kräuterkunde mit Zusätzen von Link. S. 406.

Herbst nach ihrer Bildung geschieht; die Bildung der Jahresringe am Holze und in der Rinde, und ähnliche Erscheinungen.

§. 107.

Die Thiere zeigen diese kleineren Perioden in ihrem ganzen Lebenskreise, in dem Nacht- und Winterschlafe, dem Abwerfen der Haare, Federn, der Geweihe, in dem Geschlechtstriebe und so fort.

Diese zusammengesetzte Periodizität in dem Lebenslaufe der Pflanzen und Thiere ist es also vorzüglich, welche sie durchweg mit einander gemein haben, und welche nur in ihrer zusammengesetzteren Natur überhaupt ihren Grund hat. Wie sich der ursprüngliche Bildungsact der Pflanzen und Thiere in der Fortsetzung ihres Erzeugungsprocesses wiederholt, so wiederholen sich auch die kleinern Lebenskreise in dem großen Ganzen, welches nach Ablauf seiner begrenzten Lebenszeit, sich in den noch größeren Perioden des allgemeinen Naturlebens eben so auflöst, wie die kleinern Abschnitte, in dem ganzen individuellen Lebenslaufe des Thiers und der Pflanze zu Grunde gehen.

§. 108.

Unterschiede der Pflanzen von den Thieren.

Diejenigen Naturforscher, welche eine allgemeine und wesentliche Unterscheidung zwischen den Pflanzen ung Thieren angenommen haben, sind in sofern nachgiebiger gewesen, als diejenigen, welche keine wesentliche Differenz zwischen beiden zugeben wollten, als sie wenigstens stillschweigend anerkannt haben, daß es bei dieser wesentlichen Unterscheidung, dennoch eine eben so wesentliche allgemeine Uebereinstimmung beider Reiche geben könne. Sie haben aber dieser allgemeinen Uebereinstimmung beider Reiche zu wenig Aufmerksamkeit geschenkt, und es scheint mir, als ob sie in den entgegengesetzten Fehler mit denen verfallen sind, welche durchaus keinen wesentlichen Unterschied zwischen Thier und Pflanze zugeben wollen. So wie sich die Letzteren nemlich zu sehr im Allgemeinen, so haben die Ersteren sich in Betrachtungen verloren, welche zu sehr die besondern Bestimmungen für sich der Aufmerksamkeit werth hielten, und dabei konnten beide Partheien nie harmonisch zusammenkommen. Wenn also gleich es denjenigen, welche eine wesentliche Differenz zwischen Pflanzen und Thieren festgestellt haben, nicht gelingen konnte, die Beweise der entgegengesetzten Parthei völlig zu entkräften, so glaube ich doch, daß der gemeine Mann Recht hat, wenn er diejenigen auslacht, welche mit Bonnet wirklich glauben, daß sich die Katze vom Rosenstrauch durch kein allgemeines und wesentliches Merkmal unterscheiden lasse.

§. 109.

Ich will versuchen die wesentlichen und durchgreifenden Verschiedenheiten der Pflanzen von den Thieren anzugeben, welche innerhalb der allgemeinen Uebereinstimmung beider sich vorfinden, und die Betrachtung derselben von der unmittelbaren äußeren Anschauung des thierischen und vegetativen Lebens beginnen, zuvor aber noch einige Bemerkungen über die nothwendigen Grenzen hinzufügen, innerhalb welcher man sich bei Aufsuchung wesentlicher Unterscheidungszeichen zwischen Pflanzen und Thieren zu halten hat.

§. 110.

So wie nämlich die Naturwissenschaft der organischen Körper überhaupt zum höchsten Zweck hat, solche in ihre organische Bestandtheile und in den Proceß aufzulösen, durch welchen die Theilung des Ganzen wieder zur Totalität zurückkehrt, so kann sie auch im Besondern diese organische Analyse im Kreise des individuellen Lebens nur verfolgen, und muß durchaus die Momente des allgemeinen Naturlebens eben so von sich ausschließen, wie sich das individuelle Leben in sich selbst abschließt, und gegen den Proceß des allgemeinen Naturlebens erhält. In diesem Betrachte können wir durch die chemische Analyse todter organischer Körper, weder deren allgemeine Uebereinstimmung, noch deren besondere Unterschiede finden. Es ist daher ein fruchtloses Unternehmen, Pflanzen und Thiere durch eine chemische Zergliederung, (welche in vielen andern Fällen ohne Frage von großem Gewinn sein kann, z. B. da, wo, wie in Krankheiten, das chemische und organische Leben nicht selten um einander zu zerstören, in Wechselwirkung treten), unterscheiden zu wollen, nachdem sie sich längst schon als Moment des allgemein physikalischen Processes wieder dargestellt haben. Die Mineralogen geben es richtig zu, daß man die Krystalle durch die chemische Analyse nicht einmal wesentlich unterscheiden könne; wieviel weniger muß dies also bei den Pflanzen und Thieren der Fall sein, deren Individualität sich gegen den allgemeinen physikalischen Proceß in einem viel höhern Grade abschließt, als das Krystalleben!

§. 111.

Indessen sind dessenungeachtet von berühmten Naturforschern die Versuche gemacht worden, durch die chemischen Bestandtheile die organischen Unterschiede zu machen. Man sagt die Thiere bestehen vorzugsweise aus Stickstoff, die Pflanzen aus Kohlenstoff. Allein abgesehen davon, daß in den Thieren außer dem Stickstoff noch hundert andere Stoffe vorkommen, welche sich zum Theil in den Pflanzen auch finden, und umgekehrt die Pflanzen wieder Bestandtheile haben, welche auch in den Thieren vorhanden sind, daß also der Unterschied nicht die geringste Allgemeinheit hat, so müßte man doch, wenn dies Eintheilungsprincip richtig wäre, nach diesen Bestandtheilen die Thiere und Pflanzen weiter eintheilen können, indem sie sich mit Abänderungen im besondern wiederholen müßten, was aber durchaus nicht der Fall ist.

§. 112.

Dagegen sind die organischen Bestandtheile der Organismen ein besseres, oder vielmehr ein allein wahres Eintheilungsprincip, und in ihren Grenzen darf sich der Naturforscher bei der Betrachtung ihrer Unterschiede einzig und allein halten, und wo man mit der organischen Zergliederung nicht weiter fort kann, darf man durchaus nicht etwa zur chemischen übergehen, in der Erwartung dadurch die organischen Bestandtheile besser kennen zu lernen, sondern lieber muß man unmittelbar im Organischen bei dem Begriff der Kraft stehen bleiben, und ihre Analyse dahingestellt sein lassen, anstatt sich durch die chemische Zergliederung aus dem individuellen organischen Leben in den allgemeinen physikalischen Proceß zu verirren.

§. 113.

Unterschied der äußern Lebenserscheinungen der Pflanzen und Thiere.

Betrachten wir unmittelbar die äußeren Erscheinungen des animalischen und vegetativen Lebens, so fällt in dem Verlaufe desselben vom Leben zum Tode eine allgemeine Differenz in die Augen. Von ihrem Entstehen an, ist die Pflanze beschäftigt, immer neue äußere Theile zu den vorhandenen hinzubilden, und dadurch ihre Gestalt zu vergrößern. Sie entwickelt aus sich einen Zweig nach dem andern, sowohl über als unter der Erde, wenn sie ihre Wurzeln in diese versenkt. Sie bildet ein Blatt nach dem andern, verlängert ihre Wurzeln immerfort durch Nachbilden vorher nicht vorhandener Theile, sie setzt im Holz und der Rinde eine Jahresschicht nach der andern an, ohne daß alle diese Theile mit denen, aus welchen sie gebildet sind, in einen nothwendigen innern Zusammenhang stehen. Ja die Theile sterben nach einander in derselben Reihenfolge, wie sie erzeugt sind, wieder ab: die untersten Blätter zuerst, die früher entstandenen Holz- und Rindenschichten vor den später erzeugten. So stirbt ein Theil an der Pflanze ab, während der andere fortlebt, und so lange sie lebt, treibt sie neue Theile aus sich hervor: sie hört nur mit ihrem Tode zu wachsen auf. Jeder einzelne Pflanzentheil vereinigt in sich die Macht, unter günstigen äußern Verhältnissen wieder eine ganze Pflanze aus sich zu produziren, welche ihren Lebenskreis in derselben Succession von Bildungen zurücklegt. Nie kehren die Bildungen der Pflanze zu einer totalen Mitte im Ganzen zurück, und sie gleichen darin der Krystallisation, daß sie nach ihrer vollendeten Erzeugung wieder zu Grunde gehen. Höchstens erreicht die Pflanze (doch nicht alle) die Gattung in ihrer Bildung, um sich in dieser zu verewigen, aber sich selbst nie: zu der ungetheilten Macht der Rückkehr in ihr eigenes Innere gelangt die Pflanze nicht.

§. 114.

Dagegen zeigt sich im Thier von seiner Erzeugung ab, eine durchaus nothwendige Beziehung aller äußern Theile auf die Totalität, und wenn gleich durch Trennung eines äußern Gliedes die Totalität nicht zerstört wird, so kann der vom Ganzen abgesonderte Theil seinem Untergange auf keine Weise aus dem Wege gehen. Aus einem abgeschnittenen thierischen Theil kann nie wieder ein Ganzes werden, und wenn sich ein, durch seine Mitte gespaltener Körper eines Polypen zu zwei oder mehreren Individuen ergänzt [43]), so ist dies keinesweges einem fortwachsenden Pflanzenzweige zu vergleichen, da sich jeder Theil sogleich wieder zu einer begrenzten, in sich abgeschlossenen Einheit gestaltet, welche keinesweges wie die Pflanze ins Unendliche fortwächst, ohne zu sich selbst zurückzukehren. Dagegen wird ein abgeschnittener Polypenarm nie, wie ein abgeschnittener Pflanzenzweig, fortwachsen, sondern immer, eben so wie ein getrenntes Glied eines höhern Thiers, absterben. Die Entwickelung und das Wachsthum der Thiere, ist durchaus kein Hinzukommen neuer, vorher nicht vorhandener Theile, sondern alle später vorhandenen Theile eines Thiers werden ursprünglich gebildet, und ihre Ent-

43) Blumenbach Handbuch d. Naturgeschichte 10. Ausgabe. S. 501.

wickelung ist eine bloße Vergrößerung nach verschiedenen Dimensionen, wobei ihre sonstige Beschaffenheit und ihr Verhältniß zum Ganzen dasselbe bleibt, was es ursprünglich war. Man hat zwar wohl die Reproduktion verstümmelter, oder sonst natürlich verlorener thierischer Theile mit dem Sprossen der Pflanzen verglichen, jedoch paßt dieser Vergleich nicht. Der hervorsprossende Theil einer Pflanze ist immer wieder dem Ganzen durch und durch gleich, aus dem er hervorging; er ist selbst ein Ganzes, wogegen ein wiederwachsender thierischer Theil eine bloße Erzeugung aus der Totalität ist. In der thierischen Organisation kömmt nirgends eine wirkliche Analogie des vegetativen Wachsthums vor, und umgekehrt findet sich eine Reproduction im Sinne der thierischen, durchaus bei keiner Pflanze. Man vergleiche zum Beispiel das Wiederwachsen eines abgeschnittenen Salamanderfußes, mit dem Aussprossen eines beschnittenen Baumzweiges, um den Unterschied zwischen dem thierischen und vegetativen Wachsthum zu bemerken. Der vom Körper abgeschnittene Salamanderfuß wird wirklich reproducirt: die Thätigkeit des Ganzen ersetzt ihn wieder, um sich zu ergänzen. Dies geschieht aber keinesweges mit dem abgeschnittenen Pflanzenzweige. An seiner Stelle wachsen ganz andere hervor, vielleicht in unbestimmter Zahl, aber alle sind wieder dem Ganzen, wie dem abgeschnittenen Theile durchaus ähnlich.

§. 115.

Die Bedingungen alles thierischen Bildens und Wachsthums gehen also von dem Körper desselben aus, und die thierischen Glieder haben mit dem Körper einen unzertrennlichen Zusammenhang.

In der Pflanze hingegen können die Bildungen von jedem einzelnen Theile ausgehen, und dies berechtigt zu der Voraussetzuug, daß in jedem dieser einzelnen Theile die Bedingungen des vegetativen Lebens enthalten sein müssen, eben so wie die Bedingungen des animalischen Lebens nur in dem Körper und nicht in den Gliedern enthalten sein können. Die größere oder geringere Zusammensetzung der höhern und niedern Pflanzen und Thiere, macht hierin durchaus keinen Unterschied. Es gilt das Gesagte einerseits von der Conserve wie von der Sensitive, und andererseits von dem Strahlenthier wie von dem Säugethier. Die Mannigfaltigkeit und Einfachheit der Verrichtungen ist in Bezug auf das beschriebene Verhältniß ebenfalls gleichgültig. Organe der Ernährung, des Kreislaufs, der Sekretionen üben in den Pflanzen wie in den Thieren, theils deutlich unterschieden, theils in eine Einheit verschmolzen, ihre Verrichtungen aus. Es muß also vorzüglich auf den innern Zusammenhang, den die wesentlichen Gegensätze im Thier und der Pflanze haben, bei dieser äußern Verschiedenheit ankommen.

§. 116.

Die Thiere haben Centralorgane.

Betrachtet man nun, hierdurch aufmerksam gemacht, die Organe des Thieres, so zeigt sich in ihnen überall ein Mittelpunkt, von dem die peripherischen Theile aus-, und zu dem sie wieder zurückgehen. So gehen alle Blutgefäße im Thiere vom Herzen aus, und kehren ins Herz zurück; alle Nerven kommen vom Gehirn, oder seiner Fortsetzung, und finden wieder in demselben ihren centralen Zusammenhang. Wo aber diese innern Gegensätze, wie in den untersten Geschöpfen dieses Reiches, nach und nach in eine Einheit zusammenschmelzen, so daß weder der eine noch der andere als deutlich unterschieden erkannt wird, da versenkt sich die ganze Animalität dennoch in eine allgemeine Centralität, mit welcher die ganze Peripherie eben so nothwendig zusammenhängt, wie die peripherischen Theile eines Centralorgans in den höhern Thieren.

Alle Ausstrahlungen der Centralorgane des thierischen Körpers kehren in einem geschlossenen Kreise zum Centrum zurück. Man hat zwar bisher von den Nerven geglaubt, daß sie sich mit ihren letzten peripherischen Enden im Zellgewebe verlören, und von hier aus nun ihre Wirkungen weiter über sich hinaus verbreiteten, wodurch Reil zu der wunderlichen Hypothese von der Nervenatmosphäre gekommen ist. Allein Rudolphi [44]) hat sehr schön gezeigt, daß die letzten Nervenenden, wie alle andern peripherischen Ausstrahlungen, sich keinesweges so ins Blaue hinein verlieren, sondern in sich selbst durch Geflechte geschlossen zurückkehren, und somit, eben so wie das Gefäßsystem, das Abbild der ganzen thierischen Gestaltung in sich enthalten.

Von dieser Centralität der Thiere finden wir aber in den Pflanzen durchaus nichts. Zwar zeigt sich in den Blumen der höhern Pflanzen eine centrale Form, indem der Kelch, die Blumenblätter, Nektarien und Staubfäden um den Stempel, als ihrer centralen Mitte stehen, allein theils bleibt es hier, wie sich später zeigen wird, nur bei der Form, indem das innere aller

44) Rudolphi Grundriß der Physiologie. 1r Theil.

dieser Theile aus demselben Gegensatze, wie die ganze Pflanze besteht, theils ist das geschlechtliche Leben von dem individuellen durchaus geschieden, und hat mit demselben nur einen relativen Zusammenhang.

§. 117.

Die Pflanzen nicht.

Die individuelle Pflanze also hat in sich durchaus kein Centrum. Ueberall wo ein solches vorhanden sein müßte, finden wir in der Pflanze entweder leere mit Luft erfüllte Räume oder todtes Zellgewebe, oder die peripherischen Theile entspringen so dicht neben einander, wie aus einem mathematischen Punkte, z. B. die Strahlengänge in den marklosen Hölzern. Daher kommt es, daß die Systeme, welche als innere Gegensätze das Pflanzenleben constituiren, in sich nicht nothwendig zusammenhängen, und daß die einzige Bedingung der Vegetation nur das Vorhandensein der innern Gegensätze von Assimilations- und Bildungssystem ist, unabhängig von jeder Gemeinschaft, welche die Theile derselben mit dem Ganzen haben. Jeder Theil ist hier dem Ganzen gleich, in sofern er aus denselben Gegensätzen besteht, und das Verhältniß derselben untereinander bedingt allein das Pflanzenleben, so wie umgekehrt das eine System ohne das andere, z. B. Holz ohne Rinde, und umgekehrt, eben so seinem Untergang entgegengeht, wie das vom Körper abgeschnittene Glied eines Thieres.

§. 118.

Vergleichen wir nun in dieser Rücksicht die Pflanzen mit den Thieren im Besondern, so zeigt sich in der concreten Natur derselben Momente, welche eine allgemeine Uebereinstimmung beider Reiche begründen, zugleich die wesentliche Differenz der Pflanzen von den Thieren.

§. 119.

Unterschied des Assimilationssystems der höhern Pflanzen und Thiere.

Wir wollen zuförderst das Assimilationssystem in den Thieren und Pflanzen betrachten, und die Unterschiede an beiden bemerken. Die Thiere haben ihr centrales Assimilationssystem in dem Magen, welcher durch eine Mundöffnung die rohe Nahrung in sich aufnimmt, und die Ueberreste durch den After wieder entleert. Mund, Magen und After fehlen keinem Thiere, in welchem der Gegensatz von Aneignung und Bildung sich deutlich unterscheidet. Vom Magen aus saugen die Lymphgefäße die Nahrung ein, und führen diese zuerst in ein gemeinschaftliches centrales Behältniß, von welchem aus erst der Uebergang der Nahrung als Milchsaft ins Blut erfolgt. Diese Einrichtung fällt bei den Pflanzen weg. Schon Malpighi sagte sehr richtig, und nach ihm Linné, der Pflanzenmagen ist die Erde: denn unmittelbar aus ihr saugen die Pflanzengefäße ihre Nahrung ein; wenn nämlich die Pflanzen nicht etwa im Wasser, wie die Lemna herumschwimmen, oder wie die parasitischen Gewächse auf andern Pflanzenwurzeln, die dann die Stelle des Bodens vertreten, worauf im Grunde wenig ankömmt. Die von den Spiralgefäßen eingesogene Nahrung der Pflanzen wird nicht, wie der Milchsaft der Thiere, in ein gemeinschaftliches Behältniß geführt, zu welchem Zweck die Zweige der Saugadern sich zuvor schon in Stämme ansammeln; sondern der eingesogene rohe

Pflanzensaft wird von eben so viel einzelnen Gefäßen, als er aufgenommen ist, geradezu in das entgegengesetzte Extrem der Pflanze geführt, und geht hier, aus jedem einzelnen Spiralgefäß in das Bildungssystem über. Es finden sich in dem Assimilationssystem der Pflanzen also nur diese Extreme, und durchaus kein Mittelpunkt, weder von wo die Nahrung eingenommen, noch wohin sie geführt würde. Aus diesem Grunde hängt die Integrität des Assimilationssystems der Thiere von dem Centrum ab, wogegen bei den Pflanzen dasselbe in jedem beliebigen Theil zugleich dem Ganzen gleich, und im Stande ist, seine Function auszuüben, wenn sonst das Verhältniß desselben zum Bildungssystem nicht so gestört ist, daß dadurch der Untergang befördert wird.

Man hat auch wohl gesagt [45]), die Thiere wählen sich ihre Speisen, die Pflanzen nicht. Aber letzteres ist keinesweges der Fall. In ihrer Integrität saugen die Pflanzen keinesweges jede ihnen dargebotene Flüssigkeit ein, und man findet nicht selten, daß eine Pflanze, selbst aus einer gefärbten Flüssigkeit, nur das ungefärbte Wasser einsaugt, und die Farbestoffe zurückläßt. Auch ist es eine bekannte Erfahrung, daß die Wurzeln vieler Pflanzen sich weite Strecken durch schlechtes Erdreich nach einer Lage guten Bodens hinziehen, um hier eine angemessenere Nahrung zu finden.

§. 120.

Unterschied des Bildungssystems der höhern Thiere und Pflanzen.

Wenn gleich nicht bei allen höhern Thieren der Kreislauf des Blutes so zusammengesetzt ist, wie in den

---

45) Smellie Philosophie der Naturgeschichte 1r Bd.

vollkommneren Säugethieren, in welchen ihn Harvey entdeckte, so zeigt sich doch überall in ihnen das Ausströmen des Blutes von einem Mittelpunkt, und die Rückkehr desselben zu dem Centrum, von wo es ausging. Selbst wo dies kein wirkliches Herz ist, fließt das Blut dennoch aus den feinsten Verzweigungen der Adern in größere und größere Ströme zusammen, bis es sich endlich eben so wieder vom Hauptstamme aus in den Körper vertheilt. Daher gilt bei den höhern Thieren durchaus der von C. F. Wolff in seiner Theoria generationis angegebene Unterschied, von den höhern Pflanzen, daß letztere kein Herz mit verästelten Blutgefäßen hätten, und es liegt diesem tiefen Gedanken auch offenbar die unbewußte Vorstellung einer allgemeinen Centralität zum Grunde. Wäre Wolff nicht bloß bei dem Herzen und den verästelten Gefäßen stehen geblieben, und hätte den Gedanken allgemeiner ausgedrückt, so hätte er gewiß die durchgreifendsten Unterschiede darin gefunden. Denn überall in den Pflanzen besteht das Bildungssystem wie das Assimilationssystem aus Reihen gegliederter Gefäße, in denen der Saft einen Kreis um einen leeren Mittelpunkt durchläuft. Das Bildungssystem der Pflanzen, ihr Kreislauf, verliert sich nach außen in allerhand Productionen, ohne in sich selbst zurückzukehren, und ist in allen seinen Theilen ein Abbild der Totalität, was mit dem Gefäß- und Blutsystem der Thiere keinesweges der Fall ist. Daher findet in den Thieren eine immerwährende Resorbtion der gebildeten Substanz und deren Rückkehr in das Kreislaufssystem Statt, wogegen in der Pflanze durchaus keine Resorbtion vorkommt. Die Pflanze kann daher auch nicht abmagern, wie das

Thier, sondern höchstens aus mangelnder Bildung und Ernährung gegen andere Theile zurückbleiben, oder nach physischen Gesetzen durch Vertrocknung dünner werden. In der Pflanze findet nur ein Fortschreiten der Bildungen Statt, und eine Resorbtion findet eigentlich nur beim Uebergang des Nahrungssaftes aus den Spiralgefäßen in den Lebenssaft des Bildungssystems Statt. Von hier aus wird alles zu neuen Bildungen verwendet, und diese kann, sie mögen so üppig sein als sie wollen, die Pflanze nie in ihren Kreislauf zurücknehmen, um wie das winterschlafende Thier aus sich selbst zu zehren. Wo die Zufuhr der Nahrung bei den Pflanzen von Außen aufhört, da muß sie ohne Rettung sterben.

§. 121.

Unterschied des Ernährungs- und Bildungssystems der niedern Pflanzen und Thiere.

Hier scheinen sich beim ersten Anblicke mancherlei Schwierigkeiten darzubieten, und diese Geschöpfe sind auch immer der Tummelplatz gewesen, auf dem der Streit über die Unterschiedslosigkeit der Pflanzen und Thiere geführt worden ist. Hier reicht — weder Wolffs Idee, daß die Thiere ein Herz haben, noch Boerhave's Meinung, daß die Wurzeln der Thiere in ihrem Innern liegen, noch Hedwig's gegebenes Kennzeichen, daß die Thiere ihre Geschlechtstheile zeitlebens behalten, und die Pflanzen solche verlieren, noch der von Ludwig angenommene Unterschied, daß die Thiere sich vom Platze bewegen können, (Locomotivität haben), die Pflanzen aber nicht — völlig hin den Unterschied zu begründen. Denn die meisten der Thiere, in denen die innern Gegensätze, welche bei den höhern getrennt erscheinen, verschmolzen sind, haben kein Herz, sie ernähren sich oft allein durch Einsaugung der flüssigen Nahrung geradezu von außen, wie die Pflanzen. Die meisten Zoophyten sind an ihrem Aufenthaltsorte angewachsen, und Geschlechtstheile haben weder die meisten dieser Thiere, und noch weniger die hierher gehörigen Pflanzen.

§. 122.

Wir sind also gezwungen, allgemeinere und durchgreifendere Kennzeichen hervorzusuchen, durch welche wir ohne Widersprüche die wesentliche Unterscheidung der Thiere von den Pflanzen rechtfertigen können, und dies wird nicht schwer sein, wenn wir auf die allgemeine Differenz in dem Lebenslaufe der Thiere und Pflanzen zurücksehen. So wie nämlich in den höhern Thieren die getrennten Gegensätze von Ernährungs- und Bildungssystem für sich durch centrale Beziehungen aller ihrer Theile auf das Ganze abgeschlossen sind, so versinken diese Systeme in den niedern Thieren in eine centrale thierische Einheit, welche nirgends verloren geht, und überall das Thier deutlich unterschieden von der Pflanze charakterisirt. Wenn also gleich die Aufnahme von Nahrung durch unmittelbare Einsaugung von Außen geschiehet, so wird doch diese sogleich in ein allgemeines Centrum gebracht, von wo aus dieselbe, da sich Magen und Herz darin vereinen, eben so zur Bildung durch verästelte Gefäße in den Körper geführt wird; der Bau des Ganzen mag nun so unvollkommen sein, als er wolle.

§. 123.

Dagegen finden wir in allen holzlosen Pflanzen, wie in allen höhern, durchaus ebenfalls nur ein peripherisches Leben, wenn gleich die Trennung seiner innern Gegensätze von Ernährungs- und Bildungssystem in eine vegetative Einheit versunken ist, wie dies bei den niedern Thieren der Fall war. Der Gegensatz einer innern Hölenbildung gegen die äußere Oberfläche, welchen einige Naturforscher als durchgreifendes Kennzeichen der Thiere und deren Unterschied von den Pflanzen haben ansehen wollen, scheint hier beim ersten Anblick nur den Thieren gemein zu sein. Sehen wir aber auf die Natur der Charen, so finden wir, daß bei diesen Pflanzen durchaus alle vegetativen Processe in einer innern Aushölung ihrer ganzen Substanz vollzogen werden, so daß die Hölenbildung durchaus die Thiere von diesen Pflanzen nicht unterscheidet. Dennoch aber zeigt sich auf eine wunderbare Weise in den Charen, wie ich später erst auseinander setzen kann, ein rein peripherisches Leben, im Innern ihrer hohlen Substanz, und dies rechtfertigt dadurch die Allgemeinheit der Chara mit allen Pflanzen, und ihren Unterschied von allen Thieren. Ueberall in den holzlosen Pflanzen dreht sich die Lebensbewegung um einen leeren Mittelpunkt, und sie kehrt nirgends zu einer centralen Allgemeinheit, wie im Thier, zurück.

§. 124.

Unterschied des Baues der Pflanzen und Thiere.

Alle Theile der Pflanzen, die innern wie die äußern, haben einen gegliederten Bau. Ihr Wachsthum geht von einem Knoten zum andern, und die Grenzen der Knoten, sind überall durch die Struktur der Theile genau bezeichnet, so daß die Theile in ihren Verknotungen sich gemeinhin leicht von einander trennen lassen.

Sehr deutlich zeigt sich diese Verknotung der äußern Theile, bei den Gräsern, dem Mistel, den Charen und Conferven. Weniger in die Augen fallend, ist sie an den Grenzen der Jahrestriebe bei den Bäumen. Die Verknotung und Gliederung der äußern Pflanzentheile, wiederholt sich im innern Bau derselben. So bestehen durch und durch die Gefäße der Pflanzen aus Gliedern, welches besonders an den vollkommen ausgebildeten gut zu sehen ist.

Im Thier zeigt sich dieser gegliederte Bau der Theile nicht. Die Gelenke der Thiere sind eigentlich den Verknotungen der Pflanzen nicht zu vergleichen, indem sie doch durch das allgemeine Band des Nerven- und Gefäßsystems unzertrennlich mit dem Körper zusammenhängen. In dem Bau des Gefäß- und Nervensystems der Thiere zeigt sich aber ein fortlaufender Zusammenhang, und jeder Theil ist unzertrennlich mit dem Ganzen, wie das Ganze mit den Theilen verbunden.

Ein berühmter Anatom und Physiologe sagt, man braucht nichts weiter zur Unterscheidung der Pflanze von dem Thier, als vorzugsweise die große Homogeneität und Starrheit aller ihrer Theile, welche sich bei den Thieren nicht findet. Allein was die Homogeneität betrifft, so möchten sich in dem Bau der meisten niederen Thiere, den Polypen, Infusorien, keine heterogeneren Unterschiede als in den Pflanzen überhaupt finden. Sehen wir aber auf das Starre in dem Bau der Pflanzen, so erscheint dieses, besonders wenn man den vollendeten Bau derselben betrachtet, ihnen vorzugsweise eigenthümlich. Dieser starre Bau z. B. des Zellgewebes, findet sich aber auch nur in den Pflanzen nach ihrer vollendeten Bildung, in den ältern Zweigen und Theilen; wogegen, überall da, wo der Bildungsproceß, wie im Thier, in lebendiger Thätigkeit ist, z. B. in allen jüngsten Trieben der Pflanze, von dieser Starrheit sich nicht die mindeste Spur findet, und die Weichheit und Flüssigkeit der Theile so groß ist, daß man nicht im Stande ist, die geringste Andeutung einer starren Differenz in dem Bau dieser Theile zu entdecken. Dagegen giebt es im Thier ebenfalls sehr wohl Theile, welche sich durch Starrheit des Baues in ihrer vollendeten Bildung auszeichnen, wobei ich nur an das starre, zellige Gewebe der Knochensubstanz zu erinnern brauche, welche während der ursprünglichen Bildung eben so wie die Pflanzentheile weich und flüssig erscheint. Aus diesem Grunde möchte ich auf die angegebene Weise die Pflanze vom Thier also nicht zu unterscheiden wagen, sondern in diesen Bestimmungen eher eine Analogie, als einen Unterschied finden.

§. 125.

Unterschied in der Gestalt der Thiere und Pflanzen.

Wenn gleich die Symmetrie als Ausdruck einer individuellen Totalität ein allgemeines Zeichen der thierischen und vegetabilischen Gestalt ist, so zeigt sich doch in dem besondern Ausdruck derselben bei den Thieren und Pflanzen ein unverkennbarer Unterschied. Offenbar ist eine größere Breite der Mannichfaltigkeit in der Gestalt der Pflanzen als der Thiere. Die thierische Gestalt ist eine bleibendere, weniger Veränderungen unterworfene, als die der Pflanzen. Die Theile der Pflanzen gehen in einander über, so daß man nicht im Stande ist, sie durch allgemeine Merkmale von einander zu unterscheiden. Der Stamm geht in die Wurzel, die Wurzel in den Stamm über. Dagegen wird man nie bei einem Thiere in Verlegenheit kommen, zu bestimmen, was z. B. an demselben Fuß und Kopf ist. Die thierische Gestalt ist, entsprechend ihrer centralen Natur, eine von einer Mitte in alle Dimensionen gleichmäßiger ausgedehnte; wogegen in der Pflanzengestalt eine mehr lineare Richtung herrscht. Die Pflanze dehnt sich vorzugsweise nach oben und unten aus, weil sie keinen centralen körperlichen Inhalt hat, wogegen sich in der Gestalt der Thiere immer etwas Abgerundetes findet. Gegen dieses Letztere läßt sich zwar einwenden, daß die Saamen der Pflanzen ebenfalls eine in sich gekehrte, gerundete Gestalt haben. Indessen ist hier nur von der individuellen thierischen und Pflanzengestalt die Rede: denn das geschlechtliche Pflanzenleben ist überhaupt, wenigstens formell, in sich abgeschlossen, und hat in sofern mit dem Individuum weniger gemein, als alle übrigen Theile der Pflanze.

§. 126.

Periodizität.

Wenn nicht äußere Hindernisse und Gewalten das organische Leben stören, so entwickelt das Thier alle seine Theile gleichzeitig, und eben so stirbt das ganze Thier mit einem Male ab. Einzelne thierische Theile können nach dem Tode des Ganzen nicht fortleben, sondern wie im Thiere alle Theile von demselben Alter sind, so gehen sie auch zugleich unter. In sofern es freilich in der thierischen Organisation besonders auf die Centralität der innern Gegensätze ankömmt, geht es zwar an, daß peripherische Theile, ohne Nachtheil für das Fortleben des Körpers, verstümmelt werden können, das Umgekehrte kann aber, wie bei den Pflanzen, nicht Statt finden. In der Pflanze, deren Theile nach einander zu verschiedenen Zeiten gebildet werden, haben die Theile ein eben so verschiedenes Alter, und sterben auch, im gesetzmäßigen Laufe, in derselben Reihenfolge, wie sie entstanden sind, wieder ab. Jeder Theil legt also seine eigene Lebensperiode zurück, und man kann von einer Pflanze nicht, wie von einem Thiere, überhaupt ihr Alter angeben, da ihre Theile ein so verschiedenes Alter haben, als sie nach einander zu verschiedenen Zeiten gebildet worden sind. So sind z. B. die obersten Triebe, wie die äußersten Holz- und die innersten Rindenschichten, allemal um so viel Jahre jünger gegen die untersten Triebe, die innersten Holz- und die äußersten Rindenschichten, als zwischen der Zeit des Keimens des Saamens und der Gegenwart vergangen sind. Die untersten Triebe, die innersten Holz- und die äußersten Rindenschichten, sterben daher auch zuerst ab, und umgekehrt, und man findet nicht selten an alten Bäumen, daß sie durch das Absterben des innern Holzes ganz und gar hohl geworden sind.

In sofern legt also jeder Theil seinen von dem andern verschiedenen Lebenskreis zurück, anstatt daß im Thier sich jeder Theil nach dem Ganzen richtet. Bonnet sucht bei seiner Vergleichung des Alters der Thiere und Pflanzen darin eine Aehnlichkeit beider, daß sie durch allmählige Verhärtung ihrer Theile und Verstopfung ihrer Gefäße sterben. Wäre dies der Fall, so würde gewiß der Knochen vor dem Fleische der Thiere, und der Eichbaum früher als der Pilz sterben. Dieß findet sich aber in der Natur nicht, sondern jeder Organismus lebt, gleichviel ob er hart oder weich ist, seinen eigenen Lebenslauf, und der Bonnetsche Vergleich ist nichts weniger als eine Allgemeinheit zwischen Thier und Pflanze. Vielmehr geht aus der Art, wie die Pflanzen und Thiere ihren Lebenslauf enden, ein wichtiger Unterschied beider hervor.

§. 127.

Das Geschlecht.

Weder alle Thiere noch alle Pflanzen haben ein wirkliches Geschlecht, wie ich schon oben erwähnt habe, indem der Gegensatz von individueller und genereller Bildung in den niedern Organisationen eben so in einander sinkt, wie die innern Gegensätze des individuellen Lebens selbst. Zwar haben mehrere Naturforscher die niedern Organisationen ganz und gar als bloße Geschlechtswerkzeuge ansehen wollen. So behauptet Marsigli, daß die Fortsätze der Korallen und anderer Zoophyten bloße Blumen seien, und es wurde bis auf Ellis und Baster über diesen Gegenstand ein großer Streit geführt [46]. Persoon [47]) hält die Pilze für nackte Früchte. Er drückt sich an einer Stelle später darüber folgendermaaßen aus: „Fungus est vegetabile simplicissimum, solummodo partes fructificationis aut po-

---

46) Sprengel historia rei herbariae II. p. 356. f.

47) Persoon, Was sind eigentlich Schwämme? in Voigts physikalischem Magazin B. 8. St. 4. S. 76. Römers Magazin für die Botanik 1. S. 76. Anmerkung.

tivs, dum utplurimum jam maturescens invenitur, fructum sensu latiori sumtum, nudum exhibens"[48]).

Allein es kann eben so wenig ein Geschlecht ohne Individuum geben, als überhaupt irgend etwas Allgemeines ohne einen besondern Inhalt, z. B. eine Gattung ohne Art, in der Natur vorkommen kann. Dagegen kann es wohl Individuen ohne Geschlecht, wie überhaupt etwas Besonderes ohne eine höhere Allgemeinheit geben. Man muß diese niedern Organisationen durchaus als eine unmittelbare Erscheinung des ganzen vermittelten Lebens ansehen, zu welchem sich die höhern Organisationen entfalten. Sie sind weder Individuum noch Geschlecht, sondern die unmittelbare, in sich versunkene Einheit beider. Individuum und Geschlecht sind in ihnen noch nicht getrennt, und entfalten sich erst mit der allmähligen Entwickelung des höhern Lebens überhaupt.

§. 128.

Was nun aber den Unterschied des thierischen und vegetativen Geschlechts der höhern Organisationen betrifft, so glaube ich, liegt er im Folgenden. Im Pflanzenleben ist der höchste Zweck die Erhaltung der Gattung, in den Thieren der höchste Zweck die Erhaltung des Individuums. Darum kommt es bei den Pflanzen nur in dem geschlechtlichen Leben, im Saamen, zu einer innern Abgeschlossenheit, wogegen das Thier durch die individuelle Centralität immer bei sich selbst ist. Das Geschlecht der Pflanzen hat darin mit dem Individuum der Thiere große Aehnlichkeit, daß beide centrale Tota-

---

48) Persoon Synopsis fungorum p. 1.

vitäten sind, wogegen das thierische Geschlecht ein bloß peripherischer Anhang an das centrale individuelle Leben ist, wie das Pflanzengeschlecht ein centrales Produkt des peripherischen Lebenskreises der individuellen Pflanze.

§. 129.

Bewegung.

In den Thieren wie in den Pflanzen finden sich Bewegungen der innern und der äußern Theile. In den Thieren bewegt sich das Blut, in den Pflanzen der Lebenssaft durch innere Bestimmungen in allen Theilen. Zwar kann sich die Pflanze nicht vom Platze bewegen, denn die kriechenden und rankenden Pflanzen bleiben selbst wo sie sind, und es ist diese Seitenbewegung ihrer Theile nichts anders, als das Wachsen der Pflanzen in die Höhe, nur in veränderter Richtung; allein es läßt sich doch mit Recht bemerken, daß die Bewohner der Corallengehäuse, selbst einige Mollusken und andere Thiere, diese Bewegung von einem Orte zum andern auch nicht haben; wie es bei den übrigen Thieren der Fall ist. Es giebt Pflanzen, welche auf einen äußerlich angebrachten Reiz sich bewegen, z. B. die Sensitiven, die Dionaea muscipula, die Geschlechtswerkzeuge, (sowohl männlich als weiblich, z. B. die Narbe der Martynia perennis), die Blätter der Averrhoa Carambola etc., andere welche sich aus innerem Antriebe beständig bewegen, wie das Hedysarum gyrans. Die Bewegungen der Pflanzen erschöpfen sich sogar wie die thierischen, und können durch Ruhe und andere äußere Einflüsse, z. B. kaltes Wasser wieder hergestellt werden. Es entstehet also die Frage, ob und wie sich die thierischen Bewegungen überhaupt von denen der Pflanzen unterscheiden. Batsch sagt, die Bewegungen der Pflanzen haben keinen Zweck, die Bewegungen der Thiere sind zweckmäßig. Dies mag bei manchen äußern Bewegungen so scheinen; allein die innern Bewegungen, z. B. des Lebenssaftes, sind gewiß bei den Pflanzen eben so zweckmäßig, wie bei den Thieren, und von diesen Bewegungen gilt das Gesagte durchaus nicht. Bonnet freut sich, daß er zwischen beiden durchaus keinen Unterschied finden kann, und hat also darin einen Beweis mehr für die große Analogie zwischen den Pflanzen und den Thieren. Er hat, wenn allein auf den Grund der Bewegungen in den sich zusammenziehenden Theilen gesehen wird, freilich recht, daß sich eine Allgemeinheit in manchen Bewegungen der Thiere und Pflanzen findet. Allein in Bezug auf die Entstehung der Bewegungen im Besondern, findet ein wichtiger Unterschied derselben Statt, nach welchem sie sich in mehrere Arten eintheilen lassen, von denen nicht alle den Thieren und Pflanzen zugleich zukommen.

§. 130.

Nämlich es entstehen die Bewegungen auf dreierlei Weise:

1) Durch äußere Reizung der bewegbaren Theile. Auf diese Weise können alle thierische Muskeln zur Bewegung angeregt werden, jedoch auch, wie angegeben ist, mehrere Pflanzen.

2) Durch eine ununterbrochene, oder periodische Erregung durch die organischen Thätigkeiten überhaupt, so daß die Bewegungen naturgemäß weder unterdrückt noch beschleunigt werden können.

3) Durch innere, freie Bestimmungen, unabhängig von allen äußern Einflüssen, und von jeder nothwendigen Periodizität.

§. 131.

Zu der ersten Art gehören die, durch mechanische Berührungen erregten Bewegungen der Dionaea, der Sensitive, ferner die, durch galvanische oder elektrische Reizung erregte Bewegung aller thierischen Muskeln.

Zu der zweiten Art rechne ich den sogenannten Schlaf der Blätter verschiedener Pflanzen, die Bewegungen des Hedysarum gyrans, der Geschlechtswerkzeuge zur Befruchtungszeit, ferner die Bewegungen der Muskeln des organischen Lebens in den Thieren ꝛc.

§. 132.

Die dritte Art der Bewegungen ist aber allein den Thieren, und zwar allen eigen, und darin liegt ein wichtiger Unterschied derselben von den Pflanzen.

Um nun die Bewegungen der Pflanzen diesemgemäß von denen der Thiere zu unterscheiden, denke man sich eine Auster, oder sonst ein mit seinem Gehäuse angewachsenes Thier, und daneben ein Hedysarum gyrans, und vergleiche auf eine unmittelbare Weise ihre äußeren Bewegungen. Die Bewegungen der Auster sind durchaus unbestimmt, ohne alle bemerkbare Regel und Ordnung, weil sie aus der innern, freien Selbstbestimmung des Thieres hervorgehen: das Hedysarum bewegt sich nach bleibender Gesetzmäßigkeit und Nothwendigkeit. Seine Bewegungen sind nur denen der Muskeln des organischen Lebens der Thiere vergleichbar, beide gehen ununterbrochen oder in gesetzmäßigen Zwischenzeiten (Perioden) von Statten, vorausgesetzt nämlich, daß eine Integrität der innern und äußern Bedingung des Lebens überhaupt vorhanden ist, welche diese Bewegungen in der Pflanze, wie im Thier verlangen.

Die erste Art der Bewegung unterscheidet das Thier eben so wenig von der Pflanze als die zweite, periodische. Die Narben der Martynia, die Blättchen der Mimosa, und die Seitentheile des Blattes der Dionaea muscipula, zeigen eine unmittelbare Reaction auf einen äußern angebrachten Reitz. Die Seitentheile des Blattes der Dionaea falten sich zusammen, wie die Blättchen der Sensitive, sobald sie berührt werden, und in sofern ist keine Verschiedenheit in der Art dieser Bewegungen von denen, welche im Thier durch äußere Reitze erregt werden. Ein galvanisirter Frosch bewegt sich mit seinen willkührlichen Muskeln, ohne daß er will, bloß nach den Gesetzen der Reitzbarkeit seiner Muskeln, welche auch ohne seine innern Bestimmungen erregt werden können, gerade so wie sich eine Dionaea oder eine Mimosa auf äußerlich angebrachten mechanischen Reiz bewegt.

Es giebt also allerdings Bewegungen, welche die Thiere mit den Pflanzen gemein haben, und durch welche sich beide durchaus nicht von einander unterscheiden lassen. Dagegen giebt es andere, welche nur ausschließlich dem Thiere zukommen, und dieß sind diejenigen, welche durch den Willen erregt werden. Das Thier kann vermöge seiner innern Centralität selbstständig die Organe der freiwilligen Bewegung zur Thätigkeit und Ruhe bestimmen, und das kann die Pflanze nicht. Wenn sich nun auch durch die freiwilligen Bewegungen die

Auster nicht von der Stelle bewegen kann, so ist dieß kein Beweis, daß ihre Bewegungen von denen der Pflanze nicht verschieden sind, sondern höchstens, daß die Locomotivität kein allgemeines Unterscheidungszeichen der Pflanze von dem Thier ist.

§. 133.

Empfindung.

Die bisher angegebenen Unterscheidungszeichen zwischen den Pflanzen und Thieren zeigten sich alle innerhalb einer Sphäre, welche wenigstens im Allgemeinen, das vegetative wie das animalische Leben umschloß. Ueber diese hinaus zeigt sich im thierischen Leben die Fähigkeit, sich von der ihm gegenüberstehenden Außenwelt zu unterscheiden, und nicht nur dieselbe wirklich durch Assimilation, die es mit der Pflanze gemein hat, sondern auch bildlich durch das Gefühl in sich aufzunehmen, und sich zu eigen zu machen. Das Thier assimilirt sich nicht allein durch Digestion die Außenwelt zur eigenen Substanz, sondern auch durch die Sinne zu Vorstellungen, vereinigt also die äußere Natur in sich dadurch eben so auf eine ideelle Weise, wie es durch die Verdauung auf materielle Weise geschieht. Dazu kommt das Selbstgefühl, das Gefühl des Schmerzes und der Lust, welches das Thier erregt, den ersteren zu fliehen, dem letzteren nachzugehen. Das thierische Gefühl hat seinen Heerd im Nervensystem. Jedoch versenkt sich auch dieß in den niedern Thieren mit den übrigen Organen in eine ununterscheidbare Einheit thierischer Substanz, so daß man hier nicht im Stande ist, den Träger dieser geistigen Funktion in dem Körper nachzuweisen. Wegen dieses Mangels des Empfindungsorgans in den niedern Thieren hat man sich verleiten lassen, voraus-zusetzen, daß es eben so in den Pflanzen, ohne Nervensystem eine Empfindung geben könne. Dieß Letztere hat namentlich Bonnet geglaubt, und es um so mehr angenommen, da, nach seiner Philosophie, durchaus kein Sprung in der Natur geschehen könne, und also unmöglich empfindungslose Geschöpfe plötzlich in empfindende übergehen können. Er zieht bei der Gelegenheit die Meinung Grew's zu Rathe, daß bei den Pflanzen der Sitz der Nerventhätigkeiten in den sogenannten Luftgefäßen, Malpighi's sein könne, auf eine Weise, von der wir keine Vorstellung hätten. Indessen entreißt er sich ohne Umstände allen Zweifeln, welche sich ihm über das Dasein des Gefühls in den Pflanzen entgegenstellten, indem er sagt: „Quoi qu'il en soit, en privant les plantes du sentiment, nous faisons faire une saut à la nature, sans en assigner de raison etc." [49]). Seine besondern Beweise für die Empfindung der Pflanzen sind diese, daß sich die Pflanzen immer gegen das Licht wenden, als ob sie davon eine Empfindung hätten.

§. 134.

Neuerlich hat Oken [50]) die Spiralgefäße, oder vielmehr die Spiralfasern, für die Nerven der Pflanzen angenommen, und er freut sich, sie mit Recht Pflanzennerven nennen zu dürfen. Es scheint Oken unbekannt gewesen zu sein, daß schon Grew [51]) diese Lehre weit-

49) Bonnet oeuvres d'histoire naturelle S. VIII. P. X. S. 472.

50) Oken Naturphilosophie II. S. 112.

51) The anatomy of vegetables begun; with a general accompt of vegetation founded thereon: by Nehemian Grew,

läuftig auseinander gesetzt hat. Jedoch giebt es keine Beweise dafür, daß die Spiralgefäße Pflanzennerven sind, wohl aber dafür, daß sie das Assimilationsorgan der Pflanzen sind, wie ich zeigen werde. Indessen würde die Abwesenheit der Nerven in den Pflanzen auch durchaus kein Beweis dagegen sein, daß sie wirklich Empfindung hätten: denn in vielen der niedern Thiere, die doch auch empfinden, lassen sich empirisch ebenfalls keine Nerven nachweisen. Es frägt sich daher, ob die für das Gefühl der Pflanzen angegebenen Erscheinungen des Pflanzenlebens: das Suchen des Lichtes, die Neigung der Geschlechtstheile gegen einander, die Reaction auf angebrachte äußere Reize und so fort, wirklich eine Empfindung der Außenwelt und ihrer selbst, voraussetzen, oder ob diese Erscheinungen auf eine andere Weise erklärt werden können.

§. 135.

Was zunächst die Neigung der Pflanzen nach dem Lichte betrifft, so findet sich diese sogar bei den Krystallen in ihrem Bildungsprozeß. Schon im Jahr 1707 zeigte Lemery in einer eigenen Abhandlung, welche im Journal de Physique desselben Jahres zu lesen ist, daß das Licht auf die Krystallbildung einen großen Einfluß habe, und Chaptal nnd Darthes bestätigten die Bemerkung, die wir täglich beim Krystallisiren sehen können, daß sich beständig an der Lichtseite des Gefäßes die Salzkrystalle bilden. Diese Neigung der Krystalle nach

M. D. Fellow of the royal Society. London 1671. 12. Cap. II.

dem Lichte, hat aber gewiß in keiner Empfindung des Lichtes, sondern nur in den allgemeinen Verhältnissen ihren Grund, durch welche die relative Abhängigkeit alles individuellen Lebens vom Makrokosmus bedingt ist. Gleichwohl ist das Drehen der Pflanzen nach dem Lichte von der angegebenen Erscheinung bei der Krystallisation ganz und gar nicht verschieden, und man braucht also zur Erklärung dieses Phänomens durchaus keine Lichtempfindung in den Pflanzen anzunehmen.

§. 136.

Betrachten wir die Bewegungen der Geschlechtstheile der Pflanzen gegen einander, so bemerken wir, daß diese einer periodischen Gesetzmäßigkeit gehorchen, und sich darin von den übrigen periodischen Bewegungen der Pflanzen ganz und gar nicht unterscheiden. Bewegungen aber, welche durch Empfindungen erregt werden, setzen ganz nothwendig Vorstellungen von dem Gegenstande voraus, nach dem sie gerichtet sind. Damit ist aber eben so innerlich eine freie Selbstbestimmung zur Bewegung und Ruhe verbunden, welche der Pflanze ganz und gar fehlt. Die Bewegungen der Geschlechtstheile bei den Pflanzen sind also den Bewegungen der sogenannten organischen Muskeln der Thiere vergleichbar, und haben in der innern Gesetzmäßigkeit der körperlichen Aktionen überhaupt ihren Grund, indem sie eben so wenig durch eine vorhergegangene Empfindung erregt werden, als die Bewegungen des Herzens und der unwillkührlichen Muskeln der Thiere überhaupt.

§. 137.

Die, durch Bewegungen sich äußernde Rückwirkung der organischen Körper auf äußerlich angebrachte Reitze, die sogenannte Reitzbarkeit, scheint man mir aber sehr oft, als unzertrennlich mit der Empfindung verbunden, betrachtet zu haben, und deshalb ist hierauf besonders ein großes Gewicht gelegt worden. Jedoch liegt in dieser Voraussetzung ein großer Irrthum. Ein thierischer Theil kann reitzbar sein, ohne Empfindung zu haben. Empfinden kann nur das ganze Thier, oder vielmehr seine Theile können nur empfinden, in sofern sie mit dem Ganzen zusammenhängen. Dagegen können sie sich als Theile, deren Zusammenhang mit der Totalität getrennt ist, noch sehr gut bewegen. Ein abgehauener Schwanz einer Eidechse oder Schlange bewegt sich noch stundenlang, nach der Trennung vom Körper, ehe er abstirbt. Abgeschnittene Froschschenkel kann man durch Galvanismus noch längere Zeit zur Bewegung reitzen, ohne daß man sagen könnte, diese Theile hätten Empfindung. Dasselbe ist mit den, auf äußere Reize erfolgenden, Bewegungen der Pflanzen der Fall: gleichgültig, ob der gereitzte Pflanzentheil vom Ganzen abgeschnitten, oder mit demselben zusammenhängend ist, da der Theil überall dem Ganzen gleich ist.

§. 138.

Empfindung ist auch überhaupt nur allein da möglich, wo eine centrale Beziehung aller Theile auf das eine Ganze Statt findet. Es ist der Begriff der Empfindung durchaus unzertrennlich von einer egoistischen Centralität. Denn er beruht eben auf der Beziehung aller peripherischen Eindrücke auf eine Mitte, kraft deren alle, zum Ganzen gehörige Thätigkeiten, zu einer freien Subjektivität vereint werden müssen. Also kömmt auch in diesem Betracht den Thieren nur ausschließlich Empfindung zu, und ihnen zwar ohne alle Ausnahme: denn selbst in den niedrigsten Geschöpfen dieses Reichs zeigt sich, eben so wie in den höchsten und ausgebildetsten, diese concrete Beziehung ihrer Peripherie auf den einen und einenden Mittelpunkt.

Dagegen kann keine Pflanze empfinden: denn es fehlt ihr durchaus an dieser centralen Einheit ihrer Theile, auf welche die äußern Eindrücke bezogen werden könnten. Wo im Thier die substanzielle Vereinigung aller peripherischen Theile Statt findet, in ihrer Mitte, da ist die Pflanze hohl, und in dieser leeren Mitte bietet die Adausonia digitata den Negerfamilien Wohnungen dar, während dieser Baum ungestört sein peripherisches Leben nach Jahrhunderten fortführt.

§. 139.

Somit also überfüllt die Empfindung das Maaß der Unterschiede, welche sich zwischen der Pflanze und dem Thiere finden, und hebt uns über jeden Zweifel empor, der sich über die Existenz einer realen Differenz zwischen diesen Organisationen aufdringen könnte.

§. 140.

Hiernächst wird sich nun auch die Frage beantworten lassen, ob diese Unterschiede zwischen Pflanzen und Thieren sich erst allmählig aus einer ursprünglich ununterscheidbaren Einheit beider Reiche, gleichsam aus einem Indifferenzpunkte zur angegebenen Differenz entwickeln, so wie Pallas, Mirbel und Andere es gemeint haben, oder ob diese Unterschiede durchaus ursprünglich gegeben sind, so daß es keinen wirklichen Indifferenzpunkt dazwischen giebt: oder ob, wie andere sich darüber ausgedrückt haben, zu denen vorzugsweise Bonnet, Büffon und Smellie gehören, das eine Reich in das andere übergehe, oder nicht. Es hängt hiermit die Vorstellung Harvey's zusammen, welcher glaubte, daß alle thierischen individuellen Bildungen ursprünglich vegetabilisch seien, und erst mit ihrer Entwickelung die animalische Natur annähmen, weshalb er die frühesten Perioden der thierischen Entwickelung, das Stadium vegetabile derselben nennt. Es ist also daran gelegen, zu wissen, ob es im organischen Reiche, wie in den organischen Individuen, eine solche ursprüngliche Verschmelzung der Thiere und Pflanzen gebe, oder nicht.

§. 141.

Was die Uebergänge des Thierreichs in das Pflanzenreich und umgekehrt betrifft, so hat man dahin, einerseits die meisten von Cuviers Strahlenthieren, und andererseits, die holzlosen Pflanzen gerechnet, welche zu den cryptogamischen Gewächsen des Linnée gehören. Ich habe oben schon des Umstandes Erwähnung gethan, daß diese Organisationen dadurch eine allgemeine Uebereinstimmung haben, daß in ihnen die entschieden getrennten vegetabilischen nnd animalischen Differenzen in ununterscheidbare organische Einheiten verschmelzen. Allein dennoch zeigt sich in denselben einerseits durch nnd durch die centrale und freie Natur, welche unwidersprechlich die Radiarien sammt und sonders zu entschiedenen Thieren macht; und andererseits findet sich in ihnen durchaus keine Spur einer Centralität, und der ganze Lebenslauf dieser Geschöpfe ist ein Kreis ohne Mittelpunkt, so daß sie alle ohne Unterschied, in dieser ihrer wesentlichen Natur, mit den übrigen Pflanzen übereinstimmen, und zu ihnen gerechnet werden müssen.

Die in ihren Gehäusen zurückgehaltenen Zoophyten, so wie die am Stein fest gewachsene Auster, sind eben so gut leiblich frei, und eben so wenig kann ihnen jemand diese Animalität nehmen, als der Sklave sittlich frei, und nichts in der Welt im Stande ist, seinen Gedankenflug zu hemmen.

Die sich selbst bewegenden Pflanzen sind, ungeachtet ihrer Individualität, an das eiserne Gesetz der Nothwendigkeit gebunden, und keine Philosophie kann ihnen geben, was Mutter Natur ihnen versagte. Mögen des Dichters Worte ihre geistige Bedeutung auch im körperlichen Sinne hier bildlich nicht verlieren:

Edel bleibt das Edelgestein, und läg' es im Staube
Flög' er gen Himmel empor, bleibet der Staub was er ist.

§. 142.

Die Harveysche Meinung, daß die Thiere in ihren ersten Anfängen ein vegetablisches Leben führten, ist im Individuellen so zu beurtheilen, wie so eben im Allgemeinen die Vorstellung von der Verschmelzung der Thiere und Pflanzen in einander beurtheilt worden ist. Vielleicht hat auch der große Harvey diesen Ausspruch nur in dem Sinne gethan, daß im Anfange des thierischen Lebens die körperlichen Bildungen vor den eigentlich animalischen vorherrschen, und in sofern ließe sich dagegen wenig einwenden. Aber ein wirkliches Pflanzenleben führt das Thier nie. Die centrale Natur seiner innern Differenzen hat es, wie im Keim des Thierreichs, so im Keim des Thieres, und das peripherische Pflanzenleben ist von dieser Thierheit ewig geschieden. Herz und Gehirn bilden sich im Moment der Erzeugung des Thiers zuerst: Centralitäten, welche die Pflanze im Leben nicht erreicht.

§. 143.

Definition der Pflanzen und Thiere.

Nach dieser Verfolgung der Natur in den Erscheinungen des Thier- und Pflanzenlebens wird sich nun im Allgemeinen eine Bestimmung geben lassen, was eigentlich ein Thier, und was eine Pflanze sei?

In wiefern die aus einzelnen Bestimmungen besonderer Erscheinungen des Thier- und Pflanzenlebens hergenommenen, zur Charakteristik gewählten Merkmale, passend oder unpassend sind, habe ich bei der Betrachtung dieser Erscheinungen bereits erwähnt, und es wird daraus klar sein, daß sich aus den einzelnen und besondern Erscheinungen des Thier- und Pflanzenlebens keine haltbare Definitionen beider Reiche entnehmen lassen.

Linnée hat sich über das Besondere zu allgemeinen Bestimmungen erhoben, und seine Charakteristik der Organismen zeigt, daß ihm ihre wahre Natur gewiß in ihrer innersten Bedeutung vorgeschwebt hat. Er sagt: „Steine (damit meint Linnée die Krystalle) wachsen. Pflanzen wachsen und leben. Thiere wachsen, leben, empfinden.“

§. 144.

Es ist nun zwar nicht zu läugnen, daß in diesen Bestimmungen noch offenbar einige Voraussetzungen liegen, die nicht ausgesprochen sind, weil sie Linnée nur geahnt, aber nicht wirklich ihrem Begriff nach erkannt hat. Indem man nämlich sagt: „die Steine wachsen" so beschränkt man ganz richtig die Thätigkeit des Wachsens auf die Steine selbst, indem sie, ohne alles äußere Zuthun, durch ihre eigenen innern Bestimmungen wachsen. Wenn man aber mit Linnée weiter sagt: „die Pflanzen wachsen und leben", so setzt dies stillschweigend voraus, daß das Wachsthum der Steine ein todtes sei. Allein in der innern selbstständigen Thätigkeit, durch welche die Steine wachsen, liegt eben ihr Leben, und ein eigenmächtiges Wachsen, ohne Leben, ist nicht möglich, indem der Begriff des Wachsens oder Bildens, nothwendig den des Lebens voraussetzt. Es hat aber Linnée, bei Feststellung dieser Definition, offenbar vorgeschwebt, daß das Leben des Krystalls in seinem eigenen Bildungs- oder Wachsthumsakte erlischt, und daß die fertigen Krystalle diesen Lebensproceß längst hinter sich haben. Denn wenn er weiter sagt „die Pflanzen wachsen und leben", so versteht er unter diesem Pflanzenleben nur die Fortdauer des Lebens und Wachsthums nach ihrer Erzeugung: das Ueberleben ihres Bildungsprocesses. Dasselbe gilt von dem Leben des Thiers. Wenn endlich Linnée weiter definirt: „Thiere haben außer diesem Wachsthum und Leben noch Empfindung, wie dieß Aristoteles schon gesagt hat, so ist das Thier dadurch streng von der Pflanze unterschieden: denn keine Pflanze, unter welchen Umständen sie sich auch bewegen mag, hat Empfindung, wogegen das Infusionsthier so gut empfindet, wie der Mensch. Freilich können und müssen diese Bestimmungen noch allgemeiner und tiefer gefaßt werden; allein ich will auch nur sagen, daß der Haufe von Einwürfen, welche man diesen Linnéeschen Definitionen gemacht hat, sie keinesweges trifft, und daß sie Alles an Schärfe und Allgemeinheit weit übertreffen, was man nach Linnée über diesen Gegenstand hat zum Vorschein bringen wollen: daß sie mithin besser sind, als die große Zahl besonderer Kennzeichen der Pflanzen und Thiere, welche man eben so ängstlich, als beschränkt für die Linnéeschen Definitionen hat geben wollen.

§. 145.

Empfindung allein umfaßt den Begriff des Thieres noch nicht, indem sich außer derselben noch sehr viele andere, eben so nothwendig zum Thier gehörige Bestimmungen finden, die in einer gründlichen Definition mitgefaßt werden müssen, und wenn man der Linnéeschen Definition des Thieres eine zu große Allgemeinheit hat vorwerfen wollen, so muß ich gerade das Gegentheil behaupten: nämlich daß sie nicht allgemein genug ist, aus dem eben angegebenen Grunde. Es läßt sich noch näher auffassen, worin die Empfindung des Thieres begründet ist, und von dieser allgemeinen Animalität werden zugleich, außer der Empfindung, alle sonstigen Momente des thierischen Lebens durch und durch umschlossen. Bei dieser größern Allgemeinheit muß die Definition des Thieres dennoch aufs strengste jede Pflanze ausschließen, und innerhalb der größten Allgemeinheit, welche das Thier, wie die Pflanze, mit dem Krystall hat, müssen durch die Definitionen genau die Gränzen angegeben sein, wo sich alle drei von einander scheiden.

§. 146.

Bevor ich indessen die Definitionen der Thiere und Pflanzen aufstelle, will ich noch kurz auf die, von anderen gegebenen Definitionen vom Organismus, und das was sie darunter begriffen haben, zurücksehen. Ein berühmter Philosoph [52]) sagte: „im Organismus ist sich gegenseitig alles Zweck und Mittel.“ Ein eben so berühmter Physiologe [53]) antwortete: „wenn das der Fall wäre, so würde ich einem Thiere nicht, ohne Untergang des Ganzen, die Glieder abschneiden können, was doch allerdings möglich ist. Jeder Theil muß sich also durch seine eigene Energie bilden, ohne daß ihm der andere dazu das Mittel ist.“ Es frägt sich, welcher von beiden Recht hat? Ich glaube beide haben Recht und Unrecht. Wenn man sagt, im Organismus sei sich alles Zweck und Mittel, so bleibt man immer nur auf dem Standpunkte der Reflexion stehen, wo man den Wechselwirkungen im Organismus zusieht. Ich könnte dafür eben so gut sagen: im Organismus ist sich alles Ursache und Wirkung. Worin aber alle beide ihren Grund haben, ist damit nicht ausgedrückt. Dennoch ist es der Natur der Sache ganz angemessen, und richtig, daß diese Wechselthätigkeit von Ursache und Wirkung Statt hat, und daß sich die Momente, welche in Wechselwirkung treten, einander Mittel und Zweck sind. Es wird daher vorzugsweise darauf ankommen, zu sehen, worin denn weiter diese Momente, welche sich einander als Ursache und Wirkung, oder als Mittel und Zweck verhalten, ih-

52) Kant Kritik der Urtheilskraft. Berlin 1790. II. S. 292.

53) Reil Archiv für die Physiologie. B. 1. S. 55.

ren einen Grund haben, der sie antreibt, sich gegen und von einander zu bewegen. Und hier findet sich, daß sie weiter nichts sind, als Differenzen, welche die Eine Totalität in sich setzt, und sie in lebendiger Wechselwirkung erhält. Sehen wir nun auf diese Differenzen in dem Thiere, so finden wir, daß sie hier eine durchaus centrale Natur haben, und daß sie zwar ohne manche peripherische Theile, aber die peripherischen Theile durchaus nicht ohne die Centra bestehen können. So lange sich also die Centra in Wechselwirkung untereinander als Ursache und Wirkung, oder als Zweck und Mittel verhalten können, so lange dauert das Leben; dagegen kann ich von den peripherischen Theilen einige abschneiden, ohne daß die Totalität untergeht: denn dessenungeachtet verhalten sich die Centra dennoch als Zweck und Mittel. Aber das Herz oder den Magen kann ich keinem Thiere ausreißen, ohne das Ganze zu Grunde zu richten, eben aus dem Grunde, weil durch diese Verletzung die Wechselwirkung der innern Differenzen, und somit die Bedingungen des Lebens, zerstört werden. Also nicht jeder Theil ist im Stande, sich durch seine eigene Energie zu bilden, wie Reil meint, sondern dieß kann er nur, in sofern er mit den Centralorganen zusammenhängt, und sich in ihnen peripherisch, die sich als Mittel und Zweck verhaltenden Centralorgane (Nerven, Gefäße u. s. w.) verbreiten könne.

Aus den angegebenen Gründen hat also Sprengel [54]) sehr recht, wenn er den Begriff der Zweckmäßigkeit dem

54) Sprengel vom Bau und der Natur der Gewächse. Halle 1812. S. 41.

allgemeinern Begriffe der Totalität unterordnet, indem ersterer eigentlich weiter nichts ist, als die Dialektik, wodurch die Totalität sich entschließt, und in Unterschiede trennt, durch deren Beziehungen zu einander und zum Ganzen sich die organische Einheit erhält.

§. 147.

Wie soll man aber das Ganze der individuellen Organisation definiren? Reil sagt: als die Fähigkeit zu einer eigenthümlichen Bildung. Allein diese Fähigkeit besitzen alle Momente des allgemeinen Naturlebens auch, durch welche, vermittelst ihrer Wechselwirkung, Salze, Säuren und andere Dinge gebildet werden. Die organischen Körper haben nicht allein die Fähigkeit zu einer Bildung, sondern sie gestalten sich auch zugleich unabhängig von allen fremden Einflüssen durch ihre eigenen innern Bewegungen, indem sie sich in Gegensätze (Mittel und Zwecke) unterscheiden, welche eine innere Beziehung auf die Totalität haben. Gestaltung aus innerer Macht ist also der allgemeinste Charakter des Organischen. Das Leben gestaltet sich selbst gegen den allgemeinen physikalischen Prozeß, und der Begriff dieser Eigenmächtigkeit und Selbstständigkeit ist es vorzüglich, welcher den individuellen Organismus von den Momenten des allgemeinen Naturlebens unterscheidet.

§. 148.

Ich will nun alles bis hieher Gesagte in folgende Definitionen kurz zusammenfassen:

Was sich eigenmächtig, durch innere Bewegungen, Gestalt giebt, ist Organisation.

Diese

Diese Definition schließt zugleich den Begriff des Lebens, der Totalität und der Individualität in sich. Was sich von selbst bewegt, muß nothwendig leben, weil alles was bei innerer Ruhe, nur von Außen bewegt werden kann, eben darum todt ist, weil es in sich unbewegt ruht. Eine solche absolut innere Ruhe giebt es nun zwar in der Natur nicht: denn sobald der Tod des individuellen Lebens eintritt, stellen sich die Momente desselben wieder im Zusammenhang mit dem allgemeinen Naturleben dar, und umgekehrt. Die Bewegungen aber, welche sie hier erfahren, sind keine innerhalb ihrer begründete, eigenmächtige, sondern sie hängen von anderen ihnen gegenübertretenden Bestimmungen des allgemeinen Naturlebens ab; entspringen also nicht aus einer diesem gegenüberstehenden Totalität, wie in den Organisationen. So hängt z. B. im chemischen Proceß, die Bewegung des Alkali's gegen die Säure, nicht vom Alkali oder der Säure als eigenmächtigen Dingen ab, sondern einzig und allein von den Verhältnissen, welche beide zu einander haben. Durch eine eigene, innere Thätigkeit, kann sich weder die Säure noch das Alkali bewegen, sondern dies geschieht nur indem sie als unselbstständige Momente in dem allgemeinen Naturleben zusammenkommen.

§. 149.

Darin liegt also der Unterschied der Momente des allgemeinen Naturlebens, z. B. der Luft, des Wassers u. s. w. von den Organisationen, daß letztere den Grund ihrer Veränderungen in sich selbst tragen, aber erstere sich nur in sofern verändern, als sie mit den ihnen gegenüberstehenden Momenten in Wechselwirkung treten.

In dieser Beziehung liegt also der Grund ihrer Veränderungen durchaus außer ihnen; und man darf keinesweges der Meinung des großen Physiologen beistimmen, welcher in seiner allgemeinen Pathologie den Satz aufstellte, daß die Atmosphäre ein Organismus sei. Wäre dies der Fall, so müßte die von allen übrigen Momenten des allgemeinen Naturlebens abgesonderte Luft, sich ebenfalls durch innere selbsterregte Veränderungen erhalten, was aber keinesweges der Fall ist, denn eingeschlossene Luft, bleibt derjenigen, welche mit dem allgemeinen physikalischen Proceß im ununterbrochenen Zusammenhange steht, keinesweges gleich.

§. 150.

Die Momente des allgemeinen Naturlebens sind also keine Totalitäten, wie die Organismen, d. h. sie haben ihr Bestehen nicht in sich selbst, sondern in einem Andern, und umgekehrt sind die Organismen nothwendig und nur Totalitäten, da sie aus ihrer Einheit und Ganzheit alle Veränderungen entwickeln müssen.

Mit dem Begriff der Totalität hängt der Begriff der Individualität nun unzertrennlich zusammen. Nemlich die Organisation ist nur Totalität, in sofern sie unzertheilt (individuell) ist. Sie ist, wenn sie Organisation bleiben soll, auch untheilbar. Diese Untheilbarkeit ist nun freilich nicht so zu verstehen, wie sie die atomistische Philosophie genommen hat, nach welcher z. B. Carneades behauptete, daß es kein Individuum gebe, weil sich alles zerstückeln und zerschneiden lasse [55]). Aber das Individuum ist in sofern untheilbar, als mit

55) Cicero de natura deorum. Lib. III. p. 127.

seiner Zertheilung durch äußere Gewalt seine Totalität, und somit seine Existenz überhaupt aufgehoben wird.

Was sich demnach durch eigenmächtige Bewegungen selbst Gestalt geben soll, muß nothwendig lebendig, ein Ganzes und untheilbar sein. Wie diese Untheilbarkeit in Bezug auf das Abschneiden thierischer Glieder zu verstehen sei, wird aus dem, im vorigen §. Gesagten, klar sein; wie sie sich mit Zerstückelung der Pflanzen zusammenreimt, wird im Folgenden noch deutlicher erhellen. Was die Krystalle betrifft, so muß man nur ihren Bildungsprozeß vor Augen haben, in welchem die entgegengesetzten Momente ebenfalls untheilbar sind.

§. 151.

Es wird nach dieser Auseinandersetzung nun auch nicht schwer sein, zu bestimmen, was man alles zu den Organisationen zu rechnen hat, und was von ihrem Begriff auszuschließen ist. Den Krystallen hat man noch nicht zugestehen wollen, daß sie Organisationen seien, obgleich selbst die von der Organisation gegebenen Definitionen keinesweges das Krystallleben ausgeschlossen haben. Man hat sich indessen dadurch abschrecken lassen, daß die fertigen Krystalle todt sind, sie für individuelle Organisationen zu halten, worauf indessen im Allgemeinen nichts ankömmt, da der frühere oder spätere Tod kein wesentliches Merkmal zur Unterscheidung der Organismen ist. Jeder Krystall aber, wie jede Pflanze und jedes Thier, legt seinen Kreislauf vom Leben zum Tode (periodus) doch unabhängig (d. h. immer relativ) vom allgemeinen Naturleben zurück, und jeder hat den Grund seiner Existenz in sich selbst. Es kommt also nur darauf an, sie während ihres Lebens und nicht während ihres Todes zu betrachten. In diesem Fall kann man die Krystalle nicht zum sogenannten unorganischen Reiche rechnen, denn, wie gezeigt worden ist, sind die Mächte desselben nicht nur nicht im Stande einen Krystall zu bilden, sondern sie zerstören ihn sogar wie jeden anderen Organismus. Der Krystall, wie die Pflanze und das Thier, giebt sich eigenmächtig durch innere Bewegungen Gestalt, und muß daher vom allgemeinen Naturleben ausgeschlossen, und zu den Organisationen gerechnet werden.

§. 152.

Ich lasse die Definitionen der verschiedenen Organismen folgen:

Krystalle sind Organisationen, deren Lebenskreis mit der Vollendung ihrer eigenen Erzeugung sich beschließt.

Pflanzen und Thiere sind Organisationen, welche ihre Erzeugung überleben.

Dadurch trennt sich das ganze organische Reich zunächst in zwei große Abtheilungen, daß einige nur so lange leben, als ihre Erzeugung dauert, die anderen hingegen den Bildungsact überleben, und sich nach demselben noch gegen die Außenwelt selbstständig erhalten. Diese Erhaltung des Individuums nach der Erzeugung geschieht nun wieder auf eine doppelt verschiedene Weise, indem das Individuum entweder über seine eigene Bildungen hinauswächst, und die vergangenen nie wieder in sich zurücknimmt, oder indem es seine Bildungen jeden Augenblick in sich resorbirt, und dadurch sich eine bleibende Herrschaft über alle seine Theile erwirbt. Diesemgemäß müssen wir diese Organisationen weiter definiren.

Pflanzen sind Organisationen, welche nach ihrer Erzeugung einen peripherischen Lebenskreis durchlaufen.

Thiere sind Organisationen, welche nach ihrer Erzeugung einen centralen Lebenskreis führen.

Man kann auch die Krystalle dadurch von den Thieren und Pflanzen unterscheiden, daß man sagt, sie sind gebildete Organisationen, nämlich in Rücksicht auf ihre vollendete Gestalt; Thiere und Pflanzen aber sind bildende Organisationen, in sofern sie nach ihrer Erzeugung sich fortbilden. Diesemgemäß läßt sich folgendes Schema entwerfen:

Organisationen

gebildete:	bildende:	
Krystalle.	mit peripherischem Lebenskreis:	mit centralem Lebenskreis:
	Pflanzen.	Thiere.

§. 153.

Somit wären also genau die Gränzen angegeben, innerhalb welcher sich die Organisationen einerseits von dem allgemeinen Naturleben, und andererseits unter sich selbst, bleibend unterscheiden. Mit der Feststellung dieser Grenzen ist zugleich, und das war ihr eigentlicher Zweck, der Standpunkt angegeben, auf welchem die Pflanzen im Gebiete der Naturwissenschaft stehen. Es wird nun also leicht sein, die Sphäre zu überschauen, innerhalb welcher die folgenden Untersuchungen geführt werden müssen, zu denen wir nun übergehen wollen.

Erste Abtheilung.

Entwickelung der äußeren Pflanzentheile und des Pflanzenreichs.

Erster Abschnitt.

a) Allgemeine Bemerkungen über die Eintheilung der Pflanzen und der Pflanzenkunde.

§. 1.

Wie uns die Natur überhaupt, bei gründlicher Verfolgung ihrer innern Verschiedenheiten, von selbst auf die Methode führt, nach welcher wir unsere Kenntniß von ihr ordnen und eintheilen müssen, so ist dies im Besondern auch mit der Pflanze der Fall. Ich kann mein Wissen von der Pflanze nicht anders eintheilen, als ich die Pflanze von der Natur selbst eingetheilt finde, wenn ich nicht auf Abwege und Irrthümer gerathen will; denn der Begriff, den ich in der Pflanze suche, soll durch und durch der Wirklichkeit der Pflanzennatur entsprechen, und die ganze Wissenschaft von der Pflanze kann und darf durchaus nicht anders sein, als ein treues Abbild von der Art und Weise, wie sie sich selbst darstellt, gleichgültig, wie ich mir dieses Abbild von ihrer Natur verschaffe.

§. 2.

In diesem Betracht kann ich also das Wissen von der Pflanzennatur nicht nach der Erkenntnißweise eintheilen, eben so wenig als ich dies in der Naturwissenschaft überhaupt kann. Denn diese ist in Bezug auf die Pflanze selbst rein äußerlich und zufällig, kann daher von der mannigfaltigsten Art sein. Ich kann deswegen mit denen nicht übereinstimmen, welche die Botanik zunächst in eine speculative und empirische eintheilen: denn die Natur des concreten Pflanzenlebens läßt sich wie die Gegenstände der Natur überhaupt, nicht aus einem ihr fremden Gebiete, der reinen Vernunft, sondern nur aus ihrem eigenen Grund und Boden ableiten. Zwar spiegelt sich, wie überhaupt die geistige in der körperlichen Welt, so auch die reale sinnlich wahrnehmbare Pflanze in der Idee, nach der sie geschaffen ist, ab, und man kann diese Idee ihrer wirklichen Erscheinung gegenüberstellen. Aber diese Idee ist dem naturforschenden Geist immer Objekt, und sie muß sich von jeder Einmischung von Gedankenformen rein erhalten, wenn sie richtig aufgefaßt sein soll. Denn ableiten kann man, aller allgemeinen Uebereinstimmung ungeachtet, die Idee nach der die Pflanze geschaffen ist, ihr Gesetz, eben so wenig aus der menschlichen Vernunft, als man umgekehrt die Vernunft aus der Idee der Pflanze ableiten kann. Beide lassen sich nur als Totalitäten in ihrem geschlossenen Kreise betrachten, deren besondere Bestimmungen auf die verschiedenste Weise ausgedrückt sein können.

§. 3.

Es scheint mir die Voraussetzung, daß sich die Idee der Natur aus den Formen des menschlichen Geistes ableiten lasse, darin zu liegen, daß man das Denken mit dem Gedachten verwechselt hat. Man darf aber das Denken (als das Element, in welchem sich der (objektive) Gedanke bewegt, dieser mag nun der Geist selbst, oder ein Körper, z. B. die Pflanze sein), über die Natur, mit dem Gedanken nach dem sie geschaffen ist, durchaus nicht für eins und dasselbe halten. Der Gedanke, welcher der Pflanze zum Grunde liegt, ist ein bewußtloser, nothwendiger, und von dem selbstbewußten menschlichen Geiste, der gleichsam über die Natur (der Körper) hinaus geschaffen ist, wie Gott und die Welt verschieden. Sie haben nur dieß mit einander gemein, daß sie beide Totalitäten sind, welche sich in sich selbst unterscheiden, und durch die Unterschiede sich innerhalb ihrer in Einklang bewegen. Die Art und Weise aber, wie sich im Besondern diese Unterschiede verwirklichen, müssen in der Natur erfahren werden, und alle Naturforschung geht grade darauf hinaus, diese besondern Bestimmungen aufzusuchen, und zu sehen, wie sich der Begriff der Natur durch ihren inneren Zusammenhang abschließt.

§. 4.

Die Art wie dies geschieht, und nach welcher sich die Natur, und also auch die Pflanze, in ihrem Lebenskreise in der Erscheinung bewegt, ist ihr Gesetz, und dies kann man also weder durch Spekulation, noch durch Empirie allein finden. Gewiß ist von Keppler das Gesetz, nach welchem sich die Welt bewegt, von Harvey der

Kreislauf des Blutes, von Galliläi das Gesetz des Falles, von Toricelli das Gesetz des Luftdruckes u. s. f., weder durch Speculation noch durch Empirie gefunden worden, sondern indem sie dachten und beobachteten, und es würde gewiß allgemein auffallen, wenn man das Wissen um diese Gesetze in ein empirisches und speculatives eintheilen wollte. Ein empirisches Wissen ist überhaupt gar kein wahres Wissen, sondern was darunter verstanden wird, ist höchstens ein rohes Glauben oder Meinen, aber kein vernünftiges Wissen. Ein speculatives Wissen um die Natur und ihr Gesetz ist darum nicht möglich, weil jedes Denken über sie schon die Erfahrung ihres unmittelbaren Erscheinens zur Voraussetzung hat, woran sich der Gedanke erst anknüpft, um ihre Wahrheit zu suchen.

§. 5.

Das Wissen um die Natur der Pflanze muß, wie alle Naturwissenschaft, unmittelbar von ihrer Erscheinung und Wahrnehmung anfangen, und von hier aus zur vermittelten Erkenntniß übergehen, gerade so, wie die Pflanze und das Pflanzenreich selbst, sich in äußerlicher Einfachheit unmittelbar darstellt, während im Innern durch mannigfaltige Unterschiede und Widersprüche, die äußere Existenz vermittelt wird. Die Wissenschaft von der Pflanze muß wie das Pflanzenleben selbst verlaufen. Sie geht von der Beobachtung des unmittelbar äußerlich Einfachen aus, verfolgt das Pflanzenleben in seine inneren Differenzen, sieht zu, wie sich dieselben gesetzmäßig gegen einander und zum Ganzen verhalten, und wie am Ende die Mannigfaltigkeit der Erscheinungen sich nur im

Uebergange erhält, und sich in der Totalität auflöst, so daß durch diese Vermittelung, die Einheit des Ganzen hergestellt wird.

§. 6.

Mit diesem Verlauf der Pflanzenforschung wird zugleich unbemerkt die Methode, nach welcher wir ihre Resultate aufbewahren können und müssen, geschaffen. Man theilt das Wissen von der Pflanze ein, wie man die Pflanze selbst eingetheilt findet, unbekümmert darum, ob die Eintheilung den gangbaren Vorstellungen und Formen zu denken entspricht oder nicht: d. h. ob sie, wie man sich auszudrücken pflegt, philosophisch ist oder nicht, oder vielmehr ob sie philosophische Nothwendigkeit hat oder nicht. Die Methode soll nicht allein vernünftig, sondern auch natürlich sein; denn ihr höchster Zweck ist, ein Abbild der Natur darzustellen, und wenn das ist, so ist sie gewiß eben so bleibend und ewig, wie die Natur selbst, in ihrer einen Gesetzmäßigkeit, ohne daß sie die gewünschte philosophische Form hat.

§. 7.

Auf die angegebene Weise schließt sich nun die Kenntniß der Natur der Pflanze mit der Kenntniß aller ihrer innern Verhältnisse ab. In sofern nun aber die Pflanze in mannichfaltigen äußern Verhältnissen mit den Dingen außer sich theils steht, theils versetzt werden kann, so frägt es sich, ob sich auch nach diesen äußern Verhältnissen die Pflanzenkunde eintheilen läßt. Die unmittelbarsten äußern Verhältnisse hat die Pflanze mit den Gliedern des allgemeinen Naturlebens, und mit den Bürgern des organischen Reiches, dem sie angehört.

Die menschlichen Zwecke ändern diese Verhältnisse mannigfaltig ab: der Gärtner zum Behuf des Garten-, der Landmann zum Behuf des Feld-, der Forstmann zum Behuf des Waldbaues, der Arzt zum Behuf der Heilung seiner Kranken u. s. w. Giebt also die Kenntniß dieser mannigfaltigen äußern Verhältnisse der Pflanze eben so viele Zweige der Pflanzenkunde ab? Ich glaube die Pflanzenkunde darf nicht mehr Theile haben als sich innerhalb der Pflanze selbst vorfinden, und diese äußeren Verhältnisse können deshalb keine Veranlassung zur Eintheilung der Pflanzenkunde, nach ihrer Mannigfaltigkeit sein, weil sie durchaus zufällig, und meist von der Art sind, daß sie im geregelten Laufe der Dinge die wesentlichen innern Bestimmungen des Pflanzenlebens ganz und gar nicht im mindesten verändern; die Kenntniß der Veränderungen, welche der Mensch zu technischen Zwecken mit den Außenverhältnissen der Pflanzen vornimmt, gehören zur Technologie überhaupt.

§. 8.

Dagegen kann man alle äußeren Einflüsse auf die Pflanze, sammt und sonders, unter einen allgemeineren Gesichtspunkt in sofern mit dem Pflanzenleben zusammenfassen, als sie nicht selten das gesunde Leben derselben zerstören, und also Ursachen zu Krankheiten der Pflanzen sind. Wenn man also das Pflanzenleben überhaupt in Gesundheit und Krankheit eintheilt, (und diese Eintheilung ist von großer Wichtigkeit, und über die ängstliche Aufzählung aller unwesentlichen und äußeren Nebendinge ganz vergessen), so würden die Außenverhältnisse der Pflanzen bei der Genesis der Krankheiten in der Aetiologie vorkommen; und eine wahre Einsicht in den Zusammenhang, den sie mit der Pflanzenorganisation haben, würde für die Bestimmung der Heilzwecke gewiß von dem größten Nutzen sein.

§. 9.

Das gesunde Leben der Pflanzen unterliegt nämlich eben so wie das Leben der Thiere nicht selten der Gewalt physikalischer und chemischer Einflüsse, wenn es sich diese nicht assimiliren kann, der Lebensproceß wird theilweise zerstört oder gekränkt, indem in demselben Maaße der chemische oder physikalische Proceß die Pflanze in sein Reich hinüberzieht, und ihren Untergang hervorzubringen strebt. Dieß also zu verhüten, und die Pflanze aus der Lebensgefahr zu retten, kann die Berücksichtigung dieser Außenverhältnisse, nicht nur durch Aufklärung der Genesis der Krankheit, sondern zugleich durch mögliche zweckmäßige Abänderung der Einflüsse, in der Pflanzenkunde erforderlich sein.

§. 10.

Dessenungeachtet aber kann diese Berücksichtigung der äußern physischen und cosmischen Einflüsse durchaus kein Grund zu einer Eintheilung der Pflanzenkunde sein, wie dies schon eine einfache Betrachtung des Begriffs der Eintheilung zeigt. Die Pflanzenkunde, als ideelles Abbild der Pflanze selbst, kann keine anderen Theile haben, als die Pflanze hat. Sonne, Mond und Sterne und alles was außer der Pflanze vorhanden ist, wird aber niemand für Theile der Pflanze halten, und folglich auch eben so wenig nach diesen Dingen die Pflanzenkunde eintheilen können. Wollte man dieß, so könnte und müßte man, um folgerecht zu handeln, eine Eintheilung der Pflanzenkunde geben, die ins Unendliche ginge, und gar keinen Inhalt hätte.

§. 11.

Kann man die Pflanzenkunde in Pflanzenchemie und Pflanzenphysiologie eintheilen, oder, was dasselbe ist, läßt sich an der Pflanze selbst, zugleich ein lebendiger und ein chemischer Proceß unterscheiden? Es ist hier zunächst zu bemerken, daß die Pflanzenchemie, so wie die Chemie überhaupt, nicht zum Hauptzweck hat, die isolirten chemischen Elemente, oder Stoffe, sondern den Proceß ins Licht zu stellen, durch welchen diese Stoffe in Thätigkeit begriffen sind, und wie sie sich durch die Wechselwirkung im Proceß nur im Uebergehen erhalten, und sich als Momente in dem allgemeinen Naturleben darstellen. In diesem Betracht werden also in der Pflanzenchemie die Verhältnisse untersucht werden müssen, in welchen die aus der Pflanze geschiedenen chemischen Stoffe, mit den Stoffen der allgemeinen physikalischen Natur überhaupt stehen, aus welchen bekanntlich erst die sogenannten Eigenschaften der Stoffe hervorgehen, indem diese weiter nichts sind, als die Natur des Processes, durch welchen die Stoffe untereinander in Wechselwirkung stehen. Die Lehre von den chemischen Stoffen würde sich also zur Lehre von dem Proceß, durch welchen sie im allgemeinen Naturleben thätig sind, gerade so verhalten, wie die Anatomie der organischen Körper zu ihrer Physiologie.

§. 12.

Dieser chemische Proceß nun aber, müßte nothwendig, wenn das Wissen um ihn ein Theil der Pflanzenkunde sein sollte, innerhalb der Pflanze selbst vorgehen, d. h. er müßte ein Theil des vegetabilischen Processes überhaupt sein. Ich habe aber oben schon erwähnt, und eine ganz oberflächliche Betrachtung zeigt es uns deutlich, daß der chemische, wie die allgemein physikalischen Processe überhaupt, sich zu dem individuellen Lebensproceß der Pflanzen, eben so wie der Krystalle und Thiere, wie Leben zum Tode, in ewiger Feindschaft verhalten. Wo der chemische Proceß anfängt, muß das Leben aufhören, und umgekehrt, und so lange also die organische Natur organisch ist, kann in ihr kein chemischer Proceß vorgehen, und es ist daher unmöglich, daß der Chemismus ein Theil des Organismus, mithin auch die Pflanzenchemie ein Theil des Pflanzenorganismus sein könne.

§. 13.

Aus diesem Grunde kann ich mit denjenigen Gelehrten, welche die Pflanzenchemie als einen integrirenden Theil der Pflanzenkunde ansehen, nicht übereinstimmen, in sofern nämlich die Pflanzenkunde als eine Darstellung des pflanzlichen Organismus angesehen wird. Die Pflanzenchemie verhält sich zur Pflanze als Organismus, wie die organische zur unorganischen Natur überhaupt: denn sobald die vegetabilische Substanz in den chemischen Proceß übergeht, geht die Pflanze als Organismus zu Grunde, und löst sich in dem allgemeinen physikalischen Proceß auf.

§. 14.

Es verdient hier aber noch erwähnt zu werden, daß es freilich in der Pflanze unverkennbar Stoffe giebt welche durchaus, selbst im Leben der Pflanze, schon eine offenbar chemische Natur zeigen, d. h. welche geradezu geneigt sind, sich als Momente des allgemeinen Naturlebens darzustellen. Dahin gehören großentheils die Absonderungen der Pflanze: die Säuren, Salze, Harze, ätherischen und fetten Oele, das Gummi und so fort; wenn nämlich diese Dinge sich in der Pflanze schon wirklich fertig gebildet finden, und nicht Erzeugnisse eines durch Kunst erregten chemischen Prozesses sind. Allein alle diese Dinge sind auch wirklich nichts als todte Absätze, welche die organische Thätigkeit aus sich getrennt hat, und es gehört ihre Betrachtung nur in sofern zur Lehre vom Organismus der Pflanze, als der Proceß durch welchen die organische Thätigkeit sie ausscheidet, nothwendig zum ganzen vegetabilischen Leben gehört. Dagegen gehört die Betrachtung ihrer rein chemischen Verhältnisse durchaus der Chemie an.

§. 15.

Anatomie und Physiologie der Pflanzen verhalten sich zu einander, wie Inneres und Aeußeres in der Natur. In der Wirklichkeit verschwinden sie in einander, und man ist nicht im Stande, wo der Organismus durch und durch erkannt ist, zu sagen, wo die Anatomie aufhört und die Physiologie anfangen soll. Ihre Unterscheidung ist aber in sofern keine zufällige, als mit der Anatomie die unmittelbare Betrachtung der Pflanzennatur nothwendig anfangen muß, von welcher aus man zur Verfolgung der Verhältnisse der gefundenen Theile übergeht, um beim Schluß zu sehen; wie sich die innere Unterscheidung der Pflanze in der individuellen (ungetheilten) Einheit des Ganzen auflöst. Man kann sagen die Anatomie hat es mit der Gestalt, die Physiologie mit der Bewegung zu thun, durch welche die Gestalt entsteht und vergeht; aber am Ende muß die Physiologie doch auch zur Gestalt als einer in der Bewegung ruhigen übergehen, und dahin zurückkommen, von wo die Anatomie ausging. Ihre Natur ist nur eine vermittelte, anstatt daß die Anatomie die unmittelbare Anschauung zum Zweck hat. Der Verlauf also der Anatomie zur Physiologie ist ein eben so nothwendiger Zusammenhang, als das Innere und Aeußere der Natur: wo das Ganze begriffen ist, wird das Aeußere zum Inneren, und das Innere zum Aeußeren.

§. 16.

Allgemeine und specielle Pflanzenkunde sind keine durch die Nothwendigkeit der Natur bestimmte Eintheilungen, sondern hängen einzig und allein davon ab, was der menschliche Geist als Allgemeines von einem besondern Inhalte betrachten will. So kann man z. B. die Lehre vom Lebensproceß der Pflanze, in sofern sie die Gesetzmäßigkeit und Allgemeinheit aller Erscheinungen des Pflanzenlebens in sich faßt, als eine allgemeine Pflanzenkunde festsetzen, und ihr als eine specielle Wissenschaft die Systemkunde des Pflanzenreichs, und die Kenntniß aller einzelnen Pflanzengattungen und Arten gegenüberstellen. In beiden dieser Wissenschaften aber kann man wieder das Allgemeine von dem besondern Inhalte trennen, und z. B. in der Lehre vom Lebensproceß, die Betrachtung der Pflanze als Organismus überhaupt zu einer allgemeinen Lehre machen, und innerhalb

nerhalb dieser die Betrachtung der besondern Bestimmungen, welche das Pflanzenleben vor dem Leben der übrigen Organismen auszeichnen, folgen lassen. Eben so kann man in der Systemkunde des Pflanzenreichs, wieder die Grundsätze, nach denen man das Ganze eintheilt, als eine allgemeine Betrachtung, dem besondern Inhalt des Systems gegenüberstellen, u. s. f. Man sieht also, daß es hier lediglich darauf ankömmt, was man als Allgemeines festsetzen will, um ihm das Besondere gegenüberzustellen. Ist freilich das Allgemeine einmal von uns bestimmt, so ist es allerdings eben so nothwendig, auch das Besondere, was innerhalb dieser Allgemeinheit fallen muß; aber diese erste Bestimmung ist durchaus willkührlich, weil ich von jedem besondern Inhalt Allgemeinheiten feststellen kann.

b) Eintheilung der Pflanze nach ihren äußeren Theilen.

§. 17.

Diejenige Eintheilung der Pflanze, welche nach den besonderen Bestimmungen gemacht worden ist, welche sich an der Pflanze selbst finden, war von jeher den wenigsten Widersprüchen ausgesetzt, und die nach diesen Grundsätzen gemachte Eintheilung der Pflanze von Theophrast hat sich durch alle Zeitalter bis auf den heutigen Tag erhalten. Alle Zusätze und Verbesserungen, welche die alte Theophrastische Eintheilung der Pflanze erfahren hat, sind im Grunde unbedeutend, und man mag speculative oder empirische Vorstellungen von der Natur der Pflanze gehabt haben, so laufen sie alle am Ende doch darauf hinaus, daß die Wahrheit der Theophrastischen Eintheilung durch sie bestätigt worden ist.

§. 18.

Theophrast [56]) theilt die ganze Pflanze in Wurzel, Stengel, Aeste und Knospen. Er sagt: „Ἔστι δὲ πρῶτα μὲν καὶ μέγιστα, καὶ κοινὰ τῶν πλείστων τὰ δέ, ῥίζα, καυλός, ἀκρέμων, κλάδος.“ Gegen diese Eintheilung hat bis jetzt noch niemand etwas vorzubringen gewagt, weil überall sich gefunden hat, daß sie in der Natur der Pflanze begründet war. Theophrast sagt weiter: die Wurzel ist der Theil der Pflanze, welcher die Nahrung einsaugt, und der Stengel oder Stamm ist der Theil, welcher über die Erde hervorwächst, und wohin die Nahrung geführt wird.“ (Ἔστι δὲ ῥίζα μέν, δι' οὗ ἡ τροφὴ ἐπάγεται· καυλὸς δέ, εἰς ὅ φέρεται. Καυλὸν δὲ λέγω τὸ ὑπὲρ γῆς πεφυκὸς ἐφ' ἕν). Und damit spricht er seine Physiologie der Pflanzen aus, die seit ihm, der Hauptsache nach, allgemein gültig gewesen ist. Theophrast bemerkt zwar, daß sich diese Theile einander unähnlich seien, wie die Theile der Thiere, und daß nur aus ihnen zusammengenommen die ganze Pflanze bestehe. Dennoch aber erwähnt er, als etwas Auffallendes, daß, obgleich dieß bei den meisten, doch nicht bei allen Pflanzen der Fall sei. Denn einige Pflanzen, besonders von den krautartigen, hätten schon keinen beständigen Stengel wie die Bäume, sondern nur einen

56) Theophrast historia plantarum Lib. I. Cap. II. p. 6. In Theophrasti Eresii opp. ed. Schneider. Lips. 1818. T. I.

einjährigen, wenn gleich die Wurzel länger daure, von der die Pflanze lebe. Ueberhaupt sei es schwer, von einem so mannigfaltigen Dinge, wie die Pflanze, im Allgemeinen etwas festzusetzen, weil es beinahe nichts gebe, das allen Pflanzen gemein sei, wie der Mund und der Bauch bei den Thieren. Bei einigen Pflanzen finde sich eine Analogie, bei andern eine verschiedene Beschaffenheit. Denn weder die Wurzel, noch der Stengel, noch der Zweig, noch die Knospe, noch das Blatt, noch die Blume und die Frucht finden sich gemeinschaftlich bei allen Pflanzen [57]. Selbst fände sich keinesweges in allen Pflanzen Rinde, Mark, Fasern und Adern, wie dieß bei den Pilzen und Schwämmen der Fall sei, die man doch auch zu den Pflanzen rechne. Unter Adern (φλέβες) versteht Theophrast die Harzgänge verschiedener Pflanzen. Link [58]) meint zwar, Theophrast verstehe unter φλέβες das, was wir Nerven (auch wohl Rippen) in der Botanik nennen, allein diese Rippen nennt Theophrast eben so gut Nerven als wir, wie er sich Lib. I. c. 17. darüber deutlich ausdrückt, wenn er sagt, daß einige Blätter aus Nerven und Rinde bestehen, wie beim Feigenbaum und dem Weinstock, andere fast ganz und gar aus Nerven, wie die Blätter des Rohrs und des Getreides. Indessen muß man wohl zugeben, daß Theophrast beides zuweilen verwechselt hat, da er die genaue Anatomie der Pflanzen vernachläßigte. Den Blüthen des

---

57) Theophrast l. c. c. 2. 11. *Οὔτε γὰρ ῥίζαν πάντ᾽ ἔχει, οὔτε καυλὸν, οὔτε ἀκρέμονα, οὔτε κλάδον, οὔτε φύλλον, οὔτε ἄνθος, οὔτε καρπόν.*

58) Link kritische Bemerkungen und Zusätze zu Sprengels Werk, über den Bau und die Natur der Gewächse. Halle 1812. p. I.

Lolchs schreibt auch, wie Sprengel und Link meinen, Theophrast eigentlich keine Adern zu; im Gegentheil heißt es, einige Blumen bestehen aus Rinde, Adern und Fleisch: andere bestehen bloß aus Fleisch, und zu diesen gehören Pflanzen, welche unter dem Lolch (μέσῳ τῶν αἰρῶν) wüchsen).

§. 19.

Gegen diese eben so einfachen, als gründlichen und wahren Einwendungen, welche Theophrast der Eintheilung der Pflanze, nach ihren äußeren, größeren Theilen macht, hat sich auch bis jetzt noch kein Zeitalter sicher stellen können, ungeachtet aller Mühe, welche man sich gegeben hat, allgemeinere und mehr sichere Bestimmungen von Wurzel, Stamm, Blättern u. s. f. zu geben. Wir sind heute so wenig im Stande, als Theophrast es zu seiner Zeit war, eine durchgreifende, allgemeine Definition dieser Theile zu geben, mögen wir auf ihren Bau oder auf ihre Verrichtungen, oder sonst irgend worauf sehen, was sich Besonderes und Ausgezeichnetes an ihnen findet.

§. 20.

Nothwendig entsteht daher die Frage, ob diese Unterschiede in der Gestalt der Pflanzen auch wirklich allgemein und wesentlich sind, oder ob dieser äußern Gliederung der Pflanze, noch eine allgemeinere Differenz in dem Pflanzenleben zum Grunde liege, welche sich an der besondern Pflanzengestalt auf eine so mannigfaltige Weise zur Erscheinung treibe, daß man in dieser äußern unendlichen Verschiedenheit ganz und gar keine innere Einheit und Allgemeinheit finden könne. Schon der Umstand, daß so viele große und berühmte Geister, welche diesen Gegenstand ins Licht zu setzen bemüht gewesen sind, vergebens, daran gearbeitet haben, die Theophrastische Eintheilung der Pflanze zu befestigen, möchte beinahe für das Letztere entscheiden. Indessen wollen wir zur Beantwortung der Frage die Natur dieser äußern Pflanzentheile einzeln etwas näher betrachten, und im Fall ihre Differenz nicht allgemein sein sollte, zusehen, wie sich das Pflanzenleben in durchgreifendere Unterschiede zerspalte.

Zweiter Abschnitt.

Allgemeine Betrachtung der äußern Entwikkelung der individuellen Pflanzen.

Erstes Kapitel.

Von den nach unten wachsenden Pflanzentheilen.

§. 21.

Mag man das Wachsthum einer Pflanze, die aus dem Saamen entsteht, oder die Entwickelung derselben aus einem Blatte, Zweige, oder sonst einem andern Pflanzentheil beobachten, überall zeigt sich, mit dem Erwachen der Lebensthätigkeiten in dem Keim, eine entgegengesetzte Richtung in der Gestaltung des Individuums nach unten und nach oben. Die Ausdehnung nach anderen Richtungen ist weniger bemerkbar, und immer unterliegt sie dem Streben der Pflanze, mit einem Theile nach unten, mit dem andern in die Höhe zu wachsen.

Dem Sprachgebrauche gemäß versteht man unter Wurzel den nach unten wachsenden Theil der Pflanze.

§. 22.

Die Richtung der Wurzel nach unten.

Von jeher ist das Wachsthum der Wurzel in der entgegengesetzten Richtung des oberirrdischen Theiles als etwas Auffallendes bemerkt worden, und über diese Erscheinung selbst sowohl, als über die Erforschung ihrer Ursachen, sind mannichfache Versuche und Beobachtungen angestellt worden, und eben so mannichfaltige Meinungen zum Vorschein gekommen. Diese merkwürdige Erscheinung des Wachsthums der Wurzel nach unten hat immer dem Gelehrten mehr, als dem gemeinen Mann den Kopf zerbrochen, und schon Empedokles suchte die Ursache davon in der anziehenden Kraft der Erde, was aber Theophrast [59]) als unrichtig verwirft, weil in diesem Fall das Pflanzenleben nicht Eins sei, sondern getrennt sein müßte, was aber der Idee einer Totalität widerspreche.

Wir wollen zuförderst über die Thatsache selbst einiges anführen, und von ihren Ursachen nachher sprechen.

§. 23.

Duhamel stellte darüber folgende Versuche an: Er beobachtete zuerst, daß, wenn man Eicheln verkehrt in die Erde steckt, so, daß das Schnäbelchen nach oben, das Blattfederchen nach unten sieht, beide beim Keimen keinesweges in der gegebenen Richtung fortwachsen, son-

59) Theophrast l. c. l. I. c. XIII.

dern sich in entgegengesetzter Richtung umbiegen, so, daß das Würzelchen nach unten, und das Blattfederchen sich nach oben richtet. Darauf legte er Eicheln in mit Erde gefüllte Glasröhren, welchen er eine horizontale Richtung gab. Nachdem das Würzelchen die obere, das Blattfederchen die untere Wandung der Röhre erreicht hatten, kehrte er die Röhre um, so daß die Wurzel nach oben sah. Dadurch wurde ihr Wachsthum nicht verhindert, sondern sie kehrte sich ebenfalls in einen Bogen um, und wuchs wieder niederwärts, bis sie die untere Röhrenwandung zum zweitenmal erreicht hatte. Duhamel drehte die Röhre wieder in die entgegengesetzte Richtung, und so oft er dieß wiederholte, nahm das Wachsthnm der Wurzel, in einen Bogen sich umkehrend, die entgegengesetzte Richtung an, so, daß dadurch eine Schlangenlinie gebildet wurde, in der die Wurzel wechselweise nach unten und nach oben gebogen erschien [60]).

§. 24.

Jetzt änderte Duhamel die Versuche ab. Er nahm mehrere, drittehalb Fuß lange, und in ihrer Höle über drei Zoll weite Röhren, füllte diese, ihrer Länge nach, zur Hälfte mit Erde, legte darauf Eicheln, und füllte über diese die andere Hälfte der Röhren ebenfalls mit Erde. Eine von diesen Röhren legte er horizontal auf die Erde; eine zweite stellte er wagerecht in die Höhe, und die dritte befestigte er in einer, zwischen den beiden ersten das Mittel haltenden, schiefen Lage. Die Würzelchen und die Stämmchen dieser keimenden Eicheln al-

60) Duhamel Physique des arbres. T. II. P. 139.

ler drei Röhren, wuchsen in wagerechter Richtung auf- und niederwärts, so daß sich diejenigen, welche sich in der perpendiculair gestellten Röhre befanden, ohne Widerstand nach oben und nach unten bewegen konnten: allein da die Eicheln mit einer zu hohen Lage Erde bedeckt waren, so erreichten die Keime die Höhe der Röhre nicht. In der schief gestellten Röhre verfolgten die Keime die untere Wandung derselben schief nach unten, die obere schief nach oben. Die Keime in der horizontal gelegten Röhre, nachdem sie oben und unten die Wandung der Röhre erreicht hatten, krümmten sich in mannigfaltigen Richtungen, und stellten ein sonderbares, verworrenes Gewebe dar.

§. 25.

Duhamel kam nun auf den Gedanken, daß die Richtung der Keime in der Röhre vielleicht abgeändert werden könnte, wenn er die Eicheln nicht in die Mitte, sondern an die Extremitäten der Röhren legen würde, indem dann die Stämme sich bald an die Luft herausbewegen könnten, die Wurzeln aber Erde genug hätten, sich in die Tiefe der Röhre zu erstrecken. Er nahm also zwei solcher Röhren, und legte in die Enden beider, Eicheln, so daß sie ohngefähr zwei Fingerbreit mit Erde bedeckt waren. Die Eicheln der einen Röhre legte er so, daß das Wurzelende nach oben gerichtet war, d. h. nach dem entgegengesetzten Ende der Röhre, wo er sie eingelegt hatte. Diese Röhre legte er vertical, so daß die Wurzel in die Höhe, das Federchen aber abwärts hätte wachsen müssen, indem er die untere Oeffnung der Röhre leicht bedeckte, um das Herausfallen der Erde zu verhüten, ohne dem hervorkommenden Keim ein Hinderniß in den Weg zu legen. Aber die Wurzeln dieser Keime stiegen niederwärts, und verästelten sich in der Erde, während das Blattfederchen nicht nach oben hervorkam. Dagegen legte er die andere Röhre horizontal, und an dieser kam das Würzelchen wie das Blattfederchen aus derselben Extremität der Röhre hervor, wo die Eichel eingelegt war, indem das Würzelchen sich über den untern, das Stämmchen über den obern Theil der Randöffnung herumkrümmten.

Durch alle diese veränderten Umstände wurde also die gewöhnliche Richtung der Würzelchen ganz und gar nicht verändert.

Duhamel machte noch andere Versuche. Er legte Eicheln in einen Topf, den er mit Taubenmist umhüllte, wodurch die Erde sehr erwärmt wurde, und kühlte unterdessen die Luft über dem Topfe, durch eine eigene Vorrichtung beständig mit kaltem Wasser ab. Aber auch dadurch wurde in der natürlichen Richtung des Keims nicht das Mindeste verändert. Er machte es nun umgekehrt, erwärmte die Luft, und machte die Erde sehr kalt, aber der Erfolg war derselbe.

§. 26.

Link machte über die Richtung des Würzelchens und des Stämmchens beim Keimen folgende interessante Versuche. Er legte einen Topf voll Erde auf die Seite, drückte Waizenkörner auf die Oberfläche ein, doch so, daß sie nicht ganz von Erde bedeckt waren, und zwar in einer Lage, wo die Spitze des Würzelchens nach oben gerichtet war. So wie die Saamen keimten, stiegen die Würzelchen in einem Bogen abwärts, der Stamm in einem Bogen aufwärts, so daß also die zur Seite befindliche Erde nicht den geringsten Einfluß auf diese natürlichen Richtungen hatte [61]). Ferner ließ Link Walzenkörner etwas keimen, und hing sie dann ganz wagerecht an einem Haar mitten im Wasser auf, welches sich an einer hellen Stelle befand. Die Wurzeln schienen anfangs noch etwas wagerecht fortzuwachsen, dann aber krümmten sie sich plötzlich in einen rechten Winkel, und wuchsen niederwärts, der Stamm aufwärts [62]).

§. 27.

In der Absicht, die Wirkung der Schwere auf die Richtung der Wurzeln beim Keimen zu erläutern, stellte Knight einen höchst merkwürdigen Versuch an [63]). Durch seinen Garten fließt ein Bach, durch dessen Strom er ein kleines Wasserrad in Bewegung setzte, welches in einer Minute ungefähr 150 Umdrehungen machte. An den Schaufeln dieses bewegten Rades ließ er Bohnen in Erde keimen, welchen er die mannigfaltigsten Richtungen in der Lage gegeben hatte. Einige kehrte er mit dem Wurzelende dem Mittelpunkt des Rades zu, andere legte er umgekehrt, einige schief, andere in die Quere u. s. f. Nachdem die Bohnen in einigen Tagen gekeimt waren, bemerkte er, daß alle, in welcher Richtung er sie

---

61) Link Grundlehren der Anatomie und Physiologie der Pflanzen. S. 126.

62) Link Nachträge zu den Grundlehren der Anatomie und Physiologie der Pflanzen. S. 39.

63) Knight Philosophical Transact. 1805. T. I. p. 99. übersetzt von Treviranus, in dessen Beiträgen zur Pflanzenphysiologie S. 191 u. f.

auch gelegt hatte, mit ihren Wurzelenden vom Mittelpunkte des Rades ab, mit ihren Stammenden dem Mittelpunkte des Rades zu gekehrt waren, so daß diese sammt und sonders am Mittelpunkte des Rades zusammenkamen. Sie hatten also die verschiedensten Biegungen und Krümmungen machen müssen, um diese Richtungen vom Saamen aus zu gewinnen. Bei diesem Versuch hatte das Rad eine wagerechte Stellung. Er wünschte, um die Resultate dieses Versuches allgemeiner zu machen, zu wissen, wie es sich verhalten würde, wenn das Rad eine andere Stellung habe. Deshalb setzte er ein ähnliches Wasserrad, welches eine horizontale Lage hatte, dergestalt in Bewegung, daß es in einer Minute 250 Umdrehungen machte. Er brachte hier, wie bei dem vorigen die Saamen an, um den Erfolg zu beobachten. Nach dem Keimen fand sich, daß die Würzelchen zwar wieder sich von dem Mittelpunkte des Rades abgekehrt hatten, jedoch mit dem Unterschiede, daß sie sich in einem Winkel von ohngefähr 10° mit dem Horizonte, zugleich nach unten gerichtet hatten, so daß, wie sich Knight ausdrückt, die Centrifugalkraft ihre Richtung um 80° abweichend gemacht hatte. Er verminderte nach und nach die Umschwingungen des Rades, und in demselben Maaße senkten sich die Würzelchen allmählig lothrecht zur Erde hinab. Als das Rad in der Minute nur noch 80 Umdrehungen hatte, inclinirten die Würzelchen nach unten um 45°, so daß Knight daraus folgert, daß hier die Centripetalkraft der Centrifugalkraft gleich war.

§. 28.

Ursachen der Richtung dieses Wachsthums.

Ich kann mich hier nur im Allgemeinen darauf beziehen, ob die Ursachen dieser Erscheinung wahrscheinlicher innerhalb des Pflanzenlebens selbst, oder in fremden Mächten außerhalb ihr liegen, da die besondern Ursachen davon erst bei der Natur des vegetativen Wachsthums überhaupt, im Zusammenhange, erläutert werden können, nachdem die wesentlichen Differenzen der Vegetation im Besondern verfolgt worden sind. Ich will daher zunächst hier kurz die wichtigsten der verschiedenen Meinungen berühren, welche als Grund der Richtung des Wachsthums der Wurzel nach unten angegeben worden sind, und sehen, in wiefern sie mit der vegetativen Natur verträglich sind, oder nicht.

Die erste Erklärung dieser Erscheinung hat Empedokles gegeben, indem er sagt, daß die Wurzel der Erde, die Knospe dem Aether angehöre, weil der Aether nach oben, die Erde nach unten strebt, und die Ursachen der Pflanze in beiden enthalten seien. Theophrast hat ihn [64]) zuerst dadurch widerlegt, daß Wurzel und Knospe nicht von einander getrennt werden dürften, weil sie eins seien, und aus einer Ursache und von einer Materie erzeugt wären.

§. 29.

Diese uralte Ansicht hat Dodart [65]) wieder angenommen, und weiter ausgeführt. Nach ihm ist die

---

64) Theophrast l. c. l. 1. c. 13.

65) In der Geschichte der Academie der Wissenschaften zu Paris von 1700 nnd 1702.

Sonne die Ursache, von welcher die, nach oben wachsenden Theile, angezogen werden, wogegen die Erde die Wurzeln zu sich herab zieht. Es würde der Pflanze schlecht gehen, wenn sie sich so von ihren Außenverhältnissen auseinander ziehen ließe, und ich möchte diese Meinung mit Theophrast's eigenen Worten widerlegen. Zwar hängt die Pflanze mehr von Himmel und Erde ab, wie das Thier, aber dessenungeachtet trägt sie den Grund ihrer Lebensäußerungen, so lange sie Pflanze ist, in sich selbst, und wenn sie selbst nicht sich zu ihren Veränderungen zu bestimmen vermöchte, so müßte gewiß jede äußere Einwirkung auf sie fruchtlos bleiben. Duhamel stellt dem Dodart ebenfalls praktische Einwendungen entgegen. Er ließ Eicheln zwischen nassen Schwämmen keimen, welche er an einem Faden, mitten in einem ganz verfinsterten Zimmer, aufgehängt hatte. Ferner legte er Saamen mitten in die Erde eines Kastens, der von allen Seiten von der Sonne beschienen wurde; aber überall ging die Wurzel nach oben, der Stamm nach unten, und es hatte also weder Finsterniß noch Licht, noch wie der Erfolg des oben angegebenen Experiments zeigt, die erwärmte Erde bei kalter Luft, und umgekehrt, den mindesten Einfluß auf die Richtung des Keimes.

Astruc [66]) suchte das Niederwachsen der Wurzel aus dem, sich durch sein eigenes Gewicht niedersenkenden Saft zu erklären. Darum, sagt er, setzt sich unten mehr Nahrungssaft an, und senkt so gleichsam die wachsende Wurzel nach unten. Duhamel frägt ganz natürlich: war-

66) Astruc. Mémoires de l'Academie de Paris 1708. p. 593.

um wächst denn aber ein umgebogener Zweig wieder in die Höhe, da er doch durch die Schwere des Nahrungssaftes vielmehr hinabgesenkt werden müßte?

§. 30.

Beinahe dieselbe Erklärung von der Ursache des Absteigens der Wurzel giebt de la Hire [67]), nur fügt er noch eine andere hinzu, welche das Wachsen des Stammes nach oben erläutern soll. Der Nahrungssaft in der Wurzel, sagt er, ist dicht und schwer, und drückt die wachsende Wurzel nach unten. Dagegen ist der Nahrungssaft im Stamm in Dunstgestalt, und bewirkt durch seine Leichtigkeit das Aufsteigen der Pflanze über die Erde. Abgesehen von dem Widerspruche, daß die Pflanzen meist bei einer Temperatur wachsen, welche die, in ihnen enthaltenen Feuchtigkeiten, in Dunstform ausdehnen könnte, so möchte ich wohl wissen, wie sich de la Hire den Uebergang einer dampfförmigen Flüssigkeit in die zu ernährende und zu bildende Substanz gedacht haben mag, da doch nicht selten die oberirdischen Theile den Wurzeln meist an Dichtigkeit nichts nachgeben, wenn sie nicht sogar noch fester sind, als diese. Diesen Punkt scheint de la Hire übergangen zu haben. Ueberdem ist die Voraussetzung, daß der Nahrungssaft im Stamm in Dunstgestalt vorhanden sei, eine Hypothese, welche von aller Erfahrung widerlegt wird, und die ihre Entstehung eigentlich nur dem Zeitalter zu verdanken hat, wo man wegen der merkwürdigen Erfindung der Luftpumpe Alles voller Luft sah.

67) Mémoires de l'Academie des sciences. 1708. p. 297.

Bazin [68]) sucht zu widerlegen, daß es in der Wurzel selbst irgend eine Kraft gebe, sich abwärts zu bewegen, und behauptet, man müsse die Ursache dieser Erscheinung durchaus außer ihr suchen. Er giebt als solche die Feuchtigkeit der Erde an, welche die Wurzeln in ihrem Lauf leite, und ihnen gleichsam den Weg vorschreibe, auf welchem sie herum kriechen, um sich Nahrung zu holen. Duhamel macht ihm den ganz einfachen Einwurf, daß nnter diesen Umständen die Wasserpflanzen nicht würden bestehen können, welche doch gleichwohl ihre Wurzeln in die Erde senkten. Zwiebeln, die umgekehrt unter Wasser gelegt sind, richten dessenungeachtet ihre Wurzeln wieder nach unten. Auch widerspricht einer solchen oberflächlichen Hypothese die oben erzählte Beobachtung von Link, nach welcher keimende Waizenkörner, mitten im Wasser horizontal aufgehängt, sogleich das Würzelchen nach unten, und den Stamm nach oben treiben.

§. 31.

Zu allem diesen kann ich, diese Hypothesen über den Haufen zu werfen, folgende Beobachtung hinzufügen, welche ich zum erstenmale in den Treibhäusern des hiesigen Kunstgärtners, Hrn. Bouché, gemacht habe. Es ist bekannt, daß die Blätter vieler Pflanzen, und namentlich des Cotyledon (Bryophyllum) calycinum, aus ihrem gezähnten Rande, zu vielen neuen Pflanzen aufkeimen, wenn man sie abbricht, und auf feuchte Erde legt. Ich sah hier aber an dem Rande eines älteren, noch mit der Pflanze zusammenhängenden Blattes, wel-

68) Duhamel l. c. II. P. 140.

ches gänzlich frei in der Luft hing, sehr viele neue Pflanzen auskeimen, die alle ihre Wurzeln nach unten, ihre Blätter nach oben richteten. Das Ganze gewährte einen interessanten Anblick: eine alte Pflanze mit einer großen Menge ihr ganz ähnlicher junger, die mit Wurzeln und Blättern frei in der Luft hingen, und mit dem alten Blatte noch innig verwachsen waren. Ich frage: bestimmte hier die Feuchtigkeit oder die jungen Pflanzen selbst ihre Wurzeln, nach unten zu richten? Die ganze Welt wird mir das Letztere bejahen: denn die Wurzeln, wie die Blätter, hingen in der Luft, und wenn die, wenigstens mehrere Fuß unter dem Blatte befindliche Erde, mit ihrer Feuchtigkeit von der Pflanze etwas hätte anziehen wollen, so konnte dieß mit den Blättern vielleicht eher, als mit den Wurzeln geschehen, indem bekanntlich die saftigen Blätter dieser Pflanze in feuchter Luft vielleicht mehr Nahrung einsaugen, als die Wurzel. Ueberhaupt giebt diese Beobachtung zu manchen Betrachtungen Anlaß, und es wird durch sie nicht nur diese Hypothese von Bazin, sondern zugleich alle oben angeführten, sammt und sonders, widerlegt. Zeugte diese Pflanze Wurzeln, um Nahrung einzusaugen? um sich an den Boden zu befestigen? — Hierher gehört auch das Keimen vieler Saamen am Stamm: der Rhizophora Mangle etc. Eben so die Luftwurzeln am Cactus triang., Ficus religiosa etc.

Duhamel spricht sich eigentlich nirgends deutlich darüber aus, welche Ursache er der absteigenden Bewegung der Wurzeln zum Grunde lege, obgleich er so viele schöne Versuche über diesen Punkt angestellt hat. Indessen sieht man aus gelegentlichen Aeußerungen, die er

an

an verschiedenen Stellen seiner Naturgeschichte der Bäume macht, daß er das Wachsthum nach unten aus einem von oben absteigenden Nahrungssaft der Pflanze zu erklären geneigt ist, und ich weiß nicht ob ich ihm, ohne alle Rücksicht, diese Voraussetzung geradezu abstreiten soll. Es genügen ihm aber diejenigen Erklärungsarten keinesweges, welche den Grund des Absteigens der Wurzel außer der Pflanze suchen, und er sagt, daß die Kraft, welche den niedergebogenen Stamm aufwärts biegt, ihre Wirkungen gegen alle nur mögliche Hypothesen über diese Sache richte.

§. 32.

Durch die oben erzählten Versuche sucht Knight zu beweisen, daß die Schwere das Motiv sei, welches die Wurzel gegen den Mittelpunkt der Erde ziehe. Man frägt natürlich, warum zieht die Schwere aber nur gerade die Wurzel der Pflanze allein nach unten, während alle andere Theile in die Höhe wachsen? Warum ist der Stamm mit allen seinen Theilen nicht auch schwer gegen den Mittelpunkt der Erde, eben so gut als es die Wurzel ist, warum zeigt dieser im Gegentheil die große Neigung mit der Wurzel in entgegengesetzter Richtung zu wachsen? Oder wenn es die Centrifugalkraft allein ist, welche den Stamm in die Höhe zieht, warum zieht diese nicht den nach oben gerichteten Wurzelkeim in die Höhe, da wir doch finden, daß dieser sich unter allen Umständen zurückbiegt und niederwächst, während das Stämmchen sich in die Höhe richtet? Ueberhaupt müßten die Knightschen Versuche gerade den umgekehrten Erfolg gehabt haben, wenn aus ihnen gefolgert werden sollte, daß die Centripetenz die Wurzel nieder ziehe. Nämlich die Wurzeln neigten sich ja nicht gegen das Centrum des Rades, sondern im Gegentheil gingen sie strahlenförmig gegen die Peripherie auseinander. Dagegen wachsen auf der Erde die Wurzeln gegen das Centrum, und die oberirdischen Theile, wenn man sich so ausdrücken will, gegen die Peripherie. Dasselbe hätte an dem bewegten Rade geschehen müssen, so daß die Wurzeln im Centrum zusammengekommen wären, und das Kraut sich gegen die Peripherie des Rades ausgedehnt hätte, wenn man einen Vergleich zwischen der Centripetalkraft der Erde und des Wasserrades hätte anstellen wollen, der die Wirkung der Schwere auf die Bewegung der Wurzel nach unten erläutern könnte.

Also so interessant auch diese Versuche des Engländers sind, so beweisen sie durchaus nicht was sie beweisen sollen, und Smith und Treviranus bemerken sehr richtig, daß durch sie keinesweges die Wirkung der Schwere, als einzige Ursache des Wachsthums der Wurzel nach unten, dargethan werde.

§. 33.

Blicken wir nun auf alles das, über die Richtung der Wurzel nach unten Gesagte, wieder zurück, so finden wir daß der zureichende Grund dieser Erscheinung durchaus nicht außer der Pflanze zu suchen sei, sondern daß diese Bewegung der Wurzel, eben so wie alle anderen an den Pflanzen wahrnehmbaren Erscheinungen und Veränderungen: die Bewegung der Blumen und Blätter gegen das Licht, das Zusammenfalten der Blätter, und die übrigen Bewegungen an der Pflanze, in ihr selbst den zureichenden Grund habe, und daß daher die zuerst von Theophrast ausgesprochene Meinung über diesen Punkt gewiß die wahre sei. In wiefern nun durch die inneren Bestimmungen des Pflanzenlebens diese Erscheinung erregt wird, davon kann erst später die Rede sein. Es frägt sich jetzt nun, wenn sich die Pflanze selbst zu dem entgegengesetzten Wachsthum nach unten und nach oben bestimmt, sind denn diese inneren Bestimmungen nicht so wesentlich, daß durch sie eine allgemeine, durchgreifende Differenz der Wurzel von den übrigen Pflanzentheilen bedingt ist?

§. 34.

Es ist gewiß, daß die Wurzel aus eigenem Triebe nach unten wächst, und daß sie durch äußere Hindernisse davon weder abgehalten, noch dazu erregt werden kann, und wenn es nicht andere Theile der Pflanze giebt, die ebenfalls nach unten wachsen, oder wenn es nicht auch Wurzeln giebt, die nach unten und oben zugleich wachsen, so wird die angegebene Bestimmung die Wurzel charakteristisch von allen übrigen Pflanzentheilen unterscheiden, und ihre wesentliche Differenz eben so rechtfertigen, als im entgegengesetzten Fall verneinen.

Betrachten wir in dieser Rücksicht die Wurzeln der Gräser, so zeigt sich zu Gunsten einer wesentlichen Differenz der Wurzeln hier wenig; im Gegentheil wird sie widerlegt. Anstatt daß nämlich bei den meisten andern der höhern Pflanzen, der niedersteigende Theil sich verzweigt, so daß er als eine Vereinigung aller oder doch mehrerer Wurzelzweige angesehen werden kann, so entspringen die Wurzelfasern bei den meisten Gräsern aus den Knoten einer Fortsetzung des Stammes in die Erde, so daß jede Wurzelfaser einzeln in ein Gefäßbündel des unterirdischen Stengels übergeht. Die Wurzelfasern haben hier ein sehr begränztes Wachsthum, und in demselben Maaße, als der Stengel über der Erde wächst, verlängert sich auch von Knoten zu Knoten, der unterirdische Stengel, nur mit dem Unterschiede, daß über der Erde aus den Knoten Blätter, unter der Erde aber Wurzelfasern entspringen. Bei vielen Gräsern ist dies unterirdische Wachsthum zwar ein mehr horizontales als perpendikulair niedergehendes, indessen verbreitet sich besonders in den Rohrarten, doch der Stengel nach unten ziemlich tief, und steht in dieser Rücksicht vielen anderen Wurzeln gar nicht nach, welche ebenfalls sich nicht wagerecht niedersenken.

§. 35.

Diejenigen Grasarten, deren Stengel sich nicht unter die Erde verlängert, treiben aus dem untersten Stengelknoten im ganzen Umkreise Wurzelfasern, welche aber wie überall, einzeln in die Gefäßbündel des Stengels übergehen, während die Hölung des Stengels nach unten durch ein dichtes Zellgewebe, welches nichts als eine Scheidewand ist, wie sie alle Knoten haben, verschlossen wird. Nicht selten findet man aber schon an diesen Pflanzen, wie man an der Hirse (Panicum miliaceum) deutlich sehen kann, eine Andeutung zu einer Verlängerung des Stengels nach unten, indem sich unter dem Knoten, aus dem die Wurzelfasern entspringen, ein zweiter Kreis von Wurzelfasern bildet, und sich mehr oder weniger deutlich, durch Abweichung nach unten absondert, während sich zwischen den beiden Knoten, aus denen die Wurzelfasern entspringen, eben so wie zwischen allen übrigen, die gewöhnliche Stengelhöle bildet.

§. 36.

Deutlicher aber erkennt man dies Wachsthum des Stengels nach unten bei den Carex-Arten, Triticum repens, Poa aquatica. Von der letztgenannten Pflanze habe ich einen nach unten gewachsenen Stengel mit den aus seinen Knoten entspringenden Wurzelfasern, auf der ersten Tafel Fig. 1 abgebildet. Bei den meisten dieser Pflanzen ist das Wachsthum des unterirdischen Stengels so bedeutend, daß dadurch ein gewaltiges Wuchern entsteht, z. E. an Triticum repens, dem Rohr (Arundo Epigejos und Phragmites) Elymus arenarius u. s. w. Soviel ich beobachtet habe, geschieht dies Wachsthum des Stengels unter der Erde auf zweierlei Art. Einmal indem eine Blätterknospe an der Spitze des Stengels sitzt, und von einem Knoten zum andern fortwächst, aber keine wirklichen Blätter, sondern nur eine blattartige Scheide an dem Knoten entwickelt, aus welchem nun außerdem ringsherum Wurzelfasern entspringen (Carex arenaria). Zweitens indem an der Spitze des Stengels gar keine Knospe sitzt, sondern sich ein neuer Kreis von Wurzelfasern bildet, der sich immer mehr und mehr nach unten durch Wachsthum des Internodiums absondert, bis er dem oberen an Größe gleich ist, z. B. Arundo Epigejos. Doch finden sich an diesen Pflanzen meist auch Verlängerungen der Stengel durch Knospen.

§. 37.

Bei den Pflanzenfamilien, welche den Gräsern verwandt sind, findet sich ebenfalls nicht selten ein Niederwachsen des Stengels. Bekannt ist das Beispiel an Allium descendens. Doch habe ich dasselbe auch schon einigemal an den bei uns wildwachsenden Laucharten gesehen, und es ist wahrscheinlich, daß es bei vielen anderen verwandten Arten und Gattungen ebenfalls vorkomme. Merkwürdig in dieser Rücksicht ist Valeriana officinalis. Zufällig hatte ich an den getrockneten Wurzeln dieser Pflanze bemerkt, daß sich bei einigen der Stengel mitten durch die Büschelwurzel nach unten fortsetze, und ein zweites Bündel von Wurzeln sich am untern Ende des Stengels befinde. Ich sah darauf frisch ausgegrabene Wurzeln nach, und fand an sehr vielen dieselbe Bildung. Bei einigen waren die unteren Wurzeln mehr, bei andern weniger ausgebildet, im Ganzen traf ich aber die Erscheinung zwar immer nur bei wenigen Wurzeln, doch gar nicht selten. Ich möchte dieß eine durchwachsene Wurzel nennen, weil sie eben so durch Verlängerung des Stengels durch die Wurzel nach unten, wie die durchwachsenen Blumen und Früchte, durch Verlängerung desselben nach oben gebildet sind. Ob dieser Fall schon vor mir beobachtet worden ist, weiß ich nicht.

§. 38.

Die Theile, welche man an Scabiosa succisa, Polygonum bistorta, Plantago major, Cyclamen europaeum, Gratiola officinalis, Lathraea squamaria und vielen anderen Pflanzen, den mittleren Stock oder den Wurzelstock nennt, das ist weiter nichts, als offenbar seiner ganzen Bildung nach, ein nach unten wachsender Stamm, und ein Beweis mehr, daß der Stengel unter Umständen eben so gut nach unten wachsen kann, als die Wurzel. Umgekehrt, sagt schon Grew: Nonnullae (radices) quoque nonnunquam ascendunt et in quodam parte apparenter supra solum, ut rapae [69]).

Bedenken wir nun weiter, daß das Schnäbelchen vieler Saamen beim Keimen in die Erde steigt, ohne eigentlich Wurzel zu sein, indem aus der untern Extremität desselben erst die eigentlichen Wurzeln entspringen, so werden wir immer mehr und mehr den Gedanken fahren lassen, daß sich die Wurzel von den übrigen Pflanzentheilen durch ihre absteigende Richtung charakteristisch unterscheiden lasse, und die Ueberzeugung gewinnen, daß daher die Definitionen der Wurzel der meisten Botaniker, welche sich auf diese Eigenschaft der Wurzel gründen, nichts weniger als allgemein und ausschließend sein können.

§. 39.

Sympathie der Wurzel und des Stammes.

Dies entgegengesetzte Wachsthum der Pflanze ist ein gleichzeitiges, so daß mit der Entwickelung des oberen Theils auch der untere sich entfaltet und umgekehrt. Zwar scheint beim Keimen vieler Saamen das Schnäbelchen, welches den nach unten wachsenden Theil bildet, vor der Entwickelung des Blattfederchens, welches nach oben strebt, hervorzukommen, und man hat sich bemüht hiervon den teleologischen Grund anzugeben, daß die Wurzel deshalb zuerst wachsen müsse, um der nach oben strebenden Pflanze Nahrung zuzuführen. Allein wenn

69) Grew Anatomia comparata radicum. In Ephem. nat. cur. an. 9 et 10. Appendix. p. 144.

beim Keimen gleich das Würzelchen zuerst zum Vorschein kommt, so ist dessenungeachtet das Blattfederchen nicht mehr unentwickelt und schlummernd, sondern wie schon Malpighi beobachtete, gleichzeitig entwickelt, wenn gleich in der ersten Periode das Wachsthum des Schnäbelchens dem des obern Theils zuvoreilt.

§. 40.

Nachdem der keimfähige Saame, z. E. einer Bohne, zur gehörigen Jahreszeit einen Tag in der Erde gelegen hat, schwillt er auf, und am zweiten Tage sieht man nach Entfernung der Saamenhaut und Saamenlappen, daß die Entwickelung einer von zwei Blättern umhüllten Knospe nach oben, zugleich mit dem anfangenden Wachsthum des Schnäbelchens nach unten beginnt. Nach drei Tagen durchbricht nun zwar das Schnäbelchen die Saamenhüllen zuerst, um sich in die Erde zu senken, während die Knospe noch zwischen den Saamenlappen eingeschlossen ist. Indessen ist letztere nichts destoweniger in ihrer Entwickelung zurückgeblieben, sondern hat sich mit der nach oben gehenden Verlängerung des Stammes etwas aufwärts gebogen, obgleich sie noch von den Saamenlappen, nnd diese von den Saamenhüllen umschlossen werden. Erst am vierten Tage öffnen sich die Saamenlappen, und die Knospe kömmt zum Vorschein, aber immer noch von ihrer Umgebung beschützt, bis sie gegen den siebenten bis neunten Tag endlich frei heraustritt, um das Licht zu genießen, und sich völlig gegen dasselbe in die Höhe zu richten. Unterdessen ist das Schnäbelchen bedeutend nach unten verlängert, und zeigt an seiner Extremität den Ursprung der eigentlichen Wurzeln, deren Entwickelung nun bis zum zwanzigsten Tage, wo die Pflanze völlig ausgebildete grüne Blätter hat, gleichmäßig von Statten geht.

§. 41.

Malpighi [70]) hat von diesen Vorgängen beim Keimen zwar rohe aber doch getreue Abbildungen geliefert, und man kann an ihnen, wie in der Natur deutlich sehen, was auch Link [71]) sehr richtig bemerkt hat, daß das Schnäbelchen und die Würzelchen nicht selbst die künftige Wurzel sei, sondern an seiner Extremität die eigentlichen Wurzeln erst aus sich entwickele. Diese Entwickelung der wirklichen Wurzeln aber geht mit der deutlichen Entfaltung der Blätter offenbar gleichzeitig von Statten: denn an demselben Tage wo die eigentlichen Blätter der Pflanze zwischen den Saamenlappen zum Vorscheln kommen, zeigt sich auch erst die Entstehung der eigentlichen Wurzeln an der untern Extremität des sogenannten Würzelchens, und von dieser Zeit an entspricht das Wachsthum des oberen Theils der Pflanze dem Wachsthum der Wurzeln ganz und gar.

§. 42.

Noch deutlicher aber sieht man die gleichzeitige Entwickelung des nach unten und nach oben wachsenden Theils der keimenden Pflanze bei den Gräsern. Hier

---

70) Malpighi anatome plantarum p. II. de seminum vegetatione p. 97. Tab. u. Fig. 1—6.

71) Link Grundlehren der Anatomie und Physiologie der Pflanzen. Göttingen 1807. p. 236.

bricht (z. B. beim Waizenkorn, wovon Malpighi, de seminum vegetatione p. 5. p. 103. mehrere stufenweise, Sprengel vom Bau und der Natur der Gewächse, T. X. f. 52., eine höchst getreue Abbildung gegeben haben), aus dem Grunde des Saamens, aus einem eigenen Körper, den Malpighi die placentula des Saamens, Gärtner den Dotter, Richard Hypoblastus, Mirbel Cotyledon, und Sprengel schildförmiges Organ nennen, Wurzel und Stengelende der Pflanze zugleich hervor. Nachdem der Saame einen Tag gelegen hat, schwillt dieser Körper, wie der ganze Saame auf, und bis zum dritten Tage zeigen sich nach unten die künftigen Wurzeln, nach oben die Blätterknospe deutlich, von eigenen Scheiden umschlossen, hervorragend. Beide entwickeln und vergrößern sich gleichzeitig, nur brechen die Wurzeln aus ihren Scheiden etwas früher hervor, als die Knospe, indem die Knospenscheide sich zugleich mit der Knospe vergrößert und fortwächst, wogegen die Wurzelscheiden nicht mit wachsen, und also von den sich vergrößernden Wurzeln übertroffen werden. Doch sind am vierten Tage die Knospen dieser Saamen wie die Wurzeln derselben frei, und setzen ihr Wachsthum völlig entsprechend weiter fort.

§. 43.

Bei dieser gleichzeitigen Entwickelung des nach unten und nach oben wachsenden Theiles der Pflanze ist es nun wohl nicht möglich, daß die Wurzel erst zur Ernährung und Fortbildung des oberirdischen Theils Nahrung aus dem Boden einsaugen könne, indem sie gewiß bei ihrem beschleunigten Wachsthum nöthig hätte, für sich selbst Nahrungsstoff zu besorgen. Ueberdem ist ja auch bei den Saamen mit zwei Saamenlappeu, der zuerst nach unten wachsende Theil, das Schnäbelchen, nicht die wahre Wurzel, sondern aus der Extremität des Schnäbelchens entwickeln sich die Wurzeln erst, gleichzeitig mit der deutlichen Entfaltung der wirklichen Blätter. Also kann durch das Schnäbelchen auch nicht eher Nahrung eingesogen werden, als aus ihm die Wurzeln sich entwickelt haben. Gewiß wird also in der ersten Periode des Wachsthums, sowohl das Blattfederchen als das Schnäbelchen vom Saamen aus ernährt, der beide aus sich entwickelte. Die Erde, welcher der Saame anvertraut ist, hat an dieser Entwickelung keinen anderen Antheil, als die Wärme beim Ausbrüten thierischer Eier, und Malpighi vergleicht den keimenden Saamen, gar nicht unrecht, mit dem bebrüteten Ei. Diese Periode dauert so lange, bis nach unten die erste wirklich ausgebildete Wurzel, nach oben das erste wirkliche Blatt vollendet ist, und nun fängt zugleich eine Spannung und Wechselwirkung des Blattes mit Luft und Licht, und eine Wechselwirkung der Wurzel mit Wasser und Erde an, wodurch in demselben Maaße als die Wurzel Nahrung einsaugt, das Blatt seinen Proceß mit der Luft beginnt, und das Ganze sich selbstständig erhalten kann.

§. 44.

Uber diese gleichzeitige Entwickelung des nach oben und nach unten wachsenden Pflanzentheiles, hat schon Theophrast [72]) ein eigenes Kapitel geschrieben. Er sagt,

72) Theophrasti Eresii opera omnia. De causis plantarum Lib. I. c. XIII.

es sei die Meinung, daß die Wurzel deshalb früher da sein müsse, weil sie Nahrung dem wachsenden Theile zuzuführen habe. Sobald also die Saamen im Herbst ausgestreuet seien, faßten sie völlig Wurzeln, und keimten nur wenig, weil sie ohne Wurzeln den Winter über verfaulen würden. Dagegen befestige die zuvor auswachsende Wurzel die erste Bildung (ἀρχάς) der Pflanze, und diejenigen Pflanzen, welche sogleich nach dem Keimen völlig auswüchsen, blieben schwach und unfruchtbar. Die warme Erde befördere im Winter das Wachsthum aller Wurzeln, während die oberen, der Kälte ausgesetzten Theile zu wachsen verhindert würden. Denen, die dies sagen, muß ich aber widerstreiten, fährt er fort, denn die Natur macht es nicht wie die Kunst, daß sie einen Theil nach dem andern erschafft, sondern alle Theile eines Ganzen zeugt sie zugleich, obgleich sie einen Theil vor den andern vollendet. Wenn also gleich die Wurzel vor der Knospe aus dem keimenden Saamen hervorzukommen scheint, so kann zwischen der Erzeugung beider eben so wenig eine Zeit verstreichen, als es zwischen der Bildung des Herzens und der Theile, welche dazu gehören, bei den Thieren der Fall sein kann. Man muß glauben, daß in der Pflanze wie im Thier, nicht ein Theil nach dem andern, sondern alle zugleich ernährt werden und wachsen müssen, aus dem Grunde, weil nur durch den Zusammenhang des Ganzen die Ernährung möglich ist, wie man dieß beim Wachsthum sehen kann. Es ist vollkommen widersinnig, anzunehmen, daß die ernährende Kraft, welche sich über so viele Theile erstreckt, ihre Wirkung theilweise äußern sollte, wenn sie die Nahrung bildet und verbreitet. Im Gegentheil muß man annehmen, daß eben so wie alle Theile zugleich geschaffen sind, diese auch durch die ganze Pflanze sich durchdringen. Denn was zeugt, das ist Eins, und es gehört nicht, wie Empedokles will, die Wurzel der Erde, und die Knospe dem Aether an, als ob beide von einander geschieden wären, weil in diesem Fall das Erzeugte weder aus einer Materie, noch aus einer Ursache entstehen kann u. s. w. Theophrast erläutert an eben der Stelle noch mehrere Erscheinungen, welche mit dem gleichzeitigen Wachsen und periodischen Stillstehen des obern und untern Pflanzentheiles zusammenhängen, und man freut sich, von ihm aus der dunkelen Vorzeit so helle und lichtvolle Ansichten zu lesen. Zwar knüpft er seine Gedanken mehr an die Thatsachen, welche aus den thierischen Lebenserscheinungen auf die Pflanzen von ihm übertragen sind, und man kann ihm geradezu heut zu Tage den Glauben nicht mehr beimessen, daß sich zwischen Wurzel und Kraut ein so nothwendiger innerer Zusammenhang finde, wie zwischen Herz und Gehirn im Thier; allein dessenungeachtet hat er Recht, die Pflanze als ein Ganzes zu betrachten, wenn er freilich die Theile, welche nothwendig dazu gehören, nicht richtig erkannt hat. Aber im keimenden Saamen, wo die Totalität noch so wenig befestigt ist, muß man ihm heute noch zugeben, daß Wurzel und Blatt sich ergänzen, und daß beide sich durchaus zugleich aus einer Einheit entwickeln.

§. 45.

Lenken wir von der Betrachtung der Entstehung der Wurzel der Pflanze aus dem Saamen, unsere Aufmerksamkeit auf ihre Erzeugung von abgeschnittenen Pflanzentheilen, welche unter günstigen Außenverhältnissen, sich wiederum zu größeren Pflanzen ausbilden, so gelangen wir im Allgemeinen zu denselben Resultaten. Die Knospe treibt nicht eher Blätter, als bis der in der Erde befindliche Theil Wurzeln treibt, und umgekehrt, wogegen zu derselben Zeit als der Steckling eingewurzelt ist, das Austreiben der Blätter zusehens vor sich geht.

Dasselbe Verhältniß zeigt sich an verpflanzten Bäumen, denen die Wurzeln beschnitten sind: sie treiben keine Blätter, bevor sich nicht neue Wurzeln erzeugen, und man kann aus dem Zustande des oberirdischen Theils bestimmt voraussagen, ob die Wurzel wachse oder nicht. Dieses bestimmte Verhältniß in der gleichzeitigrn Entwickelung der Wurzel und Krone, bestätigt sich noch in folgenden Erfahrungen. Duhamel [73]) riß mehrere junge Bäume aus der Erde, welche nur wenig Zweige getrieben hatten, und fand, daß ihre Wurzeln beinahe noch in demselben Zustande waren, als zu der Zeit, in welcher man sie eingepflanzt hatte. Die Sträucher haben nie so lange und große Wurzeln als die größeren Bäume. Diejenigen Bäume, welche man, um sie an einer Laube oder am Spalier zu ziehen, beschneidet, haben nie so große Wurzeln als die, welche im Freien ungehindert fortwachsen. Die Buche streckt im freien Zustande ihre Wurzeln weit aus, wogegen sie wenig oder gar keine Wurzeln macht, wenn man ihre Krone rund herum beschneidet.

Ich kenne einen Garten, in welchem alle Obstbäume ihre Kronen fast horizontal nach allen Seiten ausbrei-

73) Duhamel physique des arbres II. p. 101.

ten, ohne im Mindesten zu einem Wachsthum in die Höhe Anstalt zu machen. Ich wurde von dem Besitzer desselben nach der wahrscheinlichen Ursache dieses Wachsthums gefragt, ohne darauf antworten zu können. Wir ließen einige von den jüngern dieser Bäume, um sie an der Wurzel zu untersuchen, ausgraben, und ich machte daran die Bemerkung, daß die Wurzeln fast eben so wagerecht unten, als die Kronen über der Erde ausgebreitet waren. Ich war nun sehr neugierig zu wissen, ob diese Art des correspondirenden Wachsthums der Wurzel und des Stammes ihren Grund in den ober- oder unterirdischen Theilen habe, und ließ deshalb an verschiedenen Stellen des Gartens Löcher graben, um die Erdschichten kennen zu lernen. Dabei fand sich daß überall im Garten nur eine ohngefähr zwei Fuß dicke Schicht von fruchtbarer Dammerde befindlich war, und daß auf diese, so weit wir graben konnten, eine unerreichbar dicke Lage von dem reinsten unfruchtbarsten Kiessand folgte. Jetzt fanden wir nun, daß kein Baum seine Wurzeln tiefer, als die Dammerde lag, eingesenkt hatte, und daß die Wurzeln daher anstatt in die Tiefe, sich nach allen Seiten fast horizontal ausgebreitet hatten. Nun wurde mir klar, daß die Krone des Baumes sich, dem Wachsthum der Wurzel correspondirend ausgebreitet hatte, und ich that den Vorschlag, tiefere Gruben zu machen, diese vier bis sechs Fuß unter der Dammerde mit Lehm anzufüllen, und darauf dann die jüngern Obstbäume zu verpflanzen. Dies geschah, und schon im vorigen Sommer, als dem zweiten Jahre nach der Verpflanzung, bemerkten wir eine auffallende Veränderung in der Richtung des Wachsthums der verpflanzten Bäume, welche weniger sich nach den Seiten auszudehnen, als in die Höhe zu wachsen geneigt sind.

§. 46.

Aus diesen Thatsachen folgt also offenbar, daß sich das Wachsthum der Wurzel und der Krone der Pflanzen gegenseitig bedingen und daß ein innerer Zusammenhang zwischen beiden Statt finden müsse. Dessen ungeachtet aber giebt es Erscheinungen in dem Pflanzenleben, welche eben so unumstößlich beweisen, daß zur Totalität des Pflanzenlebens keinesweges nothwendig Wurzel und Knospe gehören, sondern daß in jedem dieser Theile ursprünglich die Differenzen liegen müssen, welche nothwendige Bedingungen der Vegetation sind.

§. 47.

Zuförderst giebt es Zustände, in denen die Wurzel durchaus unabhängig von oberirdischen Theilen ihr eignes Leben fortsetzt. Dies ist den Winter hindurch bei allen ausdauernden Pflanzen der Fall, welche im Herbst von selbst alle nach oben gewachsenen Theile abwerfen, so daß das ganze Pflanzenleben sich in die Wurzel zurückzieht, um eine Zeitlang ohne alle oberirdischen Theile zu leben. Daß dies Leben wirklich in den krautlosen Wurzeln Statt findet, läßt sich schon daraus entnehmen, daß im Frühling aus ihnen wieder die ganze oberirdische Pflanze hervorwächst. Allein unabhängig von dieser Erfahrung sehe ich mitten im Winter, vom December ab bis zum Februar, z. B. in der Wurzel des Schellkrauts, der Angelica-Arten, der Sanguinaria canadensis, den Lebenssaft eben so in thätiger Bewegung, wie in in den oberirdischen Theilen im Sommer, nur mit dem Unterschiede, daß sie langsamer sind. Dies könnte nicht der Fall sein, wenn das Leben der Wurzel völlig unterdrückt wäre, und das Vorhandensein des nach oben wachsenden Theils der Pflanze eine nothwendige Bedingung des Pflanzenlebens wäre. Im Gegentheil sind allein in der Wurzel durchaus alle Bestimmungen des ganzen Pflanzenlebens enthalten, und ich möchte ihr Winterleben mit dem Winterschlafe der Thiere vergleichen, in dem ebenfalls das Leben bloß periodisch zu geringerer Thätigkeit herabgestimmt ist.

Das periodische Absterben des nach oben wachsenden Theils vergleicht schon Theophrast mit dem Abfallen der Haare und Hörner bei den Thieren, und er macht gleich im voraus, im ersten Kapitel des ersten Buchs seiner Pflanzengeschichte darauf aufmerksam, daß man sich gar sehr hüten müsse diese Pflanzentheile nach Analogie der thierischen Glieder für Theile (worunter er wesentliche Theile eines Ganzen versteht) der Pflanze anzusehen: denn was jährlich an der Pflanze entstehe, könne man doch eben so wenig als einen Theil (wesentlichen Theil) der ganzen Pflanze ansehen, als der jährlich entstehende Fötus ein Theil des Thiers sei. Und darin hat Theophrast vollkommen recht; nur wußte er sich in diesen Widersprüchen nicht zu finden, und ließ sich später dessenungeachtet verleiten, die äußern Pflanzentheile als wirkliche (wesentliche) Theile einer Totalität anzusehen, wie man dies auch nach ihm durch alle Zeitalter gethan hat.

§. 48.

So wie nun auf der einen Seite die Wurzel im

Stande ist durchaus ein selbstständiges Leben zu führen, so finden wir auf der andern Seite daß sie ganz und gar fehlen kann, und von einem andern Pflanzentheil eben so erzeugt wird, wie sie selbst im Stande ist, neue Bildungen über sich hinaus zu erschaffen. Dies sehen wir alle Tage an den Stecklingen, welche ohne Wurzel zu sein und Wurzeln zu haben, dennoch Wurzeln erzeugen, um im Fortgange ihres Lebens sich durch sie zu erhalten. Dies würde unmöglich geschehen können, wenn die Wurzel nothwendig zum Ganzen gehörte, wie z. B. Bauch und Herz zum Thier: denn unter diesen Umständen würde die Pflanze ohne Wurzel sterben, wie das Thier ohne Herz, weil eben so wenig sich an einem Pflanzentheil in diesem Falle eine Wurzel erzeugen könnte, als sich an einem isolirten Herzen ein Magen wiedererzeugt.

§. 49.

Werfen wir also einen Blick auf das Ganze dieser widersprechenden Erscheinungen, so folgt daraus unläugbar, daß einerseits zwischen dem nach unten und nach oben wachsenden Pflanzentheile, eine innere Gemeinschaft herrscht, welche ich S y m p a t h i e d e r P f l a n z e nennen möchte, weil die Veränderung des einen eine Veränderung des andern Theils bedingt, wie im thierischen Organismus die verschiedenen Theile durch sympathetischen Zusammenhang zugleich verändert werden. Die Pflanze wächst zugleich nach unten und nach oben, wie mit der Conception des Thiers die Thätigkeit des Uterus und der Brüste zugleich in Erregung gesetzt wird.

Andererseits aber zeigt sich, daß sich die Existenz des nach unten und nach oben wachsenden Pflanzentheils keineswegs bedingt, so daß der eine ohne den andern nicht vorhanden sein kann, sondern man sieht im Gegentheil, daß unabhängig von allen andern Theilen die Wurzel die Totalität des Pflanzenlebens in sich vereint und hinwiederum, daß sie ganz und gar fehlen kann, und nichts desto weniger an den innern Bedingungen der Totalität des Pflanzenlebens etwas mangelt. Also führt diese Betrachtung zu dem Schluß, daß die Wurzel durchaus kein wesentlicher Unterschied an der Pflanze sei und daß also, wenigstens in der eben genommenen Rücksicht, keine feste Bestimmung derselben gegeben werden könne.

Verrichtungen der Wurzel.

§. 50.

a) Einsaugung.

Theophrast sagt, die Wurzel der Pflanze saugt Nahrung ein, und daran zweifelt bis auf den heutigen Tag kein Mensch. Malpighi sagt: Arborum herbarumque genus, cum debitam partium auctionem, et nutritionem exigat, cumque loco moveri nequeat, non exiguam sui partem in alimenti capturam, quasi tot manus emittit, quae per subjectum solum alimoniam quaeritant et immobilitatem plantae stabiliunt; haecque radices appellantur [74]). Grew drückt die Sache gleich spekulativer aus: „Radix stans in solo ita (per pluviam) praeparato, ubique circumdata libro, qui praecipue consistit ex parenchymatico et spongioso corpore, per hunc ut spongiae

74) Malpighi opera. Lugd. Bat. 1687. de radicibus plantarum p. 144.

solent naturaliter imbibit partes aqueas soli impraegnatas etc." [75])

Hales hat über die Kraft, mit welcher die Wurzeln die Feuchtigkeiten einsaugen, Versuche angestellt, indem er die Wurzel eines Birnbaums entblößte und in einen mit Wasser gefüllten, von allen Seiten verschlossenen Behälter brachte, von welchem aus nach unten eine offene Röhre ging, welche sich in ein Gefäß mit Quecksilber öffnete. In demselben Maaße als die Wurzel das Wasser einsog, stieg das Quecksilber aus dem untern Gefäße durch die Röhre nach physikalischen Gesetzen in die Höhe, so daß es in 6 Minuten an 8 Zoll gestiegen war. De la Baisse hat vor Hales ebenfalls über das Einsaugungsvermögen der Wurzeln Versuche gemacht, welche zeigen, daß besonders die feinsten Enden der Wurzeln den Akt des Einsaugens bewirken. Er verschloß Pflanzen mit ihren Wurzeln in mit Wasser gefüllte Behälter, so daß die Wurzelfasern nicht im Wasser standen. Diese erhielten sich zwar länger grün, als diejenigen welche er darneben mit entblößten Wurzeln hingelegt hatte, aber andere welche mit allen Theilen der Wurzel im Wasser standen, erhielten sich doch am längsten.

Es wird überhaupt wohl niemand einfallen den Wurzeln das Geschäft des Einsaugens abstreiten zu wollen, indem man alle Tage sehen kann, daß aus der Erde gerissene Pflanzen, über kurz oder lang, nach Verschiedenheit der Umstände vertrocknen; jedoch muß man sich,

---

75) Theoria vegetationis radicum in Grew's Anatomia plantarum übersetzt in Ephemerid. nat. cur. a. 9. 10. Appendix p. 176.

was die Gewalt dieses Einsaugungsvermögens anbelangt, zu glauben hüten, daß die Kraft mit welcher die Wurzeln verschiedener Pflanzen, die Kasten und Töpfe, in denen sie in Treibhäusern aufbewahrt werden, so wie selbst den Zusammenhang anderer fester Körper, in deren Zwischenräumen sie sich eingesenkt haben, zersprengen, allein von dem Eindringen der eingesogenen Feuchtigkeiten herrühre. Diese Ausdehnung der Wurzeln kommt, wie das Wachsthum der Pflanze überhaupt, auf eine sehr vermittelte Weise zu Stande, von welcher später erst die Rede sein kann.

§. 51.

Ob aber das Geschäft des Einsaugens der Nahrung den Wurzeln ausschließlich zukomme, das ist eine andere Frage, die wir verneinend beantworten müssen, so, daß also auch durch diese Verrichtung die Wurzel sich gar nicht wesentlich von den übrigen Pflanzentheilen unterscheidet. Zunächst ist es eine alltägliche Sache, daß man abgeschnittene Pflanzenzweige, wenn gleich nicht von allen Pflanzen gleich gut, ohne Wurzel in frisches Wasser gesetzt, längere Zeit hindurch erhalten, sogar welke wieder erfrischen kann, während diejenigen welche in der freien Luft liegen, aus Mangel an Nahrung vertrocknen.

Es ist bekannt daß eine feuchte Luft, Nebel und Thau, für die Pflanzen sehr erquickend wirken, ohne daß diese Feuchtigkeiten die Wurzel derselben berühren. Es reicht hin, daß die Blätter von ihnen benetzt werden, und man hat schon hieran einen hinreichenden Grund zu glauben, daß auch die Blätter, eben so gut als die Wurzel einsaugen. Bonnet[76]), Duhamel[77]) und Mariotte[78]) haben aber durch direkte Versuche dargethan, daß die Blätter Feuchtigkeiten einsaugen. Duhamel schnitt von verschiedenen Pflanzen Zweige ab, und nachdem er die Schnittflächen mit Mastix beklebt hatte, legte er einige an der Luft, und diese vertrockneten aus Mangel an Nahrung. Andere legte er in feuchte Keller, oder umgab sie mit einer feuchten Atmosphäre, indem er sie in der Ferne mit nassen Lappen umhing. Diese Zweige waren welk, sie richteten sich aber wieder auf, und nahmen bald ihre vorige Steifheit wieder an. Den Erfolg dieser und ähnlicher Versuche kennt jedermann aus Erfahrung, und darum wird niemand einen von grünem Laube und frischen Blumen gewickelten Kranz an die trockne Luft bis zum folgenden Tag hinlegen, sondern ihn in den Keller oder sonst an einen feuchten Ort bringen, wenn er ihn nicht verwelken lassen will.

Mariotte nahm Zweige von Körbel und Petersilie, die er mit einigen Blättern in Wasser tauchte, während die übrigen sich an der Luft befanden. Daneben legte er andere Zweige hin, die sich ganz im Trockenen befanden. Letztere vertrockneten sehr bald; die ersteren blieben über 4 Tage mit allen ihren Blättern, sowohl in als außer dem Wasser, grün.

Bonnet zeigte durch Versuche, daß ein in Wasser getauchtes Aprikosenblatt zwei andere, die damit zusammenhingen, an 19 Tage ernährte; daß zwei Blättchen der Artischocke, die sich im Wasser befanden, ein drittes

76) Bonnet Recherches sur l'usage des feuilles.

77) Duhamel Physique des arbres.

78) Journal de Physique 1707.

damit zusammenhängendes 6 Wochen ernährte, und daß die im Wasser stehenden drei Wochen früher gelb wurden, als die welche durch sie ernährt wurden. Aehnliche Versuche hat Bonnet in Menge angestellt und ich könnte viele andere hinzufügen, wenn daran noch gelegen wäre.

§. 52.

Malpighi schreibt an irgend einer Stelle seiner Pflanzenanatomie, den Wurzeln nicht allein die Verrichtung des Einsaugens, sondern auch der Aufbewahrung der Nahrungsstoffe zu. Wenn ich nicht irre, so sind dieß seine eigenen Worte: „radices plantis non solum datas esse, ut ipsarum praecipua portio, sub terra condita, alimentum sibi adsciscat, sed etiam in aliquibus conservet pro germinatione.“ Gesetzt auch, man wollte dies bei den Zwiebelgewächsen, auf welche es Malpighi vorzugsweise anwendet, zugeben; so ist hier der Theil, welcher die Nahrung aufbewahren soll, gar nicht die Wurzel: nämlich die Zwiebelschuppen, sondern diese gehören zur Knospe selbst. Fände aber bei den übrigen Wurzeln eine solche Aufbewahrung der Nahrungsstoffe statt, so müßten diese Wurzeln, sobald der Keim hervorbricht, schwinden, und sich in demselben Maaße verkleinern, als der nach oben wachsende Theil sich vergrößert. Wir sehen aber gerade das Gegentheil: nämlich daß die Wurzel und der Stamm überall zugleich sich vergrößern. Bei allen Sommergewächsen fällt auch ein solches Aufbewahren der Nahrungsstoffe von selbst weg. Wenn also diese Verrichtung der Wurzeln auch wirklich an einigen Pflanzen wahr wäre, so könnte sie doch nichts weniger als allgemein sein.

§. 53.

b) Aussonderung.

Durch das Geschäft der Aussonderung hat nun zwar niemand die Wurzel charakteristisch von den übrigen Pflanzentheilen unterscheiden wollen, im Gegentheil ist wohl behauptet worden, daß dieß Geschäft ausschließlich dem nach oben wachsenden Theil zukomme. Ueber die Beobachtung, daß die Wurzeln wirklich Stoffe aussondern, hat uns Brugmanns[79]) wieder auf die Spur geholfen. Diese Aussonderung wurde nun zwar fälschlich mit den Excrementen der Thiere verglichen, so daß sich besonders Hedwig[80]) gegen die Wahrheit der Thatsache auflehnte.

Allein schon Duhamel und Bonnet machten die Erfahrung, daß sich um die im reinen Wasser befindlichen Wurzeln eine gallertartige Masse bildete, die nicht von außen gekommen war. Duhamel[81]) wagt es aber nicht zu entscheiden, ob dieß eine wirkliche Sekretion durch den Pflanzensaft, oder sonst ein Ansatz durch fadenartige Theile sei, die sich durch die Wurzel im Wasser erzeugen. Sennebier stellte über die Sache absichtlich Versuche an. Er verschloß Wurzeln von Bäumen und Sträuchern in Flaschen und brachte sie wieder in die gehörige Lage. Er untersuchte sie zum öftern und fand wenn die Wurzeln sehr klein waren, nichts Neues. An den großen Wurzeln aber bemerkte er eine Feuchtigkeit, die sich zu Tropfen ansammelte und sich mit der Zeit immer vermehrte, wenn nämlich die Wurzel nicht durch

79) Coulon diss. de mutata humorum indole.
80) Zusätze zu Humboldts Aphorismen S. 189.
81) Duhamel Physique des arbres p. 87.

das Experiment zu viel gelitten hatte. Auf die Natur dieser Excretion komme ich später noch einmal zurück, und es liegt hier nur an der Thatsache, daß sich an der Wurzel wie am Stamme und seinen Theilen Aussonderungen finden.

§. 54.

Ich kann indessen, abgesehen von den angegebenen Beobachtungen zeigen, daß sich überhaupt in der Wurzel, wie in den nach oben wachsenden Theilen Absonderungen bilden und will nur im voraus auf die später zu beschreibende Sekretion des Harzes oder der Balsame in den Wurzeln der meisten Doldengewächse aufmerksam machen, welche ich aber ebenso nicht mit den Milchsäften zu verwechseln bitte. Also unterscheidet sich auch durch den Mangel der Absonderung die Wurzel vom Stamm nicht: denn sie finden sich überall, und sind weder ein charakterisches Zeichen des einen noch des andern.

§. 55.

c) Verdauung.

Theophrast [82]) hat zuerst wohl die Wurzel mit dem Magen der Thiere verglichen. Neuerlich hat man nun weiter gesagt, ihre Funktion sei die Assimilation (Wurzelprozeß) im Gegensatz der Ernährung (Stammprozeß), welche im Stamme vor sich gehe.

Gegen diese Meinung, welche ein berühmter Naturphilosoph [83]) angenommen hat, erklärt sich schon Duhamel [84]). Er sagt der Saft wird in den Stecklingen so

82) Theophrast l. c. de causis plantarum Lib. VI. Cap. XV.
83) Oken Naturphilosophie II. S. 101. 103. §. 1331—1361.
84) Duhamel Physique des arbres T. II. p. 189.

gut zubereitet als in den Pflanzen, die aus Saamen aufgegangen sind. Die Wurzeln treiben Zweige wie die Zweige Wurzeln und es sei daher nicht wahrscheinlich, daß eine Verdauung in den Wurzeln allein vor sich gehe. Und darin hat Duhamel ganz recht. Könnte der Stengel nicht eben so gut wie die Wurzel Nahrung verdauen, so würde es um die Ernährung, welche bei Pflanzen ohne Wurzel, durch Blätter und andere Theile vor sich geht, schlecht aussehen. Diese Verrichtungen können also nicht der Wurzel oder dem Stamm für sich angehören, sondern sie finden in der Wurzel und im Stamm zugleich Statt. Könnte die Wurzel bloß verdauen, so würde sie ohne den Stamm auch gewiß so wenig ernährt werden, wie der Magen ohne das Herz und umgekehrt; gleichwohl sehen wir Wurzeln in voller Lebensthätigkeit, den Winter über von Stengeln und Blättern beraubt, zubringen.

Am besten, und ohne alle Widerrede wird diese Voraussetzung, daß die Wurzel die Nahrung für die ganze Pflanze verdaue, dadurch widerlegt, daß auf einem Stamm mit gemeinschaftlicher Wurzel die verschiedensten Abarten derselben Pflanze gepfropft werden können, ohne von ihrer Natur im mindesten etwas zu verlieren. Hier muß sich jeder Zweig gewiß seine Nahrung zur eigenthümlichen Substanz selbst assimiliren, welche von der des anderen Zweiges verschieden sein muß, weil sonst jedes Pfropfreis mehr oder weniger von der Natur des Stammes annehmen müßte, da sich doch im Gegentheil zeigt, daß der gepfropfte Zweig und selbst seine Früchte nicht im mindesten verändert werden.

Hierin kann daher kein wesentlicher Unterschied zwischen Wurzel und Stamm liegen.

§. 56.

d) Befestigung an der Erde.

In der Regel schließt man in die Definition der Wurzel noch den Beisatz ein, daß sie zur Befestigung der Pflanze in dem Boden diene. Ich will der Allgemeinheit dieser Verrichtung der Wurzel gar nicht den Einwurf machen, daß die im Wasser herumschwimmenden Pflanzen, wie die Lemna, sich mit ihrer Wurzel keinesweges befestigen, was doch geschehen müßte, wenn dies Merkmal durchgreifend sein sollte. Allein man würde auf diese Weise die Wurzel mit den Ranken verschiedener Stämme vergleichen, die doch zur Befestigung derselben an eben so verschiedene Dinge dienen, als diejenigen sind, in und auf denen die Pflanzen wurzeln. Diese Allgemeinheit der Ranken und Wurzeln wird gleichwohl niemand zugeben wollen: da man sich doch nur ein Epidendron (flos aeris) oder eine Cuscuta, eine Flechte, welche die Baumrinde oder eine alte Mauer überzieht, eine auf dem Stein festgewachsene Fucusart ꝛc. neben einem Weinstock, einer Cobaea scandens, oder sonst irgend einer rankenden Pflanze von den Cucurbitaceen, denken darf, um die große Analogie der Wurzeln und Ranken in dieser Rücksicht zu bemerken. Diese Funktion der Wurzeln also unterscheidet sie ganz und gar nicht von andern Pflanzentheilen, im Gegentheil giebt sie eine noch größere Aehnlichkeit mit ihnen ab.

§. 57.
Andere Bestimmungen.

Alle diese Widersprüche müssen Hedwig vorgeschwebt haben, als er seine Abhandlung: „Was ist eigentlich Wurzel an der Pflanze" im ersten Bande seiner zerstreuten Abhandlungen schrieb. Er schränkt den Begriff der Wurzel sehr ein, indem er den unterirdischen Theil der Pflanze, aus dem die Knospen entspringen, nicht wie es gewöhnlich geschieht, zur Wurzel mitrechnet, sondern diesen den Körper der Pflanze nennt. Er versteht unter dem Körper der Pflanzen aber eigentlich nichts anders, als ohngefähr das, was man, nach Hayne, den Wurzelstock (rhizoma) nennt. Den Namen Körper (corpus) gebrauchte übrigens auch Mönch für diesen Theil[85]. Hedwig's Abhandlung ist im Ganzen indessen mehr dialektisch als beschließend, und ich kann mir kein deutliches Bild davon machen, wie Hedwig sich den ganzen Zusammenhang des Wurzel- Stengel- und Körperlebens der Pflanze recht gedacht haben mag. Seine Betrachtungen gingen von der Beobachtung des Wachsthums der Zwiebelgewächse und namentlich der Herbstzeitlose aus, und man sieht wie gesagt im Allgemeinen, daß er den Körper der Pflanzen für denjenigen Theil hält, aus dem die Knospen der künftigen Pflanze entspringen, indem er die Büschelwurzel der Zwiebelgewächse für die Norm zur Bestimmung dessen, was an der Pflanze Wurzel sei, hält, welche besonders betrachtet und mit den Wurzeln anderer Pflanzen verglichen, ohngefähr den Thei-

85) Mönch Einleitung zur Pflanzenkunde. Marburg 1798. Link Grundlehren der Anat. u. Phys. d. Pfl. S. 138.

len entsprechen würde, welche unter dem Namen der Wurzelfasern begriffen werden.

§. 58.

So lange man mit Hedwig mit diesen Betrachtungen unter den Zwiebelgewächsen herumgeht, möchte man vielleicht nicht auf große Widersprüche stoßen. Aber schon bei den Gräsern kommt man damit nicht durch. Hier müßte man doch durchaus den unterirdischen Stengel für den Körper ausgeben, weil aus ihm, wie man an der Abbildung, die ich von dem unterirdischen Theil des Rohres (Arundo Phragmites) auf der ersten Tafel Fig. 2. gegeben habe, sehen kann, die Knospen der künftigen Pflanzen entspringen. Gleichwohl ist nun aber dieser Theil durchaus in nichts Wesentlichem von dem oberirdischen Stengel verschieden, indem auch aus diesem im Sommer neue Knospen und Triebe entstehen, und somit wäre man gezwungen, die ganze Pflanze für den Körper zu erklären, was doch gewiß Hedwig nicht zugegeben hätte.

In noch weit mehr und größere Widersprüche verwickelt man sich, wenn man die Hedwigsche Meinung an den übrigen höheren Pflanzen prüft. Hier ist man durchaus nirgends im Stande zu sagen, wo der Körper aufhört und die Wurzel anfangen soll. Der Bau der dicksten Wurzel ist von dem Bau der feinsten Wurzelfaser in gar nichts verschieden, und sowohl aus dem Wurzelzweig als aus dem Wurzelstamm entspringen unter günstigen Umständen Knospen und neue Pflanzen, und unter ungünstigen Umständen aus keinem von beiden. Wie will man hier eine Bestimmung von Körper und Wurzel geben? Alle Theile gehen in einander über, oder vielmehr sind durch und durch dieselben, und wo Mutter Natur keine Unterschiede gemacht hat, da wird keine Spekulation je welche finden. Man knüpfe seine Betrachtung hier an die erste beste Pflanze, z. B. eine Mohrrübe (Daucus carota), und suche daran die Wurzel und den Körper. Aus dem obersten Theil der Wurzel, dem Sprachgebrauche gemäß, entspringt die Knospe, welche den Stengel bilden wird, und diese ist von der Wurzel ohne viele Mühe zu unterscheiden. Verfolgen wir aber die Wurzel nach unten, so finden wir nichts als eine Verzweigung einer und derselben Wurzel, und nicht das Mindeste von einem Theil, der dem sogenannten Körper der Zwiebel zu vergleichen wäre. Die Natur hat sich hier nicht weiter unterschieden, und damit müssen wir zufrieden sein.

§. 59.

Leiten wir nun gar unsere Betrachtung auf die niedern Organisationen des Reichs, von dem die Rede ist, so verzweifeln wir völlig an die Möglichkeit, hier einen Körper zu finden. Die Conferven bestehen offenbar von oben bis unten aus Gliedern, die sich einander in jeder Beziehung so ähnlich sind, wie ein Wassertropfen dem andern, und die nur sich selbst, aber keinem Körper angehören. Ich zweifle nicht daran, daß, wenn Hedwig seine Betrachtungen auf die Fucusarten ausgedehnt hätte, er selbst seine Verlegenheit würde eingestanden haben. Gesetzt man wollte hier den einzig von der ganzen individuellen Pflanze sich unterscheidenden Theil, womit sie sich befestigt, anstatt Wurzel, Körper nennen; so hätte die Pflanze einen Körper ohne Wurzel. Läßt man aber die Bestimmung dieses Theils beim Alten, so ist man genöthigt die ganze übrige Pflanze ihren Körper zu nennen, und dann hätte man einen Körper ohne Glieder.

Also können wir auch auf dem von Hedwig eingeschlagenen Wege uns nicht aus der großen Verlegenheit reißen, in welcher wir uns durch den Mangel an festen Bestimmungen dessen was Wurzel ist, befinden.

§. 60.

Gestalt der Wurzel.

Richten wir nun unsere Aufmerksamkeit auf die Gestalt der Wurzel, ob sich in dieser ein charakteristisches Unterscheidungszeichen von den übrigen Pflanzentheilen finden läßt. Bei dieser Betrachtung scheint sich fürs erste aus der Mannigfaltigkeit der Formen ein wichtiger Unterschied zu ergeben; allein bei genauerer Besichtigung entstehen Zweifel, ob die Gestalt der Wurzel im Allgemeinen von der Gestalt des Stammes überhaupt verschieden sei.

Die Terminologie hat in neuerer Zeit mancherlei Erzeugnisse, welche an der Wurzel vorkommen, mit Unrecht als Theile der Wurzel unterschieden, und dadurch hat die Beschaffenheit der Wurzel ein viel zusammengesetzteres Ansehen gewonnen als sie wirklich hat. Es sind nämlich viele von den Theilen, welche man unter dem Namen der knolligen Wurzeln beschreibt, durchaus gar keine Wurzeln, sondern Produkte derselben, wie sich dergleichen am Stengel ebenfalls finden. Darauf machte schon Perrault und nach ihm Malpighi aufmerksam.

Perrault [86]) suchte in der Erzeugniß knolliger Theile an der Wurzel einen Grund dafür, daß es neben dem aufsteigenden einen absteigenden Pflanzensaft, und somit eine Circulation in der Pflanze geben müsse, wovon ich noch später reden werde. Er sagt: „Mais dans les plantes suivant les conjectures, qu'on peut tirer de plusieurs experiences, ce n'est point un même suc qui nourrit toutes les parties et qui les fait croitre et pousser, y en ayant qui va de l'extremité des racines jusqu'a l'extremité des branches, que nous appellons simplement nourricier, parcequ'il nourrit et fait croitre, la principale partie de la plante, sçavoir, celle qui est hors de terre; et un autre qui va de l'extremité des branches a l'extremité des racines pour les nourrir et pour les faire pousser, jusque-là qu'il me semble même qu'il y ait quelques racines dont les branches produisent comme des fruits; ainsi qu'il se void dans la grande Scrofulaire, dans la petite Chelidoine, dans la Filipendule, dans l'Asphodele, et dans les autres plantes, dont les racines jettent des parties bulbeuses et rondes, en maniere de fruits pendans de leur queues, et ayant une substance et un gout different du reste de la racine, comme si elles étoient plutot une chose produite par la racine, qu'une partie de la racine.“ Wie es mir scheint, meint Malpighi in folgender Stelle etwas Aehnliches: „In quibusdam vero herbis solet natura materiem, quam in caule vel caudice custodire consuevit, in radice

86) Perrault oeuvres de physique et de mechanique. Amsterdam 1727. De la circulation de la seve des plantes, p. 78.

radice varie protuberante artificiose condere novosque foetus ibidem promere, et alere etc." [77]).

§. 61.

Wenn sich nun gleich Perrault in Ansehung der von ihm angegebenen Beispiele geirrt hat, so hat er in der Sache selbst vollkommen recht, und es giebt allerdings viele unter dem Namen der knolligen Wurzeln begriffene Theile, welche durchaus nicht zur Wurzel selbst gehören. Nämlich die Knollen, welche sich an den Wurzeln der Scrophularia, Ranunculus ficaria, Spiraea filipendula finden, sind wirkliche Anschwellungen der Rindensubstanz der Wurzeln, welche sich auch wie alle übrigen ähnlichen Wurzeln verzweigen. Mitten durch sie verläuft das Holz, wie in allen anderen Wurzeln der höhern Pflanzen, so daß man diese mit Recht zu den wahren Wurzeln rechnen kann und muß. Aus diesen knolligen Wurzeln entspringen auch gewöhnlich nicht zu den Seiten Keime, sondern sie verhalten sich in dieser Rücksicht wie alle anderen Wurzeln.

§. 62.

Dagegen sind die Knollen an der Kartoffel (Solanum tuberosum) an Saxifraga granulata, Martynia perennis, Apios americana, (Glycine Apios) den meisten Orchis- und Epipactis-Arten, bloße Anhänge an der wirklichen Wurzel, und man könnte sie nach Perrault sehr wohl unterirdische Früchte nennen. Doch scheint mir der Name Keimknollen am passendsten,

78) Malpighi l. c. p. 145.

weil sie nicht wie die Früchte durch das Geschlecht erzeugt sind. Sie unterscheiden sich durch ihren Bau, wie durch ihre Verrichtungen von den Wurzeln ganz und gar, und alles was daher bisher von den Wurzeln gesagt ist, und noch gesagt werden wird: das Wachsen nach unten, das Einsaugen der Nahrungsstoffe und Aussondern gewisser Feuchtigkeiten u. s. w., das gilt von diesen Keimknollen durchaus nicht. Sie wachsen weder nach unten noch nach oben, sondern bleiben, wo sie gebildet worden sind; sie saugen keine Nahrung aus dem Boden ein, sondern werden im Gegentheil entweder von der Wurzel oder vom Stengel ernährt, und endlich, sie haben einen gänzlich von der Wurzel verschiedenen Bau. Sie bestehen durch und durch aus einem höchst zarten, mit Stärke oder Schleim erfüllten Gewebe, wie die Saamen, und nur an den Stellen, wo die Keime hervorbrechen, entwickeln sich abgesondert, später Spiral- und Saftgefäße, aus denen die neue Pflanze mit Würzel und Federchen, eben so wie aus dem Saamen keimt, anstatt daß die Knospe an der wirklichen Wurzel nur nach oben in Kraut auswächst, und durch die Wurzel, aus welcher sie entsprang, die Nahrung zieht. Die Knollen liefern dem ersten Keim die Nahrung aus sich, wie der Saame: daher schrumpfen sie ein, und schwinden nach und nach, während die wirkliche Wurzel im Gegentheil Nahrung für sich und den Keim aus der Erde einsaugt, und mit dem Keim zugleich wächst, und sich vergrößert. Unterschiede welche unmöglich gestatten, daß man diese Knollen zu den Wurzeln rechnen kann.

§. 63.

Diese Knollen sitzen auch gar nicht immer an der

Wurzel, sondern bei Saxifraga granulata oft zwischen den Wurzelblättern, über der Erde, bei Solanum tuberosum an einer Verlängerung des Stengels nach unten, während die wirklichen Wurzeln dieser Pflanzen immer nebenher entspringen, und mit diesen Productionen, ihrer besondern Natur nach, ganz und gar nichts zu thun haben. Es giebt sogar Pflanzen, bei denen dergleichen knollige Auswüchse am Stengel und den Blättern vorkommen. Dioscoraea alba und Dentaria bulbifera haben in den Blattwinkeln Knollen, bei Bryum annotinum, Aspidium bulbiferum, Marchantia polymorpha, sitzen sie ebenfalls an den oberirdischen Theilen; bei Woodwardia radicans, Polypodium reptans, erscheinen sie an der Spitze des Laubes, bei Asplenium proliferum, Coenopteris rhizophylla an den Enden der Blättchen. Eben so wenig als nun diese Knollen der oberirdischen Theile, Theile des Stengels, der Blätter u. s. w. sind, sind die Knollen an den Wurzeln Theile der Wurzel, und man kann nach ihrem Vorkommen die Wurzel mit eben so wenig Recht radix bulbosa nennen, als man den Stengel oder die Blätter der Pflanzen, welche Knollen tragen, caulis bulbosus oder folia bulbosa nennen kann.

Mit diesen Keim-Knollen darf man jedoch die unter dem Namen der Knollen begriffenen festen Zwiebeln nicht verwechseln. Diese sind den Schuppenzwiebeln im Wesentlichen ähnlich. Sie bestehen aus einem Zwiebelkuchen, von welchem aus, durch die Mitte, ein dickes Holz- und Gefäßbündel in die Höhe steigt, welches nach oben die Triebe der Pflanze bildet. Dieser Bau fehlt

13 *

den Keim-Knollen gänzlich. Medicus [88]) vergleicht den festen Körper der Keim-Knollen mit den Cotyledonen der Saamen. Er nennt sie Knospenknollen. Doch paßt der Vergleich des Körpers der Keimknollen mit den Cotyledonen keinesweges, und wenn man ihn mit irgend einem Theile eines Saamens vergleichen will, so kann dieß höchstens mit dem Eiweißkörper der Grassaamen geschehen, womit er in vieler Rücksicht Aehnlichkeit hat, sowohl in Bezug auf die Lage des Keims, als auch der Zusammensetzung. Was den Namen Knospenknollen betrifft, so ist er eben so unpassend. Die Keimknollen haben ja keine Knospen, sondern entwickeln eben so, wie die Saamen, den ganzen Embryo aus ihren Keimen, mit Schnäbelchen und Blättchen, und keinesweges entsteht hier die neue Pflanze aus einer Knospe, die entweder auf der Wurzel einer alten Pflanze, oder auf dem damit zu vergleichenden Zwiebelkuchen der Liliaceen sitzt.

§. 64.

Man kann diese Knollenbildung mit den aus dem Stengel gebildeten Zwiebeln der Lilienarten, und mit den sogenannten Saamen der cryptogamischen Gewächse vergleichen, welche ohne geschlechtliche Differenz, bloß unmittelbar durch die Thätigkeit der individuellen Pflanze produzirt sind. Linnée rechnet sie daher, ich möchte jedoch eher sagen, sehr glücklich als sehr scharfsinnig, zu seinem Hibernaculum: denn die Gründe weshalb er dies that, hat er nie ausgesprochen. Er rechnet zu dem

---

88) Medicus kritische Bemerkungen über Gegenstände aus dem Pflanzenreich. 1r Bd. St. 2. p. 150 u. f.

Hibernaculum: Knospe, Knolle und Zwiebel. Ob er aber die wirklichen Knollen von den bloßen Anschwellungen der rindigen Wurzelsubstanz genau unterschieden hat, daran ist sehr zu zweifeln, wenn es von Spiraea filipendula, wie von der Kartoffel (Solanum tuberosum) heißt: radice tuberosa. Es ist nun freilich besser, die Keim-Knollen zu den Knospen, als zu den Wurzeln zu zählen, aber genau besehen, paßt ersteres doch auch keinesweges. Deshalb kann ich auch den Namen Knospenknollen, von Medicus, nicht annehmen, weil sie keine Knospen, sondern ganze Pflanzen in Embryonengestalt aus sich entwickeln.

§. 65.

Ziehen wir nun die wahren Knollen diesemgemäß von dem ab, was man zeither unter dem Namen der Wurzel begriffen hat, so lassen sich über die eigentlichen Formen der Wurzeln an den Pflanzen schon viel allgemeinere Bestimmungen fassen, und die Eintheilung der Wurzel gewinnt an innerer Einheit in demselben Maaße, als das nicht zu ihr gehörige Mannichfaltige, gebührendermaaßen daraus entlassen wird.

Auf diese Weise kann man dann in Rücksicht auf die äußere Gestalt, alle Wurzeln in Zweigwurzeln und in solche eintheilen, die nicht verzweigt sind, sondern als ursprünglich geschiedene, einfache Verlängerungen oder Ausbreitungen nach unten, oder vielmehr in entgegengesetzter Richtung des Stammes wachsen. Diese letztern kann man im Gegensatz der Zweigwurzeln, zweiglose Wurzeln nennen. Beide Abtheilungen umfassen Wurzeln, sowohl der holzlosen als der Holzpflanzen, und man kann sie nach diesen wesentlichen Unterschieden, wovon später die Rede sein wird, weiter eintheilen oder auch nicht.

Zu den Zweigwurzeln gehören aus den niedern holzlosen Pflanzen namentlich die Wurzeln der Charen, aus den spiralführenden höhern Pflanzen gehören dahin die Wurzeln aller Bäume, Sträucher, Kräuter und Staudengewächse. Alle diese Wurzeln haben zugleich eine nach unten kegelförmig zulaufende Gestalt.

Die zweiglosen Wurzeln muß man erst wieder in solche eintheilen, welche fadenförmige Verlängerungen, und solche, welche tellerförmige Ausbreitungen bilden.

Zu den ersteren gehören aus den holzlosen Pflanzen die Wurzeln aller Moose und Flechten, aus der Abtheilung der holzführenden Pflanzen, die Wurzeln der Farrnkräuter, Gräser, Lilien und Palmen. Die Wurzeln der zuletzt genannten Pflanzenabtheilungen kann man mit Link [89]) sehr bequem und schön unter dem Namen der Büschelwurzel zusammenfassen, worunter man auch noch die zweiglosen fadenförmigen Wurzeln der holzlosen Pflanzen mit begreifen kann. Alle diese zweiglosen fadenförmigen Wurzeln sind nach unten nicht konisch zugespitzt, sondern ihrer ganzen Ausdehnung nach cylindrisch, also von oben bis unten meist gleich dick.

Zu den zweiglosen Wurzeln mit tellerförmigen Ausbreitungen gehören, unter den spiralführenden Pflanzen, die Wurzeln, mit welchen sich viele parasitische Gewächse an andere Dinge anheften, z. E. die der Cuscuta; un-

---

89) Willdenow's Grundriß der Kräuterkunde, herausgegeben mit Zusätzen von Link. S. 30.

ter den holzlosen Pflanzen gehören hierher die Wurzeln der Fucus-Arten.

§. 66.

Betrachtet man nun die so eben beschriebene Wurzelgestalt in ihrer größten Allgemeinheit, so scheint es gar nicht schwer zu sein, sie von der Gestalt der nach oben wachsenden Pflanze zu unterscheiden. Ueberall zeigt sich an der Wurzelgestalt etwas in sich gekehrtes, Einfaches. Wo die oberirdische Pflanze ausgebreitet ist, da ist die Wurzel zusammengezogen. Sie wächst, anstatt sich nach oben die Pflanze in mannichfaltige Ausbreitungen, Blätter u. s. w. entfaltet, im Gegentheil völlig unentfaltet, und alle ihre Gegensätze in einer Einheit zusammenhaltend. Wo die Pflanzen nach oben Blätter entwickelt, da bildet sie nach unten unmittelbar ganz einfache Triebe und Verlängerungen. Kurz sie zieht sich unten zusammen, während sie sich oben ausdehnt.

§. 67.

So erscheint es beim ersten Blick im Allgemeinen. Aber die Freude, in dieser Beschaffenheit der Wurzelgestalt einen wesentlichen Unterschied von den oberirdischen Theilen zu haben, verschwindet, sobald man zusieht, ob diese unmittelbaren allgemeinen Ansichten in dem besonderen Inhalte des Gegenstandes überall sich wiederfinden oder nicht. Leider entdeckt man das Letztere.

Wir wollen die napf- und tellerförmigen Ausbreitungen verschiedener Wurzeln ganz übergehen, und ihrer Aehnlichkeit mit den blattartigen Theilen, besonders vieler der Linnéeischen cryptogamischen Gewächse gar nicht gedenken. Aber wodurch will ich die Gestalt der oberirdischen Zweige der Casuarina von den Wurzeln unterscheiden? Casuarina equisetifolia [90]) wächst nach oben in eben solche einfache Verlängerungen aus, wie alle Wurzeln, und richten wir unsere Aufmerksamkeit auf die Conferven, so sehen wir, daß alle die so eben erwähnten Eigenschaften des nach unten wachsenden Theiles, ihren, sich nach oben verlängernden, Zweigen zukommen.

So sehen wir denn auch, daß wir nicht einmal die Gestalt der Wurzel an der Pflanze durch allgemeine Merkmale zu unterscheiden vermögen sind, so offenbar es auch unmittelbar scheinen mag, daß die Gestalt der oberirdischen Pflanze von ihrer Wurzel abweiche.

§. 68.

Bau der Wurzel.

Leiten wir weiter unsere Betrachtung vom Aeußern auf das Innere, um in dem Bau der Wurzel einen wesentlichen Unterschied von den übrigen Pflanzentheilen zu suchen; so kann es uns schon mit großer Bedenklichkeit, das gewünschte Resultat zu erreichen, gleich Anfangs erfüllen, daß die Gründer der Pflanzenanatomie eine so große Uebereinstimmung in dem Bau aller Pflanzentheile gefunden haben. Zwar betrachten sie nur den Bau der Wurzeln in den höhern Pflanzen, und es ließe sich dennoch vermuthen, daß bedeutende Abweichungen bei den niedern Ordnungen vorkommen könnten. Auch hat die Erfahrung gelehrt, daß dieß wirklich der Fall sei; allein

90) Humbold Ansichten der Natur u. s. w. I. S. 139.

diesem abweichenden Bau der Wurzeln in den niedern Pflanzen entspricht zugleich der dieser Abweichung ähnliche Bau aller übrigen Theile dieser Organisationen, und damit ist also für die wesentliche Unterscheidung der Wurzel, an der Pflanze überhaupt, nichts gewonnen.

Malpighi hat den Bau vieler holzführenden Pflanzen untersucht, beschrieben und abgebildet, und überall gefunden, daß sie aus Holz- und Rindensubstanz zusammengesetzt sind, wie die Stämme dieser Pflanzen [91]). Malpighi hat auch die knolligen Anschwellungen verschiedener Wurzeln, des Ranunculus ficaria, der Spiraea filipendula zergliedert, und sie vollkommen richtig als eine stellenweise Verdickung der Rindensubstanz beschrieben, durch deren Mitte das Holzbündel, von den Verzweigungen in den Stamm, unverändert verläuft.

Grew beschreibt an den Wurzeln wie an den Stämmen, die Oberhaut (cutis), die Rinde (welche er Bast, liber, nennt), das Holz und das Mark. Er untersuchte vorzüglich die Wurzeln vieler Küchen- und officinellen Gewächse: der Scorzonera, des Meerrettigs, der Petersilie, des Liebstöckels, Spargels, der Paeonie, Bryonie, des Löwenzahns, der Pastinake, des Schöllkrauts, der Valeriana, des Erygnium u. s. w. Die Rinde dieser Wurzeln besteht aus Parenchym (Zellengewebe) und Saftgefäßen (worunter er mancherlei begreift, wovon später). Zwischen der Rinde und dem Marke liegt das Holz, welches dieselben Bestandtheile, wie im Stamm zeigt. Mark findet sich nicht in allen Wurzeln, oder in allen Theilen derselben. Für den ersten Fall führt

91) Malpighi l. c. de radicibus plantarum.

Grew den Taback und das Stramonium als Beispiel an, für den zweiten Borrago officinalis und Leontodon taraxacum. Das Mark besteht aus denselben Theilen wie das Parenchym der Rinde, und unterscheidet sich davon bloß durch die Lage und Zusammenfügung.

Duhamel [92]) nahm vorzugsweise die Wurzeln der Bäume zum Gegenstand der Untersuchung. Er sagt: „Les racines, ainsi que le tronc des arbres, sont formées du corps ligneux, des couches corticales, qui sont ordinairement plus épaisses là qu'au tronc."

Den innern Bau der Graswurzeln hat Link zuerst untersucht und beschrieben [93]). Sie bestehen auch aus Holz- und Rindensubstanz. Nur ist die Holzsubstanz in einigen Gräsern, z. B. dem Rohr, (Arundo phragmites) von lockerer Bildung, durch dazwischen tretendes Parenchyma. Die Wurzel der Farrnkräuter und Zwiebelgewächse fand Link wie die Wurzel der Gräser.

Ueberall indessen zeigt sich auch hier in der Dicke und Textur der Rinden- so wie der Holzsubstanz ein sehr ungleiches Verhältniß, welches Malpighi, Grew und Duhamel schon an andern Wurzeln ebenfalls bemerkt haben. Das Holzbündel ist an manchen Graswurzeln so überaus klein, dagegen die Rindensubstanz, von äußerst lockerem Parenchym, so aufgeschwollen und dick, z. B. in den Binsen (Juncus und Scirpus) daß man verleitet werden könnte, ersteres zu übersehen, wenn nicht die mikroskopische Untersuchung sein Dasein bewiese.

---

92) Duhamel physique des arbres. T. 1. p. 81.

93) Link Grundlehren der Anatomie und Physiologie der Pflanzen. S. 128.

Die äusserst langen, gleich dicken, Wurzeln des Stratiotes aloides zeigen denselben Bau. Die Wurzel der Palmen besteht ebenfalls aus denselben Theilen, und ist im wesentlichen von den Graswurzeln nicht verschieden, wie ich an Musa und Dracaena finde. Nur zeigt sich hier, wie in allen Büschelwurzeln kein wirklicher Holzkörper, wie in den Zweigwurzeln der höhern Pflanzen, (wovon nachher) sondern es ist mehr ein unregelmäßiges Zusammenliegen der Holzbestandtheile in der Mitte der Rindensubstanz.

Die Wurzeln aller holzlosen Pflanzen bestehen, wie die ganzen Pflanzen selbst, aus einem einfachen Schlauchgewebe, in welchem weiter keine Differenzen wahrzunehmen sind. Das hat auch schon Link bei den Moosen, Lebermoosen und holzlosen Najaden beobachtet; nur nennt er das Gewebe Zellengewebe, welches ich, aus später anzugebenden Gründen, nicht billigen kann. Ich habe die Wurz in der Charen, der Marchantien, (M. polymorpha), des Sphagnum palustre, vieler Jungermannien, des Polytrichum commune untersucht, und finde sie nur aus dem einfachen Schlauchgewebe der ganzen Pflanze bestehend.

Also müssen wir durchaus darauf Verzicht leisten, auch in dem Bau der Wurzel eine wesentliche Verschiedenheit an der Pflanze zu finden, und wenn die übrigen Theile derselben: der Stengel und die Blätter, nicht noch Eigenthümlichkeiten besitzen, durch welche sie sich als eine wesentliche Differenz an der Pflanze auszeichnen, so müssen wir die Hoffnung überhaupt aufgeben, zu allgemeinen Kennzeichen zu gelangen, wodurch diese

Theile in ihrer äußeren Verschiedenheit festgehalten werden können.

Zweites Kapitel.

Von den nach oben wachsenden Pflanzentheilen.

§. 69.

Die äußere Mannichfaltigkeit dieser Theile, bei einer durchaus allgemeinen innern Einheit derselben, hat den Botanikern zu allen Zeiten viel zu schaffen gemacht, um dieselben durch gegebene Bestimmungen, einschließend und ausschließend, genau zu charakterisiren. Doch bis diesen Augenblick ist dieser Zweck nicht erreicht. Die Pflanze steigt in den reichsten und bewundernswürdigsten Formen, zum Lichte empor, nnd zur Finsterniß hinab; das empfinden wir heute, wie es gewiß die roheste Menschheit von Anbeginn fühlte; aber wenn wir es denken sollen, dann schwindelt uns vor Erreichung des Wunsches, im Besondern das Allgemeine festhalten zu können, und wir verlieren uns, bei der Betrachtung des Vereinzelten und Besonderten, in die Widersprüche der Natur, ohne sie bis dahin verfolgen zu können, wo sie den Zwietracht wieder in Eintracht auflöst, wenn wir uns scheuen, über das Besondere hinaus wieder zu dem einen Ganzen zurückzukehren. Wir dürfen also nirgends Halt machen, sondern müssen die Natur vorwärts und rückwärts verfolgen, und zusehen, wie sie zu dem Ziel, von welchem sie ausging, wieder zurückkehrt, und das Recht ihrer Einheit in aller Verschiedenheit und Mannichfaltigkeit behauptet.

So wollen wir denn auch die Entwickelung des nach oben strebenden Pflanzentheils verfolgen, und sehen, ob die Natur seine Existenz in bleibender Verschiedenheit festhält, oder ob er bloß als etwas Mannichfaltiges, welches in keinem allgemeinen Kennzeichen bewahrt werden kann, durch eine andere innere Differenz ans Licht tritt.

§. 70.

Der Stamm (caudex).

Den aus der Erde aufsteigenden Pflanzentheil unterschied schon Theophrast in den Baumstamm, (der im wesentlichen auch den Sträuchern zukomme, und sich nur durch die, von der Erde aus vor sich gehende, vielfache Theilung der Stämme unterscheide), und in das Kraut [94]). Ein Baum ist: was sich mit einem Stock (στέλεχος) einfach von der Wurzel über die Erde erhebt, ein Strauch: was sich mit vielen Stöcken von der Wurzel erhebt. Kraut (πόα) ist: was ohne Stock, blättrig von der Wurzel entspringt. Und das ist im Grunde eine sehr naturgemäße Eintheilung. Linnée macht es noch besser. Er theilt die Wurzel in einen auf- und absteigenden Theil (caudex ascendens und descendens) und begreift den Baumstamm, seiner wahren Natur nach, als eine über die Erde verlängerte Wurzel [95]). Er nennt den ganzen nach oben, von der Wurzel aus, wachsenden Theil der übrigen Pflanzen: Kraut (herba) und unterscheidet dasselbe in den Stamm (truncus), die Blätter (folia), die Stützen (fulcra) und das Hi-

---

94) Theophrast l. c. L. I. C. V.

95) Philosophia botanica ed. Sprengel p. 82.

bernaculum. Mit wieviel Ausrufungszeichen man nun vor dieser Linnéeischen Eintheilung auch gestutzt haben mag, so ist sie gewiß die allein physiologisch wahre. Die Baumstämme sind nichts als Wurzeln! Das ist vollkommen richtig, und ich fordere den, der sich dagegen auflehnt, auf, mir einen wesentlichen und durchgreifenden Unterschied zwischen einer Graswurzel und einem Baumstamme anzugeben. Dieser Unterschied ist nicht so groß, wie der, zwischen der Katze und dem Rosenstrauch. Aber ein dicker Baum und eine fadendünne Graswurzel, welcher Contrast scheint das zu sein! Ist es aber nicht, wenn man die Sache beim Lichte besieht. Die Graswurzel wächst nach unten. Das thut der Baumstamm mit seinem untern Ende auch, und wenn man ihn mit der Krone in die Erde steckt, macht er es umgekehrt, treibt mit dem oberen Ende Wurzeln, und mit dem untern Blätter. Diese Versuche hat Agricola [96]), Leeuwenhoeck, Magnol, Hales und Andere beschrieben, und vielleicht sind sie schon früher bekannt gewesen. Perrault [97]) wurde durch diese Erscheinung nicht wenig in Verlegenheit gesetzt, als er damit seine Vorstellung von der Cirkulation des Saftes vereinigen wollte.

Duhamel [98]) erzählt eine Reihe schöner Versuche, welche er über das Blättertreiben der Wurzeln, und das Wurzeltreiben der Zweige von Weiden und Apfelbäu-

---

96) Agricola Versuch einer Universalvermehrung aller Bäume u. s. w. Ratisb. 1617 Fol. 44. Taf. 23.

97) Perrault oeuvres de physique et de mechanique. C. 1. p. 85.

98) Duhamel physique des arbres T. 11. Art. des boutures. Pl. 15.

men angestellt hat, welche beweisen, daß Wurzel und Stamm an den Bäumen durchaus eines und dasselbe ist. Ueberall können sich Keime, sowohl zu Wurzeln, als zu Blättern entwickeln. Duhamel ließ an einem Weidenstamme, den er umgekehrt in die Erde gepflanzt hatte, mehrere Blätterknospen sitzen. Diese verlängerten sich unter der Erde auf einige Linien, hernach vergingen sie, aber es entwickelten sich statt der Blätter eine große Menge Wurzeln. Diese Wurzeln waren immer viel größer, als an den Zweigen von denen er die Blätterknospen abgeschnitten hatte. Das nach oben gestellte Wurzelende hatte Blätter und Zweige getrieben. Dabei machte Duhamel die interessante Bemerkung, daß die Zweige an dem Wurzelende, beim ersten Hervorsprossen, eine Neigung zeigten, noch nach unten zu wachsen, wogegen die hervorkeimenden Wurzeln aus dem Kronentheil zuerst ihre Richtung nach oben nahmen. Beide kehrten sich aber bald um, und die Wurzeln strebten nach unten, wie die Knospen nach oben [99]).

Jährige Gewächse und Staudengewächse lassen sich nicht umkehren, wenigstens sind einem berühmten Botaniker [100]) wiederholte Versuche der Art mißlungen. Gewiß aus keinem andern Grunde als deshalb, weil die oberirdischen Theile dieser Pflanzen keine Wurzeln sind.

§. 71.

Man kann sich ferner vorwerfen, die Wurzel saugt Nahrung ein, der Baumstamm wird von der Wurzel

---

99) Duhamel l. c. p. 115, 116. Taf. 15. Fig. 142. 143.

100) Link Zusatz zu Willdenow's Kräuterkunde. T. 1. S. 388.

ernährt. Aber man kann auch umgekehrt sagen, der Stamm ernährt die Wurzel, und jeder abgeschnittene Baumzweig saugt, in Erde oder Wasser gesteckt, unter günstigen Umständen, eben so gut als die Wurzel Nahrung ein. Die Wurzel sondert ab, der Stamm auch.

Nimmt man nun gar auf den Bau Rücksicht, so ist auch nicht der geringste Unterschied, zwischen dem Baumstamm und seiner Wurzel sowohl, als aller anderen Wurzeln der Holzpflanzen überhaupt, zu entdecken. Von den Palmen und Farrnkräutern an, durch die Gräser, Zwiebelgewächse, zu den einjährigen Pflanzen mit Zweigwurzeln, bestehen alle, durch und durch, aus Holz und Rinde. Einige haben Mark andere nicht; darauf kömmt hier nichts an, so wie auch nicht auf den besondern Unterschied, der sich zwischen dem Holz- und Rindenbau dieser verschiedenen Wurzeln unter einander findet, da hier nur von den Analogieen oder Unterschieden der Wurzel vom Stamm der Pflanzen überhaupt, und nicht ihrer Stämme und Wurzeln untereinander die Rede ist, wovon weiterhin gehandelt werden wird. Alle Wurzeln, nämlich der Holzpflanzen, haben das Holz in der Mitte, und überall wird es von Rinde umgeben, ganz eben so, wie es in den Baumstämmen der Fall ist. Der Baumstamm ist diesemgemäß also nichts weniger, als eine wesentliche Differenz von der Wurzel.

Gehen wir aber zu den übrigen Pflanzenstämmen über, so leitet uns die Natur wieder auf eine andere Analogie. Nämlich wir können sie entweder in nichts Wesentlichem von den blattartigen Theilen überhaupt unterscheiden, oder sie sind hinwiederum weiter nichts als offenbare Blumen und Fruchtstiele. Das erste ist

bei

bei den meisten jährlich über der Wurzel absterbenden Stengeln der Kräuter und Staudengewächse, das zweite bei den Liliaceen der Fall, und was die sogenannten Stämme der Farrnkräuter, Gräser und Palmen betrifft, so sind diese eine bloße Zusammensetzung aus Knoten zur und durch Vereinigung der Wurzeln und Blätter, welche Knoten bei den Gräsern auseinander gedehnt, bei den Palmen dicht neben einander gedrängt sind.

§. 72.

Der Stengel (caulis).

Der Stengel der perennirenden Pflanzen entsteht und vergeht an denselben wie die Blätter an allen übrigen Pflanzen, und von ihm ist der Stengel der einjährigen Gewächse, seiner ganzen Beschaffenheit nach, nicht verschieden. Wie der Baum im Herbst seine Blätter verliert, und bis zum Frühling neue Knospen ausbildet, aus denen diese Theile wieder erzeugt werden, um denselben Lebenskreis wie die vorigen zurückzulegen, so wirft die perennirende Wurzel ihr ganzes Kraut ab, bildet den Winter hindurch neue Knospen, aus denen dasselbe Kraut entsteht, um im Herbst wieder abzusterben. Diesen Vergleich hat auch schon Linnée und Sprengel [1]) gemacht, und Link in den Zusätzen zu Sprengels Werk, erklärt sich über diesen Vergleich mit sehr vielem Beifall.

Sehen wir auf den Bau dieser Stengel, so erkennen wir in demselben nichts als einen etwas zusammengesetzten Blattstiel: dieselben Gefäße, dieselbe Vertheilung und Lage derselben, dasselbe Zellengewebe, kurz nichts

1) Sprengel vom Bau und der Natur der Gewächse. Halle 1812.

was eine wesentliche Verschiedenheit andeuten könnte. So zeigen die Blattstiele, besonders der Bäume mit zusammengesetzten Blättern, eine Lage der Gefäßbündel, welche die größte Aehnlichkeit mit den Stengeln der perennirenden oder jährigen Gewächse hat, welche einen einfachen Holzring haben. Die Blattstiele der Robinia, der Weißbuche, haben einen geschlossenen Holzring, der inwendig Mark einschließt, und außen von Rinde umgeben ist. Dagegen zeigen die Blattstengel des Kastanienbaums rings um in einem Kreise gestellte Gefäßbündel wie die Stengel des Schöllkrauts u. s. w. Die Stengel dieser Gewächse sind also eben so aus ihrer unterirdischen Wurzel hervorgewachsene zusammengesetzte Blattstiele, als die aus ihrer oberirdischen Wurzel hervorgewachsenen Blätter der Bäume einjährige oder zweijährige Pflanzen sind, je nachdem sie den ersten, oder erst den zweiten Sommer, vom Stamm abfallen.

§. 73.

Der Schaft (scapus).

Linnée, und mit ihm alle übrigen Botaniker, sagen, der Schaft der Zwiebeln und anderer Gewächse, ist ein Stiel der nur Blumen und Früchte, aber keine Blätter trägt. Was ist denn aber der Blumenstiel aller übrigen Pflanzen wesentlich Anderes? Daß der Blumenstiel bei einigen Pflanzen geradezu aus der Wurzel, wie bei den Zwiebelgewächsen, bei andern aus der Spitze der Blätter (Phyllanthus), bei andern aus den Blattstielen (Salsola altissima, Rohria petioliflora), bei anderen aus der Mitte des Blatts, (Ruscus), oder wohl gar, wie bei Cynometra cauliflora und Omphalocarpum procerum [2]), Carica cauliflora, aus dem Stamme und den Hauptästen, während die blattreichen Kronen unfruchtbar sind, entspringen; dies alles ist, in Bezug auf die Natur des Blumenstiels selbst, etwas sehr gleichgültiges, und wir dürfen deshalb nicht, um einen Stiel an den Gewächsen zu haben, den Blumenstiel da zum Stamm machen, wo sonst keiner vorhanden ist.

Auch zeigt die zerstreute Lage der Gefäßbündel des Schaftes die größte Analogie mit allen übrigen Blumen und Fruchtstielen, und wir müssen diesen Stengel der Liliaceen durchaus streichen, indem er nicht mehr zur individuellen, sondern zur geschlechtlichen Pflanze gehört. Die ganze Blumenzwiebel von ihrer Entwickelung an, ist nichts anderes als eine Blüthenknospe (Tragknospe) und die Blattzwiebel eine gewöhnliche Blattknospe, welche unmittelbar auf dem Wurzelknoten sitzt. Dann behalten ja aber die Zwiebelgewächse keinen Stengel? Ich antworte, sie können keinen behalten, weil sie nie einen gehabt haben, und es ergeht uns hier so, mit dem Stengel, wie überall; es werden die verschiedensten Dinge darunter begriffen, und in Absicht der Terminologie muß die Botanik hier noch eine ganz andere Gestalt gewinnen.

§. 74.

Der Farrnstamm (stipes).

Diese Stengelart mit den übrigen unter eine allgemein passende Definition zu begreifen, ist unmöglich. Ueberall entspringen hier Blätter und Wurzeln zugleich, so daß man oft ganz und gar nicht im Stande ist zu

2) Willdenow Grundriß der Kräuterkunde.

bestimmen, wo das Blatt aufhört, und die Wurzel anfängt. Was man von dem Polypodium filix in Apotheken unter dem Namen: radix filicis, als ein berühmtes Mittel gegen den Bandwurm, aufbewahrt, das ist ein solcher Farrnstamm, der im Wesentlichen von dem Palmstamm ganz und gar nicht verschieden ist. Linnée hielt den eigentlichen Farrnstamm seiner Aufmerksamkeit nicht werth, weil er unter der Erde liegt. Er nahm daher die Blattstiele des sogenannten Laubes für den Stengel der Farren, und nannte den Theil, wovon hier die Rede ist: basis frondis [5]). Ueberall findet sich hier Blatt und Wurzel zugleich, und das Ganze des sogenannten Stammes besteht nur aus der Vereinigung von den zurückgebliebenen Theilen der Blattstengel mit den Wurzeln. Wo dieser Stamm, wie bei vielen Farrnkräutern, horizontal unter der Erde fortwächst, da bleiben die sich jährlich zugleich mit den Blättern erzeugenden Wurzeln mehr in lebendiger Thätigkeit, und es sterben auch nur die über der Erde hinausragenden Enden der Blattstiele mit ihrem Laube ab, wogegen die Basis aller, in ihrem Vereinigungspunkte unter sich, und mit den Wurzeln zurückbleibt, und auf dem vorjährigen Blattstiel- und Wurzel-Knoten einen neuen bildet, über welchen, im kommenden Jahre, eben so ein Kreis von neuen Blättern und Wurzeln hervorwächst. Wo hingegen der Farrnstamm sich senkrecht aus der Erde erhebt, da sterben auch die sich mit den Blättern zugleich entwickelnden Wurzeln des oberirdischen Theils an ihren Spitzen ab, und stellen ein Gewebe von haarförmigen

---

5) Linnéei Ph. bot. ed. Spr. p. 86.

Büscheln dar, welches sich zwischen den Blattstielfortsätzen in mannichfacher Verflechtung, besonders an vielen Palmen, z. B. Chamaerops, deutlich zeigt.

§. 75.

Wie sich also an dem Holz der Bäume jährlich eine neue Schicht um die vorjährige bildet, so erzeugt sich, durch die zurückgebliebenen Blattstiel und Wurzelansätze, auf den vorjährigen eine neue Schicht, oder eigentlich ein neuer Knoten auf dem alten, so daß dadurch zwar ein Wachsthum des Farrnstammes in die Länge, aber nicht wie bei den Bäumen in die Dicke statt finden kann.

Bei einigen Farrnkräutern, z. B. Pteris aquilina, entfernen sich die Knoten, aus denen die Blätter und Wurzeln entspringen, von einander, so daß zwischen zweien ein ziemlich langes Internodium liegt, wie bei den Gräsern, und aus dem Knoten entspringt jährlich nur ein Blatt, dem vorjährigen gegenüberstehend, so daß das Ganze dadurch von Knoten zu Knoten in entgegengesetzter Richtung wächst, und ein knieförmiges Ansehen gewinnt.

Mag man nun bei Betrachtung dieses Farrnstammes auf den Bau oder auf die Verrichtung der Theile Rücksicht nehmen, so ist in jedem Knoten die ganze Pflanze vereint. Der Farnstamm ist weder Stamm noch Wurzel, sondern in jedem Knoten die Vereinigung von Wurzel und Blatt, so daß eigentlich der Zusammenhang aller Knoten eines Stammes vielmehr eine Sammlung von Bildungen ist, über welche hinaus sich neue erzeugen, als ein wesentlicher Theil eines Ganzen, dem es

Organ ist. Der Zusammenhang, den die Knoten untereinander haben, und wodurch, in den sich über die Erde erhebenden Farren, die Gemeinschaft der in der Erde befindlichen, nur lebenden, Wurzeln mit dem sich an der Spitze befindenden Laube unterhalten wird, ist ein zufälliger und äußerer. Ich habe mit Pteris aquilina und Polypodium filix mas den Versuch gemacht, die Knoten auseinander zu brechen, und sie wieder in die Erde zu bringen. Der oberste Knoten, und auch einige von den mittelsten, welche Keime enthalten mußten, trieben Blätter und Wurzeln, wie die daneben stehenden Stämme, welche in ihrer völligen Integrität geblieben waren.

§. 76.

Der Halm (culmus).

In dem Stamm von Pteris aquilina findet sich ein deutlicher Uebergang von der Bildung des Farrnstammes zu den Gräsern. Wie sich dieser Farnstamm von Jahr zu Jahr durch ein einziges Internodium verlängert, und aus demselben Knoten noch Wurzel und Blatt zugleich entwickelt; so bildet der Grashalm in demselben Sommer eine große Reihe von Knoten, und zwar bei vielen durch eine gleichmäßige Verlängerung nach unten und nach oben. Nur aus den unterirdischen Knoten entspringen Wurzeln: aus den oberirdischen, Blätter, doch aus einem Knoten nur ein Blatt, und abwechselnd gestellt wie bei Pteris. Man kann eigentlich das nächst untere Internodium des Grashalms als eine Fortsetzung der Blattscheide des nächst obern Blattes ansehen, aus welcher, durch den nächst obern Knoten, eine neue Scheide entspringt u. s. w., so daß der ganze Halm bloß aus auf einander geschichteten Blättern mit ihren Knoten, wie die Farre, besteht. Das Wachsthum der Farren und Gräser hat eine große Aehnlichkeit. Beide entwikkeln sich von Knoten zu Knoten, und eigentlich ist nur in den Knoten die Fähigkeit zur Entwickelung, sowohl von Wurzel als Blatt, also der ganzen Pflanze, gegeben. Der Baum und krautartige Stamm können aus jedem beliebigen Punkte ihrer ganzen Ausdehnung Keime entwickeln; etwas das bei den Gräsern und Farren nur in den Knoten geschieht.

§. 77.

Die Knoten der meisten Farrnkräuter sind nun zwar so in einander gedrängt, daß der Zwischenknoten durchaus zu fehlen scheint, indessen sieht man an Pteris sehr deutlich, daß sich zuweilen auch eine merkliche Ausdehnung zwischen ihnen findet, und daß umgekehrt bei vielen ein bloßes Uebereinanderschichten dieser Verknotungen Statt findet, zwischen welchen bei andern, mehr oder weniger, von einem Internodium sich einschiebt. Wenn man das jährliche Ansetzen der Holzschichten eine Einschachtelung nennen wollte, so könnte man dieser gegenüber das Wachsthum der Gräser und Farren ein Aufthürmen nennen. Wo der Baum in sich eine innere Einheit zu bilden bestrebt ist, da verliert sich das Wachsthum der Gräser und Farren in äußerer Vielheit und Mannichfaltigkeit.

So wie der Baumstamm eine Verlängerung der Wurzel über die Erde ist, so ist umgekehrt bei vielen Gräsern ein Hinabsteigen des Stengels in die Erde, um Wurzeln zu treiben. Wie am Baum eine oberirdische

Wurzel Blätter trägt, so treibt im Grase ein unterirdischer Stengel Wurzeln. Aber beides läßt sich umkehren: der wurzelnde Grasstengel treibt am Lichte aus seinen Knoten Blätter, wie die Krone des Baumes in finsterer Erde wurzelt.

Bei dieser Wandelbarkeit in der Entwickelung der äußern Theile kann man nun also den Grashalm gewiß eben so wenig als einen wesentlich verschiedenen Theil der Pflanze ansehen, wie dies mit den vorhin genannten äußeren Pflanzentheilen der Fall sein kann. Jeder Knoten am unterirdischen wie am oberirdischen Grashalm repräsentirt die ganze Pflanze, also kann in den leisen Verwandlungen der Gestalt gewiß keine allgemeine Differenz gesucht werden.

§. 78.

Von den aufwärts wachsenden Theilen der holzlosen Pflanzen.

In diesen niedern Organisationen sehen wir nicht einmal immer ein bestimmtes Auseinandertreten ihrer äußern Theile nach oben und unten, sondern die Richtung wird hier so gleichgültig, daß sie sich nach allen Seiten hin entgegengesetzt ausdehnen, wohin äußere Umstände sie gerade bestimmten. Dies ist besonders bei den Conferven der Fall. Bei den Conferven stellt auch schon jedes einzelne Glied das Bild der ganzen Pflanze dar, und es kann uns also um so weniger einfallen, hier eine wesentliche Differenz von Wurzel, Stamm u. s. w. zu suchen.

Die Tange bestehen ihrer ganzen Ausdehnung nach aus einem durch und durch gleichen Schlauchgewebe (anomales Zellgewebe nach Link) welches selbst gar keinen von der Wurzel dieser Pflanze ausgezeichneten Bau hat [4]), und es kann daher in diesen Pflanzen unmöglich ein wesentlicher physiologischer Gegensatz des Stengels und der Wurzel gesucht werden.

Die Moose, besonders die an feuchten Stellen wachsenden, sterben an ihren untern Theilen nach und nach ab, während die oberen in demselben Maaße nieder sinken, und statt der Blätter Wurzeln treiben. Durch diesen ewigen Proceß von Entstehen und Vergehen, und der Verwandlung des Stengels in Wurzel, bildet das Torfmoos, und andere Arten, den Torf. Die älteren Wurzeln und Stengel trennen sich todt von dem noch lebenden obern Theil; die Blätter der untern hängenden Zweige senken sich ins Wasser, und saugen theils selbst für die ganze Pflanze Nahrung ein, theils entspringen neue Wurzeln aus ihren Winkeln, so daß nach und nach der ganze nach oben gewachsene Theil der Pflanze zur Wurzel wird.

§. 79.

Merkwürdig in dieser Rücksicht ist auch die Chara flexilis. Diese Pflanze besteht, wie alle Charen, in allen ihren Theilen aus einfachen schlauchförmigen Gliedern, welche sich mit ihren fußförmigen Enden zu einem Knoten einlenken, aus dem nach oben blattartige, nach unten Wurzel-Zweige entspringen. Diese Glieder sind an der Wurzel nackt, hingegen an dem in die Höhe wachsenden Theil, der ganzen Ausdehnung nach, mit einer grünen zelligen Haut überzogen, welche dem Gan-

4) Rudolphi l. c. p. 194. Link l. c. p. 22. 139.

zen, unter dem Mikroskop betrachtet, ein streifiges oft gewundenes Ansehen giebt. Während nun der obere Theil dieser Pflanze lebhaft grünt und fortwächst, zeigt sich am mittleren Theile allmählig ein Gelbwerden der grünen Haut, die zugleich ihre vorige Durchsichtigkeit verliert, und ein mehr und mehr trübes Ansehen gewinnt. Sie fängt, mitten im Wasser, an, welk zu werden, wie die im Herbst vor dem Abfallen an den Bäumen sitzenden Blätter. Nach unten verwandelt sich die gelbe Farbe immer mehr und mehr in eine dunkelere, und als ich es zum ersten Male sah, glaubte ich, der ganze Stengel sei durch und durch abgestorben. Das ist aber nicht der Fall. Man bemerkt bald, daß diese Veränderung nur die, das Ganze überziehende, Haut angeht, und daß diese anfängt sich von den wirklichen Stengelgliedern der Pflanze zu lösen. Nach und nach verwandelt sich die Farbe derselben in eine schmutzig graue, ihre Textur zerfällt durch völliges Absterben in einen Schlamm, und das Ganze fällt von selbst von allen Theilen die es überzog ab, und indem es sich niedersenkt, sammeln sich um jeden Knoten der Pflanze die Ueberreste von der Haut des obern Internodiums an, indem die vom Internodium aus kreisförmig entspringenden Blätter das tiefere Niedersenken verhindern. Das Internodium erscheint nun von zarter weißgrüner Farbe, (dem unbewaffneten Auge) ganz nackt, und ich kann mir bei diesem Vorgang nicht erwehren, an eine sich häutende Schlange, oder an einen seine Schaale abwerfenden Krebs, zu denken: nur ist zwischen der Häutung dieser Thiere und der Häutung der Charen der Unterschied, daß bei ersteren sich unter der abfallenden Oberhaut eine neue erzeugt, was bei der Chara nicht der Fall ist.

Nachdem nun die Haut der Chara völlig abgestorben und abgefallen ist, und die nackte Pflanze zurückgelassen hat, bildet das verfaulte Gewebe derselben um die ebenfalls nackten Knoten einen dicken zähen Schlamm von einer schmutzig grauen Farbe. Jetzt fallen gemeinhin alle um den Knoten entspringenden Blätter der Pflanze ab. Nicht selten bemerkt man aber auch, daß nur die obersten Glieder der Blätter abgeworfen werden, und daß die Basis des ganzen Blattes an dem Knoten sitzen bleibt. Wie dem nun auch sein mag, so entspringen, wo die Blätter ganz abgefallen sind, unmittelbar aus dem Knoten: wo die Basis derselben sitzen geblieben ist, aus dieser, von allen Seiten eine große Menge zarter, weißer Wurzeln, welche sich alle in dem Schlamm, welcher sich aus der abgestorbenen Haut erzeugt, und um die Knoten angesammelt hat, mannigfach verästeln, und so die ganze Umgebung des Knotens in einen dichten Filz umwandeln. Wenn man nun, im Wasser, vermittelst eines zarten Pinsels, einen oder mehrere Knoten von den ihn umgebenden fremden Theilen reinigt, so sieht man, daß der Stengel dieser Pflanze sich in eine vollkommene Wurzel verwandelt hat, und daß diese neue Wurzel von der ursprünglichen alten, sich in gar nichts Wesentlichem unterscheidet. Die ursprüngliche Wurzel wurzelt im Boden des Wassers; hingegen macht bei diesen aus dem Stengel erzeugten, der um die Internodien angesammelte Schlamm, von der verfaulten Haut, den Boden aus, in welchem die obere Pflanze befestigt ist. Sie wurzelt also jetzt in ihrem eigenen Moder.

Diese Erscheinung habe ich nur an der Chara flexilis da bemerkt, wo die Pflanzen in großer Menge dicht nebeneinander stehend, in einem mehrere Fuß tiefen Wasser in die Höhe gewachsen waren. Von den übrigen hier wachsenden Chara-Arten habe ich unter solchen Umständen keine angetroffen, und es ist immerhin wahrscheinlich, daß eben dasselbe mit den übrigen Arten vorgeht, da auch die Chara flexilis in seichtem Gewässer auf diese Weise nicht fortwächst.

§. 80.

In einer solchen Verwandlung der äußern Theile in einander, liegt nun wohl der unwidersprechliche Beweis, daß zwischen den nach oben und nach unten wachsenden Pflanzentheilen, durchaus kein wesentlicher Unterschied, auch bei diesen niedern Pflanzen Statt haben kann. Bei ihnen ist auch meist nirgends ein Unterschied des oberirdischen Theils, in Stengel und Blätter, vorhanden, sondern es giebt hier nur über dem Boden eine gleichförmig gestaltete und gebaute Substanz, die in einem Fall mehr Aehnlichkeit mit einem Blatt, in dem andern mehr mit einem Stengel hat, im Ganzen betrachtet aber keins von beiden ist, da bei diesen Pflanzen die Mannichfaltigkeit der äußeren Gestalt in demselben Maaße zurücktritt, als die wesentlichen, innern Differenzen der Vegetation in ihnen zu einer ununterscheidbaren Einheit zusammenschmelzen.

Ueberschauen wir nun alles, bisher über die Natur des nach oben wachsenden Pflanzentheils, besonders der

Holzpflanzen, Gesagte, so ergiebt sich daraus das Resultat, daß der Begriff des Stengels, als eines in der Pflanzennatur begründeten allgemeinen Unterschiedes, ganz und gar wegfallen muß. Der Baumstamm ist seiner ganzen Natur nach Wurzel, der Krautstengel nichts als ein zusammengesetzter Blattstiel, der Schaft ist ein offenbarer Blumen- und Fruchtstiel, und gehört zur individuellen Pflanze gar nicht, der Farrnstamm und der Grashalm sind durchaus nichts, als verknotete Blätter und Wurzeln, und so bleibt an der äußern Pflanzengestalt nichts übrig als Wurzel und Knospe, oder Blatt. Wir müssen am Ende ganz einfach zu Theophrast zurückkehren, und sagen, die Pflanze besteht äußerlich aus Wurzel und Knospe, radix und surculus.

§. 81.

Knospe.

Wir haben nun also endlich vorzugsweise unsere Aufmerksamkeit auf diesen noch einzig übrigen äußeren, individuellen Pflanzentheil zu richten, um zu sehen, ob sich eine wesentliche Differenz zwischen ihm und der Wurzel entdecken läßt oder nicht.

Richten wir hier unsere Betrachtung zuerst auf die holzlosen Pflanzen, so werden wir gleich anfangs mit Schrecken gewahr, daß diese ganz und gar, im Sinne der höhern Pflanzen, keine Knospen haben. Bei ihnen sprossen unmittelbar, wie nach unten die Wurzeln, so nach oben die Zweige hervor, und das Auswachsen der obern Theile dieser Pflanze, ist von der Entstehung der Wurzeln aller übrigen Pflanzen durchaus nicht verschieden; deshalb zeigen sich auch bei denselben eben so wenig Knospen, als bei Entstehung der Wurzeln aller Pflanzen.

Sehen wir zunächst auf die Conserven, so zeigt sich hier die Entstehung ihrer Glieder als ein unmittelbares Auswachsen des einen aus dem andern, ohne alle äußere Hülle und vorhergehende Einwickelung der entstehenden Theile, welche doch eigentlich das Wesen der Knospe ausmacht.

Die Pilze wollen wir ganz übergehen, weil ihnen niemand Knospen andichten wird.

Beim ersten Anblick sollte man glauben, die Chara hätte an der Spitze ihrer Stengel Knospen. Allein man überzeugt sich bald, daß die sogenannten Blätter dieser Pflanze eben so wie die Verlängerung des Stengels nach oben, unmittelbar aus dem untern Theile hervorsproßt, und daß also an eine wirkliche Knospe hier gar nicht zu denken ist.

Die Lichenen vergrößern, in gleichmäßiger Ausdehnung, ihre Theile nach oben, wie ihre Wurzeln nach unten, oder zur Seite, wenn sie z. B. auf einer alten Baumrinde wachsen, und Gärtner nennt die Fortsätze in welche sie nach oben auswachsen, Propagines. Der Ausdruck ist sehr bequem, und läßt sich auch für das Wachsthum durch unmittelbares Aussprossen bei den übrigen holzlosen Pflanzen anwenden.

§. 82.

Gärtner dehnt nun zwar den Begriff der Knospe weit aus, und versteht zugleich unter demselben Ausdrucke, durchaus jedes Auswachsen der individuellen Pflanze ohne den Zutritt des Geschlechts. Er theilt seine Knospen, im weitläuftigen Sinne, in einfache und eigentliche Knospen. Zu den ersteren rechnet er die Fortpflanzungskörner der holzlosen Pflanzen, der Moose, Tange u. s. w., und ferner alle sonstigen Auswüchse der Pflanze, sie mögen ein Theil des Individuums bleiben oder nicht. Zu den eigentlichen Knospen rechnet er, das, was vor und nach ihm unter Knospen verstanden worden ist.

§. 83.

Wenn aber gleich niemand sich über den Begriff der Knospe deutlich ausgesprochen hat, so liegen doch, stillschweigend den meisten Definitionen davon, folgende Voraussetzungen zum Grunde:

1) daß sie ein Theil der individuellen Pflanze sei und bleibe,

2) daß sich aus ihr der nach oben wachsende Theil der höhern Pflanzen entwickele, wogegen die Entwickelung der Wurzel den Begriff der Knospe ausschließt.

Diese beiden Eigenschaften kommen aber den Gärtnerschen einfachen Knospen nicht zu: denn die Körner und sogenannten Saamen der Linnéeischen cryptogamischen Pflanzen, sind zwar nach meinem Dafürhalten keine wirkliche, denen der höhern Pflanzen zu vergleichende Saamen, nichts destoweniger aber sind sie noch Theile der individuellen Pflanze, sondern in ihnen ist, wie im Saamen, eine ganz neue abgesonderte Pflanze, potentia, verschlossen. Diese Theile sind daher durch und durch den Keimknollen der Kartoffel analog, nur wie diese von dem unterirdischen Theile producirt sind, so wurden jene von den nach oben wachsenden Theilen erzeugt. Ich würde also alle diese Erzeugnisse sammt und sonders unter dem gemeinschaftlichen Namen der Keimknollen zusammenfassen, wenn dieses gleich für manche derselben, bei den holzlosen Pflanzen unpassend scheinen möchte, da auf sie die gewöhnliche Vorstellung von Knolle nicht recht paßt, was aber im Wesentlichen gar nichts ausmacht.

Was den zweiten Punkt betrifft, so glaube ich, würde Gärtner seine Bestimmung gewiß selbst nicht gegeben haben, wenn er daran gedacht hätte, daß das Sprossen der nach oben wachsenden Theile der niedern Pflanzen von dem Auswachsen der jungen Wurzeln im ganzen Pflanzenreich gar nicht verschieden sei: denn er würde gewiß nicht zugegeben haben, daß auch die Wurzeln durch Knospen wachsen. Das ist ja eben der große Unterschied zwischen Knospe und dem Sprossen der holzlosen Pflanzen, daß sie sich zu einander wie das Wachsthum nach oben und nach unten bei den höhern Pflanzen verhalten. Die niedern Pflanzen wurzeln so gut im Licht wie in der finstern Erde, und gelangen zu der Entwikkelung von Blättern, wie die höhern Pflanzen, nie.

§. 84.

Den angegebenen Bestimmungen zufolge, gefällt mir die Definition von Knospe, welche Nees von Esenbeck gegeben hat, sehr gut: „Knospe ist die noch unentwikkelte Anlage des Zweiges auf der entwickelten Pflanze, die Pflanze die, und in wiefern sie aus der Mutterpflanze keimt. [5]) Doch ist auch diese Definition streng genommen,

5) N. v. Esenbeck Handbuch der Botanik. 1r Theil. S. 461.

men, keinesweges ein- und ausschließend genug. Wir müssen den Begriff der Knospe durchaus allein auf die höhern Pflanzen einschränken, und sagen: Knospe ist die Anlage des Wachsthums nach oben bei den Holzpflanzen." Alles Wachsthum daher, in welcher Richtung es auch geschehen möge, was sich von dem Wurzeln der höhern Pflanzen nicht unterscheidet, geschieht nicht durch Knospen. Linnée macht mit seiner Definition von Knospe wenig Umstände. Er sagt: Gemma est hibernaculum caudici adscendenti insidens. Und im Grunde hat er ganz Recht. Die Knospe sitzt auf dem aufsteigenden Stamm. Damit versteht es sich von selbst, daß diejenigen Pflanzen, welche keinen caudex haben, auch keine Knospen haben können. Dagegen ist die Willdenowsche Definition viel zu allgemein. „Knospe ist derjenige Theil eines Gewächses, welcher den Entwurf zum weitern Wachsthum desselben enthält." [6]) Der Verfasser hat gerade nicht daran gedacht, daß auch in den Wurzeln der Entwurf zum weitern Wachsthum liegt, als er diese Definition gemacht hat.

§. 85.

Also in dem, so eben angegebenen, Sinne finden sich bei allen holzlosen Pflanzen keine Knospen, weder bei den Moosen, noch den Tangen, noch den Flechten, noch bei den übrigen.

Dagegen geschieht das Wachsthum aller Holzpflanzen nach oben, auf eine, im Allgemeinen durchaus übereinstimmende, Weise; verschieden von dem Wachsthum

6) Willdenow Handbuch der Kräuterkunde u. s. w. S. 126.

nach unten. Hier stehen sich Wurzel und Knospe gegenüber. Und es ist auffallend zu sehen, wie dieser Gegensatz von Knospe und Wurzel, der uns nur noch als der einzige bei allen höhern Pflanzen übrig geblieben ist, aus der höchsten räumlichen Entfernung von einander sich allmählig näher und näher rückt, bis er am Ende in den niedern Pflanzen ganz und gar in sich selbst versinkt.

§. 86.

Man denke sich die ungeheuere Entfernung, in welcher die Knospen hoher Bäume, von ihren Wurzelspitzen in der Erde sich befinden, und wie in den Sträuchern nach und nach schon eine Annäherung beider Extreme, des nach oben und nach unten strebenden Theils, Statt findet. Die Wurzeln der Kräuter und Staudengewächse (z. E. eine Petersillen- oder Selleriewurzel) nehmen ihre Knospen schon zu sich in die Erde hinab, wenn gleich noch eine bemerkbare Entfernung in den Extremen des nach unten und nach oben wachsenden Theils wahrzunehmen ist. Die Gräser und Zwiebelgewächse ziehen den Ursprung ihrer Wurzeln und Knospen schon in einen Knoten dicht zusammen, und die Palmen und Farrnkräuter endlich bestehen, ihrer ganzen Ausdehnung nach, aus übereinander gehäuften Knoten, welche dem gemeinschaftlichen Entstehen der Wurzeln und Knospen, aus einem Punkte, das Dasein verdanken.

Gräser und Zwiebelgewächse unterscheiden sich dadurch in ihrer Gestalt, daß bei den ersteren die Verknotungen übereinander, bei den Zwiebelgewächsen nebeneinander (Brutzwiebeln) entstehen; aber bei beiden repräsentirt ein Knoten die ganze Pflanze. Die Zwiebel ist ein Grasknoten. Man sehe sich darauf die Abbildung des unterirdischen Rohrstengels mit den Knospen an, welche ich auf der ersten Tafel gegeben habe. Man kann sagen, er bestehe aus übereinander gehäuften Zwiebeln, deren Zwiebelkuchen die Knoten sind, und umgekehrt sind die Brutzwiebeln nichts anderes, als neben einander wachsende Knoten eines Grashalms. Treviranus [7]) hat auch an den Zwiebelgewächsen gezeigt, daß sich keinesweges immer, obgleich mehrentheils, der neue Zwiebelknoten seitwärts, sondern zuweilen auch in aufsteigender, zuweilen in absteigender Richtung verlängere, wodurch offenbar ein Uebergang zu dem Wachsthum der Gräser und Palmen angedeutet ist.

Die Zwiebel ist also weder Wurzel noch Knospe, sondern sie ist die ganze Pflanze, deren nach oben und nach unten wachsender Theil, so in einen Knoten dicht zusammengedrängt ist, wie die Extreme derselben in den Bäumen sich in höchster Entfernung von einander befinden.

Der Farrnstamm ist eigentlich eine Vereinigung der Zwiebel und des Grashalms. Seine Knoten sind wie bei dem Grashalm übereinander gethürmt, und haben ähnlich den Zwiebeln größtentheils keine Internodien, wie die Gräser sie haben.

Somit hätten wir also, in den höhern Pflanzen wenigstens, einen schönen Gegensatz äußerer Unterschiede,

7) Ueber das Vermögen der Zwiebeln u. s. w. sich zu reproduciren. In dessen verm. Schriften 4r Bd. S. 208.

in der Wurzel und der Knospe. Ob aber einen allgemeinen, bleibenden, wesentlichen? Das wollen wir sehen, indem wir die Entfaltung der Knospen zu Blättern verfolgen.

§. 87.

Von den Blättern.

An den Blättern findet sich so mancherlei Schönes, Merkwürdiges, Ausgezeichnetes, daß man kaum zweifeln sollte, ob es möglich sei, sie von der finstern, in sich gekehrten Wurzel der Pflanze zu unterscheiden. Ihre Gestalt, ihre Farbe, ihre Wechselwirkung mit Luft und Licht, kurz ihr ganzes inneres und äußeres Leben hat so viel in die Sinne fallendes, und ihre Betrachtung so viel Anziehendes und Ermunterndes, daß man gar nicht einmal auf den Gedanken gekommen ist, zu prüfen, ob sich das Wurzelleben der Pflanze auch durch eine wesentliche Differenz von dem Blätterleben auszeichne, indem man ohne alle Umstände diese Verschiedenheit, gleichsam als eine nothwendige, vorausgesetzt hat.

Nur aus diesem Grunde ist es erklärbar, daß von den alten Herrn, und selbst von vielen der neueren, nicht einmal eine Definition von Blatt gegeben ist. Sie setzten voraus, daß jeder wissen würde, was ein Blatt sei. So wenig ich nun auch glaube, daß jemand, wenn eine Linde vor ihm steht, das Blatt für die Wurzel und umgekehrt, nehmen werde, so wünschte ich doch wohl zu wissen, was z. B. Theophrast für eine Definition von Blatt gegeben hätte, wenn er auf diesen Gedanken gekommen wäre. Linnée giebt auch keine Definition von Blatt, sondern fängt, eben so wie Theophrast, von Blättern an zu reden, ohne sich darüber zu erklären, was er damit meint. Eben so wenig finde ich in Sennebier's Physiologie végétat. eine Definition von Blatt.

§. 88.

Was mich betrifft, so glaube ich, daß man das Blatt im Allgemeinen gar nicht, sondern erst dann definiren könne, wenn bestimmt ist, von welcher Pflanze oder Pflanzenfamilie die Rede ist; aus dem ganz einfachen Grunde, weil die Natur selbst ihre Blätter nicht im Allgemeinen, sondern nur im Besondern definirt hat.

Daß diesem so sei, beweisen die Versuche der berühmtesten Botaniker, die sich bemüht haben, im Allgemeinen Definitionen von dem Blatte der Pflanze zu geben, welche zu widerlegen sehr wenig Scharfsinn erfordert wird; und es ist sehr interessant zu sehen, wie Alle diesen Widerspruch auch sehr gut gefühlt haben, ohne daß ihn jedoch jemand auszusprechen gewagt hat, gleichsam als ob es durchaus eine allgemeine Bestimmung von Blatt geben müsse. So sagt z. B. Malpighi [8]) „Sunt autem haec (folia) quasi placentulae singularum partium.“ An einer andern Stelle [9]) heißt es: „Folia quorum copia luxuriasse videtur natura, sunt praecipuae insignesque partes, quibus arbores et herbae integrantur: illa enim omnia quae in trunco seu caule, principe vegetantium parte, colliguntur et quasi compendio coercentur, ulteriori

---

8) Malpighi l. c. 1. p. 48.

9) Malpighi ibid. p. 53.

productione in extremis et junioribus partibus soluta, in folia exeruntur, ita ut elongati et laciniati trunci appendices videantur.“ Er spricht also geradezu aus, daß er nur die Blätter der Bäume und Kräuter bei Feststellung seiner Definition vor Augen hatte, und dennoch dehnt er sie zu einer ganz allgemeinen Bestimmung aus. Von der andern Seite aber liegt der Definition auch die sehr wahre Voraussetzung zum Grunde, daß die Blätter als bloße Anhänge des ausgebreiteten Stammes, von diesem gar keine wesentliche Verschiedenheit des Baues haben können. Was aber ihre Bestimmtheit betrifft, so wüßte ich nicht, daß etwas darin enthalten wäre, was nicht zugleich auch auf die Wurzel paßte. Denn integrirende Theile der Pflanze sind die Wurzeln eben so gut als die Blätter, und an den jungen Theilen der Pflanze wachsen nach unten die Wurzeln so gut, wie nach oben die Blätter, als verlängerte und zertheilte Anhänge hervor. Duhamel [10]) macht es ohngefähr eben so wie Malpighi; er hat auch nur die Bäume vor Augen, wenn er sagt: „Les feuilles sont des productions minces; elles garnissent principalement les jeunes branches; et par leur couleur, par la varieté de leur forme, et leur multiplicité, elles font la plus durable décoration des arbres.“ Hinterher fügt er noch hinzu, daß zwar mehrere Blumen durch die angenehmen Farben und die ausgezeichnete Gestalt ebenfalls ein schöner Schmuck der Bäume seien, aber dieß sei vorübergehend, wogegen der Blätterschmuck dauernder sei. Weiter bringt er noch

10) Duhamel physique des arbres. T. 1. p. 105.

ganz entfernte, und gar nicht zur Sache gehörige Dinge zu dieser Definition; daß uns z. B. die Blätter gegen die Sonnenwärme schützen, angenehme Spaziergänge verursachten u. s. w. (J'ajoute qu'il est plus utile, puisque ce sont elles qui nous préservent pendent l'été de l'ardeur des rayons du soleil, et qu'elles nous mettent, par leur ombrage salutaire, en état de profiter des agrémens de la promenade). Es ist sonderbar, daß die meisten Franzosen immer in der Mannichfaltigkeit und Vielheit der Dinge ihr Wesen suchen. So machte es Bonnet bei seiner Vergleichung der Thiere und Pflanzen, und Duhamel giebt hier wieder einen Beweis davon ab. — Dünn sind nicht alle Blätter, es giebt auch dicke, oft ganz runde. An den jüngern Zweigen können sie nur da sitzen, wo welche vorhanden sind, bei den meisten Gräsern und Zwiebelgewächsen nicht. Die Definition paßt selbst nicht einmal auf die Blätter aller Bäume, z. B. der Nadelhölzer. Willdenow [11]) giebt eine sehr lange Definition von Blatt: Es sind meistens häutige, seltener fleischige, krautartige, fast immer grün gefärbte Ausdehnungen und Verlängerungen des aufwärts steigenden Stockes, die sich entfalten, und nach der Verschiedenheit ihres Baues, bald früher bald später vergehen. Paßt das nicht alles haarklein auch auf den ganzen oberirdischen Theil eines perennirenden Gewächses? Schließt es die Wurzeln aus, welche sich aus dem aufwärts wachsenden Theil der Palmen, Farrnkräuter, der Wassernuß (Trapa natans) und anderer Pflanzen finden? Link bemerkt dabei sehr

11) Willdenow Grundriß der Kräuterkunde p. 75.

richtig, es sei schwer im Allgemeinen eine Definition von Blatt zu geben, und ich setze hinzu: es ist rein unmöglich, aus dem oben angegebenen Grunde.

§. 89.

Wir wollen indessen das Verhältniß der Blätter zur Wurzel etwas näher beleuchten, um zu sehen, ob sie einen wesentlichen Unterschied an der Pflanze ausmachen. Im gewöhnlichen Laufe des Pflanzenlebens entwickeln sich aus der Knospe Blätter (oder Blüthen, wovon hier noch nicht die Rede ist), wenn man aber einen Baumstamm mit Knospen unter die Erde bringt, welche oberhalb entstanden waren, so entwickeln sich auch aus der Blätterknospe Wurzeln, und zwar in sehr großer Menge, wie ich mich davon zum öftern durch Versuche an Weiden und Pappeln, überzeugt habe, nachdem ich die oben angegebene Beobachtung von Duhamel gelesen hatte.

Dieser Umstand ist der Meinung wenig günstig, daß die Blätter ein wesentlich verschiedener Pflanzentheil seien. Wenn sich die Keime der Blätter zu Wurzeln umbilden können, so setzt dieß eine große Analogie beider Theile voraus, und diese wird noch größer, wenn wir umgekehrt in Betrachtung ziehen, daß sich die Wurzelkeime zu Blattaugen ausbilden können, wie man dieß an einem umgekehrten Baumzweig, oder eben so gut an einer unter der Erde fortlaufenden Wurzel einer Pappel oder Weide, deutlich sehen kann.

Ich will dies noch gar nicht als einen Beweis ansehen, daß Wurzel und Blätter im Wesentlichen einerlei seien, aber doch als einen Grund, der uns gegen die große Verschiedenheit beider Theile Zweifel erregen muß.

§. 90.

Farbe der Blätter.

Die grüne Farbe ist den meisten Blättern, im Zustande ihrer vollendeten Ausbildung im Lichte, gewöhnlich. Doch kommen selbst ganz andere Farben der Blätter vor, so wie umgekehrt auch an allen anderen Theilen der Pflanze die grüne Farbe vorkommt. So ist es nichts ungewöhnliches, daß sich an Fagus, Amaranthus, Beta, Brassica und andern Pflanzen, rothe Blätter finden. Die Keimknollen der Kartoffel werden grün, wenn sie von Erde entblößt, während ihres Wachsthums dem Lichte ausgesetzt sind. Die Stengel der meisten Kräuter und Staudengewächse sind von Natur grün, was jedoch nicht auffallend sein kann, da diese Theile eigentlich weiter nichts als Blattstiele sind. Jedoch erscheint auch die Rinde vieler Bäume grün, wenn die Farbe derselben nicht durch eine zu dicke Lage abgestorbener Oberhaut bedeckt, und unsichtbar gemacht wird. Unter der Epidermis befindet sich in der Rinde überall zunächst eine Lage vou grünem Parenchym, eben so wie es bei den Blättern der Fall ist, und von der Farbe dieses Parenchyms rührt die grüne Farbe der Blätter, so wie aller andern Pflanzentheile her. Wo dieses Parenchym aber durch einen dicken Ueberzug von Oberhaut oder Haaren unsichtbar gemacht wird, da verlieren die Blätter, wie alle übrigen Pflanzentheile, ihre grüne Farbe, und erscheinen in der Farbe des Ueberzuges. Daß diese Verhüllung der Farbe bei den Blättern seltener geschiehet, als bei den übrigen Pflanzentheilen, rührt von ihrer höchst zarten Epidermis her, welche nicht wechselt, weil die Blätter selbst nur periodische Erscheinungen an der Pflanze sind. Nichts destoweniger wird durch eine, sich etwas verdunkelnde, Epidermis die grüne Farbe opack oder fahl (glaucus) oft aber durch größere Trübung und Aufsitzen von Haaren seidenweiß (sericeus) oft silberfarben, wie an der Silberpappel.

Allein abgesehen von dieser Uebereinstimmung und Verschiedenheit der Farbe an verschiedenen Pflanzentheilen haben die Blätter keineswegs von ihrem Entstehen an bis zum Tode dieselbe grüne Farbe. Wie die Farbe an allen Pflanzentheilen eine höchst veränderliche in ihrem Lebenslaufe ist, so ist dies auch mit den Blättern der Fall. Die Farbe entwickelt sich wie das vegetative Leben überhaupt, und ist nicht selten der Ausdruck des gesunden oder gekränkten Lebensprocesses überhaupt; so wie das Pflanzenleben allmählig seine Periode abläuft, zerstört sich auch nach und nach die Farbe, und sie ist daher durchaus keine bleibende, sondern ewig sich verwandelnde, wie das Leben der Pflanze selbst. Sie durchläuft von der Evolution der Pflanze bis zur Fruchtbildung, eine Veränderung durch mannichfache Farbentöne von weiß zu schwarz, und ist nirgends zu halten.

Alle Theile der Pflanze im Keim, und also auch die Blätter sind weiß; die sich in die Erde senkende Wurzel behält fürs erste die Farbe, und wenn der Act des Keimens im Finstern geschieht, so behält auch die ganze sich nach oben entwickelnde Pflanze mit allen Blättern eine weiße Farbe, wie man dies in einem finstern Kartoffelkeller gegen den Frühling häufig zu sehen Gelegenheit hat. Ich möchte diese Entwickelung im Finstern einen fortgesetzten Keimungsact nennen. So wie sich aber der Keim des Blattes aus der finstern Erde gegen das Licht erhebt, so trübt er sich allmählig durch einen anfangs blassen Ton zu einer neutralen grünen Farbe, die sich nach und nach durch mancherlei Abstufungen, zu einem dunkleren Farbenspiel im Alter umändert. Das reine, zarte, helle grün der aus den Knospen im Frühling hervorbrechenden Blätter, trübt sich gegen die Höhe des Sommers bis zum Herbst hin, nach und nach durch immer dunklere Nüancen zu einem schwarzgrün, welches mit der Farbe der entstehenden Blätter wenig Aehnlichkeit mehr hat.

Kurz vor dem Erlöschen der Lebensthätigkeit beim Abfallen, werden die Blätter wieder durch Wechselwirkung mit Licht und Luft bleich, oft gelb, und geben später nach rein physischen Gesetzen in die schwarze Erdfarbe zurück.

§. 91.

Dagegen entsteht in dem Gipfel der individuellen Lebensthätigkeit mit dem Ursprung des geschlechtlichen Lebens in der Blume, entweder wieder, wie im Keime, eine reine und ungetrübte weiße Farbe, oder es entsteht eine eigenthümliche helle Trübung von roth, blau, gelb u. s. f., welche sich eben so wie die Farbe der Blätter in dem Lebenslaufe der Blume zur Frucht, in dunklere Töne verwandelt, und durch die meist dunkel gefärbten Pericarpien zu dem schwarzen Ueberzuge der Saamen fortgeht; aber in der Substanz der Saamen selbst wieder zu der reinen weißen Farbe übergeht, in welcher die Pflanze der Erde entkeimt. Der Ueberzug der Wurzeln ist im Alter, wie der der Saamen meist dunkel, oft schwarz; jedoch verbirgt diese dunkele Hülle nicht selten einen ganz weißen, oder hellen Inhalt. Willdenow macht die interessante Bemerkung, daß die meisten Blumen des Frühlings weiß, die des Herbstes gelb sind, daß sich blaue und weiße Blumen vorzüglich in kalten, rothe Blumen oder andere brennende Farben, in warmen Himmelsstrichen finden.

In dieser Wandelbarkeit der Farbe bei den Pflanzentheilen können wir nun unmöglich die Blätterfarbe als eine bleibend ausgezeichnete festhalten, und in dem Wechsel der Farben haben die Blätter mit den übrigen Pflanzentheilen eher eine Analogie, als durch die, auch anderen Theilen eigenthümliche, grüne Farbe sich ein Unterschied von denselben in ihnen finden kann.

§. 92.

Die Gestalt der Blätter:

Der herrschenden Gestalt, in welcher die Blätter nur nach zwei Dimensionen, in die Länge und Breite, also zur Fläche vorzugsweise ausgedehnt sind, haben sie gewiß ihren Namen zu verdanken. Allein wie unendlich mannichfaltig weicht die Natur in der Blattbildung von diesem Typus der Gestalt ab! Ich will gar nicht die unabsehbare Verschiedenheit vorbringen, welche sich schon in der Abweichung von der einfachen, ungetheilten Ausdehnung, z. B. des Blattes der Musa, bis zu der höchst zusammengesetzten Form der Blätter, an den meisten Doldenpflanzen, z. E. der Bergpetersilie, (Athamanta oreoselinum) oder an den Pflanzen mit Schmetterlingsblumen findet, obgleich man die Blätter der letztgenannten Pflanzen eben so gut für eine ganze Pflanze, als für ein einziges Blatt nehmen könnte, besonders in den Fällen, wo, wie z. B. bei den Phyllantus-Arten mit gefiederten Blättern, diese zusammengesetzten Blätter zugleich Blumen und Früchte tragen; weil hier wenigstens überall noch die Ausdehnung der Theile in die Fläche, bleibend und beständig ist, wenn gleich der Bau und die sonstige Natur der Blattstiele in nichts Wesentlichem von den Stengeln der einjährigen Gewächse unterschieden werden können. Aber welche Allgemeinheit findet sich in der Gestalt des Blattes unsers Mauerpfeffers (Sedum acre) und vieler andern saftigen Pflanzen mit runden Blättern, und dem Blatt vom Frauenhaar (Adianthum capillus veneris) und umgekehrt, wie will man die Gestalt des Blattes vom Mauerpfeffer von der Gestalt der eigenen Wurzel dieser Pflanze unterscheiden?

Man hat sich immer mit unbeschreiblicher Aengstlichkeit Mühe gegeben, Theile an gewissen Pflanzen, die offenbar keine Analoga von Blättern haben, für Blätter auszugeben, gleichsam als ob es der Natur Schande machte, daß eine Pflanze keine Blätter hat, oder als ob sich der Botaniker schämte, an der Pflanze die Blätter nicht finden zu können, wo wirklich gar keine da sind. Was sind aber an den Pilzen, Conferven, Tangen rc. Blätter, und was ist ihr Stamm? Ist es nicht viel besser, geradezu zu gestehen, daß hier keine Blätter sind, wo die Natur keine gemacht hat, und die Differenzen der Gestalt dieser Pflanzen anders ihrer Natur nach zu bestimmen, als bei den übrigen Pflanzen? Sind die nackten Halme der Binsen, Blätter oder Stengel? Gewiß keins von beiden, sondern beides zugleich. Die meisten

Salicornia-Arten haben unter und über der Erde eine im Wesentlichen nicht verschiedene Gestalt, etwas Aehnliches gilt von den Casuarinen. Ihre Stengel verlängern sich nach oben, auf eine von dem Wachsthum der Wurzel nicht verschiedene Art. Humbold [12]) beschreibt sie. Vielen Euphorbien fehlen die wirklichen Blätter offenbar, und was man an den Cactus-Arten und Stapelien Blätter nennt, daß hat so wenig in der Gestalt als in seiner ganzen übrigen Natur, mit den Blättern die mindeste Aehnlichkeit. Offenbar ist in diesen Pflanzen die Differenz in der äußern Gestalt der nach oben wachsenden Theile, völlig in Eins versunken, und jedes einzelne Glied davon repräsentirt ihr ganzes Leben auf die vollkommenste Weise.

Jedem Pflanzenkenner werden sich, ohne daß er es will, zu dem Gesagten Beispiele in Menge aufdrängen, und daß daher die Gestalt der Blätter ihren wesentlichen Unterschied an der Pflanze eher widerlege als rechtfertige, wird mir gewiß jeder gern zugeben.

§. 93.

Dauer der Blätter.

Die Pflanze wie das Thier hat eine zusammengesetzte Periodizität, und es giebt an beiden, Theile, welche, während das Leben des Ganzen fortdauert, zu wiederholten Malen entstehen und vergehen. Zu diesen Theilen an der Pflanze gehören vorzugsweise auch die Blätter, und es frägt sich, ob nicht in dieser vergänglichen

---

12) Humbold Ansichten der Natur I. p. 139.

Natur der Blätter eine wesentliche Verschiedenheit von den übrigen Pflanzentheilen liegt.

Das Blatt legt vorzugsweise an den Bäumen und Sträuchern gleichsam seinen eigenen Lebenslauf zurück, wird geboren und stirbt, während die Pflanze ungestört fortlebt. Dies Erzeugen und Absterben der Blätter richtet sich vorzüglich nach den Jahreszeiten, und andere äußere Umstände haben auf diese Erscheinung keinen wesentlichen Einfluß: sie können das Ausschlagen so wie das Abfallen der Blätter in Etwas beschleunigen oder verzögern, allein verhindern können sie keins von beiden, sondern die Natur der Pflanze geht hier ungestört ihren eigenen Gang. Die Knospen, besonders vieler Zwiebelgewächse, entwickeln sich oft schon unter dem Schnee im Frühling, wie die Safran-Arten und Tulpen. Der Stachelbeerstrauch, die Kirschbäume haben oft im Anfang des März schon Blätter; dasselbe gilt vom Rosenstrauch, der Eberesche, vielen Weiden, Elsen u. s. w. Später entwickeln sich die Knospen an Apfel-, Birn- und Pflaumenbäumen. Der Schleedorn bekömmt oft im April erst Blüthen, und nachdem meist alles schon grün ist, steht die Eiche im Ende Aprils oft noch mit den vertrockneten Blättern vom vorigen Jahre, und treibt erst im Mai ihre Blätter.

§. 94.

Was die Art betrifft, wie sich die Blätter aus den Knospen entwickeln, so hat Linnée darüber einen Reichthum von Beobachtungen gemacht. Die Blätter sind vor der Entwickelung in der Knospe, oft rückwärts von beiden Seiten zusammengerollt, wie beim Rosmarin, oft im Gegentheil auf dieselbe Weise nach vorwärts gerollt. Die Blätter der Farrnkräuter und Palmen sind vor ihrer Entwickelung von der Spitze nach ihrer Basis zu aufgerollt. Bei andern Pflanzen sind die Blätter nicht zusammengerollt, sondern gefaltet: von einer Seite zur andern bei der Eiche, dem spanischen Flieder, oder von oben nach unten: beim Aconit, Adoxa moschatellina. Beim Wein sind sie wie ein zugemachter Fächer zusammengelegt. In diesem Zustande bilden sich die Blätter vom Herbst bis zum Frühling allmählig aus, wie man dies an dem Wachsthum der Knospen zu dieser Zeit z. E. am Kastanienbaum oder dem Ahorn deutlich und zusehens bemerken kann.

§. 95.

Kurz vor ihrer Entfaltung schwellen die Knospen mehr und mehr an, und zwar nicht durch bloße Ausdehnung der Hüllen, vermöge der im Innern zusammengefalteten Blätter, sondern indem alles zur Knospe gehörige rasch fortwächst und sich vergrößert, indem der Lebensproceß in den Hüllen sogut, als in den sich entwikkelnden Blättern plötzlich gesteigert wird, so daß man am Ahornbaum selbst die Bewegung des Lebenssaftes in den Knospenschuppen sehen kann. Bei weiterer Entwickelung der Blätter fallen die Hüllen ab, und man kann von ihnen eigentlich sagen, daß sie ihre Lebensperiode so vom Herbst bis zum Frühling, als die Blätter vom Frühling zum Herbst durchlaufen, so daß der Baum im Winter bloß Blätter in anderer Gestalt hat. Jede dieser Knospenschuppen enthält auch dieselben Theile wie das Blatt, und nach seinem Abfallen läßt sie auch eine ähnliche Narbe zur Seite des Astes zurück, von dem sie abfiel, wie die Blätter. Man sieht auch deutlich, daß vom Holz und der Rinde aus, dieselben Gefäße in sie hineingehen. Man darf also von diesen Knospenhüllen eben so wenig sagen, daß sie von den wachsenden Blättern auseinander gebrochen und abgestoßen werden, als man (wovon nachher) vom Blatte sagen kann, daß es von der, sich an seiner Basis erzeugenden Knospe im Herbste abgestoßen würde. Kurz, in demselben Maaße als sich nun die Blätter entwickeln, sterben die Hüllen ab, was entsprechend dem Aufbrechen der Knospen, bei einigen früher, bei anderen später geschieht. Gemeinhin bleiben die äußersten, größten Schuppen, weil in ihnen der Lebensprozeß am kräftigsten ist, am längsten sitzen, doch kurz nach dem Ausbruch der Blätter fallen sie auch ab, und so lange dauern, z. E. am Ahornbaum (A. platanoides, saccharinum, dasycarpum) auch die Lebensbewegungen des Saftes.

§. 96.

Nach dem Abfallen der Knospenhüllen entwickeln sich die Blätter völlig, ihre bleichgrüne Farbe wird vom Lichte zu einer intensivern Trübung umgewandelt, und ihre zarte Substanz gewinnt nach und nach mehr Festigkeit bis zu der vollendeten Ausbildung, in welcher wir sie den Sommer hindurch an den Pflanzen erblicken. Jedoch ist mit der fertigen Ausbildung ihrer Gestalt keinesweges ihr Inneres ruhig. Von der Höhe ihrer Entwickelung an, beginnt ihr rückschreitendes Leben, das sich mit ihrem Tode eben so endet, wie mit ihrer Entwickelung ihr Leben begann. Die Lebensbewegungen werden allmählig träger, ihre ganze Bildung erhärtet, ihre Farbe verdunkelt sich, und so sterben sie entweder allmählig stellenweis, oder das ganze, jährlich ab.

§. 97.

Die Zeit dieses Blattfalls ist aber, wie die Dauer des Blattlebens, höchst verschieden, bei den verschiedenen Pflanzen, und entspricht meist der Zeit zu welcher die Knospen sich öffneten. Der Stachelbeerstrauch verliert seine Blätter früh, weil sie früher entstanden: die Blätter der Eiche sterben spät im Herbst ab, weil sie spät im Frühling erscheinen. Doch giebt es auch andere Pflanzen, die obgleich sie früh ausschlagen, dennoch spät ihre Blätter behalten, wohin z. E. der Schneeball, einige Weiden, der Aprikosenbaum u. a. gehören. An der Eiche, Buche u. s. w. bleiben die Blätter nach ihrem Absterben oft noch bis zum kommenden Frühling sitzen.

Viele Pflanzen werfen ihre Blätter während desselben Sommers schon in derselben Reihe, wie sie entstanden sind, ab, so daß die Wurzelblätter zuerst, die obersten Stengelblätter zuletzt abfallen, oder wenigstens absterben. Dies geschieht bei den meisten Sommergewächsen, und der Stengel dieser Pflanze selbst beschließt diese Scene im Herbst durch seinen eigenen Tod. Diesem ähnlich ist die Ordnung, in welcher sich die Blättchen des zusammengesetzten Blattes der Robinia Pseud-Acacia, von dem Hauptstiel lösen, bis dieser am Ende ganz nackt noch am Baume sitzt, ehe er selbst vertrocknet und abfällt.

Es giebt andere Pflanzen, bei welchen die Blätter nicht den ersten Sommer nach ihrer Entstehung, sondern erst im zweiten Herbst abfallen. Diese nennt man immergrüne (sempervirens) dahin gehören die Fichten, die immergrüne Eiche, der Epheu, der Kirschlorbeer, Ilex aquifolium und andere. Dagegen verliert Tamarindus indica in unsern Treibhäusern, wo sie beständig gleiche Wärme und Nahrung hat, zweimahl im Jahre, Adansonia digatata und andere tropische Gewächse, einmal ihr Laub, und erhalten es wieder [13]).

§. 98.

Ueber die Ursachen dieses Blattfalls sind die Naturforscher verschiedener Meinung gewesen. Duhamel [14]) sagt, die Blätter dunsten viel aus; wenn nun die Wurzeln nicht mehr die gehörige Menge Feuchtigkeiten in dem Maaße einsaugen, als die Blätter ausdünsten, so hören die Blätter auf zu wachsen, und fangen an auszutrocknen, während die Zweige noch fortwachsen. So wie jetzt die Blattstiele zu wachsen aufhören, während die Zweige fortfahren sich auszudehnen, so entsteht eine Absonderung der Fibern des Blattstiels von denen der Zweige, und so müssen die Blätter nothwendig abfallen. Um diese Theorie zu unterstützen, fügt er noch folgendes hinzu: die Blätter der Bäume, welche so gepflanzt sind, daß sie den Nordlüften ausgesetzt sind, dünsten wenig aus, und verlieren daher ihre Blätter später als andere. Die Blätter der Eiche sterben und vertrocknen im Herbst, bleiben aber so den Winter über an ihren Zweigen sitzen, und trennen sich erst im Frühling, wenn die Bäume

---

13) Sprengel vom Bau und der Natur der Gewächse p. 497.

14) Duhamel l. c. 1. p. 130.

anfangen neue Triebe zu machen. Dies geschieht aus dem Grunde, weil die Zweige im Herbste wenig größer werden, und die Blätter lösen sich erst dann, wenn der Frühlingssaft die Zweige vergrößert. Auf diese Theorie legt Duhamel selbst kein großes Gewicht, und sieht sie als eine bloße Hypothese an.

Wenn nun gleich die Ausdünstung die Blätter so wenig austrocknen, als die Einsaugung der Nahrung durch die Wurzel, sie feucht und lebend erhalten kann, indem außer andern Thatsachen schon die unmittelbare Wahrnehmung diesem widerspricht, daß die untern Blätter der einjährigen Pflanzen, z. E. an einem Stengel von hohem Kohl, abfallen, während die obersten durch die Wurzel zu ihrem frischen Wachsthum eine Menge Nahrung erhalten, welche geradezu neben die untersten Blätter vorbeigeht, ohne daß sie solche zu sich nehmen; daß ferner die Blätter der immergrünen Pflanzen, wenn gleich die Wurzel für sie nicht so viel Nahrung im Winter als im Sommer einsaugt, dennoch im ersten Herbst nicht abfallen und austrocknen, aber im zweiten Herbst abfallen, während die Blätter, welche im Frühling neu entstanden sind, wieder sitzen bleiben; wenn also gleich alles dies gegen die Duhamelsche Hypothese spricht, so liegt doch in der ganzen Vorstellung im Allgemeinen das Richtige, daß er den Proceß weder in den Blättern noch in den Zweigen allein, sondern in einem gegenseitigen Verhältniß beider sucht, wovon weiterhin die Rede sein wird.

Kaspar Friedrich Wolff [15]) suchte den Grund des Blattfalls in einer Verhärtung und Austrocknung der

15) K. F. Wolff theoria generationis p. 38.

Gefäße des Blattstiels. Das ist ohngefähr die Duhamelsche Hypothese, und wenn sich dieser berühmte Mann gefragt hätte, warum denn die Blattstiele nicht eher in der größten Sommerhitze, als im kalten und feuchten Herbst austrocknen, warum ferner einige in demselben Sommer mehrere Mal, andere erst nach zwei Jahren erstarren und vertrocknen, so hätte er diese Hypothese nicht gemacht.

Mustel [16]) dachte sich die Sache gerade umgekehrt. Die Blätter dünsten im Herbste weniger aus, daher häufen sich zu dieser Zeit die Säfte an, und dadurch entsteht an der Basis des Blattstiels ein Querbruch, vermittelst welches sich das Blatt vom Stamm löst. Warum lösen sich denn aber die Blätter der Eiche, nachdem sie schon im Herbst abgestorben und völlig ausgetrocknet sind, erst im folgenden Frühling ab?

Murray [1]) ersann eine andere Erklärungsart. Unter dem alten Blattstiel wachsen neue Knospen hervor; diese schwellen an, und drücken den Blattstiel ab. Allein die immergrünen Pflanzen treiben Knospen, ohne daß sie die Blätter abstoßen, und umgekehrt fallen die Blätter der Fichten an Stellen, wo gar keine Knospen ausbrechen.

Mirbel [18]) sagt, die immergrünen Bäume haben alle harzige Säfte, diese verdicken sich im Herbst durch den Sauerstoff der Luft, werden zähe, und halten so gleichsam die Blätter am Stamm festgeklebt!

---

16) Mustel traité theor. et pratique etc.

17) Murray opusc. 1. p. 138.

18) Mirbel traite d'anatomie et Physiolog. végétale 1. p. 274.

§. 99.

Vrolick [19]) kam der Sache besser auf die Spur. Das Absterben der Blätter ist eine Folge ihres periodischen Lebens. Wenn sie abfallen haben sie ihr größtes Alter erreicht, und nun trennen sie sich von der Pflanze, wie jeder todte thierische Theil vom lebendigen.

Dieses periodische Leben gilt nun aber nicht allein von den Blättern der Bäume, sondern auch von dem ganzen nach oben wachsenden Theil der perennirenden Gewächse. Diese trennen sich eben so von ihrer Wurzel, wie das Blatt vom Stamm, der auch weiter nichts als eine oberirdische Wurzel ist. Auch ist oben bemerkt worden, daß der Stengel dieser Pflanzen nichts als ein zusammengesetzter Blattstiel ist. Ueberhaupt ist auffallend, daß man viele andere analoge Erscheinungen des Pflanzenlebens mit dem Ablösen des Blattstiels vom Stengel nicht recht zusammengestellt hat. So ist z. E. das Lösen des Blumenstiels mit der gereiften Frucht vom Stengel oder der Wurzel, die Lösung der Pericarpienwände vieler Früchte von einander beim Aufspringen, z. E. das Lösen der Schotenvalveln des Schöllkrauts, und aller Pflanzen der vierzehnten, und der Hülsenfrüchte der siebzehnten Linnéeischen Klasse, das Abfallen der Blumen- und Kelchblätter, der Staubfäden, der Narbe, durchaus gar nicht verschieden von der Art, wie sich jedes Blatt mit dem Blattstiel vom Stamme löst. Alles dies sind Erscheinungen, in denen sich die zusammengesetzte Periodizität des Pflanzenlebens offenbart, und alle müssen auf einerlei Weise erklärt werden.

---

19) Vrolick de defoliatione vegetabilimé etc.

§. 100.

Der Grund dieser Trennungen der Pflanzentheile von einander, liegt weder in dem einen, noch in dem andern Theile allein, sondern allemal in dem Verhältniß, welche beide, also das Blatt und die Wurzel zu einander haben. Sie trennen sich von einander, wie sich die Placenta vom Uterus nach der Geburt des Kindes löst, wie das Hirschgeweih abfällt, und der Krebs seine Scheeren verliert. Um jedoch dies Verhältniß an der Pflanze etwas näher zu beleuchten, wollen wir zuvor noch auf den organischen Zusammenhang des Blattstiels mit dem Stengel Rücksicht nehmen.

§. 101.

Schon Malpighi zeigte an vielen Beispielen, daß vom Stengel aus, in ununterbrochener Fortsetzung, alle Gefäße desselben sich in das Blatt verlängerten. Er hat diesen Zusammenhang am Zitronenbaum, am Fenchel, den Gräsern, dem Feigenbaum und andern deutlich und treu abgebildet. Dessenungeachtet aber nennt er den Zusammenhang des Blattes mit dem Stengel eine Einpflanzung, (implantatio) womit, er den Begriff dieser unmittelbaren Fortsetzung der Theile des Stengels in die Blätter gleichsam wieder aufhebt. Es scheint ihm dabei der Gedanke vorgeschwebt zu haben, daß diese sichtbare ununterbrochene Gemeinschaft des Blattes mit der Pflanze, seiner periodischen Existenz widerspreche, und daß doch eben so gut zu Zeiten eine offenbare Trennung beider statt finde. Dieser Widerspruch ist auch vollkommen gegründet, und man sieht unmittelbar nicht ein, wie man ihn lösen soll.

§. 102.

Ich habe mir deshalb Mühe gegeben, der Sache etwas näher auf die Spur zu kommen, und den Bau der Theile in ihrem Uebergange aus der Pflanze in das Blatt, zu verschiedenen Zeiten, besonders am Feigenbaum untersucht. Späterhin werde ich noch auseinandersetzen, daß alle Gefäße der Pflanze aus Gliedern bestehen, welche sich mit ihren stumpfen Extremitäten in einander einlenken und öffnen. Diese Einlenkung geschieht gewöhnlich so, daß die Mitte eines Gefäßgliedes der Länge nach, neben die Einlenkung zweier anderer liegt, wie an Fig. 11. Taf. 3. zu sehen ist. Diese Regel leidet aber an der Grenze des Zusammenhanges der Blätter mit der Pflanze eine Ausnahme. Hier geschehen nämlich die Einlenkungen aller Gefäße, welche in das Blatt übergehen, so, daß die Extremitäten aller neben einander liegenden Gefäße, sammt und sonders in dem Punkt zusammenstoßen, wo sich das Blatt vom Stengel lösen wird. Wie an allen Pflanzentheilen, so ist auch hier dieser Bau nur erst im völlig ausgebildeten Zustande des Blattes zu sehen, wenn man die Theile einige Monate lang (im Winter, wenn man schnell durch Frost tödten kann, fallen sie in viel kürzerer Zeit auseinander) im Wasser macerirt. Dagegen sind in den jüngern Trieben der Pflanze, wo alles noch völlig unausgebildet ist, diese Zusammenfügungen der Gefäße durchaus nicht kenntlich, und in diesem Zustande erscheint der Uebergang aus dem Stamm in die Blätter, so ununterbrochen, als er von Malpighi beschrieben und abgebildet worden ist. Die Gefäßglieder haben hier durchaus noch keine deutliche Trennungen, sondern gehen mit offenen Mündungen durch die Extremitäten in einander über. Daher kömmt es denn auch, daß, wenn man ein junges Blatt, z. E. vom Feigenbaum, von einer Asklepias-Art, von dem Ahornbaum (A. platanoides) rc. an der Stelle, wo der Blattstiel mit der Pflanze zusammenhängt, und wo er sich späterhin löst, abbricht, aus den Wunden eine große Menge Lebenssaft hervorfließt.

So wie nun aber gegen den Herbst die Bildungen der Pflanze nach und nach fertiger und vollendeter werden, so schließt sich allmählig jedes einzelne Gefäßglied in sich ab, und dies geschieht ganz vorzüglich mit den Extremitäten derjenigen Gefäße, welche sich an dem Trennungspunkte des Blattstiels von der Pflanze in einander einlenken. In demselben Maaße, wie dies geschieht, kann so wenig der Lebenssaft als der Nahrungssaft der Spiralgefäße, diese Grenze mit der früheren Leichtigkeit passiren, und so fließt nach und nach weniger, und am Ende gar keine Flüssigkeit mehr, weder aus der Pflanze in das Blatt, noch aus dem Blatte in die Pflanze zurück. Hiervon kann man sich sehr deutlich schon ohne Mikroskop überzeugen, wenn man vom Anfang des Frühlings an, von Monat zu Monat, von milchenden Pflanzen Blätter auf die oben angegebene Art abbricht. Bis zur Höhe des Sommers strömt mit ungestörter Lebendigkeit aus den Wundflächen der Saft hervor; so wie aber der Spätherbst eintritt, wo sich die Gefäßglieder an den Trennungspunkten mehr und mehr verschließen, so fließt schon viel weniger Saft aus, und kurz vor dem Abfall des Blattes, z. E. vom Ahorn oder Feigenbaum, kann man ein Blatt abbrechen, ohne daß ein Tropfen Saft, weder aus dem Blattstiel noch aus der Trennungsfläche an der Pflanze, mehr vergossen wird; aus dem Grunde, weil schon eine natürliche Trennung des Blattes und der Pflanze vor sich gegangen ist, und die Trennungsfläche an der Pflanze, wenn ich mich so ausdrücken darf, vollkommen auf die angegebene Art vernarbt ist.

Bei vielen Blättern wäre eine solche Vernarbung der Blattstielenden gar nicht nöthig, wenn sie gleich ebenfalls da ist, weil sie beim Abfallen schon völlig abgestorben sind, und also keinen Saft mehr vergießen können; aber sehr viele Blätter trennen sich schon von der Pflanze, während sie noch keinesweges ganz abgestorben sind, so daß man nicht selten in einem freiwillig abgefallenen Blatte eines Feigenbaumes, die Bewegungen des Lebenssaftes noch sehen kann. Ganz vorzüglich aber ist diese Trennung noch lebender Pflanzentheile durch die eben beschriebene Vernarbung der Trennungspunkte, an den Schotenvalveln und Kelchblättern des Schöllkrauts, so wie an den noch lebendig abfallenden Kelchblättern des Mohns, den Knospenhüllen des Acer platanoides und andern Pflanzentheilen sichtbar. Wenn man hier genau die Zeit abpaßt, wenn diese Theile sich trennen und abfallen, (nnd das ist besonders bei den Schotenvalveln des Schöllkrauts gar nicht mit Mühe verknüpft, wenn man eine recht fruchtbare Pflanze vor sich hat), um diese kurz darauf zu untersuchen, so findet man immer noch die Bewegungen des Lebenssaftes in ihnen, ohne daß aus den Trennungsflächen auch nur das Mindeste vergossen würde, während aus einer absichtlich gemachten Wunde mit Macht der Saft lebendig bewegt hervorquillt.

Also diese Abschließung der sich trennenden Theile von einander, ist in ihren gegenseitigen Verhältnissen begründet; und nur in Berücksichtigung derselben erklärt es sich, warum und wie bei dem anfangs ununterbrochenen Uebergange der Gefäße der Pflanze in die des Blattes, später die Trennungsflächen an der Pflanze, am Baum, z. E. mit Rinde, so überwachsen sein können, als ob gar kein unmittelbarer Zusammenhang des Blattes mit deu übrigen Theilen Statt gefunden hätte.

§. 103.

In diesem Proceß der Lösung des Blattes und anderer Theile von der Pflanze, den ich so gut als es mir möglich gewesen ist, eben verfolgt habe, suche ich nun aber keinesweges den wahren Grund des Abfallens der Blätter, sondern dieser bleibt immer in dem periodischen Lauf des Lebensprocesses der ganzen Pflanze begründet, und es ist das Gegebene weiter nichts, als eine Analyse des Processes, durch welchen die Natur diese periodische Veränderung an der Pflanze zu Stande bringt. Weiter können wir aber überhaupt auch in der Sache nicht gehen, und der letzte Grund jeder Lebenserscheinung liegt in der Pflanze, wie überall einzig und allein in dem Begriff der Totalität. Deshalb können wir aber auch die Erklärung Vroliks nicht völlig so nehmen, wie er sie gegeben hat, nämlich daß der Grund des Abfallens der Blätter in ihrer eigenen Periodizität liege. Immer müssen wir das Verhältniß, selbst der äußern Theile zum Ganzen berücksichtigen, und wir können eben so wenig den Grund des Abfallens, als den des Entstehens in ihnen selbst suchen. Die Blätter fallen ab, wie die äußere Haut der Chara vom Stengel sich löst und vergeht, und eben so wenig als die Haut der Chara ihr eigenes abgeschlossenes Leben führt, führt es auch das Blatt, und beide haben den Grund ihres Todes nur in dem Verhältniß, welches sie zum ganzen Individuum haben.

§. 104.

Gehen wir jedoch zu dem eigentlichen Zweck dieser Untersuchung zurück. Nämlich zur Beantwortung der Frage, ob diese periodische Dauer der Blätter, sie als einen wesentlich verschiedenen Pflanzentheil auszeichnet. Schon in dem Gesagten ist enthalten, daß es auch andere eben so vergängliche Theile der Pflanze giebt. So durchlaufen die Knospenhüllen denselben periodischen Typus im Winter, welchen die Blätter im Sommer durchlaufen, die Blumentheile entstehen und vergehen im geschlechtlichen Leben der Pflanze, wie die Blätter im individuellen. Doch ist das geschlechtliche Leben der Pflanze von dem des Individuums getrennt, und hier ist nur daran gelegen, zu wissen, ob die Periodizität der Blätter an der individuellen Pflanze, sie von allen übrigen Theilen auszeichne. Allein auch dieses ist nicht der Fall. Schon die Epidermis der Pflanze durchläuft dieselbe Bahn, und fällt von Zeit zu Zeit eben so wie die Blätter von der Pflanze ab. In dieser Absonderung der Epidermis scheint zwar ein weniger bestimmter Typus zu liegen, allein das ist so genau bei allen Blättern auch nicht der Fall. Im Grunde aber ist gewiß die Erzeugung und das Absterben der Oberhaut eben so regelmäßig, wie bei den Blättern, nur wird sie als todte Masse nicht immer sogleich abgeworfen, eben so wie es mit den Blättern der Eiche nnd Buche der Fall ist.

Dieselbe periodische Dauer findet sich an den Wurzelfasern der Pflanzen. Ich will nun zwar die bekannte Erfahrung Duhamels, daß die Bäume im Herbst die letzten Wurzelenden durch Absterben, wie die Blätter verlieren, keinem aufdringen, der sich von ihrer Wahrheit nicht überzeugen will, obgleich das letztere sehr leicht an jedem jungen Baum, den man im Spätherbst aus der Erde reißt, zu sehen ist, der nicht selten wie besät mit abgestorbenen Wurzelenden erscheint, was sich schon dadurch vorher kund thut, daß nun die Festigkeit, mit welcher er im Boden haftet, so unbedeutend ist, daß man ihn mit leichter Mühe ausheben kann, während man mitten im Sommer nicht selten eher den Stamm oberhalb der Erde abreißt, als die Wurzel auszieht, weil im letzteren Fall die letzten Wurzelenden sich lebendig im Boden festhalten, und im ersteren die abgestorbenen Enden diese innige Verbindung mit dem Boden auflösen, und ein leichtes Ausziehen der Wurzel zulassen, — wenn ich es gleich jedem überlassen will, diese Erscheinung nach Belieben zu glauben oder zu streiten, so kann man doch jeden Zweifler über die periodische Existenz der Wurzeltheile, an den Gräsern und Zwiebelgewächsen zum Schweigen bringen. Schon Theophrast hat es erwähnt [20]), und jeder Gärtner weiß, daß an der Zwiebel die Wurzeln jährlich absterben, und sich von neuem wieder erzeugen, eben so wie es überall mit den Blät-

20) Theophrast l. c. hist. pl. L. VII. cap. II.

tern der Fall ist, und Medicus [21]) und Hedwig in der oben angeführten Abhandlung, haben diese Erscheinung gründlich auseinandergesetzt. Dasselbe findet bei den perennirenden Gräsern Statt. Die alten Wurzeln des Knotens sterben von Zeit zu Zeit ab, und an ihrer Stelle entstehen neue in demselben Maaße, als im Frühling nach oben die Blätter hervortreiben.

So sehr also auch vorzugsweise an den Blättern der Bäume diese periodische Dauer als etwas Ausgezeichnetes beim ersten Blick auffällt, so ist es keineswegs ihnen allein von den Pflanzentheilen eigen, sondern wir sind in dieser Beziehung nicht im Stande, die jährlich wechselnden Wurzeln, die Oberhaut rc. von den Blättern zu unterscheiden.

Verrichtungen der Blätter.

§. 105.

a) Ausdünstung.

Caesalpin [22]) glaubte, die Blätter dienten den Pflanzen bloß zum äußern Schutz. Malpighi [23]) vergleicht

---

21) Medicus über die zweite Hauptpflanzenvermehrung. In dessen kritischen Bemerkungen über Gegenstände aus dem Pflanzenreich. B. 1. St. 2.

22) Duhamel l. c. p. 131.

23) Malpighi l. o. t. 1. p. 54. „Taliter excitata folia videntur a natura fabrefacta ut concoctioni alimenti, quae praecipua est inserviant. Nutritii namque succi portio, quae radices subingreditur, nec in appensas transversales strias derivatur, postremo a ligneis fistulis in folia exoneratur; ideo necesse est, ut in ipsorum quasi trans-

die Blätter mit der Haut der Thiere, und glaubt, daß durch die Ausdünstung derselben, der von der Wurzel eingesogene und in sie geführte Saft, zubereitet, und dann zur Ernährung der übrigen Theile wieder zurückgeführt werde. Mariotte [24]) bestätigte die Voraussetzung Malpighis, daß die Blätter ausdünsten; und Hales [25]) bestätigte, daß die Blätter vorzugsweise zur Ausdünstung der Pflanzen gegeben seien. Hales blieb daher bei dem Vergleich, welchen Malpighi zwischen der Haut und den Blättern gemacht hatte, und berechnete sogar, daß sich die Ausdünstung der menschlichen Haut zu der Ausdünstung einer Sonnenblume, wie 50 zu 15 verhalte. Er glaubte also, die Haut dunste wegen ihrer

versalibus utriculis moram trahat, et antiquo succo commisceatur et fermentatur, juvante non parum externo ambientis aeris calore, ut facilius transpiratio inutilium evolet. Hinc natura copiosas sui generis glandulas pro sudore, lentoque excernendo humore, foliis addidit, ut completa coctione defaecatior in ipsis nutritius reddatur succus. Diu meditatus sum, cuinam animalium parti analoga sint folia: cum enim plantae motu locali careant (Locomotivität von Ludwig) musculis destitui fas erat; ventriculo, pancreate, liene et hepate nequaquam egent, cum haec animalium viscera circa chyli elaborationem perpetuo insudent, quod, in plantis, terrae et radicum ministerio suppletur. *Quare satius credidi, cutis seu corii munia subire,*" und p. 55. „Remittunt itaque folia probabiliter concoctum succum, ipsumque in annotino et novello surculo, cui adnascuntur, congregant, ut in tenellam gemmam absumatur."

24) Mariotte essai sur la vegetation p. 98.

25) Hales Statick der Gewächse. S. 3. u. folg.

höhern Temperatur weit mehr aus. Hales betrachtete seinem Zeitalter gemäß, diese Erscheinungen weniger in ihrem Verhältniß zum Lebensproceß der Pflanzen, als auf eine rein mechanisch-physikalische Weise. So berechnete er das Verhältniß des Maaßes der Ausdünstung zum Flächeninhalte der Blätter, zur Temperatur der Luft ꝛc., und kehrte sich an die Abänderungen nicht viel, welche der Lebensproceß selbst in diesen Verhältnissen hervorbringt, doch machte er die interessante Bemerkung, daß die immergrünen Bäume weniger ausdünsten, als die, welche jeden Sommer das Laub verlieren. Duhamel ging darin schon besser zu Werke. Er zog theils aus eigenen Beobachtungen, theils aus den Erfahrungen anderer den Schluß, daß eine zu starke Ausdünstung der Blätter die Pflanze erschöpft, daß unterdrückte Ausdünstung Krankheiten der Pflanzen hervorbringe, daß die Pflanze im allgemeinen um so viel mehr ausdünste, als ihr Lebensproceß energischer vor sich gehe u. s. w. Er merkte ferner auf den Schaden, welchen das Leben eines Gewächses nimmt, welchem, wie dem Maulbeerbaume, von Insekten die Blätter abgefressen werden u. s. w.

Bonnet bestimmte genauer, daß die obere Fläche der Blätter weit mehr ausdünste als die untere, und Guettard [26]) eben so, wie später Sennebier [27]) gaben sich Mühe, die Beschaffenheit der ausgedünsteten Materie zu untersuchen. Beide nahmen nur auf die verdichteten

26) Guettard memoires de l'acad. des sciences de Paris 1748. p. 857.

27) Sennebier physiol. vegetale t. IV. cap. VI.

dichteten Wasserdämpfe Rücksicht, welche sich aus den Blättern absondern.

§. 106.

Ueber die Absonderung so wie über die Einhauchung gasförmiger Flüssigkeiten, haben besonders Saussure [28]) und Link [29]) Versuche angestellt. Das allgemeine Resultat davon ist, daß im Finstern Sauerstoff von der Pflanze eingesaugt wird, und daß am Tage sich Sauerstoff absondert. Früher hatte aber schon Bonnet, in seinem berühmten Buch über den Nutzen der Blätter, und nach ihm Priestley, Scheele, Ingenhouß, Sennebier und andere, diese gasartigen Ausdünstungen, nicht bloß an den Blättern, sondern auch an andern Theilen bemerkt. Aus diesen Beobachtungen, und vielleicht noch aus den Bemerkungen von Grew, daß sich in den Blättern nicht selten Luftblasen befinden, hat man den Schluß gemacht, daß die Blätter Athmungswerkzeuge der Pflanzen, also Analoga der Lungen in den Thieren seien, worüber der Malpighische Vergleich der Blätter mit der Haut hintenan gestellt wurde.

Wenn man einen grünen Pflanzenzweig, z. E. der Pfeffermünze, unter Wasser ans Licht legt, so entwickeln sich aus demselben Luftblasen, die reines Sauerstoffgas sind. Deshalb hat man auch vermittelst eines pneumatischen Apparats, diese Methode in der Chemie benutzt,

28) Saussure recherches chimiques sur la vegetation. Geneve 1804.

29) Nachträge zu den Grundlehren der A. und Ph. der Pfl. 1. S. 63.

um sich kleine Quantitäten Sauerstoffgas zu verschaffen. Dieß nannte Papin [30]) das Ausathmen der Blätter, und begnügte sich damit, ohne auch gerade diesem gegenüber ein so deutliches Einathmen von Luftstoffen nachweisen zu können, bis Saussure über die Inspiration des Sauerstoffs in die grünen Pflanzentheile Versuche anstellte, deren Richtigkeit von Link bestätigt wird.

§. 107.

Diesem gegenüber zeigen die Versuche von Saussure und Grischow [31]), daß diese Wechselwirkung der Pflanze mit der Luft nicht allein in den Blättern, sondern auch in den Wurzeln Statt finde. Nach Saussure's Beobachtungen saugen die Wurzeln Sauerstoffgas ein, und hauchen den größten Rest als Kohlensäure wieder aus. Grischow zeigte, daß die Wurzeln von Juncus effusus mit dem Wasser auch kohlensaures Gas einsaugen können, was aber ohne Wasser nicht geschieht. Grischow verschloß eine Petersilienwurzel mit atmosphärischer Luft in eine Glasröhre, so daß sie nackt, und von allen Seiten frei in der Luft sich befand. In diesem Zustande verschluckte sie im Schatten Sauerstoff, und wenn sie sich damit gesättigt hatte, so hauchte sie Kohlensäure aus. Jedoch ersetzte das Volumen der ausgesonderten Kohlensäure, die Menge des eingesogenen Sauerstoffs nicht ganz wieder. Die ausgesonderte, mit der übrig gebliebenen atmosphärischen Luft verbun-

30) Duhamel l. c. t. 1. p. 169.

31) Grischow physikalisch-chemische Untersuchungen über die Athmungen der Gewächse. Leipzig 1819.

dene Kohlensäure, machte nun die Luft zum fernern Athmen, in demselben Maaße untauglich, als sich ihre Menge anhäufte, und am Ende ganz unbrauchbar.

Hält man nun die Resultate dieser Versuche mit denen zusammen, welche die Wechselwirkung der Luft und des Lichtes mit den Blättern darbietet, so zeigt sich, daß sie im Allgemeinen dieselben sind, und daß, wenn man die Blätter, weil sie Luft einsaugen und aushauchen, Lungen nennen will, man gar nicht umhin kann, die Wurzeln auch Lungen zu nennen, so daß am Ende die ganze Pflanze nichts als eine Lunge wäre.

§. 108.

Absonderung anderer tropfbarer Feuchtigkeiten.

Ich bin gar nicht geneigt, die Wassertropfen, welche sich z. E. an den verschiedenen Pflanzentheilen in warmen Treibhäusern zeigen, für Absonderungen der Blätter zu halten, sondern glaube, daß sich an den Blättern der Pflanze, so wie an allen übrigen Körpern, welche eine geringere Temperatur haben, die in der feuchten Luft aufgelösten Wasserdünste zu Tropfen verdichten, und hier das Ansehen gewinnen, als ob sie aus dem Blatte ausgeschwitzt wären, wie der Schweiß aus der Haut des menschlichen Körpers. Auch überzeugt uns der Watsonsche Versuch keinesweges von dieser Ausdünstung tropfbarer Flüssigkeiten. Watson setzte ein ziemlich großes Trinkglas bei warmen Sonnenschein, nachdem es mehrere Monate nicht geregnet hatte, umgekehrt auf einen abgemähten Grasplaz. Nach zwei Minuten zeigte sich das Glas inwendig voller Wassertropfen, die überall herunterliefen. Willdenow [32]) führt diesen Versuch zum Beweis an, daß die Pflanzen dieses Wasser ausgedünstet hätten. Allein man versuche nur auf reine ebene Erde im Sonnenschein ein Glas hinzustellen, und man wird dieselben Resultate finden. Rasenplätze sind übrigens, die Zeit mag so trocken sein, als sie will, immer feucht, so lange das Gras auf ihnen nicht verdorrt, und letzteres war bei diesem Versuch gewiß nicht der Fall, da das Gras eben abgemäht war.

§. 109.

Aber abgesehen von diesen zufälligen Wassertropfen an den Pflanzen, giebt es andere Absonderungen, deren Dasein nicht geläugnet werden kann. Schon Malpighi beobachtete am Rande mehrerer Orangenblätter, eine öl-ähnliche Masse, die er für eine Ausschwitzung hielt, und nach ihm hat Reneaume [33]) an mehreren Ahornbäumen die Beobachtung gemacht, daß eine dickliche Flüssigkeit aus ihren Blättern sich erzeuge, besonders dann, wenn sie der Sonnenhitze ausgesetzt waren. Die Masse schien ihm durch den Thau dünn-flüssig zu werden, weshalb sie nicht vor dem Aufgang der Sonne bemerkbar war. Duhamel [34]) erzählt folgende Geschichte, welche aus einem Briefe von Marcorelle aus Toulouse an die Academie der Wissenschaften zu Paris entlehnt hat. Mousset, Apotheker zu Carcassonne, hatte im September 1754 eine, dem Manna ähnliche Masse gesammelt, welche im

32) Willdenow Grundriß der Kräuterkunde. S. 438.
33) Reneaume memoire de l'acad. des sciences 1787. p. 359.
34) Duhamel phys. des arbres. 1. p. 151.

Sonnenschein, von Weidenbäumen, in Gestalt eines kleinen Regens heruntergefallen war, sich verhärtete, und eine weiße Farbe annahm. Diese Masse hatte einen süßlich-säuerlichen Geschmack, und zeigte von der officinellen Manna calabrina durchaus keinen wesentlichen Unterschied. Die Eschen, welche sich in der Nähe dieser Landschaft befinden, lieferten eine ähnliche Manna, nur in einer geringeren Quantität als die Weiden. Während des Sommers als sich dieß ereignete, war die Hitze so groß, daß der 100theilige Thermometer zu Toulouse zwischen 30—32° über Null zeigte, also ohngefähr 24—25° R. und 86—90° Fahrenheit. Eben so hoch war die Temperatur an dem Orte, wo die Manna gesammelt wurde. Es hatte in zwei Monaten nicht geregnet. Als sich aber im October die Luft durch reichlich fallenden Regen abgekühlt hatte, so hörte diese Mannaerndte plötzlich auf. Duhamel setzt hinzu, daß wenn es um Paris ähnliche heiße und trockene Sommer geben würde, man vielleicht nicht nöthig haben würde, die Manna aus Calabrien zu holen. Targioni-Tozetti [35]) erzählt, daß in Toskana die Manna eben so gut aus den Blättern, wie aus den Einschnitten in die Rinde hervorkomme, und nach dem Eintrocknen gesammelt werde.

Sprengel [36]) erzählt, daß er wahren Zucker auf den Blättern der Cassine Maurocenia gefunden habe, wenn die Sonne zu heiß durch die Fenster des Treib-

35) Targioni-Tozetti Reisen in Toskana, übersetzt von Jagemann 2r Theil p. 264.

36) Sprengel vom Bau und der Natur der Gewächse p. 519.

hauses brannte. Link [37]) beobachtete, daß saftige Gewächse des Morgens freie Säure absondern, und damit fortfahren, wenn man sie vor dem Lichte verwahrt; aber damit aufhören, wenn sie eine zeitlang im Lichte gestanden haben. Viele Acacien, besonders M. Dodonaeifolia, sind in unsern Treibhäusern an den Blättern und Blattstielen oft bis zum Stengel herab, mit einer zähen klebrigen Materie überzogen, welche jedoch kein reines Gummi ist, wie ich vermuthete, da die Blätter lange im Wasser liegen können, ohne daß sie sich wirklich auflöst.

Berühmt unter diesen Absonderungen der Blätter, ist der sogenannte Honigthau (melligo), den man früher nicht als ein Erzeugniß der Gewächse angesehen, sondern für eine Absonderung, welche von den Blattläusen herrühre, nach Reaumur [38]) gehalten hat. Treviranus hat aber auf eine überzeugende Weise dargethan, daß dieß in vielen Fällen ein wirkliches Sekret der Blätter ist [39]).

Es ist mir sogar wahrscheinlich, daß das Wasser in den Schläuchen von Sarracenia und Nepenthes ebenfalls ein Sekret aus der innern Fläche des Schlauches ist, wie die Luft in den Blasen der Tange, den Blattstengeln von Trapa natans, den Binsen ꝛc.

§. 110.

Alle diese genannten Sekretionen sind den Blättern aber keinesweges allgemein eigenthümlich. Denn abge-

37) Link Jahrbücher der Gewächskunde 2. Hft.

38) Reaumur histoire des insectes, t. 3. p. 2. p. 46.

39) Treviranus vermischte Schriften. 4. Bd. S. 89.

sehen von den mannichfaltigen Sekretionen, welche an der Oberfläche vieler Befruchtungstheile erscheinen, so finden sich dergleichen Ausschwitzungen, wie schon oben bemerkt ist, und im Folgenden noch weiter auseinander gesetzt werden wird, auch an den Wurzeln der Pflanzen, wodurch die verschiedenen Gattungen und Arten, wenn sie neben einander stehen, sich sehr schädlich werden. Wollen wir ferner auf die Absonderung des Gummis, Harzes, der ätherischen Oele und anderer Sekrete sehen, so finden sich diese ohne alle Ausnahme, wenn gleich nicht immer an derselben Pflanze, in allen Theilen derselben. Die Wurzel der Doldenpflanzen (Imperatoria, Angelica) sondern Harz ab, wie die oberirdischen Theile derselben Pflanzen. Bei der Valeriana findet sich das ätherische Oel in den Wurzeln, wie bei den Metrosideros- und Melaleuka-Arten in den Blättern. Bei vielen Malvaceen sondern die Blätter, wie alle anderen Theile, Gummi ab u. s. w. Hier ist also überall, wohin wir auch sehen mögen, nur Analogie, durchaus kein wesentlicher Unterschied.

§. III.

Einsaugung der Blätter.

Schon oben ist berührt worden, daß die Blätter auch dieses Geschäft mit den Wurzeln gemein haben. Bonnet hat sich besonders sehr verdient darum gemacht, durch eine Reihe von Versuchen das Einsaugungsgeschäft der Blätter erläutert zu haben. Duhamel vermehrte Bonnets Versuche mit seinen eigenen, und verglich sie mit den Beobachtungen, welche Hales, Mariotte und Andere, über diesen Gegenstand gemacht haben. Er stimmt mit Bonnet darin überein, daß sich in den Blättern, wie in den Wurzeln, die Organe zur Einsaugung finden müßten, welche er Saugmündungen (sucoirs) nennt, wovon ich später reden werde. Aus der Einsaugung der Blätter erklärt es sich, warum die in heißer trockener Erde stehenden Pflanzen mit saftigen Blättern, dennoch durch die Aufnahme des auf sie fallenden Thaues sich selbst, und wohl gar noch die Wurzeln ernähren. Selbst jede andere Pflanze, wenn sie durch die Tageshitze beinahe völlig verwelkt ist, richtet sich durch die feuchte Abendluft frisch wieder auf. Bonnet rechnet zwar viel auf die Einsaugung der untern Blattfläche, welche er, obgleich viele seiner eigenen Versuche, dieser Meinung keineswegs ausschließlich günstig sind, auch nur mit Saugmündungen versehen glaubt, und deshalb legt er auch ein großes Gewicht auf die wechselsweise Stellung der Blätter, so daß sich ihre Flächen nicht einander bedecken, damit sie die aus der Erde aufsteigenden Dünste gleich in Empfang nehmen, und einsaugen könnten. Indessen ist diese Teleologie reine Hypothese. Die fetten Blätter der Mesembryanthemen, welche auf trockener Erde liegen, können aus derselben nichts einsaugen, was eher mit den tiefer gehenden Wurzeln geschehen könnte; die hohen Bäume empfangen den von unten aufsteigenden Wasserdunst erst, wenn er die ganze Luft gleichmäßig feucht gemacht hat, und so gut von unten als von oben die Blätter berührt, und endlich die meisten Gräser haben mehr oder weniger aufrecht stehende Blätter, welche die Feuchtigkeiten weder geradezu von unten noch von oben auffangen können.

Duhamel bemerkt, daß Pflanzen, welche in warmen

Häusern beständig in feuchter Luft stehen, durch die zu große Einsaugung vermittelst der Blätter, zuweilen Schaden nähmen, und verfaulten, wenn sie nicht zuweilen an die freie Luft gebracht würden. Eben so finden sich Pflanzen, welche in feuchten Jahreszeiten an schattigen Orten stehen, die von Saft strotzen, und aus Mangel an erforderlicher Ausdünstung nicht fortwachsen können. Vielleicht gehört hierher das Beispiel, was Theophrast von Fichten erzählt, welche aus Ueberfluß an Nahrung, wie die Thiere in ihrem eignen Fett ersticken [40]).

Diese Einsaugung haben die Blätter also durchaus mit den Wurzeln gemein, so daß sie sogar die Funktion der letztern in manchen Fällen völlig übernehmen können.

§. 112.

Bewegungen der Blätter. Schlaf.

Ich habe die äußern Bewegungen der Pflanze oben im Allgemeinen schon charakterisirt, und es frägt sich jetzt besonders nur, ob die Bewegungen der Blätter, sie vor den übrigen Pflanzentheilen wesentlich auszeichnen, oder nicht.

Adanson hat unter den Conferven die Bewegungen der Glieder an den Oscillatorien im Jahr 1759 zuerst beobachtet, und Corti [41]) hat seine Bemerkungen, wie Fontana bestätigt. Nach diesem sind jene Bewegungen von vielen Anderen gesehen, und beschrieben worden. Diese Bewegungen entstehen durch Veränderung der Lage

---

40) Theophrast l. c. de causis plant. lib. VI. cap. XV.

41) Corti osservazioni microscopiche sulla tremella etc. Lucca 1774.

der Glieder, welche die fadenförmigen Theile der Pflanze zusammensetzen, und erscheinen theils als gleichmäßige, theils ungleichmäßige Zuckungen derselben. Einige scheinen still zu stehen, während sich die andern bewegen, einige biegen sich bogenförmig, während sich andere wieder gerade richten. Nicht selten verwickeln sich die Theile untereinander, und bilden ein förmliches Knaul, das sich aber sehr regelmäßig wieder entwickelt. Eben so sondern sich einige Theile zuweilen ab, welche nun im Wasser schwimmend, sich fortbewegen, so daß Corti dieß eine Locomotivität nannte, was es indessen nicht ist, da die Bewegungen eben so unfrei bleiben, als ob die Stücke noch mit mehreren zusammenhingen. Diesen Bewegungen ähnlich, finden sich andere an den Saamenschleudern des Equisetum, der Jungermannia und Marchantia.

Unter den höhern Pflanzen, welche sich automatisch bewegen, ist das Hedysarum gyrans berühmt, weil es lange gedient hat, die Bewegungen der Pflanzen mit den freien Bewegnngen der Thiere zu vergleichen. Doch ähneln diese Bewegungen nur den periodischen der Thiere, wie schon oben bemerkt worden ist. Die Blätter dieser Pflanze sind gedreit, doch so, daß das mittelste unverhältnißmäßig größer ist, als die beiden Seitenblättchen. Die kleinen Seitenblättchen bewegen sich, bei günstiger Witterung, besonders im Sonnenschein, von selbst. Das große Blatt bewegt sich langsam auf und ab, und dasselbe geschieht mit den beiden kleinen Seitenblättchen, nur daß diese sich viel geschwinder bewegen. Eigentlich ist es aber nicht das Blatt, sondern der Blattstiel, in welchem die Beugungen vorgehen, durch welche das Blatt auf und nieder bewegt wird. Außer dieser fortwährenden Bewegung zeigt sich an derselben Pflanze aber auch ein Zusammenlegen der mittelsten großen Blätter am Abend gegen den Stengel, und ein Entfalten am Morgen, doch hören die Bewegungen der kleinen Blättchen, weder in dunkeler Nacht noch am Tage auf, und man kann sogar an einem abgeschnittenen Zweige, wenn man ihn in Wasser gestellt, in der gehörigen Temperatur erhält, sie noch tagelang beobachten. Wenn gleich bei längerer Berührung der Theile, die Bewegungen nicht selten nachlassen, so fangen sie doch, gleichsam nach einer kleinen Ruhe, wieder an, und bewegen sich ungestört fort.

Es ist uns hier nur um die Erscheinung dieser Bewegung, und noch nicht um ihre Ursachen zu thun, weshalb von diesen später noch die Rede sein wird.

§. 113.

Es giebt ferner andere Bewegungen der Blätter, welche dem Wechsel von Tag und Nacht entsprechen, und diese nennt man den Schlaf der Blätter. Viele Pflanzen mit gefiederten Blättern, legen sie Abends auf mannichfaltige Weise zusammen, und entfalten sie des Morgens wieder. Bei den Acacien beugen sich die Blättchen nach unten gegen einander so zurück, daß sie mit den untern Flächen zusammenliegen, und am Blattstiel zu hängen scheinen. Die Blättchen der Gleditschia triacanthos legen sich nach vorn horizontal gegen die Spitze zusammen, so daß das zusammengefaltete Blatt ziegeldachförmig aussieht. Dasselbe geschieht an den Blättern des Tamarindus indica, der Sensitive ꝛc. An den Cassien drehen sich die Blättchen, während sie sich niederwärts gegen einander zurückbiegen, mit ihren Blattstielchen ganz um ihre Axe, so daß sie wieder mit den obern Flächen gegeneinander zu liegen kommen, wenn sie gleich rückwärts herabgebogen sind. Wenn man am Tage in derselben Richtung ein solches Blatt umdrehen will, so bricht man es ab. Die Blättchen des Melilotus officinalis legen sich bloß mit dem untern Theil zusammen, und sind oben ausgebreitet. Bei Lotus, Colutea, Vicia faba, richten sich die Blättchen gerade in die Höhe, und legen sich mit ihren oberen Flächen gegen einander.

Es giebt auch viele Pflanzen mit einfachen Blättern, an denen ein ähnliches Zusammenlegen beobachtet wird. An Asclepias legen sich die Blätter nach vorn zusammen. Bei Sida abutilon, Oenothera mollis, legen sich besonders nach der Spitze der Pflanze zu, die wechselsweise stehenden Blätter gegen den Stengel, und bedecken diesen und die Blume. Die aufrecht stehenden Blätter der Balsamine beugen sich Abends herab, und hängen wie ein Schirm des Nachts um den Stengel herab. Bei Amaranthus sanguineus umschließen die Blätter des Nachts die jüngern Triebe.

Gegen den Vergleich, den man zwischen dem Schlaf der Thiere und den Bewegungen dieser Blätter gemacht hat, erinnert Sprengel [42]) sehr richtig, daß er vollkommen unpassend sei, weil diese veränderten Stellungen der Blätter von einer Erschlaffung der Theile, durch nichts bewiesen werden könne. Im Gegentheil ist eine veränderte Spannung der Grund derselben, und sie ha-

---

42) Sprengel Anleitung zur Kenntniß der Gewächse 1. p. 122.

den dieselbe Ursache, wie die Bewegungen des Hedysarum, nur daß sie in längeren Zwischenräumen geschehen.

§. 114.

Außer diesen von selbst erfolgenden Bewegungen, zu denen nun auch noch das periodische Oeffnen und Schließen des Schlauchs bei Nepenthes destillatoria und Phyllamphora madagascariensis rechnen kann, finden wir aber auch andere Bewegungen der Blätter, welche nur auf einen äußerlich angebrachten Reitz geschehen. Hier steht vor allen die Fliegenfalle (Dionaea muscipula) oben an. Diese kleine Pflanze ist unsern Sonnenthauarten äußerst ähnlich. Ihre Blattstiele haben zu beiden Seiten eine blattartige Ausbreitung, welche jedoch von dem an ihrer Spitze sitzenden Blatte durch tiefe Einschnitte zu den Seiten gesondert ist. Die Blätter sind wie die unserer Drosera-Arten geformt, und mit haarförmigen steifen Verlängerungen besetzt. Sobald die obere Fläche des Blatts berührt wird, indem sich entweder ein Insekt darauf setzt, oder sonst ein anderer Körper darauf drückt, so falten sich die Seitentheile des Blatts, welche gleichsam an der Mittelrippe eingelenkt sind, zusammen, und wenn dieser äußere Reitz aufhört, entfalten sie sich nach einiger Zeit wieder.

Bei den Mimosen (besonders der M. sensitiva und pudica, die davon ihre Namen erhalten haben) bei Oxalis sensitiva, Aeschynomene sensitiva, Averrhoa carambola falten sich die Blättchen augenblicklich zusammen, wenn man sie berührt. Faßt man nur die Blättchen einer Seite an, so legen sich nur diese herab, berührt man den gemeinschaftlichen Blattstiel, so senkt sich das ganze Blatt. Das junge Laub der Onoclea sensibilis, eines nordamerikanischen Farrnkrauts, verschrumpft, sobald man es berührt, zeigt aber sonst weiter keine Reizbarkeit [43]). Dasselbe finde ich an Impatiens noli tangere, wo jedoch das Verwelken nicht sogleich geschieht, sondern nur dann, wenn man es zum öftern anfaßt und bewegt. Bei unsern Sonnenthauarten bemerkte Roth ebenfalls ein langsames Zusammenlegen der Blätter, wenn sie berührt werden.

§. 115.

Sollten alle diese auffallenden Erscheinungen des Blätterlebens, diese Theile nicht vorzugsweise von allen anderen an der Pflanze unterscheiden? Ich glaube, nein. Denn abgesehen davon, daß den wenigsten Pflanzen dergleichen zukommen, so geschehen sie im Allgemeinen nach derselben Gesetzmäßigkeit und Nothwendigkeit, nach welcher sich das Würzelchen nach unten, und das Federchen nach oben, oder in einer andern entgegengesetzten Richtung bewegt, und man kann zwischen beiden keine wesentliche Differenz angeben. Beide sind theils periodisch, theils können sie durch äußere Verhältnisse erregt und verändert werden. Der Saame keimt so wenig im Trocknen, als sich ohne äußeren Reitz das Blatt der Dionaea zusammenlegt, und daß die Reaktionen der Natur in einem Fall langsam, in dem andern rasch geht, das ist kein allgemeiner wesentlicher Unterschied, wenn ich gleich die Analogie ebenfalls nur für eine ganz allgemeine halte. Daß sich nur vom Frühling bis zum

43) Willdenow Grundriß der Kräuterkunde p. 407.

Herbst in ununterbrochen ebenen Schritten ein Theil der Pflanze nach unten, der andere nach oben bewegt, und daß sich in dem obern kleinere periodische Veränderungen wiederholen, welche wir in der Wurzel noch nicht bemerkt haben, dieß kann beide Theile eben so wenig wesentlich unterscheiden, als der sogenannte Schlaf der großen Blätter von dem Hedysarum gyrans, von den in kleineren Pulsen vor sich gehenden Bewegungen der Seitenblättchen, allgemein unterschieden werden kann.

Die letzte und größte Analogie der Blätter mit der Wurzel, zeigt sich nun noch in ihrem Bau, und dem Aufkeimen ganzer Pflanzen aus den Blättern.

§. 116.

Bau der Blätter.

Schon Malpighi sagt, die Blätter seien nichts als ein mannichfaltig zertheilter Stamm, nnd das hat die Beobachtung aller Naturforscher nach ihm bestätigt. Ich weiß keinen einzigen, außer Frenzel [44]), welcher ohne allen Grund das Dasein der holzigen Theile, selbst in den Blättern der Bäume, läugnen wollte. Malpighi fand seine Tracheen, seine Utrikuli, seine eigenen Gefäße und sonstigen Theile, in den Blättern, wie in allen übrigen Theilen der Pflanze wieder, und dasselbe fanden alle späteren Botaniker. Thümmig [45]) schenkte dem Bau

---

44) Frenzel phys. Beobachtungen über den Umlauf des Saftes u. s. w. Weimar 1804. p. 308. 319.

45) De arboribus ex folio educatis ad rationis physicas revocatum praeside Thümmigio, respondente Mayero. Halae 1721.

der Blätter seine ganze Aufmerksamkeit, als er die Ursachen zu untersuchen bestrebt war, welche dem Aufkeimen der Bäume aus Blättern zum Grunde liegen. Er verglich das Blatt mit einem ganzen Baum; er nahm die Blattstiele für den Stamm, der sich nach allen Seiten durch die Blattrippen verästele, und suchte das Dasein von Mark, Tracheen und dem Zellgewebe (utriculi Malp.) in den Blättern zu beweisen. Er nennt jedoch nicht immer die Pflanzen, an denen er seine Versuche gemacht hat, aber es scheint, als ob die meisten Beobachtungen des Baues, an Blättern von Birn- und Apfelbäumen gemacht worden wären. Er machte zugleich darauf aufmerksam, daß die Vertheilung der Aeste, sowohl an Zweigen als an den Blattrippen, durch ein Bündel sich von den Stämmen ablösender (Fibern) Theile, geschehe. Link [46]) sagt, das Blatt entsteht aus dem Stamme oder Aesten, indem sich Gefäßbündel seitwärts biegen, die Rinde durchdringen, und unter dem Aste hervorbrechen; das Blatt besteht aus Holzbündeln, und dem dazwischen verbreiteten Parenchym. Ich kann hinzufügen, es hat auch, wie alle andere Theile der Pflanze, Saftgefäße, in denen der Lebenssaft auf dieselbe Weise, wie in der ganzen Pflanze circulirt, und in der Folge wird sich die große Uebereinstimmung in dem Bau der Blätter und aller übrigen Pflanzentheile noch weiter ergeben. Aus dieser großen Analogie, welche die Blätter, wie ich bisher durch mancherlei Thatsachen gezeigt habe, im Allgemeinen mit den übrigen äußern Pflanzentheilen haben, wird nun endlich

§. 117.

46) Link l. c. p. 189.

§. 117.

Das Keimen der Blätter

leicht zu erklären sein. Die Kunst, aus Blättern Bäume zu ziehen, scheint zuerst durch einen Italiener, Mandirola, bekannt gemacht worden zu sein. Von seinem Buche erschien zu Nürnberg 1679 eine deutsche Uebersetzung [47]), welche ich mir jedoch nicht habe verschaffen können. Ich kenne das Buch aus den Nachrichten davon, welche Agricola [48]) und Thümmig gegeben haben. Thümmig hat jedoch die Kunst, aus Blättern Bäume zu ziehen, weder gefunden, noch hat er einen einzigen Versuch zur Bestätigung hinzugefügt, sondern seine Dissertation beschäftigt sich bloß mit der Art, wie diese Fortpflanzung zu erklären sei, wobei er vorzüglich auf die analoge Struktur aller Pflanzentheile Rücksicht nimmt.

Mandirola stellte seine Versuche auf folgende Weise an: Er füllte einen Topf mit guter Erde, welche er zuvor durch ein Sieb von den gröberen Theilen gereinigt hatte. Er that letzteres deshalb, weil die größeren Erdklumpen verhindern, daß das hineingelegte Blatt von allen Seiten dicht mit Erde bedeckt werde, weil sonst Zwischenräume bleiben, in denen sich Luft und Feuchtigkeit ansammelt, wodurch das Blatt in Fäulniß übergeht. Nachdem er also die Erde so vorbereitet hatte,

47) Mandirola italienischer Baum-, Blumen- und Pommeranzengarten. Norimbergae 1679 in 12.

48 Georg Andreae Agricolae Versuch einer allgemeinen Vermehrung aller Bäume, Stauden und Blumengewächse u. s. w. Ratisbonae 1716. Tom II. in Fol. mit vielen Kupfern erläutert.

legte er Blätter von Zitronen- und Pommeranzenbäumen so in die Erde, daß zwei Drittheile von ihnen hervorragten, und gab ihnen an dem Umkreise des Gefäßes ihre Stellung. In der Mitte des Gefäßes brachte er einen mit Wasser gefüllten Trichter an, aus dessen unterer Mündung durch ein in Gestalt eines Filtrirkorbes eingelegtes wollenes Tuch, das Wasser tropfenweise auf die Erde fiel, in welcher die Blätter standen. Er brauchte jedoch die Vorsicht, daß nicht eher wieder ein Wassertropfen auf die Erde fiel, als bis der vorhergehende völlig eingesogen war, und sobald die Wassertropfen die Erde ausgehölt hatten, füllte er dies wieder mit neuer Erde aus. Auf diese Weise keimten die Blätter, und wuchsen zu Bäumen heran, indem sie schöne „Rüthlein" über sich trieben. Es ist zwar nicht deutlich ausgesprochen, aber der Beschreibung und Agricola's Abbildung nach, legte er die Blätter nicht mit der Fläche auf die Erde, sondern steckte ihre Basis mit den Blattstielen hinein, und ließ die Spitze oben hervorsehen. Agricola [49]) wiederholte das Experiment, und fand, daß nach und nach die Seitentheile des Blattes verfaulten, und die Mittelrippe stehen blieb. Es erzeugte sich an ihrem untern Ende ein Callus, aus dem Wurzeln und Zweige hervorkamen. Dasselbe sagt Hochberg [50]). Agricola giebt zur Verbesserung der Methode eine eigene Mumie an, welche er durch Zusammenschmelzen von Copal mit Terpenthin verfertigte, und die er überall in seiner Gärtnerpraxis anwendete. Seine Methode ist folgende: „Ich

49) Agricola l. c. 2. p. 41.

50) Hochberg Georgica curiosa (drei dicke Folianten) t. I. lib. VI. cap. 58. f. 778.

nehme ein Pommeranzen-, Zitronen-, Lorbeerblatt rc., welches kein Auge hat, solches mache ich untenher an dem kleinen Herzblättlein ganz eben, alsdann tunke ich solches in die erwärmte edle Mumie bis auf den dritten Theil hinein, so wird selbiges gebührend in eine wohl darzu bereitete Erde, so weit er vermumisirt ist, hineingesenket. Wenn es nun einige Zeit darinnen befindlich, so stoßet sich nach und nach die Mumie von selbst hinweg, und es kommt eine callose Materie hervor, aus welcher Würzelchen, auch zugleich ein Stämmlein sich hervorbegiebet. Dieses wächst je länger je höher, bis es endlich zu einem Bäumlein wird." Dasselbe Experiment machte er mit Glück an Yucca gloriosa, Rosmarin, Myrtenblättern, Buxbaumblättern, Nelkenblättern.

Ueber die Art, wie Blätter, an deren Blattstiel noch eine Knospe sitzt, zu Bäumen gezogen werden können, handelt Agricola besonders, und es gilt also die Vermuthung nicht, daß vielleicht bloß die noch an den Blattstielen sitzenden Knospen ausgetrieben sein möchten. Die Methode, mit dem Blattstiel abgeschnittene Knospen in die Erde zu setzen und fortzuziehen, bildete Agricola auch nach Mandirola weiter aus, und sie ist noch jetzt bei unsern Kunstgärtnern eine gebräuchliche Methode, besonders Camellia japonica und andere Pflanzen zu vermehren.

§. 118.

Dr. Pott entdeckte durch Zufall eine sehr merkwürdige Erzeugung junger Zwiebeln aus einem Blatte, welches zwischen Löschpapier mehrere Monate gelegen hatte, und an der Spitze ganz vertrocknet war. Hedwig wiederholte die Versuche, und befand sie richtig, so wie auch Brandis Augenzeuge von dieser Vermehrung war. Wenn ein im Herbst in der Nähe der Wurzel abgeschnittenes Blatt der Pflanze zwischen Papier mäßig gepreßt, und an einem temperirten Orte aufbewahrt wird, so bemerkt man nach einiger Zeit, daß das Blatt am Wurzelende etwas anschwillt, während der obere Theil des Blattes nach und nach welk wird, und zu vertrocknen anfängt. Nach einer Zeit von ohngefähr 6 Wochen findet man die Anschwellung schon weit bedeutender, und es zeigen sich auf derselben an der innern Seite des Blattes viele kleine Knospen, welche sich dicht am untern Ende befinden, wo das Blatt mit der Zwiebel zusammenhing. Diese Knospen wachsen zusehens, erreichen bald die Größe einer Haselnuß, und bilden sich zu vollkommenen Zwiebeln aus. Auf der äußeren Blattfläche erzeugen sich dergleichen Zwiebeln nicht. Verpflanzt man diese so entstandenen jungen Zwiebeln in die Erde, so treiben sie Wurzeln und Blätter, und blühen nach 3 Jahren [51].

§. 119.

In neuerer Zeit ist Cotyledon calycinum durch dies Keimen junger Pflanzen aus den Blättern berühmt geworden. Man hat der Pflanze deshalb den sonst recht guten Namen Bryophyllum gegeben, der jedoch nicht passend ist, weil es noch außerdem viele andere bryophylla giebt. Pothos, Plumiera, Ficus und viele andere, lassen sich eben so vermehren [52].

---

51) Hedwig Sammlung seiner zerstreuten Abhandlungen, 2r Thl. S. 125 u. folg.

52) Willdenow Grundr. p. 487.

Doch macht man es mit den Blättern dieser Pflanzen nicht so, wie Mandirola und Agricola es mit den Pomeranzenblättern gemacht haben. Man legt sie mit ihrer untern Fläche platt auf die feuchte Erde, und sieht sie dann, wenigstens Cotyledon calycinum, in 6—8 Tagen schon keimen. Die Art wie sie keimen, ist auch von der Art, wie nach Mandirola die Pommeranzenblätter keimen, ganz verschieden. Dort bildet sich im Blattstiel ein Callus, und die Mittelrippe wächst an der Seite, nach oben zu, aus. Hier verfault der Blattstiel sehr bald, ohne im mindesten nur Anstalt zum Keimen zu machen, und die jungen Pflanzen brechen meist am Rande des Blatts hervor, da, wo sich die Gefäßbündel in die Zähne desselben verlaufen. Ich habe oben schon die Beobachtung erzählt, daß auch ein noch an der Pflanze sitzendes Blatt von Cotyledon calycinum auf dieselbe Weise keimt, wie die auf die Erde gelegten. Jedoch geschieht dies nur bei den gebreiten Blättern, welche meist nnr an alten Pflanzen zum Vorschein kommen, nnd ich habe es an den einfachen bis jetzt nie bemerken können, obgleich ich mich an vielen Pflanzen darnach umgesehen habe.

§. 120.

Bei diesen Vermehrungsweisen durch die Blätter gilt nun in Bezug auf die Erhaltung der Art und Abart ganz dasselbe, was von dem Pfropfen, Oculiren und ähnlichen Vermehrungsarten gilt. Es ist eine bloß individuelle Fortpflanzung, und von der Art, wie der Saame die Art fortpflanzt, verschieden. Im Saamen erhält sich die Spielart nicht, wohl aber in dieser Vermehrung durch Blätter, weil sie ein bloßes Ausstrahlen der individuellen Pflanze ist, weshalb auch die Abart mit allen ihren besondern Eigenheiten, durch sie auf das neue Wesen übertragen wird.

§. 121.

Durch diese Betrachtungen sehen wir nun also auch den noch einzig übrig gebliebenen Gegensatz der äußern individuellen Pflanzengestalt verschwinden, und es bleibt nichts übrig als die Voraussetzung, daß in der äußeren Gliederung der Pflanze ihre wesentliche Differenz zu finden sei, völlig aufzugeben. Mögen wir die Betrachtung hinleiten, auf welchen Pflanzentheil wir wollen; überall finden wir in jedem einzelnen Theile das Abbild der Totalität. Die äußere Gestaltung der Pflanze ist eben so wie die Verrichtungen und alle übrigen Eigenschaften dieser äußeren Theile, ein ewiges Uebergehen aus einem Theile in den andern, und wo man diese äußeren Unterschiede als bleibende zu halten denkt, da entschwinden sie einem unter den Augen. Nichts ist hier bleibend. Die Wurzel steigt bei den Bäumen als Stamm über die Erde empor, und der Stamm steigt als Wurzel bei den Gräsern in die Erde hinab. Der Stengel breitet sich in Blätter aus, bei den Acacien, und die Blätter verschmelzen bei den Casuarinen, Binsen, den Cactus-Arten, und noch mehr bei den niedern Pflanzen in die Stengelform. Das Blatt entkeimt der Wurzel, und umgekehrt wird die Wurzel aus dem Blatte geboren. Alles was man bei einer besondern Betrachtung dieser Theile bestimmt hat, das bleibt hinter alle innere Allgemeinheit weit zurück, wenn man sich anderswo umsieht. Die äußern Theile sind in ihrer Wandelbarkeit etwas Unsagbares, und ihre Verschiedenheit ist nur ganz im Besondern festzuhalten. Nicht allein ihre Gestalt, sondern ihre ganze innere Natur, ihre Verrichtungen 2c. gehen in einander über. Kein Theil verhält sich hier innerlich zu dem andern als Zweck und Mittel, sondern jeder Theil ist sich selbst Zweck und Mittel zugleich. Die äußere Pflanzengestalt ist mit allem was dazu gehört, eine Reihe aufeinander folgender Bildungen, von denen jeder Theil die Totalität des Pflanzenlebens in einer andern Gestalt zur Schau stellt.

§. 122.

Die Wandelbarkeit der äußern Pflanzengestalt, sowohl im Individuum als im Pflanzenreich, erkannte schon Linnée, und nannte sie die Metamorphose der Pflanzen, ohne sich jedoch in der Mannichfaltigkeit der Erscheinungen finden zu können, und die Metamorphose des Individuums von der Metamorphose des Pflanzenreichs in lichtvoller Entfaltung zu scheiden, wenn seinen Aeußerungen gleich offenbar anzusehen ist, daß ihm ihre Verschiedenheit vorschwebte. Er dachte sich eine Metamorphose des Individuums in die Blume, und machte sich hiervon eine sehr unrichtige Vorstellung, indem er Theile der Pflanze sich verwandeln ließ, welche in strengster Gesetzmäßigkeit und als bleibende Differenzen, ihre Natur nie verändern. So glaubte er, die Rinde der Wurzel (oder des Holzes) ginge in den Kelch, der Bast in die Krone, das Holz in die Staubwege, und das Mark in den Pistill über, während sowohl im Kelch als der Krone, als den Staubwerkzeugen und dem Pistill, überall die Bestandtheile des Holzes, der Rinde und des

Markes zugleich, als innere wesentliche Differenzen gefunden werden. Er ahnte aber richtiger, daß durch eine Metamorphose die Art in Abart, und die normale in die abnorme Gestalt sich umändere, daß ferner ein Theil sich unmittelbar in den entgegengesetzten äußern Unterschied verwandeln könne, und dabei führt er das Beispiel an, daß man den Baum umkehren, und seine Wurzel zur Krone machen könne [53]). Späterhin trug Linnée [54]) eine andere Theorie von der Metamorphose der Blätter in die Blumen vor, welcher eine tiefere Ahnung zum Grunde lag. Nämlich die Blume sei eine gleichzeitige und vereinigte Entwickelung aus individuellen Pflanzentheilen, welche erst nach 6 Jahren zum Vorschein gekommen sein würden. Wenn die Blume aus der Knospe entsteht, so gehen die Knospenblätter des zweiten Jahres in Brakteen, die des dritten in den Kelch, des vierten in die Blumenblätter, des fünften in die Staubfäden, des sechsten in den Pistill über. Die Entwickelung der Blätter auf 6 Jahr, ist gleichsam vom sechsten zum ersten Jahre zurückgezogen, oder vom ersten zum sechsten Jahre vorgerückt, so daß alle gleichzeitig in einander liegen. Und damit war der Gedanke gefaßt, daß die Blume eine gleichzeitige Entwickelung in allen ihren Theilen sei, wogegen das individuelle Leben der Pflanzen eine bloße Succession von Bildungen ist, abgesehen von den Jahresberechnungen, welche Linnée macht. Dieser Gedanke war aber im Strome der Zeit wieder untergegangen, bis Link von neuem auf seine Wichtigkeit aufmerksam machte.

53) Linnée metamorphosis plant. Amoen. acad. IV. LXVI.
54) Linnée prolepsis plantarum. Amoen. acad. VI. CXX.

§. 123.

Diese Linnéeische Metamorphosenlehre zu erklären, darauf läuft größtentheils die Theorie der Vegetation unseres berühmten Landsmanns Wolff, weil. in Petersburg, hinaus [55]). Wolffs Betrachtungen gingen von der Bildung und Entwickelung der Knospen zu Blättern und Zweigen aus, und er sucht das ganze Pflanzenleben aus einer verminderten und vermehrten Ernährung der Theile durch die vis essentialis zu erklären. Er knüpft seine Betrachtungen an das Wachsthum eines weißen Kohlkopfs, und bemerkt, daß nach Wegnahme aller in einander gefalteten Blätter, eine dichte Substanz erscheine, deren Oberfläche er die Vegetationspunkte (puncta vegetationis) nennt. Die Substanz, welche unter diesen Vegetationspunkten liegt, nennt er axis medullaris. Aus den Vegetationspunkten entspringen durch eine Sekretion, anfangs unvollkommene Blätter, welche in vollkommenere übergehen, und neue unvollkommene Blätter ersetzen den Platz der alten. Diese jungen Blätter nennt Wolff Triebe (propulsiones), und sagt, daß die jüngeren Triebe in den älteren liegen, oder vielmehr, daß die Triebe gegenseitig in einander liegen. Der Blattstiel ist eine Verlängerung der Mittelrippe des Blatts, und der Stamm ist nichts als eine Versammlung aller verlängerten Blattstiele. Die Wurzel wächst durch Sekretion einer zarten, weniger zähen Sub-

55) Theoria generationis. Quam pro gradu doctor. med. stabilivit, publice eam defensurus d. 28. Novbr. 1759. C. F. Wolff Berolinensis. c. II. tab. aen. Halae ad Sal, wovon 1774 eine neue Ausgabe erschien.

stanz als bei den Blättern, welche sich an unbestimmten Stellen zwischen Holz und Rinde ablagert, zu kugelförmigen Körperchen verhärtet, welche mit dem Holze verwachsen, größer werden, die Rinde durchbrechen, und sich in cylindrische Wurzeln verlängern. Die Feuchtigkeiten, aus denen diese Körperchen zuerst entstehen, glaubt er, werden unmittelbar aus der Erde eingesogen, und abgelagert. (S. 43—93). Diese fortschreitende Vegetation wird aber durch eine Verminderung der Menge des zugeführten Nahrungssaftes zu dem Vegetationspunkte, allmählich unterdrückt, und die Folge davon ist, daß die schon excernirten Theile sparsamer ernährt werden, und also auch langsamer wachsen, und dabei früher erhärten, als sie völlig ausgebildet sind, wodurch sie klein und unvollkommen ihre Perioden ablaufen, und sterben. Da nun diese Verminderung der Ernährung im Verlaufe der Zeit geschieht, so werden die davon abhängenden Erscheinungen auch in den aufeinander folgenden Trieben nach und nach in der Art geschehen, daß zuerst einige erscheinen, die eine geringere Retardation des Wachsthums erfahren, worauf denn andere folgen, in welchen schon eine größere Verminderung des Nahrungssaftes sichtbar ist. Die jüngeren Theile sind nun aber immer zarter und weicher, als die älteren, weil diese früher der Luft ausgesetzt sind, und dadurch erhärten. Da nun aber nach physikalischen Gesetzen, eine Flüssigkeit die verschiedenen Substanzen um so leichter durchdringt, je weniger Widerstand sie findet, und umgekehrt; so wird der Nahrungssaft, indem er durch die wesentliche Kraft durch die ganze Pflanze vertheilt wird, leichter, und in um so viel größerer Menge in die Theile übergehen, als sie frischer und jünger sind. Am Ende wird aber der mittelste Vegetationspunkt verstopft, und leistet dem andringenden Safte großen Widerstand, und hiervon ist die Wirkung, daß sich unter ihm eine größere Menge Saft ansammelt, welche nun in die zunächst folgenden Triebe in reichem Maaße überfließt.

Auf diese Weise entstehen nach und nach am obern Theile kleinere und weniger zertheilte Blätter, und was am Ende beim verschlossenen Vegetationspunkt zugleich secernirt wird, das wird von ihm selbst, gleichsam in einer Kapsel eingehüllt, erhalten, und daraus bildet Wolff die Theorie der Blume, (also die Theorie der Linnéelschen Anticipation). Dieser eben so scharfsinnigen als höchst interessanten Theorie finde ich nirgends Erwähnung gethan, und man bemerkt mit innigem Bedauern, daß die vaterländische Weisheit nicht nur fast sechzig Jahre lang an diesem Erzeugnisse ihres eigenen Grund und Bodens still und unbekümmert vorübergegangen ist, sondern sogar, daß ihre Quelle der Märtyrer des unverdrossenasten Strebens nach dem Licht in der Finsterniß, geworden ist [56].

§. 124.

Um so verdienstlicher ist es, das J. F. Meckel eine andere, uns früher unbekannte, Reihe tiefer Gedanken und reifer Erfahrungen desselben großen Geistes und unermüdeten Forschers in Erinnerung gebracht hat, welche im Strome von Maculatur schon ganz untergegangen

56) Man sehe Mursinna's kurze, aber bündige Worte aus Wolffs Leben in: v. Göthe zur Morphologie.

war, und in welcher Wolff unter andern eine eigene Relation seiner Meinung über den Gegenstand, von welchem hier die Rede ist, gegeben hat [57]). Aus dieser Schrift lese man des Verfassers eigene Worte: „In der That bedarf es keines großen Scharfsinns, um, besonders bei gewissen Pflanzen, zu bemerken, daß der Kelch sich von den Blättern nur wenig unterscheidet, und, um es kurz zu sagen, nichts als eine Sammlung mehrerer kleinerer und unvollkommenerer Blätter ist. Sehr deutlich sieht man dieß bei mehreren jährigen Pflanzen mit zusammengesetzten Blumen, wo die Blätter allmählig desto kleiner, unvollkommener und zahlreicher werden, und desto näher an einander rücken, je höher sie am Stamm sitzen, bis endlich die letzten, unmittelbar unter der Blume befindlichen, äußerst klein und dicht zusammengedrängt stehen, die Blätter des Kelchs darstellen, und zusammengenommen, den Kelch bilden."

„Nicht weniger deutlich ist auch die Fruchthülle aus mehreren Blättern zusammengesetzt, nur mit dem Unterschiede, daß die Blätter, welche im Kelche bloß zusammengedrängt sind, hier mit einander verschmelzen. Die Richtigkeit dieser Meinung beweist nicht bloß das Aufspringen mehrerer Saamenkapseln, und das freiwillige Zerfallen derselben in ihre Blätter, die Theile, woraus sie zusammengesetzt sind, sondern schon die bloße Betrachtung und die äußere Ansicht der Fruchthülle:

---

57) Caspar Friedrich Wolff über die Bildung des Darmkanals im bebrüteten Hühnchen. Uebersetzt und mit einer einleitenden Abhandlung und Anmerkungen versehen, von Johann Friedrich Meckel. Halle 1812.

Endlich sind selbst die Saamen, ungeachtet sie auf den ersten Anblick nicht die geringste Aehnlichkeit mit den Blättern haben, doch in der That wieder nichts weiter, als verschmolzene Blätter; denn die Lappen in welche sie sich spalten, sind Blätter, die sie, wie ich so eben anführte, zusammensetzen, aber unter allen Blättern der ganzen Pflanze am unvollkommensten entwickelt, unförmlich klein, dick, hart, saftlos und weiß sind. Jeder Zweifel an der Richtigkeit dieser Behauptung wird gehoben, wenn man sieht, wie diese Lappen, wenn der Saamen der Erde anvertraut wird, damit die, in der mütterlichen Pflanze unterbrochene, Vegetation fortgesetzt werde, sich in die vollkommensten, grünen, saftigen Blätter, die sogenannten Saamenblätter, umwandele. Daß aber auch die Blumenkrone und die Staubgefäße weiter nichts als modifizirte Blätter sind, wird aus einzelnen Beobachtungen wenigstens sehr wahrscheinlich. Man sieht nämlich nicht selten die Blätter des Kelchs in Blumenblätter, und umgekehrt diese in Kelchblätter übergehen. Wenn nun die Kelchblätter wahre Blätter, die Blumenblätter aber nichts als Kelchblätter sind; so ist es wohl keinem Zweifel unterworfen, daß auch die Blumenblätter modificirte wahre Blätter sind. Auf ähnliche Weise sieht man auch in dem Linnéeischen Polyandristen, die Staubfäden häufig sich in Blumenblätter verwandeln, und dadurch gefüllte Blumen bilden, umgekehrt aber Blumenblätter in Staubfäden übergehen, woraus sich wieder ergiebt, daß auch die Staubgefäße, ihrem Wesen nach, eigentlich Blätter sind. Mit einem Worte, in der ganzen Pflanze, deren Theile auf den ersten Anblick so außerordentlich von einander abweichen, sieht man, wenn man alles reiflich erwägt, nichts als Blätter und Stengel, indem die Wurzel zu diesem gehört. Diese sind die nächsten, uumittelbaren nnd zusammengesetzten Theile derselben, die entfernten und einfachen sind Gefäße und Bläschen."

„Wenn also alle Theile der Pflanze, den Stengel ausgenommen, auf die Form des Blattes zurückgeführt werden können, und nichts als Modificationen derselben sind; so ergiebt sich leicht, daß die Generationstheorie der Pflanzen nicht sehr schwer zu entwickeln ist; und zugleich ist der Weg bezeichnet, den man einschlagen muß, wenn man diese Theorie liefern will. Zuerst muß durch Beobachtungen ausgemittelt werden, auf welche Weise die gewöhnlichen Blätter sich bilden, oder was gleichbedeutend ist, wie die gewöhnliche Vegetation vor sich geht; auf welchen Gründen sie beruht, und durch welche Kräfte sie wirklich wird. Ist man hierüber im Reinen, so müssen die Ursachen, die Umstände und die Bedingungen erforscht werden, welche in den obern Theilen der Pflanze, wo die, dem Anscheine nach neuen Erscheinungen sich darbieten, und die scheinbar verschiedenen Theile sich entwickeln, die allgemeine Vegetationsreihe so modifiziren, daß an der Stelle gewöhnlicher Blätter diese eigenthümlich gebildeten zum Vorschein kommen. Nach diesem Plane verfuhr ich früherhin, und fand, daß alle diese Modifikationen in der allmählichen Abnahme der Vegetationskraft begründet sind, die in dem Maaße zunimmt, als die Vegetation länger fortgesetzt wird, und endlich ganz verschwindet; daß folglich das Wesen aller dieser Abänderungen der Blätter eine unvollkommenere Ausbildung derselben ist. Es war mir leicht, durch eine Menge von Versuchen diese allmähliche Abnahme der Vegetation und ihre Ursache, deren Angabe hier zu weitläufig wäre, zu erweisen, und aus diesem Fundament allein alle die neuen Phänomene, welche die Blüthen und Fruchttheile, die so sehr von den übrigen Blättern verschieden scheinen, darbieten, und selbst eine Menge von Kleinigkeiten zu erklären, die damit in Beziehung stehen."

§. 125.

Nachdem diese Ansichten lange Zeit theils gänzlich unbekannt geblieben, theils völlig in Vergessenheit übergegangen waren, reiften sie endlich in v. Göthe wieder zum Bewußtsein. Göthe verfolgte auf eine eben so einfache, als naturgemäße Weise die Entwickelung der äußern individuellen Pflanzengestalt, von ihrem Beginnen aus dem Saamen bis zu ihrem Erlöschen in der Frucht. Göthe faßte vorzüglich das aufsteigende Wachsthum der Pflanze ins Auge; er verfolgte es, wie es sich durch mancherlei Formen emporhebt, und wie es sich am Ziel plötzlich in die gleichzeitige Entwickelung des geschlechtlichen Lebens darstellt. Auch dieses faßte Göthe in der wahren Bedeutung seiner äußeren Gestaltung auf: nämlich in seiner formellen Centralität, und begleitete es bis zur völligen Verschließung in die Frucht.

Göthes Darstellung hat zwar das Ansehen, als ob sie mehr beabsichtigte, eine ununterscheidbare Verschmelzung des individuellen und des geschlechtlichen Pflanzenlebens nachzuweisen, indem sie die Formen der Blätter des Blumenstiels als Mittelzustände zwischen den Blättern der Pflanze und des Kelchs, also zwischen den

Theilen des individuellen und generellen Lebens, schildert. Diese Vermuthung gewinnt noch mehr dadurch, daß Göthe die Analogie der Knospen und Saamen so sehr heraushebt, anstatt daß ich lieber auf die Differenz dieser individuellen und generellen Bildungen aufmerksam machen möchte. Allein andererseits hat er doch die verschlossene Natur des Saamens, welche von der Blumenbildung aus, gleichsam so von der Peripherie zum Centrum, wie das individuelle Pflanzenleben vom (formellen) Centrum zur Peripherie geht, sehr wohl eingesehen, wenn gleich die Wichtigkeit dieser wesentlichen Differenz nicht recht hervorgehoben. Eben so wird Göthe, wenn er darauf aufmerksam sein will, sich selbst vorwerfen, daß er die Umwandlung des nach unten wachsenden Pflanzentheils, und seine Verwandschaft mit dem oberirdischen, seiner Betrachtung noch hätte gegenüberstellen können, weil dies ein integrirender Theil der Metamorphose des Individuums ist, wogegen das geschlechtliche Leben mehr egoistisch auftritt.

Leider ist aber diese Metamorphosenlehre, (ich glaube, weil sie zu einfach und lichtvoll dargestellt worden ist, und man sie gern in dunklen Worten haben möchte), ungeachtet aller Theilnahme, welche sie überall gefunden hat, dennoch gewiß verkannt worden. Mit der Metamorphose konnte und sollte nur der einfache Gang dargestellt werden, welcher die Entwickelung der äußeren Gestalt der Pflanzen verfolgt, und es mußte dabei stille Voraussetzung bleiben, daß dieser Wandelbarkeit der Erscheinungen noch eine unwandelbare Einheit und Gesetzmäßigkeit zum Grunde liege, welche aus dieser Metamorphose weder verstanden werden, noch in ihr begründet

det sein können. Aus diesem Grunde muß also die Betrachtung dieser äußern veränderlichen Gestalt, auf eine so einfache, anschauliche Weise geschehen, wie sie Göthe beschrieben hat, und es darf sich darin durchaus keine Grübelei und Spekulation mischen, wenn das Gemälde, was wir uns davon entwerfen wollen, kein Zerrbild werden soll.

§. 126.

Was ich nun dieser Verwandlungslehre der äußern Gestalt hinzugefügt habe, ist, daß zugleich mit der Gestalt sich auch die Verrichtungen der äußern Pflanzentheile in einander verwandeln. Wenn dies nun gleich nicht immer an der Entwickelung des Individuums geschieht, so geschieht es doch bei der Entwickelung des Pflanzenreichs, und läßt sich unverkennbar, wie ich an vielen Beispielen gezeigt habe, verfolgen. In den Bäumen verrichtet die Wurzel den Stengeldienst, indem sie unmittelbar Blätter, Blumen und Früchte treibt, und bei den Gräsern steigt der Stengel als Wurzeltheil in die Erde hinab, und treibt hier eben so, als unterirdischer Stengel, Wurzelfasern, wie beim Baum die oberirdische Wurzel Blätter trägt. Das Blatt verrichtet den Dienst der Wurzel, indem es unter Umständen Nahrung einsaugt, und die Wurzel, sobald sie mit der Luft in Berührung ist, tritt mit dieser in dieselbe Wechselwirkung, die man bei den Blättern das Athmen genannt hat. Und endlich, was dem Ganzen noch die Krone aufsetzt, ist die Entwickelung (Erzeugung) der totalen Pflanze aus der Wurzel, wie aus dem Blatt und den übrigen Theilen. Aus jedem Stück der äußeren Pflanzengliederung kann die ganze Pflanze wieder aufkeimen, weil jeder dieser

Theile ein Abbild der vegetativen Totalität ist, und die wesentlichen Differenzen derselben in sich enthält.

Man kann in dieser Verwandlung der Gestalt und der Verrichtungen der äußern Pflanzentheile, nun aber nicht zugleich eine Metamorphose der ganzen concreten Pflanzennatur suchen: denn diese ist bei aller Umstaltung ihres Aeußern, ewig und unwandelbar, und es wäre traurig, wenn sich in der Pflanze nichts als dieß Verschwinden ihrer äußern Existenz in wechselnden Formen auffinden ließe.

Das Pflanzenleben hat ein anderes Gesetz, als diese Verwandlung ihrer äußeren Theile in einander, und ich habe, ohne es gekannt zu haben, immer einen festen Glauben an eine bleibende innere Natur, bei aller Wandelbarkeit und Flüchtigkeit in der äußeren Entfaltung der Pflanze, gehabt.

Diese Gesetzmäßigkeit des Pflanzenlebens, ruht in seiner innern Trennung, in Ernährungs- und Bildungssystem, und die Abänderungen in den Verhältnissen beider, liegen gesetzmäßig den Modificationen zum Grunde, mit welchen die concrete Pflanze in die Erscheinung tritt.

§. 127.

Doch müssen wir das individuelle Pflanzenleben von dem geschlechtlichen auch schärfer scheiden, als man dies zu thun geneigt ist, und dafür mehr auf die Analogie und die Uebergänge des nach oben und nach unten wachsenden Pflanzentheils an dem Individuum Rücksicht nehmen, wie dies bei aller Aufmerksamkeit, dennoch zeither vernachlässiget worden ist. In dieser Beziehung müssen wir das Leben des Individuums dem Leben der Gattung von vorne an gegenüberstellen, so wie die Pflanzennatur selbst innerlich und äußerlich sich als Individuum und Gattung gegenübersteht.

Dritter Abschnitt.

Allgemeine Betrachtung der Blume und Frucht.

§. 128.

Wie wollen wir aber bei dem Uebergehen der Gestalt aller Pflanzentheile in einander zu einem durchgreifenden Unterschiede des individuellen und generellen Pflanzenlebens gelangen? Ist es überhaupt möglich, diesen Gegensatz zu fassen, oder vielmehr, hat die Natur sich auch wirklich und wesentlich in Individuum und Gattung getrennt, so daß man diese Trennung als eine in der Pflanze selbst begründete, durch Merkmale in der Darstellung des Begriffs der Pflanze festhalten kann? Dieß ist der Punkt, wo ich mit Linnée und Göthe nicht übereinstimme; denn Linnée sucht bestimmt, und bei Göthe scheint es mir auch so, eine eben solche allmähliche Verschmelzung der individuellen mit der generellen Pflanze, als die äußeren Theile der individuellen Pflanze unter einander haben.

Sieht man bloß auf die Gestalt und deren Verwandlungen, so ist man freilich nicht im Stande, in ihr allein den Grund einer wesentlichen Trennung zu finden, und die Verwandlungen der Blumentheile in Blätter und Stengel, aus denen vielleicht noch einmal wieder Blumen entstehen, wie uns davon schon Bonnet an Apfel- und Birnbäumen mehrere Beispiele erzählt hat, und man an der durchwachsenen Rose zum öfteren zu sehen Gelegenheit hat, scheinen dieser wirklichen Trennung nicht günstig zu sein, und vielmehr eine allgemeine Analogie, als einen allgemeinen Unterschied anzudeuten. Willdenow und Andere haben nach Göthe wohl gesagt, die Blume sei die höchste Blattentwickelung, und begrenze das Stengelwachsthum. Allein man betrachte hierauf die Blumen der Melaleuca- und Metrosideros=Arten, der Rohria petioliflora und aller der Pflanzen, wo die Blumen oft am untern Theile des Stengels, oder auf den Blättern sitzen, um sich zu überzeugen, daß dieß nicht allgemein ist. Mit Blättern könnte man mehr oder weniger wohl die Blumen= und Kelchblätter vergleichen, aber die Staubwerkzeuge und den Griffel, können wir nicht einmal der Gestalt nach, und noch viel weniger, wenn von Verrichtungen die Rede ist, in Analogie bringen.

§. 129.

Betrachten wir jedoch die bei den niedern Pflanzen nach und nach völlig verschwindende Geschlechtsdifferenz, so daß hier eigentlich nur unmittelbar immer das Individuum, und nie die Art fortgepflanzt wird, so könnten wir dadurch immer mehr und mehr geneigt werden, die Geschlechter der Pflanzen als bloße Metamorphosen des Individuums anzusehen.

§. 130.

Fassen wir aber die geschlechtliche Pflanze nicht bloß in Berücksichtigung der äußeren Gestalt der Blume, und deren mögliche Umstaltung in Blätter und blattartige Theile, sondern ihrer ganzen concreten Natur nach auf, so müssen wir doch gestehen, daß die Blumentheile nie ohne Aufopferung ihres inneren Wesens, in Theile der individuellen Pflanze übergehen können. Eine gefüllte Blume, deren Staubgefäße und Griffel sich in Blätter metamorphosirt haben, wird nie Früchte bringen, was doch geschehen müßte, wenn diese Metamorphose nicht die Entwickelung ihrer wahren Natur verhinderte. An der individuellen Pflanze wird in ihrer ganzen Natur durch die Uebergänge ihrer Theile in einander nicht das Mindeste verändert; sie erfüllt bei aller Metamorphose ihres Aeußeren immer und ewig alle ihre inneren Bestimmungen, welche sich großentheils zur Fortbildung des Individuums vereinen; aber die Blume erreicht ihren Zweck, das Individuum in der Gattung zu verewigen, nicht, sobald sie die Gestalt des Individuums annimmt. Wenn wir also das Geschlecht der Pflanzen gleich nicht durch die Gestalt der Blume von dem Individuum unterscheiden können, so können wir es doch durch ihre Verrichtungen, und diese verwandeln sich nicht mit der Gestalt, sondern werden dadurch aufgehoben und zerstört.

§. 131.

Doch ist auch noch ein zweiter Punkt von Wichtigkeit für die Rechtfertigung des allgemeinen Unterschiedes der Blume an der Pflanze. Nämlich die Theile der individuellen Pflanze verwandeln sich in einander, und einer kann dabei die Verrichtungen des andern übernehmen. So kann das Blatt wie die Wurzel Nahrung einsaugen, und die Wurzel wie das Blatt mit der Luft in Wechselwirkung treten, und sich auch aus dieser das Nöthige aneignen, und die sogenannten Luftwurzeln athmen gewiß in demselben Sinne als es die Blätter thun. Allein nie gehen die Theile der Blume in einander über, so daß z. B. der Staubfaden zum Griffel und umgekehrt würde, und die Funktion dieser Theile sich mit verwandelte. Wenigstens sind mir dergleichen Beispiele nicht bekannt. Staubfäden und Griffel können die Blättergestalt annehmen, aber der Griffel kann nie ein Staubfaden werden, und seines gleichen befruchten, eben so wenig als der Staubfaden zum Griffel werden, und Früchte ansetzen kann. Die Differenz dieser Theile ist also eine durchaus allgemeine, bleibende und wesentliche, und unterscheidet also das generelle Leben von dem individuellen ganz und gar: denn alle äußeren Unterschiede an der individuellen Pflanze können ihrer ganzen Natur nach in einander übergeheu.

§. 132.

Sehen wir weiter auf die Gestalt der Blume, ohne Rücksicht auf die, doch immer krankhafte Metamorphose ihrer Theile, so findet sich in ihr der Umriß thierischer Form. Sie hat einen allgemeinen Mittelpunkt, eine centrale Allgemeinheit im Griffel und dem Fruchtknoten, um welche sich wie Strahlen die übrigen Theile lagern. Die Gestaltung und Ausbildung dieser Theile ist dem thierischen Wachsthum analog, und von dem Wachsthum der individuellen Pflanze ganz und gar verschieden. In der Blume bilden sich wie im Thier, alle Theile zugleich, und ihr Wachsthum bringt keine neue Theile hinzu, sondern vergrößert nur die ursprünglich gebildeten. Es bildet sich nicht ein Staubfaden, oder ein Blumen- und Kelchblatt nach dem andern, wie an der individuellen Pflanze, sondern alle entstehen zugleich, und ihre Ausbildung ist eine bloße Vergrößerung. Alle diese Theile haben unter einander einen nothwendigen inneren Zusammenhang, ohne welchen der Zweck des Ganzen nicht erfüllt werden kann. In der individuellen Pflanze ist jedes Blatt, jeder Wurzelzweig, jede Knospe ein Abbild der Totalität, was mit den Theilen der Blume nicht der Fall ist. Hier gehören alle Theile nothwendig zum Ganzen, und der Staubfaden ist eben so wenig ein Abbild der Blume, wie ein abgeschnittener Salamanderfuß ein Abbild des Salamanders ist. Die Blume kann sich nicht aus ihren Theilen wiedererzeugen, wie die ganze individuelle Pflanze aus dem Blatte, und zwar aus keinem andern Grunde, als weil ihre Theile eine centrale Beziehung zu einander haben.

§. 133.

Freilich bleibt diese Analogie der Blume mit der thierischen Bildung immer nur formell, und zu der concreten inneren Allgemeinheit des Thieres, gelangt die Blume nicht. Die Centra der Thiere sind der durch und durch gehende innere Zusammenfluß aller peripherischen Theile, anstatt daß das geschlechtliche Centrum der Blume, mehr nur eine Vereinigung peripherischer Theile ist, welche zwar einem Ganzen angehören, aber doch nicht von innen aus ihm entstanden sind.

§. 134.

Dagegen aber ist die individuelle Gestaltung eine ewige Folge neuer Bildungen, welche keinem Centrum angehören, sondern immer über einander hinausgehen, und so gleichsam sich selbst historisch hinter sich zurücklassen. Ihre einzelnen Bildungen sind die verkörperten Zeitabschnitte in ihrem Leben, über welche hinaus immer andere hervorstrahlen, die alle nie zu sich zurückkehren, wie es mit der Blume der Fall ist, welche ihre peripherischen Theile durch ihre Mitte vereint. Könnte die individuelle Pflanze so in eine Mitte zurückkehren, so würde sie nicht zu immer neuen Bildungen schreiten, sondern in einem Kreise sich egoistisch vergrößern, und wie die Thiere wachsen. Allein da sie in sich selbst als Individuum nicht zurückkehren kann, so treibt sich weiter ein Ast aus dem andern hervor, bis in der gleichzeitigen Erzeugung der centralen Blume, entweder eine Periode des individuellen Lebens, oder die ganze Pflanze sich aufopfert, um sich durch die Erzeugung der Frucht und des Saamens in der Gattung zu verwahren. Das Individuum producirt außer sich die Blume, etwas höheres als es selbst ist, mit selbstständiger innerer Allgemeinheit und Unabhängigkeit von dem Organismus, der sie erzeugt hat. Man kann die Blume als das Bild des höchsten Undanks ansehen, das nach seiner Schöpfung aus der innerlichen Verbindung mit seinem Schöpfer tritt, und diesen nur als den Boden ansieht, aus dem es, wie aus einem fremden Elemente, seine Nahrung nimmt, die es sich selbst erst assimilirt, und seiner Natur anpaßt.

§. 135.

Die Blume ist an der Pflanze eigentlich nur erst die bei sich selbst seiende Pflanze, und alles andere an derselben nur der mütterliche Boden, aus dem die Gattung entkeimt, nur Mittel zu einem außer sich befindlichen Zweck, zur Bildung und Ernährung der Blume, welche zu dem Grunde ihrer Existenz nicht wieder zurückgeht, sondern in sich selbst einen Lebenskreis begründet, und die Mittel ihrer Erzeugung in den Staub tritt. Ich möchte die Pflanze bloß als für die Blume geschaffen, ansehen, damit sie diese, welcher aus Mangel des Selbstgefühls und der freien Bewegung, die Macht fehlt, sich gegen die Außenwelt zu schützen, über die Erde emporhebt, und ihrer Existenz dasjenige ersetzt, was ihr durch den Mangel freier Bewegung, bei Beschützung und Erhaltung ihrer Existenz gegen die Außenwelt abgeht. Nur wegen dieser Ohnmacht der Blume, welche außer dem Mangel der physischen Freiheit, sich zu bewegen, mit dem Thier ein auf sich bezogenes, centrales Leben gemein hat, scheint mir die individuelle Pflanze, als ein Boden geschaffen zu sein, welcher die Blume in ihrer Pracht beschützend trage, und über die irdische Masse emporhebe. Man sagt mit tiefem Sinn: der Baum trägt Blumen und Früchte; er trägt sie wirklich nur, und muß nicht selten ihrer Last im wahren Sinne des Wortes unterliegen.

§. 136.

Der Lebenslauf der Blume ist ein von der individuellen Pflanze völlig abgesonderter. Sie entwickelt sich oft früher als die Blätter entstehen, beim Kellerhals (Daphne mezereum), vielen Weiden und Pappeln, und ohne einen unmittelbaren Zusammenhang mit den Perioden des individuellen Lebens. Sie legt ihren eigenen Lebenskreis in den Perioden des Aufblühens, der Geruchsentwickelung, des Verblühens, der Entwickelung des Stempels zur Frucht, und deren Reifung mit den Saamen zurück; während das Individuum sich zuweilen, wie bei der Herbstzeitlose (Colchicum autumnale), gerade in entgegengesetzter Richtung entwickelt. Das Keimen des Saamens zur Pflanze, und das Keimen der Pflanze zur Blume und Frucht, sind egoistische und selbstständige Processe, deren Einfluß auf einander nur mittelbar ist. Die individuelle Fortbildung der Pflanze durch die Knospe, welche sich zu Blättern entwickelt, und die geschlechtliche (generelle) Entwickelung der Blüthenknospen, haben freilich in ihrem Entstehen manches gemein; allein bald unterscheidet sich das wilde, ausgelassene Blätterleben, von dem in sich gekehrten, beruhigten, bei sich selbst seienden Leben der Blumen. Im Blatt ist nur die allgemeine centrumlose Differenz der ganzen Pflanze, und alle Blätter gegen einander, stehen in keiner nothwendigen Beziehung zu einander und zum Ganzen, eben weil jeder äußere Theil des Individuums dem Ganzen wieder gleich ist. Dagegen finden wir in der Blume, vom Blumenblatt an bis zum Saamen, alle Theile unter einander, als thätig mitwirkende Glieder einer (wenigstens formell) centralen Allgemeinheit.

§. 137.

Jedoch hat das Pflanzenleben in der Blume seinen vollendeten Schluß noch nicht. Die Blume ist nur der Uebergang aus der formellen Centralität des generellen Lebens in die Frucht. Man könnte die Blume in ihrer Entfaltung die Dialektik nennen, durch welche der Begriff der Pflanze erst zum Schluß gelangt, den sie einzig und allein in der Gattung hat, wenn nämlich über=

haupt eine wirkliche geschlechtliche Differenz Statt findet. Hier ist die Pflanze erst bei sich selbst und beruhigt, aus der ewigen Unruhe, in welcher sie sich nach allen Seiten verzweigt, und in welcher sie nicht allein sich selbst, sondern zugleich dem Licht und der Finsterniß, der Luft und der Erde angehörte. Diesen Schmerz, sich selbst nie ganz anzugehören, sondern im ewigen Gehorsam von fremden Mächten regiert zu werden, muß die Pflanze so lange ertragen, bis sie zur Blumen- und Fruchtbildung gelangt, und diesem Zwecke opfert sie daher ihr ganzes Dasein, oder eine Periode desselben auf, und verschließt die Idee ihrer Totalität in den Saamen, um ganz in sich selbst zurückzukehren, und die Beruhigung ihres langen Strebens über sich hinaus, zu genießen. Die Frucht lebt schon ein noch selbstständigeres, in sich gekehrteres Leben, als die Blume. Von dem Moment an, wo durch die Befruchtung der Narbe, der Fruchtboden sich zu erheben anfängt, hat es dieser über den Mangel, den er an den Staubfäden litt, und über die Abhängigkeit von denselben gewonnen, er hat sich diese gleichsam assimilirt, und die ganze Macht der Blume vollkommen central in sich versammelt. Darum ist die noch unreife Frucht schon so selbstständig, und von der Pflanze unabhängig, daß man sie vom Stamme abpflücken kann, ohne dem ferneren Leben, dem Reifungsacte, ein Hinderniß in den Weg zu legen, wenn nämlich ihre Bildung nicht noch zu weit zurück ist, und der ferneren Zufuhr von Nahrung zu ihrer materiellen Vergrößerung bedarf. Das Wachsthum der Frucht ist vollkommen thierisch. Alle ihre Theile sind ursprüngliche Differenzen, welche sich in ihrem eigenen geschlossenen

Kreise vergrößern, und nicht über sich hinaus wachsen. Eine Frucht kann nicht aus der andern, wie ein Blatt aus dem andern hervorwachsen, sondern ihre Sphäre ist in sich selbst verschlossen, und kann nicht eher neue Bildungen ins Dasein rufen, als bis sich der Saame selbst wieder zu der entzweiten Differenz der individuellen Pflanze aufschließt, und sich darin überträgt und auflöst.

§. 138.

Somit wäre also erst in der Frucht der Pflanzen, oder vielmehr im Saamen derselben, die Pflanze in ihrer ungetheilten Einheit bei sich und in sich selbst. Das Individuum läuft seinen Lebenskreis in entzweiter Gestalt, welche sich selbst nach entgegengesetzten Richtungen flieht, in nie zu sich selbst kommenden Bildungen ab. Der keimende Saame entschließt sich zur Ausbildung des Individuums, indem er mit seinem Würzelchen nach unten, mit seinem Federchen nach oben wächst, gleichsam als ob Licht und Finsterniß die Pflanze auf ihrer Bahn leiteten, weil sie sich selbst wohl gestalten, aber nicht regieren kann. So geht sie durch immer neue Bildungen, wodurch sie sich in beiden Richtungen ihres Wachsthums, unruhig über sich selbst hinaus verlängert, im Lichte und der Finsterniß irrend umher, ohne sich als Individuum in sich selbst verschließen zu können, bis durch die Entfaltung der Blume, das Individuum zur Gattung zurückkehrt, und sich in dieser verewigt.

§. 139.

Allein so allgemein und wesentlich sich auch das geschlechtliche Leben von dem individuellen unterscheiden mag, so sehen wir es doch, sich erst in den höheren Pflanzen hervorbilden, und bei den niederen Vegetationen in die individuelle Totalität versunken. Wie an der individuellen Pflanze das Geschlecht erst nach mancherlei Vorbereitungen auf dem Gipfel der Lebensthätigkeiten zum Vorschein kommt, so steigt es im Pflanzenreich erst aus der Verschmelzung aller vegetativen Unterschiede in den niedern Pflanzen, nach und nach mit der Entfaltung des Individuums in deutlichere Gegensätze, bei den höhern Holzpflanzen gleichsam aus der Finsterniß zum Lichte empor. Darum tragen auch alle die Linnéeischen sogenannten cryptogamischen Pflanzen, die geschlechtlos erzeugten Keime zu neuen Individuen, auf der unteren Fläche ihres Laubes, oder in verschlossenen Behältern noch gegen das Licht verwahrt, und bei den Pilzen, denen selbst die Macht, das Individuum fortzupflanzen, fehlt, sinkt endlich die ganze Entfaltung des generellen und individuellen Pflanzenlebens, in eine Gestalt zusammen, in welcher weder das Individuum noch das Geschlecht zu erkennen ist.

§. 140.

Die Pilze sind individuelle Pflanzen mit einer generellen (geschlechtlichen) Form. Persoon hat daher, wie schon oben angegeben ist, den Gedanken gehabt, sie seien nackte Blumen oder Fructifikationswerkzeuge. Ihre äußere Gestalt hat mit der centralen Form der Blume die größte Aehnlichkeit, auch ist das Wachsthum des Pilzes durch seine begrenzte Gestaltung, wie in der Blume, eine bloße Ausbildung innerhalb einer bestimmten Sphäre, über welche hinaus nicht, wie bei allen übrigen Pflanzenindividuen, eine ins Unendliche fortgehende Verlängerung Statt findet. Aber im Innern des Pilzes sieht es anders aus. Die Blume hat in ihrer Mitte den Stempel mit dem Fruchtknoten, in welchem sie das höchste Erzeugniß des Pflanzenlebens, den Saamen, verschließt. Aber der Pilz ist in der Mitte hohl; also eine leere Gestalt, zu welcher auf eine unmittelbare Weise der Pilz wie der Krystall sich erhebt. Was man an den sogenannten Saamen der Pilze, denen Link mit vielem Rechte einen andern Namen (spora oder sporidium) gegeben hat, das Keimen nennt, ist, wenn es wirklich Statt finden sollte, gewiß nicht auf die entfernteste Weise dem Keimen der Saamen höherer Pflanzen zu vergleichen, sondern nichts als wieder eine freiwillige Erzeugung des Pilzes, begünstigt durch einen Kern, um den die organische Masse, wie der Krystall aus der Salzauflösung, um einen hineingeworfenen Theil seines Gleichen sich bildet.

§. 141.

Wie sich nun im Besondern das Pflanzengeschlecht nach und nach aus der innern Verschmelzung aller vegetiven Differenzen erhebt, zu dem eigenmächtigen Leben, in welchem wir es bei den höheren Pflanzen erblicken, davon werde ich im Verfolg dieser Arbeit handeln. Es genügt hier gezeigt zu haben, daß in der höchsten Entwickelung, sich das geschlechtliche Leben von dem individuellen wesentlich unterscheide, und daß uns dieß berechtige, der Natur gemäß, das generelle Leben von dem individuellen geschieden zu betrachten, so daß also die Blume nicht mehr ein Theil der Pflanze ist, sondern eine in sich geschlossene, dem Individuum gegenüberstehende Existenz hat. Man sieht also ein, daß man die ganze Pflanze nicht in Wurzel, Stengel, Blätter und Blumen eintheilen kann, sondern, daß von Hause aus die Blume, den drei ersten Theilen des Individuums gegenüber, eben so in der Entfaltung ihrer zum Ganzen gehörigen Theile zu betrachten, zu beurtheilen, und zu beschließen ist.

Vierter Abschnitt.

Allgemeine Betrachtungen über die Entwikkelung des Pflanzenreichs.

§. 142.

Vorläufige Bemerkungen über das Verhältniß der Naturgeschichte zur Physiologie.

Die Naturgeschichte verhält sich zur Physiologie, wie das Aeußere der Natur zu ihrem Innern. Die Naturgeschichte will vorzugsweise die Darstellung der äußeren Lebenserscheinungen, ohne Rücksicht auf ihren inneren Grund unternehmen. Die Physiologie will das Innere als den Grund dieser äußeren Erscheinungen, ohne Rücksicht auf das Aeußere selbst, angeben. Die Naturgeschichte will sich mit der Geschichte der äußeren Entwickelung und des Unterganges der Naturkörper, also besonders mit ihren unmittelbar in die Sinne fallenden Erscheinungen begnügen, und vor allen Dingen nur von der Gestalt und deren Veränderungen an denselben, reden. Aber sie muß sich nach diesem Entwurf ganz nothwendig untreu werden, indem sie zugleich zur

Hauptabsicht hat, alle Naturkörper nach ihren wesentlichen Unterschieden einzutheilen, und so in Reihe und Glied zu stellen, daß man, ehe noch von den äußeren Eigenschaften die Rede sein kann, zuvor weiß, welche Stelle der Körper, dessen in die Sinne fallende Merkmale erzählt werden sollen, im Verhältniß zu allen übrigen, einnimmt. Diese Eintheilung der Naturkörper, können wir nun, wenn sie richtig sein soll, nicht erschaffen, sondern wir können bloß zusehen, wie sich die Natur selbst unterschieden und eingetheilt hat, und diese Eintheilung können wir bloß abzeichnen, wenn sie nämlich der Natur entsprechend, und nicht willkührlich sein soll. Dabei müssen wir nun ins Innere der Natur eingehen, um erst die wesentlichen Unterschiede zu fassen, in welche sich die Naturkörper dirimirt haben, weil ihre äußere Gestalt und deren Veränderungen nicht selten Aehnlichkeiten zeigen, wo im Innern die wichtigsten Unterschiede vorhanden sind, und die Naturgeschichte keinesweges damit zufrieden ist, Körper von wesentlich verschiedener Natur, neben einander zu ordnen; im Gegentheil ihre allgemeinsten Eigenschaften zum Grunde der Eintheilung machen will, und wirklich macht, da sie der Natur entsprechen soll. Auf diese Weise also fängt die Naturgeschichte die Darstellung der äußerlichen Gestaltungen im Besondern erst an, nachdem sie entweder aus dem Inneren der Natur zurückgekehrt ist, oder doch auf jeden Fall die Kenntniß desselben zu ihrer Voraussetzung hat, weil die Eintheilung sich auf das Innere und Allgemeine gründet, und die Betrachtung der Körper nicht eher anfangen kann, als bis ihre Eintheilung gegeben ist. Berücksichtigt die Naturgeschichte die in-

nere

nere Allgemeinheit nicht, und theilt nach besonderen äußeren Kennzeichen, welche sie entweder willkührlich, oder doch mit dem bloßen Schein der Allgemeinheit angenommen hat, die Körper ein, wie sie dazu oft aus Mangel tieferer Einsicht gezwungen ist, so wird sie am Ende mit sich selbst unzufrieden, indem beim Uebergange in das Besondere und Vereinzelte, sich am Ende eben so viele Ausnahmen finden, als sie von vorne an allgemeine Regeln festgestellt hat.

§. 143.

Es ist also durchaus unmöglich, daß sich die Naturgeschichte allein beim Aeußeren begnügen kann, eben so wenig als die Physiologie allein im Innern bleiben kann. Die Physiologie hat wieder eben so das Aeußere, wie die Naturgeschichte das Innere zu ihrer Voraussetzung, und es ist eben so unmöglich, diese beiden Doctrinen durch allgemeine Definitionen zu characterisiren. Die Natur ist nicht in Inneres und Aeußeres eingetheilt, sondern beides ist Eins, und man kann der Naturgeschichte, welche sich mit der äußeren Gestaltung der Körper und deren Classification beschäftigt, eben so wenig einen, durch das Aeußere begrenzten Inhalt vorschreiben, als sich das Aeußere von dem Innern der Natur, durch scharfe Grenzen abgesondert hat.

§. 144.

Dasselbe Verhältniß findet nun zwischen der Pflanzengeschichte (der Eintheilung des Pflanzenreichs und Bestimmung der Formen) und der Pflanzenphysiologie statt. Wir müssen die Eintheilungen des Pflanzenreichs nach seiner inneren Natur machen, wenn sie allgemein sein sollen. So lange bei den ersten Abtheilungen des Pflanzenreichs noch besondere, äußere Merkmale geltend gemacht werden, müssen sich immer unvermeidliche Widersprüche finden, welche beim Uebergang zum Besondern nicht zu lösen sind. Es ist nun zwar ohne Frage möglich, daß nach künstlich und willkührlich angenommenen einzelnen Bestimmungen, in Verbindung mit andern Merkmalen, welche im Besondern weiter vorkommen, eine Anordnung der Pflanzen gemacht werden kann, die den Zwecken des Systems, in Bezug auf die Erleichterung der äußern Kenntniß der Gattungen und Arten, bis auf einen hohen Grad entsprechend ist, und Linnée hat hiervon durch sein Pflanzensystem den unwiderleglichen Beweis geliefert. Allein ob solche Eintheilungen neben unseren praktischen Zwecken, auch der Natur entsprechen, daß ist eine andere Frage. In einzelnen Abtheilungen desselben ist es möglich und wirklich, aber im Allgemeinen nicht. Das haben die Naturforscher auch zu allen Zeiten eingesehen, und es fehlt keinesweges an Versuchen, diesem Uebelstande abzuhelfen. Die naturgemäße Eintheilung der Pflanzen führt freilich eine große Schwierigkeit mit sich, nämlich die, daß die Pflanzen in sich selbst in so wenig Unterschiede zerfallen, welche zum Grunde einer Eintheilung gemacht werden könnten. So wie in der individuellen Pflanze die Organe und Systeme nur leise Trennungen einer und derselben sich ähnlichen Substanz sind, so ist das ganze Pflanzenreich nur in gleichsam angedeutete Verschiedenheiten auseinander gelegt, die in ihren Extremen leicht festzuhalten sind, aber in denen durchgreifende und allgemeine scharfe Segensätze, wie sie im Thierreiche zu finden sind, schwer entdeckt werden können.

§. 145.

Diese große allgemeine Analogie führt im Besondern noch den größeren Uebelstand bei der Eintheilung mit sich, daß die leisen Uebergänge fast jede Grenze unkenntlich machen, und ihre Bestimmungen verhindern, besonders dann, wenn bloß die äußere Gestalt zum Princip der Eintheilung genommen wird, oder gar die Wiederholungen von Wurzel, Stengel, Blatt ꝛc. im Pflanzenreich gesucht, und darnach eine Eintheilung gemacht werden soll. Ich habe gezeigt, daß man durchaus ganz und gar nicht im Stande ist, im Allgemeinen zu sagen, was eigentlich Wurzel, Stengel und Blatt an der Pflanze sei, da diese äußeren Unterschiede so beweglich und in einander übergehend sind, daß sie immer unter den Augen verschwinden. Ich will nun damit nicht gesagt haben, daß es keine Wurzel, keinen Stengel ꝛc. an der besondern Pflanze giebt, sondern nur, daß von diesen Theilen erst gesprochen werden kann, nachdem festgesetzt worden ist, von welcher Pflanzenabtheilung die Rede ist. Es ist ein ganz verschiedenes Ding, ob ich an dem vor mir stehenden Apfelbaum, oder im ganzen Pflanzenreich bestimmen will, was Wurzel, Stengel oder Blatt ist. Das erstere kann ich sehr wohl, und es lassen sich diese Unterschiede auch an größeren Abtheilungen sehr gut bestimmen; aber im Allgemeinen und von allen Pflanzen lassen sich die Bestimmungen dieser Theile nicht geben, weil sich die Natur auf diese Weise in der Pflanze nicht allgemein unterschieden hat. So wie also diese Theile im Allgemeinen etwas Unsagbares sind, so ist es auch ganz natürlich rein unmöglich, nach ihnen das Pflanzenreich eintheilen zu können. Es ist hier nicht der Ort, von der Eintheilung des Pflanzenreichs systematisch, sondern nur physiologisch zu reden, und in dieser Beziehung will ich versuchen, die allgemeinsten Pflanzenabtheilungen ihrer allgemeinen Natur nach anzugeben, in sofern sie zugleich den abgeänderten Verhältnissen entsprechen, welche die allgemeinen Unterschiede des Pflanzenlebens unter einander haben.

§. 146.

Eintheilung des Pflanzenreichs.

Ich habe schon hin und wieder von Holzpflanzen und holzlosen Pflanzen geredet. Was hier folgt, ist zugleich eine Erläuterung dessen, was ich darunter verstehe. Es beziehen sich diese Namen auf zwei große Pflanzenabtheilungen, wovon die eine, Pflanzen mit deutlich getrennten Assimilations- und Bildungsorganen, die andere solche enthält, in denen diese beiden allgemeinen vegetativen Differenzen zu einer ununterscheidbaren Einheit verschmolzen sind. Ich kann dieß hier freilich nur voraussetzungsweise zur Begründung der allgemeinen Eintheilung aus der folgenden Darstellung des Lebensprocesses der Pflanzen herübernehmen, indem der Beweis dafür in dem Zusammenhang und der Entwickelung des Ganzen liegt, und erst im Verfolg desselben eingesehen werden kann. Jedoch will ich versuchen die Verhältnisse beider Abtheilungen, so gut es mir möglich ist, ins Licht zu stellen.

Die durchgreifende allgemeine Differenz des Pflanzenlebens, ist der Gegensatz von Assimilations- und Bildungssystem. Dieser Gegensatz findet sich in allen äußeren Theilen der Pflanze, sie mögen zur Wurzel, oder zum Stengel, oder zum Blatt, oder sonst zu einem Unterschiede gehören, welcher sich irgendwo an der individuellen oder geschlechtlichen Pflanzengestalt zeigt. Die Verhältnisse dieser beiden Systeme mögen sich nun in den verschiedenen Pflanzentheilen und Pflanzen so abgeändert zeigen, als sie wollen, so bedingt ihre Existenz das Pflanzenleben einzig und allein, und mit ihrer Zerstörung wird die vegetative Totalität ebenfalls zerstört. Aus diesem Grunde ist jedes Stück der Pflanze, in welchem nur das Verhältniß dieser beiden Systeme noch in Integrität ist, ein Abbild des Ganzen, und kann ohne Zusammenhang mit demselben, sein Leben unter Begünstigung äußerer Umstände fortsetzen; wogegen jeder Theil der Pflanze, welcher diesen Gegensatz nicht enthält, durchaus zur Erhaltung seiner selbst unfähig ist. So kann z. E. ein Stück Rinde ohne Holz, und ein Stück Holz ohne Rinde, unter keiner Bedingung fortleben, weil in dem einen die Assimilations-, in dem anderen die Bildungsorgane enthalten sind. Dagegen kann jeder Pflanzenzweig, in welchem sich Holz- und Rindensubstanz findet, unter günstigen Umständen fortwachsen, weil er die Totalität der Vegetation in sich enthält.

§. 117.

In der Wechselwirkung dieser innern Differenzen hat das ganze vegetative Leben allein seinen Zusammenhang, wogegen jede derselben in allen ihren Theilen sich selbst gleich ist, und keinesweges die Differenz von Centrum und Peripherie wie in den Thieren hat. So innerlich zusammengesetzt ist das Pflanzenleben nicht. Aeußerlich ist an der Pflanze eine Mannichfaltigkeit der Formen, aber im Innern ist ein einfaches Gesetz thätig, welches sich im concreten Leben auf tausendfache Art zur Erscheinung treibt, aber dabei immer eins und ewig bleibt. Alle äußeren Formen des Pflanzenlebens verschwinden in dem unaufhörlichen Uebergang des Besondern; sie verwandeln sich in einander, und entwickeln sich auseinander, und nichts bleibt an ihnen übrig, als die innere Differenz von Aneignung fremder Substanz, und Bildung der eigenen Gestalt.

§. 148.

Holzpflanzen (plantae xylinae).

In den höhern Pflanzen stellt sich das Assimilationssystem in dem Holze, das Bildungssystem in der Rinde dar. Diese Pflanzen nenne ich zum Unterschiede von denjenigen, in welchen diese äußere Trennung nicht Statt findet, Holzpflanzen, (plantae xylinae) *).

Da nun durch das Verhältniß dieser beiden Systeme zu einander, die ganze Natur des Pflanzenlebens bedingt ist, so kann das verschiedene Verhältniß in der Lage dieser beiden, in den Holzpflanzen getrennten Sy-

*) Ich hatte dieser Pflanzenabtheilung erst den Namen p. xyliferae gegeben; da mir dieser nicht recht gefiel, so äußerte ich einem berühmten Philologen, dem Hrn. Prof. Buttmann den Wunsch, einen besseren dafür zu haben, und derselbe schlug mir den obengenannten vor.

steme so wichtig werden, daß sich darauf die Verschiedenheiten äußerer Formen gründen, und daraus das Prinzip zu kleineren Pflanzenabtheilungen entnehmen läßt; anstatt daß im Thier mehr auf die geringere oder größere Vollkommenheit in der Ausbildung jedes einzelnen Systems bei der Eintheilung gesehen werden muß. Die sich gegenüberstehenden Systeme des Pflanzenlebens sind sich in allen ihren Theilen gleich und auf dieselbe Weise construirt, und durchlaufen keine auffallende höheren und niederen Formen. Die Rindensubstanz und das Holz sind, wie sich bei der Analyse dieser Theile ergeben wird, in der Wurzelspitze wie im Blatt, im Grashalm wie im größten Baume im Wesentlichen ganz und gar nicht verschieden, und nur das Verhältniß in der abgeänderten Lage ihrer Bestandtheile, so wie der beiden Systeme zu einander, bedingt die wesentliche Verschiedenheit in den äußeren Formen, wie im Innern der Pflanzen.

Das Holz ist in der Wurzel aller diesen Pflanzen, innerhalb der Rindensubstanz, zu einem Körper versammelt, und von allen Seiten von dieser gleichmäßig eingeschlossen. Wo dies der Fall ist, nenne ich die ganze zusammenhängende Rindensubstanz: Rindenkörper, und die ganze zusammenhängende Holzsubstanz: Holzkörper.

a) Bäume und Sträucher.

Der Holz- und Rindenkörper besteht in einigen dieser Pflanzen aus einer Vereinigung zu concentrischen Lagen, von welchen sich entweder jährlich eine neue bildet, oder in einem Sommer mehrere gebildet werden. Sie hängen durch die sogenannten Markstralen untereinander zusammen. Wo ein jährliches Anwachsen der

Holz- und Rindenlagen Statt findet, da verlängert sich die Wurzel zugleich, ohne die geringste Veränderung in ihrem Bau und ihrer Gestalt, in entgegengesetzter Richtung über und unter die Erde. Die Pflanzen bei denen dies geschieht, sind die Bäume und Sträucher.

b) Kräuter und Staudengewächse.

Wo hingegen mehrere Holz- und Rindenschichten in demselben Sommer entstehen, da treibt die Wurzel über die Erde einen krautartigen Stengel, welcher sich in seinem Bau durch das Verhältniß in der Lage der Holz- und Rindensubstanz von ihr bedeutend unterscheidet, und den Blattstielen, besonders der zusammengesetzten Blätter, in vielen Fällen analog ist, mit welchen er auch noch die Aehnlichkeit hat, daß er, wo die Wurzel ausdauert, jährlich ausgeht, sich eben so wie das Blatt von der Wurzel ablößt, und im folgenden Sommer wieder erzeugt. In diesem oberirdischen Theile bildet sich das Holz und die Rinde ursprünglich nicht in concentrischen Ringen, sondern beides ist anfangs in kreisförmig gestellten Bündeln zerstreut, welche theils aus Holz, theils aus Rinde bestehen, zwischen denen sich Zellengewebe befindet, und welche entweder wie beim Schöllkraut in diesem Zustande verbleiben, oder im Alter näher zusammenrücken, und einen einfachen Holzring bilden, an dessen äußerem Umfang sich eben so ein einfacher Rindenring befindet. Die Art, wie dieser Uebergang des Holz- und Rindenkörpers in diesen oberirdischen Theil geschieht, ist eben so wie bei den Blättern der Bäume und Sträucher, und ich habe davon eine Abbildung in natürlicher Größe vom Schöllkraut gegeden. Der Holzkörper zertheilt sich in viele Bündel, welche sich nach der Peripherie zuwenden, und hier von der in eben so viele Bündel aufgelösten Rinde begleitet werden. T. 1. Fig. 3.

§. 149.

Durch diese Zertheilung des Holz- und Rindenkörpers, entsteht bei den oberirdischen Theilen der letztgenannten Pflanzen, eine größere Zusammensetzung der innern Gestaltung, und es frägt sich daher, da doch jedes einzelne Gefäßbündel im Wesentlichen aus denselben Theilen, wie der ganze Baum besteht, ob diese größere Mannichfaltigkeit in der Zusammensetzung uns zu der Voraussetzung berechtige, daß die krautartigen Pflanzen vollkommenere Gewächse seien als die Bäume? Allein das sind sie gewiß nicht. Denn die größere oder geringere Vollkommenheit der Pflanze, besteht nicht in dem äußerlichen Zusammensein vieler Theile, sondern in dem Zusammenhang und der Einheit, die sich in dieser Vielheit ausspricht. Die Zertheilung aber der Stengelsubstanz in viele Gefäßbündel von einerlei Natur, ist eine bloß äußere Trennung und ein Streben der oberirdischen Pflanze in eine zerstreute Menge äußerer Theile sich auszubreiten, welchen Zweck dieselbe aber erst vollkommen in den Blättern erlangt. Es ist dieß keine höhere Zusammensetzung, sondern ein Zerfallen der Wurzel in viele untereinander gleichgültige Theile, welche weiter in keiner wesentlichen Beziehung unter einander stehen, sondern sich immer weiter äußerlich trennen, aber in jedem Punkte den Gegensatz von Holz- und Rindensubstanz, von Assimilations- und Bildungssystem in sich vereinen, und dadurch immer der Totalität gleich werden.

§. 149.

Dagegen ist die Bildung des Holzstammes der Bäume und Sträucher, gleichsam als eine Erhebung des wichtigsten Theils der individuellen Pflanze, (der Wurzel) über die Erde anzusehen, wobei dann die innere Beziehung und Einheit der verschiedenen Systeme in sich selbst und unter einander, und die größere Geschlossenheit des Ganzen dadurch sich äußerlich zu erkennen giebt, daß der eine Stamm nur von einer zusammenhängenden Rinde umkleidet, und gleichsam verschlossen ist. Aus dieser größeren Einheit, wodurch die Theile des Baumstammes wie der Wurzel zusammengehalten sind, fließt der kräftigere Widerstand, welchen sie eigenmächtig den äußeren Einflüssen der Jahreszeiten leisten, und die Möglichkeit der Erhaltung und Fortsetzung ihres Lebensprocesses, während die Blätter und krautartigen Theile der Pflanze untergehen. Das neue Holz wie die neue Rinde bildet sich in Kreisen, welche sich den vorhandenen innig anschließen, und eben durch diese kreisförmige Gestaltung eine größere Abgeschlossenheit zu erkennen geben. Zwar zeigt selbst die erste Holzbildung noch die Neigung sich zu zerstreuen, dadurch, daß die jüngsten oberirdischen Triebe ihren Mittelpunkt nicht mit Holz, sondern mit später verschwindendem Marke anfüllen, um welches sich der erste Holzkreis anfangs ebenfalls bündelförmig lagert. Allein die innere Einheit siegt am Ende doch, das Mark verschwindet nach und nach, und wird durch festes Holz ersetzt.

Die Wurzel erhält sich ursprünglich gegen dieses Streben der Pflanze nach Mannigfaltigkeit, und hat darum schon von der ersten Bildung an kein Mark, wenn gleich sich zuweilen später bei einigen Pflanzen in ihrer Mitte Mark zeigt. Ihre ganze Mitte ist mit Holz erfüllt, von der Rinde umschlossen.

Der knospende blätterlose Baum ist einer mehrjährigen knospenden Wurzel vergleichbar, welche ihr Blattleben ebenfalls in Knospen zurückzieht, und den Winter hindurch beschützt. Außer der Wurzel läßt sich auch kein Theil der Pflanze blätterlos überwintern, so daß im Frühling aus Knospen neue Blätter trieben. Sondern eine krautartige Pflanze wird entweder sammt ihren Blättern überwintert, oder sie stirbt bis auf die Wurzel ab, und grünt von neuem wieder aus dieser.

§. 151.

Es giebt andere Pflanzen, bei denen weder der Holz- noch der Rindenkörper der Wurzel geordnete concentrische Lagen hat, sondern wo beide aus einer einfachen Ansammlung ihrer Bestandtheile entstanden sind, ohne daß ein Unterschied von concentrischen Lagen bemerkbar wäre. Die meisten dieser Wurzeln sind nicht, wie bei der vorigen, verzweigt, sondern sie entstehen bündelweis ursprünglich getheilt aus einem Knoten, von welchem aus sich nach oben die Blätter erstrecken.

Bei vielen dieser Pflanzen hat der nach oben wachsende Theil, alles Holz der Wurzeln in seiner Mitte versammelt, und alle Rindensubstanz der Wurzeln umgiebt es kreisförmig von Außen. Hierher gehören viele Najaden: Callitriche, Potamogeton, Hippuris und andere, nur nicht die Chara.

Bei allen übrigen gehen die einzelnen Wurzeln des Bündels durch den Knoten, aus welchem sie entspringen, geradezu in die Gefäßbündel des nach oben wachsenden Theils, der Blätter, über, so daß meist jede einzelne Wurzel ein Gefäßbündel des Blattes oder Stengels macht. Hierher gehören die Gräser, Liliengewächse, Palmen und Farrnkräuter, von deren Unterschieden ich im Allgemeinen oben schon Einiges bemerkt habe, in sofern es hier zu meinem physiologischen Zweck gehört.

§. 152.

Holzlose Pflanzen (plantae axylae).

Bei diesen Pflanzen findet keine Trennung des Assimilations- und Bildungssystems Statt, sondern beides ist hier zu einer ungetrennten vegetativen Einheit verschmolzen, weshalb diese Pflanzen weder Holz noch Rinde haben, sondern durch und durch aus einem überall gleichen Schlauchgewebe bestehen, welches die Verrichtungen der Assimilation, so wie der Bildung zugleich in sich vereint. Da es ihr auffallendstes Kennzeichen ist, daß ihnen durchaus das Holz mangelt, so nenne ich sie holzlose Pflanzen (plantae axylae). Die holzlosen Pflanzen kann man weiter eintheilen, in solche mit verzweigter, und in solche mit nicht verzweigter Wurzel. Zu den ersteren gehören die Charen, zu den letztern die Moose, Tange u. s. w.

Dieser Eintheilung des Pflanzenreichs mache ich nun die unvermeidlichen Vorwürfe als Systematiker von selbst. Doch werde ich später versuchen, die Abtheilungen durch feste und möglichst begrenzte äußere Kennzeichen zu befestigen, und es genügt mir hier zum physiologischen Zweck, die Hauptdifferenzen angegeben zu haben, auf welche ich mich späterhin bei der Betrachtung des Lebensprocesses dieser Pflanzen, im Besondern, beziehen muß.

§. 153.

Nach diesen allgemeinen Betrachtungen, theile ich nun das ganze Pflanzenleben zunächst in das individuelle, und in das generelle oder geschlechtliche. Nur von dem ersteren ist im Folgenden die Rede, und für das geschlechtliche Leben habe ich den folgenden Theil dieser Schrift bestimmt. Das individuelle Leben zerfällt nun zunächst in die zwei Abtheilungen der holzlosen und der Holzpflanzen, weil bei den ersteren der Assimilations- und Bildungsproceß in eine ununterschiedene Einheit verschmolzen ist, bei den Holzpflanzen aber beide Lebensvorgänge in deutlich unterschiedene Systeme getrennt und vertheilt sind. Von dem Leben der holzlosen Pflanzen werde ich zuerst, von dem Leben der Holzpflanzen nachher sprechen.

Zweite Abtheilung.

Analyse des Pflanzenlebens.

Erster Abschnitt.

Analyse des Lebensprocesses in den holzlosen Pflanzen (plantae axylae).

Erstes Kapitel.

Ueber den Kreislauf des Saftes in der Chara.

§. 1.

Geschichte der Entdekkung.

Der Abt Bonaventura Corti, Professor der Physik am Collegio di Reggio in Lucca, hatte sich seit einiger Zeit mit mikroskopischen Untersuchungen von Naturgegenständen beschäftigt, als im Herbste des Jahres 1773 beim Aufsuchen derselben, eine Wasserpflanze durch ihre zarte Struktur und Farbe seine besondere Aufmerksamkeit auf sich zog, welche in einem Graben mit stehendem Gewässer, unter mehreren anderen Pflanzen wuchs. Er nahm sie heraus, um ihren Bau unter dem Mikroskop zu untersuchen, und entdeckte in ihren Zweigen eine schöne Bewegung einer Flüssigkeit. Er war anfangs zweifelhaft, ob dieß auch wirklich eine Pflanze oder ein Thier sei. Ohne über die Natur dieser Pflanze etwas zu sagen, zeigte er dem Abt Venturi und dem Baron Isengard diese Erscheinung, und beide fragten ihn bald, zu welcher Gattung das Thier gehöre, in dem diese wunderlichen Bewegungen zu sehen seien. Er erwiederte, daß es auf jeden Fall doch eine Pflanze sein müsse, weil sich Wurzel, Stamm und Zweige daran fänden. Da die Pflanze in ihrer äußeren Gestalt mit dem Schachtelhalm (Equisetum) viel ähnliches zeigte, und Corti sie noch nicht gekannt hatte, so gab er ihr den Namen „coda cavallina aquatica.“ Späterhin aber fand er, daß Vaillant in einer Abhandlung der Academie der Wissenschaften zu Paris von 1719 betitelt: „Caracteres de quatorze genres de plantes etc.“ dieselbe Pflanze unter dem Namen Chara aufgeführt hatte, und daß sie auch noch den Namen: Equisetum sub aqua repens, aus demselben Grunde führe, aus welchem er sie coda cavallina aquatica genannt hatte. Vaillant hatte der Pflanze noch den Namen: lustre, oder girandole d'eau (Armleuchter) gegeben, weil die quirlförmige Stellung der Blätter und der Stengel, denselben an den Knoten die Form eines Armleuchters giebt.

Die Species, in welcher Corti die Entdeckung der Saftbewegung gemacht hatte, hatte Vaillant unter dem Namen C. translucens minor flexilis aufgeführt, und dieß ist die Chara flexilis Linnéei. Corti beschreibt noch außerdem vier andere Arten. Unter dem Namen Chara minor caulibus et foliis tenuissimis, beschreibt er eine Art, welche nichts als eine Varietät der Chara flexilis ist, welche in besserem Boden schlank aufgewachfen ist. Dasselbe scheint mit einer andern Art der Fall zu sein, welche er wie die vorige (Fig. 6 und 9 auf der dritten Tafel) auch abgebildet hat, und die er selbst nicht zu bestimmen weiß; wenn sich gleich dieß nicht genau behaupten läßt, da seine Beschreibungen unvollkommen, und die Abbildungen ebenfalls nur sehr roh sind. Die Beschreibung und Abbildung aber, welche er von Chara vulgaris gegeben hat, ist nach einem verkrüppelten Exemplar gemacht, so wie man dergleichen an Stellen, wo das Wasser durch lange Hitze ausgetrocknet ist, oft sieht, und ist dasselbe, was Persoon unter dem Namen Ch. v. montana als eine Abart der Chara vulgaris anmerkt. Etwas ähnliches gilt von der Chara hispida, welche Corti unter dem Namen: Cara aspera fragilis segmentis foliorum per intervalla confertis Vaill. aufführt.

§. 2.

Im Jahr 1774 machte Corti [58]) seine Beobachtungen bekannt, in Verbindung mit den Erscheinungen der Bewegungen, welche Adanson im Jahr 1759 an den Tremellen entdeckt [59]), und früher schon beschrieben hatte.

Die

58) Osservazioni sulla Tremella e sulla Circolazione del fluido in una pianta acquajuola dell' Abate Bonaventura Corti. Lucca 1774.

59) Adanson familles des plantes 1r partie p. 2. so wie: memoire sur un mouvement particulier decouvert dans une plante appellée Tremela: in der Geschichte der Academie der Wissenschaften zu Paris 1770.

Die Darstellung, welche Corti von diesen Bewegungen in der Chara giebt, ist folgende. Die Chara ist in Knoten abgetheilt, zwischen welchen sich hole cylindrische Zwischenknoten befinden, gerade so, wie es beim Rohr (Arundo) der Fall ist, weshalb er die Chara auch zu der Familie der Arundinaceen rechnet [60]. Mitten durch die Höle des Zwischenknotens geht der Länge nach eine Scheidewand, gleichlaufend mit den Längsfibern, welche mit dem zwischen ihnen liegenden Parenchym die Haut bilden, welche die Höle umkleidet. Diese Scheidewand dachte sich Corti so, daß sie zu beiden Seiten an der innern Wandung des Zwischenknotens festsitze, aber mit den Enden die Knoten nicht ganz erreiche, so daß hier ein Zwischenraum bleibt, durch welchen die Seitentheile des Zwischenknotens Gemeinschaft hätten.

Vermittelst dieser Scheidewand wird nun, nach Corti, der Zwischenknoten in zwei große Gefäße oder Kanäle abgetheilt. In diesen Kanälen bewegt sich der Saft so in einem Kreise, daß er in dem einen aufsteigt, am Knoten in den entgegengesetzten übergeht, in diesem wieder absteigt, und am untern Knoten dieselbe Beugung macht, um auf demselben Wege wieder in die Höhe zu steigen u. s. f. Eins von den Gefäßen dient beständig zum Auf-, das andere beständig zum Absteigen des Saftes [61].

60) Corti l. c. p. 130.

61) Corti l. c. p. 159. „La prima legge adunque si è, che questo Fluido giri per due gran vasi, o canali proporzionati, communicanti insieme al diametro del tronco, o del ramo, e che l'uno serva constantemente all' ascesa, l'altro alla discesa del Fluido.

Die Unterscheidung dieser beiden Kanäle durch eine Scheidewand (segnetto regolatore) konnte nun Corti zwar nicht deutlich nachweisen, allein er schloß auf ihr Vorhandensein, weil er in dem Zwischenknoten eine gleichförmige Flüssigkeit, in zwei Ströme getheilt, in entgegengesetzter Richtung fließen sah, ohne daß beide Ströme sich gegenseitig störten; weil ferner eine gewisse Grenze bemerkbar sei, welche den Kanal der ganzen Länge nach, in zwei gleiche Hälften theile, und einer zarten Scheidewand ähnlich sehe, auch die in entgegengesetzter Richtung sich neben einander bewegenden Ströme so unterscheide, daß man nie ein Saftkörperchen diese Grenze überschreiten, und zu dem andern Strom übergehen sehe. Ferner, wenn das zu betrachtende Stück des Zwischenknotens so unter dem Mikroskop liege, daß diese Grenze sich in der Mitte befinde, so sehe man auf den ersten Blick die beiden Saftströme, von denen der eine zur linken auf-, der andere zur rechten Seite absteige. Zeige sich aber diese Grenze nicht in der Mitte, sondern auf der einen Seite, so sehe man ein Drittheil des aufsteigenden, und zwei Drittheile des absteigenden Stroms. Wenn endlich diese Grenze zu beiden Seiten des Internodiums zu sehen sei, so befinde sie sich über dem auf- und unter dem absteigenden Strom, und es hänge nun von der Willkühr des Beobachters ab, entweder den untern oder den obern Strom sichtbar zu machen, je nachdem man das Object der Linse näher bringe oder von ihr entferne.

§. 3.

Weiterhin äußert Corti noch die Meinung, daß innerhalb des angegebenen Raums, in welchem die Cirkulation vor sich gehe, noch zwei völlig von einander abgesonderte Kanäle aus einem höchst feinen Gewebe sich befänden, ähnlich einer gekrümmten und in sich selbst zurückkehrenden Glasröhre, innerhalb welcher der Saft sich bewege, so daß die bemerkte Grenze oder Scheidewand nur der Raum sei, welcher sich zwischen beiden Röhren befinde, und daß also beide keine gemeinschaftliche Scheidewand hätten, sondern völlig in sich selbst geschlossene verschiedene Kanäle seien [62]). Dem aufsteigenden Gefäß schrieb Corti die Verrichtung der Arterie, dem absteigenden die Verrichtungen der Venen zu, und glaubte also, daß ein doppeltes Gefäßsystem in der Chara Statt finde [63]), weil aus einem querdurchschnittenen Internodium der Saft nur aus dem aufsteigenden, aber nicht aus dem absteigenden Theil ausfließe.

§. 4.

Diese Cirkulation beobachtete Corti als eine in allen Theilen der Pflanze gleichförmige, so, daß nämlich eben so wie sich der Saft im Stamm, auch in der Wur-

62) Corti l. c. p. 153. „ho sospettato che i canali sieno veramente due a foggia di tubi ricurvo ritornante in se stesso, e che il segnetto bianchiccio chiamato diaframma, sia il sito della divisione de' due canali, il quale comparisca un poco più lucido del resto, o perchè la luce più copiosamente passa nello spazietto che ritrovasi tra l'uno, o l'altro canale, o perchè, quello sia una linea di corteccia avente il suo proprio colore, non quello de' canali."

63) Corti l. c. p. 152. . . . „l'altro, che vi ha delle parti nella Chara destinate a far l'ufficio del systema arterio-

zel und allen übrigen Theilen bewege [64]). Da nun Corti den in sich zurückkehrenden Lauf des Saftes in den Zwischenknoten mit der Gestalt der Glieder einer Kette verglich, und ferner bemerkte, daß durch die ganze Pflanze die Saftkreise eben so in einander zu hängen scheinen, wie die Kettenglieder einer Kette, so nannte er dieß die Kette des Kreislaufs (catena della circolazione). Corti wußte aber recht gut, daß die Ströme der einzelnen Glieder immer außer einander blieben, und das Ganze ein bloßer Schein beim ersten Anblick sei, welcher bald verschwinde, wenn man die Sache genauer betrachte.

Corti sah ferner, daß dieser Kreislauf so vor sich gehe, daß in jedem einzelnen Internodium der Saft sich unabhängig von dem andern, darneben befindlichen, bewege [65]). Er schnitt nämlich die mit einem Internodium zusammenhängenden Glieder ab, so daß der Zwischenknoten von der Pflanze ganz isolirt war, und sah darin die Circulation fortdauern, er mochte nun Theile der Wurzel, des Stammes oder der Zweige zu dem Versuche nehmen. Dabei bemerkte Corti zugleich, daß die Bewegung auch außer dem Wasser noch so lange fort-

so, e venoso: il qual systema è tanto piu bello quanto è il piu semplice di quanti siensi fin' ora veduti."

64) Corti l. c. p. 140. „la seconda legge si è, che questa circolazione sia uniforme in tutte le parti della pianta."

65) Corti l. c. p. 142. „La terza legge si è, che la circolazione facciasi in tutti gl'internodj della pianta, senza che il circolo dell' uno dipenda per nulla da quello dell' altro."

dauere, bis die Pflanze von der Luft ausgetrocknet werde.

§. 5.

Ueber die sich so bewegende Flüssigkeit, macht Corti folgende Bemerkungen. Sie wird durch eine große Menge Körperchen, von verschiedener Größe und Gestalt, dem Auge leicht sichtbar gemacht. Einige dieser Körperchen sind rund, oder sich zur runden Gestalt hinneigend, andere mehr eckig; einige sind größer, andere kleiner. Verschiedene erscheinen dunkel, andere hell und durchsichtig. Nicht selten sind zwei oder mehrere vereinigt, und in einen Haufen von verschiedener Gestalt und Umfang angesammelt, was er Gerinsel (grumi o coaguli) nennt.

Diese Körperchen schwimmen in einem unsichtbaren Vehikulum, welches er Lymphe (linfa) nennt, und von welchem die Haufen von Körperchen oft in eine drehende Bewegung versetzt werden. Nicht selten löst sich ein solcher Haufen wieder auf, und die Körperchen bewegen sich in einer Entfernung von einander in dem Strom fort. Zuweilen rollen sich die Körperchen an den Seitenwandungen des Kanals fort, gleichsam als ob sie auf einer Ebene fortliefen. Corti vergleicht dieß mit einer mit Wasser angefüllten Röhre, in welcher das Wasser eine große Menge fremder Körper mit sich wegtreibe. Diese unsichtbare Lymphe erschien, wenn er das Internodium unter dem Mikroskop quer durchschnitt, beim Ausströmen in Wasser, einem Nebel oder einem Dampf vergleichbar. Bei der Gelegenheit bemerkte er auch, daß sich diese Flüssigkeit nicht sogleich mit dem Wasser vermische. Die großen Körperchen zerstreuen sich beim Ausfluß aus der Röhre im Wasser, die Haufen lösen sich nicht auf. Diese Körperchen sind elastisch, denn während der Bewegung des Saftes verändern sie ihre Gestalt, wenn sie gedrückt werden, und nehmen die vorige wieder an, wo sie frei fließen. Dasselbe geschieht, wenn sie in Wasser ausfließen [66]).

Oel und Milch, in welche er Theile der Chara legte, machten die Bewegungen nach und nach langsamer, doch weniger das Oel als die Milch. Essig und Urin, in Wasser aufgelöstes Meersalz, brachten die Cirkulation gleich zum Stillstehen, und der Inhalt des Internodiums zog sich nach der Mitte zusammen, und dieß schien ihm die Gefäße deutlich zu machen, in welchen die Flüssigkeit sich bewegte. Er brachte in einem Uhrglase mit Wasser einige Zweige der Chara unter den Recipienten einer Luftpumpe, und verdünnte die Luft so weit er nur konnte. Es entwickelten sich Luftblasen aus denselben, und als er sie nach 48 Stunden herausnahm, stand die Bewegung still. Er legte die Zweige wieder in Wasser, und nach 8—12 Stunden untersuchte er sie wieder. Jetzt fand er, daß die Bewegung wieder angefangen hatte, und es schien ihm, als ob sie noch eben so lebendig sei, als sie es war, ehe er die Zweige unter die Luftpumpe gebracht hatte. Er brachte Zweige in eine Kälte von 2—5 Grad unter Null (wahrscheinlich Cels.) Hier hörte die Bewegung auf, und die Pflanze starb auch ab.

§. 6.

Indem Corti über die Ursache dieser Bewegung reflektirt, wirft er sich die Frage vor: ob eine Zusammen-

66) Corti l. c. p. 143—146 §. 31. sul indole del Fluido, che circola nella chara.

ziehung der Gefäße den Grund davon in sich enthalten könne, so wie Haller die Blutbewegung von den Gefäßen und dem Herzen in den Thieren herleite. Allein er findet dieß aus dem Grunde unwahrscheinlich, weil beim Querdurchschnitte eines Internodiums der Saft nur aus den aufsteigenden oder absteigenden Strömen fließe, nicht aber aus den gegenüberstehenden Mündungen, von welchen aus der Saft seine Richtung nach dem Knoten zu habe. Dieß, meint er ganz richtig, könnte nicht der Fall sein, wenn eine gleichmäßige Contraction der Gefäße, der Grund von der Saftbewegung wäre; weil in diesem Fall aus allen vier Mündungen des durchschnittenen Internodiums, der Saft ausströmen müßte [67]). Er hält es also für wahrscheinlicher, daß eine wurmförmige Bewegung die Flüssigkeit ohngefähr so forttreibe, wie der Oesophagus und der Darmkanal ihren Inhalt fortbewegen. Doch spricht er sich hierüber keinesweges mit Bestimmtheit aus, weil die Beobachtungen auf einer optischen Täuschung beruhen könnten; sondern vermuthet es mehr, weil sich dergleichen Bewegungen auch an den Oscillatorien und mehreren Blumen finden [68]).

---

67) Corti l. c. p. 172. „Se ricorriamo a uno strignimento de i vasi, allora il fluido debbe escire egualmente per le quattro bocche, aperte nel canello troncato; oppure dee arrestarsi senza escire da alcuna banda.“

68) Corti l. c. p. 188. „Fissato lo sguardo nel fluido, che moveasi rasente i lati de i vasi, pareami di vedere come un piccolissimo ondeggiamento, il quale cagionato fosse da i lati de i canali, quasi dotati fossero di una spezie di movimento vermicolare, o di oscillazione. Ma al-

§. 7.

Zu der Zeit als Corti dieß schrieb, war der Streit über die Existenz oder Nichtexistenz eines dem thierischen analogen Kreislaufs in den Pflanzen noch nicht beendet, welcher nach Malpighi und Grew zwischen Parent, Mariotte, de la Hire, Major ꝛc. einerseits, und Dodart, Duclos, Magnol, Hales und Bonnet andererseits ziemlich eifrig geführt worden war. Ein anonymer Anhänger Mustels lehnte sich also gegen die Richtigkeit der Cortischen Entdeckungen auf, indem er durch theoretische Gründe die Unmöglichkeit eines Kreislaufs in den Pflanzen zu beweisen suchte. Corti antwortete darauf im Jahr 1775 in einem Briefe [69]), welcher in Rozier's Journal de Physique vom Jahr 1776, französisch gedruckt ist. Da man Corti besonders vorgeworfen hatte, daß, im Fall die Bewegungen auch Statt fänden, sie doch keinesweges eine dem thierischen Kreislauf ähnliche Erscheinung seien, so erklärte er sich, um jeden Wortstreit zu vermeiden, in diesem Briefe über das, was er unter Circulation in den Pflanzen verstehe, folgendermaaßen: „par la circulation d'un fluide dans cette plante et dans les autres j'entends ce mouvement, en vertu duquel, on voit un fluide descendre le long d'un des côtés d'un vase, se plier à son extrémité, monter le long du côté opposé se replier de nou-

trettante volte ho cacciato da me quel sospetto sul timore, che quell' apparenza non fosse un error ottico."

69) Lettre addressée à M. le Comte Paradisi, sur la circulation d'un fluide, découverte en diverses plantes; par M. l'Abbé Bonaventure Corti etc. traduit de l'Italien. Im Journal de Physique. Tom. 8. p. 232.

veau a l'extrémité supérieure, pour revenir a son premier endroit, et recommencer sans cesse la meme route."

Corti bestätigte hier nicht allein seine Beobachtungen an den Charen, sondern wollte auch noch in mehreren anderen Pflanzen eine Bewegung von der eben angegebenen Art bemerkt haben. Besonders gilt dieß von einer Pflanze, welche er, da er sie nicht kannte: „ma plante" nennt, und welche er auch an derselben Stelle abgebildet hat. Allein die Abbildung ist sehr roh, und also unmöglich mit der Natur zu vergleichen. Er vermuthet, es sei nichts als eine Chara, oder wie er sie nennt, Equisetum (prèle), und es scheint mir auch, als ob es nichts als ein verkümmertes Exemplar von Chara hispida wäre. Indessen zeigt sich in der Mitte eines vergrößerten Stückes vom Blatte dieser Pflanze, was daneben abgebildet ist, ein schwarzer Strich, welcher dem Anscheine nach, ein Holzbündel vorstellen soll, und wenn dieß der Fall ist, so müßte es eine Holzpflanze sein, weil die Charen kein Holz haben. Wie dem nun aber auch sein möge, so beschreibt Corti in dieser Pflanze ebenfalls eine von ihm beobachtete Cirkulation, welche jedoch von der, welche sich in den Schläuchen der Internodien der Charen findet, verschieden ist. Hier soll nämlich in Zellen, welche mit denen der äußeren Haut der Charen viel Aehnliches zeigen, die Saftbewegung geschehen, so daß jedoch jede Zelle ihren eigenen Kreislauf hat. Fontana, der kurz darauf die Cortischen Versuche wiederholte und bestätigte, erwähnt aber von dieser Erscheinung nichts, wenn es gleich auch möglich ist, daß er von diesen letzten Beobachtungen Cortis nichts gewußt hat, da seine Abhandlung auch schon einige Monate früher als dieser Brief von Corti gedruckt wurde.

Außer dieser nennt Corti nun aber noch viele andere Wasser- und Landpflanzen (courges, concombre, melon d'eau, grande consoude, mauve, sedano, renoncule), welche jedoch durchaus nicht systematisch bestimmt, und eben so wenig genau beschrieben sind, in denen er, nach langer Mühe, schwache Andeutungen einer Bewegung zu bemerken schien, die er jedoch auch nicht genau beschreibt, sondern ihre Analogie mit der Bewegung in der Chara gleichsam immer schon voraussetzt. Was die Richtigkeit dieser Beobachtungen noch verdächtiger macht, ist dieß, daß er in abgeschnittenen dünnen Scheiben der Pflanzentheile 8, 12, 15—20 Stunden lang diese Bewegungen beobachtet haben will, da doch die Lebensbewegungen in solchen verletzten Theilen der Chara immer schon nach eben so viel Minuten und noch früher aufhören. Ich habe viele Ranunkeln, Malven, Cucurbitaceen und ähnliche Pflanzen darauf nachgesehen, aber nichts Aehnliches von dem, was Corti beschreibt, gefunden. Corti wollte auch durchaus dieselbe Bewegung in allen übrigen Pflanzen finden, und äußert sich darüber an mehreren Stellen. Unter andern sagt er: [70]) „Le fluide qui circule dans la prele et dans ma plante, leur appartient assurement: pourquoi seroit-il étranger dans les autres?".

Corti hatte nun vielfältig beobachtet, daß der Saft in der Chara keinen unmittelbaren Uebergang aus ei-

70) Corti l. c. p. 250.

nem Internodium in das andere habe. Dennoch sah er die Nothwendigkeit desselben ein, und stellte also die Vermuthung auf [71]), daß wenn auch die großen Körper in dem Saft nicht aus einem Gefäß in das andere gingen, dieß doch auf eine unbekannte Weise mit der Lymphe der Fall sein könne; und darin hatte er, wie sich später zeigen wird, vollkommen Recht. Nach ihm hat niemand über diesen Punkt eine Aeußerung gewagt, und die eigentliche Natur der Bewegung in der Chara ist seit ihm völlig unbekannt geblieben.

§. 8.

Der Abt Fontana [72]) wiederholte unpartheilsch die Cortischen Beobachtungen, und bestätigte sie. Allein er berichtigte sie zugleich auch in Etwas. Corti nahm ein doppeltes Gefäßsystem zur Bewegung des Saftes an, und Fontana zeigte, daß gar kein Gefäß vorhanden sei, sondern daß in dem ungetheilten Raum des Zwischenknotens die Bewegung vor sich gehe. Die Zwischenknoten sind nach Fontana nichts als hole, aus einer einfachen zarten Membran zusammengesetzte Zylinder, welche an ihren beiden Enden durch die Knoten begrenzt sind, und einen von allen Seiten geschlossenen Schlauch (sac) bilden, den er mit einer an beiden Enden zugeschmolzenen Glasröhre vergleicht. Hierin bewegt sich der Saft an den Seiten auf und ab, und die Ströme gehen unten und oben in einander in derselben Richtung über, so daß Fontana diese Bewegung mit einem sich drehen-

71) Corti l. c. p. 248.

72) Fontana: Journal de Physique t. 9. p. 285.

den Rade vergleicht. Als Ursache dieser Drehung sagt Fontana, setze man eine ursprüngliche Kraft (premier force toujour agissante), die an irgend einem Theil die Flüssigkeit antreibt, so muß von hieraus nun ganz nothwendig sich die Bewegung auf alle übrigen Theile erstrecken, und das Ganze in eine drehende Bewegung versetzt werden. Doch macht er nur diesen Vergleich, und äußert sich über die eigentliche Ursache der Bewegung in der Chara weiter nicht.

§. 9.

L. C. Treviranus beobachtete die Saftbewegung an der Chara flexilis im Jahre 1807, und machte die Resultate davon 1810 bekannt [73]). Anstatt daß aber Fontana und Corti den Saft farbenlos, oder wenigstens nur als durch eine schwache, neblige Trübung bemerkbar, fanden, sagt Tr., daß sich eine grüne Materie in den Zwischenknoten der Pflanze bewege. Sie war, wie er sich darüber ausdrückt, zwischen zwei Absätzen in einer langsamen und gleichförmigen Gyration begriffen, ohne merkliche Rotation und Seitenbewegung der Körner und Schleimklümpchen. Damals konnte Treviranus diese Bewegung in der Chara vulgaris nicht finden, wurde aber im Sommer 1814 von Horkel in Berlin darauf aufmerksam gemacht, daß die Röhre in welcher die Bewegung vor sich gehe, von einer undurchsichtigen Haut bei dieser Pflanze umgeben sei, die sich abziehen lasse,

73) Webers Beiträge zur Naturkunde 2r Thl. S. 132 u. s. w. und L. C. Treviranus Beiträge zur Pflanzenphysiologie. Göttingen 1811.

und den Schlauch zurücklasse, in welchem die Bewegung zu sehen sei. Dies versuchte Treviranus, und es gelang ihm unter diesen Umständen auch die Bewegungen in der Chara vulgaris und hispida zu sehen [74]).

Gazzi [75]) hat über die Saftbewegung eine kleine Abhandlung, worin er besonders darauf aufmerksam macht, daß man die Schläuche der Chara einknicken könne, und alsdann aus einem Internodium zwei entständen, indem der Knick jetzt ein künstliches Internodium bilde. Dieß beweise also, daß durchaus keine fortlaufenden Gefäße für die Saftströme da seien, weil in diesem Fall durch die Beugung ihre Mündungen verschlossen werden, und die Bewegung aufhören müßte, welches ganz richtig ist.

Wallroth [76]) und Martius [77]) konnten von allem diesen nichts finden. Ersterer erklärt die Bewegungen aus der Struktur der Pflanze für etwas Unnatürliches. Letzterer will die Strömung in entgegengesetzter Richtung in eine Röhre widerlegen, weil sie den Gesetzen der Hydrostatick widerspreche! Er erklärt die eben so ausführlichen als genauen Beschreibungen Corti's für höchst

74) Treviranus vermischte Schriften, anatomischen und physiologischen Inhalts 2r Bd. 1s Hft. S. 73.

75) Gazzi: Brugnatelli Giornale di Fisica. Bimestre 1818. Journal de Physique September 1818. p. 230.

76) Wallroth annus botanicus s. supplementum tertium ad C. Sprengelii floram halensem cum tract. etc. ic. VI. Charam illustrantibus. Halae 1815. S. 175.

77) Martius über den Bau der Charen. In den Verhandlungen der Academie der Naturforscher zu Bonn. Erlangen 1818. 1r Bd. S. 193.

mangelhaft, so daß er nicht im Stande sei, sich einen deutlichen Begriff von der Oekonomie dieser Bewegungen zu machen, während Corti ein eigenes Kapitel über diese Oekonomie geschrieben, und durch Zeichnungen erläutert hat. Beide scheinen auch die Bestätigung der Entdeckung durch Fontana gar nicht gekannt zu haben. Martius läugnet sogar die Wurzeln der Pflanze, während schon Corti aus ihren Wurzeln den Beweis hernahm, daß sie kein Thier, sondern eine Pflanze sein müsse, und die Wurzeln sogar abgebildet hat.

§. 10.

Giambattista Amici wiederholte in den Jahren 1814—1817 die Cortischen Beobachtungen, vermittelst eines von ihm selbst verfertigten katadioptrischen Mikroskops, und beschrieb seine Erfahrungen hierüber im Jahr 1818 [78]. Seine Versuche sind im Ganzen mit seltener Genauigkeit und Unbefangenheit angestellt, und sie sind nicht nur Bestätigungen der Beobachtungen von Corti und Fontana, sondern Amici hat die Sache noch in Bezug auf die Richtung der Ströme durch Zeichnungen starker Vergrößerungen anschaulicher zu machen gesucht. Amici sah, daß die Strömungen nicht immer in gerader Richtung, sondern öfter in einem um die Axe der Röhre gewundenen Lauf sich bewegten, so daß die Ströme sich anfangs an der rechten, später an der linken Seite der Röhre befänden, indem sie sich allmählig rund herum drehen.

78) Osservazioni sulla circolazione del Succhio nella Chara. Memoria del Sign. Prof. G. Amici.

Die schon von Corti angegebene Anhäufung der in der Flüssigkeit sichtbaren größeren Körper in Klumpen, und deren Umdrehung, beschreibt Amici genauer, und hat davon eine Abbildung gegeben. Schneidet man die Röhre an einer Stelle quer durch, so fließen die Körper in Drehungen aus der Oeffnung hervor, und indem sie sich im Wasser zerstreuen, zerplatzen sie öfters wie eine Seifenkugel in der Luft. Schnürt man mit einem ganz zarten Faden ein Glied der Chara zusammen, oder besser, knickt man dasselbe in der Mitte in einem Winkel um, so theilt sich der Kreislauf des Internodiums in zwei Theile, und der Knick oder die Zusammenschnürung verrichtet den Dienst der Scheidewand des Internodiums. Hebt man die Trennung wieder auf, so nimmt die Flüssigkeit nach und nach ihren vorigen Lauf wieder an: etwas daß aber nicht Statt hat, wenn die Zusammenschnürung längere Zeit gedauert hat.

Hat man eine solche künstliche Verknotung der Röhre gemacht, so kann man die untere sammt der obern angränzenden Röhre abschneiden, und nichts destoweniger geht die Circulation zwischen dem wirklichen und künstlichen Knoten vor sich.

Der Streifen, welcher sich zwischen beide Ströme einer Röhre hinzieht, und den Corti für eine sehr zarte Scheidewand, oder für den Raum zwischen den Gefäßen beider Ströme hielt, rührt von parallelen Linien her, welche sich von einem Ende der Röhre bis zum andern in der Membran, woraus die Röhre gebildet ist, zeigen, und die bald gerade aus, bald gewunden, wie der Strom des Saftes, verlaufen, und immer da, wo die Flüssigkeit nicht läuft, einen Zwischenraum lassen, an welchem sich nun die Membran der Röhre ohne Streifen zeigt. Dieß ist nun eine schmale Fläche, die gerade zwischen beiden Strömen verläuft, und die Grenze beider ausmacht, ohne daß sie durch eine wirkliche Scheidewand gebildet würde.

Diese Streifen sind nicht, wie es beim ersten Anblick scheint, aus einem fortlaufenden Stück gebildet, sondern es reihen sich rosenkranzförmig eine Menge grünlicher Körperchen an einander, welche sich in Reihen an die innere Wandung der Röhre auf solche Art anlegen, daß die oben beschriebenen Streifen durch sie gebildet werden. Nicht selten, wenn man die Pflanze unbehutsam behandelt, lösen sie sich ab, und zeigen sich in der Röhre zerstreut, oder in Haufen zusammenverwirrt herumschwimmend, wo man sie dann bald durch ihre grüne Farbe von den übrigen bewegten Körpern im Safte unterscheidet. Schneidet man nun eine Röhre quer durch, so fließen die grünen Körperchen der Streifen, welche sich in der Nähe des Schnittes befinden, mit dem Safte aus, ohne sich aber mit diesem zu vermischen, und zerstreuen sich im Wasser. Sind diese Reihen grüner Körperchen aus der Röhre entfernt, so bleibt sie klar und durchsichtig, wie eine Glasröhre zurück.

Amici vermuthet, diese Körperchen bestehen aus Stärkmehl, so wie Link es unter dem Namen der Amylumkörnerchen in andern Pflanzen bemerkt habe. Die Zusammenreihung derselben bilde wahrscheinlich eine galvanische Säule, und verursache auf diese Weise durch einen galvanischen Proceß die Bewegung des Saftes; so wie die von Linnée und dessen Tochter im Hopfen und dem Tropaeolum bemerkten Lichterscheinungen, wahr-

wahrscheinlich auch eine elektrische Erscheinung der Pflanzen seien. Er giebt dieß indessen nur für eine Hypothese, und überläßt das Weitere der fernern Erfahrung, wie auch sehr billig, da Amici nichts weniger als Physiologe zu sein scheint, wie man aus dieser Aeußerung sieht. Welchen innern Zusammenhang die Sache mit dem Lebensproceß der Pflanze und der Bewegung des Saftes hat, werde ich sogleich zeigen.

Das Ausfließen der Flüssigkeit aus dem Querdurchschnitt der Röhre, geschieht in der Richtung des Stroms, so daß nur aus einer Hälfte der Röhre der Saft fließt, wo sein Lauf nach dem Schnitt hin gerichtet war; etwas das Corti schon recht gut wußte. Der entgegengesetzte Strom vollendet vorher seinen Weg nach dem Knoten zu, kehrt hier um, und fließt nun erst aus der Oeffnung des Schnitts.

Die erwähnten Streifen in der Saftröhre befinden sich nur in den Internodien des Stammes. In den Wurzeln der Pflanze sind sie nicht sichtbar. Jedoch ist ihr Vorhandensein auch hier nicht unwahrscheinlich, sie entziehen sich aber wegen ihrer Kleinheit und vollkommenen Durchsichtigkeit dem Gesicht.

Was nun die grüne Rinde betrifft, welche die großen Röhren der Chara umgiebt, so besteht sie nach Amici aus vielen kleinen Röhren, welche den großen ähnlich sind, in ihrem Innern ebenfalls rosenkranzförmige Streifen haben, welche aber eine mehr grüne Farbe besitzen, und endlich geht in ihnen wahrscheinlich ein Kreislauf vor sich, wie in den großen, welcher sich aber nur mit Mühe entdecken läßt, weil es große Schwierigkeiten hat, diese Röhren, ohne sie zu verletzen, abzusondern. — So viel geschichtlich.

§. 11.

Neue Beobachtungen.

Ich hatte mich mit der Beobachtung dieser merkwürdigen Erscheinung in der Chara bereits mehrere Jahre vorher, als ich den Kreislauf des Saftes im Schöllkraut entdeckte, beschäftigt, ohne indessen den inneren Zusammenhang dieser Erscheinungen mit dem Leben der Pflanze auffinden zu können. Dies aber war meine einzige Absicht bei meinen Untersuchungen, denn isolirte Erscheinungen in der Natur mögen so interessant sein als sie wollen: sie sind und bleiben so lange als todte Massen für den Naturforscher, ohne wahren Werth, bis er ihre innere Verknüpfung mit dem Kreislauf der Totalität einsieht, und wahrhaft erkannt hat. Seit der Herausgabe meiner Schrift über die von mir entdeckten Bewegungen der Säfte in den höheren Pflanzen, gewann die Sache noch mehr Interesse für mich, und ich habe mich von Neuem anhaltend mit der Beobachtung der Zirkulation in der Chara abgegeben. Die Betrachtung der Erscheinungen im helleren und dunkleren Lichte, haben mir anfangs mancherlei Widersprüche in der Sache gezeigt, wodurch in mir sogar Zweifel gegen die Genauigkeit früherer Beobachtungen entstanden. Indessen haben mir unausgesetzte Beobachtungen mit der Zeit die Sache erläutert, und den früheren Beobachtungen mancherlei hinzugefügt, so daß ich jetzt die Hoffnung habe, einige Aufschlüsse über die Natur dieser Bewegungen und über ihren Zusammenhang in der Kette der vegetativen Lebenserscheinungen geben zu können.

§. 12.

Verschiedenes Wachsthum der Chara flexilis.

Die Chara flexilis wächst bei Berlin und in der Mark gemeinhin in alten bewässerten Gräben oder Teichen morastiger Gegenden, besonders auf Torfgründen. Sie ist eben so, doch weniger, als die Chara vulgaris, wegen ihres Gehalts an kohlensaurem Kalk, als ein vorzügliches Düngungsmittel des Ackers, unter dem Namen des Postes auf dem Lande allgemein bekannt. Sie erscheint an den angegebenen Stellen oft in so großer Menge dicht neben einander gedrängt, daß der ganze Boden des Gewässers damit bedeckt ist. Trocknen die Sümpfe, in denen sie wächst, nicht aus, und ist das Wasser tief genug, so steigt die Pflanze jährlich in schlankem Wuchse höher, während ihr unterer Theil sich auf die oben bereits angegebene Weise, durch das Abfallen der äußeren Haut, in Wurzel verwandelt, und die ursprüngliche Wurzel nach und nach verfault. Die aus den Knoten dieser untern Theile entspringenden Wurzeln und die Aeste der verschiedenen Pflanzen, verschlingen sich nun so in einander, und mit dem Schlamm aus dem verfaulten Rindengewebe des oberen Theils, daß das Ganze beinahe zu einer filzigen Masse zusammenwächst, von welcher aus sich die oberen Zweige allmählig bis an die Oberfläche des Wassers erheben, so daß die ganze Höhe der Pflanze nicht selten mehrere Fuß beträgt, und sie fast weniger in dem Boden des Gewässers, als in ihrem eigenen Schlamm wurzelt. Dieß scheint mir die Pflanze zu sein, welche Vaillant [79]) unter dem Namen Chara translucens, major, flexilis, beschrieben und abgebildet hat, so wie er sie in tiefen Gräben einer Chaussée in den Wäldern von Montfort-l'Amaury gefunden hatte.

§. 13.

Hat aber das Wasser, in welchem die Pflanze wächst, nur eine geringe Tiefe, so daß es wohl gar zuweilen austrocknet, so breiten sich die nach oben wachsenden Zweige der Pflanze auf dem Boden aus, und kriechen nach allen Seiten hin, anstatt in die Höhe zu wachsen, besonders wenn die Pflanzen einzeln und zerstreut wachsen. Ihr Wuchs ist hier weniger schlank, die Farbe meist mehr grasgrün, anstatt sie bei der vorigen Abart heller ist, und meist schlagen die kriechenden Stengel aus den Knoten Wurzeln in die Erde. Die Internodien sind viel kürzer, oft kaum einen Zoll lang, während bei der vorigen ihre Länge nicht selten über drei Zoll ist. Die Zweige dieser Pflanze habe ich bisher überall noch mit ihrer grünen Rinde überzogen gefunden, und diese erscheint auch meist etwas dicker als bei der vorigen. Eine solche Pflanze habe ich, nachdem ich sie sammt ihren Wurzeln aus dem Torfgrunde behutsam hervorgehoben, und mittelst eines kleinen Pinsels unter Wasser von den anhängenden fremden Substanzen gereinigt hatte, abgezeichnet, und Fig. 1. Taf. 2. stechen lassen. Dieß ist wahrscheinlich das, was Vaillant unter dem Namen

---

79) Vaillant: memoire de l'acad. des sciences. Paris, 1719. p. 48. pl. 3.

Ch. translucens, minor, flexilis abbildet, obgleich mir der Habitus doch noch etwas verschieden scheint.

§. 14.

Dieß verschiedene Wachsthum der Pflanze muß man kennen, um die Untersuchung des Lebensprocesses auf geradem Wege zum gewünschten Ziel zu bringen. Denn wo die Pflanze mehrjährig aus einem tiefen Sumpfe in die Höhe geschossen ist, kann man nie die ursprüngliche Wurzel mehr auffinden, und die feinen Fasern, welche aus den Knoten der, von ihrer Rinde entblößten, Stengel entspringen, sind so untereinander und mit dem Schlamm, der sich von der verfaulten Rinde erzeugt hat, verwebt, daß man nicht im Stande ist, ein zur Untersuchung passendes Stück in dem gehörigen Zusammenhang mit der Pflanze herauszufinden.

Dagegen kann man einzeln stehende junge Pflanzen, welche mit ihren ursprünglichen Wurzeln im Boden des Wassers wachsen, sehr bequem mit unverletzter Wurzel erhalten, wenn man sie ausgräbt, nnd die Wurzeln behutsam unter Wasser von den Torftheilen, in welche sie sich versenkt haben, reinigt und befreit. Umgekehrt taugen die Stengel solcher Pflanzen zur Untersuchung des Kreislaufes nicht. Denn erstens sind sie meist nicht so durchsichtig wie die der erstgenannten, und die Internodien sind kürzer. Dann ist man auch nicht im Stande, die äußere Haut von der, die Höle des Stengels bildenden Röhre vollständig abzusondern, wogegen im vorhin genannten Fall, wo diese Haut an den untern Theilen der Pflanze verfault ist, sich solche leicht mit einem Pinsel ablösen läßt, wenn sie nicht schon beim Herausziehen der Pflanze aus dem Wasser von selbst abfällt.

Diese verschiedene Beschaffenheit im Wachsthum der Pflanze, kommt höchst wahrscheinlich, bei den übrigen hier wachsenden Chara-Arten, namentlich bei Chara vulgaris ebenfalls vor. Chara vulg. und hispida haben aber immer etwas stärkere Wurzeln als Chara flexilis.

§. 15.

Der Bau dieser Wasserpflanze ist sehr einfach. Sie besteht aus vielen runden Gliedern, welche durch Knoten unter einander verbunden sind. Aus jedem Knoten entspringen rings um den Stengel blätterähnliche Verlängerungen, welche dieselbe runde Gestalt wie die Stengel haben, und sich sternförmig ausbreiten. Die Wurzel besteht nur aus ganz einfachen, zarten, weißen Röhren, (Taf. 2. Fig. 5.) Dem Stengel und den Blättern dienen diese ebenfalls zur Grundlage, und sie sind hier nur noch mit einer grünen, röhrigen Haut umkleidet, welche dem ganzen ein gestreiftes Ansehen unter dem Mikroskop giebt, und welche ich Taf. 2. Fig. 10. abgebildet habe. Diese Haut besteht ebenfalls aus in sich abgeschlossenen kleinen Schläuchen, welche sich über- und nebeneinander zusammenreihen, um einen der Form des Stengels entsprechenden Ueberzug zu bilden. Darum sind die Enden, welche die Hälfte des Knotens umfassen, breiter, und hier sind zugleich alle Schläuche mit ihren Extremitäten in gleicher Länge abgeschlossen, um sich gegen die nächstobere und nächstuntere Haut des angrenzenden Zwischenknotens zu legen. Dagegen bemerkt man in der Mitte, daß die Einlenkung der Schläuche wechselsweise so geschieht, daß meist in der Mitte der Längenausdehnuug des einen sich zur Seite zwei andere einlenken.

Nachdem diese äußere Rinde abgefallen ist, so erscheinen die nackten Internodien mit ihren Knoten, wie Fig. 8. zeigt.

§. 16.

Betrachtet man unter dem Mikroskop die Bewegung des Saftes in einem unverletzten, noch mit der Rinde versehenen Gliede des Stengels von Chara flexilis, so sieht man, auch selbst im Schattenlichte, sehr bald die von Corti, Fontana und Amici angegebene Richtung der beiden Ströme in der Mitte des Gliedes. Schon diese ist indeß nicht vollkommen deutlich zu verfolgen, weil man das Strömen des Saftes durch die äußere röhrige Haut nur durchschimmern sieht. Noch undeutlicher aber sieht man das Umkehren der Ströme in einander, da wo der Knoten das Internodium begränzt, so daß man an die Richtigkeit der Sache eben so gut zweifeln als glauben kann. Betrachtet man dasselbe Objekt im durchfallenden, mit einem ebenen Spiegel reflektirten Sonnenlichte, so sieht man nicht nur die strömende Bewegung in der Mitte, sondern noch außerdem eine innere Bewegung des Saftes an der Seite in den Röhren der äußern Rinde, und an der letztern bemerkt man, daß sie sich neben den Seiten des Knotens hin, und in die Aeste oder Blätter zusammenhängend erstreckt. Beide Bewegungen erscheinen aber durch einander verwirrt, so daß man keine von ihnen deutlich erkennt. Dieser Umstand verleitete mich früher zu glauben, daß die Bewegung nur in den äußeren Theilen des Zwischenknotens Statt finde, und daß die Mitte des Stengels eine leere Höle sei. Seitdem ich aber die Bemerkung machte, daß mit der Zeit der untere Theil des Stengels der Pflanze die äußere Rinde von selbst abwerfe, überzeugte ich mich, daß das Auf- und Absteigen der Ströme in der Mitte des Stengels in dem Schlauch vor sich gehe, welcher die innerste Hölung des Stengels bildet. Früher schon hatte mir Hr. Prof. Horkel gesagt, daß sich diese äußere Rinde an der Chara vulg. abziehen ließe, indessen hatte ich an grünen Zweigen dieser Pflanze, da ich die nähern Umstände, unter denen dieß möglich zu machen sei, nicht wußte, diese Operation immer vergeblich versucht, und noch bis diesen Augenblick gelingt sie mir nicht, außer an den von mir genannten Theilen, an denen diese Rinde bereits vermodert ist. Man kann die äußere Haut freilich durch längere Maceration ebenfalls leicht ablösen, allein dann ist das ganze, die äußere Haut sammt dem innern Schlauche, abgestorben. Dasselbe geschieht, wie ich sehe, an den durch Frost getödteten Theilen. Ich habe noch eine Quantität im vergangenen Herbste gesammelter Chara in einem Eimer stehen, in welchem das Wasser durch und durch zu Eis gefroren ist. (bei — 20° R.) Nachdem ich es aufthaue, finde ich alles todt, und ich kann mit einem Pinsel die ganze Anatomie der Pflanze machen, indem das Ganze wie die macerirten Theile schon von selbst zerfällt. Dagegen habe ich in einem geheitzen Zimmer Chara seit derselben Zeit aufbewahrt, und ich sehe jetzt im Januar darin die Saftbewegung wenig langsamer als im Sommer.

§. 17.

An diesen, von der äußern Rinde entblößten, Gliedern der Chara flexilis, sieht man nun sehr deutlich und schön die Bewegung des Saftes. Aber die Erscheinung ist, je nachdem wenn sie im Sonnen- oder Schattenlicht betrachtet, verschieden.

Im Schattenlichte sieht man, daß zu beiden Seiten der Röhre in entgegengesetzter Richtung sich eine neblige Flüssigkeit bewegt, in welcher zerstreut viele helle, mehr oder weniger durchsichtige Körper schwimmen, die mit den Strömen fortgerissen werden. Eigentlich erkennt man die strömende Bewegung nur an diesen Körpern, indem die Flüssigkeit, in welcher sie schwimmen, kaum bemerkbar ist, wie dieß schon Corti gesagt hat. Man sieht aber ferner sehr deutlich, daß diese Körper durchaus keine eigenen, sondern nur die ihnen von dem Saftstrom mitgetheilten Bewegungen haben. Dieser Punkt ist von Wichtigkeit, und führt uns auf die wahre Natur dieser, seit Corti, problematischen Körperchen in dem Safte. Ich finde ihn nirgends bemerkt, und vielleicht hätte man früher schon ihre wahre Natur erkannt, wenn man sie von dieser Seite aufmerksam betrachtet hätte. Sie schwimmen so lange unbeweglich fort, bis sie sich entweder einander berühren, oder gegen die Wandung der Röhre getrieben werden, und drehen sich dann nach dem äußern Anstoß den sie erhalten haben, entweder um ihre Axe, oder bewegen sich seitwärts, um dann nach wie vor, sich von dem Strom mit forttreiben zu lassen. Bei der Gelegenheit verändern sie nicht selten ihre Gestalt, indem sie durch den Druck den sie erleiden, oft elliptisch werden, und ihre vorige Gestalt wieder annehmen, was auch schon Corti bemerkt hat. Diese Passivität in der Bewegung dieser Kugeln ist charakteristisch, und hat öfters eine merkwürdige Erscheinung zur Folge.

§. 18.

Nicht selten gerathen nämlich mehrere dieser Kugeln in einen Haufen zusammen, welcher den Durchmesser des Stromes, in dem sie schwimmen, in etwas überschreitet, so daß sie nicht nur nach außen sich gegen die Wandung der Röhre reiben, sondern nach innen noch etwas über den Mittelpunkt der Röhre bis gegen den entgegengesetzten Strom hin reichen. So dreht sich nun der ganze Haufe von Kugeln nach mancherlei Richtungen, wie er grade vom Saft getrieben wird. Begegnet ihn aber ein ähnlicher Haufe in dem entgegengesetzten Strom, so stoßen beide in der Mitte der Röhre zusammen, weil sie nicht gegeneinander vorbei passiren können, indem sie zusammengenommen den Durchmesser der ganzen Röhre überschreiten. Dadurch vereinigen sich beide Haufen wieder zu einem Ganzen, welches sich nun zwischen dem auf- und absteigenden Strom mitten inne befindet. Taf. 2. Fig. 8. a. Die eine Seite dieses Kugelhaufens wird nun von dem aufsteigenden Strom (c d) in die Höhe gezogen, während die andere Seite von dem niedersteigenden Strom (a b) hinabgedrückt wird. Dadurch wird dieser ganze Haufe ganz natürlich um seine Axe gedreht. Diese Erscheinung ereignet sich oft unversehens, und ist sehr auffallend; aber sie dauert nur einige Augenblicke, und ein Theil des Kugelhaufens wird dann wieder mit dem absteigenden Strom nach unten, ein anderer Theil mit dem aufsteigenden nach oben gerissen, und beide folgen, indem sie sich nach und nach eben so wieder zerstreuen, wie sie zusammengeflossen waren, den Richtungen der Ströme.

§. 19.

Diese Anhäufung der Kugeln hat, wie oben angegeben ist, bereits Corti bemerkt, und deren Erwähnung gethan, unter dem Namen des Koaguli (grumi o coaguli) ohne jedoch die Sache in ihrem Zusammenhang aufgefaßt zu haben, so wie ich sie beschrieben habe. Corti erwähnt noch, daß diese Kugeln von verschiedener Größe und Gestalt seien. Das erstere ist richtig: einige sind kleiner andere größer; aber auch die kleinsten übertreffen den Durchmesser eines Saft- oder Blutkügelchens wenigstens 10 Mal und darüber. Das zweite, nämlich daß ihre Gestalt verschieden sei, ist zwar dem Scheine nach ebenfalls, wenn man sie in Haufen beobachtet, richtig, indem manche hier rund, manche eckig u. s. f. aussehen, aber ihre wahre Form ist immer kugelrund, oder, doch selten, elliptisch, wie man dieß an den einzeln schwimmenden, und noch besser beim Ausströmen des Saftes aus der Röhre sehr deutlich sehen kann. (Fig 8. g.) Das eckige Ansehen mancher von ihnen rührt daher, weil in dem Haufen mehrere übereinander schwimmen, und die unteren also im theilweisen Schatten der darüber liegenden angesehen werden, wodurch dann mancherlei Figuren entstehen, wie dies auch Amici abgebildet hat. Eben dadurch erscheinen einige dunkler, einige heller, indem wenn mehrere über einander angesehen werden, und noch mehr, wenn sie sich mit ihren Umfängen theilweise bedecken, ganz natürlich dunkler aussehen müssen, obgleich sie einzeln angesehen, gleich hell und durchsichtig sind. Allein Amici beschreibt das Drehen dieser Kugelhaufen um ihre Achse, und den Abfall einzelner Kugeln von dem Haufen viel zu regelmäßig. Nach ihm ist der Haufe ebenfalls kugelrund, welches höchst selten beobachtet wird: in der Regel ist der Haufe einer ungestalteten, oft in die Länge gezogenen und ausgebissenen Masse gleich, die sich stoßweise umwälzt, je nachdem die Ströme mit größerer oder geringerer Gewalt sie bewegen. Auf die oben angegebene Entstehung dieser merkwürdigen Drehungen der Kugelhaufen, die einen sehr überraschenden Anblick gewähren, hat Amici ebenfalls seine Aufmerksamkeit nicht gerichtet.

§. 20.

Schneidet man die Röhre, in welcher sich der Saft bewegt, unter dem Mikroskop quer durch, so sieht man diese Kugeln entweder einzeln mit dem Safte, der sie wie eine Nebelwolke umhüllt, ausfließen, oder sich in größeren Haufen zusammengedrängt hervorwälzen, und hier bemerkt man zuweilen, daß einige zerplatzen, und den ganzen Saft um sich her zerstreuen. Dies ist von Corti noch nicht, wohl aber von Amici beobachtet und angegeben worden [80]. Mir ist dieses Zerplatzen der Kugeln nur einige Mal, und immer ganz unerwartet vorgekommen, hingegen habe ich zu andern Zeiten danach gesucht, und es nicht beobachten können. Der mit den Kugeln zugleich ausfließende Saft, ist gegen das Wasser sehr dickflüssig, und löst sich nicht in demselben auf, wenn er darin ausströmt, sondern schwimmet in Gestalt dicker Wolken im Wasser umher, welche oft noch

---

80) Amici l. c. S. 6.

mehrere Kugeln einschließen. Die Farbe desselben ist keinesweges grün, sondern ein getrübtes weiß, wie auch Corti, Fontana uud Amici gesehen haben.

§. 21.

Betrachtet man nun aber die Röhre, in der sich der Saft bewegt, in dem Sonnenlichte, vermittelst eines planen Spiegels, so sind die Erscheinungen ganz anders. Man sieht, daß der Saft, in dem die Kugeln schwimmen, und der im Schattenlichte nur als ein dunkler Nebel erschien, (die sogenannte Lymphe des Corti) durch und durch aus Theilchen besteht, welche sich, eben so wie in den lebenden Säften der übrigen höheren Pflanzen, gegenseitig vereinigen, und wieder auseinander gehen, gerade so, wie ich es in meiner Schrift über den Lebensproceß im Blute auseinander gesetzt habe. Dagegen verschwinden hier die kleineren Kugeln, von denen oben die Rede war, ganz und gar, weil sie selbst keine innere Gestaltung zeigen, sondern durchaus gleichförmig durchsichtig sind, und sich der Saft, welcher sie von allen Seiten umschließt, oberhalb und unterhalb in seiner inneren Gestaltung und Bewegung zeigt, also den gestaltlosen Raum, welchen die Kugel einnimmt, gänzlich bedeckt. Die größeren Kugeln aber, welche an der obern, dem Gesichte zugekehrten Fläche des Saftes schwimmen, und daher mit dem äußersten Abschnitt nicht vom Safte bedeckt erscheinen, verkleinern sich in diesem hellen Lichte um so viel, als der Saft von ihrer Oberfläche bedeckt, so daß nun der ganze Umfang der Kugel in derselben lebhaften Bewegung erscheint, wie die übrige Masse des Saftes, und ihre Mitte als ein saftleerer

Raum erscheint, welcher sich zwischen dem bewegenden Safte mitten inne befindet. Am schönsten sieht man dieß, wenn man die Röhre quer durchschneidet, und den Saft ausfließen läßt. Er behält seine innern Bewegungen noch eine Zeit lang, nachdem er ausgeströmt ist, und seine Theile (Kügelchen, welche mit den großen passiven hohlen Körpern oder Kugeln ja nicht zu verwechseln sind, da die letzteren, wie sich zeigen wird, bloße Luftblasen sind), haben einen so großen Zusammenhang, daß sie viel schwerer, als dieß bei den Säften höherer Pflanzen geschieht, sich von einander sondern, und einzeln im Wasser herumschwimmen.

§. 22.

Verfolgt man nun unter dem Mikroskop die Bewegungen des auf- oder absteigenden Stroms in einem Gliede des Stengels bei der Beleuchtung im Schattenlichte, bis an den Knoten, welcher das Internodium des Stengels begränzt, so sieht man deutlich, daß der aufsteigende Strom in den Knoten hineingeht, und der absteigende aus dem Knoten heraus kömmt; (Fig. 8. Taf. 2. c b e f) allein wie innerhalb des Knotens beim Stengel die beiden Ströme in einander übergehen, daß läßt sich keinesweges mit dem Auge genau verfolgen. Daß indessen diese Bewegung in jedem Internodium abgeschlossen ist, kann man leicht daraus folgern, daß die Bewegung in demselben fortdauert, nachdem auch die obern und untern Glieder, welche mit dem, welches man beobachtet, zusammenhängen, abgeschnitten sind, ohne die geringste Unterbrechung zu erleiden, welches nathwendig der Fall sein müßte, wenn beide Ströme unmittelbar durch den Knoten in das nächstobere und untere Internodium übergingen. Zwar sieht man ohne Zweifel, besonders in einem solchen Knoten, von dem die äußere Rinde schon vermodert ist, eine Bewegung des Saftes, denn der Knoten ist ungemein hell und durchscheinend; allein man sieht auch nur die Bewegung: ihre Richtungen sind so verworren, daß man den Lauf der einzelnen Strömungen nicht verfolgen kann.

§. 23.

Beleuchtet man das Objekt mit dem hellen Lichte, so sieht man die durch und durch gehende Wechselwirkung der Safttheilchen im Knoten; (Lymphe des Corti) allein an eine Unterscheidung einzelner Ströme ist hier eben so wenig zu denken; dazu ist ein solcher Stengelknoten viel zu zusammengesetzt: denn er vereinigt nicht nur die obern und untern Zwischenknoten, sondern noch eine unzählige Menge Wurzeln, welche aus den Stellen entspringen, wo die Blätter abgefallen sind, und von denen jede einzelne sich mit einem kleinen Knoten an den Hauptknoten befestigt. Darum hat auch so wenig Corti als Fontana und Amici diesen Uebergang genau beschrieben, sondern alle begnügen sich damit, dieselben als eine einfache Umbiegnng des aufsteigenden Stroms in den absteigenden anzugeben. Zergliedern läßt sich ein solcher Knoten nicht weiter, denn die einzelnen Theile hängen so innig zusammen, daß man sie eher unregelmäßig zerreist, als von einander absondert.

§. 24.

Glücklicherweise entdeckte ich aber, daß diese Verknotung der Glieder durch die ganze Pflanze geht, und daß eben sowohl die Wurzeln bis in ihren feinsten Verzweigungen, als der Stamm und die Aeste verknotet sind. Die Wurzeln bestehen ursprünglich nur aus ganz einfachen Schläuchen, um welche sich nicht, so wie um den Stengel, noch eine zweite röhrige Rinde befindet, und daher sind sie vollkommen hell und durchsichtig. Dazu kömmt das für die Untersuchung höchst erfreuliche Ereigniß, daß sich in den feinsten Verzweigungen ganz einfache Verknotungen finden, in denen man aufs allerdeutlichste den Lauf des Saftes durch und durch verfolgen kann, ohne durch den Zusammenfluß vieler Ströme in der Beobachtung gestört zu werden. Seitdem ich dieß entdeckt hatte, eröffnete sich mir eine schöne Aussicht über die Natur der Säftebewegungen in den Charen. Schon Fontana scheint diese Verknotung der Wurzeln bemerkt zu haben. Er äußert sich darüber folgendermaaßen. „J'ai rencontré une fois un vaisseau, ou tube très transparent, replié en forme de gimbelette, et couché sur un côté d'une racine, où elle sembloit être variqueuse, et former une espèce de ganglion gros et transparent. On ne voyoit ni mouvement ni globules, ni fluide dans le ganglion; mais la gimbelette étoit toute rempli d'un fluide a petits globules, et se fluide se mouvoit toujours du meme côté ou dans la meme direction; en un mot, sans deux courans qu'on observe dans les tubes droits“ [81]). Diese Beschreibung kann auf keinen anderen Theil der Wurzel passen, und es

81) Journal de Physique. April 1776. Seite 289.

es ist wahrscheinlich, daß er zufällig an Chara flexilis einen solchen Knoten, in dem die Bewegung schon aufgehört hatte, wahrgenommen hat, ohne auf die Wichtigkeit dieser Erscheinung für die Untersuchung aufmerksam zu werden.

§. 25.

Zur Untersuchung eignen sich am besten die Wurzeln der Chara flexilis und vulgaris, weil sie, wie es mir scheint, größer, und von weniger zartem Bau sind, wie bei den übrigen Chara-Arten, und daher nicht so leicht bei Untersuchungen absterben, als bei letzteren. Indessen ist der Bau in allen derselbe, und man sieht überall die Bewegung des Saftes durch die einfachen Knoten auf dieselbe Art. Die Wurzel besteht wie der Stengel aus Gliedern, welche aus einer einfachen, zarten, durchsichtigen Haut gebildet sind. Diese Glieder stellen an beiden Enden verschlossene Zylinder dar, deren Extremitäten sich anfangs zu einem einfachen Knoten zusammenfügen. An den Stellen wo die Verknotungen sind, schwellen die Enden der Glieder etwas an, und bilden hier eine fußförmige Gestalt, wenn ich mich des Vergleichs bedienen darf: denn die sich zusammenfügenden Enden haben die größte Aehnlichkeit mit den äußern Umrissen zweier Menschenfüße, welche mit der untern Fläche, der planta pedis, so zusammengestellt gedacht werden, daß der Hacken des einen gegen die Spitze des andern liegt, und umgekehrt. Fig. 2. Taf. 2. ist eine Abbildung dieser Einlenkung der Glieder von der Seite angesehen. Betrachtet man einen solchen einfachen Knoten von der Seite, so sieht man, daß eine S förmige Scheidewand (b c Fig. 2.) den innern Raum desselben so von einander trennt, daß die eine Hälfte dem obern, die andere dem untern Internodium angehört. Beim ersten Anblick scheint der Knoten eine bloße einfache Anschwellung des fortlaufenden Zwischenknotens zu sein, in welchem sich eine einfache Scheidewand befindet. Dies ist indessen nicht der Fall. Diese Scheidewand ist doppelt, und wird durch das Zusammenlegen der fußförmigen, geschlossenen Enden zweier Internodien gebildet, wie man dieß deutlich sehen kann, indem man, wie Fig. 3. Taf. 2. zeigt, beide Enden der Zwischenknoten von einander trennt. Macht man diesen Versuch behutsam, so sieht man oft in beiden getrennten Zwischenknoten den Saft noch zirkuliren, welches nicht geschehen könnte, wenn die Scheidewand nur eine einfache, gemeinschaftliche wäre.

Sieht man den Knoten von oben an, so daß die zusammengefügten fußförmigen Extremitäten der Zwischenknoten über einander liegen, so erkennt man den Bau nicht sogleich, wenn man die Vorstellung von der, durch die Lage abgeänderten, Gestalt der fußförmigen Anschwellungen nicht mitbringt. Denkt man sich aber die Ausdehnung derselben nach allen Seiten, so erkennt man, daß die obere und untere Grenze des Knotens (a b Fig. 4.) welche durch bogenförmige dunkele Stellen ausgezeichnet sind, von den hackenförmigen Fortsätzen (a a Fig. 3.) der Anschwellungen herrühren, welche hier die Spitzen (b b Fig. 3.) des gegenüberstehenden Fußes umfassen, und daß der, zwischen beiden gelegene, zu den Seiten etwas eingebogene und durchschimmernde Theil, derjenige ist, wo die beiden Füße in der Mitte mit ihren correspondirenden Flächen über einander liegen. Noch deutlicher wird dieß, wenn man zuvor (Fig. 9. a) einen solchen Knoten schief betrachtet, so daß sich die fußförmigen Enden nur halb bedecken.

§. 26.

Einen solchen Knoten, welcher durch die Zusammenfügung zweier Glieder gebildet ist, nenne ich einen einfachen, im Gegensatz des zusammengesetzten, welcher durch die Vereinigung mehrerer, oft sehr vieler, Wurzelzweige in einen gemeinschaftlichen Knoten entsteht. Auf dieselbe Weise nämlich, wie sich die zwei Extremitäten verschiedener Glieder zusammenfügen, legen sich nach und nach rund um die fußförmigen Erweiterungen derselben, mehrere Wurzelfasern mit den ähnlichen Anschwellungen ihrer Gliederenden, gleichsam wie um ihren Mittelpunkt, an. Dadurch entsteht nicht allein eine Vergrößerung des ursprünglich einfachen Knotens, sondern seine Gestalt wird auch zugleich dabei verändert, und in demselben Maaße, als sich an den einfachen Knoten neue Glieder ansetzen, wird er undurchsichtiger, so daß man endlich die Bewegungen des Saftes in demselben nicht mehr unterscheiden kann.

Seine äußere Form ist anfangs eine längliche Anschwellung der Röhren. Da sich nun aber zu beiden Seiten neue ansetzen, so entsteht hierdurch eine seitliche Vergrößerung des Umfangs, welche dem Knoten bald eine höckrig runde Gestalt giebt. Aber diese behält der Knoten noch nicht. Es setzen sich immer mehr neue Wurzelzweige an den seitlichen Umfang des Knotens an, so daß derselbe am Ende einer von oben nach unten plattgedrückten Kugel ähnlich wird Taf. 2. Fig. 8. a b c f. In diesem Zustande unter dem Vergrößerungsglase betrachtet, läßt sich in demselben nichts unterscheiden, als eine Menge durchscheinender Blasen, welche ihm ein höckeriges Ansehen geben, und von denen jede der Ursprung eines Wurzelgliedes ist, welches sich mit dem Knoten vereinigt.

§. 27.

Betrachtet man nun die Saftbewegung durch den einfachen Knoten, so bemerkt man den Lauf des Saftstroms durch denselben auf folgende höchst merkwürdige Weise. Der absteigende Strom (a b Fig. 2.) biegt sich in einem Winkel bei b, um dem Laufe der Wandung zu folgen, und macht von hier aus eine Sförmige Windung nach c; hier beugt er sich in einem Bogen um, indem er sich genau an die Biegung des untern Stroms anschließt, und steigt in einem zweiten Bogen (e) in die Höhe, um von hier aus seinen Lauf in entgegengesetzter Richtung fortzusetzen. Während nun der Strom in dem obern Gliede auf die oben beschriebene Art seinen Lauf fortsetzt, steigt der untere in entgegengesetzter Richtung von d nach c, macht hier einen Winkel in dem Hacken des Gelenkes, und beugt sich nach b, sich genau an den Weg des obern Stromes anschließend; hier macht er eine zweite Beugung, um sich umzukehren, und durch f nach a zurückzufließen u. s. f. Es ist ein besonders schöner Anblick, wenn man die beiden Ströme des obern und untern Gliedes in den Biegungen des Knotens in entgegengesetzter Richtung neben einander hinfließen sieht. Man erkennt augenblicklich eine große Regelmäßigkeit in der Bewegung, aber sie erscheint dabei so zusammengesetzt, daß man nicht sogleich Anfang und Ende in der Sache finden kann, und man glaubt eine sehr angenehme Verwirrung zu sehen. Man muß das Auge fest auf einen Strom heften, ehe er in das Gelenk hineintritt, und ihn aufmerksam in seinem ganzen Laufe bis zum Ausgange verfolgen, ohne zugleich auf den entgegengesetzten Lauf des andern Stroms zu achten. Dieß ist anfangs etwas schwierig, indem beide ganz dicht neben einander hinfließen, und öfters wohl gar, wenn man den Knoten nicht gerade von der Seite ansieht, über und unter einander zu laufen scheinen. Die Beobachtung wird aber um vieles leichter, wenn man die Sache erst einige Mal gesehen hat, und der Knoten ganz einfach ist.

§. 28.

Indessen finden sich selten solche ganz einfache Knoten größerer Glieder, in denen man die Bewegung zugleich in der entgegengesetzten Richtung sehen kann, und die feinsten Wurzelenden, welche, in ganz einfachen Knoten, zusammengefügt sind, zeigen entweder nach dem Ausgraben der Pflanze gar keine Bewegung mehr, oder doch nur in dem obern Gliede, und in diesem wird man nicht selten auch noch an der genauen Verfolgung der Strömung, durch eine schiefe Lage des Knotens, gehindert. Es ist nämlich merkwürdig, daß sich die feinern Wurzelzweige meist in der untern Extremität des nächstobern Gliedes, welches die Hälfte des Knotens ausmacht, einlenken, und dort die Zusammensetzung des Knotens anfangen, durch die man die Bewegung schon nicht deutlich mehr beobachten kann, während die obere Extremität des untern Gliedes, welche gemeinhin keine Wurzelfasern aussendet, keine Bewegung zeigt. Den Zweck der eben genannten Einrichtung, sieht man beiläufig leicht ein: gingen nämlich die Wurzelfasern in das obere Ende des unteren Gliedes, so würde der Saft, welchen sie in den Knoten führen, erst wieder in dem untern Gliede zirkuliren, und dann in das obere Glied übergeführt werden müssen, welches bei der beschriebenen Einrichtung auf kürzerem Wege geschieht. Die Entstehung der Wurzelfasern aus der untern Extremität des nächstoberen Gliedes ist auf der 5. Fig. Taf. 2. angedeutet.

Jedoch entspringen nicht selten auch aus dem obern Ende der untern Extremität Wurzelfasern, und durch die Verbindung aller mit dem Knoten, wird dieser nach und nach immer größer, so daß er am Ende ganz die Gestalt und Größe eines Stengelknotens hat. Deshalb glaube ich, daß die ursprüngliche Zusammenfügung der Zwischenknoten des Stengels, welche sich nicht unmittelbar beobachten läßt, ganz dieselbe ist, wie die der Wurzeln, nur daß sich hier rund um den Knoten zugleich alle sogenannten Blätter bilden, während die Zusammensetzung der Wurzel nach und nach geschieht; und meine Vermuthung wird dadurch wahrscheinlicher, daß der ganze Stamm allmählig in Wurzel übergeht, also sicher auch denselben Bau in den Knoten hat. Es ist mir einmal gelungen, aus dem Knoten eines Stengels ein Glied mit dem geschlossenen Ende auszulösen: dieß hatte eine ähnliche Gestalt wie die Extremitäten der Wurzelglieder, nur war es mehr in die Breite verschoben. F. 6. a ist eine Abbildung davon. Wenn beide Enden eine correspondirende Gestalt hätten, wie dieß doch höchst wahrscheinlich ist, so würde die Einlenkung wie

F. 6. b aussehen, und wenig von der der Wurzeln verschieden sein. Der einzige Unterschied, welcher die Zwischenglieder des Stammes von denen der Wurzel unterscheidet, ist gewiß ebenfalls auch auf die Knoten auszudehnen: nämlich den Wurzeln fehlt die röhrige grüne Haut, welche den ganzen Stamm überzieht.

Aus dem angegebenen Grunde also, darf man sich nicht wundern, wenn man den beschriebenen Lauf durch d'en Knoten nicht alsbald deutlich sieht, indem die Zusammensetzung des Knotens und seine Lage, der Beobachtung oft in den Weg treten. Um die Sache deutlicher zu machen, will ich vorher das Verhältniß des strömenden Saftes zum Bau der Zwischenknoten auseinander setzen.

§. 29.

Corti vermuthete, wie oben angegeben ist, zwischen den entgegengesetzten Strömen, in dem Internodium eine zarte Scheidewand, welche den Lauf der Flüssigkeit in Ordnung halte. Fontana zeigte aber bald nachher, daß diese nicht vorhanden sei, ohne jedoch die Sache näher zu bestimmen. Amici aber untersuchte diesen Gegenstand genauer, und zeigte, daß zu beiden Seiten der Röhre des Stengels, wo der Saft auf- und absteige, die innere Wandung derselben, der Länge nach, einen grünlichen gestreiften Ueberzug habe, welcher genau den Lauf der Flüssigkeit bezeichnet, und da, wo der Saft nicht fließe, fehle, wodurch sich ein heller schmaler Streifen zwischen beiden Strömen, erzeuge. Diesen Ueberzug bemerkte Amici nur im Stengel: allein er findet sich eben sowohl in der Wurzel, und ist hier von weißer Farbe, und ich habe Fig. 7. Taf. 2. einen Theil eines

Zwischenknotens aus der Wurzel, mit diesem Ueberzuge stark vergrößert abgebildet. Denkt man sich z. B. den Querdurchschnitt der Röhre (Fig. 7.), so sind die Wandungen der Abschnitte a und b der Röhre in ihrer ganzen Ausdehnung an der innern Fläche mit dem Ueberzuge versehen, dagegen fehlt derselbe in den gegenüberstehenden Seiten c und d. Der Saft fließt an den Seiten, welche den Ueberzug haben, entlang, und geht über die Grenze dieses Ueberzuges nicht hinaus. Dadurch wird klar, daß der Querdurchschnitt des Saftstroms nicht etwa, wie man, ohne auf diesen Punkt zu achten, sich vorstellen möchte, eine runde, sondern eine halb mondförmige, oder vielmehr halbrunde Gestalt habe. Jedoch davon nachher. Amici untersuchte diesen grünlichen Ueberzug mikroskopisch genauer, und fand, daß er aus vielen Reihen nebeneinander liegender grünlicher Körperchen gebildet sei, welche von einer sehr zarten Membran eingehüllt würden.

§. 30.

Mir war es schon sehr lange auffallend gewesen, daß vor der Absonderung jenes Ueberzuges der innern Wandungen der Röhre, letztere sich sehr rauh anfühlt, als ob sie mit feinem Sande angefüllt wäre, welches auch dann sehr bemerkbar ist, wenn man über eine solche Röhre, die auf dem Glasschieber liegt, mit dem Messer hinstreicht. Ist hingegen dieser grünliche Ueberzug aus der Röhre entfernt, so fühlt man von dieser harten Rauhigkeit nichts mehr. Auch fand ich bald, daß die einzelnen eckigen Körnchen, welche diese Rauhigkeit verursachen, eine ungewöhnliche Härte besitzen, und daß sie selbst eigentlich nicht grün, sondern vollkommen weiß sind, und außerdem eine grünliche Masse dem ganzen innern Ueberzuge die Farbe ertheilt, welche auch diese Körperchen zu haben scheinen. Dazu kömmt, daß sie unter allen Umständen unter dem Mikroskop ihre eckige Gestalt behalten, und in ihrem Innern nicht wie organische Theile gestaltet sind.

§. 31.

Alles dieß führte mich zu der Vermuthung, daß diese Körperchen nichts als Krystalle sein könnten, und da die Charen überhaupt so reich an kohlensaurer Kalkerde sind, so wurde meine Voraussetzung, daß es krystallisirte kohlensaure Kalkerde sein möchte, wahrscheinlich. Ich legte daher Glieder der Pflanze, welche durch ihr rauhes Anfühlen zu erkennen gaben, daß sie viel dergleichen Krystalle enthielten, in verdünnte Schwefelsäure; es entwickelte sich unter Aufbrausen Kohlensäure, und nun zeigte die Untersuchung, daß diese Theile keine dergleichen Körperchen mehr enthielten. Dieß, glaube ich, setzt meine Meinung, daß jene harten Körperchen, welche sich in dem grünlichen Ueberzuge der innern Röhrenwandungen der Chara flexilis und vulgaris (und wahrscheinlich auch an allen anderen Arten) finden, nichts als Krystalle von kohlensaurer Kalkerde sind. Zwar hat Amici die ganze grüne Masse, sammt den darin enthaltenen Körperchen, schon mit Essig behandelt, ohne von ihrer Auflösung etwas zu erwähnen, indessen erklärt sich dieser Umstand wohl daraus, daß erstens die Essigsäure nur eine sehr schwache Verwandschaft zur Kalkerde hat, die noch mehr durch ihre sehr verdünnte

Gestalt, in welcher sie im gewöhnlichen Essig enthalten ist, geschwächt wird, und andererseits diese Krystalle der kohlensauren Kalkerde so hart sind, daß sie sich, wie ich vermuthe, bloß wegen dieser ungemeinen Kraft, mit welcher ihre Theile zusammenhängen, selbst in der mit 5 Theilen Wasser verdünnten concentrirten Schwefelsäure nur sehr langsam auflösen.

Daß die Charen überhaupt kohlensaure Kalkerde enthalten, ist durch frühere chemische Analysen von Peschier [82]) und von Buchner [83]) schon gezeigt worden. Auch Vauquelin [84]) und Girod Chantrans analysirten die Charen chemisch. Eben so Klaproth. Nur sind diese Versuche ohne alle Rücksicht auf die Physiologie der Pflanze angestellt, und in sofern geben sie uns keine befriedigende Auskunft über physiologische Bedeutung der Kalkerde. Um diese ist es hier aber vorzüglich zu thun, und das Verhältniß der Entstehung und Bildung der Krystalle zum Bau und den Verrichtungen der Pflanze, ist es auch nur, von dem hier vorzugsweise die Rede sein kann.

§. 32.

Dieser grüne Ueberzug also, bekleidet zu beiden Seiten den Umfang der Wandungen, in den Abschnitten der Röhre, wo der Saft auf- und absteigt. Ich habe oben beiläufig bemerkt, und die Figur wird es anschaulich

82) Verh. d. nat. Freunde in Berlin. 1r Bd. S. 55. 1819.

83) Act. der Acad. der Naturf. in Bonn.

84) Vauquelin: bulletin de la société philomatique 1798.

85) Girod Chantrans recherches chimiques et microscopiques sur les conferves etc. Paris 1802. mem. 1.

machen, daß, weil jeder Saftstrom diesen Abschnitt der Röhre ausfüllt, er eine demselben entsprechende Gestalt haben müsse, so daß der Durchschnitt desselben halbmondförmig oder vielmehr halbrund sein werde, und dieß ist auch ganz richtig.

Beobachtet man daher die Ströme so, daß man zwischen beide durchsieht, also einer dem andern zur Seite liegt, so erscheinen sie schmal, und man kann ihre eben beschriebenen Richtungen auch durch die einfachen Knoten sehr deutlich verfolgen. Dieß ist aber unmöglich, wenn man die Zwischenknoten so ansieht, daß die Ströme an ihrer obern und untern Wandung entlang fließen. Jetzt fließt einer über dem andern, und anstatt daß im vorigen Fall ein auf- und ein absteigender Strom zu beiden Seiten erschien, so sieht man jetzt nur einen breiten Strom, welcher die ganze Röhre anzufüllen scheint, und der durch den jetzt horizontal gehenden Raum zwischen beiden von dem entgegengesetzten untern Strom geschieden wird. Da man jedoch einmal weiß, daß jetzt zwei Ströme über einander fließen, so kann man durch Näherung und Entfernung des Objekts von der Linse, nach Belieben den einen oder den andern sichtbar machen, welches jedoch immer undeutliche Bilder giebt, die sich verwirren, und am allermeisten dann, wenn man die Ströme so in den Knoten verfolgt. Dieß ist noch ein Grund, welcher, nächst der Zusammensetzung der Knoten, die Beobachtung des Laufs des Saftes durch den Knoten erschwert, und wovon ich oben sprach. Anstatt daß nämlich die Umkehrung der Ströme in einander, wenn man sie neben einander fließen sieht, entweder von rechts nach links, oder von links nach rechts in den beschriebenen Krümmungen geht, so beugt sich der obere Strom am Ende des Gliedes in dem Knoten, in dem angegebenen Fall, nach unten um, und macht unter dem oben liegenden Ende des Stroms die Windungen und Krümmungen, um wieder in den unterliegenden Strom überzugehen.

§. 33.

Soviel läßt sich im Schattenlichte beobachten. Besieht man die Sache aber im hellen Lichte, so bemerkt man noch mehr. Der Saft, welcher in seinem Innern durch seine Theile in einer lebhaften Bewegung ist, befindet sich in derselben thätigen Wechselwirkung mit dem grünen Ueberzuge der innern Wandung der Röhre, an welcher er entlang strömt, und in der Wurzel, wo man diesen Ueberzug aber nicht von grüner Farbe bemerkt, ist diese Wechselwirkung ebenfalls mit der Wandung der Röhre. Jedoch findet sich der Saft in der Wurzel noch weniger innerlich gestaltet und bewegt, als der im Stengel, weshalb die lebendige Wechselwirkung hier auch weit geringer ist. Die Flüssigkeit erscheint hier noch mehr wässerig, und füllt auch bei weitem einen verhältnißmäßig kleinern Raum der Röhre aus, als im Stengel.

§. 34.

Ungemein interessant ist aber der Verkehr, welchen der Saft des obern, mit dem nächst untern Zwischengliede durch den Knoten hat. Wie ich oben beschrieben habe, bewegen sich hier beide Ströme in entgegengesetzter Richtung dicht neben einander hin, während sie sich in sich selbst umlenken. Sie sind aber durch eine Scheidewand von einander getrennt. Bei dieser Gelegenheit treten die Theilchen jedes Stroms mit den Wandungen ihrer respektiven Knoten in eine lebhafte Wechselwirkung. Die Kügelchen der Wandungen und des Saftes vereinigen und trennen sich, und bewerkstelligen dadurch zuerst eine Vermischung einzelner Kügelchen, und nach und nach der ganzen Masse des Saftes im obern und untern Gliede, welche von der größten Merkwürdigkeit ist, und welche ich auf folgende Art weiter verfolgt habe.

Ich setzte eine Chara flexilis mit den vorher gesäuberten Wurzeln in ein Färberröthe-Infusum, so wie ich es gewöhnlich bei meinen Einsaugungsversuchen anwende, und beobachtete die Wurzeln von Zeit zu Zeit unter dem Mikroskop. Nach zwei Stunden sah ich in einigen Gliedern der feinsten Wurzelzweige schon eine deutlich rothe Flüssigkeit circuliren, während die stärkeren Internodien noch scheinbar ungefärbten Saft führten. Ich war ungemein erfreut über diese Erscheinung, und begierig das weitere Aufsteigen der gefärbten Flüssigkeit in die oberen Glieder abzuwarten. Daß die gefärbte Masse durch die Internodien dringe, davon konnte ich mich jetzt schon überzeugen, denn schon waren an einigen Wurzeln mehrere Internodien über einander angefüllt, so daß die Flüssigkeit aus dem nächst untern in das obere gedrungen war.

Ich beobachtete also im hellen Lichte die Bewegung des Saftes in dem Knoten zweier Zwischenknoten, von denen der eine noch ungefärbten, der andere schon gefärbten Saft führte. Die Bewegung ging besonders in dem Zwischenknoten mit dem gefärbten Safte bedeutend langsamer vor sich, als in dem damit verbundenen, welcher noch ungefärbten Saft führte. Dennoch ließ sich die Wechselwirkung der Theile des gefärbten Saftes mit denen des ungefärbten, in dem Knoten nicht verkennen, und da man die Vermischung beider in diesem Punkte Schritt vor Schritt verfolgen kann, so läßt die Beobachtung hier über den Uebergang des Saftes aus dem untern in das obere Internodium gar keine Zweifel mehr übrig.

§. 35.

Um die Sache deutlich zu sehen, muß man den Knoten von der Seite betrachten, so daß man die Ströme nicht über, sondern neben einander hinfließen sieht. Sieht man nun den untern Knoten eines Gliedes an, so gehen die rothen Kügelchen des in ihm circulirenden, gefärbten Saftes einzeln mit den Kügelchen des noch ungefärbten Saftes der obern Röhre, vermittelst der zwischen beiden liegenden Scheidewand zusammen, und vermischen sich durch die Vereinigung zu einer gleichförmig gefärbten Masse. Durch die Wechselwirkung aber, in welche nun diese gefärbten Kügelchen der oberen Röhre mit denen haben, welche noch nicht gefärbt sind, zertheilt sich die Färbung in der Masse des Saftes bald so sehr, daß man anfangs in dem obern Theil der Röhre den Saft kaum, oder gar nicht gefärbt bemerkt. Da nun aber im untern Theile, wo die Wechselwirkung des Saftes durch den Knoten mit dem Saft des untern Internodiums fortgesetzt vor sich geht, beständig ein neuer Theil des Saftes durch die rothen Kügelchen des untern Zwischenknotens gefärbt wird, so nimmt allmählig der Saft auch in der obern Röhre, wo er anfangs ungefärbt erschien, eine immer mehr bemerkbare Farbe an, bis endlich die Farbe des untern Internodiums gleichmäßig zwischen beide vertheilt ist. Während nun aber das zweite Internodium sich allmählig färbt, so theilt dieses schon durch die Wechselwirkung, welche es mit dem dritten Zwischenknoten hat, seine Farbe diesem auf dieselbe eben beschriebene Weise mit, und auf diese Weise zertheilt sich die rothe Farbe bald durch die ganze Wurzel und darüber hinaus, auf die nämliche Weise, in den Stengel.

§. 36.

Nothwendig muß nun bei der Wechselwirkung zweier Internodien durch die Scheidewand des Knotens, da die Theile derselben zuerst mit den Theilen des gefärbten Saftes in Wechselwirkung treten, die Scheidewand ebenfalls roth gefärbt werden, und dieß geschieht auch. Die Scheidewand wird am Ende ganz roth, wie der Saft, und wenn man nachher, wenn die Pflanze noch lebendig genug ist, sie wieder in frisches ungefärbtes Wasser setzt, so wird in demselben Maaße, als sich der Saft entfärbt, auch die Scheidewand farbenlos. Die Wandungen des Zwischenknotens selbst färbten sich aber in den Versuchen, die ich damit anstellte, nie, wahrscheinlich weil sich die Pflanze nicht lange genug lebendig erhält.

§. 37.

Der vollständigen Verfolgung der Saftbewegung vermittelst gefärbter Flüssigkeiten, tritt nämlich ein wichtiges Hinderniß in den Weg; dadurch, daß die Pflanze durch diese zu fremdartige Nahrung bald die Energie ihres Lebensprocesses verliert, und sogar abstirbt, wenn man sie länger als 48 Stunden in gefärbter Flüssigkeit stehen läßt. Während dieser Zeit saugten zwar mehrere

Pflanzen in den von mir angestellten Versuchen, so viel Färberröthenfusum ein, daß sich selbst der Inhalt der den Stengel umkleidenden röhrigen Haut allmählig davon färbte; allein dann hörte auch alle Bewegung des Saftes auf, und ich habe die Bewegung der gefärbten Flüssigkeit nie mit den Augen, unter dem Mikroskop, bis hierher verfolgen können. Ohne Zweifel ist aber dieser Uebergang aus den großen Röhren des Stengels, ganz auf dieselbe Weise geschehen, wie es von Internodium zu Internodium in der Wurzel Statt findet.

§. 38.

Die nächste Veränderung, welche sich nach dem Aufhören der Bewegung durch die Einsaugung gefärbter Flüssigkeiten zeigt, ist ein Gerinnen des Saftes in dem Schlauche oder der Röhre des Zwischenknotens. Man sieht jetzt nicht mehr eine gleichmäßige Bildung des Saftes, sondern es erscheinen dicke Klumpen von geronnener Saftsubstanz, welche in einer klaren, durchsichtigen Flüssigkeit schwimmen, sich aber oft auch an einzelnen Stellen in der Mitte, oder besonders an den Enden der Zwischenknoten ansammeln, während die Flüssigkeit den übrigen Raum erfüllt. Beim Durchschneiden der Röhre fließt der Saft nun nicht mehr von selbst aus, und wenn man ihn herausdrückt, so vermischt sich das Serum sogleich mit dem Wasser, und das Crassament zertheilt sich als eine krümliche Masse in der Flüssigkeit. Merkwürdig ist, daß in dem geronnenen Saft jene Körperchen, an denen man im Schattenlichte das Strömen des Saftes erkennt, ganz verschwunden sind, und daß sie sich auch dann, wenn sich der gefärbte Saft

noch

noch bewegt, nicht mitfärben, sondern durchaus farbenlos und weiß bleiben, wie man dies besonders an den größeren bemerkt, welche sich nicht, so wie die kleinen, in dem Saft ganz verhüllen können. Beide, die geronnene Substanz und die klare Flüssigkeit, welche ich Serum und Crassament nennen möchte, erscheinen roth gefärbt, letzteres dunkel- ersteres hellroth, so daß sich die gleichförmige rothe Farbe des Saftes, eben so wie seine ganze gleichförmige lebendige Substanz in Extreme aufgelöst hat, welche die lebendige Macht nicht mehr in ihrer Einheit zusammenzuhalten vermochte, weil sie die zu fremdartige eingesogene Substanz nicht assimiliren konnte, sondern die allgemeine physikalische Aktion über den lebendigen Egoismus siegte, und ihn in eine physikalische Differenz spaltete. Sobald der Saft geronnen ist, wird die ganze Pflanze welk und schlaff; ihre frühere Steifheit ist gänzlich verloren, und man kann sie nun nicht mehr durch frisches, reines Wasser wieder aufrichten und beleben.

§. 39.

Es ist sehr merkwürdig, daß die Chara die gefärbte Flüssigkeit nicht, wie die spiralführenden Pflanzen, auch dann einsaugt, wenn man abgeschnittene Zweige des Stammes zu den Versuchen anwendet. Die erste Bedingung ist bei diesen Versuchen, daß die Pflanze in vollkommener Integrität, und mit allen Wurzeln in die färbende Flüssigkeit gesetzt werde: ein Punkt, auf den ich erst nach vielen mißlungenen Versuchen gekommen bin, weil ich im Anfang der Versuche auf die verschiedene oben angegebene Art des Wachsthums der Pflanze nicht aufmerksam gewesen war, und ich mir nie die Pflanze mit der Wurzel hatte verschaffen können; also die genaue Kenntniß von den Wurzeln der Pflanze auch nicht hatte. Schon Corti hat es versucht, die abgeschnittenen Stengel in gefärbte Flüssigkeiten zu setzen, allein ihm gelang es ebenfalls nie, unter diesen Umständen einen gefärbten Saft im Stengel zu bemerken, und er drückt sich sehr naiv so aus, daß so wenig die Chara als andere Pflanzen von gefärbter Nahrung lebe, weshalb ihn das Mißlingen dieser Versuche auch gar nicht wundere [86]). Ja noch mehr, Corti hat sogar schon die Färberröthe zu diesen Versuchen angewendet, und zwar mit mir aus demselben Grunde, weil sie die Knochen der Thiere färbe [87]).

§. 40.

Was nun den Inhalt der, die großen Röhren des Stengels umkleidenden, röhrigen Haut betrifft, so bemerkt Amici ganz richtig, daß die einzelnen Röhren auf ihrer innern Fläche denselben grünen Ueberzug, wie die Stengel haben. Allein es findet sich doch ein wichtiger Unterschied zwischen der Art, wie dieser Ueberzug die großen Röhren des Stengels, und diese kleinen Röhren der äußeren Haut umkleidet. Nämlich in den letztern ist durch und durch die ganze innere Fläche der Röhre gleichmäßig damit überzogen, und hier findet sich jener weiße Streifen, welcher in der Mitte der großen Röhren die Grenze beider Ströme bezeichnet, nicht. Dazu

86) Corti l. c. Seite 190.

87) Corti l. c. Seite 156. Ma quella (la robbia) che seppe altra volta tinger dell'ossa, non valse nulla per colorire il Fluido della Chara.

kömmt, daß dieser Ueberzug in den kleinen Röhren der Haut viel dicker, und von einer dunkler grünen Farbe ist, wie im Stengel, und daß außerdem beinahe der ganze innere Raum derselben mit jenen Krystallen von kohlensaurer Kalkerde angefüllt ist. Aeußerlich sind jedoch diese grünen Röhren der Haut mit keinem Ueberzug weiter bekleidet, und ihre Farbe entsteht bloß von dem Durchschimmern der grünen Substanz durch ihre weiße, durchsichtige Membran.

Außerdem sind diese Röhren der äußeren Haut nie so lang als der ganze Zwischenknoten, der von ihnen überzogen wird. Sondern wie Fig. 10. Taf. 2. zeigt, fügen sich immer mehrere aneinander, um die Länge des Internodiums zu erreichen, und diese Zusammenfügung geschieht auf eine ganz einfache Weise, ohne alle Einlenkung wie im Stengel selbst, durch Aneinanderlegen ihrer stumpf zugerundeten Enden.

§. 41.

Betrachtet man diese Röhren der Haut des Stengels in ihrem Zusammenhange mit dem Stengel im hellen Lichte, so bemerkt man in ihnen offenbar eine Bewegung des Saftes. Allein ob es ein wirkliches Strömen sei, oder ob nur eine bloße Wechselwirkung der Safttheilchen Statt finde, das läßt sich wegen der Bewegung im Innern der großen Röhre, die man gleichzeitig sieht, nicht deutlich unterscheiden. Zieht man ein Stück der Haut vom Stengel ab, (welches aber, so lange beide noch in lebendiger Beziehung stehen, wegen der innigen Verwachsung, nie ohne große Beschädigung geschehen kann), so bemerkt man nicht selten noch die innere Bewegung der in den Röhren enthaltenen Safttheilchen; allein ein Strömen derselben habe ich nie, auch selbst nicht aus den Oeffnungen ihrer Querdurchschnitte bemerken können, aus denen man an den größeren Röhren oft noch den Saft ausströmen sieht, wenn er sich bei Integrität der Röhre kaum noch zu bewegen vermochte.

§. 42.

Hätte der Saft auch eine wirkliche strömende Bewegung in diesen Röhren, so würde sich der Lauf desselben, wie in den großen Röhren, durch den grünen Ueberzug bezeichnet finden. Allein dieser bedeckt gleichmäßig die ganze innere Wandung, ohne alle Spur eines helleren Streifens, welcher in den großen Röhren zwischen beiden Strömen sich findet. Die Vermuthung Amici's also, daß in diesen kleineren Röhren ein Kreislauf, wie in den großen Statt finden möge, bestätigt sich mir nicht, und wenn ich gleich die Unmöglichkeit desselben nicht durchaus behaupten will, so werde ich mich doch so lange an die Wahrscheinlichkeit, daß er nicht existire, halten, bis ich mich durch den Augenschein von seinem Dasein belehrt habe. Daß mit der Wechselwirkung, welche die Safttheilchen dieser kleinen Röhren mit dem Ueberzug der Wandungen haben, ein allmähliges Fortschreiten der Saftmasse verbunden ist, ist richtig; allein dieß ist sehr verschieden von der Art, wie sich der Saft in den großen Röhren bewegt, indem hier die ganze Masse des in der Röhre enthaltenen Saftes sich in zwei entgegengesetzte Richtungen bewegt, während daß er sich in den kleinen Röhren der Haut nur in einer fortschreitenden Richtung bewegt, welche dem Strömen des Lebensſaftes in den höheren Pflanzen durch die gegliederten Saftgefäße, zu vergleichen wäre.

§. 43.

Betrachtungen über die Natur dieser Erscheinungen.

Faßt man nun das Ganze der so eben erzählten Erscheinungen der Säftebewegung in den Charen zusammen, so ergeben sich uns folgende allgemeine Thatsachen:

1) Der von der Wurzel eingesogene Saft, bewegt sich sogleich in den Zwischenknoten, eben so wie der Saft in allen übrigen Theilen der Pflanze, und namentlich im Stengel. Dieß sieht man sehr deutlich an der Einsaugung gefärbter Flüssigkeiten.

2) Der Saft gestaltet sich gleich nach seiner Einsaugung zu der innerlichen Form, welche er in allen Theilen der Pflanze zeigt.

3) Diese innere Gestaltung des Saftes ist von der der Lebensſäfte höherer Pflanzen gar nicht verschieden, und seine Aehnlichkeit mit diesen zeigt sich noch darin, daß er durch fremdartige Theile zum Gerinnen gebracht wird.

4) Es giebt keinen unmittelbaren Uebergang des von der Wurzel eingesogenen Saftes, durch die Zwischenknoten in den Stamm, sondern dieser Uebergang geschieht allmählig durch die Vermischung des Saftes der obern und untern Internodien in den Knoten, in welchen sich die obern und untern Glieder vereinigen, und zwar durch die lebendige Wechselwirkung, welche die Safttheilchen der verschiedenen Ströme unter einander, durch Vermittelung der Scheidewand in dem Knoten, haben.

5) Die Bewegung des Saftes geschieht in einem und demselben Zwischenknoten in entgegengesetzten Strömen, in welche der Saft sich innerlich theilt, ohne durch besondere Gefäße geleitet zu sein.

§. 44.

Verhältnisse der Thatsachen untereinander.

Vergleicht man diese Thatsachen mit dem Verlauf des Ernährungs- und Bildungsprocesses der höhern Pflanzen, so findet sich weder in dem Aufsteigen der rohen Nahrungsflüssigkeit in diesen, noch in ihrem Säftekreislauf auch nur die entfernteste Aehnlichkeit mit der Säftebewegung in der Chara. Es fragt sich also, welche Bedeutung dieser Kreislauf des Saftes in den Charen an und für sich hat, und wie sich der Lebensproceß derselben überhaupt zu dem in den höheren Pflanzen verhalte.

Vergleicht man zunächst den Bau der Charen mit dem der höhern Pflanzen, so findet man, daß der größte Theil der Gebilde höherer Pflanzen, und namentlich die Spiralgefäße und das Zellgewebe mit allen seinen Modificationen den Charen durchaus fehlt. Bei den Charen finden sich in der Wurzel nur die einfachen Saftschläuche, welche im Stamm mit einer, aus eben so einfachen Röhren gebildeten, Haut umkleidet sind, die indessen so unwesentlich ist, daß sie nach und nach naturgemäß abfault, und wieder die einfachen Röhren zurückläßt. In diesen allein kann also eine Saftbewegung vor sich gehen, so wie sie beobachtet wird, und in ihnen müssen sich alle Verrichtungen der Pflanze vereinen.

§. 45.

Um die Natur dieser Säftebewegung in ihren eigenen innern Verhältnissen zur Pflanze näher zu bestimmen, frägt es sich: 1) Wodurch erhält der Saft sogleich seine innere Gestaltung. 2) Was bestimmt den eingesogenen rohen Nahrungssaft sogleich zur Bewegung, und 3) was ist der Zweck derselben.

Der Proceß, durch welchen sich organische Säfte aus der Nahrung bilden, und innerlich gestalten, ist der Assimilationsproceß, und durch diesen muß also auch in diesem Fall die Bildung des Saftes zu Stande kommen. Wie wird also in diesem Fall der Saft assimimilirt? Bedenkt man, daß die Knoten der Pflanze eine Wechselwirkung des Safts aller Internodien der ganzen Pflanze veranstalten, so ist klar, daß der schon organisirte Saft der obern Knoten sich dem untern Internodium ebenfalls mittheilen, und eine Gleichheit des Saftes im untern Internodium mit sich (eine Verähnlichung) schon durch die lebendige Vermischung beider, bewerkstelligen werde, so daß durch diesen gegenseitigen Proceß, der circulirende Saft bis in den äußersten Gliedern der Pflanze immer gleichmäßig organisirt ist, und daß der zu dem Internodium der äußersten Wurzelspitze durch Einsaugung hinzukommende rohe Nahrungssaft, sogleich schon durch die Vermischung mit dem organisirten, einen großen Theil der Veredelung erfahren muß.

§. 46.

Betrachtet man ferner die an verschiedenen Stellen (§. 19. 20.) angegebenen merkwürdigen Erscheinungen, welche die in dem Safte schwimmenden großen

Körper zeigen: ihre passiven Bewegungen; ihr Verschwinden im hellen Lichte; ihr Zerplatzen beim Ausströmen des Saftes aus den Gefäßen; den Umstand, daß sie sich nicht von der gefärbten Flüssigkeit mitfärben; daß sie, wie schon Corti bemerkte, elastisch sind; so erscheint es außer Zweifel, daß diese Kugeln keinen Bestandtheil des Saftes selbst ausmachen, sondern daß sie weiter nichts, als demselben noch äußerlich beigemischte kleine Luftblasen sind. Bedenkt man weiter die höchst merkwürdigen Bewegungen, in welche die größeren Kugelhaufen durch die Saftströme versetzt werden, so scheinen sie nur den Zweck zu haben, fürs erste eine innigere Berührung der Luft mit dem Safte zu veranstalten, und in demselben dadurch weiter diejenige Veredelung in der Organisation des Saftes hervorzubringen, welche in den Thieren durch das Athemholen, und in den höhern Landpflanzen durch die unmittelbare Wechselwirkung des Saftes mit der Luft in den Blättern oder anderen Theilen hervorgebracht wird. Durch diese beiden Momente also: durch die Wechselwirkung des Saftes, welchen die verschiedenen Internodien durch die Knoten haben, und durch die Berührung der Luft mit dem Safte, wird ohne Zweifel die Assimilation des Saftes in den Charen bewirkt.

§. 47.

Dieser Proceß wäre aber unmöglich, wenn der Saft nicht ursprünglich gerade diejenigen Richtungen der Bewegung hätte, welche er wirklich hat, und es frägt sich also weiter, was den Saft zu dieser Bewegung bestimmt? Hier läßt sich freilich nicht tief eindringen. Der letzte Grund dieser Bewegung, wie jeder andern, liegt offenbar in dem totalen Begriff der Pflanze. Unmittelbar aber scheint mir der Grund dieser kreisförmigen Bewegungen des Saftes in den Internodien, in zweierlei Motiven zu liegen. Das erste ist die sichtbare Anziehung oder vielmehr die Wechselwirkung, welche die Safttheilchen mit dem Ueberzuge der innern Seitenwandungen der Internodien haben. Diese Wechselwirkung ist immer vorhanden, so lange der Saft strömt, und mit ihrem Aufhören ist ein nothwendiger Stillstand der Strömung verbunden. So wie sich die einzelnen organischen Urtheile des Saftes mit denen des Ueberzuges der Wandung anziehen, um in einander überzugehen, und sich wieder trennen, so entsteht dadurch zugleich in dem Maaße ein Fortrücken des ganzen Stroms, als die Urtheile der Wandung immer mit neuen Safttheilchen in Berührung kommen, welche in der Richtung des Stroms sich von unten nach oben oder umgekehrt gegen sie anziehen.

Diese Wechselwirkung geschieht aber in dem unverletzten Strom mit einer unaussprechlichen Geschwindigkeit, so daß man nur in den ganz langsamen, im Absterben begriffenen, mit Mühe die Bewegung der Theile verfolgen kann, welche diese Wirkung produziren. Darum verfolgt nun auch der Strom immer genau die Richtung dieses Ueberzuges der Wandungen. Dieses ist besonders dann sehr auffallend, wenn sich der Ueberzug, wie es in den Stengeln häufiger ist, spiralförmig rund um die Achse der Röhre windet, und der Saftstrom immer genau dieser gewundenen Richtung folgt, so daß man den Strom bald unten, bald oben, bald zu den Seiten der Röhre sieht, wie er dem Lauf jenes Ueberzuges folgt. Wo die Schlauchwandung ohne den Uederzug ist, da findet keine Wechselwirkung des Saftes mit seiner Wandung statt. Hiermit aber ist der wichtigere Umstand bei der Sache noch gar nicht erklärt.

§. 48.

Nämlich das Wunderbarste an diesen Strömen ist dieß, daß sie sich in einer gemeinschaftlichen Röhre in entgegengesetzten Richtungen bewegen, ohne sich weder zu vermischen, noch im Mindesten während ihrer Integrität zu stören und in einander zu verwirren. Indessen erklärt sich diese Sache doch auch auf eine sehr einfache Weise. Die beiden Ströme fließen keinesweges so dicht neben einander hin, daß sie sich nahe berühren, sondern der zwischen beiden befindliche Raum, beträgt in den Wurzelzweigen oft die Hälfte, in den Stengeln, dem Abschätzen nach, nie weniger als ein viertheil des Durchmessers der Röhre. Dieser Raum aber kann durchaus kein absolut leerer sein, wie man sich die Sache bisher vorgestellt zu haben scheint: denn in diesem Fall würde der Druck des Wassers auf die Röhre, die Seitenwandungen zusammenpressen, und die beiden Saftströme geradezu fest gegen einander drücken, und dadurch augenblicklich die Richtung der Bewegungen zerstören. Es muß also, wenn auch keine häutige Scheidewand zwischen den Strömen ist, was ich nach vielfältigen Versuchen bekräftigen muß, doch irgend eine Substanz in diesem Raume befindlich sein. Und dieses ist ebenfalls eine Luftschicht, welche man auch nach Durchschneidung der Röhre deutlich aus der Oeffnung herausdrücken kann, wo sie in größeren Blasen sich im Wasser ansammelt. Diese Luftschicht ist nun die Scheidewand, welche verhindert, daß die entgegengesetzten Ströme sich einander stören.

§. 49.

Die Natur dieser Luft kann ich leider nicht näher bestimmen. Ich vermuthete anfangs es sei Kohlensäure, allein das Kalkwasser, was ich über zerschnittene Stengel der Chara vulg. und flexilis goß, und damit schüttelte, trübte sich nicht, welches hätte geschehen müssen, wenn die in den Stengeln enthaltene Luft kohlensaures Gas gewesen wäre. Weitere Versuche konnte ich nicht anstellen, indem sich bei dem unbedeutenden Volumen, welches sich in den Zwischenräumen der Ströme vorfindet, unmöglich eine solche Menge davon sammeln läßt, als zu einer genauen chemischen Analyse erfordert wird. Indessen ist es wahrscheinlich nichts, als atmosphärische Luft, welche mit dem eingesogenen Wasser zugleich von der Pflanze resorbirt, oder schon ursprünglich mit in die Organisation der Pflanze verwebt ist.

§. 50.

Noch scheint mir die Entstehung der oben erwähnten Krystalle, und des sie umhüllenden Ueberzuges, ein beachtungswerther Punkt in dem Lebensproceß der Chara zu sein. Offenbar sind beide, Erzeugnisse aus dem zirkulirenden Safte. Allein die Krystalle können als solche aus dem Safte nicht abgesondert werden, indem zu ihrer Bildung eine selbstständige Thätigkeit gehört, welche nicht von Außen kommen kann. Ein secernirender organischer Proceß kann dem Krystall seine Gestalt nicht geben: denn diese giebt er sich selbst. Es kann also höchstens der Stoff der kohlensauren Kalkerde, welcher krystallisirt ist, in noch gelöstem Zustande von dem Safte abgelagert sein, und hieraus bilden sich nun die Krystalle auf eine selbstständige Art. Zwar könnte man auch sagen, die Krystalle schießen unmittelbar aus dem Lebenssafte an, der so sehr mit kohlensaurer Kalkerde überfüllt ist, daß er sie nicht mehr aufgelöst erhalten kann. Dann würde aber der Ort der Ablagerung zufällig sein, und die Krystalle sich in unregelmäßigen Haufen ansammeln. Indessen ist ihre Anordnung in regelmäßigen Reihen merkwürdig, und diese kann nur von der organischen Thätigkeit des Saftes bestimmt sein, welche den Stoff vor der Krystallisation gehörigen Orts hingeleitet hat.

§. 51.

Wie ich oben bemerkt habe, bilden sich auch in den kleinern Röhren der äußeren Haut jene Krystalle. Sie werden hier auf dieselbe Weise, wie in den großen Röhren, von dem Safte abgelagert, welcher durch dieselbe Wechselwirkung der Theile durch die Knoten in diese Röhren, und hier, aus einer in die andere übergeht, und dessen innere Bewegung man sehr deutlich beobachten kann. Man trifft sie hier in größerer Menge, als in den großen Röhren an, und sie erfüllen, besonders an der Chara vulgaris, oft den ganzen innern Raum der Röhren. Dadurch wird am Ende die Saftbewegung in diesen Röhren vollkommen verhindert, und nun stirbt die ganze Haut ab, verfault, und in ihrem Moder verflechten sich, wie ich oben bemerkt habe, die jetzt anstatt der abgefallenen Blätter aus dem Knoten entspringenden Wurzeln. Nach und nach stockt auch die Lebensthätigkeit durch zu große Anhäufung der Krystalle in den großen Röhren, und diese sterben auf dieselbe Weise ab, jedoch immer lange nachdem ihre äußere Haut schon verfault ist. Auf diese Weise geht der untere Theil der Pflanze zu Grunde, während der obere frisch hervorwächst, so daß sich immer dasselbe Individuum auf viele Jahre durch diese Metamorphose fortpflanzt.

§. 52.

Der Ueberzug der innern Röhrenwandungen ist ebenfalls eine Bildung aus dem Safte, dessen Kreislauf man sehen kann. Er ist in der Wurzel und dem mit Erde bedeckten Theil des Stengels von weißer Farbe, aber besonders in den großen Internodien ganz unverkennbar deutlich. So wie sich aber der Stengel über den Boden ans Licht emporhebt, wird diese weiße Farbe in eine grüne umgewandelt, so daß oft ein und dasselbe Internodium an der untern Hälfte, mit der es in der Erde stand, weiß, an der obern, dem Lichte ausgesetzten, grün ist.

Von der grünen Farbe dieses Ueberzuges rührt eigentlich nur die Farbe der Pflanze her. Sondert man ihn ab, so erscheinen alle Theile, sowohl die Röhren der äußeren Haut, als die großen Zwischenknoten und die innere Substanz der Knoten selbst, ganz vollkommen weiß, und durchsichtig wie Glasröhren. Außerhalb ist kein Theil der Pflanze, wie man vielleicht vermuthen könnte, außerdem noch mit einer grünen Epidermis bedeckt. Diese fehlt durchaus ganz und gar, und jede Thätigkeit der ganzen Pflanze bleibt in ihrem Inneren, sammt ihren Produkten verschlossen.

§. 53.

Wenn nun aber dieser innere Ueberzug erst aus dem Lebenssaft der Chara entsteht, so kann er also, weil der Saft früher da sein muß, als der Ueberzug, nicht von Anfang dem Safte als Richtschnur der Bewegung dienen, welches ich vorhin behauptet habe. Das ist ganz richtig, und das Gesagte soll sich auch nur auf den Fortgang, nicht auf den Anfang der Bewegung beziehen. Ohnfehlbar erhält der Strom bei der Bildung der Röhre durch die unmittelbare Wechselwirkung mit deren Wandungen, den Impuls zur Bewegung, wie man dieß in den feinsten Wurzelenden auch deutlich sehen kann, und jetzt erst bildet sich der Ueberzug der innern Röhrenwandungen, und in diesem die Krystalle, welche er verhüllt. Sobald aber dieser Ueberzug vorhanden ist, bestimmt er augenscheinlich die Bewegung des Stroms durch seine Wechselwirkung mit dem Safte, und nun ist an seine, die strömende Bewegung erregende und leitende Wirkung nicht mehr zu zweifeln.

Aus dieser Verfolgung der lebendigen Verhältnisse, welche die einzelnen Erscheinungen der Saftbewegung der Chara unter einander haben, fließt nun folgender

§. 54.

Schluß über den Lebensproceß dieser Pflanze.

Welchemgemäß man endlich den Zweck des geschlossenen Kreislaufs in jedem einzelnen Knoten, und die Bedeutung der Knoten selbst, auf eine deutliche und klare Art einsehen kann. Es mußte diese Zirkulation nicht nur die Wirkungen des Kreislaufs der höhern Pflanzen, sondern zugleich die Verrichtungen der Spiralgefäße, welche dieser Pflanze, wie vielen andern, fehlen, in sich vereinen; also den Aneignungs- und Bildungsproceß zu Stande bringen. Würde nun eine unmittelbare Gemeinschaft der verschiedenen Zwischenknoten, und somit ein ungehinderter Uebergang des von der Wurzel eingesogenen Saftes in die ganze Pflanze Statt gefunden haben, so wie es bei allen spiralführenden höhern Pflanzen der Fall ist, so würde der rohe, unverdaute Nahrungssaft in die Pflanze kommen, ohne daß er, behufs der Bildung, assimilirt werden könnte, zu welchem Akt in der Pflanze weiter keine Organe vorhanden sind. Um also diesen Assimilationsproceß zugleich in sich zu vereinen, und zu verhüten, daß der rohe Nahrungssaft unmittelbar in die höhern Theile übergehe, circulirt der Saft in relativ abgeschlossenen Kreisen, und hat bloß durch die allmählige Wechselwirkung der Saftkügelchen, eine merkwürdige Vermittelung, wodurch er erst, nachdem er mehr verarbeitet ist, in die nächstobern Zwischenknoten übergehen kann. Denn so lange der Saft noch nicht innerlich gestaltet ist, kann er keine Wechselwirkung mit dem gestalteten eingehen. Der Theil des eingesogenen Saftes also, welcher in der Wurzel noch unassimilirt, jedoch auf eine innerliche Weise mit dem assimilirten vermischt, circulirt, nachdem er so eben eingesogen ist, kann noch nicht in das nächstobere Internodium übergehen, weil er nicht in lebendige Wechselwirkung mit dem organisirten Saft desselben treten kann. Denn diese Wechselwirkung setzt eine innere Gestaltung voraus, welche der rohe Nahrungssaft erst durch die Verarbeitung mittelst der Zirkulation durch die Knoten, und in dem Zwischenknoten selbst, mittelst der in demselben auf oben beschriebene Weise eingeschlossenen Luft, erfahren soll.

§. 55.

Diese innere Bildung des rohen Nahrungssaftes wird jedoch unstreitig durch den Einsaugungsakt der Wurzeln selbst schon vorbereitet, indem diese nie zu fremdartige Theile einsaugen, deren eigenmächtige Natur sie nicht überwältigen können. Es setzt schon diese Einsaugung eine innerliche Anziehung, der noch außer der Pflanze gelegenen Nahrungsstoffe, durch die Theile der Pflanze selbst voraus, wenn der Lebensproceß derselben in Integrität vor sich gehen soll. Denn wird die Pflanze gezwungen, Theile, welche ihr ganz fremdartig sind, einzusaugen, dadurch, daß man sie z. B. in gefärbte Flüssigkeit setzt, so saugt sie diese, wie die Erfahrung augenscheinlich lehrt, zwar ein; allein sie findet durch diese Nahrung auch ihren Untergang. Die Pflanze kann diese Nahrung nicht verdauen; der Saft gerinnt bald davon, und die Auflösung des Lebens ist die Folge.

§. 56.

Man kann die Knoten, welche sich durch die Vereinigung der Glieder in der Chara bilden, auf einer Seite mit den lymphatischen Drüsen der Thiere vergleichen, indem sie, eben so wie diese, eine Assimilation des eingesogenen Nahrungsstoffes bewirken. Indessen ist diese Assimilation wieder nicht der einzige Zweck dieser Knoten der Chara: sondern sie vermitteln zugleich die gleichmäßige Vertheilung des Bildungssaftes durch die ganze Pflanze. Die lymphatischen Gefäße und Drüsen der Thiere, werden durch besondere Blutgefäße wieder ernährt

nährt und gebildet: dagegen die Internodien und Knoten der Chara sich zugleich selbst den Bildungssaft herbeiführen müssen, welcher zu ihrer Entstehung und Erhaltung nothwendig ist. Sie bewirken ihre eigene Bildung durch denselben Saft, welchen sie an Ort und Stelle so eben aus fremden Elementen eingesogen und assimilirt haben, und der Kreislauf dieses Saftes bezweckt nicht nur seine eigene Assimilation, sondern zugleich die Vertheilung des assimilirten Saftes durch die ganze Pflanze, behufs seiner Anwendung zur Bildung und Absonderung.

§. 57.

Wie bei den höheren Pflanzen, so kömmt auch hier die Bildung neuer Theile durch die Wechselwirkung der Kügelchen zu Stande, indem sich an diejenigen der schon gebildeten Theile, andere aus dem circulirenden Safte ansetzen, und nicht wieder in den Kreislauf zurückgehen. Von diesem Proceß werde ich bei Gelegenheit der Bildungen in den höhern Pflanzen weiter reden. Genug daß dieser Proceß von einem und demselben Safte, und durch dieselben Organe überhaupt vollbracht wird, welche die Nahrung von außen aufnehmen, und sich assimiliren. In demselben Maaße, als die Wurzeln neue Nahrung einsaugen, und diese durch den Kreislauf assimilirt wird, producirt sich durch das Wachsthum neue vegetabilische Substanz aus dem eben assimilirten Safte, und durch dieselben Organe, welche die Assimilation bewirken, und eben so geschieht die Absonderung fremder Theile aus dem Safte durch dieselbe Vermittelung.

§. 58.

Diese letztere greift noch wieder auf eine, eben so wichtige als einfache Art in den Kreis der Lebensthätigkeiten des Bildungssaftes ein. Der Saft bewirkt, wie wir gesehen haben, die Absonderung der Stoffe, aus welchen sich die Krystalle bilden, sogleich innerhalb der Röhre, in welcher er circulirt, gleichsam auf der Bahn, welche er noch zu wichtigeren Zwecken durchlaufen muß. Aber er entledigt sich bei dieser Gelegenheit eben so zugleich mehrerer Bestandtheile, welche ihm bei längerer Beimischung schädlich werden würden, und wie wir auch wirklich sehen, da schädlich werden, wo er sich ihrer nicht entäußern kann. Ist nämlich die Ansammlung der Krystalle so groß, daß eine weitere Ablagerung davon dem Kreislauf durch mechanische Verengerung des Weges hinderlich werden würde, so bewahrt der Saft die kohlensaure Kalkerde so lange in sich zurück, bis er die Anziehung ihrer Theile zur Krystallbildung nicht mehr hindern kann. Die Krystalle schießen nun allenthalben an, bewirken eine Störung in der Ordnung des Kreislaufs, dadurch wird die fernere Bildung und Ernährung verhindert, und der Theil in dem dieß Statt findet, stirbt ab, und verfault, während über seinen Ruinen die Pflanze sich längst durch Bildung neuer Theile gerettet hat, die nun denselben Kreis von Thätigkeiten durchlaufen, und in ihren Produkten untergehen.

§. 59.

Der Kreislauf ist in den Charen also das einzige Mittel, und der einzige Zweck des ganzen Lebensprocesses dieser Pflanzen. Alles wird durch Hülfe des Kreislaufs vollbracht, und umgekehrt vereinigt sich alles zu seiner Erhaltung. Die rohe Nahrung wird durch den Proceß mit der in den Röhren enthaltenen Luft assimilirt, und die zwischen den Strömen sich befindende Luft verhindert, daß die Ströme sich durcheinander verwirren. Die Absonderung der Krystalle von kohlensaurer Kalkerde, ist ein Produkt der Pflanze, und zugleich dient sie dazu, den Saft seiner überflüssigen Theile zu entledigen. Die Wechselwirkung, welche die Safttheile der verschiedenen Ströme in dem Knoten haben, verdaut den Saft, aus dem das Ganze eben gebildet und erhalten werden soll, und zugleich vertheilt sie ihn zur Bildung weiter durch die ganze Pflanze.

§. 60.

Alle Verrichtungen, welche in den höhern Pflanzen von verschiedenen Systemen vollbracht werden, finden sich hier einzig und allein auf eine höchst bewundrungswürdige Art in dem einen System des Kreislaufs vereint, und diese Vereinigung so vieler Verrichtungen machte die eben so große als einfache Abänderung in dem Bau der Pflanze und der Natur ihrer Säftebewegung nöthig. Diese allein umschließt den ganzen Kreis von ernährenden und bildenden Funktionen, zu deren Ausübung wir in den höhern Pflanzen so mannigfach zusammengesetzte Werkzeuge finden, in einem einzigen Zwischenknoten der Pflanze. Durch die kreisförmige Bahn, welche die Saftbewegung beschreibt, bewirkt sie eine neue Aufnahme von Nahrungsstoffen in sich, eine Assimilation desselben, eine gleichmäßige Vertheilung des Bildungssaftes, und endlich dadurch Absonderungen und Bildungen, wie die höhern Pflanzen. Und dabei tritt der Kreislauf nicht über die Schwelle seiner Bahn. Alles wird in dem engen Raum des hohlen Zwischenknotens verrichtet, und unterdessen daß dieser nach dem Gesetz des ewigen Untergangs abstirbt, sind schon neue darüber hinaus gebildet, in denen die Pflanze weiter fortlebt. Alles was die höhern Pflanzen so auffallend nach außen produziren, und namentlich die Ab- und Aussonderungen, scheint diese Pflanze still und bescheiden in ihren engen Schläuchen einzuschließen, und drüber hinaus geht sie nicht. Hat sie in sich selbst ihre Produktionen vollendet, so stirbt sie mit diesen ab, und ihre Ueberreste geben der neuen Pflanze Gedeihen.

§. 61.

Jetzt wird man sich nun ein deutliches Bild davon entwerfen können, in wiefern der Kreislauf des Thiers als centraler, von dem peripherischen Pflanzenleben verschieden ist. Wo bei den letztern das Herz sein sollte, da ist eine hole mit Luft erfüllte Mitte, gleichsam ein leerer Raum, um den das Pflanzenleben abläuft. Es dreht sich in einem Kreise, und ist darum mit eben so vielem Rechte ein Kreislauf zu nennen, wie bei den Thieren, aber dem Kreise fehlt der Mittelpunkt: das Leben strahlt nicht aus einer inwendigen Sonne, wie im Thier, sondern eilt gleichsam zügellos, in elliptischen Bahnen irrend umher, ohne sich selbst anzugehören. So wächst ein Glied der Pflanze aus dem anderen hervor, aber nirgends im individuellen Leben kann sich die Pflanze in ihre eigene Totalität versenken, und ihr höchster Zweck ist, ein Sklave der Gattung zu sein.

Zweites Kapitel.

Betrachtungen über den Lebensproceß der übrigen holzlosen Pflanzen.

§. 62.

Ueber die natürliche Verwandtschaft, welche die Chara mit anderen Pflanzen hat, sind die Botaniker gewaltig verschiedener Meinung gewesen. Die ältern Botaniker hatten die Gattung Chara gar nicht besonders unterschieden, sondern faßten die Arten theils mit Equisetum, theils mit Hippuris zusammen, theils brachten sie die Charen zu den Conferven. So heißt Chara vulgaris bei Bauhin [88]) Equisetum foetidum sub aqua repens. In den Ephemeriden der Naturforscher [89]) ist unter dem Namen: „Hippuris muscosa, setis per extremum stellatis" eine Pflanze beschrieben und abgebildet, welche, wenn nicht gerade Chara flexilis, (was bei der mangelhaften Bestimmung schwer zu entscheiden ist) doch gewiß eine Chara-Art ist. Rajus [90]) und Plucknet [91]) beschreiben unter dem Namen: Equisetum seu Hippuris muscosus, sub aqua repens in Hibernia, unsere Chara hirta oder setosa, was sich nicht genau ausmachen läßt. In der flora

---

88) Bauhini Pinax. 16. Prod. 25.

89) Ephemerides Natur. Curiosor. Cent. 5. 6. App. 58. Tab. 13. Fig. 1.

90) Raji hist. plant. 3. 104.

91) Plucknetii Almagestum botanicum. Lond. 1696. 4. 135. Tab. 193. Fig. 6.

danica [92]) ist Chara flexilis unter dem Namen Conferva nidifica abgebildet und beschrieben.

Vaillant und Pontedera unterschieden die Gattung Chara zuerst im Jahr 1719. Vaillant [93]) untersuchte eben so wie Pontedera die Befruchtungswerkzeuge der Chara genauer, und fand, daß sie diese vor Equisetum voraus hatte. Deshalb stellt er sie zwischen Ceratophyllum und Stratiotes. Adanson klassificirte die Charen unter seine Aroideen, in der dritten Abtheilung „Ara calyculata, ovario unico" neben Fluvialis Vaill. (Najas) und Ceratophyllum; wie die Ordnung zeigt, wegen der Befruchtungswerkzeuge [94]). Linnée rechnete in den ersten Ausgaben seiner Genera und Species plantarum [95]), die Charen zu seinen Algen, und wies ihnen zwischen Fucus und Lichen eine Stelle an.

§. 63.

Seitdem aber Hedwig die Befruchtungswerkzeuge der Linneeischen cryptogamischen Gewächse genauer untersuchte, und von denen der Chara [96]) deutlichere Abbildungen als Vaillant gegeben hatte, so classificirte Schreber, nachdem Schmiedel die Hedwigschen Beobachtungen von Neuem bestätigt hatte, in der 1789 er-

---

92) Fl. dan. 761.

93) Vaillant: memoires de l'academie royale des sciences, Année 1719. Paris 1721. Mem. p. 17.

94) Vaillant familles des plantes. T. II. p. 472.

95) Linnaei gen. pl. Holm. 1754, und: spec. plant. Holm. 1763 ed. 2.

96) Hedwig theoria generationis et fructificationis plantarum cryptogamicarum. Taf. 32 u. 33.

schienenen Ausgabe der Genera plantarum, und früher schon (im Jahr 1784) Murray die Chara unter den Gewächsen der 23. Linnéeischen Klasse, Monoecia, neben Elaterium. Willdenow, ein ungemein eifriger Anhänger des Geschlechtssystems von Linnée, schrieb im Jahr 1803 [97]) eine eigene Abhandlung, worin er diese Stelle der Charen besonders zu rechtfertigen sich bemühte, und hatte sie auch in seiner Ausgabe der Species plantarum in Monoecia Monandria neben Caulinia, eine Gattung, welche Willdenow von Najas unterschieden und benannt hatte, gestellt [98]). Ueberhaupt haben seit Hedwig die meisten Botaniker die Charen zu den Pflanzenfamilien gerechnet, welche deutlicher ausgebildete Befruchtungswerkzeuge haben, wenn sie auch gleich dem Linnéeischen System nicht gefolgt sind. Jussieu [99]) bringt sie unter die Najaden (Inundatae L. Aroideae Adans.) und stellt sie zwischen Hippuris und Ceratophyllum. Dasselbe geschah von Batsch [100]), Sprengel [1]), Jaume St. Hilaire [2]) und Anderen. Bernhard Jussieu [3]) aber

---

97) Willdenow: Abhandlungen der Königl. Academie der Wissenschaften zu Berlin 1803. Experimentalphilosophie S. 54.

98) Willdenow: Abhandlungen der Königl. Acad. der Wissenschaften 1803. S. 92.

99) Jussieu genera plantarum p. 18.

100) Batsch genera plantarum.

1) Sprengel Anleitung zur Kenntniß der Gewächse. 2te Ausgabe. 2r Bd. S. 115.

2) Jaume St. Hilaire exposition des familles naturelles. T. 1. p. 50.

3) B. de Jussieu ordines naturales in horto Trianonensi dispositi p. XLIII. der gen. pl.

ging wieder zu Linnée zurück, und brachte die Charen unter seine Algen, neben Tremella, Fucus und Lichen. Eben so hat Wallroth [4]) die Charen neben Conferva classificirt.

§. 64.

Hieraus ist also zu sehen, daß sich die Botaniker über die eigentliche Natur dieser Pflanze nicht einig gewesen sind. Die Eintheilungsgründe, welche sie gehabt haben, sind von beiden Partheien immer aus dem Geschlecht hergenommen worden, das System, welchem sie anhingen, mochte ein sogenanntes natürliches oder künstliches sein. Und eigentlich giebt es auch bis jetzt durchaus kein anderes System, als das Geschlechtssystem, und es hat von Cäsalpin an, auch noch nie ein anderes gegeben, man mag es benannt haben wie man will. Daß Einige die Blumenblätter, Andere die Staubwerkzeuge und Griffel, noch Andere die Frucht, den Saamen und den Keim, und wieder Andere von allen diesen Dingen etwas als Eintheilungsprincip genommen haben, macht darin gar keinen Unterschied, eben so wenig als die Berücksichtigung der verschiedenen Verhältnisse, unter denen man diese Theile des geschlechtlichen Pflanzenlebens zur Eintheilung genommen hat, an der Sache selbst das Mindeste abändern. Denn dieß geschlechtliche Leben der Pflanze fängt mit Blumenentwikkelung an, und hört erst mit der vollendeten Saamenbildung auf, wogegen das individuelle Leben vom Keimungsacte anfängt, und mit der Blumen- und Frucht-

4) Wallroth annus botanicus p. 172.

bildung entweder ganz oder periodisch endet. Ueberall sind also die Pflanzenindividuen nach dem Geschlecht eingetheilt worden, und selbst diejenigen, die gar kein Geschlecht haben. Auf das eigentlich individuelle Leben der Pflanze, welches vom Keim beginnt, und mit der Entwickelung des Geschlechts aufhört, ist bei der Eintheilung von niemand Rücksicht genommen worden, wenn gleich dieser Theil der vegetativen Natur eigentlich derjenige ist, welcher unterschieden werden soll. Man hat also die Individuen nicht durch die verschiedene Natur des Individuums, sondern durch die verschiedene Beschaffenheit ihres Geschlechts unterschieden.

Wenn es nun gleich richtig ist, daß die Differenzen des geschlechtlichen Lebens mit der individuellen Natur, dem sogenannten Habitus der Pflanze, wenn bloß von der äußern Gestalt die Rede ist, gemeinhin gleichen Schritt halten; so ist dieß doch nur bei den einzelnen Pflanzenfamilien im Besondern der Fall, im Allgemeinen aber nicht. Im Besondern ist es auch sehr gleichgültig, nach welchen Principen man eintheilt, und die verwandten Pflanzenfamilien sind in allen Systemen auch immer neben einander gekommen, das System mag nun ein künstliches oder natürliches genannt worden sein. Man sehe sich nur die 14te, 15te, 17te Linnéeische Klasse und andere Unterabtheilungen an, um dieß gewahr zu werden. Dergleichen natürliche Gruppen, durch ihren ganzen Habitus, hat noch niemand von einander getrennt, er mag eingetheilt haben wonach er will. Im Besondern sind also die Pflanzenabtheilungen leicht zu treffen; aber im Allgemeinen herrscht hier der Widerspruch, und dieser rührt daher, weil die, jenigen Pflanzen, welche kein Geschlecht haben, nicht nach dem Geschlecht unterschieden werden können.

§. 65.

Hätten die Botaniker früher schon auf das Individuum mehr Rücksicht genommen, wenn sie Individuen eingetheilt haben, wie dieß in der Zoologie von Anfang an der Fall gewesen ist, so wären vielleicht weniger schwankende Principien aufgestellt worden. Jedoch darüber reden, hieße die Geschichte der Wissenschaft in ihrer Unveränderlichkeit besser machen wollen, als sie ist. Genug, man hat früher die Individuen nach dem Geschlecht geordnet, und ich bin Willens, sie nach ihrer individuellen Natur in die obersten Abtheilungen zu scheiden, und diesemgemäß bin ich über die Abtheilung, zu der die Chara gehört, keinen Augenblick in Verlegenheit. Nämlich zu derjenigen, in welcher sich Pflanzen befinden, in denen die ursprünglichen Differenzen des individuellen Pflanzenlebens, in eine ununterschiedene Einheit der Organe und Verrichtungen verschmolzen sind. Dieß letztere muß nun nothwendig bei allen Pflanzen, welche kein Holz haben, der Fall sein, und in diesem Betracht gehören die Charen zu den holzlosen Pflanzen, und ob ihr Geschlecht mehr oder weniger ausgebildet ist, das ist uns hier vollkommen gleichgültig.

§. 66.

Linnée hatte also völlig Recht, und mit ihm alle Anderen, welche es eben so gemacht haben, die Chara neben die Tange und Conferven zu stellen, und diejenigen haben Unrecht, welche sie unter höhere Pflanzen gestellt haben, welche zu den Holzpflanzen (xylinae) gehören. Die Charen sind nichts als etwas höher ausgebildete Conferven, und haben nicht die entfernteste Aehnlichkeit in der ganzen Natur ihres individuellen Lebens, mit den Pflanzen, in denen das Assimilations- und Bildungssystem in geschiedene Organe vertheilt ist. Freilich ist Linnée seinem Systeme bei dieser Vertheilung auf jedem Fall untreu geworden, die Charen mögen nun ein wirkliches Geschlecht haben oder nicht: im ersten Fall ist Chara kein Kryptogam im Linneeischen Sinn, im letztern Fall wäre es zufällig, daß die Pflanze gerade an die angewiesene Stelle gekommen ist. Ich bewundere es allemal, wenn ich von Linnée sehe, mit welchem glücklichen Blick er die Natur umschaute, ohne oft zu wissen, aus welchem Grunde er die Sache richtig erkannt hatte.

§. 67.

Vergleichen wir den Bau der Charen mit dem Bau der übrigen holzlosen Pflanzen, so zeigt sich hier besonders mit den Conferven die größte Aehnlichkeit. Die Conferven bestehen, wie die Wurzeln der Chara aus einfachen Schläuchen, welche gliederweise zu der Pflanze zusammengereiht sind, wie man dieß besonders deutlich an den Polyspermen und Batrachospermen des Vaucher sieht. Die Einlenkung dieser Glieder gleicht nun zwar dem Bau der Knoten des Stengels und der Wurzel der Charen nicht; allein von der Art, wie sich die Glieder der sogenannten kreisständigen Blätter der Chara unter einander einlenken, ist der Bau dieser Conferven ganz und gar nicht verschieden. Nämlich die einzelnen Schläuche stoßen hier überall, wie die Glieder

der Lebensgefäße in den höhern Pflanzen, mit ihren stumpfen Enden auf einander, und reihen sich so übereinander einfach an, so daß der ganze Confervenstengel nur aus einer Schnur solcher einfachen Schläuche besteht. Eben so wie bei den Charen, entspringen auch an den Conferven die neuen Glieder zur Seite, immer aus dem Punkte, in welchem sich zwei Glieder einlenken, wie aus einem Knoten; wenn gleich die Knoten in den Stengeln und Wurzeln der Charen von einem zusammengesetzteren Bau sind. Daß diese schlauchförmigen Glieder bei einigen, z. E. den Polyspermen länger, fast eben so wie bei der Chara, bei andern kürzer, z. E. bei den Batrachospermen erscheinen, macht keine wesentliche Verschiedenheit.

Sehen wir ferner auf den Bau der Moose und Tange, so finden wir hier ein Gewebe, in welchem dieselben Bestandtheile der Conferven, nicht allein übereinander, sondern auch in mancherlei Richtungen neben einander liegen, so daß die äußere Gestalt dieser Pflanzen nicht mehr fadenförmig, sondern mehr oder weniger ausgebreitet erscheint. Die Einlenkung der einzelnen Schläuche des Gewebes, ist wie bei den Conferven, und das Ganze ähnelt mehr oder weniger der äußeren Haut, mit welcher die Stengel der Charen umkleidet sind, nur daß die einzelnen Glieder viel kleiner, und von allen Seiten nebeneinander gefügt sind, anstatt die äußere Haut der Chara nur nach zwei Richtungen sich zu einer einfachen Membran zusammensetzt.

An Marchantia ist dieß besonders schön zu sehen, weil sich hier die äußere Form des Ganzen nicht verknotet, sondern alle Theile in der ganzen Ausdehnung der Pflanze, gleichsam nur durch eine zarte Oberhaut äusserlich zusammengehalten werden. In den Wurzeln der Marchantia polymorpha, entfaltet sich ihr ganzes Gewebe von selbst in die einfachsten Bestandtheile, und hier sieht man deutlich, daß jede einzelne Wurzelfaser dem Bau der ganzen Conferve vollkommen entspricht. Dasselbe gilt von Sphagnum palustre und andern. Ueberall bestehen hier die Wurzeln aus einer einfachen Reihe übereinander zusammengefügter nackter Schläuche, und sie unterscheiden sich selbst von dem Bau der Wurzeln der Chara nur dadurch, daß bei letzteren die Verknotung eine zusammengesetztere ist.

§. 68.

Ein berühmter Botaniker hat dieß Gewebe bei den Algen und Flechten unvollkommenes Zellgewebe genannt. Allein es ist weder unvollkommenes noch vollkommenes, sondern gar kein Zellgewebe, welches demjenigen in den Holzpflanzen zu vergleichen wäre. In den Holzpflanzen ist das Zellgewebe die Vermittelung, durch welche das Assimilations- und Bildungssystem vereinigt wird, gleichsam das Element, in welches die ganze Entfaltung des höhern Pflanzenlebens versenkt ist. Dagegen ist das Gewebe der holzlosen Pflanzen ihr Eins und Alles. Hier giebt es nichts zu vermitteln, sondern das sich selbst gleiche Gewebe dieser Pflanze vereinigt in sich die Natur des ganzen Lebens dieser Organisationen. Es ist dieß der eigene Grund und Boden, auf welchem und durch welchen dieß ganze niedere Pflanzenleben keimt und wächst, und zu Grunde geht. Darum ist es nöthig, daß man diesem Gewebe hier einen anderen Namen giebt, den ich vorerst mit dem Ausdruck Schlauchgewebe feststellen will, um jeder Verwechselung desselben mit dem Zellengewebe der höhern Pflanzen vorzubeugen.

Dasselbe Schlauchgewebe findet sich auch in den Pilzen. Hier ist freilich seine Hinfälligkeit so groß, daß es oft bei der Berührung schon in einen ungestalteten Brei zusammenfließt, allein wenn man besonders die kleinen Schimmelarten behutsam unter das Mikroskop bringt, so findet man, daß ihr ganzer Stiel oft nichts, als ein einfacher klarer Schlauch ist, eben so wie er sich in den Gliedern der Conferven darstellt. Bei den zusammengesetzteren Pilzen ist aber eine Zusammensetzung der einzelnen Schläuche, wie bei den Moosen und Algen.

§. 69.

Wenn gleich die Verschiedenheit oder Aehnlichkeit der Pflanzen in ihren Fortpflanzungsorganen, kein direkter Beweis für die Aehnlichkeit oder Unähnlichkeit der Individuen ist, so sehen wir aber doch in der Regel, daß das individuelle Leben in seiner Entwickelung, dem geschlechtlichen mehr oder weniger gleichläuft; und in Berücksichtigung dieses, will ich noch kurz die Analogien des geschlechtlichen Lebens der holzlosen Pflanzen berühren. Die Flechten, Conferven, Schwämme und andere niedere Pflanzen, schließen sich von diesem Vergleich von selbst aus, weil sie auch keine Andeutung von Geschlecht haben. Dagegen zeigen die Tange und Moose mit den Charen in ihrer Fortpflanzung eine große Uebereinstimmung. Gärtner und Hill nennen diese Pflanzen Aphroditen, weil es hier nirgends zu einer entschiedenen Trennung zweier Geschlechter kommt, sondern überall die Verrichtungen beider in einem und demselben Organe, gerade so, wie das individuelle Leben dieser Pflanze, sich ununterschieden vereinen. Was Hedwig und Andere für die sogenannten männlichen Geschlechtstheile angenommen haben, sind Fortsätze der individuellen Vegetation, welche weder immer vorhanden, noch wenn sie vorhanden sind, mit den sogenannten Saamen auf derselben Pflanze und zu gleicher Zeit vorkommen, welches doch besonders bei den unter Wasser befindlichen Arten durchaus erforderlich sein müßte, wenn sie nur eine, den Staubgefäßen höherer Pflanzen, auf die entfernteste Weise ähnliche Wirkung ausüben sollten.

Zudem zeigen die meisten dieser Theile nicht immer eine dem Pollen ähnliche Absonderung, und wo sie vorhanden ist, da bleibt diese in ihren Bälgen verschlossen, und fällt mit diesen ab, ohne je ausgestreut zu werden. An der Chara sitzen die Früchte an den Verknotungen der Blätter, innerhalb einer ganz vollkommenen häutigen Rinde, welche mit ihrem Inhalte durchaus in keiner sichtbaren Verbindung steht, und sich, wie die Epidermis, von den übrigen Theilen der Pflanze absondern läßt. Oben auf der Haut sitzt eine warzenförmige Verlängerung, welche für die wirkliche Narbe ausgegeben worden ist, was sie aber aus dem einfachen Grunde nicht sein kann, weil sie keine Verbindung mit der, von der äußeren Haut umkleidenden Frucht hat. Außerdem finden sich an der Chara rothe Kügelchen, welche inwendig eine körnige Masse enthalten, von welchen man gesagt hat, daß es sitzende Antheren seien. Allein diese Körperchen sitzen selten in der Nähe der Früchte, oft ganz entfernt von ihnen, und öffnen sich nie, sondern fallen nach erlangter Ausbildung ab, wie die äußere Haut der Chara. Uud wenn sie sich öffneten, so könnte ihr Inhalt im Wasser, doch auf keinem Fall, sich auf eine ähnliche Weise der Frucht nähern, wie der Blumenstaub der höhern Pflanzen zur Narbe übergeht. Sie können also zur Ausbildung der Früchte nicht das Mindeste beitragen, sondern diese entstehen durchaus unmittelbar durch ihre eigene innere Thätigkeit, ohne daß an eine geschlechtliche Differenz nur im entferntesten zu denken wäre.

Bei den Tangen finden sich die Früchte innerhalb der Substanz des Laubes, ohne daß von einem Analogon des männlichen Befruchtungswerkzeuges nur eine Spur vorhanden wäre. Bei den Jungermannien zeigen sich außer den, in den Saamenkapseln vorhandenen sogenannten Saamen, noch mehrere andere Erzeugnisse, denen einige Naturforscher die Verrichtungen der männlichen, andere die Verrichtungen der weiblichen Organe zugeschrieben haben. Etwas ähnliches gilt von Marchantia und den Moosen, worüber sehr verschiedene Meinungen der Botaniker geherrscht haben und noch herrschen, welche auseinanderzusetzen hier nicht der Ort ist. Genug diese niedern Pflanzen zeigen in ihrem generellen wie in dem individuellen Leben, die größten Analogien untereinander, und unterscheiden sich dadurch von den höhern Pflanzen mit deutlich getrennten Geschlechtern in ihrer ganzen Natur.

§. 70.

Wir dürfen die Charen also auf keinen Fall zu den Najaden rechnen, welche, wie die übrigen höhern

Pflanzen,

Pflanzen, meist Holzpflanzen sind, und in denen sich das individuelle, wie das geschlechtliche Leben, mehr oder weniger, in entschieden getrennte Gegensätze entfaltet, sondern sie gehören durchaus zu den Pflanzen, in welchen kein Holz, und mithin keine Trennung des Assimilations- von dem Bildungsprocesse vorhanden ist: denn die Analogie der Charen in ihrem ganzen Bau mit den übrigen holzlosen Pflanzen, ist viel größer, als die doch auch nur scheinbare Verschiedenheit durch die Bildung der Fortpflanzungsorgane, wegen welcher man sie zu den Holzpflanzen hat herüber nehmen wollen.

§. 71.

Diesemgemäß folgt nun auch weiter aus den Cortischen Entdeckungen keineswegs, daß in allen übrigen höhern Pflanzen ein ähnlicher Kreislauf wie in der Chara vor sich gehe, was Corti selbst vermuthete, und in neuerer Zeit noch mehrere haben behaupten wollen. So ist Nees v. Esenbeck [5]) geneigt, den Kreislauf des Saftes in der Chara, als das Grundschema aufzustellen, nach welchem in allen Pflanzen eine Zirkulation durch bloßes Auf- und Absteigen des Saftes in denselben Saftwegen Statt finde. Ich bin nicht einmal Willens, denselben Säftelauf, welcher sich in der Chara findet, in den übrigen holzlosen Pflanzen, von welchen so eben die Rede gewesen ist, eher anzunehmen, bis ich ihn werde gesehen haben. Zwar ist es gewiß, daß in allen diesen Pflanzen ebenfalls nur ein Saftsystem vorhanden ist, indem

---

5) Nees v. Esenbeck Handbuch der Botanik. Nürnberg 1820. 1r Thl. Seite 443.

zu einer Trennung der individuellen Differenzen, die verschiedenen Organe fehlen, so wie sie sich in den Holzpflanzen finden, und daß also auch auf eine ähnliche Weise der Aneignungs- und Bildungsproceß vereint sein müsse. Nichts destoweniger ist es mir möglich gewesen, in irgend einer der übrigen holzlosen Pflanzen, einen ähnlichen Kreislauf, wie in der Chara zu entdecken. Und es wird auch im Besondern hier so sein wie überall, daß man gerade dasjenige was man sucht nicht findet. Mir geht es wenigstens in der Regel so. Mag nun aber in den übrigen holzlosen Pflanzen ein, dem der Chara ähnlicher, oder von ihm verschiedener Kreislauf vor sich gehen, so ist doch so viel gewiß, daß im Allgemeinen, in ihnen wie in der Chara, der Assimilations- und Bildungsproceß von denselben Organen ausgeübt werde, und daß diese Verschmelzung der vegetativen Differenzen in ihnen Statt finden muß, weil ihre Struktur im Allgemeinen mit dem Bau der Chara übereinstimmt, wenn gleich die besondern oben berührten Verschiedenheiten, auch eine besondere Abänderung in der Art und Weise, wie der Lebensproceß dieser Pflanzen verläuft, nöthig zu machen scheinen.

Ob nun die Entfaltung der inneren pflanzlichen Theile zu deutlich getrennten Gegensätzen im Geschlecht und Individuum immer gleichzeitig ist, oder ob dadurch ein Uebergang von den niedern zu den höhern Pflanzen vermittelt wird, daß sich bei deutlicher Trennung der verschiedenen Systeme des Individuums, das Geschlecht noch nicht aus seiner unmittelbaren Verschmelzung hervorhebt, oder umgekehrt, darüber scheint im Allgemeinen kein Zweifel zu sein. Denn wir finden Pflanzen mit unentwickeltem Geschlecht und deutlich entfalteten individuellen Differenzen, z. E. in den Farrnkräutern: diese zeigen in ihrer individuellen Natur von den Holzpflanzen keinen wesentlichen Unterschied, wohl aber haben sie eine vollkommen geschlechtslose Fortpflanzung durch Keimknospen, wie alle übrigen niedern holzlosen Pflanzen. Daß aber umgekehrt holzlose Pflanzen mit geschlechtlicher Differenz vorkommen, ist mir nicht bekannt, obgleich ich an die Unmöglichkeit dieser Erscheinung nicht zweifeln will, wenn es gleich wahrscheinlicher ist, daß das Geschlecht als höchstes Erzeugniß des individuellen Lebens sich nicht vor der vollendeten Ausbildung der individuellen Glieder des Pflanzenreichs entwickeln kann.

Zweiter Abschnitt.

Analyse des Lebensprocesses der Holzpflanzen (plantae xylinae).

§. 1.

Vorläufige Bemerkungen.

Die Holzpflanzen sind bisher vorzugsweise der Gegenstand anatomischer und physiologischer Untersuchung der Botaniker gewesen, wogegen von den holzlosen Pflanzen nur nebenher bei Gelegenheit der Darstellung des Zellgewebes der Holzpflanzen geredet worden ist. Das hat seinen Grund in der Art und Weise, wie man überhaupt die Pflanzen zu betrachten, gewohnt gewesen ist. Man hat einerseits, besonders in der Pflanzenanatomie, den innern Zusammenhang der verschiedenen Theile dadurch ganz und gar aus den Augen verloren, daß man sich in die Mannigfaltigkeit äußerer Formen so sehr vertieft hat, daß es unmöglich war, auf eine reelle Weise sich zu der Einheit, von welcher die Zersplitterung anfing, wieder zurückzufinden. Um nun aber in diesem höchsten Widerspruch, worin man sich durch die immer fortgehende Theilung der Pflanze, welche man sogar nach ihrem Tode durch chemische Analyse noch fortgesetzt hat, befand, nicht völlig zu verirren, und wenigstens irgend einen allgemeinen Haltungspunkt zu haben, so wurde von Vielen eine Verwandlung der mannichfaltigen Theile ineinander, welche man jedoch nur vorzugsweise von der Gestalt, wie es scheint, gelten ließ, da man sie Metamorphose genannt hat, angenommen, so daß man dadurch wieder außer Stand war, zu sagen, welches bleibende Gesetz diese Metamorphose im Zaume hält, damit nicht das ganze Pflanzenleben über die Grenze seiner Sphäre hinaus sich umgestalte, und aus der ewigen Veränderung seiner Existenz am Ende zu einer ganz anderen Natur übergehe. Man braucht nur die bisherige Anatomie des Holzes anzusehen, um sich von dem innern Widerspruch zu überzeugen, aus welchem man unmöglich wieder zur Einheit zurückfinden kann. Welche Zwietracht herrscht hier über die Verschiedenheit, die Verwandlung und über den Zweck der Theile! Das, glaube ich, hat uns von dem Studium der Pflanzenkunde zurückgehalten, daß wir den Zusammenhang der zersplitterten Pflanzentheile nicht einsehen konnten. Es liegt etwas Abschreckendes darin für denjenigen, welcher sich eine traditionelle Masse von Hypothesen ins Gedächtniß prägen soll, von denen die eine sich gegen die andere über einen und denselben Gegenstand erhebt, ohne durch befriedigende Gründe sich selbst aufrecht erhalten zu können. Die Verwandlung der Theile in einander, hilft uns aus dieser Verlegenheit nicht, sondern senkt uns noch tiefer in die vergängliche Mannichfaltigkeit, da wo wir die Einheit suchen, und wenn wir uns hier von einem freien Standpunkte aus umsehen, so befürchten wir am Ende, daß uns die ganze Pflanzenwelt in einen gestaltlosen Brei durch die Metamorphose zusammensinke.

§. 2.

Man hat so wenig die festen als die flüssigen Gebilde in der Pflanze, ihrer Natur nach, bisher gehörig unterschieden und gewürdigt, sondern, sich völlig entgegengesetzte, Dinge für einerlei gehalten, oder wenigstens einen unmerklichen Uebergang des einen in das andere zugelassen. Ganz vorzüglich ist dieß mit den Pflanzensäften der Fall, wie sich weiterhin aufklären wird. Aber auch die starren Gebilde der Vegetation sind in ihrer entgegengesetzten Beschaffenheit keinesweges gehörig erkannt, und festgehalten worden; und noch weniger ist man den innern Verhältnissen auf die Spur gekommen, durch welche sich die Differenzen der Vegetation wieder zu der Totalität zusammenschließen, von welcher ihre Theilung ausging. Die Verwechselung dieser wesentlich verschiedenen innern Gebilde der Pflanze, schreibt sich schon von den ersten Pflanzenanatomen: Malpighi und Grew her, und hat sich seit ihnen durch alle Zeiten unbewußt erhalten, wenn es gleich nicht an Männern gefehlt hat, die die Widersprüche, wenn auch nicht deutlich ausgesprochen, doch gewiß gefühlt haben, welche sich in den Darstellungen der Pflanzenanatomie gefunden haben. Es gehören hierher namentlich die verschiedenen, unter dem Namen der eigenthümlichen Pflanzensäfte von Malpighi zusammengefaßten Flüssigkeiten; die von demselben und auch von Grew anfangs angenommene Verwandelung der Rinde in Holz, die Verwechselung der Spiralgefäße des jungen Holzes mit den großen Zellengängen in den ausgebildeten Holzbündeln und Holzkörpern, und ähnliche Dinge, von denen noch die Rede sein wird.

§. 3.

Andererseits hat aber die Pflanzenphysiologie vorzugsweise wieder, wie schon gezeigt worden ist, Theile an der Pflanze für wesentliche Differenzen angenommen, welche die größte innere Allgemeinheit und Uebereinstimmung in ihrer ganzen Natur haben, so daß es hier wiederum rein unmöglich gewesen ist, durchgreifende Verschiedenheiten festzustellen, wo die Natur sich nicht unterschieden hat.

Man hat die nach oben und nach unten wachsenden Pflanzentheile, als wesentliche physiologische Differenzen festgestellt, und an jedem dieser äußeren Unterschiede, noch wieder allgemeine Verschiedenheiten angenommen, welche sich durch eigenthümliche Verrichtungen innerlich von einander unterscheiden sollten. So wurde die Wurzel als das Digestionsorgan, der Stamm als das Ernährungsorgan, die Blätter als das Respirationsorgan der Pflanzen angenommen, ohne Rücksicht darauf, daß überhaupt diese äußeren Unterschiede weder allgemein an den Pflanzen vorhanden sind, noch daß hinwiederum jeder äußere Pflanzentheil alle diese genannten Verrichtungen in sich zu vereinen im Stande ist. Man kann es zugeben, daß an einer Pflanze, welche deutlich von den übrigen Theilen unterschiedene Blätter hat, diese vorzugsweise die Wechselwirkung der Pflanze mit der Luft veranstalten, eben so, daß der nach unten wachsende Theil, vorzugsweise Nahrung aus dem Boden einsauge; allein wie bereits gezeigt worden ist, kann auch das Blatt aus dem Boden Nahrung einsaugen, und eine ganze neue Pflanze aus sich entwickeln, und umgekehrt kann die Wurzel Blätter treiben, und die Wechselwirkung mit der Luft übernehmen, so daß es also klar vor Augen liegt, daß diese äußeren Pflanzentheile sich durchaus durch keine innere Allgemeinheiten von einander unterscheiden.

§. 4.

Daher ist es ganz natürlich, daß es nie gelingen konnte, sich über die wahre Natur der vegetativen Differenzen zu vereinen. Was man als verschieden festzuhalten, sich unendliche Mühe gegeben hat, das hat die Natur nicht wesentlich unterschieden, und umgekehrt, finden sich gerade in den Theilen die durchgreifendsten und allgemeinsten Gegensätze, von denen man eine Verwandlung des einen in den andern angenommen hat. Ich möchte diese inneren Widersprüche als die Dialektik ansehen, wodurch die Geschichte der Wissenschaft sich selbst zum Streit entschlossen hat, um durch ihn zur vermittelten Erkenntniß ihres Gegenstandes in seiner Totalität zu gelangen. Theophrast befand sich bei der unmittelbaren Anschauung des äußern Pflanzenlebens noch beruhigt, weil ihm die Mannigfaltigkeit im Innern der Pflanze unbekannt war, welche er in ihrer äußern unmittelbaren Einheit vor Augen hatte. Er hielt sich daher nur an die äußere Totalität, und kämpfte sogar schon gegen die Aeußerung des Empedokles, daß die Wurzel der Erde, und die Blätter dem Aether angehören, weil, wenn dieß der Fall wäre, die Pflanze aufhören würde ein Ganzes zu sein. Malpighi und Grew drangen aber ins Innere der Pflanzengestalt, und überzeugten sich, daß die äußere Einfachheit des vegetativen Lebens, durch mancherlei innere Differenzen aufgehoben werde. Hier fing nun die Unruhe in der Wissenschaft an, welche sich bis auf den heutigen Tag, durch mancherlei Epochen durchgearbeitet hat, ohne daß sie jedoch bis jetzt zur innern Vereinigung ihrer nothwendigen Widersprüche hätte gelangen können, so ernsthaft und unverdrossen ihre Bearbeiter auch Mühe und Arbeit der Sache geopfert haben mögen. Wir stehen immer noch verlassen bei der zersplitterten Mannigfaltigkeit im Innern der Pflanze, ohne wieder zur Totalität zurückkommen zu können. Nothwendig liegt es also daran, den Zusammenhang aufzuzeigen, durch welchen die innern Unterschiede der Pflanze sich wieder vereinen, und dieser Zweck schwebt mir vor Augen, indem ich in dieser Darstellung des Pflanzenlebens, meine Entdeckungen des Kreislaufs in ihren Verhältnissen zur Totalität des Pflanzenlebens aufzeigen will.

Erstes Kapitel.

Das Assimilationssystem der Holzpflanzen.

§. 5.

Im Allgemeinen.

Das Assimilationssystem der Holzpflanzen stellt sich in dem Holze dar, und tritt als allgemeiner Gegensatz gegen den Kreislauf des Lebenssaftes auf. Beide bedingen sich einander wechselseitig, und sind die ursprünglichen Differenzen der Vegetation, in welche die Pflanze sich bei ihrer Erzeugung trennt, wie das thierische Leben in seine centralen Differenzen, und wie zwei vereinigte Blut- oder Saftkügelchen, aus einer durch und durch gehenden Einheit sich durch sich selbst wieder entzweien. Alle späteren Bildungen der Pflanze haben nur ihren Grund in diesem ersten und letzten Gegensatz des Pflanzenlebens, und jeder Theil in dem er enthalten ist, ist ein Abbild der vegetativen Totalität. In der Pflanze wie im Thier ist das Assimilationssystem bestimmt, die Aneignung der Nahrung und deren Ueberlieferung in das Kreislaufssystem zu besorgen, doch fehlt, wie dem ganzen individuellen Pflanzenleben die Centralität, so auch dem Assimilationsorgane der Pflanze, eine innere Mitte, durch welche das ganze in sich einen inneren Zusammenhang hätte. Daher nimmt die Pflanze auch immer die Nahrung unmittelbar von Außen, und es fehlt ihr durchaus an dem Magen der Thiere, in welchem die erste Vorbereitung der äußeren Substanzen vermittelt wird. Zwar ist es schon eine sehr alte Meinung, von welcher, wie angegeben, bereits Theophrast gesprochen hat, daß die Wurzel der Magen der Pflanze sei. Allein schon Grew, Malpighi und nach ihnen Duhamel, waren überzeugt, daß die erste Vorbereitung der Pflanzennahrung außer der Pflanze in der Erde geschehe, und daß daher der Pflanzenmagen die Erde sei. Grew [6]) stellte sich die Sache indessen so vor, als ob diese erste Vorbereitung der Pflanzennahrung durchaus unabhängig von der Pflanze selbst, durch die allgemeinen tellurischen Wechselwirkungen geschehe, durch welche die abgestorbenen Pflanzen- und thierischen Theile in Fäulniß übergingen, und dadurch geschickt gemacht würden, von der Pflanze durch die Wurzel eingesogen zu werden. Auf eine ähnliche Weise äußert sich hierüber Malpighi, und es ist unverkennbar, welchen Einfluß die chemischen Ansichten des Helmont und Sylvius auf die Denkungsart beider Männer hatten. So wie im Magen der Thiere eine Gährung der Nahrungsmittel vor sich gehe, bevor sie von den Milchgefäßen eingesogen werden können, so geht in der Erde eine Gährung der aufgelösten Stoffe vor sich, bevor sie von der Wurzel eingesogen werden [7]).

6) Grew theoria vegetationis radicum. In Ephemerid. acad. nat. curios. An. 9. et 10. Append. p. 174. „Dicamus igitur, radice plantae cujusdam in quodam solo deposita pro ejus convenientiori augmento; necesse esse ut ideo solum apte praeparetur. Pluvia igitur decidens et imbibita ab illo, aliquatenus diluit dissolubilia principia inibi contenta et facilius communicabilia ea reddit radici, dum est velut menstruum extrahens ista principia a majoribus aliis et inutilibus soli partibus.“

7) Malpighi l. c. de radicibus plantarum p. 156. „... Ita in terra (quae ventriculi loco vegetantibus est) sales va-

§. 6.

Die Art, wie nun die Einsaugung der so vorbereiteten Stoffe geschehe, dachte sich Malpighi und Grew auf dieselbe Art, nämlich durch eine Art Seihung (percolatio) durch das Zellgewebe, ohngefähr wie ein Schwamm das Wasser einsaugt. Dadurch würden die Stoffe noch mehr gereinigt und verfeinert, und in die übrigen Pflanzentheile gleichsam ausgedrückt. Wohin der Saft von hier übergehe, darüber waren Malpighi und Grew verschiedener Meinung, indem ersterer (wie sich zeigen wird, vollkommen richtig) glaubte, er gehe in seine fistulas ligneas, letzterer, er gehe nun von Zelle zu Zelle weiter.

Duhamel hält die Vorstellung des Malpighi und Grew, daß die erste Vorbereitung der Nahrungsmittel der Pflanze in der Erde geschehe, ebenfalls für wahrscheinlich, indem er sagt, die Wurzeln saugen, wie die Milchgefäße der Thiere, den Milchsaft aus dem Magen, so einen vegetabilischen Chylus aus der Erde ein, nachdem die Feuchtigkeit die Nahrungsstoffe aufgelöst und vorbereitet hat. Dabei sondern sie auch gleich die groben Ueberreste, welche bei den Thieren die Excremente bilden, von den zur Ernährung tauglichen Theilen ab, und saugen letztere allein ein [8].

---

rii et mineralia aqua soluta, aereque turgida, radiis solaribus in fermentationem adacta, varias subeunt adaptationes et praecipitationes; dum per vitrea solidaque terrae fistula transducuntur: ita ut ipsis, superficierum cognatione, plura haereant, reliqua vero frequentium radicum tubis praesto sint et intro pellantur."

8) Duhamel physique des arbres. T. II. p. 189.

§. 7.

Wir können aber gewiß auf keinem Fall diese erste Vorbereitung der Nahrungsmittel der Pflanze, dem Boden allein unabhängig von der Mitwirkung der Pflanze zuschreiben, sondern gewiß digerirt die Pflanze außer sich, durch die Wurzel ihre Nahrung eben so, wie sie das Thier in seinem Innern digerirt. Wir sehen dieß schon an den Pflanzen, welche wir durch Entblößung ihrer Holztheile, die Nahrung unmittelbar so einzusaugen nöthigen, wie sie sich in den Elementen vorbereitet findet. Diese kränkeln allemal, wenn sie nicht völlig dadurch untergehen, wie man dieß an abgeschnittenen und eingepflanzten Pflanzentheilen oft genug sehen kann, und sie erholen sich nicht eher, als bis sich die Holzwunde mit einer Rindenschwiele überzogen hat, oder neue Wurzeln erzeugt sind. Dieß führt zu der Voraussetzung, daß die Rindensubstanz eigentlich die Vermittelung bewerkstellige, wodurch die Nahrung vorbereitet wird, und mancherlei Erscheinungen machen dieß höchst wahrscheinlich. So sahe ich nicht selten die Wurzeln recht kräftiger Pflanzen aus einer gefärbten Flüssigkeit anfangs das ungefärbte Wasser einsaugen, doch gewiß aus keinem andern Grunde, als weil vermittelst der Wurzel das Schädliche von dem Passenden aus der Nahrung abgesondert wird. Es ist eine alte Erfahrung der Gärtner, daß viele zarte Pflanzen, z. E. die Mimosen, sich nicht aus Stecklingen ziehen lassen, wenn man die abgeschnittenen Zweige geradezu in die Erde steckt. Deshalb sucht man entweder durch Einkerbungen oder Einschnürung mit Drath, wenigstens theilweise, eine Vernarbung der Wundfläche hervorzubringen, welche man in die Erde stecken will. In diesem Fall saugt der Steckling wenigstens nicht alle Nahrung unmittelbar durch die offenen Mündungen der Gefäße ein, sondern kann einen Theil derselben, vermittelst des Callus, womit er schon überzogen ist, aus Mangel wirklicher Wurzeln zur Einsaugung vorbereiten.

§. 8.

Es wird sogar sehr einleuchtend, auf welche Art diese Vorbereitung durch die Wurzel geschieht, wenn wir die längst beobachteten Absonderungen der Wurzeln berücksichtigen, wodurch die nahe an einander stehenden Pflanzen sich nicht selten sehr schädlich werden. Ich habe dieser Sekretionen der Wurzeln bereits oben im Vorbeigehen gedacht, und bemerkt, daß schon Bonnet und Duhamel sie beobachtet, und Sennebier zu ihrer Bestätigung eigene Versuche angestellt habe. Brugmanns und Coulon [9]) beobachteten an verschiedenen Pflanzen diese Sekretion von Neuem, und hielten sie für Excremente der Pflanze. Allein die Pflanze saugt gar keine Stoffe ein, welche sie nicht völlig assimiliren kann, und darum hat sie auch im Sinne der thierischen keine Exkremente. Sennebier [10]) und mit ihm Sprengel [11]) glauben, die Wurzel befreie sich durch diese Secretion von den überflüssigen Säften; allein es haben diese Absonderungen der Wurzeln gewiß einen höhern Zweck, nämlich die noch im Boden befindliche Nahrung der Pflanze auf eine ähnliche Weise zu digeriren, wie der

9) Coulon diss. de mutata humor. ind. etc. p. 72.
10) Sennebier l. c. 1. p. 314.
11) Sprengel: Bau und Natur der Gewächse. S. 404.

Magen durch seine Absonderungen im Thiere die Speisen digerirt. Wenn also nach Brugmanns durch diese Absonderungen der Wurzel, die Scharte (Serratula arvensis) dem Hafer, das Erigeron acre dem Weizen, der Spörk dem Buchweizen so schädlich wird, als ob Gift auf die Pflanzen wirke, so hat dieß gewiß keinen andern Grund, als daß jede Pflanze nur für sich die zur Digestion ihrer Nahrung passende Flüssigkeit absondert, eben so wie jedes Thier seine eigenen Sekrete producirt, durch welche es die Digestion seiner Nahrung vermittelt. Auf diese Weise müssen die Erfahrungen der Landwirthe erklärt werden, daß z. E. nach Flachs der Weizen und Roggen schlecht, hingegen nach Kartoffeln, Klee ꝛc. sehr gut gedeihen u. s. w. Gewiß werden in der Pflanze wie im Thier diese Säfte, wie alle Bildungen, durch den Kreislauf zu wichtigen Zwecken producirt, und sind keinesweges für todte Absätze, wie dergleichen genug als Sekrete in der Pflanze vorkommen, zu halten. Sie bereiten die durch das Wasser ihnen dargebotene Nahrung zur Einsaugung vor, wie die Viper durch Benetzung ihrer geraubten Nahrung mit ihrem Gifte, dieselbe schon oft eher digerirt, als sie solche in den Magen gebracht hat.

Darum ist also der Einsaugungsakt der Pflanzennahrung, gewiß ursprünglich schon ein lebendiges Verhältniß der physikalisch getödteten Stoffe zur Pflanze, und geschieht auf dieselbe Weise, wie die Einsaugung des Milchsaftes der Thiere.

Erster Artikel.

Zergliederung des Holzes.

§. 9.

Zur weitern Verfolgung des Verlaufs der vegetativen Assimilation, ist es nun zuförderst nöthig, die Natur der Theile auseinanderzusetzen, durch welche dieses Geschäft zu Stande gebracht wird. Das ist nun aber einer von den Punkten, über welche die Botaniker seit Malpighi und Grew uneins sind. Daß die Theile welche den Nahrungssaft einsaugen, im Holze liegen, darüber konnte man nicht länger in Zweifel sein, als man seit Magnol, de la Baisse, Duhamel und Bonnet bemerkte, daß die gefärbten Flüssigkeiten mit unverletzter Wurzel, von der Pflanze durch das Holz aufgenommen und fortgeleitet werden. Da nun aber im Holze mehrere Bestandtheile gefunden werden, welche unter gewissen Umständen sammt und sonders gefärbte, wie nicht gefärbte Flüssigkeiten einsaugen, so ist der Streit natürlich nur über den Theil des Holzes, welcher die Nahrung aufnimmt. Die Untersuchung des Holzes in den jüngsten Trieben, zeigt uns hier eine sehr abweichende Beschaffenheit der Bestandtheile von dem Holze völlig ausgebildeter, älterer Zweige und Stämme, und auf diese Veränderungen während der Bildung des Holzes, gründen sich einzig und allein die vielen einander widersprechenden Resultate der Arbeiten, welche die Naturforscher geliefert haben.

§. 10.

Hierbei ist nun zu bemerken, daß von den jüngsten Trieben der Wurzeln ganz dasselbe gilt, was bei denen des nach oben wachsenden Theils vorkömmt, und von dem Punkte aus, (welcher jedoch, wie bereits gezeigt worden, ein sehr beweglicher, veränderlicher ist) von wo die Wurzel nach unten und der Stamm nach oben wächst, wiederholen sich die gleichen Veränderungen in der Holzbildung sowohl, als in der Bildung aller übrigen Theile, welche überhaupt an der Pflanze vorkommen, und zwar in demselben Verhältnisse, als die Bildungen der älteren Theile sich vollenden, und über sie neue, jüngere hinauswachsen. Ich lese sehr oft in Schriftstellern über diesen Gegenstand, daß dieser oder jener Theil sich schon unvollkommen in der Wurzel, deutlicher im Stamm rc. findet. Diesen Aeußerungen scheint stillschweigend die Voraussetzung zum Grunde zu liegen, als ob das Wachsthum und die Bildung der Pflanze nur in einer Richtung, von der Wurzel nach den oberirdischen Theilen zu, gingen; und daß in der Wurzel alles das auf eine unvollendete Weise enthalten sei, was sich in den oberirdischen Theilen erst weiter und vollkommener ausbilde, wie man überhaupt sehr geneigt ist zu glauben, daß die Wurzel die niedrigste Bildung der Pflanze sei. Dieß ist keinesweges der Fall, sondern in den nach oben wie in den nach unten wachsenden Pflanzentheilen, finden sich dieselben vollendeten und unvollendeten Bildungen, je nachdem der Theil jünger oder älter ist; und die letzten Wurzelspitzen wie die letzten Bildungen der Krone, entsprechen sich in den Graden ihrer Ausbildung durchaus ganz vollkommen, eben so wie die vollendeteren Bildungen des Stammes, wie der Wurzel, sich in demselben Maaße näher rücken, als sie sich in dem Punkte vereinen, von wo aus ihr entgegengesetztes Wachsthum ausging.

ginz. Alles dieß gilt von den einjährigen wie von den mehrjährigen Pflanzen, nur ist zu bemerken, daß das jährlich absterbende Kraut der meisten perennirenden Gewächse, sich in dieser Rücksicht, seiner ganzen Beschaffenheit nach, gerade so, wie die periodisch abfallenden Blätter der Bäume, verhält. Mag man also das Holz in den jüngsten Trieben der Wurzel, oder der nach oben wachsenden Theile untersuchen, so wird man es immer von einerlei Beschaffenheit finden, eben so, wie das ältere Holz aller Theile der Pflanze sich ebenfalls durchaus in der ganzen Bildung im Wesentlichen gleich ist, gleichviel ob es, wie in den krautartigen Theilen: den Blättern und den sogenannten Stengeln der perennirenden Gewächse, in Bündel zertheilt, oder, wie bei den Bäumen und allen Wurzeln, im Mittelpunkte des Pflanzentheils vereint, und von der Rinde umschlossen ist.

§. 11.

Die Wurzel mancher Pflanzen, z. E. derer mit saftigen Blättern, ist freilich zuweilen, gegen den oberirdischen Theil, unverhältnißmäßig klein; allein umgekehrt, giebt es viele Pflanzen, bei denen die Wurzel, gegen den nach oben wachsenden Theil, unverhältnißmäßig groß ist, z. B. bei Rheum, Glycyrrhiza, der Mohrrübe und vielen anderen. Eben so findet sich ein sehr verschiedenes Verhältniß in der Ausdehnung des Holzes zur Rindensubstanz. In der Wurzel mancher Gräser ist das Holzbündel so klein, daß man es kaum bemerken kann, dagegen die Rindensubstanz fast die ganze Bildung ausmacht; dasselbe findet sich in den Wurzeln vieler Küchengewächse: der Beet, dem Spargel, der Pastinack, der Zuckerwurzel ꝛc., wo das Holz oft so unbedeutend ist, daß es von der fleischigen Rinde kaum zu unterscheiden ist. Dagegen ist bei den Bäumen das Holz in der Masse, gegen die Rinde, durchaus überwiegend, und es ist auffallend, wenn man z. B. an einem dicken Eichbaum, nach Ablösung der abgestorbenen Oberhaut, die äußerst dünne Rinde mit dem gewaltigen Holzkörper vergleicht. Diese Verschiedenheiten haben also durchaus auf die wesentliche Natur des Holzes ganz und gar keinen Einfluß, sondern es kömmt einzig und allein auf die vollendete oder unvollendete Bildung desselben durch das Alter an, gleichviel ob es in der Wurzel oder im Stamm, im Grase oder im Eichbaum untersucht wird.

§. 12.

Ueberall zeigt sich das junge Holz aus Zellgewebe und einer ihm eigenthümlichen Art von Gefäßen zusammengesetzt, welche seit Malpighi Spiralgefäße heißen, weil ihre Wandungen durch spiralförmig um ihre Höle gewundene, Theile gebildet werden, ohngefähr so wie die Springfedern von Metalldrath, welche man gewöhnlich zu vielen technischen Zwecken, z. E. zu Hosenträgern bei uns anwendet. Man sieht sie mit bloßen Augen, wenn man einen jungen Zweig, z. E. von einem Korneelkirschenstrauch, halb durchbricht, und die nun noch zusammenhängenden Theile auseinander reißt. Dem bloßen Auge erscheinen sie hier als eine zarte weiße Wolle, welche zwischen den beiden getrennten Enden des Zweiges ausgedehnt ist. Betrachtet man sie so unter dem Mikroskop, so erscheinen sie, an der angegebenen, wie an vielen andern Pflanzen, den auseinandergezogenen Metalldrathspringfedern durchaus ähnlich. Besieht man sie mit bewaffnetem Auge in ihrer Integrität, so sehen sie, eben so wie die dicht zusammen gerollten Drathspring-federn, quergestreift aus, weil jetzt die Windungen der sie bildenden fadenförmigen Theile, mehr oder weniger dicht an einander geschoben liegen, und also, in ihrem kreisförmigen Verlauf um die Hölung des Gefäßes, bloß quer über zu gehen scheinen.

Ueber die Gestalt des sich so um die Höle des Gefäßes windenden, und dessen Wandung bildenden Theils, waren schon Malpighi und Grew nicht einerlei Meinung. Malpighi [12]) meint, es sei ein schmales Band, welches sich um die Hölung des Kanals winde. Grew [13]) aber sagt, dieß Band sei kein einfacher Theil, sondern bestehe aus zwei oder mehreren völlig runden Fibern, welche neben einander gelegt seien und so, je nachdem sich mehrere oder weniger zusammenlegten, ein schmaleres oder breiteres Band bildeten. Auch hängen die Seiten dieses Bandes in dem Gefäße keinesweges zusammen, sondern sie würden durch kleinere Fibern gleichsam zusammengewebt. Hedwig [14]) schildert diese Fäden als hole Kanäle, welche sich um die Höle des Gefäßes selbst schraubenförmig winden, welchen Irrthum jedoch Ru-

12) Malpighi l. c. anat. plant. id. p. 3. „Componuntur autem expositae fistulae zona tenui et pellucida velut argentei coloris, lamina parum lata, quae spiraliter locata et extremis lateribus unita tubum interius et exterius aliquantulum asperum efficit etc."

13) Grew l. c. anat. comp. radicum. Cap. 4.

14) Hedwig fundam. hist. nat. musc. frondosor. 1. 55. T. 2. Fig. 9.

dolphi bündig widerlegt hat [15]). Was das Band betrifft, von dem Malpighi spricht, so sind seine Beobachtungen zwar von Theilen hergenommen, welche, wie sich sogleich zeigen wird, mit den Spiralgefäßen ganz und gar nichts zu thun haben, dennoch aber findet sich, besonders bei den Gräsern und Liliengewächsen, eine deutlich breite Ausdehnung des sich um den Canal windenden Theils, von dem man aber, wie Grew sehr schön bemerkt, leicht sehen kann, daß es aus einzelnen fadenförmigen Theilen, die sich nebeneinander legen, besteht. Diese Fäden, sagt Grew, und mit ihm viele Andere, seien rund. Link glaubt, sie seien nach innen ausgehölt oder vielmehr rinnenförmig, wenn ich recht verstehe. Ich will über einen Punkt, auf den überhaupt wenig ankömmt, nicht noch eine neue Ansicht aufdringen, aber ich sehe, daß diese Fäden auf allen Seiten ebene Flächen haben, und viereckig sind, besonders schön an der Aloe und dem Korneelkirschenstrauch bei einer starken Vergrößerung.

§. 13.

Was die Querfibern, oder vielmehr in Bezug auf die Richtung des Gefäßes, die Längsfibern betrifft, von denen Grew sagt, daß sie die um den Kanal gewundenen Fäden gleichsam zusammenweben, so kann man dergleichen sehr oft an den Spiralgefäßen der Musa paradisiaca sehen; aber was Grew an der Eiche und im Weinstock, an denen er diese Beobachtung gemacht hat, sah, das ist eine ganz andere Erscheinung, wovon ich sogleich reden werde. Jedoch sieht man diese Längsstrei-

15) Rudolphi Anat. der Pflanzen p. 195. f.

fen auf den Spiralgefäßen nur dann, wenn entweder die Theile nicht rein präparirt, oder schon halb verholzt, und mit den Umgebungen mehr oder weniger verwachsen sind, so daß diese nicht mehr durch Maceration rein abgelöst werden können, und die Spiralgefäße sich auch höchst selten noch abrollen lassen. Diese Streifen rühren offenbar von den gegliederten Lebensgefäßen her, welche neben den Spiralgefäßen der Länge nach verlaufen. Fig. 3. Taf. 3. habe ich eine solche Verwachsung beiderlei Gefäße aus der Musa par. aneinander abgebildet. Dieselbe Erscheinung giebt auch zu dem Anschein Veranlassung, als ob jetzt die Windungen der Spiralfaser an den Stellen, wo die Lebensgefäße über das Spiralgefäß hinlaufen, besonders aber da, wo sie sich mit ihren Extremitäten an einander fügen, unterbrochen wären, welche Form Mirbel falsche Spiralgefäße (fausses trachées) genannt hat. Dergleichen findet man an jüngeren Spiralgefäßen, welche mit ihren Umgebungen noch nicht verwachsen sind, nie.

Es giebt jedoch auch noch eine andere Erscheinung, welche zu der Vorstellung veranlassen könnte, als ob ein solches Gewebe in der Spiralgefäßwandung vorhanden wäre. Wenn man nämlich ein nach der Maceratio n durch einen Pinsel völlig rein dargestelltes Spiralgefäß welches aus mehreren, wie ein Band nebeneinanderliegenden, Fäden gebildet ist, z. E. aus der Musa par besteht, so scheinen im durchfallenden Lichte die Fäden der untern sich mit denen der obern Gefäßwandung zu kreuzen, und das Gefäß erhält dadurch ein karorirtes Ansehen. Rollt man das Gefäß etwas ab (Taf. 3. Fig. 2.) so sieht man aber recht gut, daß nur an den Stellen, wo die obere die untere Wandung (bei a) bedeckt, diese Erscheinung sichtbar ist, und daß da, wo man nur die Wandung einfach sieht (bei b) auch von diesem Gewebe nichts zu sehen ist. Fig. 1. stellt dieß noch deutlicher vor. Zur Bildung der Spiralgefäßwandung durch die Spiralfaser gehört also nichts als die in einer und derselben Richtung fortlaufenden Fäden.

§. 14.

Hedwig meinte, innerhalb der durch die Spiralfäden gebildeten Röhre, sei noch ein eigener häutiger Kanal, und Moldenhawer in Kiel [16]) hat die Existenz dieser innern Membran der Spiralgefäße mit einer unbeschreiblichen Sorgfalt zu beweisen gesucht. An den Gefäßen von denen hier die Rede ist, hat aber noch niemand eine innere häutige Wandung gesehen. Hedwig machte sich die Vorstellung davon, seiner bunten Theorie gemäß: daß der Spiralfaden fest sei und Saft führe, und in der eigentlichen Höle des Spiralgefäßes Luft sei. Moldenhawer in Kiel fand diese innere Haut an anderen Theilen, welche seit Malpighi für Abänderungen von Spiralgefäßen gehalten sind, aber durchaus nicht dazu gehören, und schloß also analog, daß auch in den eigentlichen Spiralgefäßen diese Haut vorhanden sein werde, wogegen jedoch die Erfahrungen aller übrigen Beobachter uud auch die meinigen sprechen. Bernhardi [17]) und Treviranus [18]) glauben, es finde sich noch außer-

16) Moldenhawer Beiträge zur Anatomie der Pflanzen. 2r Abschnitt, von den Spiralgefäßen.

17) Bernhardi Beobachtungen über Pflanzengefäße.

18) Treviranus vom inwendigen Bau der Gewächse.

halb der durch die Spiralfäden gebildeten Wand der Gefäße, eine eigene Haut. Allein die Beobachtungen müssen an halbverholzten Theilen gemacht sein, an welche nicht selten häutige Theile von Zellen und Gefäßen so fest gewachsen sind, daß sie nicht mehr getrennt werden können.

§. 15.

Der Grund, weßhalb sich die Spiralgefäße in diesem jugendlichen Zustande abrollen lassen, liegt in der Nachgiebigkeit und Elasticität der Spiralfäden, und man sieht nicht selten, daß sie sich eben so wie man sie auseinandergezogen hat, wieder zusammenrollen, und sich mehr oder weniger mit den Windungen dicht zusammenlegen, je nachdem das Hinderniß, welches sie zurückhält, größer oder geringer ist. Besonders schön sieht man diese Erscheinung, wenn man sie nicht zu weit abgerollt und auseinandergezogen hat, in den mehr jüngern Theilen, z. E. des Rosen- oder des Korneelkirschenstrauchs. Diese Erscheinung muß es sein, welche Malpighi zu glauben verleitete, daß eine eigene wurmförmige Bewegung der Spiralgefäße Statt finde, aus welcher sich die äußern Bewegungen der Mimosen erklären ließen [19]. Man fühlt diese Elastizität der Spiralfäden auch an

19) Malpighi l. c. an. pl. id. p. 3. „In herbis et quibusdam arboribus, hyeme praecipue, pulchrum occurrit spectaculum, dum sensim divulsa rami vel caulis adhus virescentis continuitate, tracheae portiones laceratae et solutae remanent. Etenim motum hae quasi peristalticum per longum tempus interdum servant; ex quo fortasse deduci potest ratio motus in mimosa planta observatus.“

dem Widerstande sehr gut, welchen sie der behutsam ziehenden Hand leisten, wenn man z. E. vom Korneelkirschenstrauch einen Zweig so auseinander gebrochen hat, daß die beiden Enden durch die ausgedehnten Spiralgefäße noch zusammenhängen. Läßt man mit dem weitern Auseinanderziehen der beiden Enden etwas nach, so ziehen sie sich auch wieder näher aneinander, eben aus dem Grunde, weil die abgerollten Spiralfäden sich in ihre vorige Lage zurückziehen wollen.

§. 16.

Diese Elastizität der Spiralfäden verliert sich aber in demselben Maaße, als sich ihre Ausbildung vervollkommnet: sie werden allmählig starrer und unnachgiebiger, und bald lassen sie sich deshalb nicht mehr auseinanderziehen, ohne zu zerbrechen. In den nach oben wachsenden Theilen aller Gräser, z. E. des türkischen Weizens (Zea Mays) brechen in der Regel beim Versuch die Spiralgefäße der ausgebildeteren Theile auseinander zu ziehen, die Windungen regelmäßig ab, an den Stellen wo sie sich im jüngeren Zustande bei andern Pflanzen elastisch biegen, und dadurch zerfallen hier diese Spiralgefäße in mehr oder weniger abgesonderte Ringe, deren Entstehung noch dadurch begünstigt wird, daß bei den Gräsern die Spiralfäden breiter zu sein scheinen, als bei den übrigen Holzpflanzen, und dadurch die Windungen weniger leicht auseinander gebogen werden können. Bernhardi [20]) hat diese Form Ringgefäße genannt. Jedoch sieht man nicht selten, besonders in

20) Bernhardi a. a. O.

den jüngeren Wurzeln und den Blattrippen der eben aufgegangenen Gräser, wirkliche, sich abrollende Spiralgefäße, und umgekehrt kann man die Spiralgefäße der Gräser im älteren Zustande, auch nicht mehr in Ringe auflösen, wenn das Ganze schon mehr verholzt ist.

Die Entstehung dieser Ringgefäße, welche man als eine besondere Gefäßart angesehen hat, sucht man häufig dadurch zu erklären, daß die Natur selbst durch schnelles Wachsthum, gleichsam in der Eile, diese Ringe bilde, indem dadurch die Windungen der Spiralgefäße auseinander gerissen würden. Allein so zerreißt sich Mutter Natur nicht, wie man sich das vorstellt. Wenn dieß der Fall wäre, würde z. E. in den sogenannten Wasserschüssen der Bäume, und in den, in finstern Kellern oft in einigen Tagen mehrere Fuß hoch wachsenden Kartoffelstielen, gewiß kein ganzes Spiralgefäß bleiben; dennoch sehen wir in diesen Theilen Spiralgefäße mit den dichtesten Windungen, welche sogar obendrein sehr leicht verholzen und völlig verwachsen, anstatt zerrissen zu werden. Das Wachsthum mag so schnell geschehen als es wolle, so werden sich dadurch die Spiralgefäße nie in Ringgefäße zerreißen, und umgekehrt finden wir in den verkrüppelten, wie in den schnell wachsenden Gräsern, diese Form der Spiralgefäße, wo sie doch der Zerreißungstheorie nach, gerade zusammengeschoben sein müßten. Solche äußerliche Verhältnisse sind also in der Erklärung lebendiger Erscheinungen durchaus unstatthaft, und der Beachtung nicht werth.

§. 17.

Ueberall verwachsen nach und nach die Windungen der Spiralfäden dicht miteinander, so daß sie sich weder, wie früher, abrollen, noch in Ringe zerbrechen lassen, sondern eine dichte Röhre darstellen, welche aber noch deutlich mit Querstreifen von den Windungen der Spiralfäden versehen erscheint. Diese Form hat man in Verbindung mit andern Theilen, welche gar nicht zu den Spiralgefäßen gehören, unter dem Namen der Treppengänge zusammengefaßt. Mirbel rechnet sie in diesem Zustande, wie es scheint, zu seinen falschen Tracheen. Hierher gehören die Gefäße, welche schon Leeuwenhöck [21]) aus jungen Lindenzweigen beschrieben und abgebildet hat, und welche Treviranus ebenfalls zu den falschen Spiralgefäßen rechnet. Mehr nach unten, verwachsen diese Gefäße völlig zu Holz, mehr nach oben lassen sie sich wie alle Spiralgefäße abwickeln.

§. 18.

In demselben Maaße als diese Veränderungen bemerkbar werden, zeigen sich an den Spiralgefäßen, in größeren oder kleineren Entfernungen, deutliche Absätze, und nun kann man sie nach einer längeren oder kürzeren Maceration an den Stellen wo die Absätze erscheinen, in lauter einzelne Glieder absondern. Ohne Frage sind diese Artikulationen, von ihrem ersten Entstehen an, vorhanden, nur sieht man sie nicht, wegen der Zartheit und unvollendeten Ausbildung der Theile. Diese Artikulationen kommen durchweg an allen Spiralgefäßen, wie an allen übrigen Pflanzengefäßen vor, und sind bisher, wenigstens im Allgemeinen, völlig übersehen worden. Am leichtesten sind sie da zu beobachten, wo die Spi-

21) Leeuwenhoeck opera omnia. T. II. p. 302. fig. 19. c. d.

ralgefäße in vielem lockeren Zellgewebe verhüllt liegen, z. E. in den Wurzeln der Doldengewächse und der Gräser, in den Gefäßbündeln des Stengels vom Schöllkraut, den meisten Blumenstielen, besonders der Liliengewächse u. s. w. Wo die Glieder sehr kurz sind, hat man die Gefäße halsbandförmige oder rosenkranzförmige Gefäße, oder wurmförmige Körper (Mirbel, Bernhardi und Treviranus) genannt, und geglaubt, sie seien die ersten Anfänge der Spiralgefäßbildung, da sie doch umgekehrt Spiralgefäße in beinahe ganz vollendeter Ausbildung sind. Moldenhawer [22]) hat dergleichen Glieder an den Spiralgefäßen des Mays abgebildet, und erklärt ihre Entstehungsart so, daß an den Stellen wo die Absätze erscheinen, der Spiralfaden durch einen geschlossenen Ring begrenzt sei; er ist aber darauf nicht aufmerksam genug gewesen, daß sich an diesen Stellen die Spiralgefäße, freilich bald leichter bald schwerer, theilen, und in Glieder absondern lassen. Ich habe Taf. 3. Fig. 11. eine Abbildung einer solchen Einlenkung der Spiralgefäßglieder aus einem Holzbündel vom Stengel des Chelidonium laciniatum gegeben. Wo die Pflanze ein kümmerliches Wachsthum hat, und in den Knoten, sind die Glieder meist sehr kurz, dagegen erscheinen sie in längeren Absätzen, wo die Pflanze kräftig vegetirt. Im Holzkörper der Bäume und Sträucher, lassen sie sich schwer untersuchen, weil die Verholzung hier sehr schnell vor sich geht, und dann alles fest zusammenwächst, so daß die einzelnen Gefäße sich nicht mehr von einander trennen lassen.

---

22) Moldenhawer Beiträge zur Anatomie der Pflanzen.

§. 19.

Durch diese Artikulationen sind die Glieder der Spiralgefäße mit stumpfen Enden auf einander gereiht, wie die Lebensgefäße, wovon später die Rede sein wird. Es ist eine Wiederholung der äußeren Gliederung und Verknotung der Pflanzengestalt, und ich nenne daher den Ort, wo sich zwei Gefäßglieder in einander einlenken, ihren Knoten. Dieser Knoten läuft bald quer über das Gefäß, bald geht er schief, und man sieht nicht selten an einer oder der andern Extremität eines Gefäßgliedes, zur Seite eine mehr oder weniger bedeutende sackförmige Erweiterung, welche bei den Gefäßgliedern der Balsaminen, oft in einen tutenförmigen Fortsatz sich verlängert. Eine Erscheinung die Rudolphi schon bemerkt, und von welcher Moldenhawer [23]) eine sehr richtige Abbildung gegeben hat. Diese auffallende Beobachtung stand bisher ganz isolirt da, ohne daß man ihre eigentliche Bedeutung fassen konnte; allein sie ist nichts als eine etwas veränderte Einlenkung der Glieder, welche bei allen Spiralgefäßen vorkömmt. Wie aus den Knoten der Charen und Conferven neue Zweige hervorsprossen, so entstehen aus den Knoten der Spiralgefäße neue Glieder, welche sich in die alten einlenken, gleichsam aus ihnen hervorwachsen. Dieß sieht man besonders deutlich in den Verknotungen der äußeren Pflanzentheile, wo gleichsam eine Generation neuer Gefäße aus den alten hervorsproßt, und aus diesen die Nahrung saugt, wie die unteren aus dem Boden.

---

23) Moldenhawer Beiträge zur Anatomie der Pflanzen. T. 6. f. 13. 14.

§. 20.

Es ist von Wichtigkeit zu wissen, ob die Spiralgefäße in ihren Knoten Scheidewände haben. In dem Zustande ihrer Ausbildung, welchen ich so eben beschreibe, haben sie keine Scheidewände, denn die gefärbte Flüssigkeit oder auch reines Wasser, durchläuft sichtbarlich die Knoten, wie die Zwischenglieder, wenn gleich eine kleine Hemmung bemerkbar ist, welche wohl von der Anschwellung der sich einlenkenden Extremitäten der Glieder herrühren kann. Dieß könnte nicht der Fall sein, wenn schon vollkommene Scheidewände da wären, welche sich jedoch, wie sich gleich zeigen wird, endlich ebenfalls bilden.

§. 21.

In dem eben beschriebenen Grad der Ausbildung, sieht man die Spiralgefäße meist bis zum Tode des Theils: in den Blättern der Bäume und Sträucher, den krautartigen Stielen der meisten perennirenden Gewächse, den Wurzeln der meisten Gräser, Doldengewächse und überhaupt in allen Theilen, wo die Festigkeit des Baues nicht auf eine längere Dauer berechnet ist. Auch an dem innersten Holzring der Bäume um das Mark, zeigen sie sich noch bis dasselbe verschwindet. Dagegen verhärten sie sich in dem Holzkörper der Bäume und Sträucher zu dem festesten Theile des Holzes; sie verwachsen unter einander, und mit dem sie verbindenden Zellengewebe so dicht, daß sie auf keine Weise einzeln und frei mehr abgesondert werden können; die Windungen der Spiralfäden verwachsen zu einer ununterbrochen gleichförmigen, oft durchsichtigen Wand, so daß sie in diesem Zustande den Zellen gar nicht unähnlich sind.

Dazu kömmt, daß selbst die einzelnen Glieder sich endlich durch Querwände trennen, und wie die Zellen in sich geschlossene Behälter bilden, deren Wandungen nur noch durch Wechselwirkung mit dem Safte durchbrochen werden können. Ihr Umfang wird dabei jedoch weder erweitert, noch verengt, und ihre Gliederung bleibt ihnen durch das ganze Leben. Diese letzte Ausbildung der Spiralgefäße zu dem festesten Holze, ist seit Malpighi und Grew ganz und gar verkannt worden, und man hat dafür im Holze ganz andere Theile für Spiralgefäße gehalten, welche nicht die mindeste Aehnlichkeit in ihrer ganzen Natur mit ihnen haben. Dafür hat Malpighi die vollkommen verholzten Spiralgefäße für ganz andere Theile gehalten, welche er als ursprünglich von den Spiralgefäßen verschieden, mit dem Namen der Holzröhren (fistula lignea) belegt hat. Dieser Meinung sind alle Botaniker seit ihm gefolgt, und dadurch sind mancherlei Verwirrungen in die Darstellung des Pflanzenlebens gekommen. Die Holzröhren des Malpighi, denen Grew den Namen Saftgefäße (vasa succifera) des Holzes gegeben hat, sind aber durchaus nichts, als die verholzten Spiralgefäße, deren Windungen unter einander zu einer durchaus gleichförmigen Wand verwachsen sind.

Ich sehe im voraus, daß zu dieser meiner Darstellung von dem Verlaufe der Holzbildung durch die Spiralgefäße, alle diejenigen den Kopf schütteln werden, welche ihre alten Theorieen zu lieb haben, um sie zu Gunsten der Wahrheit fahren zu lassen; allein dieß kann mich nicht abhalten, den Gang des Bildungsprocesses zu verfolgen, so wie er in der Wirklichkeit der Natur verläuft, und ich bitte nur erst dann über meine Darstellung zu urtheilen, nachdem man mir in der Auseinandersetzung der ganzen Natur des Holzes bis zu Ende gefolgt ist. Ich finde übrigens, daß Duhamel schon ähnliche Ideen gehabt hat, welche er aber gegen die Auctoritäten von Malpighi und Grew nicht bestimmt auszusprechen und durchzuführen gewagt hat. Er sagt nämlich: [24]) „Peut-être qu'en examinant avec plus d'attention ces trachées (darunter versteht er ausdrücklich die sich abrollenden Spiralgefäße des jungen Holzes, „jeunes branches herbacées") on trouvera qu'elles deviennent dans la suite de vraies fibres ligneuses, et que ces fibres forment par leur aggregation les gros vaisseaux, dont on appercoit les orifices sur l'oire de la coupe d'un morceau de bois." Von den „gros vaisseaux" werde ich sogleich reden. Was Duhamel fibres ligneuses nennt, das sind die fistulae ligneae Malp. und seine Vermuthung bestätigt sich ganz vollkommen. Nach Duhamel kömmt bei Hedwig eine ähnliche Stelle vor [25]). Hed-

24) Duhamel l. c. T. 1. p. 43.

25) Hedwig de fibrae veg. et anim. ortu p. 25. „Cum illi (ductuli chymiferi et hydrogeri) pneumatophoris vel spiraliter vel recta juncti semper inchoent hanc scenam (commutationem) atque illi sint qui liquorem coloratum bibunt et hujus infectione eo facilius evidentiusque facies diversas quibus obnoxii sunt, prodant; paucis narrabo quae mihi sese obtulerunt in uno eodemque tractu fasciculi horum meandrorum per diversa spatia. In nuper aedificata parte juvenca ac molli filiformes isti canaliculi lacte colorati uno aequali tractu canalem ae-

wig verwechselte aber durchaus die Spiralgefäße mit den großen Hölen im Holze, und gerieth überall in die größte Verwirrung, indem er durchaus allgemeine Charaktere von beiden zu geben sich bemühte, und Viele, die ihm gefolgt sind, sind zugleich weit hinter Malpighi und Grew mit ihm zurückgeblieben. Auch Sprengel war schon einmal auf dem Wege, diesem Verholzungsproceß auf die Spur zu kommen. Er sagt, in der ersten Ausgabe seiner „Anleitung zur Kenntniß der Gewächse in Briefen": „die Bündel von Schraubengängen (Spiralgefäßen) verwachsen mit einander, die gewundenen Fasern woraus sie bestehen, wachsen an den Seiten, und endlich

reum ambiunt. Altius paulo descendendo parietes nonnullorum horum canalium eleganter quasi innumeris punctulis coloratis, secundum eandem directionem picti jam conspiciuntur. Ultro descendendo in conspectum veniunt ceu aneurismata; porro praeprimis laxioribus spiris instructis speciebus, (was er unter „laxiores spirae" versteht, sieht man aus seiner hist. musc. frond. 1. p. 106. fig. 9., tab. 1. nämlich Windungen der Spiralgefäße, welche weit von einander entfernt sein, nicht dicht zusammenliegen sollen) inde enata conjunctio unius spirae cum subsequente per exigua intervalla, ita ut inde ductus pneumatophorus quasi reticulato pariete instructus adpareat; deinceps hiulca et inaequalis sese prodit superficies externa atque interna, denique filamentis filamento vasculoso forinsecus superinductis incrassata nunc penitus lignea etiam in succulento adeo vimine Cucurbitae Pepo, Cucumis sativae, trunco portulacae oleraceae, Impatiens Balsaminae, Noli tangere L. cet. macerationem ac putrefactionem diuturnam pertinaciter elidens, vi autem in ramenta lignoso fibrosa distractibilis."

endlich überall zusammen. So stellen sie Kanäle dar, die mit den gestreckten Zellen des Bastes übereinkommen." Späterhin hat aber Sprengel diese Meinung, gegen welche sich Bernhardi besonders auflehnte [26]), ganz und gar verschwiegen, und hat die zur Zeit gang und gebe gewordene Meinung von der beliebten Metamorphose der Spiralgefäße in die großen Holzhöhlen angenommen, so wie sie von Grew und Malpighi gelehrt wurde, und diese hat er sogar [27]) aufs eifrigste vertheidigt.

§. 22.

In diesem völlig verholzten Zustande ist nun die ganze Ausbildung der Spiralgefäße zu Ende, und alles dasjenige, was man sonst als Metamorphosen der Spiralgefäße außerdem noch aufgeführt hat, gehört zu ihrem Lebenskreise nicht. Die Uebergänge der quer gestreiften Wandungen der Spiralgefäße in eine völlig gleichförmige durchsichtige Beschaffenheit, läßt sich da am besten verfolgen, wo man sie oft völlig verholzt, aber einzeln abgesondert vom Zellgewebe, antrifft, so daß sie sich durch Maceration noch von einander trennen lassen. Dieß geht besonders gut an den Wurzeln der Gräser und Doldenpflanzen. Man macerire einige Monate lang (oder wenn man die Theile bei starkem Frost frieren lassen kann, so spart man die ganze Maceration, da durch die Wirkung der Kälte das Ganze anatomisch auseinanderfällt) eine völlig ausgebildete alte Wurzel,

26) Bernhardi über Pflanzengefäße p. 37.

27) Sprengel vom Bau und der Natur der Gewächse p. 148. u. s. w.

z. B. von Angelica Archangelica. Man reinige jetzt unter Wasser, vermittelst eines Pinsels, das Holz der Wurzel von dem verfaulten Zellgewebe, und bringe den Rückstand unter das Mikroskop. Hieran wird man aufs deutlichste bemerken können, daß viele Spiralgefäße noch mehr oder weniger Querstreifen haben, andere aber schon in eine gleichförmige mehr oder weniger durchsichtige gegliederte Röhre verwachsen sind. Diese Veränderungen sieht man oft im Verlaufe eines und desselben Gefäßes, und ich habe davon Taf. 3. Fig. 4. eine Abbildung gegeben. Wegen dieses Ueberganges der Spiralgefäße zu dem festen Holze, paßt eigentlich nun der Name für sie nicht mehr, sobald sie hier aufhören Spiralgefäße zu sein. Man könnte sie bequem Holzgefäße nennen. Allein erstens ist das Alter des Namens, und sein Ursprung von ihrem berühmten Entdecker, schon in Ehren zu halten, und zweitens ist die Lehre von den Spiralgefäßen durch allerlei Namen, zu welchen man in vielen Fällen die Sache nicht einmal zu bestimmen weiß, schon so in Verwirrung, daß ich es für besser halte, den alten Namen beizubehalten, und sich über seine Bedeutung zu verständigen, als noch einen andern hinzuzufügen.

§. 23.

Die gegliederte Beschaffenheit der Spiralgefäße, macht es nun möglich, daß ihr Zusammenhang ohne Schaden für das Ganze getrennt werden kann, indem jetzt immer wieder die mit dem Pflanzentheil getrennten Glieder der Spiralgefäße, den übrigen, als für sich bestehende abgeschlossene Ganzheiten, gleich sind, und wie diese ihre Verrichtungen ausüben können. Darum ist auch überall der Anfang und überall das Ende des Spiralgefäßsystems in den Theilen der Pflanze. Ueber diesen Punkt ist man zeither sehr in Verlegenheit gewesen. Wie die einzelnen Glieder aus einander anfangen und in einander enden, so das ganze System. Jedes Glied ist mehr oder weniger in sich abgeschlossen, und fängt wahrscheinlich auch als eins an, mit dem Bildungssysteme sich aus der gleichen embryonischen Substanz zu scheiden, und wächst nun nach unten und nach oben so gliederweis fort, wie die ganze Pflanze von diesem Punkte aus sich entwickelt. Darum ist also das System überall in sich peripherisch auf jedem Punkte geschlossen, und man kann sich vorstellen, daß jedes Gefäßglied auf dem andern als etwas Fremdes und Aeußerliches wurzelt, eben so wie es umgekehrt mit diesem, seinem Aeußern so in innerliche Verhältnisse und Wechselwirkung treten kann, wie die Pflanze mit dem Boden. Das sehen wir beim Oculiren, Pfropfen ꝛc. deutlich. Ein Gefäßglied treibt seinen Inhalt nicht in das andere hinein, sondern das andere holt ihn sich eben sowohl aus dem ersten, wie das erste aus dem Boden. An den Punkten wo das erste Gefäßglied anfängt und das letzte aufhört, ist es an der Extremität mit der es sich verknoten würde, völlig geschlossen, und nur in den Theilen, wo die Gefäßbündel sich nach allen Richtungen von einander entfernen, und am Ende einzeln mit dem Bildungssystem verlaufen, da kehren meist zwei verschiedene Glieder in sich zurück, und lenken sich in einander ein, wie dieß besonders in den Blättern der Bäume, Sträucher und Kräuter der Fall ist, und nach gehöriger Maceration sehr deutlich zu sehen ist.

§. 24.

Es ist nämlich, wie schon Grew und Malpighi dieß angemerkt haben, die Verästelung der Spiralgefäße, wie aller Pflanzengefäße, durchaus nicht mit der Vertheilung des centralen thierischen Gefäßsystems zu vergleichen, indem hier alles dem Centrum angehört, aber in der Pflanze jedes einzelne Glied des Gefäßes sich selbst genug ist. Aus dem Knoten der Glieder wachsen neue hervor, und diese verlaufen abgesondert neben den alten. Wo eine Verzweigung der Gefäße Statt findet, da entfernen sich also bloß die ursprünglich schon gesonderten und in Bündel neben einander liegenden Gefäße in kleinere Bündel, die sich wieder eben so theilen, oder wenn man die Betrachtung von der Zertheilung anfängt, zusammensetzen. Deshalb ist nirgends eine nothwendige Beziehung der größeren Bündel zu den kleineren und umgekehrt, sondern jedes für sich lebt unbekümmert um das andere sein eigenes Leben.

§. 25.

Tournefort [28]) läugnete nach Grew und Malpighi zuerst die Existenz der Gefäße in den Pflanzen, und Jampert [29]), Mustel [30]), Medicus [31]) und du Petit

28) Tournefort: histoire de l'academie des sciences. Paris 1692.

29) Jampert dubia contra vasorum in plantis probabilitatem. Halae 1755.

30) Mustel traité théorique et pratique de la vegetation. T. 2. p. 215.

31) Medicus Beiträge zur Pflanzenanatomie. Heft 3. p. 158.

Thouars [32]) haben diese Behauptungen wiederholt. Sie stellen sich die Pflanzensubstanz als ein Gewebe von dichten Fibern vor, in deren Zwischenräume der Saft, wie in den Fäden der Baumwolle aufsteige. Es rühren diese Vorstellungen vom Mangel an mikroskopischen Beobachtungen und der einseitigen Betrachtung des schon fertig gebildeten Holzes der Bäume her, in welchem freilich unmittelbar die Gefäße wegen ihrer innigen Verholzung nicht mehr so deutlich als in den jüngeren Trieben zu untersuchen sind. Auch mögen sich diese Gelehrten wohl an die Analogie der thierischen und vegetabilischen Gefäße gestoßen haben, welche, wie gezeigt worden, keinesweges im Besondern Statt findet.

§. 26.

Außer den Spiralgefäßen findet sich im Holze der Pflanzen noch Zellengewebe, dessen ursprüngliche Form von dem Zellengewebe aller übrigen Theile, wovon später die Rede sein wird, ganz und gar nicht unterschieden ist. Die Lage und Stellung des Zellgewebes im Holze, im Verhältniß zu den Spiralgefäßen, begründet aber wichtige Verschiedenheiten in der Form des Holzes, von welchen ich hier noch reden muß. Bei vielen Holzpflanzen erstreckt sich das Zellgewebe des Holzes nur in die Länge, gleichlaufend mit den Spiralgefäßen, und bildet gleichsam den Grund und Boden, in welchem die Spiralgefäße versenkt sind. Holz und Rinde haben sich hier noch nicht, deutlich unterschieden gegenüberge-

32) Du Petit-Thouars essai sur la vegetation considerée dans le developpement des bourgeons. Paris 1809.

stellt, sondern die Gebilde liegen alle noch mehr durcheinander, und zeigen dadurch eine tiefere Stufe der vegetabilischen Entwickelung an, wovon ich oben schon gesprochen habe. Spiralgefäße und Lebensgefäße haben sich freilich schon entschieden entwickelt; aber es ist noch nicht zu einer höhern Ausbildung des Holz- und Rindensystems gekommen, indem das Zellgewebe die Theile derselben noch getrennt erhält, anstatt daß weiterhin jedes System sich in sich mehr befestigt, und das Zellgewebe von sich ausschließt, oder seiner Bildung unterordnet. Dieß ist bei den meisten derjenigen Pflanzen der Fall, in deren Wurzeln sich keine concentrischen Holzringe bilden, doch auch mehr oder weniger auch bei den einjährigen und perennirenden Pflanzen, in welchen mehrere Holzringe während desselben Sommers gebildet werden. Vorzugsweise zeigt sich bei den Wurzeln der Gräser und Palmen das Zellengewebe nur in paralleler Richtung mit den Spiralgefäßen verlaufend. Dasselbe findet in den Gefäßbündeln der Blätter, und den Stielen der krautartigen Gewächse Statt, welche auch eigentlich nichts anders als zusammengesetztere Blattstiele sind, wie bereits oben gezeigt worden ist.

Merkwürdiger ist aber die Vertheilung des Zellgewebes in dem Holze aller Wurzeln mit concentrischen Jahrringen. Diese Holzringe nämlich entstehen durch eine seitliche Verwachsung ursprünglich getrennter Holzbündel, zwischen denen sich, vom Mittelpunkte nach der Peripherie des Holzes zu, Zellengewebe lagert. Diesen Uebergang getrennter Holzbündel in einen zusammenhängenden Holzring, kann man sowohl in der Entwickelung des Individuums als in der Entwickelung des Pflanzenreichs sehr gut verfolgen. In den Stielen der Gräser finden sich noch unregelmäßig zerstreut liegende Gefäßbündel, welche sich bei vielen schon in mehrere, bei anderen in einen regelmäßigen Kreis stellen, so daß jedoch zeitlebens Zellengewebe die Bündel von einander trennt. Dasselbe findet noch in den Stielen des Schöllkrauts und vieler andern Pflanzen mit verzweigter Wurzel statt. Bei den Stielen der meisten Doldengewächse aber zeigen sich die getrennten Gefäßbündel nur noch in ihrer Jugend, und gegen den Herbst hin verwachsen sie in einen zusammenhängenden Holzring. Man denke sich z. E. die offizinelle Angelika. Die jüngeren Triebe zeigen deutlich getrennte, in einen Kreis gestellte Gefäßbündel, welche gleichsam ins Zellgewebe versenkt sind. Nach und nach wachsen die Bündel mehr aneinander; das zwischen ihnen liegende Zellgewebe zieht sich zusammen, verholzt, und verbindet so die zur Seite liegenden Holzbündel zu einem gemeinschaftlichen Ring. Dabei bleibt es jedoch hier, und der Stengel stirbt mit einem solchen Holzring bei den perennirenden Gewächsen ab, und bei den einjährigen geht er sammt der Wurzel aus. In allen Wurzeln mit concentrischen Holzringen, und eben so in den sogenannten Stämmen der Bäume, wiederholt sich nun die Bildung der Holzringe, bei Fortdauer des zuerst gebildeten; jedoch ist der Proceß an der individuellen Pflanze ganz der so eben in der Entwickelung des Pflanzenreichs beschriebene. Nämlich die Spiralgefäßbündel sind ursprünglich getrennt, und indem sie verholzen, verwachsen sie unter einander, vermittelst des zwischen ihnen befindlichen Zellgewebes. Man muß hier jedoch die herrschende Vorstellung aus dem Spiel lassen, daß die Gefäße das Zellgewebe von den Seiten zusammenpressen und drücken, als ob sich dieses dabei ganz leidend verhielte. So treibt sich die Natur nicht in die Enge, sondern es ist diese Zusammenziehung und Verhärtung des Zellgewebes ein Proceß der Wechselwirkung des Zellgewebes und der Gefäße. Hier drückt nichts und wird auch nichts gedrückt, sondern was sich ausdehnt und zusammenzieht, das thut dieß vermöge innerer Bestimmungen, welche durch den äußeren Druck gewiß eher unterdrückt, als befördert werden würden.

§. 27.

Da sich das Zellgewebe nun, besonders in dem Holze der Bäume und Sträucher, regelmäßig in Strahlen zwischen den Spiralgefäßen vom Mittelpunkte nach der Peripherie erstreckt, so entstehen hierdurch sternförmige Abtheilungen in den Querdurchschnitten des Holzes, welche man schon mit bloßen Augen aufs deutlichste sehen kann. Diese vom Mittelpunkte des Holzes nach der Peripherie sich strahlenförmig ausbreitende Zellgewebestreifen nannte Malpighi: utriculi transversales, Grew: Insertiones und Leeuwenhoeck: horizontale Gefäße (vasa horizontalia). Ich habe es Taf. 3. Fig. 9. a. aus der Eiche im Querdurchschnitt des Holzes abgebildet. Fig. 8. d. zeigt es aus derselben Pflanze im Längsdurchschnitt des Holzes, parallel mit den Holzringen, und Fig. 5. c. parallel mit dem Laufe des strahlenförmigen Zellgewebes selbst. Die Handwerker nennen dieses Zellgewebe wegen seiner glänzenden Oberfläche am gespaltenen Holze: Spiegelfasern. Andere nennen es mit einem ebenfalls recht passenden Namen: Markstrahlen, noch andere umgekehrt: Rindenfortsätze, in sofern sie sich vorstellen, es laufe von der Rinde zum Mark. Da jedoch dieß Zellgewebe weder aus der Rinde noch aus dem Marke, sondern da entsteht, wo es ist, so kann man es weder als eine Fortsetzung der Rinde noch des Markes ansehen, sondern eher als ein Verbindungsmittel beider, nachdem das Zellgewebe aus seiner unmittelbaren Vereinigung durch den zusammenhängenden Holzring getrennt, und gleichsam polarisch auseinander gewichen ist. Aus diesem Grunde kann man es passender seiner Form als seiner Entstehung nach benennen, und in sofern scheint mir der Name Markstralen sehr passend, indem er weiter nichts sagt, als daß sich diese vom Marke aus strahlenförmig nach allen Seiten der Peripherie erstrecken, ohne zu berücksichtigen, wo es herkomme und hingehe.

§. 28.

Außerdem finden sich im Holze zusammengesetzte Bildungen aus Zellengewebe, welche seit Malpighi mit den Spiralgefäßen verwechselt worden sind, von welchen ich hier noch zu reden habe. Wenn man den Querdurchschnitt der meisten Hölzer von Bäumen besieht, so bemerkt man darin mehr oder weniger große Löcher schon mit bloßen Augen. Bei vielen Pflanzen sind diese Löcher unregelmäßig auf der ganzen Oberfläche des Querdurchschnitts vom Marke bis zur Rinde zerstreut, z. E. in der Wurzel des Maulbeerbaums (Morus alba), bei anderen stehen sie in regelmäßigen Kreisen, abwechselnd mit einer härteren Holzschicht der Jahrringe, wie z. E. beim Eichbaum (Quercus robur). Bei vielen Pflanzen sind diese Löcher größer als bei anderen, jedoch so, daß man sie fast überall mit bloßen Augen sehen kann, während zwischen ihnen nur eine feste dichte Holzsubstanz bemerkbar ist. Diese Löcher entstehen erst nach und nach im ältern Holze, und in den jüngsten Trieben des Baumes bemerkt man sie noch nicht, und ihre Größe wächst mit dem Alter des Stammes oder Zweiges, in dem sie gefunden werden. Schon hieraus hätte man entnehmen können, daß diese Löcher nicht Mündungen der Spiralgefäße sein können, wofür man sie gehalten hat; da diese oben und unten gleich dick sind, wenigstens keine bedeutende Erweiterungen und Verengerungen erleiden; dagegen sind diese Hölen in jüngeren Zweigen so klein, daß man sie kaum bemerkt, und in den ältern von einem ungleich größeren Umfange. Sie stellen, wenn man sich ihre Ausdehnung im ganzen Baume denkt, hole Kegel dar, welche mit ihren Grundflächen zwischen der Wurzel und Kronenspitze in der Mitte zusammenstoßen, und sich also offenbar wie die Blutgefäße verästeln müßten, wenn es Gefäße wären.

§. 29.

Legt man einen möglichst feinen Span von dem Querdurchschnitt solcher Hölzer unter das Mikroskop, so bemerkt man, daß die zwischen diesen großen Löchern befindliche Substanz, ebenfalls durch und durch, aber mit ungleich kleineren, Oeffnungen versehen ist. Die kleineren Oeffnungen erkennt man an ihrem Durchmesser und ihrer Lage bald als die Mündungen der querdurchschnittenen Spiralgefäße. Taf. 3. Fig. 9. ist ein Theil vom Querdurchschnitt der Eiche abgebildet, b. sind die großen Löcher, c. Spiralgefäße. Vergleicht man diese beiderlei Oeffnungen mit einander in ihrer Form, so zeigen sich die kleineren regelmäßig rund, aber die großen Löcher haben mancherlei Abweichungen von dieser Gestalt. Bald zeigen sie sich halb-, bald mehr oder weniger ganzrund, bald sind sie mit stumpfen oder spitzen Winkeln begrenzt, etwas das man an den kleinen Oeffnungen nie bemerkt, und was besonders schön am Ulmenbaume zu sehen ist. Ihre Größe übertrifft die der kleineren Oeffnungen wenigstens zehn bis zwanzig Mal, und selten oder nie bemerkt man in demselben Baume einen allmähligen Uebergang von dem Durchmesser der kleinen zu dem der großen Oeffnungen. Die bemerkten großen Löcher sieht man nicht auf den Querdurchschnitten aller Pflanzen, und namentlich finden sie sich in den Nadelhölzern nie. Dagegen sieht man sie auch in den zerstreut liegenden Gefäßbündeln älterer Stiele von Blättern, und einjährigen oder perennirenden Gewächsen.

§. 30.

Diese benannten großen Löcher hielt Malpighi für die Lumina der bis zu einer ungeheuren Größe angewachsenen Spiralgefäße des älteren Holzes, und nannte sie Tracheen. Grew nannte die Hölen im Holze, zu denen diese Löcher führen, Luftgefäße (aer vessels). Die Untersuchung der Hölen, zu denen diese großen Löcher des Holzes führen, um ihre Seitenwandungen und innere Struktur näher kennen zu lernen, hat manches Schwierige, weil bei der großen Festigkeit des Holzes, sie von ihren Umgebungen durch nichts frei abgesondert werden können, und man sich begnügen muß, sie in dünn abgeschnittenen Schichten zu beobachten, in denen sie weder von ihren Umgebungen getrennt, noch immer gleichlaufend durchschnitten worden sind. Deshalb bildet auch Malpighi die Wände dieser Hölen aus der Eiche, dem Weinstock, dem Kastanienbaum, dem Kampechenholze und dem Brombeerstrauch [33]) ganz fehlerhaft ab, wenn gleich in einer ungeheuren Vergrößerung. Dasselbe gilt von Grew [34]), welcher dergleichen Hölungen unter dem Namen: Aer vessels (Luftgefäße) aus dem Weinstock abgebildet hat. Beide nämlich dachten sich diese Hölungen im Holze als ununterbrochen durch die ganze Pflanze fortlaufende Kanäle, die Malpighi mit regelmäßigen Einschnürungen, Grew aber mit ganz gleichlaufenden Wänden abbildet. Beide, Grew und Malpighi, glaubten, daß sich diese Hölen im Holze aus den Spiralgefäßen der jüngeren Triebe bildeten, wie man besonders deutlich an den Abbildungen sieht, die sie davon gegeben haben, an deren Enden sie einen abgewikkelten Spiralfaden angehängt haben, den gewiß keiner von beiden je gesehen hat. Aber es ist mir höchst merkwürdig, daß sie nirgends diese Vorstellung deutlich mit Worten ausgesprochen haben. Sie beschreiben die Spiralgefäße und diese großen Hölen im Holze immer besonders, ohne von einer Verwandlung und einem Uebergange des einen in das andere zu reden, aber man sieht es ihnen deutlich an, daß sie diese Vorstellungen dennoch gehabt haben.

33) Malpighi l. c. Taf. V. Fig. 19. K. L. Fig. 20. C. Fig. 21. H. G. Taf. VI. Fig. 23. A. B. Fig. 24. A.

34) Grew anatomy of plants Taf. 21.

§. 31.

Malpighi bildet die Seitenwandungen dieser Hölen mit breiten bandartigen Querstreifen ab, bemerkt aber dabei, daß diese Querbänder aus lauter Schuppen bestånden. Grew bildet diese Schuppen des Malpighi deutlich ab, und schon an diesen Abbildungen sieht man, daß sie nichts als neben einander in Reihen liegende Zellen sind, welche, unter einem schlechten Instrumente, oder bei trübem Wetter, Malpighi für die genannten Schuppen gehalten haben muß, wozu jedoch die ungemeine Schwierigkeit, die Theile von einander zu isoliren, und zur Untersuchung passende Schichten herauszuschneiden, gewiß noch das Meiste beigetragen hat. Leeuwenhoeck [35]), der die Beschaffenheit dieser Hölen im Holze ebenfalls genau untersuchte, und ihre Wandungen abbildete, rechnete sie zu seinen aufsteigenden Gefäßen (vasa sursum tendentia). Er zeichnet sie in den citirten Figuren mit punktirten Wänden, und aus der Weide und Else mit schiefen Querstrichen, jedoch, wie Grew, ohne alle Einschnürungen ab, und vermuthet, daß an den Stellen wo sich die Querstriche zeigen, inwendig Klappen vorhanden sein möchten. Leeuwenhoeck scheint jedoch diese Hölen als ursprünglich von den Spiralgefäßen völlig verschiedene Dinge angesehen zu haben; aber seine Nachfolger mögen wohl mehr auf die Darstellungen von Grew und Malpighi gebaut haben, und dar-

---

35) Antonii a Leeuwenhoeck anatomia seu interiora rerum, cum animatarum tum inanimarum, ope et beneficio exquisitissimorum microscopiorum detecta etc. Lugduni Batav. 1687. p. 12—24. fig. 7. H. fig. 11. G. Fig. 13. F.

um finde ich seit dieser Zeit in allen, über diesen Gegenstand erschienenen Schriften die Vorstellung, daß die Spiralgefäße des jungen Holzes sich in diese große Hölen umgestalten, oder, wie man sich auszudrücken pflegt, metamorphosiren. Im vorigen Jahrhundert ist für die Anatomie der Pflanzen aber überhaupt wenig gethan, und dafür sind mehr physiologische Untersuchungen angestellt worden, wovon sogleich die Rede sein wird, jedoch die meisten mit Vernachlässigung der von Malpighi, Grew und Leeuwenhoeck gemachten Beobachtungen, und den von ihnen auf diese gegründeten Theorieen. Erst in den beiden eben verflossenen Decennien hat man der Anatomie der Pflanzen von Neuem mit eben so großem Ernst als Eifer die verdiente Aufmerksamkeit geschenkt, und seitdem dieß geschah, hat sich über das Verhältniß der vorhin beschriebenen Spiralgefäße zu den großen Hölen im Holze, wovon hier die Rede ist, so wie über die Natur der Pflanzengefäße überhaupt, ein großer Streit erhoben, welchen ich aber bei aller scheinbaren Ruhe, dennoch keinesweges gründlich beendigt finde.

§. 32.

Seit Malpighi und Grew stimmen Alle darin überein, daß die Hölen von denen hier die Rede ist, Gefäße seien, und sie sind daher unter dieser Rubrik immer mit den Spiralgefäßen unter den allgemeinen Begriff genommen worden; und man hat sie getüpfelte oder poröse Spiralgefäße genannt, weil besonders die der Rinde zugekehrten Wandungen dieser Hölen mit Punkten besetzt erscheinen, welche Mirbel für Poren erklärt hat, worin ihm Moldenhawer in Kiel im Allgemeinen beistimmt.

Dieser Punkt wäre jedoch von keinem so großen Belang als die Frage, ob die allgemein angenommene Metamorphose der Spiralgefäße, in diese Hölen des Holzes statthaft sei oder nicht. Ueber diesen Punkt steht meines Wissens Mirbel als der einzige da, welcher schon 1804 behauptete, daß diese Hölen, welche er tubes poreux nennt, sich nicht verwandeln, sondern von ihrer Entstehung an schon die Beschaffenheit haben, welche sie im alleraltesten Holze zeigen [36]), wenn gleich seine Abbildungen dieser Theile bei weitem schlechter sind, als die, welche schon Leeuwenhoeck gegeben hat [37]).

Wegen dieser Meinung ist Mirbel in Deutschland an allen Ecken und Orten angefochten worden, und man muß auch gestehen, daß er seine eigene Meinung weder consequent durchgeführt, noch gehörig zu vertheidigen gewußt hat, da er doch immer noch von diesen Hölen behauptet hat, sie seien Gefäße, und er verwechselt sie sie auch mit allerhand wirklichen und Schattenbildern, so daß aus seinen Darstellungen die Sache keinesweges zur Augenscheinlichkeit kommen konnte. Außer Mirbel haben alle andere Botaniker durchaus eine innere Allgemeinheit zwischen diesen Hölen im Holze und den Spiralgefäßen statuirt, und eine Verwandlung der letzteren in erstere angenommen. Unter den Vertheidigern dieser Lehre steht Moldenhawer in Kiel an der Spitze [38]).

---

36) Mirbel second memoire sur l'organisation végétale. Im Journal de Physique. T. 58. p. 291. 1804.

37) Mirbel traité d'anatomie végétale. T. 1. fig. 6. 8.

38) Moldenhawer Beiträge zur Anatomie der Pflanzen. Kiel 1812.

Dieser Naturforscher hat, mit ungemeinem Fleiß, versucht, allmählige Uebergänge aufzuzeigen, welche sich von dem Bau der Spiralgefäße zu dem Bau der Holzhölen finden sollten, und man sieht an seinen Arbeiten, welche Gewalt der Glaube an eine alte Meinung auf uns ausüben kann, selbst wenn die widersprechendsten Erscheinungen gegen sie streiten. Alles wird zu Gunsten der gewünschten Resultate herbeigeholt, und was diesen entgegen ist, ausgelassen, oder unter einer etwas veränderten Gestalt vorgestellt, damit nur das gewünschte Ziel erreicht werden kann, und dieß geht bei dem Gegenstande, von dem hier die Rede ist, um so leichter an, da seine Untersuchung mit mancherlei Schwierigkeiten verbunden ist, und zu den mannichfaltigsten Täuschungen Veranlassung giebt.

§. 33.

Ich hatte mich lange Zeit hindurch mit der Untersuchung dieser Theile beschäftigt, ohne daß ich mir das Zeugniß geben konnte, eine deutliche Ansicht derselben aus der Natur gewonnen zu haben, bis mich am Ende der Zufall auf einen bessern Weg führte. Es war mir nämlich durchaus nicht möglich, die Theile in der gehörigen Deutlichkeit, und die Formen, welche von den Schriftstellern abgebildet sind, zu sehen, wenn ich mir mit einem Messer aus freier Hand die zu besichtigenden Holzschichten abgeschnitten hatte. Sie waren mir bald zu dünn, bald zu dick, und nie war ich im Stande die Schnitte parallel mit dem Laufe der Holzfasern so zu führen, daß ich das Objekt auf eine bequeme Länge überschauen konnte. Darauf fiel mir ein, daß ich meinen

nen Zweck vielleicht besser würde erreichen können, wenn ich mir dünne Holzspäne vermittelst eines Hobels machen ließe, und zu diesem Versuche schritt ich auch auf der Stelle. Ich ließ mir von einem Tischler aus großen Kloben eben gefällter starker und schlanker Bäume eine Menge ganz feiner Späne in verschiedenen Durchschnitten abhobeln, und eilte damit unter das Mikroskop. Es waren nicht alle das erste Mal sogleich nach Wunsche gerathen, indem die Richtungen der Gefäße und der Markstralen nicht genau genug getroffen waren. Der Versuch wurde aber wiederholt, und gab mir ein Mittel an die Hand, den Bau der großen Hölen im Holze genauer untersuchen zu können. Ich wählte absichtlich einheimische, frische Hölzer, weil in den, aus fremden Ländern und Welttheilen zu uns gebrachten die Theile vertrocknet, und ihre Gestalt mehr oder weniger verändert sein muß, so daß man sich also auf das, was man daran sieht, weniger verlassen kann. Später habe ich jedoch auch die fremden Hölzer verglichen, und im Allgemeinen denselben Bau wie an den einheimischen bemerkt, woran ich auch früher schon gar nicht gezweifelt habe. Es hat die Untersuchung einheimischer Hölzer auch noch die zufällige Bequemlichkeit, daß man sie überall leicht haben kann, um sich zur Untersuchung passende, schön gewachsene Stücke auszusuchen, was bei den fremden Hölzern nicht immer angeht, und namentlich bei dem Sassafrasholze nicht, welches meist in ungemein ästigen, oft schon morschen Stücken zu uns kömmt, welche selten zur Untersuchung des Baues viel taugen.

§. 34.

Um nun die Theile in ihrer möglichst größten Ausbildung zu untersuchen, wählte ich vor allen Dingen unsere Eiche (Q. robur) weil meines Wissens diese, unter den bei uns einheimischen Hölzern, die größten Löcher auf dem Querdurchschnitte des Holzes zeigt. Außerdem wählte ich, um auch dieselben Pflanzen zu nehmen, welche von Malpighi und Leeuwenhoeck untersucht sind, die Weiden, Elsen, Rüstern, den Maulbeerbaum, den Weinstock, den Himbeerstrauch, den Haselnußstrauch, den Ahornbaum, die Buche und viele Andere. Von den Fichten werde ich nachher reden. Ueberall fand ich hier denselben Bau der großen Hölen, zu denen die auf dem Querdurchschnitt sichtbaren Löcher führen, mit den unwesentlichen durch das Alter hervorgebrachten Abänderungen in der Größe und der Farbe der Theile. Um die Sache auseinanderzusetzen, will ich die Betrachtung an den Bau dieser Theile, im Eichenholze, knüpfen, und dabei zugleich die Darstellungen Anderer berücksichtigen.

§. 35.

Betrachtet man das Holz im gehobelten Querdurchschnitt unter dem Mikroskop, so sieht man nicht selten die großen Löcher mit einer nach Umständen verschieden gefärbten, aber immer, wenn sich nicht mehrere Platten übereinander geschoben haben, durchsichtigen Haut verschlossen. Wie Fig. 9. Taf. 3. zeigt, ist diese zuweilen aus einem Stück gebildet, zuweilen zeigen sich Querstriche, welche anzeigen, daß diese Haut aus mehreren Stücken besteht, die sich auch nicht selten von einander ablösen, so daß oft nur die Hälfte der Oeffnung verschlossen erscheint, nnd die andere frei ist. Zuweilen hat sich diese Haut rund herum von den Seiten der Hölung abgelöst, und man sieht sie so nur noch an einigen Stellen ansitzend, frei liegen. In vielen Löchern aber bemerkt man diese Haut nicht, und man sieht gerade durch. Diese Erscheinung kannte Malpighi schon recht gut, und eben so Leeuwenhoeck. Malpighi [39]) hat sie im Längs- und Querdurchschnitt beschrieben und abgebildet, und zwar aus dem Kastanienbaum in einer riesenmäßigen Vergrößerung. Er nannte sie: pulmonares vesiculas, weil er glaubte, sie seien den Lungenblasen der Insekten zu vergleichen. Leeuwenhoeck nennt dieß aber bloß „dünne Häute" (tenuissimi membranuli). Ich will hierneben bemerken, daß man die Querdurchschnitte, an denen man diese häutigen Scheidewände sehen will, etwas dicker als diejenigen machen muß, an denen man bloß die Oeffnungen der verholzten Spiralgefäße sehen will. Letzteres kann man nicht, wenn der Schnitt zu dick ist. Ersteres sieht man selten, wenn der Schnitt zu dünn ist, weil dabei meist diese Scheidewände mit weggeschnitten oder weggerissen werden. Besieht man die Scheidewände in den Löchern genauer, so zeigen sie sich nicht selten eben so wie die Seitenwandungen dieser Hölen, wovon sogleich die Rede sein wird, mit Punkten besetzt, wenn ich gleich hier solche nie in der Menge und Deutlichkeit angetroffen, wie an den Seitenwandungen. Aber in dem Maulbeerbaume, der Ulme (U. campestris) selbst in der Eiche, wenn die Häute nicht schon zu dunkelbraun

39) Malpighi l. c. 1. p. 9. fig. 21. 23.

gefärbt erscheinen, sieht man sie bei einiger Aufmerksamkeit sehr gut.

§. 36.

Sieht man einen Längsdurchschnitt an, so erscheint dieser verschieden, je nachdem der Schnitt parallel oder sich kreuzend mit den Markstralen geführt wurde. Im ersten Fall, wo man die Markstralen in ihrer ganzen Längenausdehnung über das Holz quer fortlaufen sieht, erscheint das Eichenholz, so wie Fig. 5. Taf. 3. zeigt. Ist hier der Schnitt so geführt, daß die Markstralen die Seitenwandungen der Hölen im Holze theilweise noch bedecken, so entsteht dadurch die Form, welche Malpighi abgebildet und beschrieben hat. Man sieht an den Stellen, wo sich die Markstralen (cc) mit den Hölen des Holzes (aa) kreuzen, die eigentliche Wand der Hölen nur durchschimmern, und deshalb erscheint das Ganze mit breiten Querbändern überzogen, welche dadurch ein schuppiges Ansehen gewinnen, daß die Zellen der Markstralen sich an mehreren Stellen zusammenlegen, und so zwischen sich Scheidewände bilden.

Dieselbe Erscheinung hat bei ähnlichen Gelegenheiten die Naturforscher, und namentlich Mirbel zu der Vorstellung von großen Gefäßen mit breiten unterbrochenen Querbändern verleitet, welche dann mit zu den Treppengängen oder falschen Spiralgefäßen gerechnet worden sind, wodurch diese Lehre noch in immer größere Verwirrungen gekommen ist, indem man daraus den Schluß zog, daß zwischen diesen Hölen, die man getüpfelte oder poröse Gefäße genannt hat, und den aus wahren Spiralgefäßen gebildeten sogenannten Treppengängen, gar keine feste Grenze vorhanden sei, sondern daß sie sich in einander metamorphosiren. An den Stellen hingegen, wo die Hölenwandungen von den Markstralen entblößt sind, sehen sie so aus, wie sie Leeuwenhoeck abgebildet hat, nemlich mit lauter Punkten besetzt, und durch schiefe Querstreifen unterbrochen. An den Stellen wo diese Unterbrechungen Statt finden, wollen alle Neuere, wie Malpighi, Einschnürungen oder Verengerungen sehen. Diese sind aber nicht da, und die Querstreifen sind auch viel häufiger, d. h. in viel kürzeren Zwischenräumen, als man dieß nach Malpighi angegeben hat. Die ganze Höle hat in ihrem Verlaufe zwar Krümmungen und Biegungen, die zuweilen in deutlichen Winkeln geschehen, aber immer laufen beide Seitenwandungen parallel, und die Einschnürungen sind nur scheinbar, wie es an meiner Figur auch zu sehen ist. Die Unterbrechungen der Wandungen rühren von durch und durch gehenden Scheidewänden her, wie man sich davon theils durch die Betrachtung derselben in den Oeffnungen der Querdurchschnitte, theils dann überzeugen kann, wenn der Längsdurchschnitt so tief gemacht wurde, daß die ganze Seitenwandung mit fortgenommen wurde, worauf die Scheidewände in der Mitte deutlich zu sehen sind. Wahrscheinlich entstehen sie jedoch erst im Alter des Baumes, oder vielmehr sie verschließen sich erst im Alter, denn in den jüngern Zweigen sehe ich sie so augenscheinlich nicht, was freilich auch wohl von ihrer Zartheit herrühren könnte.

§. 37.

Man hat sich darum gestritten, ob die Punkte auf den Seitenwandungen dieser Hölen, Erhöhungen oder

Löcher seien. Mirbel erklärt sie für Löcher, Moldenhawer auch, Leeuwenhoeck hielt sie für kleine Erhabenheiten, wie es scheint, auf den Wänden; noch andere haben sie für Körner und Niederschläge und dergl. mehr erklärt; aber alles dieses ist nicht richtig. Die Punkte entstehen, indem die organischen Kügelchen sich zu der Wand der Zelle aneinander reihen, und an den Stellen wo sie zusammenwachsen, zu einer dichten, undurchsichtigen Substanz erhärten, welche diese Punkte im dunklen Lichte verursacht. Man kann sie schon verschwinden machen, wenn man die Wand längere Zeit mit Aetzlauge benetzt, wodurch wie es scheint, die feste Verbindung der einzelnen Kügelchen wieder aufgelöst wird, und die ganze Fläche ein mehr ebenes, gleichförmig durchsichtiges Ansehen gewinnt. Beleuchtet man diese punktirte Zellenwand mit dem hellen Lichte, so löst sich das ganze Wunder in die klarste Erscheinung auf. Man sieht ganz deutlich, wie die Punkte nur an den Stellen beim Wechsel des hellen mit dem Schattenlichte sich bilden, wo die Kügelchen sich gegenseitig verbinden, und das ganze punktirte Ansehen verschwindet auch, sobald man die Sache beim hellen Lichte besieht. Man sieht jetzt nur die sich zu der Substanz der Wand zusammenreihenden Kügelchen, welche in ihrer Mitte nach optischen Gesetzen durchscheinend, und am Umfange durch einen etwas dunkleren Kreis begrenzt sind, womit sie sich gegenseitig berühren, und dadurch an diesen Stellen noch undurchsichtiger werden, so daß es im Schattenlichte aussieht, als ob die ganze Wand mit Punkten besetzt wäre. An den sich in den großen Löchern der Querdurchschnitte zeigenden Querwänden der Zellen, ist die Erscheinung ganz eben dieselbe, nur scheint es, als ob hier die Theile weniger verholzt und erstarrt wären, wodurch die Punkte selbst im Schattenlichte nicht selten schon als die Verbindungsstellen der einzelnen Kügelchen zu bemerken sind, in welchem Fall aber die Wand nicht so augenscheinlich punktirt, sondern, weil die hellen Stellen mehr in die Augen fallen, durchlöchert aussieht. Taf. 3. Fig. 10. ist eine Abbildung davon, wie die Wand im hellen Lichte aussieht.

Uebrigens ist wohl zu bemerken, daß man so wenig auf den Seitenwandungen dieser Zellenhöhlen, als auf ihren Querwänden immer Punkte sieht: im Gegentheil erscheinen sie an sehr vielen Stellen gleichförmig durchsichtig, wie jede andere Zellenwand, so wie man umgekehrt, wie in den Farrnkräutern, oft genug auf allen Zellen älterer Theile dergleichen Punkte sieht, durch welche eben Mirbel zu der Vorstellung von den Poren in den Zellen gekommen ist, welche übrigens eben so wie die ganze Mirbelsche Theorie von der Pflanzenbildung keinesweges neu ist, indem sie Caspar Friedrich Wolff schon im Jahr 1758 vorgetragen hat, wovon ich noch weiter reden werde.

§. 38.

Betrachtet man einen Längsschnitt des Eichenholzes, welcher sich mit den Markstralen kreuzt, so sieht dieser wie Fig. 8. Taf. 3. aus, wenn die obere Wandung der Hölen mit dem Schnitt fortgenommen, und das Innere derselben zu sehen ist. Man sieht in dem hier abgebildeten Stück, daß das Innere der Hölen (a b) durch und durch aus Zellen besteht. Diese Zellen hielt Malpighi für die Lungenblasen der Pflanze. Wenn er alle andere Luftzellen auch dafür gelten läßt, habe ich nichts dagegen, aber für besonders von allen übrigen Theilen verschieden organisirte Dinge, darf man sie nicht halten: es sind Zellen im Holze, wie die Zellen in allen übrigen Theilen der Pflanze. Was man hier sieht, sind die Querwandungen der Zellen, deren punktirte Seitenwandungen so eben betrachtet worden sind. In der Menge, wie sie sich in dem abgebildeten Stück aus einer alten Eiche zeigen, sieht man sie im jüngeren Holze nicht, oft erscheinen hier selbst auf lange Strecken gar keine Querwände, so daß das Ganze nur einen ununterbrochenen Kanal bildet. Im Splint zeigen sie sich ebenfalls nicht so häufig, wie in einem festen Holze. Die zellige Struktur im Innern dieser Hölen, bildet sich also erst später aus. Die Seitenwandungen sind freilich von Anfang an da, und diese umkleiden genau den Raum, um welchen die Spiral- oder vielmehr die Holzgefäße (c c) sich von allen Seiten lagern. Die mit d bezeichneten Stellen sind die Querdurchschnitte der Markstralen.

§. 39.

Diesemgemäß sind also die Hölen des Holzes, zu denen die großen Löcher führen, welche man auf dem Querdurchschnitte sieht, nichts als Zellen, und mit den eigentlichen verholzten Spiral-Gefäßen gar nicht zu verwechseln. Dessenungeachtet sind sie seit Malpighi für Gefäße der Pflanzen gehalten worden, und wie bereits bemerkt, hat ganz vorzüglich Moldenhawer in Kiel diese Meinung auf seine sehr umständliche Weise zu behaupten sich bemüht. Er hält die Querwände der Zellen für die weit von einander entfernten Windungen der

Spiralfasern, zwischen denen die punktirte (oder nach ihm durchlöcherte) Zellenwand ausgebreitet ist. Die Scheidewände im Innern hielt er für besondere innere Wandungen dieser vermeinten Gefäße, und machte daraus den analogen Schluß, daß die wirklichen Spiralgefäße ebenfalls eine solche innere Haut hätten, von der ich oben schon gesprochen habe. Hätte Moldenhawer die Beschaffenheit der Zellen im Innern dieser großen Hölen, besonders in Querdurchschnitten, aufmerksamer betrachtet, so würde er die Meinung bald haben fahren lassen, daß es bloße Querfasern seien, welche sich über das Gefäß erstreckten. Es ist übrigens auch rein unmöglich, daß sich der Spiralfaden so bunt durcheinander winden kann, wie die Querwände dieser Zellen erscheinen. Hätte sich ferner dieser verdiente Mann nicht so augenscheinlich durch das Vorurtheil leiten lassen, daß diese Zellenhölen im Holze durchaus Spiralgefäße sein müßten, so würde er auch die analoge Existenz einer innern Membran in den wahren Spiralgefäßen gewiß mit Hedwig und andern nicht vertheidigt haben.

§. 40.

Ich kann die Betrachtung der Holzzellen nicht verlassen, ohne noch eines anderen, sich ebenfalls von dem berühmten Malpighi herschreibenden Irrthums, in Bezug auf den Bau des Holzes der Nadelhölzer zu gedenken, der sich seit ihm durch alle Zeitalter, wie eine Schneelavine fortgewälzt und vergrößert hat. In den Nadelhölzern finden sich die eben erwähnten großen Zellenhölen im Holze nicht, und das ganze Holz besteht hier aus verholzten Spiralgefäßen, deren Wandungen eben so gleichförmig aussehen, wie die aller übrigen verholzten Spiralgefäße in dem Holze der Bäume, in Verbindung mit den Markstrahlen. Beide sind im alten Holze so dicht mit einander verwachsen und verholzt, daß sie sich durchaus durch nichts rein von einander absondern lassen. Schneidet (oder hobelt) man also gleichlaufend mit den Markstralen einen Span vom Holze einer Fichte, der Thuja, Juniperus, Taxus oder anderer aus dieser Familie, ab, so sieht man entweder quer über den aufsteigenden Holzgefäßen die Markstrahlen in ihrer Integrität verlaufen, oder diese sind theilweise durchschnitten, und sitzen mit der untern an den Holzgefäßen festgewachsenen Wand auf diese noch fest, so daß dadurch das Ganze wie Fig. 7. Taf. 3. aussieht. Die Holzgefäße verlaufen in der Richtung b d, die Markstralen querüber, wo sie nicht durch den Schnitt mit fortgenommen sind. Wo sie aber weggeschnitten sind, da sitzen an den Stellen, wo die Zellen der Markstrahlen mit den Holzgefäßen verwachsen waren, die Seitenwandungen dieser Zellen noch auf den Gefäßen fest, und verursachen mehr oder weniger große, bald ganze bald halbe Kreise, bald zeigen sich nur zerrissene kleine Stücke. Zuweilen, doch ist mir dieß selten vorgekommen, reißt der Schnitt auch mit dem angewachsenen Zellenstück der Markstrahlen, ein mehr oder weniger rundes zerrissenes Loch in das Gefäß, und nun sieht man ein Stück von der Wandung desselben fehlen.

Diese Erscheinung hielt Malpighi für rundliche Wülste (subrotundos tumores), nicht eben ganz Unrecht, wenn er nur ihrem Ursprung besser nachgespürt hätte. Er hat sie [40]) auch beschrieben und abgebildet, nur hielt er die Erscheinung für viel regelmäßiger als sie wirklich ist. Moldenhawer hielt diese Wülste des Malpighi für Löcher, und das hat Kieser ebenfalls unterschrieben, und zwar bloß um diese Löcher mit den so eben erwähnten vermeinten Löchern der Holzzellen in Analogie zu bringen. Wenn ich beide Erscheinungen, die punktirte Zellenwand der Holzhölen und die Seitenwandungen der Holzgefäße der Nadelhölzer mit den darauf festsitzenden Theilen der Markstrahlen, neben einander unter das Mikroskop, oder noch besser unter zwei neben einander stehende Mikroskope lege, und sie einem Laien zeige, der in seinem Leben nichts durchs Mikroskop gesehen hat, so wird mir dieser sagen, daß zwischen beiden Dingen auch durchaus keine Aehnlichkeit als die zu finden ist, daß beide Dinge vergrößert erscheinen. So auffallend ist die Verschiedenheit, und so groß die Gewalt eingewurzelter Vorurtheile. Zwei Dinge sollen sich durch Löcher ähnlich sein, von denen kein einziges Löcher hat, und man sollte glauben, daß es ein Instinkt der Geschichte sei, gerade über solche Irrthümer nicht hinausgehen zu wollen, die einem unbegreiflich sind, wenn man sie erkannt hat. Ob beide die nach dem Abreißen der zurückgebliebenen Zellenwände der Markstrahlen zuweilen entstehenden Löcher, oder die unregelmäßigen Kreise, welche sich auf der Oberfläche der Gefäße, nach Wegnahme der obern und Seitenwandungen der Markstrahlen, von der noch festsitzenden untern Zellenwand, zeigen, gemeint haben, will ich nicht entschei-

---

40) Malpighi l. c. Taf. 6. Fig. 25. p. 10.

den; aber es ist etwas hart, Löcher in den Gefäßen anzunehmen, die zuweilen breiter sind, als das ganze Gefäß, wenn zufällig ein etwas größeres Stück von den Markstralen sitzen geblieben war, und ich glaube nicht einmal, daß Wirbel solche gewaltige Löcher annehmen würde.

§. 41.

Hobelt man einen mit den Markstrahlen sich kreuzenden Längsschnitt aus einer Fichte (Fig. 6. Taf. 3. aus Pinus Abies) ab, so zeigen sich die Kreise auf den Holzgefäßen nicht; aber jetzt sieht man die querdurchschnittenen Markstrahlen in Gestalt wirklicher Löcher, welche aber zwischen den Gefäßen in Haufen liegen, so wie die Markstrahlen das Holz durchlaufen. Die Gefäße dagegen zeigen sich durchaus frei in ihrem vollkommen gebildeten gegliederten Zustande. Malpighi hat zwar auch auf dieser Rindenseite der Gefäße in Fichten die genannten Erhabenheiten abgebildet; allein dieß hat er wahrscheinlich nur nach einer analogen Vermuthung gethan: denn hier zeigen sich dergleichen runde Kreise auf den Wandungen nie, weil keine Markstrahlen quer über laufen, welche ihre Wandungen darauf beim Schnitt zurücklassen könnten.

§. 42.

Also alles Holz besteht aus verhärteten (verholzten) und verwachsenen Spiralgefäßen, und aus Zellgewebe. Letzteres ist in den Blättern, den Stielen der Kräuter und in den Wurzeln der Gräser, ohne bemerkbare Ordnung, um und zwischen die Spiralgefäße zerstreut; aber in den Wurzeln der übrigen Pflanzen und den Stämmen der Bäume und Sträucher regelmäßig geordnet, so daß es theils der Länge nach aufsteigende große zellige Hölen bildet, theils sich in horizontalen Reihen strahlenförmig von der Mitte nach der Peripherie des Holzes zu erstreckt, und die sogenannten Markstrahlen erzeugt. In diesem, wie bereits oben angegeben, höheren Grade der Ausbildung des Holzes, nenne ich das Ganze: Holzkörper, im Gegensatz der Holzbündel, welche sich in den Wurzeln der Gräser und Palmen, und in den Stengeln derselben Pflanzen und der Kräuter, so wie in allen Blättern finden. Ein Holzkörper findet sich also nicht bloß in den Stämmen der Bäume, sondern auch in allen Wurzeln, welche wirkliche Holzringe bilden, diese mögen nun jährlich oder in demselben Sommer periodisch gebildet werden. Ich will nun zunächst von den im Holze enthaltenen Flüssigkeiten reden.

Zweiter Artikel.

Von dem Holzsafte (liquor xylinus).

§. 43.

Die verschiedenen Flüssigkeiten in der Pflanze, sind bisher so wenig allgemein ihrer Natur nach unterschieden worden, daß man die abgesonderten und aus der Lebenssphäre geschiedenen, die bildenden und die noch erst zu assimilirenden flüssigen Stoffe unter dem Namen der Pflanzensäfte in bunter Verwirrung durcheinander geworfen hat, ohne einmal an die naturgemäße (physiologische) Verschiedenheit derselben zu denken. Im Gegentheil hat man sich Mühe gegeben, durch die chemische Zergliederung eine Uebereinstimmung der verschiedenften Pflanzensäfte zu zeigen, anstatt ihre inneren lebendigen Differenzen aufzusuchen und zu befestigen. Man preßt die Pflanze, so wie sie da ist, aus, und analysirt ihren Saft chemisch, als ob es gar keine organische Analyse gäbe. Bei einem Thier würde es auffallend sein, wenn man es lebendig unter die Presse bringen wollte, um den Saft auszupressen, und ihn zum Zweck einer physiologischen Untersuchung chemisch zu analysiren; aber bei den Pflanzen hat man ohne alle Umstände ein solches Verfahren gebilligt; wenn gleichwohl die Pflanze eben so gut lebendig analysirt sein will, als das Thier. Ueber diese Verwirrung werde ich bei Gelegenheit der Darstellung des Lebenssaftes und der Absonderungen noch mehreres sagen, und es genügt mir fürs erste hier den Saft des Holzes als wesentlich verschieden von allen übrigen Pflanzensäften zu charakterisiren, um seine Natur weiter auseinander zu setzen.

§. 44.

Es ist gewiß eine schon sehr alte Beobachtung, daß im Frühjahr eine große Menge Saftes im Holze enthalten ist; nur hat man in alten Zeiten unter dem Namen des Thränens und Blutens der Pflanzen, nicht allein das Ausfließen des Saftes aus dem Holze, sondern auch aus verschiedenen Theilen der Rinde verstanden. Das Thränen oder Bluten des Weinstocks aus dem Holze, ist vielleicht die erste Erfahrung, welche man beim Beschneiden der Reben über den Saft im Holze gemacht hat. Theophrast [41]) spricht schon vom

41) Theophrast l. c. hist. plantar. L. 9. C. 1.

Thränen des Weins, und bemerkt, daß es am besten kurz vor dem Ausbruch der Knospen geschehe, weniger im Herbst und anfangenden Winter. Er unterscheidet es aber von dem sogenannten Thränen des Weihrauchs, der Myrrhe rc. nicht, sondern stellt es damit in Reihe und Glied. Bei Grew finde ich hierüber aber eine schöne Stelle [42]), in welcher er das Bluten des Weins und anderer Bäume ganz vortrefflich von den Ausflüssen aus der Rinde gewisser Pflanzen unterscheidet. Eben so nahm Rajus [43]) diese Meinung des Grew an, und bemerkte besonders, daß der Saft in den Spiralröhren des Malpighi enthalten sei, ohne jedoch seiner wesentlichen Verschiedenheit von den übrigen Pflanzensäften weiter zu gedenken. Auch Duhamel [44]) unterscheidet den Holzsaft sehr gut unter dem Namen der Lymphe (lympha) von den übrigen Pflanzensäften. In neuerer Zeit ist, jedoch weniger in physiologischer als in technologi-

42) Grew Anatomy of Plants, Book III. Chap. 1. §. 9. „But that which is vulgarly called Bleeding, as in a Vine, is quite another thing; both as tho the Liquor which issueth, and the Place where it issues: that is tho say it is neither a Sweet, nor Sower, but Sasteless sap; issuing, not from any Vessels in the Barque, but from the Aer-Vessels in the Wood. So that there is as much difference betwixt Bleeding in a Vine, or the Rising of the sap in any other Tree, in March, and in July; as there is betwixt Salivation and an Haemorrhage; or betwixt the Course of the Chyle in the lactiferous Vessels, and the Circulation of the Blood in the Arteries and Veins.“

43) Rajus hist plantar. L. 1. C. V. p. 8.

44) Duhamel l. c. 1. p. 62.

scher Rücksicht, der Holzsaft der Ahornbäume, Birken und Anderer, wegen seiner Brauchbarkeit zur Bereitung von Getränken, und zur Bereitung des Zuckers untersucht worden. Wahlenberg bemerkt [45]), daß man den aus dem Holz der abgeschnittenen Zweige der Thoa urens, Omphalea diandra, der Tetracera potatoria fließenden Saft zur Stillung des Durstes trinke. Ich nenne diesen, aus dem verwundeten Holze ausfließenden Saft, um ihn von allen übrigen später vorkommenden Pflanzensäften zu unterscheiden: Holzsaft (liquor xylinus).

Man findet in den Abhandlungen von Deyeux und Vauquelin [46]) chemische Betrachtungen des Holzsaftes der Birken, Weißbuche (Carpinus), der Buche (Fagus), der Ulme und anderer. Die Säfte gehen in Gährung über, wenn sie stehen, werden sauer ꝛc. Das ist kein Wunder, weil sie durch dergleichen Processe sich wieder als Momente des allgemeinen Naturlebens darstellen. Aber ich will wissen, was der Saft für eine organische Beschaffenheit hat, und wie er sich in dieser Rücksicht zum Leben der Pflanze, und nicht wie er sich zum physikalischen Proceß verhält.

§. 15.

Aus denjenigen Pflanzen und Pflanzentheilen, worin sich das Holz noch nicht zu einem Holzkörper ausgebildet hat, kann man den Saft des Holzes wegen der zer-

streuten

45) Wahlenberg de sedibus mat. imm. in pl. p. 24.

46) Vauquelin: annales de Chemie. T. XXXI. p. 20. Scherer's Journal der Chemie. 9. Heft. S. 260—275.

streuten Lage der Spiralgefäße nicht in größeren Quantitäten zur Untersuchung sammeln, indem er sich hier leicht mit andern Feuchtigkeiten der Pflanze vermischt, und also nicht rein für sich gewonnen werden kann. Dieß ist bei den Blättern der Bäume, den Stielen der Kräuter, den Wurzeln der Gräser und Palmen 2c. der Fall. (Aus den Stämmen der Palmen fließt der Saft in warmen Klimaten zu allen Zeiten). Dagegen läßt er sich aus vielen der Pflanzen, welche (gleichviel ob über oder unter der Erde) einen ausgebildeten Holzkörper haben, und besonders dann, wann dieser nicht sehr klein ist, sehr gut aufsammeln und untersuchen. Aus dem Holzkörper der Wurzeln der Kräuter und Staudengewächse fließt indessen auch nur eine kleine Quantität Holzsaft, weil, wenn man die Wurzel ganz aus der Erde reißt, die Einsaugung aufhört, und also nur ein Theil des schon in den Gefäßen enthaltenen Saftes aus den Querdurchschnitten ausfließen kann, und wenn man sie in der Erde stecken läßt, und oben abschneidet, so hat es große Schwierigkeiten, den auf der Oberfläche des Schnittes sich ansammelnden Saft zu sammeln, weil er gleich nach allen Seiten zerfließt, und sich in die Erde zieht. Ich habe zuweilen mit Baumwolle, welche ich mit dem ausfließenden Saft tränkte und dann ausdrückte, einige Tropfen aus der Schöllkrautwurzel gesammelt, woran ich sehr gut dieselben Eigenschaften des aus Bäumen gesammelten Holzsaftes erkennen konnte.

§. 46.

Das Anbohren der Bäume ist ein seit langer Zeit gebräuchliches Mittel, durch welches man sich zu allerhand technischen Zwecken den süßen Saft des Holzes sammelt, und hierdurch ist man auch im Stande, den reinsten Holzsaft zum Zweck physiologischer Untersuchungen zu gewinnen. Ich habe mir häufig aus Ulmen, Birken, Ahornbäumen, Holzsaft gesammelt, und an ihm folgende Eigenschaften bemerkt. Er scheint etwas dickflüssiger als Wasser zu sein. Es mangelt ihm durchaus aber noch die innere Gestaltung zu Kügelchen, welche sich so auffallend an dem Lebenssafte zeigt. Er sieht unter der stärksten Vergrößerung und in dem reinsten Lichte, klar wie Wasser aus. Daher zeigen sich auch durchaus noch keine inneren Bewegungen, sondern er erscheint noch völlig ruhig. Man bemerkt zwar besonders in dem aus einer bedeutenden Höhe des Stammes gesammelten Safte des Holzes, zuweilen schon einzelne Andeutungen zur innern Gestaltung, durch hin und wieder zerstreut umherschwimmende Kügelchen, von denen auch schon immer mehrere zusammenhängen; aber Bewegungen habe ich daran nie bemerken können. Der Saft vermischt sich auch leicht mit dem Wasser, und schwimmt keinesweges so in trüben Wolken in demselben herum, wie man dieß wohl an dem ebenfalls im Schattenlichte farbenlosen Saft der Chara, und dem farbenlosen Lebenssafte mehrerer höheren Pflanzen bemerkt, welcher aber auch im hellen Lichte besehen, durch und durch innere Gestaltung und Kügelchenbildung zeigt.

§. 47.

Daraus geht also hervor, daß der Holzsaft noch höchst unvollkommen organisirt ist, und gleichsam erst auf dem Uebergange aus dem elementarischen Leben der allgemeinen Natur zu der vegetativen Organisation steht. Darin liegt auch der Grund, daß er, sobald er aus der Pflanze entfernt ist und aufbewahrt wird, sogleich wieder durch Gährung, Fäulniß ꝛc. in den allgemeinen physikalischen Proceß zurückgeht, während sich die höheren Lebenssäfte noch lange nach ihrer Absonderung aus der Pflanze, besonders wenn man sie in größern Quantitäten aufbewahrt, lebendig erhalten und innerlich bewegen. Der Holzsaft ist noch vollkommen ohnmächtig gegen die Einwirkungen der allgemeinen Natur, während sich die Lebenssäfte schon durch eine höhere innere Organisation gegen diese zu erhalten im Stande sind. Das chemische Leben schwankt hier noch im Uebergange zu dem organischen, und die chemischen Elemente treten daher auch alsbald in ihre ungebundene Wechselwirkung, sobald die lebendigen Verhältnisse, in welchen der Holzsaft zur Pflanze steht, durch Entfernung aus derselben aufgehoben sind; so wie umgekehrt bei der Fortdauer dieser lebendigen Verhältnisse, der Saft höher organisirt, und der chemischen Gewalt durch und durch entrissen wird. Durch diese noch schwankende Organisation müssen wir also den Holzsaft von allen übrigen Pflanzensäften unterscheiden, welche bereits höher organisirt sind.

§. 48.

Man könnte zwar scheinbar in Verlegenheit kommen, ihn von den Absonderungen der Pflanze, von denen später die Rede sein wird, zu unterscheiden, da diese ebenfalls keine innere Lebensbewegungen zeigen. Allein dieß sind todte Absätze, welche sich durch eine meist schon entschieden chemische Natur charakterisiren, z. E. die

Harze, ätherischen Oele, Säuren ꝛc., wogegen der Holzsaft ein völlig indifferentes, der lebendigen Organisation fähiges Wesen ist, was diese Sekrete nicht sind. Der Holzsaft hat eine ganz milde Beschaffenheit, er ist völlig farben- und geruchlos, und enthält völlig chemisch indifferente Dinge, z. E. den Zucker, in welchem sich die physikalischen Aktionen ausgeglichen haben. Dadurch allein ist er einer höhern organischen Bildung fähig, und die Pflanzen können sich ihn weiter zur eigenen Substanz verähnlichen.

Dritter Artikel.

Von den Verhältnissen des Holzsaftes zum Holze.

§. 49.

Was hier jetzt folgt, ist ein Punkt, über den die Wissenschaft seit Grew und Malpighi in eine innere Unruhe und Zwietracht gerathen ist, welche sie bisher nicht mit sich hat versöhnen können. Er betrifft zunächst die Theile des Holzes, in denen der Saft enthalten ist. Nachdem Grew und Malpighi die Anatomie der Pflanzen mit unendlichem Fleiß und durch lange Arbeiten begonnen hatten, trat eine Zeit ein, in welcher ihre schönen Arbeiten über mancherlei physiologische Betrachtungen des Pflanzenlebens unbenutzt blieben. Grew und Malpighi selbst hatten schon mancherlei Aeußerungeh über einen Kreislauf des Saftes in den Pflanzen gemacht, und ihre Ideen erwachten vielleicht von Neuem, vielleicht durch Tradition, in Anderen wieder, und man wollte einen, dem thierischen analogen Kreislauf in den Pflanzen zu beweisen suchen. Unter denen, die dieß versuchten, stand Perrault[47]) oben an. Er trug seine Ansichten hierüber der Academie der Wissenschaften in Paris schon 1707 vor, und fand besonders in Magnol einen Gegner, der ihn durch einen Versuch zu widerlegen suchte, welcher zufällig über die Art, den Lauf der Flüssigkeiten in den Pflanzen nachzuspüren, zu einer langen Reihe schöner Entdeckungen Gelegenheit gab, wenn er gleich die Gegner über das Nichtvorhandensein des Kreislaufs nicht nur nicht zufrieden stellte, sondern später sogar ein Mittel gab, wodurch man diesen Kreislauf noch mehr beweisen wollte.

§. 50.

Magnol[48]) nämlich, setzte einen Tuberosenstengel sammt der Blume, in mit Wasser verdünnten Saft von

47) Claude Perrault oeuvres de Physique et de Mechanique. Amsterdam 1727. T. 1. p. 71. de la circulation de la seve des plantes.

48) Histoire de l'academie des sciences. Paris 1709. p. 48. steht darüber folgende Stelle: „La circulation par laquelle les sucs sont brisés plus attenués et en quelque sorte plus tourmentés, que par un simple mouvement directe, engageoit M. Perrault a dire que les plantes ont besoin d'une nourriture extremement préparée. M. Magnol ne convient pas de la necessité de cette grande praeparation. Il a fait tremper pendent une nuit une Tige de Tubéreuse en fleur dans du suc de Solanum racemosum mêlé d'un peu d'eau. Ce suc est de couleur de laque et la tubereuse est devenu d'un beau couleur de Rose. Il ne paroît pas que les sucs qui ont fait ce changement de couleur et qui par consequent ont tres intimement nourri la plante ayent pu être fort altérés ni fort tra-

Phytolacca, und fand, daß dieser rothe Saft die Blumen färbte, also nothwendig von der Pflanze eingesogen worden war. Da Magnol durch diesen Versuch weiter nichts beweisen wollte, als daß die Nahrung in die Pflanze geradezu in die Höhe steige, so spürte er den Weg weiter nicht nach, welchen die Flüssigkeit genommen hatte, sondern ließ es dabei ganz sein Bewenden.

Diese Beobachtung benutzte nun de la Baisse [49]), um den Lauf der eingesogenen gefärbten Flüssigkeit weiter zu verfolgen. De la Baisse trieb zwar die Vergleichung der Saftbewegung in den Pflanzen mit dem Blute der Thiere so weit, daß er Herz mit Kammern und Schlagadern, Milchgefäße, Lungen ꝛc. in den Pflanzen annahm, und einen vollständigen thierischen Kreislauf, ja sogar Magen und Gedärme, so daß also diese Folgerungen wenig Rücksicht verdienen; aber seine Versuche sind sehr interessant, besonders aus dem Grunde, weil er die Pflanzen in vielen Versuchen mit der vollständigen Wurzel die Flüssigkeit einsaugen ließ, und deshalb will ich dieser hier Erwähnung thun.

Er setzte mehrere Pflanzen mit ihren Wurzeln, (junge Aprikosenbäume, Schöllkraut, Sallat, Tuberosen ꝛc.) in die gefärbte Flüssigkeit, und bei der nach zwei oder drei

---

vaillés. On sait aussi qu'il ne faut qu'un peu d'eau pour remettre en vigeur une plante arrachée de terre, qui commence à se flétrir et quelquefois même pour la faire végéter.“

49) De la Baisse dissertation sur la circulation de la sève des plantes, qui a remporté le prix au jugement de l'academie à Bordeaux 1733. 8.

Tagen vorgenommenen Untersuchung, fand er, daß die Rinde auf ihrer ganzen Oberfläche mit der Farbe durchzogen war, welche aber in den kleinern Fasern an den Stellen, wo die Seitenzweige entsprungen waren, ungleich stärker war, so daß es hier so schien, als ob sie, wie ein Schwamm, die Farbe eingesogen hätten, indem sie ganz damit durchzogen waren. Darauf setzte er Pflanzen, von deren Wurzeln er die Rinde abgeschält hatte, in gefärbte Flüssigkeit, und sah diese früher als diejenigen verwelken, welchen er die Rinde gelassen hatte, aber nicht so früh als andere, die er ohne sie in Flüssigkeit zu stellen, darneben gesetzt hatte. Daraus folgerte er, daß der natürliche Weg durch welchen die Pflanzen die Nahrung einsaugen, die Rinde sei.

Ueber diesen Punkt habe ich vorhin schon einige Bemerkungen gemacht. Nemlich die Pflanze saugt nicht nur vermittelst der Rinde der Wurzeln die Nahrung ein, sondern durch die Absonderungen der Rinde erleidet der einzusaugende Saft noch vorher eine Digestion, wodurch er zur Aufnahme geschickter gemacht wird.

§. 51.

Bei der weitern Zergliederung der Pflanzen, welche er mit den Wurzeln die gefärbte Flüssigkeit hatte einsaugen lassen, fand er, daß der Saft weder durch das Mark, noch durch die Rinde, noch zwischen Holz und Rinde, sondern durch das Holz selbst, aufgenommen und weiter geführt war, so daß die Nahrung sich von dem Holze der Wurzel aus, in alle übrigen Theile verbreitet hatte. Eine nähere Bestimmung des Theils im Holze aber, in dem der Saft zu finden war, giebt er nicht an.

Bei einigen Pflanzen (Euphorbien) bemerkte er aber weiter, daß der gefärbte Saft durch die Blattrippen in das Parenchym gedrungen war, und die Milchsäfte dieser Theile roth gefärbt hatte, jedoch ohne weitere mikroskopische Untersuchung dieser Theile, so daß auch wohl Täuschung Statt gefunden haben könnte. Diese Färbung des Parenchyms und der Rinde bemerkte er zuerst an den obern, später an den untern Theilen der Pflanze, und daraus schloß er nun, daß der Saft in der Rinde wieder absteige, nachdem er im Holze aufgestiegen sei, dann wieder aufsteige ꝛc., wodurch dann der Kreislauf zu Stande käme. In wiefern er hierin Recht oder Unrecht hat, das wird sich späterhin von selbst ergeben.

Er stellte ferner abgeschnittene Zweige in die gefärbte Flüssigkeit, und bemerkte hier, nachdem er sie rein abgewaschen hatte, daß nur an den Stellen die Rinde gefärbt war, wo sie von der Oberhaut entblößt erschien, wogegen auch in diesem Fall nur das Holz gefärbt war.

§. 52.

Kurz darauf stellte Bonnet [50]) über denselben Gegenstand mehrere Versuche an, welche im Ganzen dieselben Resultate gaben, nur eiferte er schon gegen die Vorstellung, welche sich de la Baisse von dem Kreislauf gemacht hatte. Bonnet wählte zu seinen Versuchen Tinte und Färberröthedekokt, und ließ diese Dinge vorzüglich von Bohnen einsaugen; aber auch Weinstöcke sammt den Wurzeln wandte er zu den Versuchen an, und sah' immer nur das Holz gefärbt. Dasselbe geschah auch, wenn

50) Bonnet recherches sur l'usage des feuilles.

er abgeschnittene Zweige in Tinte setzte. Um zu wissen, ob sich die gefärbten Flüssigkeiten vielleicht eben so wie das Wasser, in einen schwammigen Körper einzögen, kam Bonnet auf den Gedanken, abgestorbene Stücke alten Holzes in Tinte zu legen, und diese saugten nichts ein; also schloß er natürlich, daß beim Einsaugen derselben ein lebendiges Verhältniß Statt finden müsse. Ich habe dieß auch probirt. Allein wenn das Holz völlig ausgetrocknet ist, so zieht sich dennoch farbige Flüssigkeit hinein, wenn sie völlig klar filtrirt war, was eben auch gar nicht zu bewundern ist, und womit ich auch Bonnets Folgerungen gar nicht widerlegen will, weil das hier eine hygroscopische Erscheinung ist. Ich merke es bloß an, damit Andere nicht etwa gelegentlich darin etwas Auffallendes finden möchten. Bonnet setzte einen Apricosenzweig in Melissenwasser, und fand, daß die Blumen des Zweiges nach Melisse rochen. Eben so ging es Hales mit dem Kampherspiritus, worin er einen Zweig von einem Birnbaum setzte. Ich habe dieß nicht nachgemacht.

§. 53.

Duhamel [51]) nahm keine ganze Pflanzen mit Wurzeln, sondern bloß Zweige, die er in Tinte setzte, und er fand das Nämliche, was de la Baisse und Bonnet bemerken. Nur probirte er noch, ob die Einsaugung durch äußeren Druck vermehrt werden könne, indem er eine Wassersäule auf ein verschlossenes Gefäß drücken ließ, aus welchem ein Kastanienbäumchen Tinte einsaugen sollte. Seine Vermuthung bestätigte sich aber nicht.

51) Duhamel physique des arbres 2. p. 248.

§. 54.

Mit Duhamel zugleich stellte Reichel [62]) seine Versuche an. Er wandte ein Fernambuckdecoct an, und ließ es zuerst Zweigen von Wein, Balsaminen, Rosen, Maulbeerbäumen rc. einsaugen. Da ihm dieß schön gelang, so nahm er ganze Pflanzen, sammt den Wurzeln, einige sogar mit Blumen und Früchten: von der Balsamine, dem Stechapfel, Butomus umbellatus, Bohnen, Wicken rc. Er ließ die Pflanzen mehrere Tage in der Flüssigkeit stehen, und untersuchte nun mit Hülfe des Mikroskops genau anatomisch die Theile, in denen der gefärbte Saft aufgestiegen war. Es waren nicht allein die Wurzeln und Stämme, sondern auch die Blumen und Früchte mit farbiger Flüssigkeit erfüllt, und diese zeigte sich immer nur in den Spiralgefäßen. Das ist also der Punkt, den die früheren Beobachter nicht beachtet hatten. Jedoch setzte auch Reichel die Sache nicht gehörig ins Licht, weil er den Verholzungsproceß nicht genau kannte, und die Theile des Holzes selbst im ausgebildeten Zustande nicht zu unterscheiden wußte. Er untersuchte daher nur die jüngsten Triebe, in denen sich die Spiralgefäße noch abwickeln ließen, und hat davon recht schöne Abbildungen aus dem Weinstock gegeben. Treviranus hat ihm vorgeworfen, daß er hier Spiralgefäße abgebildet habe, wo keine vorhanden seien. Aber das hat Reichel nicht gethan, und ich würde bei der großen Genauigkeit, womit die Zeichnungen und Kupferstiche gemacht sind, dieß selbst nicht einmal glauben, wenn ich den Zusammenhang dieser Sache auch

62) Reichel de vasis plantarum spiralibus. Lipsiae 1758.

gar nicht wüßte. Reichel wählte die jüngsten Triebe des Weines zu seinen Abbildungen, und darin bitte ich nur nachzusehen, um zu bemerken, daß hier das Holz noch durch und durch aus leicht abzuwickelnden Spiralgefäßen besteht.

§. 55.

Nun hatten aber Grew und Malpighi von den Spiralgefäßen behauptet, sie führen Luft, oder, was in der Hauptsache auf eins hinausläuft, eine dunstförmige Flüssigkeit. Da man aber nach Reichel den großen Zellenhölen im Holze wieder mehr auf die Spur kam, und die ärgerliche Metamorphose der Spiralgefäße in diese Theile blindlings allgemeiner behauptete, so gerieth man nun über die Funktion dieser Theile bis über die Ohren in Verwirrung, indem der eine sagte, die Spiralgefäße führen Luft, der Andere sie führen Saft. Was aber das für Saft sei, davon war eben so wenig die Rede, als von der Art und dem Zwecke der Luft, die sich darin befinden sollte. Diese Knoten noch tiefer zu verschürzen, kam noch folgender Umstand hinzu. Man wählte jetzt nicht mehr, wie Magnol, de la Baisse, Bonnet, Duhamel und Reichel zu den Einsaugungsversuchen Pflanzen mit Wurzeln, sondern abgeschnittene Zweige. Da aber in diesen viele von den Zellenhölen noch einen, lange Strecken ununterbrochenen, Kanal bilden, so zog sich hier die gefärbte Flüssigkeit durch Kapillaraction ziemlich rasch in die Höhe, und man hielt nun diese Erscheinung für eins und dasselbe mit der Art wie die Spiralgefäße die Flüssigkeiten einsaugen. So ist zum Beispiel die berühmte Hedwig'sche riesenmäßige Abbildung des sogenannten Spiralgefäßes mit holen Spiralfibern aus der Gurke [53]), wie man aus dem darneben befindlichen Querdurchschnitt des Stengels sieht, gar kein Spiralgefäß, sondern eine große Zellenhöle im Stengel, und dennoch sind Spiralfibern in einer Zusammensetzung und Größe abgebildet, die gewiß, weder Hedwig noch sonst einer, je in der Natur gesehen hat und sehen wird!

§. 56.

Im natürlichen Zustande sieht man, wie Grew und Malpighi richtig bemerken, in diesen Zellenhölen keine tropfbare Flüssigkeit, und dieß führte nun weiter zu der ganz richtigen Vorstellung, daß es eine naturwidrige Erscheinung sei, wenn sich in diese Hölen gefärbte Flüssigkeit aufziehe; aber auch zugleich zu der eben so grundfalschen Folgerung, daß nur dasselbe mit den eigentlichen Spiralgefäßen der Fall sei, deren Metamorphose in diese großen Zellenhölen man seit Grew zu vertheidigen strebte. Hätte die Anatomie hier auf festen Füßen gestanden, so wären eine Menge Irrthümer nicht entstanden. Jedoch ist dieß eben ein höchst schwieriger Punkt, und ich bin eigentlich auch nur durch einen großen Umweg zu dem wahren Verhältniß der Zellenhölen zu den Spiralgefäßen gekommen, nämlich bei Gelegenheit meiner Versuche über die Einsaugung farbiger Flüssigkeiten, welche ich jetzt auseinander setzen werde.

§. 57.

Ich habe, wie ich jetzt wohl einsehe, eine unendliche Menge unnützer Versuche angestellt, die Pflanzen farbige

53) Hedwig hist. musc. frond. 1. T. 1. fig. 9.

Flüssigkeiten einsaugen zu lassen, bevor ich zu den Grundsätzen gelangen konnte, nach denen sie wohl am besten zu veranstalten sind. Damit will ich aber meine Leser nicht lange in Verwirrung erhalten, und diese Versuche lieber gar nicht erzählen, da sie auch selbst nicht allgemein von historischem Interesse sind, wenn man gleich daran sehen könnte, daß man für solche Fälle keine Hodegetick und Hermeneutick vom Katheder und aus Büchern lehren und lernen kann. Ich weiß jetzt, daß es auf dreierlei Punkte dabei besonders ankommt: 1) Auf die Energie und Integrität des Lebens der Pflanze, welche man anwendet, 2) auf die Zeit, in welcher die Versuche angestellt werden, 3) auf die Beschaffenheit der Flüssigkeit, welche eingesogen werden soll.

§. 58.

Was den ersten Punkt betrifft, so taugen alle zarten, weichlichen Gewächse aus dem Grunde nichts zu den Versuchen, weil eine gewisse Kraft dazu gehört, die fremdartigen, farbigen Stoffe zu assimiliren, und weil früher oder später selbst die kräftigsten Pflanzen dadurch vergiftet werden. Daher ist es nöthig, daß man nicht nur Pflanzen mit zähem Leben, sondern auch von einem höhern Alter nimmt, in denen eine größere Festigkeit des Baues und der Verrichtungen vorhanden ist, als in den ganz jungen. Aus diesem Grunde schien es mir nöthig, stärkere und größere Pflanzen zu den Versuchen anzuwenden, als man dieß bisher gethan hat. Die Pflanzen sollen aber zugleich, sammt den Wurzeln, in völliger Integrität sein, weil sonst farbige Flüssigkeiten in Theile gelangen, wohin sie im unverletzten Zustande nicht gekommen sein würden. Die grösseren Bäume aber, sitzen meistens so fest und tief mit ihren Wurzeln in der Erde, daß sie nicht leicht ohne große Verletzung hervorgehoben werden können. Aus diesem Grunde suchte ich die beiden Zwecke: größere Pflanzen mit möglichst unverletzter Wurzel zu erhalten, auf folgende Weise zu vereinigen. Ich ließ mir aus Baumschulen auserlesen schön gewachsene armdicke Bäume ausgraben, welche im vorigen Jahre erst verpflanzt waren, und also noch nicht wieder sehr lange Wurzeln tief in die Erde getrieben haben konnten. Da ich weiß, daß im Herbste, nachdem die letzten Wurzelenden abgefallen sind, die Pflanzen nur sehr locker im Boden festsitzen, so ließ ich sie zu dieser Zeit aus der Erde nehmen, und verwahrte sie den Winter hindurch, leicht zugedeckt, an einem feuchten Orte, und, zu größerer Vorsicht, stellte ich sie noch einige Tage vor der Zeit, daß ich sie zu Versuchen anwenden wollte, in reines Wasser mit den Wurzeln. Ich habe Fichten (P. sylvestris), Lerchenbäume (P. Laryx), Pflaumenbäume, Ahornbäume, Eichen, Buchen (F. sylvatica), Elsen (Betula Alnus), Kastanienbäume, Ebereschen (Sorbus aucuparia) und Andere, so wie ich sie mir habe verschaffen können, angewendet, und die Versuche damit zwei Jahre hintereinander zu verschiedenen Zeiten, meist doch im Frühjahr wiederholt.

§. 59.

Das zweite, worauf es bei diesen Versuchen ankömmt, ist die Zeit, in welcher man sie anstellt. Sie sind mir freilich zu allen Zeiten, im Frühling wie im Sommer und Herbst gelungen; aber am besten im ersten Frühling, sobald der kräftigste Puls des periodischen Pflanzenlebens erwacht; und zu Johanni mit dem zweiten Jahrestriebe. Die meisten Versuche mit großen Bäumen habe ich im Frühling 1822 angestellt, und so eben, als ich dieß schreibe, zeigen mir die Wiederholungen derselben die nämlichen, sogleich zu erwähnenden Resultate. Dabei kann ich nicht umhin zu bemerken, daß ich dem Herrn Oberförster Fintelmann im Thiergarten hierselbst, die besondere Gefälligkeit verdanke, daß er mir einen großen Theil der Bäume zu meinen Versuchen, aus den Partheien des Thiergartens geliefert hat.

§. 60.

Zum dritten kömmt es auf die Beschaffenheit der Farbestoffe an, welche von den Pflanzen eingesogen werden sollen. Hierbei ist wieder zweierlei zu berücksichtigen: 1) die Farbestoffe, 2) die Form in der man sie anwendet. Zu der Zeit als ich meine Entdeckungen des Kreislaufs im Schöllkraut [54]) beschrieb, wußte ich nicht, daß schon Corti und Bonnet sich aus dem nämlichen Grunde mit mir, der Färberröthe zum Färben der einzusaugenden Flüssigkeiten bedient hatten. Es ist nämlich die Hauptregel diese, daß man Farben wählt, welche so wenig als möglich fremdartig, und von entschieden chemischer Natur sind. Deshalb habe ich später auch noch folgendes probirt. Ich sah, daß ein alter Gartenfreund seine kränkelnden Bäume mit thierischem Blut begoß, und er versicherte mir, daß sich darnach die Bäume sehr

54) Ueber den Kreislauf des Saftes im Schöllkraut rc. Berlin bei Dümmler 1822.

erhalten. Ich bestellte mir also sogleich bei einem Schlächter einige Eimer Blut von geschlachtetem Vieh, verdünnte dieß theils mit der Hälfte Wasser, theils setzte ich geradezu meine Bäume mit den Wurzeln hinein. Diejenigen, welche in dem verdünnten Blute standen, hatten weniger, die andern in dem geronnenen, dicken Blute, hatten bei weitem mehr eingesogen, als ich sie nach 8 Tagen untersuchte. Allein es schien mir doch, als ob das Blut, geradezu eingesogen, den Pflanzen schädlicher sei, als die Färberröthe: denn sie blieben mir nicht so lange frisch als diejenigen, welche ich in Färberröthe gesetzt hatte. Auch verwelkten mehrere Basilikumpflanzen (O. virgatum), welche ich in Töpfen mit Erde stehen hatte, und sie mit Blut häufig begoß, in mehreren Tagen, ohne daß sich die Farbe unverändert in den Spiralgefäßen zeigte. Sie war hier in eine schmutzig braune, durch den Assimilationsproceß umgeändert, und hatte sich auch nicht sehr weit in den Stengel hinaufgezogen.

§. 61.

Auf die Consistenz der färbenden Massen, in welche man die Pflanzen setzt, kömmt, wie mir scheint, aber noch mehr an, als auf ihre größere oder geringere Fremdartigkeit. Meine früheren, erwähnten Versuche mit der Färberröthe, unterscheiden sich dadurch von den Bonnetschen, daß ich nicht das Decoct, sondern den dicken Brei anwendete, weil ich damit zeigen wollte, daß keine mechanische Thätigkeit bei der Einsaugung wirksam sei, indem sich in diesem Fall die Mündungen der Gefäße durch das Färberröthepulver hätten verstopfen müssen, so daß die Pflanze nichts hätte einsaugen können. Später

ter bemerkte ich, weil ich mehrere andere Farben ebenfalls zu einer breiartigen Form brachte, und die Pflanzen in diesen Brei eingepflanzt, daß gerade diese Pflanzen immer viel mehr und früher die Farben einsaugen, als diejenigen, welche ich in klare, filtrirte Flüssigkeiten gesetzt hatte. Diese Erscheinung blieb mir lange dunkel, obgleich die Sache selbst augenscheinlich war. Dazu bemerkte ich, daß gerade die kräftigsten Bäume in diesen Fällen zuweilen aus den Farben anfangs völlig ungefärbtes Wasser, später etwas ausgebleichtes, und erst zuletzt die unveränderte Farbe einsogen. Dieß brachte mich zu dem Gedanken, daß durch die Wirkung der Rindensekrete der Wurzel die Stoffe vor dem Einsaugen digerirt und entfärbt werden müßten, bis endlich die Pflanze nicht mehr im Stande sei, diesen Proceß auf die fremdartige Flüssigkeit auszuüben, und nun die unveränderte Farbe einsauge. Und dieser Glaube erhebt sich mir fast zur Gewißheit, wenn ich bedenke, daß diejenigen, welche in ganz rein filtrirtem flüssigem Farbenwasser stehen, theils diese Erscheinung selten oder gar nicht darbieten, theils überhaupt viel schwerer Farben einsaugen. Hier ist nämlich folgender Umstand zu berücksichtigen. Bei den Pflanzen welche in einem Farbenbrei stehen, bleibt die, die einsaugenden Wurzeln umgebende Farbe, immer an derselben Stelle ruhig mit der Wurzel in Berührung, und die Sekrete derselben können daher die digerirende Thätigkeit auf diese Substanz in hohem Grade ausüben. Dagegen wird jeden Augenblick in dem ganz flüssigen Wasser der Theil, welcher so eben die Wurzel umgab, entweder wieder weggespült, oder die Veränderungen, welche es erlitten hat, um zur Einsaugung vorbereitet zu werden, theilen sich dem ganzen übrigen Wasser mit, so daß also hier unmöglich das einzusaugende Wasser noch außer der Pflanze verändert werden kann.

§. 62.

Aus demselben Grunde scheint mir auch an allen den Wurzeln, welche gezwungen sind, im natürlichen Zustande ihre Nahrung geradezu aus dem Wasser einzusaugen, eine keulenförmige schwammige Aufschwellung der Wurzelspitzen Statt zu finden, in welcher die Nahrung, um erst digerirt zu werden, vor der Einsaugung in die Spiralgefäße, festgehalten wird, weil hier jeden Augenblick die nach außen abgelagerten Sekrete der Wurzel weggespült werden würden. Man hat bisher nur solche schwammige Anschwellungen an den Wurzelspitzen der Lemna bemerkt; allein diese kommen durchweg an allen den Wurzeln vor, welche ihre Nahrung unmittelbar aus dem Wasser einsaugen müssen, selbst wenn es Pflanzen sind, die in der Regel in der Erde wurzeln. So habe ich z. E. an den, am Ufer von Flüssen und Seen stehenden, Weiden, Elsen, Ebereschenbäumen und andern, bemerkt, daß derjenige Theil der Wurzeln dieser Pflanzen, welcher in der Erde wurzelte, gewöhnlich spitz zulaufende Enden hatte, wogegen alle die frei im Wasser hängenden Wurzelspitzen keulenförmig, wie bei der Entengrütze, angeschwollen waren. Hier sieht man also offenbar, daß dieß den bemerkten Zweck haben muß, weil sonst nicht an denselben Pflanzen beiderlei Formen und Einrichtungen der Wurzelspitzen zugleich vorkommen könnten.

§. 63.

Das sind also die Grundsätze, nach denen ich meine Einsaugungsversuche mit Farbestoffen gemacht habe. Die Resultate davon sind im Allgemeinen von denen des de la Baisse, Bonnet, Duhamel und Reichel nicht verschieden: nämlich immer sind es die Theile des Holzes, welche einsaugen und das Eingesogene fortleiten. Aber ich bin noch auf folgenden wichtigen Punkt gestoßen, der für die ursprüngliche und bleibende Verschiedenheit der großen Zellenhölen des Holzes und der Spiralgefäße spricht, und welcher mich eigentlich erst auf diesen Umstand aufmerksam gemacht hat. Aus den sich noch leicht abrollenden Spiralgefäßen der jüngsten Wurzeltriebe, welche die Stoffe eingesogen haben, geht die farbige Nahrung in die verholzten Spiralgefäße der ältern Theile über, welche schon in einen gleichförmigen, häutigen, gegliederten Kanal verwachsen sind, und in den jüngsten Trieben der nach oben wachsenden Theile erscheint die farbige Flüssigkeit wieder in den, sich noch abrollenden, Spiralgefäßen, wie in den letzten Wurzelspitzen. Dagegen findet sich in den großen Zellenhölen des Holzes von der eingesogenen farbigen Flüssigkeit nie die mindeste Spur, wenn die Pflanze mit unverletzten Wurzeln die Farben eingesogen hatte; aber in allen den Fällen, wo man abgeschnittene Zweige jüngerer Theile, mit den offenen Mündungen der Holzhölen, in die Farbe setzt, da steigt auch in diesen, so lange die Kanäle offen sind, farbige Flüssigkeit eine ziemlich weite Strecke in die Höhe, welches nicht geschieht, wenn man diese Zweige in einen Farbenbrei setzt, indem sich hier bald die Löcher verstopfen, und die Flüssigkeit selten höher als bis zur Oberfläche des Farbebreies aufsteigt.

Daß die farbige Flüssigkeit in demselben Zustande aus den Spiralgefäßen in die Theile der Rindensubstanz, oder vielmehr in die Lebensgefäße übergegangen sei, habe ich am Ahornbaum (A. platanoides) der doch einen milchweißen Lebenssaft hat, nie bemerken können. In den Blättern habe ich das Parenchym und den Milchsaft rund um die Spiralgefäße sehr oft gefärbt gesehen; allein dann hatte auch der Kreislauf ganz aufgehört, und alles war todt, ohne die geringste Bewegung. Auch habe ich nie bemerkt, daß zur Zeit wenn sich die Rinde vom Holze löst, durch die farbigen Flüssigkeiten des Holzes sich diese Farbe dem sogenannten Cambium mitgetheilt hätte, welches ich hier im Voraus erinnern will, um mich späterhin darauf zu beziehen. Ich will aber dem de la Baisse die Beobachtungen gar nicht abstreiten, daß er in den Blättern der Euphorbien den farbigen Saft aus dem Holze in das Parenchym hat übergehen sehen; im Gegentheil glaube ich dieß sehr gern, da es möglich ist, daß der Saft von der Phytolacca noch besser, als das Blut und die Färberröthe, zu den Versuchen paßt, und ich seine Versuche damit nicht habe wiederholen können. Auch hat er seine Versuche in einem viel günstigern Klima angestellt, wo sicher die Vegetation viel kräftiger und lebendiger vor sich geht, und das Absterben der Pflanzen nicht so gar leicht zu besorgen ist. Darum glaube ich auch, daß dem Comparetti [55])

55) Comparetti Prodromo di Fisica Vegetabile.

die Versuche, selbst mit einer sonst wenig passenden Flüssigkeit, der Tinte, so gut gelungen sind, weil die Vegetation, so wie das Klima, bei uns und in Italien, gewiß gleichmäßig verschieden ist, und ich erwarte auch von der Untersuchung des Kreislaufs in wärmeren Himmelsgegenden viel günstigere Resultate, als bei uns, wovon ich noch später reden werde.

§. 64.

Nach dem was ich hier so eben beschrieben habe, wird nun wohl jeder schon von selbst eingesehen haben, was es mit dem Streit, über das Luft- und Saftführen der Spiralgefäße, für eine Bewandniß hat. Man würde nie behauptet haben, die Spiralgefäße führen Luft, wenn man nicht die unglückliche Verwechselung der großen Holzhölen mit den Spiralgefäßen gemacht hätte. Dieser Punkt hat uns lange von der Erkenntniß der Wahrheit zurückgehalten, und manchen ernsten Forscher in Widersprüche verwickelt, und durch unnütze Arbeiten ermüdet.

Der Einwurf, daß die Spiralgefäße deshalb nicht saftführend sein könnten, weil die niederen Pflanzen keine haben, fällt aus dem Grunde weg, weil, wie ich gezeigt habe, hier der Lebensproceß ganz anders vor sich geht, als in den Holzpflanzen. Daß man Luft aus der Pflanze pumpen kann, ist kein Wunder, und daß man diese Luft in die großen Holzhölen mit Malpighi versetzt hat, eben so wenig, da in ihnen wirklich Luft enthalten ist, wie im späteren Alter in den meisten saftleeren Zellen. Aber daß diese Lufthölen von den Spiralgefäßen himmelweit verschiedene Dinge sind, daß ist der Knoten, den man nicht aufgelöst hat.

§. 65.

Es ist also unbezweifelt, daß der Holzsaft, von dem im vorigen Artikel geredet worden ist, in den verholzten Spiralgefäßen oder den Holzgefäßen enthalten ist, und wenn man die Sache beim Lichte besieht, so hat daran eigentlich noch niemand gezweifelt, nur hat man diese Theile nicht für verholzte Spiralgefäße, sondern für ein dem Baste analoges Zellengewebe passiren lassen. Grew's Saftgefäße des Holzes, Malpighi's Holzröhren, und der sogenannte Holzbast aller Neuern, das sind die verholzten Spiralgefäße, und was man im alten Holze für Spiralgefäße gehalten hat, das sind Lufthölen der Zellen.

§. 66.

Es ist eine sehr alte Beobachtung, daß der Holzsaft sich in sehr großer Menge nur periodisch, besonders im Frühling vor dem Ausbruche der Blätter, im Holze unserer Bäume zeigt, aber wie abgeschnitten mit dem vollendeten Ausbruch der Blätter verschwindet. Ferner, daß selbst diese große Anhäufung desselben, so, daß er aus einigen zu dieser Zeit verwundeten Bäumen, in ununterbrochenen Strömen ausfließt, nicht bei allen Bäumen Statt findet, und daß andere dagegen nicht eine so bedeutende Menge Saft ergießen, wenn gleich an der immer sehr feuchten Beschaffenheit des Holzes zu dieser Zeit sein Vorhandensein in bedeutender Menge leicht zu erkennen ist. Man hat daraus die Folgerung gemacht, daß der Saft in großen Perioden auf- und absteige, nämlich so, daß nachdem er im Holze Frühlings aufgestiegen sei, den Sommer hindurch nach Einigen im Holze selbst, nach Andern in der Rinde, und noch Andern zwischen Holz und Rinde wieder bis zum Herbst langsam absteige. Diese Vorstellungen sind aber leere Schattenbilder, und über den innern Zusammenhang dieser Vorgänge hat sich auch nie einer deutlich ausgesprochen, und noch viel weniger über die eigentliche Natur des auf- und des sogenannten absteigenden Saftes.

Einige meinten, der im Holz aufsteigende Saft diene unmittelbar zur Ernährung der Theile, nachdem er im Holze selbst verdaut sei, und die Ueberreste desselben gingen durch die Rinde als Auswurfsstoffe wieder in die Erde zurück. Diese Meinung hatte Grew [56]); aber er trägt auch an andern Stellen wieder eine viel complicirtere Lehre von einer dem thierischen Kreislauf ähnlichen Saftbewegung vor, nach welcher der Saft im Marke, als den großen Arterien, aufsteige, und durch die Rinde, der Vena cava wieder zurückgehe rc. [57]), eine Meinung, welche Darvin in der oben angeführten Stelle fast wörtlich abgeschrieben hat. Malpighi [58]) hatte eine ähnliche Meinung, doch glaubte er mehr, daß durch die Markstrahlen der Saft aus dem Holz in die Rinde gehe, unterweges eine Gährung erleide, und in der Rinde zum fernern Gebrauch aufbewahrt werde. Er hielt also den Holzsaft für einen rohen Nahrungs-

---

56) Grew the Anatomy of Vegetables etc. C. II. de radice, woraus ich die hierher gehörige Stelle später bei der Holzbildung im Zusammenhange anführen werde.

57) Grew l. c. Misc. Ac. nat. cur. an. 9. p. 324.

58) Malpighi l. c. p. 5. 13.

saft, verglich ihn auch schon sehr richtig mit dem Chylus der Thiere. Später sind diese Meinungen mit mancherlei Abänderungen wieder zum Vorschein gekommen, nur diejenigen, welche durchaus gegen diesen Kreislauf eiferten, wie Hales [59]) und dessen blinder Anhänger J. H. D. Moldenhawer [60]), statuirten durchaus gar keine Verschiedenheit der Holz- und Rindensäfte, sondern nahmen nur ein durch alle Theile gleichmäßiges Auf- und Absteigen eines unmittelbar zur Ernährung geschickten Saftes an, über dessen Verhältnisse sie sich aber auch weiter nicht ausgesprochen haben.

§. 67.

Der Holzsaft ist aber von allen übrigen Pflanzensäften, seiner ganzen Beschaffenheit nach, durchaus verschieden, und er ist die noch unvollkommen assimilirte Nahrung der Pflanze, welche erst später höher organisirt, und in das Kreislaufssystem übergeführt wird. Man sieht in den Spiralgefäßen vieler Blätter, den Schotenrippen vom Schöllkraut, den Knospenhüllen des Ahornbaums (A. plat.) diesen Holzsaft sich schon innerlich gestalten, und mit dem Lebenssafte in lebendige Wechselwirkung treten, durch welche er in das Kreislaufssystem übergeht, wovon nachher.

§. 68.

Ursachen der Einsaugung des Holzsaftes.

Ich will endlich noch kurz zweierlei Umstände betrachten, welche die Verhältnisse des Holzsaftes zur

59) Hales vegetable stat.

60) J. H. D. Moldenhawer de vasis plantarum rad. herbamque adeuntibus.

Pflanze betreffen, ehe ich zum Kreislauf übergehe. Diese betreffen die Ursachen, durch welche der Saft eingesogen und fortgeleitet, und die Ursachen, durch welche er verändert und zu dem Lebenssafte umgeschaffen wird.

Die älteren Botaniker, welche von den Ursachen der Säftebewegung in den Pflanzen geredet haben, unterscheiden zwar nicht einen bestimmten Saft, welchen sie meinten; aber man kann doch im Allgemeinen annehmen, daß da, wo sie von dem Aufsteigen des Saftes reden, ihre Meinungen, wenn gerade nicht den Holzsaft für sich, treffen, doch diesen gewiß mit einschließen, und in sofern verdienen die Aeußerungen derselben hier wohl einer Erwähnung. Malpighi [61]) meint, die inwendige Rauhigkeit der Gefäße, und ferner die Wärme seien vielleicht die Ursachen davon; doch hält er sich dabei nicht lange auf, und will diesen Punkt eifrigen Mechanikern zur weitern Untersuchung überlassen. Grew, Mariotte, de la Hire und Borelli dachten sich die Einsaugung und Fortleitung des aufsteigenden Saftes auf die Art, wie ein Schwamm oder Löschpapier das Wasser einsaugt; also nach den Gesetzen der Haarröhrchenaction, welche besonders de la Hire und Borelli exponirten, wozu noch Tournefort kömmt, der ebenfalls glaubte, es geschehe diese Saftbewegung auf die Art, wie die Baumwolle das Oel einsauge und fortleite. Grew näherte sich weiter darin noch wieder der Meinung Malpighi's, daß er glaubte, der Saft würde nach dem Einsaugen durch die Wärme in einen Dunst verwandelt, und dieser steige nun in die Höhe, eine Meinung, welche Au-

61) Malpighi l. c. p. 5.

bert du Petit Thouars neuerdings ebenfalls wieder vorgetragen hat. Mustel [62]) nimmt, als Grund des Aufsteigens die Malpighische und Grewsche Meinung zugleich an. Die Sonnenwärme, meint er, dehne die Gefäße aus, und nun steige mittelst Capillarthätigkeit der Saft in die Höhe. Wenn dieser Proceß nachlasse, laufe er wieder zur Wurzel hinab. Kurz diese beide Meinungen sind entweder einzeln oder vereint immer wiederholt worden. Die van Marumsche Meinung, daß die Zusammenziehung und Reitzbarkeit der Gefäße den Saft bewege, bezieht sich nur auf den Milchsaft und verschiedene Sekrete. Von ihr wird später die Rede sein, und sie gehört nicht hierher.

§. 69.

Ich bin früher selbst der Meinung gewesen, daß, wenn die Capillaraction auch nicht die einzige Ursache dieser Bewegung des Holzsaftes sei, sie doch dieselbe wohl unterstützen könne; aber ich bin von dieser Vorstellung ganz und gar zurückgekommen. Die Meinung des Malpighi, daß die Sonnenwärme das Aufsteigen des Saftes bewirke, scheint beim ersten Anblick, wenn nicht für sich allein wahr, doch nicht ganz zu verwerfen zu sein, indem die Wärme in Verbindung mit andern innern Verhältnissen dazu wohl beitragen könnte. Man sieht nämlich, daß, wenn nach einem starken Froste Thauwetter eintritt, der Saft in einigen Tagen anfängt aufzusteigen. Der Saft fließt, wie dieß schon Duhamel sehr gut wußte, und Walker später ebenfalls bemerkte, nur

62) Mustel traité de la veget. t. 2. p. 164.

an den Seiten des Baums, so lange es wieder friert, an welchen er von der Sonne beschienen wird, und ich sehe jetzt im Februar alle Tage, daß, so wie die Sonnenstrahlen nach und nach von der Stelle, wo man den Baum angebohrt hat, sich entfernen und den Theil im Stiche lassen, hier auch der Saft zu fließen aufhört, und die ganze Oeffnung sich voller Eis füllt. Daraus sollte man folgern, die Wärme befördere das Aufsteigen. Aber warum befördert sie es nicht auch im späten Herbste, wenn zuweilen noch wieder warme Tage eintreffen? Warum nicht auch in dem abgestorbenen Baum? Solcher Fragen ließen sich viele machen, wodurch man diese Vorstellung widerlegen kann. Wärme und Kälte, Luft und Wasser u. s. f. sind Bedingungen der ganzen Vegetation, also auch des Aufsteigens des Holzsaftes, aber die Pflanze bringt alle Erscheinungen ihres Lebens durch innere Bestimmungen hervor, zu welchen kein äußerer Einfluß einen unmittelbaren Beitrag liefert.

§. 70.

Ueberhaupt fällt auch die Wärme als unmittelbare Ursache des Aufsteigens des Holzsaftes weg, wenn wir uns über diesen Gegenstand etwas weiter umsehen, und fragen, ob auch wirklich aller Holzsaft von der Wurzel eingesogen, und zum Stamm in die Höhe geführt wird, oder ob auch die oberen Theile ihn einsaugen, und ihn dem von unten aufsteigenden entgegenführen. Daß wenigstens die Bewegung desselben keine gleichmäßig aufsteigende sei, dafür führt schon Duhamel [63]) den Be-

---

63) Duhamel l. c. 1. p. 67.

weis an, daß aus der unten abgeschnittenen Wurzel, wie aus dem oben abgeschnittenen Zweige und aus der untern und obern Wand der Oeffnung, welche man in den Baum bohrt, der Holzsaft ausfließt. Dasselbe habe ich auch versucht und richtig befunden, besonders zu der Zeit, wenn die Knospen bald ausbrechen wollen. Sehen wir ferner auf die Fähigkeit der Spiralgefäße, an allen Orten und Theilen der Pflanze, wo sich dergleichen befinden, Flüssigkeit einsaugen, z. E. bei den abgeschnittenen Blättern und allen übrigen Pflanzentheilen, so sieht man, daß die Vorstellung von dem Aufsteigen alles Holzsaftes aus der Wurzel, den größten Zweifeln unterworfen ist: denn hier müßte doch die Wärme im Stande sein, den Holzsaft so gut hernieder als in die Höhe zu treiben, und das reimt sich nicht mit der Art zusammen, wie die Wärme hierbei nur thätig sein kann. Mag dem nun aber sein, wie ihm wolle, so findet kurz vor dem Ausbruch der Knospen eine so große Ansammlung von Holzsaft in verschiedenen Bäumen Statt, daß er an allen Stellen, wo man sie nur verwundet, heraustreibt, und man sieht den Zweck dieser großen Anhäufung der Nahrung auch wohl ein, wenn man bedenkt, welche ungeheure Massen von Blättern, z. E. an einer alten Buche, in Zeit von einem einzigen Frühlingstage plötzlich hervorbrechen, zu deren Bildung doch alle ernährende Substanz zuvor vorhanden sein muß. Aus dieser schleunigen Bildung wird es auch klar, wie nun mit einem Male, wie durch einen Zauberschlag, kein Saft aus dem Holze mehr fließt; indem jetzt nur nach und nach so viel eingesogen wird, als zur allmähligen Ernährung und weitern Ausbildung der Theile erfordert wird.

§. 71.

Um jedoch zu der Betrachtung der Ursache der Einsaugung dieses Holzsaftes zurückzukehren, so ist zu bemerken, daß die Capillarthätigkeit die Ursache davon aus dem Grunde nicht sein kann, weil dadurch eben so wenig die periodischen Pulse des Einsaugens verständlich werden können: diese würde ununterbrochen thätig sein, und es wäre unmöglich, daß die Pflanze dem schnellen Einsaugen und Fortleiten des Saftes Einhalt thun, und das langsame Bewegen desselben beschleunigen könnte, was doch offenbar geschieht. Es sind ferner die Spiralgefäße mit ihren letzten Gliedern, mit denen sie einsaugen, gerade völlig verschlossen, und noch dazu überall mit Zellgeweben umhüllt, so daß hier nach mechanischen, äußerlichen Verhältnissen, unmöglich Flüssigkeit in sie hineinkommen kann, wie dieß bei der Einsaugung der Haarröhrchen geschieht.

Ich glaube also, daß sich die Pflanze durch die Absonderungen der Theile, vermittelst welcher sie ihre Nahrung einsaugt, sogleich in eine lebendige Spannung und in ein inneres Wechselverhältniß mit den Nahrungsstoffen setzt, die noch außer ihr befindlich sind, und daß von hier aus ursprünglich eine lebendige Anziehung dieser durch die Sekrete digerirten Nahrungsstoffe statt findet, welche mit der Art, wie die Milchadern den Chylus aus dem Darm einsaugen, durchaus in allen Punkten übereinstimmt, und selbst im Wesentlichen von der Art nicht verschieden ist, wie der Saft der Chara aus einem Zwischenknoten in den andern, und der Holzsaft aus den Spiralgefäßen in den Lebenssaft des Kreislaufs übergeht. Die besondere Analyse des Einsaugungsprocesses des Holzsaftes kann ich freilich nicht geben, indem das Gesicht uns hier bei der durch und durch gehenden Gleichförmigkeit des Saftes verläßt, und wir müssen uns also fürs erste mit Analogieen und der Erkenntniß früherer Irrthümer begnügen.

§. 72.

Es fließt aus dem Gesagten die höchst wichtige Regel für die Gärtnerei, daß man von den zu verpflanzenden Bäumen nicht, der alten Mode gemäß, die Wurzeln an allen Enden beschneiden, sondern im Gegentheil schon beim Ausgraben derselben die größte Behutsamkeit anwenden muß, daß die Pflanze mit völlig unverletzter Wurzel aus der Erde genommen wird. In dieser Beziehung würde es sehr gut sein, die zu verpflanzenden Bäume immer schon im Herbste, wenn nicht gleich zu verpflanzen, doch wenigstens aus der Erde zu nehmen, weil sie jetzt durch das Absterben der letzten Wurzelenden nur sehr locker im Boden sitzen, und aus diesem Grunde leichter mit völlig unbeschädigter Wurzel herausgenommen werden können. Wo aus irgend einem Grunde das Abschneiden der Wurzeln nöthig erscheinen möchte, da muß man das verwundete Holz durch Baumwachs auf irgend eine dauerhafte Weise genau verkleben, damit es nicht in unmittebare Berührung mit der feuchten Erde kömmt. Denn wo dieß der Fall ist, da saugt das Holz die unvorbereiteten Flüssigkeiten aus der Erde ein, und diese werden der Vegetation allgemein schädlich. Wenn nun diese Vorsichtsmaßregeln auch bei Pflanzen, welche ein zähes Leben haben, wie Pappeln, Weiden und vielen anderen, nicht nöthig erscheinen möchte, da jeder weiß, daß er diese Pflanze auch ohne alle Umstände gut fortkommen sieht, wie er sie auch beschneiden, oder sonst an der Wurzel behandeln möge. Aber bei zarteren Gewächsen ist es von großer Wichtigkeit, hierauf aufmerksam zu sein. Dasselbe gilt auch von Stecklingen, welche man gleich von unvorbereiteten Zweigen zarterer Pflanzen abschneidet, und in die Erde steckt. Man muß das wunde Holz des in der Erde stehenden Theils gut bedecken, und es ist viel wichtiger, die in der Erde stehenden Theile genau zu bedecken, wo sie verwundet sind, als die in der Luft stehenden Enden an allen Orten mit Baumwachs zu bekleben, wie man dieß häufig findet. Die Einwirkung der Luft auf die oberen abgeschnittenen Enden schadet bei weitem nicht so viel, als das unmittelbare Einsaugen des rohen Wassers mit den darin aufgelösten Stoffen durch das in der Erde steckende bloße Holz.

§. 73.

Höhere Organisation des Holzsaftes.

Jetzt folgt ein Punkt, den man seit einiger Zeit zu allgemein als eine Analogie des thierischen Respirationsprocesses angenommen hat, nämlich die weitere Gestaltung des Holzsaftes zum Lebenssaft. Ich habe oben schon angeführt, daß die Pflanze eine unverkennbare Wechselwirkung mit der Luft hat, und daß man diese Wechselwirkung das Athmen genannt hat. Ich habe aber auch schon bemerkt, daß diese Wechselwirkung durchaus unter gewissen Umständen an allen Theilen der Pflanze geschehen kann, und daß sie daher kein dem thierischen Respirationsproceß ähnlicher Vorgang sein könne.

Malpighi, der die großen Lufthölen im Holze den Tracheen der Insekten verglich, legte auf ihren Beitrag zu dem Respirationsgeschäft ein großes Gewicht, obgleich er bei aller Aufmerksamkeit, die er diesem Gegenstande geschenkt hat, dennoch im tiefst n Dunkel mit seinen Vorstellungen über diese Sache blieb. Er gesteht selbst, daß er mit großer Aengstlichkeit lange nach Oeffnungen gesucht habe, mit denen sich seine Tracheen nach Außen öffnen könnten, daß er aber nichts habe finden können, und glauben müsse, daß die Wurzel der Pflanze aus der Erde die Respirationsmaterie, wie die Fische aus dem Wasser einsaugen [64]). Denn der Respirationsproceß sei doch durchaus nöthig, und man müsse ihn annehmen, obgleich er uns vollkommen dunkel und unbekannt sei [65]). Malpighi hatte aber seinen Vorstellungen gemäß, immer noch die Voraussetzung, daß ein wirkliches Ein- und Ausathmen Statt finde, und glaubte, daß eine wirkliche Ausdehnung und Zusammenziehung seiner sogenannten Tracheen Statt finde [66]).

§. 74.

Darin fehlte aber Malpighi sehr, denn das ist gerade der Unterschied zwischen dem Respirationsproceß der

64) Malpighi l. c. p. 15.

65) Ibid. p. 16.

66) Malpighi l. c. p. 16. „Et sicut in nobis et reliquis sanguineis analogis, respirationis motus, dilatatio scil et constrictio interpolatis impulsibus promovet chyli et aliorum succorum motum per lactea et consimilia vasa; ita ex trachearum dilatatione, intus turgente aere,

der Thiere und der Wechselwirkung, welche die Pflanze mit der Luft hat, daß bei letzterer kein Ein- und Ausathmen durch bestimmte Organe Statt findet, sondern daß die Pflanze an allen Theilen durch unmittelbare Berührung mit der umgebenden Luft, mit dieser in Spannung und Wechselwirkung tritt, eben so wie sie mit allen ihren äußeren Theilen tropfbar flüssige Nahrung durch Wechselwirkung mit dem Wasser einsaugt. Auch dient bei den Pflanzen die Wechselwirkung der Luft nicht, eine einmal in Lebenssaft organisirte Flüssigkeit immer von Neuem nach der Rückkehr zu einem Respirationsorgane zu restauriren, sondern bloß den Holzsaft in Lebenssaft, wie den Chylus in Blut, ein für allemal umzuändern, und dieser circulirt dann so lange, bis er sich ganz in die Bildungen übertragen hat, wegen Mangel des centralen Lebens der Pflanze überhaupt. Eine Respiration (Athmen oder Luftholen) findet also eigentlich bei den Pflanzen auch ganz und gar nicht statt, sondern bloß eine ähnliche Wechselwirkung der Pflanzentheile mit der Luft, wie sie durch den Respirationsakt der Thiere vermittelt wird. Dieser Proceß ist aber von dem eigentlichen Luftholen, welches dazu dient, die Luft immer in den Lungen zu erneuern, welche in Wechselwirkung mit dem Blute treten soll, gänzlich verschieden, und die Pflanze holt keine Luft, sondern der Wind ist das Agens, was die Luft um sie her mit neuer vertauscht. Darum kann man im Sinn des thierischen

necessario urgentur horizontaler utriculorum appendices et ita probabiliter fit contenti succi expressio in contiguas partes etc."

Athemholens durchaus nicht sagen: die Pflanze hole Athem, denn das braucht sie gar nicht, da sie überall wo es nöthig ist, von selbst schon mit der Luft in Berührung ist, und aus Mangel innerer Zentralität kein Organ nöthig hat, durch welches der einmal gebildete Lebenssaft von Neuem verändert würde. In der thierischen Organisation ist das Respirationsorgan ein bloßer Anhang an das centrale Kreislaufssystem, was den Pflanzen eben fehlt.

§. 75.

Also die Wechselwirkung der Luft mit der Pflanze kann an allen ihren Theilen Statt finden, und findet auch wirklich Statt. Es ist zwar richtig, daß vorzugsweise nur die nach oben wachsenden Theile dieß Geschäft haben können, da die unter der Erde befindliche Wurzel mit der Luft nicht in Berührung ist. Es ist so eine entsprechende Wechselwirkung der nach unten wachsenden Theile mit der Erde und dem Wasser, wie der nach oben wachsenden Theile mit der Luft und dem Licht, aber dieses kann auch umgekehrt werden, da die Theile sich in ihrer wesentlichen Natur überall gleich sind. So wie also die in die Erde gesetzte Krone eines Baums, ihr Futter aus der Erde einsaugt, so saugt es die nach oben gekehrte Wurzel aus der Luft, und es braucht eine bloße veränderte äußere Gestaltung der Pflanzentheile, um diesen Akten entsprechen zu können, aber keine wesentliche Veränderung. Wenn wir also sagen: die Pflanze hat ihre Lungen in den Blättern, so läßt sich gegen diesen Vergleich unendlich viel einwenden. Denn sie hat in den Blättern eben so gut ihre Milchgefäße und ihr Herz, und ihre ganze innere und äußere Existenz, als sie darin ihre Lungen hat, und umgekehrt hat sie wieder ihre Lungen in den Wurzeln, wie die Blume in den Kelch- und Blumenblättern, die Frucht in den Fruchtkapseln ꝛc., so wie alle diese Dinge zugleich wieder viele andere vegetabilische Verrichtungen in sich vereinen. Der Begriff der Lunge paßt eigentlich nur für die Geschöpfe mit dem centralen Lebenskreis, und das peripherische Leben der Pflanzen ist in allen äußeren Theilen seiner ganzen Totalität gleich, und hat, wie überhaupt keine Centralorgane, so auch keine Lungen.

§. 76.

Was nun aber weiter den Vorgang betrifft, durch welchen der Holzsaft höher assimilirt, und innerlich gestaltet wird, so ist hier ohne Frage die Einwirkung der Luft nöthig und wirkich, und daß diese Einwirkung sich vorzugsweise in den Theilen äußert, in welchen die unmittelbarste Berührung des Assimilationssystems mit der Luft Statt findet, nämlich in den Blättern, und daß die Natur eben zu diesem Zweck diese Theile in den Blättern so äußerlich entfaltet hat, gebe ich sehr gerne zu, bei den Pflanzen welche Blätter haben. Dafür verlange ich aber zugleich, daß man mir zugebe, daß es auch eben dieselbe Wechselwirkung der Luft oder des Wassers in denjenigen Pflanzen gebe, welche keine Blätter haben, und daß hier also diesen Lungendienst andere Theile verrichten. Wie die Wechselwirkung des thierischen Blutes mit der Luft durch ein Centralorgan geschieht, welches mit dem einen peripherischen Extrem in dem Darm, und mit dem andern in den Lungen wurzelt, so geschieht dieß in der Pflanze durch ein peripherisches System, welches nur die zwei Extreme, in der Luft und der Erde hat, und wo das Centrum fehlt. Dieß ist immer und überall nur das Assimilationssystem: das Holz. Dieses assimilirt sich, unten das Wasser und oben die Luft, und gestaltet auf diese Weise seinen Inhalt zur lebendigen Substanz, welche dann in das Kreislaufssystem übergeht.

§. 77.

Man frägt aber, wie geschieht dieses? Darauf antworte ich, daß wir die Analyse des Processes, durch den dieser Akt zu Stande kommt, in den Thieren eben so wenig als in den Pflanzen kennen. Die chemischen Brocken, welche darüber vorgebracht werden, können die Sache ewig nicht erläutern: denn hier geht eben das Chemische zu Grunde, und das Leben der Organisation keimt daraus hervor. Die beiden Processe der Aufnahme von Luft und von Wasser mit dem was darin noch aufgelöst ist, sind Theile des einen ganzen Assimilationsprocesses, zu welchem sie sich gegenseitig integriren. Assimilation der tropfbar flüssigen Substanz kann nicht ohne die Assimilation der Luft, und letztere nicht ohne die erstere gedacht werden, weil beide, Theile eines Ganzen sind, dessen Existenz zu Grunde geht, sobald die Bestandtheile zerrissen werden. Aber die Art, wie durch diese gegenseitige gleichzeitige Vernichtung des allgemeinen physikalischen Lebens in der Luft und dem Wasser die Organisation aus derselben Substanz geboren wird, daß ist eben die Gewalt, welcher wir stumm zusehen, indem sie vor uns überall sich äußert. Die Organisation verschlingt das physikalische Naturleben, und sie wird wieder von diesem verschlungen, und diese Uebergänge, durch welche das Eine zu Grunde geht, so daß aus dem einen und demselben Grunde dieser Zerstörung das Andere hervorgeht, diese lassen sich auf dem beschränkten Standpunkte, weder der Betrachtung des organischen noch des allgemeinen Naturlebens für sich begreifen, sondern hier müssen wir uns weiter emporheben, und beide wieder als Eine Totalität anschauen, deren Theile unter einander wie zwei Blutkügelchen in Wechselwirkung sind. Darin liegt eben das Große und Unendliche in der Natur, daß sich die Welt im Staube abspiegelt; daß das scheinbar kleinste ein Abbild der Unendlichkeit ist.

§. 78.

Man sieht also, daß der Proceß der Wechselwirkung der Luft, wie des Wassers mit der Pflanze, eben so wenig als die Verdauung im Magen und in den Lungen der Thiere, sich in der chemischen Werkstatt zergliedern lassen. Ginge dieß, so müßte man umgekehrt den Tod der lebendigen Organisationen aus ihrem Leben begreifen können, wozu aber noch niemand den Versuch gemacht hat. Hier hat man immer gewartet, bis das physikalische Leben sein Recht behauptet, und dem Proceß desselben zugesehen; aber wo es den Tod des Chemismus gilt, da haben es die Naturforscher nicht verschmerzen können, ihn noch immer in seiner ungetrübten Natur da zu suchen, wo seine Trümmer sich schon längst wieder im individuellen Leben aufgelöst haben.

§. 79.

So wie es nun in dem Uebergange der Organisationen zur allgemeinen Natur als Mittelding eine Krankheit derselben giebt, so giebt es auch in dem Uebergange der allgemeinen Natur zur individuellen Organisation, eine Krankheit des physikalischen, wie im vorigen Fall eine Krankheit des Lebensprocesses. Diese Krankheit des physikalischen Processes zeigt sich besonders in der freiwilligen Erzeugung der organischen Körper, welche sich aus dem physikalischen Proceß losreißen, und ihn unterdrücken, um für sich Organisationen zu sein. So ist z. E. das Entstehen der Pilze und Krystalle eine Krankheit der allgemeinen Natur mit demselben Rechte zu nennen, als man die Neigung zur Säureerzeugung im Magen und in alten Geschwüren eine Krankheit der individuellen Organisation nennt. Ich will mich jedoch bei der Betrachtung dieser Wechselverhältnisse des allgemeinen und individuellen Naturlebens nicht länger aufhalten, da man leicht sieht, worauf es hier ankommt, und daß sich diese Betrachtung am gehörigen Orte auf eine vielseitige Art weiter führen läßt.

Also um den Lebenssaft des Kreislaufs zu erzeugen, muß die Pflanze Luft und Wasser verdauen, und in ihre Natur umändern, und diese beiden Dinge sind daher die nothwendigsten äußeren Bedingungen ihrer Existenz.

Zweites Kapitel.

Der Kreislauf des Lebenssaftes der Holzpflanzen.

§. 80.

Im Allgemeinen.

Das Bildungssystem der Holzpflanzen unterscheidet sich in den Kreislauf und seine Bildungen. Ersterer ist die Vermittelung, wodurch letztere zu Stande kommen. Im Proceß geht zwar der Kreislauf durch grenzenlose Uebergänge zu den Bildungen fort; allein beide werden doch durch deutlich unterschiedene Organe getrennt, und wir müssen sie also, um den Lauf des Pflanzenlebens genauer verfolgen zu können, zunächst einer besondern Betrachtung unterwerfen, um ihre Verhältnisse späterhin besser einsehen zu lernen. So wie sich der Assimilationsproceß in den Kreislauf, so überträgt sich der Kreislauf in die Bildungen, und alles hat daher in der Totalität einen nothwendigen Zusammenhang.

§. 81.

Ich entdeckte diesen Kreislauf der Holzpflanzen, im Schöllkraute, im April 1821, und habe in demselben Jahre meine damaligen Beobachtungen beschrieben. Ich habe aber dabei nur auf die Natur, wie sie mir vorgekommen ist, Rücksicht genommen, und die Verhältnisse dieses Kreislaufs zu den Vorstellungen, welche man über denselben Gegenstand früher schon gehabt hat, so wie sein Verhältniß zum Kreislauf des Blutes in den Thieren nicht auseinandergesetzt. Dieses erscheint mir aber jetzt von Wichtigkeit für diejenigen, welche die älteren Meinungen hierüber kennen, und welche die Analogieen des thierischen und pflanzlichen Kreislaufs entweder von einer zu allgemeinen oder von einer zu beschränkten Seite betrachten. Diese Verhältnisse können freilich erst klar eingesehen werden, nachdem der Proceß durch alle seine Bestimmungen hindurch verfolgt ist; allein da es bequemer ist, das Allgemeine einer Sache vor ihrem besondern Inhalte zu überschauen, so will ich auch gegen die gebräuchliche Methode, der Betrachtung des Besondern das Allgemeine vorauszuschicken, hier nicht handeln, sondern was dazu nöthig ist, vorweg nehmen, damit man leichter auf dem Standpunkte zurecht finden kann, von wo aus man die Analyse des Besondern zusammenzufassen hat.

§. 82.

Ich habe schon öfter im Vorbeigehen davon geredet, daß Grew, Malpighi und ihre Nachfolger, sich einen Kreislauf in den Pflanzen dachten, der dem thierischen mehr oder weniger gleich sei, und daß Andere sich heftig gegen diese Vorstellungen erhoben haben. Es hat dieser Streit in den entgegengesetzten Extremen seinen Grund, in welchen man die Sache, aus Unbekanntschaft mit dem Laufe der Pflanzennatur, den puren Vorstellungen gemäß betrachtet hat. Harvey hatte in demselben Jahrhundert den Kreislauf des Blutes entdeckt, als Malpighi und Grew die Pflanzenanatomie bearbeiteten, und diese Entdeckungen in den Thieren, hatten gewiß, wegen ihrer Neuheit, auf die Denkungsart der Pflanzenanatomen Gewalt ausgeübt, indem sie die Nothwendigkeit eines ähnlichen Kreislaufs in den Pflanzen vor Augen hatten. Jedoch trugen auch Grew und noch mehr Malpighi, die Lehre von dem Kreislauf in den Pflanzen, mit den nothwendigen Zweifeln vor, welche sich ihnen dagegen aufdringen mußten, und daher kam es, daß sie sich über diese Sache auch ganz und gar nicht entschieden ausgesprochen haben.

§. 83.

Ein Hamburgischer Arzt Major [67]) scheint nach Grew der erste gewesen zu sein, welcher die Vorstellun-

67) Major de planta monstruosa Gottorpiensi.

gen von dem Kreislaufe des Saftes der Pflanzen wieder vorbrachte, und unzweifelhaft behauptete. Nach ihm trug Perrault [68]) diese Lehre ganz bestimmt und ausführlich vor, und behauptete sogar, daß der Kreislauf, den Pflanzen nöthiger, als den Thieren sei, indem in der Wurzel der Saft verdaut und zubereitet werden müßte, wie in dem Herzen der Thiere, um von hier aus auf die übrigen Theile sich zu verbreiten, und sie zu ernähren [69]). Dieser Meinung waren auch Parent und Mariotte, und die Art, wie sie sich diesen Kreislauf dachten, ist folgende. Die flüssige Nahrung der Pflanzen steigt mit der Fähigkeit, die Theile zu ernähren, von den Anfängen der Wurzeln in den Stamm, die Zweige, die Blätter, Früchte u. s. f., und nachdem sie hier die zum Wachsthum erforderlichen Theile abgesetzt hat, steigt der Ueberrest wieder zu den Wurzeln hinab, um hier eine neue Kochung und Zubereitung zu erhalten. Hier vereinigt sich der abgestiegene Saft wieder mit dem neuen, von der Wurzel eingesogenen, und geht nun mit diesem wieder zu den obern Theilen der Pflanze, so daß also diese ganze Bewegung eine dem thierischen Kreislauf ähnliche Erscheinung sei. De la Baisse nahm dazu, wie angegeben, noch Herz und Lungen ꝛc. in den Pflanzen an, und glaubte, daß zwischen dem thierischen und pflanzlichen Kreislauf nicht der mindeste Unterschied sei. Was Dodart, Magnol, Duclos, Hales, Bonnet und Andere gegen diese Vorstellungen eingewendet haben,

---

68) Perrault oeuvres de physique et de mechanique. T. I. p. 69.

69) Perrault l. c. p. 75.

hat Duhamel auseinandergesetzt [70]), und ich habe oben schon die Stelle aus der Geschichte der Pariser Academie erzählt, in welcher der Versuch Magnols angeführt wird, daß die gefärbten Flüssigkeiten geradezu in der Pflanze in die Höhe stiegen, um den Kreislauf zu widerlegen; ein Versuch der aber zu vielen andern schönen Entdeckungen Gelegenheit gegeben hat.

§. 84.

Man dachte sich also die ganze Saftbewegung in einem ungetrennten Zusammenhang, so daß die Bewegung des Holzsaftes, welchen sie jedoch auch ganz und gar nicht unterschieden, in Verbindung mit der Bewegung der übrigen Pflanzensäfte, den Kreislauf konstituire. Allein die Bewegung des Holzsaftes ist von dem wirklichen Kreislauf, welcher in der Rindensubstanz Statt findet, gänzlich abgesondert, und von ihm ausgeschlossen. Der Holzsaft ist die noch unvollkommen organisirte Nahrung, welche später in Lebenssaft, (was dieß ist, werde ich sogleich sagen), als das Blut der Pflanzen umgeändert wird, und dieser bildet durch seine Bewegungen, dem Holzsystem gegenüberstehend, wie das Herz dem Magen, den Kreislauf der Pflanzen, welcher mit der Bewegung der übrigen sich bewegenden Säfte im Holze gar nicht zu verwechseln ist. Von vielen Säften, als den Sekreten, wie sich weiterhin zeigen wird, hat man aber auch geglaubt, daß sie sich bewegen, während dieß todte Absätze sind, welche nichts weniger als innerlich bewegt werden, und diese dürfen also ebenfalls nicht

70) Duhamel l. c. II. p. 312. Art. XI.

etwa zum Kreislauf gerechnet werden, da sie Erzeugnisse aus demselben sind. Der Kreislauf in den Pflanzen ist die Bewegung eines völlig organisirten Saftes, welche in einem abgeschlossenen System in allen äußeren Theilen der Pflanze vor sich geht; in der Wurzel, dem Stamm, den Blättern, Blumen und Früchten, eben so wie alle diese Theile ihr Assimilationssystem haben, was aber immer dem Kreislauf polarisch gegenübersteht, und in welchem sich der Holzsaft auf eine ganz andere Weise bewegt.

§. 85.

Was nun das Verhältniß dieses Kreislaufs der Pflanze zu dem Kreislauf der Thiere betrifft, so unterscheidet er sich von diesem durch den Mangel innerer Centralität, wie die ganze Pflanze vom Thier. Der Lebenssaft in der Pflanze läuft in einem Kreise, der keinen Mittelpunkt hat. Aber die Analogie dieses Kreislaufs mit dem thierischen ist eben so, ganz unverkennbar. Nämlich es circulirt ein innerlich bewegter, vorher assimilirter Saft, wie das Blut, in lebendigen Gefäßen, vermittelst welcher aus dem Safte die Bildungen der Pflanze wie in den Thieren bewirkt werden. Die Bewegungen kommen durch lebendige Beziehungen des Saftes zu den Gefäßen, wie in den Thieren zu Stande, und in dieser allgemeinen Bedeutung findet sich zwischen dem thierischen und pflanzlichen Kreislauf eine hohe Uebereinstimmung. Diese Analogieen wie die Unterschiede des thierischen und pflanzlichen Kreislaufs, werden sich näher betrachten lassen, wenn wir zur besondern Untersuchung der Momente desselben in den Pflanzen jetzt übergehen.

Erster Artikel.

Von den Lebensgefäßen (vasa laticis).

§. 86.

Historische Bemerkungen.

Das Organ des Kreislaufs ist in der Rindensubstanz enthalten, und verhält sich zu dieser wie die Spiralgefäße zum Holze. Die Rindensubstanz besteht außerdem noch aus Zellgewebe, dessen Betrachtung in der Lehre von den Bildungen und Sekretionen folgen wird.

Ueber den Bau und sogar über die Existenz, und noch vielmehr über die Verrichtungen derjenigen Gefäße, welche noch außer den Spiralgefäßen in den Pflanzen vorhanden sind, herrschen seit Grew und Malpighi die verschiedensten und widersprechendsten Meinungen. Die richtige Deutung derselben ist von der größten Schwierigkeit, und nicht selten rein unmöglich, da die Beschreibungen dieser Theile nicht selten nach optischen Täuschungen vermittelst des Mikroskops, und nach vorgefaßten Meinungen entworfen sind, welche in der Natur also nie verwirklicht angetroffen werden können.

Daß aus den Enden querdurchschnittener Doldenpflanzen und anderer, eine auffallend milchige oder harzige Flüssigkeit quillt, ist gewiß schon eine der ältesten Beobachtungen, da man auf diese Weise schon seit langer Zeit Opium und andere eingedickte Säfte gesammelt hat. Daß diese Säfte in Gefäßen vorhanden seien, vermutheten die Naturforscher auch schon früh; aber ihre genaue Untersuchung fängt erst mit der Pflanzenanatomie überhaupt an.

§. 87.

Malpighi faßte unter dem Namen der eigenen oder eigenthümlichen Gefäße (vasa propria) die Milchgefäße, und die Harz-, Gummi- und Oelbehälter verschiedener Pflanzen zusammen, erkannte aber den Bau der Milchgefäße nicht, weil er ihn für einerlei mit den großen Harz- und Oelgängen im Zellgewebe hielt, und oft zu sehen glaubte, daß ein einziges Gefäß vorhanden sei, wo entweder gar keins, oder ein ganzes Bündel von Gefäßen vorhanden war. Denn nicht selten bildet er da, wo die Holzbündel von Rindensubstanz umgeben sind, die großen Löcher der Holzhölen auf den Querdurchschnitten, besonders der Gräser, als vasa propria ab. Moldenhawer in Kiel meint, diese Oeffnungen, welche Malpighi auf den Querdurchschnitten der Gräser, und besonders des türkischen Weizens abbildet, seien die Hölen, aus denen die Bündel von Milchgefäßen herausgerissen wären. Allein Malpighi bildet ja diese Löcher nicht nur in den Pflanzen, welche, wie der türkische Weizen, Milchsaft haben, sondern auch in Triticum sativum, den Gefäßbündeln der Farrnkräuter ꝛc. ab, und sagt noch dabei, daß in den Palmen und dem Rohr derselbe Bau Statt finde [71]). Also er verkannte auf den Querdurchschnitten die Milchgefäße ganz und gar, und hielt die Löcher der durchschnittenen Holzhölen für seine eigenen Gefäße, weil er glaubte, sie müßten überall so groß sein, als er die Harzgänge in der Rinde der Fichten fand und beschrieb [72]).

---

71) Malpighi l. c. p. 6. u. 7. Tab. 5. Fig. 14—17.
72) Ibid. p. 4. fig. 12.

§. 88.

Grew ging es nicht viel besser. Er verwechselte die Harzgänge und Milchgefäße ebenfalls, und glaubte, in beiden müßte eine analoge Struktur vorkommen. So bildet er aus dem Sumach unter dem Namen der Milchgefäße, und aus der Fichte unter dem Namen Terpentingefäße, einerlei große Zellengänge ab [73]. Da jedoch, wie ich sogleich sagen werde, die Milchgefäße vieler Rhus-Arten rund um einen großen Harzgang, wie in den Fichten liegen, und von ganz anderer Beschaffenheit sind, als er es abgebildet hat; so war dieser Irrthum freilich leicht möglich, indem er die Theile, aus denen Harz fließt, für die Behälter des aus ganz anderen Gefäßen kommenden Milchsaftes nahm, welche dicht daneben liegen.

Hill [74] machte zuerst darauf aufmerksam, daß rund um die Harzgänge der Fichten noch andere kleinere Gefäße lägen, und stellte sich die Sache so vor, als ob durch die Anhäufung der kleineren in einen Kreis, die größeren Harzgänge gebildet würden, was jedoch nicht der Fall ist, wenn ihm darin gleich Moldenhawer beistimmt, indem die Harzgänge, wie ich später zeigen werde, ihre eigene zellige Haut haben. Auch stellte er die, rund um die Harzgänge liegenden Gefäße, ganz falsch dar, so daß sehr daran zu zweifeln ist, daß er ihren Bau gekannt hat. An die wesentliche Unterscheidung beider Theile dachte er aber nicht im entferntesten. Er bezeichnete beiderlei Gefäße durch die Namen: vasa propria exteriora und interiora.

---

73) Grew Anatomy of Plants. Taf. 20. Fig. 3. 4.

74) Hill Construction of Timber. London 1770. p. 78. pl. 12.

§. 89.

Von Grew und Malpighi ab, faßte nun die Verwechselung der verschiedenartigsten Theile, welche man unter dem Namen der eigenthümlichen Gefäße begriff, immer tiefer Wurzeln, und es ging mit der Kenntniß dieser Theile von nun an, geradezu bergab. J. H. D. Moldenhawer [75]), ein Anhänger der Mustelschen und Halesschen Theorie, von dem einfachen Auf- und Absteigen der Säfte in den Pflanzen, trug zum Schaden der Wissenschaft die Meinung vor, daß alle die verschiedenartigen Pflanzengefäße, welche er durchaus rein hypothetisch annahm, in einander übergingen, und sich gar nicht von einander wesentlich unterschieden, weil Hales glaubte, daß alle Pflanzensäfte ebenfalls nicht wesentlich von einander verschieden seien. So meint J. H. D. Moldenhawer [76]) die eigenthümlichen Gefäße des Malpighi, welche er vasa medullaria nennt, gingen in die Häute der Spiral- und Fasergefäße (Bastzellen) über, so wie zugleich in alle Theile der Oberhaut, so daß diese fast nur aus den letzten fadenförmigen Enden dieser Gefäße zu bestehen scheinen. Viele mündeten sich in die Bündel der Spiral- und Fasergefäße, und gingen mit denselben in alle Pflanzentheile, so daß durch diese Gemeinschaft ein freier Weg von einer Gefäßart zur andern statt finde, damit wenn mehrere zerstört würden, dennoch der Saftlauf nicht unterbrochen würde, und das

75) J. H. D. Moldenhawer dissert. de vasis plantarum speciatim herbam et radicem adeuntibus. Traj. ad Viadr. 1779.

76) J. H. D. Moldenhawer l. c. p. 39.

Leben der Pflanze in Gefahr komme. Hier scheint der Verf. seine Theorie vor der Gefahr des Unterganges retten zu wollen, denn die Natur läuft auf ganz andere Weise zwischen solche Grübeleien durch. Die vasa propria unterscheiden sich nach ihm von allen anderen Gefäßen nur durch die verschiedene Flüssigkeit, welche sie führen.

Ich höre und sehe die Moldenhawersche Schrift so sehr loben; aber man müßte doch sehr gedankenlos sein, um zu übersehen, daß sie höchstens den Arbeiten Darvin's an die Seite gestellt zu werden verdient, und daß Moldenhawer gewiß nie ein Haar breit von dem in der Natur gesehen hat, was er alles beschreibt, weil es leere Vorstellungen sind. Als Beweis dafür führe ich noch mehr an, daß er sagt [77]), er habe die Pflanzen gefärbte Flüssigkeiten einsaugen lassen, und dabei auch in der ganzen Pflanze kein einziges ungefärbtes Gefäß gesehen, so daß auch die vasa propria Malp. von dieser gefärbten Flüssigkeit eingesogen hätten! [78]) Hätte er doch de la Baisse, Bonnet und andere Schriftsteller aufgeschlagen, um zu sehen, wie weit er hinter sie zurückgeblieben ist! Dazu kömmt, das Moldenhawer durchaus seine bunten Vorstellungen nicht durch Abbildungen erläuterte, so daß man ihm also um so mehr zu folgen außer Stande ist.

§. 90.

Nach J. H. D. Moldenhawer, kam hier nun noch Hedwig als summus cumulus confusionis hinzu, und sein

77) Moldenhawer l. c. p. 51.

78) Moldenhawer l. c. p. 59.

sein Ansehen hat in diesem Punkt der Wissenschaft viel geschadet. Er sprach von zuführenden und zurückführenden Gefäßen, ohne zu zeigen, woher sie kommen und wohin sie gehören, und wollte Moldenhawers vasa medullaria unter seine Schattenbilder classificiren, wohin sie freilich ganz gehören, da sich nicht bestimmen läßt, was in der Natur bloße Gedankenspiele sind. Es scheinen ihm die de la Baisseschen Vorstellungen von dem auf- und absteigenden Safte vorgeschwebt zu haben, dem er doch eine Stelle in Gefäßen anweisen zu müssen glaubte, ohne zu prüfen, ob diese Säfte existiren oder nicht. Kurz man ärgert sich solche Dinge zu lesen, und noch mehr, wenn man sieht, daß Andere darauf gebaut haben.

§. 91.

Diese Epoche ist also für die Geschichte der Pflanzengefäße ein wahres Mittelalter gewesen, und ich verdenke es Treviranus gar nicht, wenn er sich aus dieser Verwirrnng zu reißen suchte, indem er behauptete, alle sogenannten eigenen Gefäße seien nichts als Zellenhölen. Das war doch wenigstens ein auf Beobachtungen beruhender Schritt und kein Hirngespinst. Treviranus ging freilich hierin zu weit; denn was Malpighi unter dem Namen der eigenen Gefäße begriff, dazu gehören Dinge, die sich ganz und gar nicht unter einen gemeinschaftlichen Begriff vereinen lassen, und Johann Jacob Paul Moldenhawer in Kiel [79]), machte hier den ersten wichtigen Schritt zur Wahrheit, indem er zeigte, daß die sogenannten Milchgefäße von den Harzgängen einen ganz

79) J. J. P. Moldenhawer Beiträge zur Anatomie der Pflanzen.

verschiedenen Bau hätten. Darauf hatte zeither noch niemand geachtet, sondern immer hatte man den Bau der Milchgefaße, für einerlei mit dem Bau der Harzgänge rc. gehalten, weil man die in ihnen enthaltenen Säfte unter dem gemeinschaftlichen Namen der eigenen Säfte begriff, ohne darauf zu kommen, daß darunter die verschiedenartigsten Dinge begriffen sind, und man hat sich zur Bewunderung gezwungen, eine Aehnlichkeit in dem Bau aller dieser Theile zu finden, welche diesen Saft enthalten. Man begreift es nicht, wie eine einmal allgemein angenommene alte Meinung auf so lange Zeit den Forschungsgeist so Vieler hat gefangen halten können. Jeder, der an die Untersuchung dieser Theile ging, hatte schon die Voraussetzung ihrer allgemeinen Analogie, und hielt es nicht einmal für nöthig, den Bau in verschiedenen Pflanzen genau nachzusehen, in der festen Ueberzeugung, daß das, was von den Harzgängen gelte, von den Milchgefäßen auch gelten müsse. So sagt z. E. Bernhardi [80]) von diesen sogenannten eigenen Gefäßen, daß in den Pflanzen, wo sie ansehnlich sind, (damit meint er die mit bloßen Augen sichtbaren großen Harzgänge in den Fichten), könne man ihren Verlauf und Bau ganz deutlich bemerken, bei denjenigen hingegen wo sie fein sind (darunter versteht er Milchgefäße) müsse man dieß mehr analogisch schließen. Aber hier sind die „ansehnlichen eigenen Gefäße" ganz andere Dinge als die „feinen," und dieser analogische Schluß ist eben seit Malpighi die Ursache davon, daß

80) Bernhardi Beobachtungen über Pflanzengefäße. S. 55.

die ganz verschiedene Natur der unter diesen Begriff zusammengefaßten Dinge nicht erkannt worden ist.

§. 92.

J. J. P. Moldenhawer ahnte nun zwar die wahre Bedeutung derjenigen sogenannten eigenen Gefäße, welche Milchsaft enthalten, noch nicht, sondern meint, die Natur könne zu einem und demselben Zwecke, sehr verschieden gebaute Organe anwenden, und deshalb faßt er die Harzgänge, Luftzellen, Milchgefäße rc. noch wie seine Vorgänger, unter dem gemeinschaftlichen Begriff der eigenen Gefäße zusammen, und glaubt, sie dienen sammt und sonders zur Absonderung eigenthümlicher Stoffe, wie dieß Malpighi lehrte [81]). Wenn er nun gleich darin noch sehr unrecht dachte, so verdient es doch Dank, daß er den wesentlich verschiedenen Bau unterschied, von welchem ich jetzt das Nöthige aus eigener Erfahrung folgen lassen werde.

§. 93.

Bau der Lebensgefäße.

Die verschiedenartigen Dinge, welche seit Malpighi unter dem Namen der eigenen Gefäße begriffen worden sind, sind theils Sekretionsorgane, und theils Gefäße, in denen der Kreislauf vor sich geht. Diese letztern haben auch einen ganz verschiedenen Bau von den Sekretionsorganen, und ich nenne sie zum Unterschiede von allen Dingen womit sie verwechselt worden sind, Lebensgefäße (vasa laticis), weil sie den Lebenssaft (latex) führen. Wie in den Spiralgefäßen, so ist jedoch auch

81) Moldenhawer l. c. p. 164.

hier eine gewaltige Verschiedenheit in dem Bau derselben in jungen und alten Theilen. J. J. P. Moldenhawer untersuchte diese Gefäße nur im ausgebildeten Zustande älterer Theile am Schöllkraut, der Asclepias fruticosa, dem Mais und der Musa paradisiaca, und beschreibt sie hier richtig als gegliederte Röhren, welche sich immer in der Umgebung der Holzbündel finden. Die Lage derselben im Verhältniß zum Zellgewebe bestimmt er aber noch ganz falsch, indem er glaubt, daß sie in den Zwischenräumen der mit den Ecken zusammenstoßenden Zellen gelagert seien, an den Stellen also, wo Treviranus seine sogenannten Interzellulargänge zu finden glaubte. Allein so wenig als zwischen diesen Ecken der Zellen Interzellulargänge befindlich sind, so wenig liegen daselbst auch die Lebensgefäße, sondern allemal legen sie sich in den Gefäßbündeln der Blätter und der Stiele krautartiger Gewächse, dicht an die Spiralgefäße, und bilden um diese ein zusammenhängendes Bündel, ohne daß die mindeste Spur von Zellen die einzelnen Gefäße von einander trennte. Sie liegen dicht neben einander, und nur ein ganzes Bündel wird von Zellgewebe umgeben.

§. 94.

Die Lebensgefäße sind überhaupt schon die zartesten Theile an der ganzen Pflanze, so daß sie bei der Zubereitung der Pflanzentheile, und ganz vorzüglich bei der Maceration derselben, gemeinhin längst zerstört sind, nachdem die festeren zelligen und holzigen Theile für sich zurückbleiben; und in ihrer natürlichen Verbindung mit ihren Umgebungen werden sie äußerst leicht wegen ihrer Zartheit und Durchsichtigkeit gänzlich übersehen, und bloß ihr Inhalt, wenn er gerade gefärbt ist, bezeichnet ihre Stelle. Daher kömmt es, daß man diese Theile so lange gänzlich verkennen konnte, und daß neuerlich noch Treviranus behauptete, die Milchsäfte finden sich bloß in den Zwischenräumen zwischen den Fasern [82]), und folgender Umstand macht die Schwierigkeit ihrer Unterscheidung noch größer. In den jüngsten Trieben der Pflanze, in welchen der Lebensproceß gerade am lebendigsten vor sich geht, sind sie noch so wenig ausgebildet, daß sie sich hier dem Auge als eine ungemein weiche und nachgiebige gedehnte Masse darstellen, in welcher man nur bei großer Uebung die Andeutungen ihrer Struktur erkennen kann, nachdem man, durch die Bewegung des Saftes in ihnen, auf ihre Lage und ihren Verlauf aufmerksam geworden ist. Sie ziehen sich hier nach der Zergliederung der Theile zu einer fast ganz gleichförmigen Substanz zusammen, welche mit dem Bau der Muskelsubstanz der jungen Thiere große Aehnlichkeit hat; und von ihrer inneren Aushölung, in welcher der Saft enthalten ist, bemerkt man um so weniger die mindeste Spur auf den Querdurchschnitten der Pflanzentheile, als sich an den durchschnittenen Gliedern sogleich der Saft aus ihnen entleert, und sie sich nun in sich selbst zu einer scheinbar dichten Substanz zusammenlegen. Dazu kömmt, daß hier im Leben ihre Wechselwirkung mit dem Lebenssafte so groß ist, daß ihre ganze Substanz in einer ungemein raschen und ununterbrochenen Auflösung in den Saft begriffen ist, so daß man ihre bleibende, fertige Struktur hier vergebens sucht.

---

82) Treviranus vermischte Schriften. 3r Bd.

Weil man aber gerade an diesen Theilen den Kreislauf so schön beobachten kann, so setzte ich anfangs voraus, daß sich auch die Struktur der Gefäße an diesen Stellen am besten untersuchen lassen müßte, und in dieser Voraussetzung habe ich viel vergebliche Mühe und Arbeit verschwendet, den Bau dieser Theile genauer kennen zu lernen, bevor ich auf die wahren Verhältnisse aufmerksam geworden bin.

§. 95.

Man muß diese Gefäße gerade umgekehrt in ihrem ausgebildeten, fertigen Zustande, in den älteren Theilen der Pflanze untersuchen, wo nicht selten der Kreislauf schon aufgehört hat, oder doch wenigstens dem Stillstande nahe ist, und hier erkennt man ihren Bau sehr schön, wenn gleich ihre Untersuchung immer bei weitem schwieriger bleibt, als die der Spiralgefäße. Ich habe, nach Moldenhawers Vorgange, die Maceration der Theile, an denen man die Gefäße untersuchen will, für sehr bequem gefunden; allein man muß sich dabei in Acht nehmen, die Lage der Theile nicht zu verwechseln, da an den durch Maceration zerfallenen Stücken hierin leicht große Täuschungen Statt finden können, wie es dem Moldenhawer selbst, so gegangen ist, wie ich schon bemerkt habe. Diesen letzt vergangenen Winter habe ich zufällig aber noch ein besseres und kürzeres Mittel entdeckt, die Anatomie dieser Theile zu erleichtern.

§. 96.

Um nämlich die Theile in ihrem völlig ausgebildeten und vollendeten Zustande zu untersuchen, wiederholte ich die Zergliederung der Pflanzentheile mitten im Winter, und bei der Gelegenheit froren mir die zu macerirenden Pflanzentheile ein. Als ich sie aufthauete, fand ich alles, wie nach langer Maceration, zerfallen, und ich konnte hier, wie bei der Chara, die ganze Anatomie mit dem Pinsel machen. Jedoch giebt es auch Pflanzen, welche einer ziemlich großen Kälte widerstehen und nicht erfrieren, selbst wenn man sie in lauter Stücke zerschnitten hat. Dahin gehören z. E. der Ahornbaum (Acer platanoides, Dasycarpum) die im Freien bei uns aushaltenden Rhus-Arten und andere. Jedoch wurden bei der barbarischen Kälte (— 23° R.) die wir diesen Winter hatten, auch diese am Ende, wenn ich sie vorher zerstückelt hatte, durch den Frost überwältigt, und ihre Gefäße fielen auseinander. Welche Wirkung der Frost auf den Saft der Pflanze hat, und worin das Erfrieren eigentlich besteht, davon werde ich sogleich mehr sagen. Ich habe darauf auch das Entgegengesetzte probirt, nämlich ich ließ die Pflanzentheile in Wasser kochen: bei einigen zarteren Pflanzen, z. E. den Wurzeln der Doldengewächse, dem Schöllkraute rc., zerfielen die Theile, bei andern (den Rhus- und Ahornarten) nicht. Im allgemeinen ist es derselbe Erfolg, der auch nach längerer Maceration in kaltem Wasser Statt findet: nämlich das Ganze stirbt ab, und fällt vor der Fäulniß und gänzlichen Auflösung anatomisch auseinander. Aus diesem Grunde versteht es sich von selbst, daß die Theile, welche man frieren lassen will, um ihren Bau kennen zu lernen, lebendig sein müssen.

§. 97.

Diese Methode ist eigentlich bei der genaueren Zergliederung der Pflanzentheile die einzig anwendbare, denn die lebendigen, frischen Pflanzen, welche man bloß mit dem Messer zerschneidet, können ihren Bau nie so deutlich zeigen, weil man die Theile hier immer noch untereinander in Zusammenhang sieht, welcher sich mit dem Messer gar nicht trennen läßt, oder wenigstens doch nicht, ohne daß die Theile gänzlich zerstückelt und zerstört werden. Doch reicht auch in den jüngeren Pflanzentheilen keine Maceration hin, ihren Bau deutlich zu zeigen: denn er ist hier noch gar nicht deutlich ausgebildet. Die Spiralgefäße sind selbst im jüngeren Zustande immer noch von einem derberen Bau und Zusammenhang, so daß man diese ohne alle Umstände in jedem jüngeren Theil einer Holzpflanze sieht, wenn gleich ihre Betrachtung in diesem Zustande auch noch, besonders während ihrer Veränderungen, mancherlei Täuschungen ausgesetzt ist.

§. 98.

Was zuförderst die Lage der Lebensgefäße anbelangt, so ist diese nach der Beschaffenheit der Pflanze und des Pflanzentheils in verschiedenen verschieden. Bei den Pflanzen und Pflanzentheilen, wo ein deutlich ausgebildeter Holz- und Rindenkörper vorhanden ist, wie in den Wurzeln der meisten Kräuter und Staudengewächse, und in den Stämmen aller Bäume und Sträucher, liegen sie in der Rinde, entweder in abwechselnden kreisförmigen Lagen, abwechselnd mit Zellenlagen, wodurch die Rindenschichten entstehen, oder auch wohl bündelweis, um die Harzgänge, wie z. E. bei vielen Rhus-Arten. Hingegen in den Gefäßbündeln der Blattstiele und Blätter und in den Stielen der Kräuter, liegen sie unmittelbar um die Spiralgefäße, jedoch meist mehr nach der äußeren Seite zu gedrängt. In den Theilen, wo in der Mitte des Holzkörpers noch junges Mark vorhanden ist, zeigen sie sich auch im Marke, wie z. E. bei mehreren Ficus- und Rhus-Arten, jedoch sind sie hier immer schon einzeln verlaufend, und nicht mehr in Bündel vereinigt. Nämlich von ihrer Vereinigung in der Rinde oder der Rindensubstanz der Gefäßbündel, (welche ich den Heerd des Kreislaufs nenne), vertheilen sie sich in alle Pflanzentheile. So gehen sie in das Holz, wie man dieß besonders deutlich im Wurzelkörper des Schöllkrauts und der meisten Doldengewächse sehen kann, verbreiten sich überall im Zellgewebe, besonders da, wo die Sekretionen häufig sind. Jedoch ist diese Vertheilung, wie bei den Spiralgefäßen, keine centrale Verzweigung, sondern ein bloßer Zusammenhang der Glieder der zerstreut liegenden mit den in Bündel angehäuften.

§. 99.

Die Gestalt der Lebensgefäße ist im ausgebildeten Zustande, wie bei den Spiralgefäßen, gegliedert. Ich habe dergleichen Glieder in ihrem Zusammenhange und einzeln aus dem Schöllkraute (Taf. 4. Fig. 10.), dem Feigenbaum (Taf. 4. Fig. 11.), dem Rhus Typhinum (Taf. 4. Fig. 12.) und dem Ahornbaum Fig. 13., abgebildet. Diese gegliederte Beschaffenheit ist wie bei den Spiralgefäßen, in den jüngsten Trieben noch nicht bemerkbar, sondern bildet sich erst später nach und nach aus. In ihrem vollendeten Zustande ist die Länge dieser Glieder bei verschiedenen Pflanzen, und noch mehr bei dem verschiedenen Wachsthum der Pflanzen verschieden. Verkrüppelte Individuen zeigen ganz kurze Glieder, während sie bei schlank und kräftig aufgewachsenen, diese Länge oft mehrere Mal übertreffen, so daß man es einer Pflanze, z. E. dem Schöllkraut, schon immer von Außen ansehen kann, wie die Lebensgefäße beschaffen sein werden. Gerade so wie die äußere Verknotung entweder in kurzen oder langen Zwischenräumen geschieht; so ist es auch mit der Gliederung der Gefäße.

Die Größe, in Bezug auf den Durchmesser derselben, ist im ausgebildeten Zustande im allgemeinen von der Größe der Spiralgefäße nicht bemerkbar verschieden; und die Art und Weise, wie sie aus einander entstehen, und sich in einander einlenken, ist ganz dieselbe. Dasselbe gilt auch von dem Zusammenhang der Gefäßhölen untereinander. In der Jugend ist bei der lebendigen und raschen Wechselwirkung durch den Kreislauf, durch alle Glieder ein ununterbrochener offener Zusammenhang, so daß der Saft lange Strecken, ohne daß man es merkt, aus einem Gliede in das andere fließt. Nur an den Stellen bemerkt man die Einlenkung der Glieder in einander, während sich der Saft bewegt, wo sie sich mit ihren Extremitäten seitlich zusammenfügen, weil die Saftströme an diesen Stellen einen Knick machen, wovon noch die Rede sein wird.

In der Regel nämlich lenken sich die Extremitäten zweier Glieder gerade auf einander ein, so daß die Wandungen des untern mit denen des obern parallel fortlaufen. Aber das geschieht nicht immer. Oft bildet sich der Knoten durch die Einlenkung zur Seite, und zuweilen sieht man, daß sich zwei kleinere Glieder zu den beiden Seiten der einen Extremität eines größeren einlenken. Taf. 4. Fig. 13. ist eine Abbildung davon aus dem Ahornbaum.

§. 100.

Dagegen schließen sich im Alter die verschiedenen Glieder nach und nach in sich selbst ab, und nun findet sich zwischen zweien eine doppelte Scheidewand, welche nur langsam durch die Wechselwirkung des Saftes auf eine ähnliche Weise durchbrochen werden kann, wie die Scheidewände in den Knoten der Chara. Daher kommt es, daß man jetzt leicht die Gefäßglieder so von einander absondern kann, daß sie den Saft noch enthalten, ohne daß er an den Enden ausfließt. Werden die Gefäße aber noch älter, so zieht sich aus ihnen nach und nach der Lebenssaft ganz und gar heraus, oder verhärtet zu einer geronnenen körnigen Masse, und sie stellen kurz vor ihrem Absterben leere Zellenhölen dar, in denen man selten noch etwas vom Lebenssafte bemerkt, oder man sieht in ihnen einen Haufen einer dichten Masse, mit dem sie wie die Glieder des Schlauchgewebes der äußern Haut der Chara absterben. In diesem Zustande stellen sie in vielen Pflanzen das vor, was man zeither unter dem Namen der Zellen mit körnigen Niederschlägen begriffen hat. Dieß sind Analoga der äußern abfallenden Hautglieder der Chara, und sie entstehen erst, nachdem der Kreislauf in den Gefäßen aufgehört, und die vegetabilische Bildung vollkommen beendet ist, wenn es gleich richtig ist, daß es auch andere Zellen mit wirklichen Absonderungen, z. E. von Mehl giebt, welche mit den im Alter erstarrten Lebensgefäßen verwechselt worden sind.

§. 101.

Diese älteren Gefäße sterben entweder zugleich mit dem ganzen Pflanzentheil, z. E. den Blättern, und den nach oben wachsenden Theilen der Kräuter ab, oder sie werden, wie in den Rindenschichten, nach und nach nach außen gedrängt, und sterben hier endlich auf ähnliche Weise ab, wie die innersten Holzschichten, während die neu erzeugten Gefäße nun die Verrichtungen der älteren übernehmen. Dieser Verlauf in dem Leben dieser Gefäße hat zur Folge, daß z. E. die Pflanzen, in denen der Lebenssaft eine Milchfarbe hat, dieser an den älteren Theilen nicht mehr ausfließt, wenn man sie quer durchschneidet, während die jüngeren Triebe ihren Saft bei Verwundungen leichter von sich geben.

§. 102.

Die Wandungen der Lebensgefäße bestehen von Hause aus aus einer gleichförmigen, zarten, weißen Membran, welche, wie die völlig von ihrem Inhalt und ihren Umgebungen befreiten Schläuche der Chara, vollkommen durchsichtig ist, und nur an den Enden und Seiten der Glieder einen Schatten werfen, der sie sichtbar macht. Die Enden der Glieder scheinen nicht selten etwas aufgeschwollen und keulenförmig, wie sie auch Moldenhawer am Schöllkraute abgebildet hat; allein dieß ist nicht natürlich. Nämlich sie ziehen sich in ihrer Mitte nach der Absonderung, aus ihrem Zusammenhang, bei der Berührung mit der Luft nach physikalischen Gesetzen zusammen, und die Enden bleiben, durch ihre festeren Verknotungen, in ihrem gewöhnlichen Durchmesser, so daß es nun scheint, als ob im natürlichen

Zustande die Enden dicker wären als das Internodium. Im lebendigen Zusammenhange sind sie oben und unten gleich dick, doch habe ich, besonders am Schöllkraut, zuweilen Gliederreihen von Lebensgefäßen bemerkt, deren untere, der Wurzel zugekehrte Glieder dicker waren, als die obern, so daß das ganze eine allmählig nach oben zugespitzte Form, wie die Zweige der Pflanze selbst annahm. Taf. 4. Fig. 10. ist eine Abbildung einer solchen Gliederreihe eines Lebensgefäßes.

§. 103.

Nicht selten findet man auch zwischen älteren meist saftleren Lebensgefäßen jüngere, welche man leicht an der strömenden Bewegung des Saftes in ihnen erkennt, so daß man verleitet werden könnte zu glauben, es seien hier nur die jüngeren Gefäße vorhanden, und die älteren gehören zum Zellengewebe. So muß es Moldenhawer bei der Bestimmung seiner eigenen Gefäße in verschiedenen milchenden Pflanzen gegangen sein, wenn er die Zahl derselben nur so sehr geringe angiebt. Ihre Zahl ist aber in den jüngeren und älteren Theilen ganz dieselbe, nur ist ihre Beschaffenheit verschieden, und kann Veranlassung dazu sein, daß man sie leicht verkennt.

§. 104.

Der Unterschied der Lebensgefäße der Pflanzen von den Blutgefäßen der Thiere, wird aus dem Gesagten leicht zu erachten sein. Die Blutgefäße machen im Thier mit ihrem Centrum ein zusammenhängendes Ganzes aus, hingegen sind die Lebensgefäße durch ihre Gliederung überall dem ganzen System gleich. Wegen dieses

Mangels einer centralen Natur finden sich auch gar keine Verschiedenheiten des Baues in den Lebensgefäßen, in welchen der Saft aufsteigt, von denen in welchem er absteigt, wie dieß wohl mit den Arterien und Venen der Thiere der Fall ist. Der Kreislauf in den Pflanzen geht aus einem Gliede in das andere, und überall ist zwischen ihnen, durch die Verknotungen, eine Gemeinschaft, wie zwischen den Haargefäßen der Thiere. Die Verbreitung thierischer Gefäße geschieht durch Verästelung eines größeren Stammes in kleinere Zweige, aber die Lebensgefäße der Pflanzen fügen sich nur durch ihre Verknotungen der Glieder so aneinander, daß das eine Glied dem andern, der ganzen Natur nach, gleich ist, und da nur ein Haufen von Gefäßen zusammenliegt, wo im Thier eine centrale Durchdringung des ganzen Systems Statt findet.

Zweiter Artikel.

Vom Lebenssafte (latex plantarum).

§. 105.

Geschichtliches.

Eben so wie man seit Malpighi unter dem Namen der eigenthümlichen Gefäße, die verschiedenartigsten festen Theile zusammengefaßt hat, ist unter dem Namen des eigenthümlichen Saftes, eine Sammlung der verschiedensten Flüssigkeiten der Pflanze begriffen worden. Darin hat es wohl gelegen, daß man sich nie über die eigentliche und allgemeine Natur dieser Dinge mit Bestimmtheit ausgesprochen hat. Man sah die Schwierigkeiten und großen Widersprüche ein, welche sich beim Versuch, von den sogenannten eigenthümlichen Säften der Pflanzen allgemeine Charaktere zu geben, nothwendig finden mußten, aus dem ganz einfachen Grunde, weil sie ganz und gar keine innere Allgemeinheit haben, welche sie unter einen Begriff zusammenzufassen berechtigte.

Ursprünglich hielt Malpighi seine eigenthümlichen Säfte für dem Blute zu vergleichende Bildungssäfte [83]).

Von wem sich die in unserer Zeit übliche Meinung herschreibt, das alles das was man unter dem Namen des sogenannten eigenthümlichen Saftes, seit Malpighi verstanden hat, Sekrete seien, läßt sich nicht genau angeben. In einer von Reichel in Kiesling 1752 herausgegebenen Abhandlung [84]), in welcher vorzüglich eine rohe chemische Betrachtung des Pflanzensaftes, durch viele Auctoritäten unterstützt, enthalten ist, kommt an einigen Stellen, wo von den harzigen und milchartigen Säften die Rede ist, beiläufig vor, daß dieß ausgeschwitzte Flüssigkeiten seien (humores exsudati).

Du Hamel du Monceau, dessen Buch 1758 herauskam, sagt: [85]) „Malpighi hält den eignen Saft der

83) Malpighi l. c. p. 23. „An expositi humoris concoctio in utriculis celebrata nutritivum illum succum edat, quem in cupresso, pino, abiete terebinthinae specie miramur, in aliquibus ut fico, tithymalo cichoreo, apio rustico, lactis instar, dubitari potest.“ p. 34. „hic itaque succus (proprius) delatus in singulas partes roris instar affunditur et concrescendo ipsas auget, et ad debitam magnitudinem perducit.“

84) Reichel de succis plantarum. Leipzig.

85) Du Hamel du Monceau physique des arbres. 1r Bd. S. 94.

Pflanzen für einen wirklichen Nahrungssaft. Will man aber diese Feuchtigkeit mit dem Blute der Thiere vergleichen, wie es die Aehnlichkeit (analogie) anzuzeigen scheint, so darf man diesen Saft nicht als eine unmittelbare Nahrung ansehen, weil genugsam erwiesen ist, daß nicht das Blut, aber wohl die Absonderungen von demselben (sécretions) denen Theilen, welche das Blut befeuchtet, Nahrung geben. Er spricht sich über diesen Punkt aber nicht weiter deutlich aus, weil er, wie er sagt, lieber über die Sache schweigen, als ein Lehrgebäude aufrichten will, das höchstens etwas wahrscheinlich sein könnte.

§. 106.

Fontana [86]) beobachtete zuerst im Milchsafte des Rhus Toxicodendron Kügelchen, welche er mit den Blutkügelchen verglich, und Mustel und Bonnet sahen dieß als einen Beweis mehr an, daß es zwischen Pflanzen und Thieren gar kein Unterschied gebe. Rafn [87]) lehnte sich gegen die Annahme mehrerer Pflanzensäfte, und namentlich gegen Plenk und Martius auf, welche mit den Aelteren einen gemeinschaftlichen, wässrigen, und einen eigenthümlichen und wesentlichen Saft unterschieden. Er behauptete, es gebe nur einen Pflanzensaft, weil es sonderbar sei, anzunehmen, daß z. B. die Wolfsmilch, deren Gefäße man von ihrem ersten Aufkeimen, bis zum Tode mit einem milchartigen Saft erfüllt sehe, sich

86) Fontana über das Viperngift. S. 56.

87) Rafn Pflanzenphysiologie a. d. Dänischen von Marcussen. Leipzig 1798. S. 87. u. folg.

sich diesen Saft erst aus einem andern zubereiten solle, von dem man keine Spur antreffe. Er untersuchte also verschiedene Pflanzensäfte milchender Pflanzen (mehrere Euphorbien) vermittelst des Mikroskops, und fand, wie Fontana, in ihnen Kügelchen, wie sie in dem Blute der Thiere bemerkbar seien. Da nun dieser Milchsaft zu den sogenannten eigenthümlichen Säften gerechnet wurde, so untersuchte er andere ungefärbte Säfte, vom rothen Lauch, dem Wiesenhahnenfuß, der schwarzen Espe, der Musa und anderer Pflanzen, welche man zu den gemeinschaftlichen Säften gerechnet hatte. Er fand auch in diesen Kugeln, wie in den vorigen, und schloß daraus, daß die Verschiedenheit der Pflanzensäfte durch Geruch, Geschmack u. s. f. nicht von Bedeutung sei, und daß der Pflanzensaft überhaupt, wie das Blut der Thiere, eine organische Materie enthalte, aus welcher wahrscheinlich die zum Wachsthum der Pflanze nöthigen Theile gebildet, und die verloren gegangenen ersetzt werden könnten.

§. 107.

Obgleich nun diese Beobachtungen sehr einseitig, und die daraus gezogenen Folgerungen in Bezug auf die Existenz eines identischen allgemeinen Pflanzensaftes eben so mangelhaft als unrichtig sind, so überzeugen sie doch, daß der Milchsaft ein Analogon in gewissen ungefärbten Pflanzensäften habe, und daß die, beiden gemeinsame Kügelchenbildung, sie mit dem Blute zu vergleichen berechtige. Hätte Rafn den im Holze aufsteigenden rohen Nahrungssaft und die Balsame, ätherischen Oele, das Gummi und andere Flüssigkeiten der Pflanzen untersucht, so würde er bei seiner Theorie von der Existenz eines einzigen Pflanzensaftes freilich in unüberwindliche Schwierigkeiten verwickelt worden sein, und dieser Punkt ist auch gewiß nur daran Schuld, daß spätere Botaniker (Treviranus, Kieser, Moldenhawer in Kiel, Nees v. Esenbeck und Andere) die von Malpighi unter dem Namen der eigenthümlichen Säfte begriffenen Flüssigkeiten, sammt und sonders zu den Absonderungen der Pflanzen gerechnet, und behauptet haben, daß sie allesammt nicht einmal in besondern Gefäßen, sondern bloß in Hölen des Zellengewebes abgelagert seien. Es hat sich indessen keiner unter den Neuern genau über die Natur der sogenannten eigenthümlichen Säfte ausgesprochen, und es ist mehr von den Gefäßen oder Zwischenräumen in der Pflanzensubstanz, in welchen diese Säfte enthalten sein sollten, als von den Säften selbst vorzugsweise die Rede gewesen.

§. 108.

Bestimmung des Lebenssaftes.

Seitdem ich den Kreislauf des Saftes in den milchenden Pflanzen entdeckte, habe ich mich mit der genauern Untersuchung der von Malpighi benannten eigenthümlichen Säfte der Pflanzen unausgesetzt beschäftigt, und gefunden, daß zeither unter dem Namen der eigenen Säfte, eben so wie bei den eigenen Gefäßen, zweierlei ganz von einander verschiedene Dinge begriffen worden sind, welche theils zu den lebendigen, dem Blute analogen bildenden Säften, theils zu den Sekretionen und todten Absätzen der Pflanze gehören, so daß sich beide, wie Lebendiges vom Todten unterscheiden. Aus diesem Grunde halte ich es für rathsam, um fernere Verwirrungen zu vermeiden, den Namen des eigenthümlichen Saftes, so wie den, der eigenthümlichen Gefäße, aus der pflanzenphysiologischen Nomenklatur ganz und gar zu entlassen, und die zeither zu den eigenthümlichen Säften gerechneten Milchsäfte unter dem Namen des Lebenssaftes (latex plantarum), von dem Holzsafte und von den Absonderungen der Pflanze zu unterscheiden, und mit den übrigen farbenlosen Lebenssäften zusammen zu fassen, nachdem sie beinahe anderthalb Jahrhunderte gemeinschaftlich mit den Sekreten und todten Flüssigkeiten in Reihe und Glied gestanden haben. Gegenwärtig handele ich nur von dem Lebenssafte der Pflanzen, und werde späterhin am gehörigen Ort bei den Absonderungen, der übrigen Dinge erwähnen, welche noch von Malpighi unter dem Namen des eigenthümlichen Saftes begriffen worden sind.

§. 109.

Beschaffenheit des Lebenssaftes.

Der Lebenssaft der Pflanzen ist in den im vorigen Abschnitt beschriebenen Lebensgefäßen enthalten, und stellt in Zusammenhang mit diesen bei den höheren Pflanzen einen ursprünglichen Gegensatz gegen das Assimilationssystem dar, zu welchem letzteren die Spiralgefäße mit ihrem Inhalte gehören. Er ist in sehr vielen Pflanzen ohne ausgezeichnete Farbe, stellt aber nie unter dem Mikroskop, wie der Holzsaft und die Absonderungen, ein wasserhelles, sondern immer ein opakes Fluidum dar. Gemeinhin quillt er, so lange die Pflanze lebt, und im Wachsthum begriffen ist, besonders an den jüngsten Trieben, aus seinen Gefäßen, welche entweder um die einzelnen Holzbündel oder in der Rinde versammelt sind, beim Querdurchschnitt des Pflanzentheils freiwillig und ohne

Anwendung eines äußern Druckes hervor, selbst wenn er gegen seine Schwere über die Schnittfläche in die Höhe steigen sollte. In vielen Pflanzen hat der Lebenssaft eine ausgezeichnete Farbe. Er erscheint: milchweiß bei den meisten Linnéeischen Syngenesisten und Doldenpflanzen, bei den Euphorbien, Asclepiadeen: braun bei den Aloearten: roth bei Sanguinaria: gelb in verschiedenen Nüanzen bei Chelidonium, Glaucium, Ornithogalum, Bocconia, Oenanthe crocata. Nie habe ich ihn von grüner Farbe gefunden, und allemal wo er eine grüne Farbe angenommen hat, ist es durch Vermischung mit dem grünen Zellgewebesaft geschehen.

§. 110.

Jedoch sind nicht alle gefärbte Säfte der Pflanzen Lebenssäfte. Es kommen in Beta rubra, und besonders in vielen Blumen, gefärbte Säfte im Zellengewebe vor, während der Lebenssaft eine mattweiße Farbe hat. Von dieser mattweißen Farbe des Lebenssaftes zu der hellen Milchfarbe, welche er in vielen Fällen zeigt, finden sich an derselben Pflanze in verschiedenen Theilen, so wie an denselben Theilen zu verschiedenen Jahreszeiten, und endlich von einer Pflanzenart und Gattung zur andern beständige und allmählige Uebergänge. Viele Doldenpflanzen, wie Aegopodium Podagraria, haben in der Wurzel Milchsaft, im Stengel und den Blättern erscheint der Lebenssaft mehr opackweiß. Acer platanoides, saccharinum, Dasycarpum, haben in allen oberirdischen Theilen milchweißen, in der Wurzel fast farbenlosen Lebenssaft. Unsere Maulbeerbäume haben in der Wurzel Milchsaft, am Stamm bemerke ich ihn nicht. Am Feigenbaum (Ficus carica), bemerke ich im Sommer bei rascher Vegetation einen saturirten Milchsaft, der im Winter ein blaßweißes, fast farbenloses Ansehen gewinnt, besonders wenn er an demselben Zweige nach mehreren hintereinander gemachten Querschnitten zuletzt ausfließt. An den verschiedenen Winden- (Convolvulus) und Campanula-Arten sieht man einige mit Milchsaft, andere mit ungefärbtem Lebenssaft. Acer Pseudoplatanus, hat einen farbenlosen, die obengenannten Arten haben einen milchweißen Lebenssaft.

§. 111.

Der Lebenssaft scheint, wie das Blut der Thiere, in einigen Theilen der Pflanze in verhältnißmäßig größerer Menge vorhanden zu sein, als in andern, woher auch vielleicht einige Veränderungen der Farben zu erklären sind. So sind z. B. die Wurzeln der Doldengewächse: der Angelica, Imperatoria, ungleich saftreicher als die Stengel und Blätter dieser Pflanzen. Dasselbe findet am Schöllkraut Statt; aber im Mohn ist es umgekehrt, hier sind die obern Theile saftreicher als die untern.

Der Lebenssaft mag auffallend gefärbt sein oder nicht, so hat er immer eine bei weitem zähere Consistenz als das Wasser, und einen so innigen Zusammenhang seiner Theile, daß er sich nicht sogleich in demselben auflöst, oder gleichförmig unter das Wasser zertheilt, wie der Holzsaft. Er schwimmt anfangs in größeren Massen im Wasser umher, und erst nach längerer Berührung mit demselben, zertheilt er sich gänzlich in demselben. Dann sieht man lauter abgesonderte Kügelchen im Wasser herumschwimmen, welche durchaus ohne alle innere Bewegung sind, und von dem Wasser auseinander gehalten werden. Diese von einander abgesonderten Kügelchen sind ganz rund, und in allen Pflanzen, die ich untersucht habe, nach meinem Abschätzen von einerlei Größe. Man bemerkt sie in dem Lebenssafte nicht, wenn man ihn auf einen trockenen Glasschieber unter das Mikroskop bringt: in diesem Fall gerinnt das Ganze zu einer krümlichen ungestalteten Masse, deren Theile Rasn und viele nach ihm für Krystalle angesehen haben.

§. 112.

Betrachtet man den Lebenssaft, so wie er eben aus den Gefäßen der lebendigen Pflanze ausgeströmt ist, in einem hellen Lichte, so bemerkt man, daß er durch und durch aus Theilen besteht, welche in einer lebendigen gegenseitigen Wechselthätigkeit, und somit in einem ewigen Entstehen und Vergehen, und einer unaufhörlichen Veränderung ihrer Gestalt begriffen sind, so daß sich immer je zwei und zwei mit einander vereinigen, aber augenblicklich wieder theilen und mit andern vereinigen, und so fort. Dieß ist nicht etwa eine bloße Anziehung und Abstoßung, sondern eine wirkliche Durchdringung und Vermischung der Substanz zweier Safttheile, so daß im Fall die einzelnen einen verschiedenen Inhalt haben, dieser sich gleichmäßig unter beide vertheilen muß, sobald sie sich wieder von einander trennen, wie ich dieß schon früher beschrieben habe [88]). Diesemgemäß wird man leicht einsehen können, daß die einzelnen Safttheile weder hohl

88) Der Lebensprozeß im Blute rc. Berlin bei Reimer. 1822.

noch fest sind. Hohl sind sie nicht, weil sich jeden Augenblick ihre ganze Substanz durchdringt, und in eine gleichmäßige Einheit verschmilzt; fest können sie nicht sein, weil dieß mit der Flüssigkeit, durch welche jene Bewegung nur möglich wird, in schnurgeradem Widerspruche steht. Die Vorstellung von Blasen ist hier also durchaus aus dem Spiel zu lassen, denn in diesem Fall müßte ihr Umfang eine ganz andere Beschaffenheit haben, als ihr Inhalt. Das ist aber durchaus nicht der Fall; denn sie bestehen inwendig wie auswendig aus einer und derselben sich selbst gleichen Substanz, welche sich im Leben in jedem Augenblicke durch die Wechselwirkungen der verschiedenen Theile verändert.

§. 113.

Diese innere Lebendigkeit dauert in einem Safttropfen unter dem Mikroskop oft noch eine ganze Minute lang, dann steht alles still, und man sieht nun ein, aus lauter halb mit einander verschmolzenen Kügelchen bestehendes Gewebe.

Diese innere Bewegung hat der Lebenssaft der Pflanzen mit dem Blut der Thiere gemein, und ich finde auch gar keinen wesentlichen Unterschied zwischen der innern Blut- und Lebenssaftbewegung.

Man könnte diese innere Bewegung des Lebenssaftes für eine Täuschung des Gesichts im hellen Lichte halten, weil sie besonders dann, wenn der Saft noch recht lebendig ist, so ungemein schnell vor sich geht, daß sie nur als ein Flimmern und Zittern der einzelnen Safttheilchen erscheint, ohne daß man die Veränderungen in der Gestalt durch den Uebergang der einzelnen Safttheilchen in einander genau verfolgen könnte. Allein die Bewegung wird in dem ausgeströmten Safte allmählig langsamer, so daß man bald, und besonders bei einer möglichst starken Vergrößerung, die Uebergänge und Trennungen der einzelnen Kügelchen sehr deutlich verfolgen kann, und nach einiger Zeit stirbt der Saft ganz ab, und die Bewegungen desselben hören ganz und gar auf, wenn gleich die Beleuchtung des Objektes eben so hell ist, wie zuvor. Wäre also diese Bewegung eine optische Täuschung, so müßte sie nie aufhören, sondern man würde in dem todten so gut wie in dem lebendigen Safte, die Täuschung haben, so lange die Beleuchtung dieselbe wäre. Da aber in demselben hellen Lichte die Bewegung von ihrer größten Schnelligkeit nach und nach abnimmt, ganz langsam wird, und am Ende gänzlich aufhört, so wird jeder der die Sache aufrichtig überlegt, und den Gegenstand selbst untersucht hat, bald die Richtigkeit meiner Beobachtung anerkennen. Vermuthungen über Täuschungen in dieser Sache von Leuten, die in ihrem Leben nicht durchs Mikroskop gesehen haben, aus Bangigkeit, daß sie sich im Licht blenden könnten, mögen solche bleiben. Wem das reine Licht zuwider ist, der bleibe meinetwegen im Finstern sitzen, und diejenigen, welche sich von diesen Lichtscheuen, dem Zeitgeiste gemäß, wie die Luftblasen von dem Safte der Chara herumtreiben lassen, ohne selbst zu sehen und zu denken, werde ich nicht zu selbstständigen Thätigkeiten bringen, und was diese glauben oder nicht, das ist auch in Bezug auf die Sache und die Wissenschaft sehr gleichgültig, und verdient keiner Beachtung.

§. 114.

Setzt man einen Tropfen des Lebenssaftes einige

Augenblicke der freien Luft aus, so gerinnt er zu einer körnigen klumpigen Masse, und nun bemerkt man in ihm keine Bewegung mehr. Rascher kann man diese Erscheinung herbeiführen, wenn man etwas Säure oder Weingeist hinzugießt. Allein schwache Kalilauge störte in den Versuchen, die ich anstellte, die Bewegung nicht, wenn sie nicht in so großer Menge zugesetzt wurde, daß sich dadurch die Kügelchen trennten. Läßt man den Lebenssaft in den Gefäßen frieren und wieder aufthauen, so ist er ebenfalls geronnen und todt. Bleibt er in den Gefäßen eines abgestorbenen Pflanzentheils längere Zeit verschlossen, so nimmt er eine ganz andere Farbe an: der weiße oder vielmehr opake Lebenssaft der Musa parad., des Flieders, wird roth; der Milchsaft des Feigenbaums, der Asclepias-Arten: braun. Besonders deutlich zeigt sich dieser Farbenwechsel an macerirten Theilen. Er rührt, wie sich später zeigen wird, von dem Gerinnen des Saftes her, wodurch sich ein braunes oder rothes Serum absondert, was den ganzen Saft färbt. Denselben Farbenwechsel sieht man, wenn man einen Pflanzentheil verwundet, aus dem der Lebenssaft in größerer Menge ausströmt. Er verdichtet sich hier an der Luft zu einer zähen Masse, und färbt sich meist braun, wie ich dieß an Asclepias syriaca, den Euphorbien sehr oft bemerkt habe. Man sieht dieß auch an unserm Opium, welches weiter nichts ist, als der eingetrocknete, von der Luft verdichtete Milchsaft des Papaver orientale.

§. 115.

Die in unsern Offizinen gebräuchlichen sogenannten Gummiharze, der Ammoniack, Asa foetida, Galbanum etc., sind Gemenge von eingetrocknetem Milchsaft der Doldenpflanzen, mit dem zugleich mit demselben aus den verwundeten Theilen hervortreibenden Balsamen, welche durch den Lebenssaft in eigenen Gängen des Zellengewebes abgesondert sind. In den meisten Doldenpflanzen befinden sich, besonders in den Wurzeln, die Harz- oder Balsamgänge zugleich in der Nähe der Saftgefäße, und beim Einschnitt in die Rinde werden sie zugleich mit verletzt, und ergießen ihren Inhalt, welcher nun vermengt wird, und an der Luft zu dem Gummiharze eintrocknet, indem sich das ätherische Oel des Balsams und das Serum des Lebenssaftes großentheils an der Luft verflüchtigen. Man hat häufig geglaubt, und sogar steif und fest behauptet, die Milchsäfte der Pflanzen seien von einer harzigen Beschaffenheit. Aber das ist nicht wahr. Die gesammelten Milchsäfte sind dann freilich harzig, wenn sie zugleich mit dem Harze aus den verletzten Harzgängen, z. E. in den Rhus-Arten, den Doldengewächsen rc. ausfließen, und sich damit vermischen; aber das ist eben das Unglück, daß man diese himmelweit von einander verschiedenen Dinge zusammengemengt für einen succus proprius gehalten hat. Man unterscheide nur beide gehörig, und dann wird man im Milchsaft nichts harziges finden, wie dieß bisher geschehen ist.

Die Veränderung der Farbe rührt indessen immer von einer chemischen Zersetzung des Lebenssaftes her, und ist keinesweges eine veränderte Beschaffenheit durch lebendige Beziehungen, wie sogleich weiter erhellen wird.

§. 116.

Es ist ein großer Uebelstand, daß man von den bei uns einheimischen Pflanzen den Lebenssaft nicht in größerer Menge zu physiologischen Versuchen sammeln kann, indem es hier keine so lebhaft vegetirende Pflanzen giebt, die den Lebenssaft so reichlich hergeben, als in wärmeren Ländern, und die in unsern Treibhäusern gezogenen exotischen Gewächse, sind leider alle so saft- und kraftarm durch die ungewohnten äußern Einflüsse geworden, daß sie sich nur so eben am Leben erhalten, und an keine energische Vegetation bei ihnen zu denken ist. Unser Mohn, das Schöllkraut, die Euphorbien, einige Syngenesisten und Doldenpflanzen, sind noch die saftreichsten, welche wir bei uns haben; allein keine von ihnen ist im Stande auch nur eine Drachme reinen Lebenssaftes herzugeben, den man zur Untersuchung benutzen könnte.

Da mir an der genauern physiologischen Prüfung des Lebenssaftes sehr viel gelegen war, so habe ich mit unsäglicher Mühe aus einigen etwas kräftig gewachsenen Individuen von Asclepias syriaca, zu halben und ganzen Tropfen eine Quantität von einigen Drachmen Milchsaftes gesammelt, und der Erfolg meines Versuchs hat am Ende unerwartet meine Mühe sehr reich belohnt. Ich wollte nämlich sehen, ob der Lebenssaft der Pflanzen nicht eben so wie das Blut der Thiere gerinne, und sich in Serum und Crassament scheide, und stellte zu diesem Endzweck mit zwei verschiedenen Portionen des Saftes von A. syriaca Versuche an, die ich nebst ihren Erfolgen jetzt erzählen will.

§. 117.

Das erste war, daß ich die Wirkung der Temperatur so wie der galvanischen und Reibungs-Elektrizität auf den lebendigen Saft versuchte. Ich hatte den 19. Juli 1822 des Vormittags den Saft aus Asclepias syriaca, durch Abschneiden der Blattstengel vom Stamm, in der Art gesammelt, daß ich die aus den Schnittflächen hervorquellenden Tropfen desselben, mit einem kleinen Nönnchen-Glase auffing, und darin sammelte. Die gesammte Quantität konnte dem Abschätzen nach etwas über zwei Drachmen sein. Da ich durch eine kleinere Quantität Lebenssaft derselben Pflanze, die ich auf ähnliche Weise 8 Tage zuvor gesammelt hatte, überzeugt war, daß eine freiwillige Gerinnung des Saftes und Scheidung desselben in Serum und Crassament in einer Zeit von mehreren Tagen nicht vor sich gehe, so ließ ich den am 19. Juni gesammelten Saft bis zum folgenden Tage auf dem Fensterbrett meines Zimmers leicht bedeckt stehen, wo er zwar den Sonnenstrahlen nicht geradezu ausgesetzt, aber doch in der gewöhnlichen Temperatur der Luft (sie betrug in diesen Tagen circa 18° R.) keinesweges sehr kalt stand.

Jetzt theilte ich das Ganze in vier Theile, indem ich die Hälfte des Ganzen in ein kleines Nönnchen-Glas goß, das davon gerade angefüllt wurde, die andere Hälfte theilte ich wieder in drei Theile, von denen jeder ohngefähr eine halbe Drachme enthielt. Von diesen letztern drei Portionen Saftes wählte ich eine zur Prüfung des Einflusses, welche der Galvanismus; die andere zum Versuch, welche Wirkung die Elektrizität, und die dritte zur Erforschung der Veränderungen, welche eine erhöhte Temperatur auf die lebendige Thätigkeit des Saftes haben würden.

§. 118.

Um die galvanische Thätigkeit auf den Saft wirken zu lassen, schloß ich die, zu diesem Versuche bestimmte, Quantität Saft in eine kleine Glasröhre ein, deren beide offene Enden ich mit trocknen Korkstöpseln verschloß, durch welche ich Eisendräthe in die Röhre leitete, welche mit dem Saft in Berührung waren. Die Vorrichtung ist ganz im kleinen dieselbe, wie man sie gewöhnlich, um die chemische Zerlegung des Wassers, in Wasser- und Sauerstoff durch die galvanische Säule zu zeigen, anwendet. Diese Glasröhre legte ich nun horizontal unter das Mikroskop, und befestigte sie an dem Objektträger. Ich brachte sie in den Focus der Linse, so daß ich, was bei der ganz durchsichtigen Glasröhre sehr gut angeht, den Saft deutlich beobachten konnte. Nun überzeugte ich mich zuerst in aller Ruhe, ob sich der Saft auch innerlich bewege. Dieß war der Fall, und ich bemerkte durchaus keine Veränderung in der Bewegung, von derjenigen, welche ich kurz vorher in demselben bemerkt hatte.

§. 119.

Zuvor hatte ich meine galvanische Säule aufgebaut, und mich von ihrer gewohnten guten Wirkung überzeugt. Sie besteht aus 50 Plattenpaaren, von denen jede zwei Quadratzolle Flächeninhalt hat, und zersetzt das Wasser mit vieler Leichtigkeit.

Nun brachte ich die beiden Dräthe des Kupfer- und Zinkpols meiner Säule mit den entgegengesetzten Dräthen der Glasröhre, in welcher der Milchsaft enthalten war, in Berührung, und schloß so die Säule. Ich war ungemein begierig, den Erfolg zu beobachten, operirte jedoch mit der bei dergleichen Versuchen nöthigen Ruhe, um jeden Fehler von Seiten des Experimentirens zu vermeiden. Nachdem alles in Ordnung gebracht war, sah ich schön mit bloßen Augen an den Stellen, wo die Dräthe in der Glasröhre den Saft berührten, eine chemische Wirkung, durch welche die Dräthe sich oxydirten und Gas entwickelten.

§. 120.

Jetzt beobachtete ich durch das Mikroskop den Saft in der Glasröhre, und bei der großen Erwartung, welche ich von den Wirkungen des Galvanismus auf denselben hegte, wollte ich meinen Augen kaum trauen, als ich auch nicht die geringste Spur einer Veränderung in dem lebenden Saft bemerken konnte. An den Stellen wo die Dräthe mit dem Saft in Berührung waren, ging eine chemische Zersetzung desselben vor sich, die Dräthe wurden oxydirt, und färbten sich roth, es entwickelten sich Luftblasen, und die Theile des Saftes welche unmittelbar neben den Stellen befindlich waren, wo die Dräthe ihre chemische Wirkungen äußerten, bewegten sich nach wie vor in gleicher Lebendigkeit, als ob sie von den galvanischen Wirkungen ganz und gar nichts wüßten, und an eine Gerinnung des Saftes war nicht zu denken. Die Bewegung war weder beschleunigt noch vermindert, sondern ging in ungestörter gleicher Lebendigkeit vor sich. Ich wartete eine kleine Weile, beobachtete wieder, und fand alles wie zuvor. Ich nahm die Dräthe auseinander, überzeugte mich von neuem durch Berührung der beiden Pole, von der heftigen Wirkung, welche sie auf mich, durch Zuckungen, äußerten, beobachtete den Saft unterdessen, daß die Dräthe von der Glasröhre entfernt waren, und bemerkte eine und dieselbe Bewegung der

Saftes wie zuvor; ich schloß die Säule durch die Dräthe der Glasröhre von Neuem, beobachtete wieder den Saft durch das Mikroskop, und bemerkte immer eine durchaus unveränderte Bewegung, und diese dauerte auch eben so lange fort, bis der ganze Saft durch chemische Zersetzung zerstört war, worüber über eine halbe Stunde verging.

§. 121.

Durch diesen Versuch bin ich also überzeugt worden, daß die galvanische Wirkung durchaus ohne allen Einfluß auf die lebendigen Bewegungen des Lebenssaftes der Pflanzen ist, und ich finde darin eine Bestätigung meiner früher angestellten Versuche, in welchen ich die Wirkung der galvanischen Säule auf die Strömung des Saftes, ebenfalls ohne den mindesten Einfluß fand, und die ich in meiner Schrift über den Kreislauf des Saftes beiläufig angezeigt habe.

§. 122.

Das zweite Drittheil der Hälfte des von mir gesammelten Saftes, verwendete ich zum Versuch, welchen Einfluß die Elektrizität auf das Leben des Saftes haben würde. Ich goß den Saft in ein kleines cylindrisches, oben offenes Gläschen, um die Elektrizität bequem hineinleiten zu können. Der Herr Major und Prof. Turte kam mir bei diesen Versuchen mit einer seltenen Freundschaft zuvor, indem er mir aus seiner reichen Instrumenten-Sammlung seine große schöne Elektrisirmaschine mit zwei bedeutenden Glasscheiben zur Reibung offerirte, und mich bei den Versuchen selbst mit besonderer Gefälligkeit unterstützte. Die Versuche wurden an einem heitern trockenen Tage angestellt, und die Maschine äußerte gerade die kräftigsten Wirkungen.

Zuerst brachte ich den positiven und negativen Leiter der Maschine mit dem Safte in Berührung, und ließ so, während ich 60 Umdrehungen der Maschine vollendete, in einem Zeitraum von drei Minuten den elektrischen Strom durch den Saft gehen. Ich bemerkte mit bloßen Augen an dem Safte keine Veränderungen, am wenigsten eine Gerinnung, die ich vermuthet hatte. Ich untersuchte einige Tropfen davon, mittelst des Mikroskops, und fand ebenfalls keine Veränderungen. Die innere Bewegung des Saftes dauerte, nach wie vor, fort, und unterschied sich in nichts von der Bewegung, die er gezeigt hatte, als er so eben aus der Pflanze geflossen war. Jetzt ladete ich eine Flasche durch 50 Umdrehungen, und ließ diese sich in den Saft durch einen Schlag entladen, der mir das ganze Glas zersplitterte, so daß der Saft umhersprützte. Ich sammelte rasch einzelne Tropfen davon, brachte sie unter das Mikroskop, und ich fand zum großen Erstaunen ihre lebendige Bewegung völlig unverändert. Es war also gerade, als ob ich das Glas auf eine andere mechanische Weise zerschlagen hätte.

§. 123.

Ich folgere aus diesem Versuch, daß die Elektrizität eben so wenig als der Galvanismus, eine ähnliche Veränderung in der lebendigen Thätigkeit des Lebenssaftes der Pflanzen zu erregen im Stande ist, wie dieß am Blute der Thiere beobachtet worden ist. Daß der Galvanismus am Ende die Lebensthätigkeit durch eine chemische Zerstörung des ganzen Saftes aufhebt, ist kein

Wunder,

Wunder, indem hier der Saft theilweise wie das Wasser zersetzt wird, während dieß keinen Einfluß auf die übrigen Safttheile äußert. Fände eine Wirkung auf das Leben des Saftes Statt, so müßte sich diese gewiß sehr bald, durch die ganze Saftmasse, welche mit den Leitern in Berührung ist, äußern, eben so wie, zum Beispiel, der Galvanismus Zuckungen durch alle Glieder eines Frosches erregt, wenn er gleich nur mit einem kleinen Theil des Thiers in Berührung gebracht wird. Da sich die van Marumschen Versuche nicht auf das Leben des Saftes, sondern nur auf die Reizbarkeit der Gefäße beziehen, so werde ich von denselben an einer andern Stelle, wo von den Ursachen der Bewegung des Lebenssaftes die Rede ist, handeln.

§. 124.

Die dritte Portion der Safthälfte benutzte ich zur Erforschung des Einflusses, den eine erhöhte Temperatur auf den lebendigen Saft haben würde. Ich goß den Saft in ein kleines Nönnchen-Glas, welches mit einem Korkstöpsel verschlossen werden konnte. Dieß stellte ich in einen Topf mit siedendem Wasser, und erhielt es darin so lange, bis ich vermuthen konnte, daß die Temperatur des Wassers sich gleichmäßig über die ganze Saftmasse verbreitet habe. Jetzt nahm ich einige Tropfen von dem Safte heraus, und untersuchte sie mikroskopisch. Die innere Bewegung des Saftes war unverkennbar dieselbe, wie zuvor, auch hatte das äußere Ansehen des Saftes, seine Farbe, Consistenz u. s. f. sich ganz und gar nicht verändert. Ich wiederholte nach einer kleinen Weile dieselbe Operation, und fand dasselbe

Resultat. Ich setzte darauf das Gläschen mit dem Milchsafte auf eine Spirituslampe, und wartete das Sieden desselben ab. Nachdem er einige Augenblicke aufgewallt hatte, erschien das ganze geronnen, zugleich aber war durch die große Hitze die Flüssigkeit so weit verflüchtigt, daß sich das Ganze gleich als eine krümliche trockene Masse darstellte. Ich konnte aus Mangel an Saft, diesen Versuch nicht wiederholen, und in diesem Fall war die Quantität zu geringe, als daß ich eine sichere Folgerung aus dem Erfolge hätte machen können. Es ist diese Erscheinung, eben so wie die vorigen, gewiß gegen aller Erwartung, und ich gestehe, sie war es auch gegen meine eigene. Indessen muß ich die Thatsachen doch gewissenhaft, wie sie mir vorkamen, wiedergeben, wenn sie gleich mit aller Erwartung in Widerspruch stehen. Ich kann versichern, daß es mir augenblicklich lieber gewesen wäre, wenn ich eine Veränderung vor dem Sieden gefunden hätte, und daß ich mir Mühe gegeben habe, meine eigenen Beobachtungen zu widerlegen.

§. 125.

Diese Erfahrung scheint zwar auch mit einer anderen wohlbekannten in Widerspruch zu stehen, die ich bei dieser Gelegenheit mit anführen will. Nämlich die ausgepreßten Pflanzensäfte, welche alle flüssigen Theile der Pflanze durcheinander gemengt erhalten, z. B. der Saft von Leontodon Taraxacum, welche Pflanze ebenfalls in reicher Menge einen milchweißen Lebenssaft enthält, gerinnen, wenn sie erhitzt werden, und es scheidet sich aus ihnen eine große Menge einer krümlichen, festern Substanz ab, während eine klare durchsichtige Flüssigkeit, von mehr oder weniger dunkeler Farbe zurückbleibt. Man unterscheidet das geronnene Wesen dieses ausgepreßten Saftes unter dem Namen des Eiweißstoffes, und es mag immerhin zum Theil ein chemischer Bestandtheil des Lebenssaftes der Pflanzen sein, welcher in der Hitze geronnen ist. Dieß läßt sich aber nicht genau bestimmen, indem in solchen ausgepreßten Säften, zugleich eine große Menge Zellgewebesäfte, und andere in der Pflanze zugleich vorhandene Flüssigkeiten, mit dem Lebenssafte vermischt sein müssen, so daß man hier eine Menge Dinge untereinander hat, und von den Eigenschaften derselben, welche sie für sich zeigen, nicht urtheilen kann. Indessen zugegeben, daß es vorzüglich der Lebenssaft sei, welcher hier gerinne, so will ich nur bemerken, daß die Gerinnung dieser ausgepreßten frischen Pflanzensäfte, ebenfalls nie sogleich geschieht, wenn sie eben anfangen, die Temperatur der Siedhitze zu erlangen, sondern immer erst, nachdem sie schon wirklich durch das Kochen in heftige Aufwallungen gerathen sind, wie es auch in meinem Versuch sich zeigte. Allein in dem gegenwärtigen Fall, wo ich das Glas blos in heißes Wasser setzte, konnte der Lebenssaft nicht allein nicht zum wirklichen Sieden kommen, sondern was noch mehr ist, er erreichte wahrscheinlich nicht einmal die Siedhitze, indem sich die Temperatur des siedenden Wassers mit der Temperatur des kältern Glases, in welchem der Saft enthalten war, vermischte, und dadurch in etwas verminderte, was ich leider an der kleinen Portion Saftes nicht mittelst des Thermometers zu bestimmen im Stande war.

§. 126.

Es bleiben also die angegebenen Thatsachen wahr, und über alle Grübelei erhaben, und um denselben etwas von ihrer Wunderbarkeit zu nehmen, will ich nur daran erinnern, daß es ja viele Pflanzen giebt, welche in mehr oder weniger heißen Quellen wachsen und leben, und darin sogar die höchste Bedingung ihrer lebendigen Existenz haben. Forskal [89]) erzählt, daß er in einer 49° R. warmen Quelle Conferven gefunden habe. Thunberg [90]) hat in einer siedend heißen Quelle am Slangenkop, einem Berge am Cap der guten Hoffnung, ebenfalls Conferven entdeckt, und Barrow [91]) bemerkt, daß er in einem siedend heißen Strome bei Roode-Sand am Cap ebenfalls Conferven gefunden habe. Die Ulva labyrinthiformis Vandelli wächst in einer Hitze von 49° (Them. 120. T. 2.) Forster [92]) fand auf einem Vulkane auf der Insel Tanna, wo der Boden eine Hitze von 210° Fahr. hatte, viele blühende Pflanzen. Noch mehrere Beispiele von Thieren sowohl als Pflanzen, die in großen Hitz- und Kältegraden leben, hat Treviranus im 2ten Theile seiner Biologie gesammelt. Sonnerat fand auf der Insel Lucon einen Bach, in dem das Wasser eine Temperatur von 174° F. zeigte, so daß Schwalben, die 7 Fuß hoch darüber weg flogen, todt hineinfielen. An den Ufern dieses Baches bemerkte er zwei Aspa-

---

89) Forskal Flora Aegypt. Arab. p. 189.

90) Thunberg: neue Abhandlungen der schwedischen Akademie. 1781. p. 2. S. 81.

91) Barrow Reisen in das Innere von Südafrika. S. 93.

92) Forster Reise um die Welt. Th. 2. S. 235. 259.

lathus-Arten und Vitex Agnus Castus, deren Wurzeln in das heiße Wasser reichten [93]). Siedendes Wasser tödtet hineingesteckte Zweige von Sedum, die man fürs Herbarium trocknen will, nicht augenblicklich. Solche Erfahrungen nehmen schon vieles von dem Unglaublichen weg, welches meine Beobachtungen beim ersten Anblick zu haben scheinen, indem sie beweisen, daß gewisse Pflanzen sogar beständig in einer so großen Hitze sich lebendig erhalten. Ja noch mehr. Es finden sich in der Milch der Thiere ähnliche Bewegungen der Kügelchen, wie in den lebendigen Pflanzensäften und dem Blute. Diese dauern so lange, bis die Milch gerinnt, und sie werden durch das Aufkochen derselben keineswegs aufgehoben. In der gekochten Milch sieht man die Bewegungen, wie der ungekochten: sobald sie aber geronnen ist, hören sie auf, die Milch mag gekocht sein oder nicht.

Dergleichen gewaltige Operationen, die man mit den Pflanzensäften vornimmt, sind nun freilich früher oder später immer der Grund ihres raschen Todes; aber man sieht doch, mit welcher Innigkeit ihre Lebensbewegungen in ihnen befestigt sind. Siedendes Wasser auf einen thierischen Theil gegossen, tödtet ihn auch nicht augenblicklich, aber die Folgen davon sind immer ein gewaltiger Krankheitsproß, durch den das Ganze zu Grunde gehen kann, und ähnlich ist es auch bei den Pflanzen.

§. 127.

Nachdem ich nun, weder von dem Galvanismus, noch von der Elektrizität und dem siedenden Wasser, eine

93) Willdenow Grundriß. S. 423.

besondere Wirkung auf den Lebenssaft der Asclepias syriaca wahrnehmen konnte: so stellte ich die noch übrige Hälfte des von mir gesammelten Saftes hin, um von der Zeit zu erwarten, welche Veränderungen er durch sich selbst erleiden würde. Ich untersuchte ihn anfangs täglich, dann nach mehreren Tagen, endlich nach Wochen wieder; allein ich hatte bis in der dritten Woche, vom 19ten Juli abgerechnet, wo ich den Saft gesammelt hatte, auch keine auffallende Veränderung in den innern Bewegungen wahrnehmen können. Merkwürdig war es mir, daß sich besonders der ganz eigene frische Geruch des Saftes völlig erhalten hatte, und daraus schloß ich um so mehr, daß wahrscheinlich noch der Anfang seiner chemischen Zersetzung nicht nahe sein möchte. Dazu bemerkte ich aber mehr als sonst, daß, wenn ich eine größere Portion, die auf dem Glasschieber gleichförmig zerflossen war, betrachtete, sich in der Fläche einzelne ruhende Stellen zeigten, um welche ein anderer Theil des Saftes in Strömen nach allen Richtungen fortfloß. In diesen Strömen bewegten sich die Saftkügelchen, während die Kügelchen in den zwischenliegenden Stellen sich nicht bewegten, so daß es mir vorkam, als ob der Saft eine ganz besondere Neigung besitze, sich in sich selbst in Strömen zu bewegen, nachdem er die strömende Bewegung durch den Ausfluß aus den Gefäßen verloren hatte.

§. 128.

Indessen wurde ich am Ende, in der Verfolgung dieser Erscheinungen müde, da sie mir über das, was ich suchte, keinen Aufschluß zu geben schienen. Ich verreis'te eine Zeitlang aufs Land, um andere Zweige der Pflanzenphysiologie zu bearbeiten, während ich den Saft, in dem vorhin bemerkten Nönnchen-Glase, leicht mit einem Stöpsel von Kork bedeckt, so daß die Luft nicht völlig abgehalten wurde, in meinem Zimmer, hinstellte. Da ich nichts Besonderes mehr erwartet hatte, als daß der Saft vielleicht in Fäulniß übergehen würde, so war er meiner Aufmerksamkeit fast ganz entgangen, als ich nach 5 Wochen, also 8 Wochen nachdem ich den Saft gesammelt hatte, wieder zurückkehrte. Um so mehr war ich erstaunt, jetzt zu bemerken, daß der Saft nichts weniger als in Fäulniß übergegangen war. Ich bemerkte auf seiner Oberfläche eine geringe Quantität einer dunkelbraunen, aber völlig klaren Flüssigkeit, welche zum Theil schon an der Wand des Glases als eine braune Kruste eingetrocknet war. In dieser Flüssigkeit war durchaus keine innerliche Gestaltung mittelst des Mikroskops zu entdecken, und sie erschien hier als eine bräunliche, wasserklare Masse, von vollkommener Durchsichtigkeit.

Unter dieser Flüssigkeit erschien der übrige Theil des Saftes von fast unveränderter Milchfarbe, nur war sie etwas schmutzig weiß geworden. Dieser Theil war größtentheils zu einer krümlichen Masse geronnen, welche unter dem Mikroskop ebenfalls weder Bewegung noch deutliche Gestaltung zeigte. Dieser geronnene Theil des Saftes war fest, oder vielmehr hatte er eine weiche, aber doch nicht mehr flüssige Form, so daß er sich nicht aus dem Glase ausgießen ließ, sondern einen zusammenhängenden Klumpen bildete, um den sich der noch flüssige Theil bei veränderter Lage des Glases herumbewegte. Außer diesem festeren geronnenen Theil des Saftes, fand sich aber noch eine geringe Quantität noch flüssigen, und nicht geronnenen Saftes, welcher sich, bei leichter Bewegung des Glases, bald wieder mit der braunen Flüssigkeit vermischte, und damit eine schmutzig weiße, dicklich flüssige Masse darstellte. In dieser zeigte sich unter dem Mikroskop noch die Bewegung und Gestaltung der Saftkügelchen, wie im ganz frischen Safte, und besonders auffallend bemerkte ich darin, die oben angegebene Neigung des Lebenssaftes, in sich selbst Ströme zu bilden, und sich also in zweierlei Verhältnissen zu bewegen. Diese rührt nun wahrscheinlich daher, daß ein Theil des Saftes geronnen war, der andere nicht. Der erstere lag unbeweglich still, und der noch lebende bewegt sich um ihn herum.

Ich setzte nun das Ganze wieder hin, und ließ es wieder einen Monat, ohngefähr bis zum 19. October stehen. Jetzt hatte sich das oben bemerkte braune Wasser wieder deutlich abgesondert, und die Quantität des früher noch nicht geronnenen Saftes sehr vermindert. Uebrigens zeigte die Untersuchung der aber schon weit geringen Quantität des noch nicht geronnenen Saftes, ebenfalls die innere Bewegung seiner Theile. Anfang Novembers war alles geronnen, nnd der ganze Saft todt und ohne Bewegung.

§. 129.

Daran sieht man also, daß der Lebenssaft in der Pflanze wie das Blut der Thiere gerinnt, und sich beim Uebergange aus dem Leben in den physikalischen Prozeß, ebenfalls in Serum und Crassament scheidet. Daß diese

Scheidung langsamer geschieht, als bei dem thierischen Blute, ist kein wesentlicher Unterschied, und wer weiß, ob nicht schon das Blut vieler niederen Thiere in dieser Zähigkeit des Lebens, dem Pflanzensafte mehr oder weniger nahe kömmt? Die Farbe des Serums der Lebenssäfte der Pflanzen ist bei verschiedenen verschieden, und nicht immer wie im Blute weiß; im Gegentheil gemeinhin gefärbt, und dadurch entsteht die Veränderung in der Farbe des geronnenen, von der des noch lebendigen, Lebenssaftes. So wird z. E. der trübweiße Lebenssaft der Musa paradisiaca, beim Gerinnen in den Gefäßen, mehr oder weniger roth, der Lebenssaft des Feigenbaums wird rothbraun, der des Schöllkrauts dunkler gelb, und alle diese Farben rühren von der Farbe des Serums her, welches sich durch physikalische Aktion aus dem Safte geschieden hat. Ich habe nicht Gelegenheit gehabt, größere Portionen Saft für sich der Kälte auszusetzen, wie ich dieß wohl gewünscht hätte; aber ich habe verschiedene Pflanzen zu dem Zwecke gefrieren lassen, die Veränderungen zu beobachten, welche der Lebenssaft durch die niedere Temperatur erleidet. Immer habe ich ein Gerinnen desselben in den Gefäßen bemerkt, so daß das Crassament sich in einen kleinen Theil des Gefäßes zusammengezogen hatte, während das Serum den übrigen Raum desselben einnahm. Die Bewegungen hatten, wie zu erwarten war, völlig aufgehört, und das ganze Gefüge war dadurch auch immer in eine matschige Masse zerfallen, wie man dieß an erfrornen Pflanzentheilen, besonders saftiger Pflanzen, nach kalten Herbstnächten schon zufällig häufig genug sehen kann. Die Wirkung des Frostes ist also diese, daß die Kälte die

Lebenssäfte zum Gerinnen bringt, und dadurch ihre lebendige Macht überwältigt. Dieß geschieht bei einigen Pflanzen früher, bei einigen erst in einer niedrigeren Temperatur, wie die Thiere auch verschiedene Hitz- und Kältegrade aushalten können. Die jüngeren Pflanzentheile erfrieren leichter als die älteren und ausgebildeteren, weil die Festigkeit der Struktur in letzteren größer, und die Energie des Lebens mächtiger ist.

§. 130.

Ich finde bei Duhamel [94]) die Meinung, daß ein heftiger Frost die flüchtigen Theile des (nicht bestimmten) Pflanzensaftes, um sie zu verflüchtigen, ausdehne, die Gefäße anspanne, und endlich verursache, daß diese platzen; worauf der Saft verdunste, und die Pflanzentheile in kurzer Zeit schwarz und trocken werden. Wenn Duhamel ein erfrornes Mesembryanthemum vor Augen gehabt hätte, würde er dieß nicht gesagt haben. Er dachte aber dabei, wie er selbst sagt, nur an die Bäume, und bildete sich diese Theorie, weil man oft sehe, daß das Holz der Bäume bei großer Kälte in weite Klüfte aufspalte und auseinanderreiße. Allein man sieht, daß der Frost eine ganz andere Wirkung auf das Leben der Pflanzen hat Die inneren Bewegungen des Lebenssaftes werden überwältigt, und der Saft stirbt, durch Gerinnung, und mit ihm die Quelle, aus der im Verhältniß zu den übrigen Theilen, das ganze Leben der Pflanze fließt.

§. 131.

Man könnte wohl fragen, ob der Grund warum die Pflanzen sich gegen die Kälte bis auf gewisse Gren-

---

94) Duhamel physique des arbres. II. p. 352.

zen erhalten, in der Erzeugung einer eigenen Wärme beruhe, welche das Gerinnen des Saftes verhindere? dann muß man umgekehrt auch fragen, ob der Grund, warum die Pflanzen sich nur bis auf einen gewissen Grad der Hitze erhalten können, in der Erzeugung einer eigenen Kälte beruhe, welche das Gerinnen des Saftes in zu großer Hitze verhindere? Diese Fragen wird wohl niemand bejahen, wenn man sie so gegenüberstellt, obgleich die erste, für sich betrachtet, beim ersten Anblick sehr geneigt machen könnte, sie bejahend zu beantworten. Die Pflanzen erhalten sich, wie die Thiere, weder durch Hitze noch durch Kälte am Leben, sondern ihre Temperatur fließt zugleich aus dem einen und demselben Grunde ihrer ganzen Existenz, aus welcher alle übrigen Lebenserscheinungen fließen, und sie kann sich gegen den physikalischen Proceß nicht durch Hitze und auch nicht durch Kälte erhalten, sondern einzig und allein durch die Fortdauer ihrer selbstständigen inneren Bewegungen, welche gegen die Bewegungen des allgemeinen Naturlebens ankämpfen, und deren eigenmächtige Dauer nur zugleich mit ihrer ganzen Existenz aufgehoben werden kann. Diese Wechselverhältnisse des allgemeinen und individuellen Naturlebens, gleichsam die Grenzen, wo das eine aufhört und das andere anfängt, sind höchst schwierige Punkte in der Physiologie, und können weder aus der einseitigen Betrachtung des individuellen Lebens, noch der allgemeinen Natur, sondern nur aus der Anschauung der Verhältnisse beider zu einander, als Momente eines Ganzen begriffen werden.

§. 132.

Also der Lebenssaft der Pflanzen unterscheidet sich

in seiner innern Substanz in elementarische Theile, welche unter einander, wie im Blute der Thiere in einer ewigen Wechselwirkung während des Lebens sind, wodurch sie eben ihr Leben zur Erscheinung bringen. Diese Lebensbewegungen dauern im Blute wie im Lebenssafte bis zur Gerinnung, durch welche eine chemische Scheidung in Serum und Crassament anfängt. Die Ursache dieser Gerinnung mag nun sein, welche sie wolle, so hört mit ihr immer das Leben auf, und dieß ist ebenfalls, im Blute der Thiere und im Lebenssafte der Pflanze, ganz dasselbe. Diejenigen Einflüsse also, welche keine Gerinnung der Säfte hervorbringen, tödten sie auch nicht, nach den Beobachtungen, welche ich zeither darüber gemacht habe. Das Blut der Thiere kann zwar auch durch gewisse äußere Gewalten, unmittelbar, ohne zu gerinnen, in chemische Auflösung und Fäulniß übergehen, wie dieß z. E. durch gewisse Krankheiten: Faulfieber ꝛc., und durch heftige elektrische Schläge bewirkt werden kann, wie man an den durch den Blitz getödteten Thieren und Menschen sieht. Ob dieß auch bei dem Pflanzensafte der Fall ist, weiß ich nicht; aber daß die elektrische Wirkung im Pflanzensafte dergleichen Wirkungen nicht hervorbringt, wie ich anfangs wohl vermuthete, daß beweisen die eben erwähnten Versuche hinlänglich.

§. 133.

Durch die erwähnten allgemeinen Eigenschaften, findet sich also die größte Uebereinstimmung, zwischen dem Lebenssafte der Pflanzen und dem Blute der Thiere, und diese wird noch größer, indem, wie sogleich erhellen wird, durch diese inneren Bewegungen und die dadurch hervorgebrachten Wechselwirkungen der Säfte mit den festen Theilen, die Bildungen und Ernährungen aller Pflanzentheile producirt werden.

Einen wesentlichen Unterschied zwischen beiden vermag ich ganz und gar nicht anzugeben. Die Farbe des Blutes ist wie die Farbe des Lebenssaftes in verschiedenen Thieren und Pflanzen verschieden, wenn es gleich scheint, als ob diese Verschiedenheit der Farbe in den Pflanzen größer sei als in den Thieren. Das Blut der Thiere ist entweder roth oder weiß. Die Lebenssäfte der Pflanzen sind weiß (in verschiedenen Nüancen, und dieß ist eigentlich die allgemeinste Farbe, wenn sie gleich nicht immer so wie im Milchsaft erscheint; selbst der Saft der Chara ist mattweiß), seltener roth oder gelb oder braun (Aloe) in mannigfachen Zwischenstufen. Die Gestalt der durch Wasser von einander abgesonderten todten Safttheile, scheinen mir immer, mehr oder weniger kugelrund, die Gestalt der eben so getrennten Bluttheile mehr eiförmig zu sein. Doch weiß ich auch nicht einmal, ob dieß allgemein ist.

In dieser elementaren Unterscheidung scheinen also die Pflanzen und Thiere die allgemeinste Uebereinstimmung ihres Lebens- und Bildungsprocesses zu haben, welche in der besondern Art ihrer Erscheinung weiter von einander unterschieden sind, wie weiterhin noch erhellen wird.

Dritter Artikel.

Vom Kreislauf.

§. 134.

Aus den Verhältnissen des Lebenssaftes zu den Gefäßen, in denen er enthalten ist, entsteht der Kreislauf des Saftes in den Pflanzen. Der Kreislauf besteht in der strömenden Bewegung des Lebenssaftes in den Gefäßen durch innere Bestimmungen, wie das Blut in den Gefäßen der Thiere strömt, so nämlich, daß nicht wie bei der Chara sich in demselben Gefäße zwei Ströme bewegen, sondern jeder Strom den ganzen Inhalt seines Gefäßes erfüllt, und in gerade vorwärts schreitender Richtung sich bewegt. Diese Strömungen verlaufen in sofern in einem geschlossenen Kreise, als in besondern meist neben einander liegenden, aber gänzlich von einander geschiedenen Gefäßen, der Saft auf- und absteigt, während durch Anastomose die Ströme unten und oben an verschiedenen Stellen in einander übergehen, so daß dadurch der Saft vieler Gefäße durcheinander läuft, ohne daß er gerade regelmäßig in dem entgegengesetzten Strom wieder absliege.

§. 135.

Die Untersuchung dieses Kreislaufs ist mancherlei Schwierigkeiten unterworfen, weil man ihn nur im ungestörten Zusammenhange der Gefäße mit den Umgebungen beobachten kann, da er bei weiterer Zergliederung der Theile erstirbt, so daß die Bewegung aufhört. Dadurch entsteht aber die Schwierigkeit, daß man ihn nur in abgeschnittenen Schichten der Pflanzentheile von einer gewissen Dicke sieht, welche die Lebensgefäße mit dem bewegten Safte noch in Verbindung mit andern Theilen enthalten, in welchen gemeinhin die Ströme durch mancherlei Dinge verhüllt und verdunkelt sind, so daß man selten so glücklich ist, diese Bewegung unmittelbar nur durch das Gefäß, in welchem sie vor sich geht, anzuschauen. Wählt man Pflanzentheile, in welchen schon von Natur eine ziemlich durchsichtige Ausbreitung der Theile vorhanden ist, z. E. die Blätter vieler Pflanzen, die zartesten Wurzelfasern, die Schotenvalveln, und mehrere andere Theile, so hat man hier dennoch immer, dasselbe Hinderniß des Gesichts, indem doch immer außer dem Zellgewebe, in welchem das Kreislaufssystem verhüllt ist, noch die Oberhaut der Theile hier vorhanden ist, welche den Gegenstand immer mehr verdunkeln hilft. Solche ganz einzeln verlaufende Gefäße, wie die Schläuche in den Wurzeln der Chara, giebt es bei den Holzpflanzen nicht, weil hier an allen Orten der Gegensatz vom Assimilations- und Kreislaufssystem in getrennten Organen, welche durch Zellgewebe verbunden werden, vorhanden ist, so daß man also diese verschiedenen Theile immer neben einander hat, welche ihre besondere Beschaffenheit dem Auge gegenseitig verbergen. Als ich den Kreislauf entdeckte, und zum ersten Male sah, hatte ich gerade einen recht glücklichen Schnitt gemacht, der zwei nebeneinander liegende Gefäße oben und unten ganz rein vom Zellgewebe getrennt hatte, ohne doch sie selbst nur im geringsten zu verletzen. Später habe ich die Schwierigkeiten erst kennen gelernt, welche sich bei dieser Untersuchung in den Weg stellen, besonders bei denjenigen Pflanzen, deren Lebensproceß nicht recht energisch ist.

§. 136.

Es ist nämlich ein gewaltiger Unterschied, ob man verkümmerte oder kräftig und rasch wachsende Exemplare zur Untersuchung hat. Bei den letzteren ist die große Zähigkeit des Lebens oft zu bewundern, indem man nicht selten mehrere Minuten lang, in einem dünn abgeschnittenen Pflanzenstück, die Bewegungen fortdauern sieht, wogegen die geringsten Beleidigungen die ganzen Lebensbewegungen in verkrüppelten Individuen schon zerstören, so daß man nicht rasch und behutsam genug zu Werke gehen kann, damit man den Theil noch lebendig unter das Mikroskop bringt.

§. 137.

Dieselbe Verschiedenheit findet sich auch an den verschiedenen Theilen einer und derselben Pflanze. In den älteren Theilen, in welchen nach ihrer Vollendung der Bildungsproceß schon zur Ruhe gekommen ist, sucht man die energischen Bewegungen des strömenden Saftes, welche man in den jüngsten Trieben findet, vergebens. Dagegen findet man in den Extremen, sowohl der Wurzel als des nach oben wachsenden Theils, die Bewegungen in ihrer ganzen Lebendigkeit, so wie sie zum Fortgange des Bildungsprocesses thätig sind. Um daher die Bewegungen schön zu sehen, muß man immer die jüngeren Triebe wählen, in denen die Erregungen des Pflanzenlebens am größten sind, welche nach und nach im Alter des Theils langsamer werden und erstarren.

Die in unseren Treibhäusern gezogenen exotischen Gewächse, zeigen die Bewegungen des Lebenssaftes eben so kraftlos und schwach, wie die verkrüppeltesten Individuen der bei uns wildwachsenden Pflanzen, und deshalb habe ich an ihnen wenig lernen können. Ich glaube aber, daß in warmen Himmelsgegenden die innere Lebendigkeit der Vegetation, gewiß die, unserer einheimischen Gewächse, bei Weitem übertrifft, und daß die verkümmerten

kümmerten Pflanzen der Treibhäuser, denen doch außer dem Klima noch tausend andere ungünstige äußere Verhältnisse entgegenstehen, in ihrem Vaterlande sicher eine viel reichere Ausbeute der Untersuchung des innern Pflanzenlebens geben werden, als es mit den kräftigsten Individuen in unserem ziemlich rauhen Klima der Fall ist. Man kann sich zwar in der Vergleichung der Erscheinungen des Kreislaufs, da es hier an einem Maaßstab zur Beurtheilung fehlt, sehr irren; aber ich bin doch überzeugt, daß im Sommer 1821, wo ich den Kreislauf entdeckte, die Lebendigkeit überall viel größer war, weil eine günstigere warme und feuchte Witterung sie unterstützte, als im Sommer 1822, wo wegen der großen Hitze und Trockenheit, z. E. die Schöllkrautpflanzen, die an denselben Orten wuchsen, wo ich sie im vergangenen Sommer gefunden hatte, so kümmerlich vegetirten, daß ich nur mit Mühe in ihnen die Saftbewegung deutlich sehen konnte, wogegen andere, an schattigen feuchten Orten gewachsene, viel lebendiger waren.

§. 138.

Schon wegen der vorhin erwähnten verhüllten Beschaffenheit der Organe des Kreislaufs, ist man genöthigt, ein möglichst reines und helles Licht zur Beleuchtung des zu untersuchenden Gegenstandes anzuwenden, um nur ohne viele Mühe die Strömungen des Saftes zu bemerken, welche durch ihre Umgebungen sehr verdunkelt werden. Ist man indessen in diesen Operationen erst etwas geübt, um sich recht zarte, durchsichtige, mit dem Laufe der Gefäße parallel gehende Schichten aus den Pflanzentheilen abschneiden zu können, so daß die

Gefäße fast unbedeckt vor Augen liegen, so sieht man die strömende Bewegung schon im Schattenlichte, und zwar sehr deutlich begrenzt, was bei der Betrachtung im Sonnenlichte, wegen der Wechselwirkung des Saftes mit den Gebilden nicht der Fall ist. Wie ich an anderen Orten schon zu wiederholten Malen bemerkt habe, muß man sich jedoch sehr in Acht nehmen, das helle Licht nicht mit einem Hohlspiegel auf das Objekt zu werfen, weil man in diesem Fall, aus leicht begreiflichen Gründen, entweder nichts oder lauter Täuschungen sieht. Man muß hierzu durchaus einen ebenen Spiegel haben, und ich rathe jedem, der meine Beobachtungen nachmachen will, sich einen anzuschaffen, weil die meisten Mikroskope nur Hohlspiegel haben.

Im Schattenlichte, wo man, besonders in dickeren Strömen von der vorhin beschriebenen innern Lebendigkeit des Saftes nichts sieht, erscheint die Strömung sehr gleichmäßig fortschreitend und ruhig. Man sieht nur den sich in einer Richtung fortschreitend bewegenden Strom, ohne eine Spur von Seitenbewegung oder sonstiger Veränderung der Umgebungen.

§. 139.

Bevor ich den Kreislauf auseinandersetze, muß ich noch, um in der Verfolgung des Verlaufs der vegetativen Lebenserscheinungen keine Lücke zu lassen, zuvor noch den Uebergang des Holzsaftes in das Kreislaufssystem betrachten. Was nun diesen Uebergang des Holzsaftes aus den Spiralgefäßen in das Kreislaufssystem betrifft, so geschieht er im Allgemeinen auf dieselbe Art, wie der Saft der Chara aus einem Zwischenknoten in den andern übergeht. Nämlich es gewinnt der Holzsaft in den obersten Gliedern der Spiralgefäße, namentlich der Blätter und blattartigen Ausbreitungen, wahrscheinlich durch die Wechselwirkung mit der atmosphärischen Luft, eine höhere Organisation und Kügelchenbildung, wie sie der Lebenssaft hat. Sein äußeres Ansehen, und namentlich die Färbung, verändert sich hier aber noch wenig, und selbst da, wo, wie im Schöllkraute, ein auffallend gefärbter Lebenssaft vorhanden ist, erscheint der Holzsaft immer hier noch völlig ungefärbt, und die Bewegungen seiner organischen Urtheile gegen einander sind auch noch kaum bemerkbar. Dessenungeachtet sieht man durch die Wandungen der, hier nebeneinander liegenden, Spiral- und Lebensgefäße, eine sehr deutliche Wechselwirkung der Holz- und Lebens-Safttheile, durch welche der Holzsaft in den Lebenssaft übergeht. Dieser Proceß ist die Analyse des sogenannten organischen Durchschwitzens, welches Link angenommen hat, um den Uebergang des Saftes aus einer Zelle zur andern zu erklären, welcher freilich in dem Sinne, als man ihn sich vorgestellt hat, ganz und gar nicht Statt findet, nämlich so, daß durch ihn der Saft aus einer Zelle in die andere überginge. Um diesen Proceß deutlicher zu verfolgen, habe ich, wie schon oben bemerkt, Pflanzen gefärbte Flüssigkeiten einsaugen lassen, um dem Uebergange eben so wie in der Chara zuzusehen. Aber die Pflanzen sind mir immer zu früh abgestorben, so daß ich also eine ähnliche Färbung des Lebenssaftes nicht habe bewerkstelligen können. Allein man sieht dieß auch ohnehin in vielen Pflanzen und Pflanzentheilen deutlich genug, und wenn man es vergleicht, so findet man zwischen diesem Proceß und dem

Uebergang des Saftes aus einem Schlauche in den andern, bei der Chara ganz und gar keine wesentliche Verschiedenheit. Es ist dieß eigentlich weiter nichts, als ein höher gesteigerter Einsaugungsproceß, durch welchen die Wurzeln ihre Nahrung aus dem Boden einsaugen. Nämlich man muß sich diesen ebenfalls nur als eine Wechselwirkung der einsaugenden und einzusaugenden Theile denken. Die Lebensgefäße saugen durch Wechselwirkung des Lebenssaftes mit dem schon höher organisirten Holzsafte, letzteren aus den Spiralgefäßen ein, wie die Spiralgefäße die durch die Wurzel in der Erde digerirten rohen Nahrungsstoffe einsaugen.

§. 140.

Dieser Uebergang des Holzsaftes in das Kreislaufssystem, geschieht aber nur in den Extremen der äußeren Pflanzentheile, und namentlich, wo Blätter vorhanden sind, in den Blättern, ferner in den Blumen- und Fruchttheilen, was jedoch nicht zum individuellen Pflanzenleben gehört. Dagegen geht durchaus aus dem Holzkörper, und den in den Blattstielen und Kräuterstengeln liegenden Holzbündeln, kein Holzsaft in die Lebensgefäße über. Die ganze Rinde der Bäume bekömmt durchaus unmittelbar vom Holze keinen Saft, sondern dieser Uebergang des Holzsaftes in den Lebenssaft der Rinde, wird nur durch die Blätter vermittelt. Darum stirbt auch ein Rindenstück, welches von dem übrigen Rindenkörper isolirt ist, und keine Blätter treibt, allemal ab. Dieß haben Hales und Dühamel schon sehr gut gewußt, nur verstanden sie sich den Grund davon nicht zu erklären. Hales ringelte durch Einschnitte Bäume an mehreren Stellen, um den Lauf des absteigenden Saftes zu finden. Er löste in gleichen Zwischenräumen die Rindenringe aus. Diejenigen isolirten Rindenstücke, welche Knospen hatten, zeigten ihm auch einen Holzwulst am Rande, diejenigen, welche keine Knospen hatten, vergingen aber bald. Hales meint, es rühre dieß daher, weil der Baum, wo er keine Blätter habe, auch nicht ausdünsten könne, und wo keine Ausdünstung sei, könne auch kein Saft hingezogen werden, weil er die Ausdünstung als eine wesentliche Ursache des aufsteigenden Saftes ansah.

Duhamel [95]) machte den Versuch nach, nnd fand dasselbe. Er bemerkte weiter, daß ein von allen Seiten abgelöstes Stück Rinde, wenn man es genau wieder befestigt, nicht wieder anwächst, und vermuthete richtig, daß dieß seinen Grund in der fehlenden Knospe habe, da doch gewisse Pfropfungen durch Rindenröhren, welche auf ein entrindetes Stammende gesetzt werden, sehr gut gelingen, weil hier viele Knospen an der Rinde befindlich seien. Später hat Knight dieselben Versuche und Beobachtungen gemacht.

Mir ist ebenfalls eine interessante Erscheinung vorgekommen, welche in denselben Verhältnissen ihren Grund hat. Nämlich wenn man einen Baum dicht über der Stelle, wo er aus der Erde hervorkömmt, rund herum zur Schälzeit von Rinde entblößt, und das Holz rein abtrocknet, damit die Rinde nicht wiederwächst, welche eine Verbindung der Rinde der Wurzel und des Stammes bewerkstelligen kann, so stirbt der Baum ab, wenn

95) Duhamel physique des arbres. II. 206.

aus der Wurzel keine neue Sprößlinge und Blätter treiben: aber er stirbt nicht, wenn dieß der Fall ist. Nämlich hier steht die Rinde der Wurzel mit den Blättern der jungen Sprößlinge in Verbindung, und wird dadurch ernährt. Dagegen kann im erstgenannten Fall die Wurzel ihr Leben aus Mangel an Lebenssaft nicht fortsetzen; sie stirbt ab, und weil sie keine Nahrung für die oberen Theile mehr einsaugt, auch der ganze Baum. Man sieht hier also, daß bei aller Aeußerlichkeit, in welcher diese Theile der Pflanzen wirklich nur zusammenhängen, dennoch ein merkwürdiges Verhältniß derselben unter einander, unter gewissen Umständen, ihre gegenseitige Existenz bedingt, so daß sich also immer noch der Zusammenhang aller äußeren Theile des vegetativen Organismus zu Einem Ganzen nicht verkennen läßt.

§. 141.

Auf diese Art, wie der Lebenssaft aus den Blättern in den Rindenkörper des ganzen Baumes sich verbreitet, gründet sich weiter die schon sehr alte praktische Methode, durch den sogenannten Zauberring, die Obstbäume fruchtbarer zu machen. Duhamel [96]) bemerkte, daß die Bauern in der Provence, im Frühling ihre besten Oelbäume, in der Absicht, sich gewisse Arten Oliven von vorzüglicher Güte zu verschaffen, durch kreisförmige Einschnitte in die Rinde, und Wegnahme eines vier Finger breiten Rindenringes, zu einer besondern Fruchtbarkeit noch in demselben Jahre erregten, und Magnol hat dasselbe als eine sehr alte Methode der

96) Duhamel l. c. II. p. 104.

Bauern in Languedoc beobachtet. Thouin [97]) hat die Sache unter den Gelehrten wieder in Erinnerung gebracht, und man hat der Methode den Namen Zauberring gegeben. In den Fällen wo sich dieses vortheilhaft beweist, muß man sich den Erfolg auf folgende Weise erklären. Der Holzsaft steigt ungestört durch das von Rinde entblößte Holz zu den oberen Theilen, und wird in den Blättern zu Lebenssaft organisirt, und geht in das Kreislaufssystem der Rinde über. Von hier aus kann sich nun der Lebenssaft durch den Kreislauf nicht unter die entrindete Stelle hinaus in die übrigen Pflanzentheile verbreiten, sondern ist gezwungen in den Theilen zu circuliren, welche sich oberhalb des Ringes befinden. Er wird also hier gleichsam concentrirt, und anstatt daß er sonst zur Holzbildung der unteren Theile verwendet wäre, kann er jetzt Leben und Nahrung für andere Gebilde geben, und eine größere Menge Früchte erzeugen und ausbilden.

Daß jedoch durch einen solchen Rindenring eine absolute Unterbrechung des Zusammenhangs der obern und untern Pflanzentheile durch den Kreislauf hervorgebracht würde, glaube ich nicht. Denn wahrscheinlich wird immer noch eine, wenn gleich schwache Verbindung durch die Lebensgefäße des Holzes (oder wenn Mark da ist, durch die des Markes) erhalten, und daraus muß man es sich erklären, daß nicht immer, besonders an jüngeren Theilen, ein ganz isolirtes und blätterloses Rindenstück sogleich abstirbt, wenn es gleich richtig ist, daß es

---

97) Thouin Annales du Musée d'hist. nat. 6. 437.

sehr leidet, und in den meisten Fällen früher oder später ausgeht.

Die Beobachtung der Franzosen, daß Bäume, welche ganz und gar am Stamm, von der Wurzel bis zur Krone, von Rinde entblößt, dennoch Blätter treiben, ist eigentlich ganz dasselbe oben berührte Experiment, wo ein schmaler Rindenring abgelöst wird, nur im größern Maaßstabe. Der Saft geht aus dem Holze nirgends in die Rinde über, und deshalb ist der Mangel der Rinde an einem vollendeten Stamm kein Hinderniß der Bewegung des Holzsaftes, weil sich die Vegetation hier mehr passiv verhält, anstatt daß die äußersten Spitzen der Wurzel und der Krone nur in wesentlicher Thätigkeit sind. Daher kann auch hier die Rinde nie fehlen, ohne daß die Vegetation zu Grunde geht. Ein Baum, dessen Wurzelspitzen und letzten Zweige der Krone von Rinde entblößt sind, geht entweder ganz aus, oder es sterben die entrindeten Theile, und es treiben aus dem Stamm neue Aeste mit Blättern oder Wurzeln hervor.

§. 142.

Der Grund, weshalb aus dem Holzkörper und der Mitte der Holzbündel kein Holzsaft in das Kreislaufssystem übergeht, ist sicher kein anderer als der, daß in diesen Theilen der Holzsaft noch zu wenig assimilirt und organisirt ist, um die nöthige Wechselwirkung mit dem Lebenssafte eingehen zu können, welche zu diesem Uebergange erforderlich ist. Diese höhere Organisation wird erst durch die Mitwirkung und Aneignung der Luft bewerkstelligt, und also in den Theilen vollbracht, in welchen die Spiralgefäße, der Atmosphäre auf eine unmittelbare Weise ausgesetzt sind. Sobald sie zu Stande gekommen ist, gestaltet sich der Holzsaft innerlich, fängt sich an zu bewegen, und nun tritt er in Gemeinschaft und Vermischung mit dem Lebenssafte, vermittelst der Gefäße.

§. 143.

Sobald nun also der assimilirte und organisirte Holzsaft in die Lebensgefäße übergegangen ist, wird er, wie der Chylus dem Blute, dem Lebenssafte völlig gleich, sowohl in seiner inneren Gestaltung und Bewegung, als in seiner ganzen übrigen Natur, und hier wird er nun als Lebenssaft zum Zweck der fortwährenden Bildung neuer Theile überall durch den Kreislauf verbreitet, wohin auf eine unmittelbare Weise kein organisirter Lebenssaft gelangen konnte.

§. 144.

Der Kreislauf des Lebenssaftes ist sich im Allgemeinen in allen Holzpflanzen und in allen Theilen derselben ganz gleich. Allein durch das Verhältniß in der Lage des Assimilations- und Bildungssystems, oder des Holzes und der Rindensubstanz zu einander, entstehen doch mancherlei Verschiedenheiten, auf welche man bei der Untersuchung aufmerksam sein muß. Sie lassen sich im Allgemeinen auf drei Besonderheiten zurückführen. Diese sind: erstens der Kreislauf im Rindenkörper, zweitens der Kreislauf in den Gefäßbündeln der Kraut- und Blattstiele, und drittens der Kreislauf in den Extremen der Pflanze, besonders den Blättern, womit der Kreislauf im Innern der Holz- und Rindensubstanz, in welche sich von den Gefäßbündeln oder Lagen aus, einzelne Gefäße zur Ernährung und Bildung verbreiten, übereinstimmt. Der Kreislauf in dem Rindenkörper ist in den Wurzeln aller Holzpflanzen, und den Stämmen aller Bäume und Sträucher, welche durch und durch dieselbe Beschaffenheit haben, ganz und gar derselbe. Wo nur die Gefäße irgendwo in Bündeln zusammenliegen (nämlich Spiral- und Lebensgefäße), da ist der Kreislauf überall ebenfalls derselbe, es mag nun in den Blattstielen der Bäume oder den Stengeln der Kräuter mit zerstreuten Holzbündeln sein. Endlich in allen Extremen, besonders wenn sie eine flächenartige Ausbreitung des Gebildes darstellen, es mögen nun Blätter, oder Blumen und Fruchttheile sein, ist im Allgemeinen ebenfalls derselbe Lauf der Strömung.

§. 145.

Diese Verschiedenheiten beziehen sich aber bloß auf das rein äußerliche Verhältniß der Lage, und ein wesentlicher Gegensatz der Momente des Kreislaufs, wie im Thier die Peripherie gegen das Zentrum, oder die Arterien gegen die Venen, findet sich in den Pflanzen nicht. Das einzige, was sich hier anführen läßt, ist dieß, daß von den Gefäßbündeln und Gefäßlagen (in dem Rindenkörper) aus, als dem Heerde des Systems, eine Vertheilung der Ströme nach allen übrigen Theilen Statt findet; aber auch dieß ist ein rein formeller Gegensatz, da in den Theilen, welche ich eben den Heerd genannt habe, die einzelnen Theile des Systems schon vollkommen abgesondert nebeneinander liegen, und keinesweges eine innerliche centrale Vereinigung und Durchdringung darstellen. Dieser Heerd ist nichts als eine äußerliche Concentration des Kreislaufssystems, um sich dem Assimilationssystem körperlich gegenüberzustellen, mit dem es von Hause aus in den Holzpflanzen die ursprüngliche Theilung der totalen Pflanze ausmacht. Jedoch will ich, da die Sache durchaus neu ist, und meine Darstellungen verworren werden könnten, nach diesen Verschiedenheiten, die Beschaffenheit des Kreislaufs der Holzpflanzen beschreiben.

§. 146.

Kreislauf in den Blättern.

Die Untersuchung ist hier leicht, wenn man sich erst gewöhnt hat, durch die Oberhaut und das, über den Gefäßen liegende Zellgewebe, die Bewegungen zu sehen, da diese Hindernisse sich dem Gesicht entgegenstellen, und das Ganze verdunkeln. Man legt ein durchsichtiges lebendiges Blatt ohne alle Vorbereitung unter das Mikroskop, beleuchtet es, und sieht in den Blattrippen die Bewegung. Ich glaubte früher durch Benetzung mit allerhand öligen und wässrigen Flüssigkeiten die Durchsichtigkeit der Theile zu vermehren; aber obgleich es mir zuweilen schien, daß ich bald durch dieses, bald durch jenes Mittel, die Bewegung deutlicher sah, so habe ich doch am Ende bemerkt, daß dieß nur durch Reinigung und Abwachschung des Blattes von Staub geschehe, und daß im Ganzen die unbehaarten, möglichst dünnen und durchsichtigen Blätter die Bewegung am deutlichsten zeigen. Die Bewegung geht hier in den Blattrippen bis durch die feinsten Netze, in entgegengesetzten Strömungen, welche alle untereinander auf die sogleich anzugebende Weise, durch die Gefäßglieder anastomosiren, so daß man hier weder Anfang noch Ende derselben finden kann. Nachdem der organisirte Holzsaft in die Lebensgefäße übergegangen ist, treibt er hier in den mannichfaltigen Kreisen, welche durch die netzförmige Ausbreitung der Blattgefäße gebildet werden, umher, und alle Kreise anastomosiren mit einander, so daß aller Saft auf diese Weise durcheinander fließt, und die ganze Masse desselben sich durch und durch vermengt, und gleich wird. In abgerissenen Blättern sieht man die Bewegung meist so lange, bis sie welk werden, und wenn man sie jetzt wieder in kaltes Wasser legt, so erwacht der schon stillgestandene Kreislauf wieder. Ob man das Blatt von der untern oder von der obern Fläche betrachtet, ist im Allgemeinen gleichgültig, doch scheint mir, als ob die Bewegung von der untern Fläche, wo die Blattrippen hervorstehen, deutlicher zu sehen wäre. Uebrigens ist es in allen Blättern dieselbe Erscheinung, wie ich sie früher [98]) in den Blättern des Schöllkrauts beschrieben und abgebildet habe. Nur sieht man sie in den Pflanzen mit auffallend gefärbten Milchsäften am deutlichsten. Außer dem Schöllkraut passen die Doldengewächse und viele der Linnéeischen Syngenesisten zu den Beobachtungen am besten. Die Blätter der Euphorbien, Asclepias-Arten und anderer sind zu dick und undurchsichtig.

§. 147.

Kreislauf in den Gefäßbündeln der Kraut- und Blattstiele.

Aus den Blättern geht der Saft durch die Blatt- und Krautstiele in die Rinde der Wurzel oder des Stam-

98) Ueber den Kreislauf des Saftes im Schöllkraut u. s. w.

mes über. Hier steigt der Lebenssaft in den Gefäßen, welche neben den Holzbündeln liegen, auf und ab. Ich habe davon schon [99]) früher eine Abbildung aus dem Stengel des Schöllkrauts gegeben. Man bemerkt selten eine Anastomose der Ströme, sondern sie fließen lange Strecken, wenigstens in dem Heerde des Systems, in entgegengesetzter Richtung neben einander hin, ohne daß eine Verbindung bemerkbar wäre. Ueberall, wo die Gefäße des Holzes und der Rinde in zerstreute Bündel vereint sind, ist dieß auf dieselbe Weise der Fall, mag es nun in den Blatt- oder Krautstengeln, oder in sonst irgend einem Theile sein, in welchem dieselbe Lage beider Systeme zu einander vorkömmt. Da hier jedoch die Lebensgefäße meist an der äußeren Seite der Holzbündel liegen, so kann es auch wohl kommen, daß man den Schnitt, durch welchen man eine Lamelle zur Untersuchung trennt, gerade zwischen den Heerd der Lebensgefäße und die Spiralgefäße durchführt, und in diesem Fall sieht man keine Spiralgefäße, sondern bloß, wie in einem Rindenstück, die dicht neben einander fließenden Ströme des Saftes. Hat man das Gefäßbündel in der Richtung von innen nach außen quer durchschnitten, so sieht man oft nur an einer Seite der Spiralgefäße Ströme mit dem Lebenssafte. In den jüngeren Stengeln und Blattstielen der Doldenpflanzen: der Oenanthe, der Imperatoria, Angelica etc., sieht man dieß sehr schön. Die Schnelligkeit der Bewegungen, so wie ihre Dauer, hängt hier wie überall von der Lebendigkeit der Pflanze ab, von der man den zu untersu-

---

99) Ibid. Fig. 3.

chenden Theil nimmt, doch sind mir die Ströme im Allgemeinen immer viel früher abgestorben, als in den Rindenstücken. Wiederbeleben lassen sie sich höchst selten, wie dieß wohl bei verwelkten Blättern angeht, wenn man sie in kühles Wasser legt. In den Blattstielen sieht man in der Regel ungleich mehr absteigende als aufsteigende Ströme, wahrscheinlich, weil von den Blättern aus immer eine größere Menge Saftes in die Rinde des Stammes oder der Wurzel absteigt, diese zu ernähren. Doch kann man sich auf die Allgemeinheit solcher Beobachtungen immer nicht verlassen, weil es ein ganz anderes Ding ist, ob der Saft in zerschnittenen Lamellen, oder in der Integrität des Pflanzentheils strömt, und man nie wissen kann, ob man gerade alle Lebensgefäße eines Bündels mit abgeschnitten hat, und wenn dieß der Fall ist, ob auch der Saft noch in allen strömt, und ob man sie deutlich zu Gesichte bekömmt oder nicht. In denjenigen Blattstielen und Krautstengeln, in welchen das Holz einen zusammenhängenden Kreis bildet, um welchen die Rindensubstanz gelagert ist, erscheint der Kreislauf ganz auf dieselbe Weise, wie ich es jetzt in der Rinde überhaupt beschreiben werde.

§. 148.

Kreislauf im Rindenkörper.

Als ich mein Buch über den Kreislauf im Schöllkraute rc. herausgab, kannte ich die Allgemeinheit dieses Kreislaufes in den Baumstämmen noch nicht deutlich genug, und meine Beschreibungen, welche ich dort von dem Kreislauf in der Wurzel des Schöllkrauts gegeben habe, machen also darauf nicht aufmerksam. Mir ist eine dreifache Verschiedenheit dieses Rindenkreislaufs vorgekommen. In den meisten Pflanzen liegen die Lebensgefäße abwechselnd mit Bast- und Zellenschichten in zusammenhängenden Kreisschichten in der Rinde; in anderen aber liegen sie, wenigstens hauptsächlich, in getrennten Bündeln, welche in ihrer Mitte einen Harzgang umschließen; in noch andern, wo keine deutlich getrennte Schichten in der Rinde vorhanden sind, sind sie durch die ganze Rindensubstanz gleichmäßig verbreitet. Das erstere ist z. E. in den Ahorn-, Feigen-, Maulbeerbäumen rc. der Fall. Das zweite sieht man am besten an Rhus thyphinum, semialatum etc., das dritte in den meisten Wurzeln der Doldengewächse, z. E. Angelica, Imperatoria etc.

§. 149.

Um den ersten Fall zu versinnlichen, habe ich eine Schicht mit Lebensgefäßen aus der Rinde des Ahornbaums (A. platanoides) Taf. 4. Fig. 1. abgebildet. Der sogenannte Spitzahorn ist überhaupt sehr gut geeignet, unter den bei uns einheimischen Bäumen, den Kreislauf in der Rinde zu untersuchen. Die beste Zeit dazu ist im Frühling, im Mai, oder im Monat July, wenn sich die Rinde leicht vom Holze löst. Man wählt junge Zweige, zieht die Rinde behutsam durch Quer- und Längsschnitte von dem Holze ab, breitet sie zu einer ebenen Fläche aus, und schneidet mit dem Laufe der Schichten dünne durchsichtige Lamellen von der inneren Seite, wo möglich in größerer Länge ab, und legt sie unter das Mikroskop. In den Trieben des ersten und zweiten Jahres sieht man den Kreislauf hier immer sehr schön, wenn die Pflanze nicht von kränklichem Wuchse war, von der man die Zweige zur Untersuchung wählte. An den eben hervorgebrochenen Trieben des Jahres, in dem man den Saftlauf untersucht, findet sich bis zum Juny in der Regel noch eine sehr große Zartheit und gar zu geringe Festigkeit der Bildungen, so daß hier die Bewegungen, wenn gleich schnell, doch in den so sehr zerschnittenen Stücken nicht lange dauernd sind. Will man daher zu dieser Zeit die Bewegung untersuchen, so wählt man am besten die vorjährigen Triebe, in welchen sie zwar nicht mehr so rasch, doch immer noch sehr deutlich zu sehen sind. Untersucht man die Bewegungen aber im Juny oder July, so haben die diesjährigen Zweige schon eine größere Energie, und hier hat man den Vortheil, daß man die Bewegung nicht allein immer in deutlichen, schönen Strömen, sondern auch lange an demselben Stück beobachten kann. Vom July bis zur Zeit des Blattfalls pflegt allmählig schon an den untern Theilen der diesjährigen Triebe die Rinde wieder fest mit dem Holze zu verwachsen, doch löst sie sich an den Spitzen dennoch mit ziemlicher Leichtigkeit, aus Gründen welche später vorkommen werden, ab.

§. 150.

Der Kreislauf hört in allen Pflanzen, welche ich untersucht habe, im Winter nicht auf, sondern man kann ihn vom October bis zum April eben so gut, als vom April bis October sehen. Nur hat die Untersuchung jetzt ihre größeren Hindernisse, indem überall die Rinde fest mit dem Holze verwachsen, und es unmöglich ist, so wenig verletzte Stücke aus der Rinde zu schneiden, als wenn man diese vom Holze ablösen kann. Doch

gewinnt

gewinnt man auch hierin einige Uebung. Man schneidet zuerst, so viel als möglich mit der Oberhaut parallel, die dicht unter der Oberhaut liegende grüne Zellenschicht, in welcher wenig Lebensgefäße enthalten sind, weg, und nachdem die Rindenschichten, welche den Heerd des Kreislaufssystems enthalten, entblößt sind, nimmt man von diesen, gleichförmig dünne Lamellen, so lang als möglich weg, um sie unter das Mikroskop zu legen, und die Saftbewegung zu beobachten. Bei Frostwetter habe ich oft im Freien, Ahornzweige und Rhus-Arten zerschnitten, ohne daß der Milchsaft aus den Schnittflächen der Rinde hervorgequollen wäre, was sehr wohl zu jeder Zeit des Winters geschieht, wenn Thauwetter ist. Nahm ich die Zweige mit ins warme Zimmer, so sah ich, ganz besonders lebendig in Rhus typhinum, (wahrscheinlich weil die Zweige von kräftigerem Wuchse waren), die Saftbewegung sowohl unter dem Mikroskop, als auf den Querdurchschnitten an dem hervorquellenden Saft schon mit bloßen Augen, immer sehr schön. Ich folgere daraus, daß bei einer Temperatur unter dem Gefrierpunkte, auch der Kreislauf still steht. Ich wollte dieß im Freien durch das Mikroskop untersuchen; allein die zerschnittenen Rindenlamellen erstarrten mir, wie zu erwarten war, in der Kälte, und ich sah nichts, weil alles Eis war. Es wäre nun dessenungeachtet sehr gut möglich, daß die Rinde in ihrer Integrität den Lebenssaft vor der Erstarrung durch Kälte schützt, und daß selbst im Froste eine, wenn gleich unterdrückte Bewegung vorhanden ist; aber ich habe auch bemerkt, daß der Lebenssaft der im Freien ausdauernden Bäume, z. E. des Ahorns und der Sumacharten, keinesweges durch Frieren (wenigstens nicht in einer Temperatur von ohngefähr — 20° R.), gerinnt, wie viele andere thun. Ich will daher über den Zustand des Lebenssaftes bei Frostwetter keine Vermuthungen äußern, da mich die Erfahrungen hier verlassen.

§. 151.

Auf folgenden Punkt will ich aber noch aufmerksam machen. Es läßt sich zwar das Verhältniß der Kraft und Geschwindigkeit der Bewegungen zu verschiedenen Zeiten schwer beurtheilen, da man keinen Maaßstab hat, wornach man sie messen könnte. Aber es ist doch eine ungemein auffallende Langsamkeit und Schwäche der Bewegungen des Lebenssaftes zu der Zeit, wenn Frühlings der Holzsaft in so großer Menge aufsteigt. Es scheint, als ob sich hier eine nothwendige Veränderung des einen Systems durch das andere fände, so daß der Kreislauf zur Zeit der größten Thätigkeit des Holzes unterdrückt ist, und umgekehrt mit dem Nachlasse der assimilirenden Thätigkeit, der Kreislauf in erhöhte Bewegungen versetzt würde. Denn sobald der Holzsaft nicht mehr fließt, sehe ich den Kreislauf gleich wieder viel lebendiger, als kurz vorher, wenn das Holz viel Saft enthält. Doch will ich darüber nichts allgemeines feststellen, da dergleichen Beobachtungen nicht entscheidend angestellt werden können.

§. 152.

Die Strömung des Lebenssaftes sieht man nun im Spitzahorn in einem auf die beschriebene Art vorbereiteten Rindenstück auf folgende Weise. Es laufen in auf- und absteigender Richtung die Saftströme in abgesonderten, dicht nebeneinanderliegenden, oder durch schmale Zellenlagen getrennten Gefäßen. Man bemerkt keine Verschiedenheit in der Geschwindigkeit der auf- und absteigenden Ströme, und beide werden in der Regel zugleich langsamer, und stehen nach und nach zugleich still. Doch ist dies keineswegs ganz allgemein, und man sieht öfters einige von den auf- oder absteigenden Strömen still stehen, während die in entgegengesetzter Richtung laufenden sich noch bewegen. Die Ströme laufen in ihren Gefäßen immer nur in einer und derselben auf- oder absteigenden Richtung, und nie bewegen sie sich in demselben Gefäße wieder rückwärts. Daher dauert diese Strömung in kürzeren Schnitten bei weitem nicht so lange, unter übrigens gleichen Umständen, als in langen, weil der Saft an dem Ende derselben, wohin er strömt, entweder ausfließt, oder sich anhäuft und still steht, welches nur so lange dauern kann, bis der in dem Strom von Anfang bis zu Ende des Schnittes befindliche Saft den Weg zurückgelegt hat, weil der Zusammenhang mit andern Gefäßen, aus denen Saft nachfließen könnte, abgeschnitten ist, und also die Bewegung aufhören muß, sobald der vom Anfang des Schnitts auslaufende Saft, das Ende erreicht hat, an welchem er sich entweder ansammelt oder ausströmt. Doch trifft es sich auch sehr häufig, daß durch die gleich zu beschreibende Anastomose der Gefäße der Saft aus dem absteigenden Strom in einen andern aufsteigenden übergeht, und umgekehrt, so daß sich nicht selten dadurch die Bewegung längere Zeit erhält, indem dadurch eine Kreisbewegung in dem kleinen Stücke entsteht, aus welcher kein Saft ausfließt.

§. 153.

Die aufsteigenden und die absteigenden Ströme sind durchaus in keiner Rücksicht von einander zu unterscheiden, als durch ihre Richtung. Wenn ich mir also nicht gerade gemerkt habe, welches Ende des betrachteten Stückes das obere, und welches das untere ist, so kann ich nicht sagen, welches der auf- und welches der absteigende Strom ist. Sie bewegen sich fortwährend in einer entgegengesetzten Richtung neben einander hin, anastomosiren zuweilen mit einander; aber sind sich durchaus in allen Bestimmungen ganz und gar gleich. Man sieht zwar in der Regel mehr absteigende als aufsteigende Ströme, aber auch dieß ist nichts weniger als allgemein: oft ist es auch umgekehrt, und das ist also kein Merkmal, wodurch man beide von einander unterscheiden könnte. Dieß ist alles ganz natürlich: man kann kein Unterscheidungszeichen finden, wo keine Unterschiede sind. Der Saft steigt auf und ab, um sich überall, und in allen Richtungen zu verbreiten, und nicht wie im Thier, um zugleich wieder nach seiner Verbreitung in ein Zentrum zurückzukehren. Der auf- und absteigende, und der durch die Anastomosen querlaufende Lebenssaft, ist sich durch und durch gleich, und überall zu Bildungen geschickt, und er überträgt auch seine ganze Substanz in seine Bildungen, so daß kein Theil derselben übrig bleibt, der noch anderswohin fließen könnte. Davon jedoch weiterhin.

§. 154.

Nicht selten sieht man, wahrscheinlich durch ein von dem Schnitte erzeugtes Hinderniß, sich den Saft eines Stroms an irgend einer Stelle anhäufen. Der Strom dehnt sich an der Stelle aus, in demselben Maaße als neuer Saft zufließt, und der angehäufte stockt. Dadurch entsteht eine mehr oder weniger dicke Anschwellung des Gefäßes, in welcher zuweilen, sobald der nachströmende Saft des ganzen Stromes daselbst angelangt ist, alles still steht, so daß man bloß einen Safthaufen sieht. Zuweilen aber sieht man, daß der Strom am vordern Ende des angehäuften Saftes wieder anfängt, so daß nach und nach der angehäufte Saft sich wieder entleert, und der Strom fortgeht. Ist das Gefäß, in dem der Saft strömt, verwundet, so fließt auf die Oberfläche des abgeschnittenen Pflanzenstücks, der Saft dieses Stroms aus, und häuft sich daselbst zu einer dicken Wolke an. Ist dieß nicht der Fall, so fließt er bis zu Ende des abgeschnittenen Stücks, und wenn dieß quer durchschnitten ist, so strömt der Lebenssaft daselbst aus, und häuft sich als eine dicke Masse an. Bei dieser Gelegenheit kann man das sehr deutlich sehen, was ich schon oben von dem Lebenssafte bemerkt habe, nämlich wenn der Saft in das auf dem Glasschieber befindliche Wasser ausströmt, vermischt er sich nicht mit demselben, sondern schwimmt darin in zusammenhängenden Klumpen umher, bis er sich theilweise durch Vermengung mit dem Wasser in lauter einzelne Kügelchen, die im Wasser umherschwimmen, auflöst.

Schneidet man das obere Ende des Rindenstücks durch, so sieht man den Saft nur aus den aufsteigenden Strömen hervorquellen; schneidet man das untere Ende durch, so strömt er nur aus den absteigenden Gefäßen, aus leicht begreiflichen Gründen, nämlich weil die

Bewegung ihre einmal genommene Richtung nie verändert, also die aufsteigenden Ströme sich von dem Querdurchschnitt des untern Endes nach oben bewegen, und also unten nicht ausströmen können, sondern im Gegentheil, wenn der Zusammenhang nicht unterbrochen wäre, Saft einsaugen würden. Das umgekehrte findet mit den absteigenden Gefäßen Statt.

§. 155.

Es ist bei der Untersuchung durchaus nöthig, daß man besonders diejenigen Theile, welche man zerschnitten, und von ihren natürlichen Umkleidungen entblößt, unter das Mikroskop bringt, immer auf dem Glasschieber mit Wasser feucht erhalte. Dieß hat einen zwiefachen wichtigen Grund. Erstens stirbt der Theil nie so leicht ab, sondern wird im Gegentheil durch kaltes Wasser längere Zeit frisch und lebendig erhalten, als wenn man ihn trocken auf den Glasschieber legt, weil in diesem Fall durch die rasche Verdunstung der Säfte, besonders in warmen Sommertagen, das Ganze sehr bald zusammenschrumpft, und die Bewegung aufhört. Zweitens aber verliert ein zerschnittenes Pflanzenstück im Wasser nie das natürliche Ansehen, was im Trocknen augenblicklich geschieht, so daß man oft an den trocken betrachteten Gegenständen mancherlei Täuschungen sieht. Das Wasser verhindert das Uebereinanderlegen der zerschnittenen und anhängenden Theile, und der Gegenstand sieht im Wasser immer klarer und durchsichtiger aus, als im Trocknen. Finden sich fremde Dinge, die nicht zu dem zu betrachtenden Gegenstand gehören, so schwimmen diese im Wasser umher, und man kennt sie viel leichter, als wenn sie trocken ankleben. Dem ungeübten Beobachter können freilich die Wasserströme, besonders wenn sie mit vielen Saftkügelchen vermengt sind, stören und täuschen; aber man muß über die fließenden Bewegungen des Wassers auf dem Glasschieber wegsehen lernen, was auch ohne viele Mühe geschieht, wenn man nur erst weiß, worauf es bei der Sache ankömmt.

Bei solchen Pflanzentheilen, welche man in ihrer Integrität unter dem Mikroskop betrachtet, z. E. dünnen Blättern, Blumentheilen, Schotenvalveln ꝛc., hat man alle diese Nachtheile nicht zu befürchten, und man kann sie daher im unverletzten Zustande schon eher trokken beobachten, ohne sich Täuschungen auszusetzen. Doch erhalten sich auch in diesen die Lebensbewegungen länger, wenn man sie zum öftern mit kühlem Wasser benetzt, und es ist auch immer rathsam, sie zuvor wenigstens abzuwaschen, um etwa anhängenden Staub oder ähnliche fremde Dinge davon zu entfernen. Ja man kann durch kühles Wasser, wie ich dieß schon früher [100]) beobachtet und angemerkt habe, die schon matten, ja oft ganz still stehenden Bewegungen des Lebenssaftes wieder erregen, und eine wiedererwachende Strömung desselben veranlassen.

§. 156.

Wenn man vermittelst einer zweiten Glasplatte, welche jedoch nicht ganz scharfe Kanten hat, mitten auf die Rindenlamelle, in welcher man den Kreislauf beobachtet, vermittelst der stumpfen Kanten drückt, um eine Hemmung der Ströme hervorzubringen, so wie sie in

100) Ueber den Kreislauf im Schöllkraute ꝛc.

dem vorhin beschriebenen Fall, durch Zufall erregt, zuweilen bemerkt wird, so beobachtet man denselben Erfolg. Nämlich der dem Hemmungspunkte entgegenströmende Saft, häuft sich an, und wenn man das Hinderniß entfernt, entleert er sich wieder aus dem erweiterten Gefäße. Dieses Experiment glückt jedoch nicht immer. Denn drückt man mit den Kanten des Glases zu stark, so quetscht man den Theil, und er stirbt an der Stelle ab; drückt man aber mit einer zu stumpfen Kante, und nicht stark genug, so wird dadurch die Strömung ganz und gar nicht gehemmt.

§. 157.

Der Durchmesser der Ströme ist verschieden. Doch in der Regel dem Durchmesser der Spiralgefäße ohngefähr gleich, und wie sich dieß auch an den Lebensgefäßen findet, oft etwas dünner, oft dicker. Nachdem aber aus den Gefäßen der jüngsten Triebe der Saft ausgeströmt ist, so sucht man die in dem Umfang des Saftstroms, den man so eben bemerkt hat, leer und offen stehenden Gefäße vergeblich. Das ist ein Punkt, der mir viele unnütze Arbeiten verursacht hat. Ich konnte ganz und gar nicht begreifen, wie die Gefäße von so ansehnlichem Durchmesser, in welchen ich den Augenblick noch die Saftströme aufs deutlichste gesehen hatte, mit einem Male, wie durch einen Zauberschlag, verschwunden sein sollten, und dennoch war es mir durchaus unmöglich sie wiederzufinden. Sie entschwinden einem, im strengsten Sinne des Worts, unter den Augen. Nachdem der Saft ausgeströmt ist, so sieht der Heerd des Kreislaufs wie eine gedehnte parenchymatöse Masse aus, in der man nichts weniger als Gefäße von so bedeutendem Durchmesser, wie man die Ströme sieht, unterscheiden kann. Daher könnte man auch wohl, wie es mir anfangs ging, auf den Gedanken kommen, daß im Bast der Lebenssaft sich bewege. Aber man kommt davon bald zurück, wenn man sieht, daß der Bast überall ein netzförmiges Gewebe bildet, in dem die Theile nach allen Richtungen geschlängelt verlaufen, (Taf. 4. Fig. 16.) während die Bewegung des Lebenssaftes immer nur geradeaus geht, oder plötzlich zur Seite eine kleine Bewegung macht, und dann immer wieder schnurgerade geht.

§. 158.

Der vorhin erzählte Umstand, daß sich die Gefäße zuweilen zu einem noch größeren Durchmesser erweitern können, brachte mich auf den Gedanken, daß sie sich nach der Entleerung des Saftes auch wohl eben so gut völlig zusammenziehen, und alsdann sich als eine scheinbar solide Masse darstellen könnten. Und folgende Bemerkung machte meine Vermuthung sehr wahrscheinlich. Ich sah nicht selten den strömenden Lebenssaft sich durch eine solche gedehnte parenchymatöse Substanz geradezu einen Weg bahnen, und einen dicken Strom bilden, wo früher keiner war, anstatt daß andere dafür verschwanden, und ihre Gefäße als eben solche Substanz zurückließen, so daß sich also diese Erweiterung und Verengerung der Gefäße unter den Augen ereignete.

§. 159.

Zeither war ich auf die wesentliche Verschiedenheit des Lebensprocesses jüngerer und älterer Theile wenig aufmerksam gewesen. Ich wußte wohl, daß ich die Bewegungen in den jüngeren Trieben besser als in den älteren sah; aber daß in demselben Maaße, als der Bildungsproceß sich beruhigt, auch die Bildungen geschlossener und fertiger werden, das hatte ich nicht beachtet, und dieß fiel mir hierbei ein. Ich erwartete also auch einen deutlichen, kenntlichen Bau in diesen Theilen, nachdem die, alles in ewiger Auflösung erhaltende, innere Bewegung in ihren Produktionen sich erschöpft haben werde, und darin irrte ich mich nicht. Man bemerkt den Bau der Gefäße, in denen sich der Lebenssaft bewegt, da nicht vollkommen, wo der Kreislauf in der größten Thätigkeit ist, weil sie hier wirklich noch nicht vollkommen ausgebildet sind, und wenn sie es sind, weil sie sich leicht wegen ihrer erhöhten Thätigkeit völlig in sich zusammenziehen, und also nicht im ausgedehnten Zustande starr stehen bleiben. Dagegen wird ihr Bau in demselben Maaße fester und starrer, als der Bildungsproceß sich beruhigt, und seine Productionen, wie ich oben schon gesagt habe, geschichtlich hinter sich zurückläßt. Im Akte der Erzeugung darf man das Erzeugte noch nicht suchen, sondern dieser ist eben die egoistische Trennung einer Totalität in Differenzen, welche noch in einer sich durch und durch selbst gleichen Substanz versunken sind. Also in den älteren Theilen erkennt man den gegliederten Bau der Lebensgefäße, wie er oben angegeben ist, während sie in den jüngsten Trieben sich nach der Entleerung des Saftes, zu einer scheinbar dichten Substanz zusammenziehen, in welcher weder im Längs- noch im Querdurchschnitt die mindeste Spur einer Hölung zu erkennen ist. Taf. 4. Fig. 3. ist eine Abbildung solcher dicht contrahirten Gefäßsubstanz, in welcher sich noch ein Theil der Gefäße durch Lebenssaft erweitert erhält.

§. 160.

Die Richtung der Ströme ist in dem Heerde des Kreislaufssystems der Rinde gemeinhin geradeaus, sowohl in dem auf- als in dem absteigenden Strom. Sehr oft aber sieht man auch diese Richtung durch kleine Seitenbiegungen unterbrochen, wie Taf. 4. Fig. 1. a zeigt. Der Strom macht hier einen kurzen Knick, und läuft dann in gerader Richtung weiter vorwärts. Dieß rührt von der seitlichen Anastomose der Gefäße her, von welcher ich oben gesprochen habe. Nämlich in der Regel lenken sich die Gefäßglieder in gerader Linie übereinander ein, und hier geht der Strom des Lebenssaftes immer geradeaus. Wo sich aber die Extremitäten der Glieder seitlich einlenken, da muß der Saft einen kleinen Seitenweg machen, um aus dem einen in das andere zu gelangen, worauf er in diesem wieder gerade fortläuft. Zuweilen bemerkt man, daß ein Strom sich plötzlich theilt, und zwei aus ihm entstehen. Das ist aber keinesweges eine thierische Zerästelung, sondern hat in derselben seitlichen Einlenkung zweier Glieder in die Extremität eines andern seinen Grund. Taf. 4. Fig. 1. b stellt die Erscheinung vor. Zuweilen gehen die Ströme zweier Glieder auch wieder in eins über, und man sieht diese Anastomose der Gefäße im Spitzahorn ganz besonders oft, vorzüglich bei kräftigem Wuchse. Während des Kreislaufs bemerkt man die Anastomose der einzelnen Gefäßglieder, welche ich oben ihre Einlenkung genannt habe, nur an den Stellen, wo der Saft die beschriebenen Beugungen macht, also wo sich die Glieder mit ihren Extremitäten seitlich einlenken. Dieß könnte geneigt machen, zu glauben, daß an den Stellen wo keine solche Beugungen sind, die Gefäße ununterbrochen fortlaufen; allein das ist nicht der Fall. Die einzelnen Glieder der Gefäße sind in Bezug auf einen Strom, den man unter dem Gesichtsfelde des Mikroskops sieht, immer nur sehr kurz, und man bemerkt die Anostomosen nicht, weil der Strom durch sie gerade durchgeht.

§. 161.

Diese beschriebene Beschaffenheit des Kreislaufs im Rindenkörper des Ahornbaums, findet sich nun in der Wurzel wie im Stamm der Bäume, und in allen Wurzeln der Kräuter und Staudengewächse, welche getrennte Rindenringe haben. Zur Untersuchung eignen sich besonders die Feigenbäume, der Oleander, die Wurzeln der Maulbeerbäume u. s. w.

Man sieht, daß durch diese Bewegungen der Lebenssaft in der Rinde auf- und abgeführt wird, und daß durch die Anastomosen eine gleichmäßige Vertheilung des Saftes durch alle Theile der Rindensubstanz bewirkt werden muß, deren Gefäße mit einander durch Einlenkung ihrer Glieder zusammenhängen. In sofern also nie ein unmittelbarer Uebergang des assimilirten und organisirten Holzsaftes aus dem Holz in den Rindenkörper Statt finden kann und Statt findet, so muß sich aller Lebenssaft durch den Kreislauf von den Blättern in die Rinde, und hier von den obern nach den untern Theilen vertheilen, um zur Bildung vegetativer Productionen verwendet zu werden. Dasselbe ist nun auch da der

Fall, wo der Heerd des Kreislaufs im Rindenkörper eine andere Form hat, wovon noch die Rede sein muß.

§. 162.

Wo nämlich die Lebensgefäße nicht in zusammenhängenden Schichten in der Rinde vertheilt sind, da stehen sie, wie bemerkt worden ist, entweder bündelweis oder gleichmäßig durch die ganze Rindensubstanz vertheilt. Um den ersten Fall deutlich zu machen, will ich den Kreislauf eines Gefäßbündels aus Rhus typhinum beschreiben. Taf. 4. Fig. 2. In der Mitte liegt hier ein Harzgang, wovon später bei den Absonderungen der Pflanzen geredet werden wird. Rund herum sind die Theile des Kreislaufssystems gelagert. Diese ganze Versammlung verschiedener Dinge hielt Grew, und mit ihm viele Andere, für ein einziges Milchgefäß; anstatt daß um einen Harzgang unzählige Milchgefäße liegen. Hierin zirkulirt nun der Saft ganz auf die oben beschriebene Weise in dem Gefäßbündel, welches sich rund um den Harzgang versammelt hat. Taf. 4. Fig. 2. a ist der Harzgang, b die Gefäße mit dem zirkulirenden Lebenssaft. Derselbe steigt hier auf und ab, und an vielen Stellen haben die beiderlei Ströme eine Gemeinschaft durch Anastomose ihrer Glieder, welche hier weit häufiger ist, als in dem oben beschriebenen Falle, wahrscheinlich wegen der Absonderung des Harzes. Die Ströme gehen hier immer mehr schlangenförmig als da, wo die Gefäße in Schichten zusammenhängend sind, und entsprechen darin dem Lauf des Harzganges. Die Untersuchung hat hier einige Schwierigkeiten, weil sich nicht auf eine so bequeme Weise von der lebendigen Rinde dergleichen Schichten abschneiden lassen, wie ich es im Ahornbaume beschrieben habe, und wie es in vielen andern Pflanzen sehr gut angeht. Doch wird durch den Lauf des Gefäßbündels, das man mit bloßen Augen sehr gut unterscheiden kann, die Richtung vorgezeichnet, in welcher man den Schnitt führen muß, und da der Saft hier meist ein sehr zähes Leben hat, so sieht man die Bewegung dessenungeachtet immer sehr deutlich.

§. 163.

Noch weit mehr zusammengesetzt ist die Richtung der Ströme des Lebenssaftes in den Pflanzentheilen, wo die Gefäße unregelmäßig durch die ganze Rindensubstanz vertheilt sind, wie in den Wurzeln vieler Doldengewächse und der Gräser, z. E. Zea Mays. Wurzeln von Palmen habe ich nicht lebendig zu untersuchen Gelegenheit gehabt. Darum ist die Untersuchung hier gerade am schwierigsten, obgleich dieß die aller saftreichsten Theile sind. Die Anastomosen der Gefäße sind eben nicht häufiger, als in dem vorigen Fall, aber der Lauf der Gefäße ist nach allen Seiten hin geschlängelt, so daß man durch einen geraden Schnitt außer Stande ist, eine unverletzte Gefäßschicht herauszuschneiden. Man muß nach Ablösung der Oberhaut entweder eine kurze Strecke mit dem ohngefähren Lauf der Gefäße in die Rindensubstanz einschneiden, und dadurch behutsam ein längeres Stück abzuziehen suchen, in welchem die Gefäße zusammenhängend erhalten werden, oder wo Harzgänge dazwischen laufen, wie bei der Angelica, Imperatoria, muß man mit diesen die daran hängenden Lebensgefäße abzuziehen, und zu beobachten suchen. Merkwürdig ist es, daß die

Saftströme hier nie so dick, aber ungleich zahlreicher sind, als in den Pflanzentheilen, wo keine bedeutende Absonderungen vorkommen, wie im Ahornbaum. Die Zartheit der Gefäße scheint mir auch größer zu sein, und es fehlt wenig daran, daß an denen die entblößt sind, eine bloße äußere Berührung sie verletze, und ein Herausfließen des Saftes bewirke, wie es Carradori [1]) an den Kelchblättern des Sallats bemerkt hat, und man an vielen anderen zarten Theilen mit Milchsaft sehen kann.

§. 164.

Von dem jetzt beschriebenen Heerde des Kreislaufssystems aus, verbreitet sich nun der Lebenssaft in alle Pflanzentheile durch die Anastomosen der Gefäße. So ist das Innere des Holzes keinesweges ohne Lebenssaft, nur ist man in dem härteren Holze den Kreislauf nicht zu untersuchen im Stande. Dagegen sieht man ihn sehr wohl im Holze der Wurzel des Schöllkrauts, der Doldengewächse, der Sanguinaria, der Syngenesisten u. s. f. Zwischen den Spiralgefäßen verlaufen die Saftgefäße in paralleler Richtung mit diesen, und man sieht schon mit bloßen Augen an den Querdurchschnitten des Holzes dieser Theile den freiwillig hervorfließenden Lebenssaft.

Reicher an Lebenssaft als das Holz, ist gemeinhin das junge Mark vieler Bäume. So z. E. am Feigenbaum (F. Carica und vielen andern) den Asclepiadeen, den Rhus-Arten, sieht man den Kreislauf im Marke sehr schön. Die Gefäße laufen hier aber nie wie im

1) Carradori Memorie di Matematica e fisica. T. XII.

Heerde des Systems dicht neben einander, sondern immer im Zellgewebe zerstreut, gewöhnlich geschlängelt. Taf. 4. Fig. 4. ist eine Abbildung von dem Kreislauf im Marke des Ficus populifolia. Anastomosen sieht man zwar selten, doch fehlen sie auch hier wie überall nie. In demselben Maaße als das Mark veraltert und vertrocknet, oder sich als Markstralen zwischen das neu gebildete Holz vertheilt, sieht man hier, wie überall, die Bewegung schwächer werden, und die Strömung aufhören.

§. 165.

Es ist jedoch diese Vertheilung des Lebenssaftes als eine mit dem Ganzen überhaupt zugleich gegebene, und nicht etwa so anzusehen, als ob der Heerd des Kreislaufs zuerst entstände, und aus ihm alsdann die Gefäße sich erst in die übrigen Theile verbreiteten. Es ist weiter nichts als der ursprüngliche Zusammenhang des Heerdes mit den Gefäßen der übrigen Theile, so daß sich freilich der Lebenssaft immer nur von diesem aus, auf die andern Theile verbreiten kann, indem der Holzsaft durch die Blätter oder die Theile, welche deren Stelle vertreten, immer erst in den Heerd übergeht, um sich vermittelst dieses weiter zu vertheilen; aber der Gefäßzusammenhang ist ursprünglich da. Also man sagt zwar die Gefäße des Holzes, Markes ꝛc. entspringen aus dem Heerde des Kreislaufs; aber dies Entspringen ist nur in Bezug auf die Verbreitung des Saftes vom Heerde aus, zu verstehen, und man könnte eben so gut sagen, daß die zerstreuten Lebensgefäße der verschiedenen Theile, den Heerd zusammensetzen; um so mehr, da er eine bloße äußerliche und formelle Mitte hat.

§. 166.

§. 166.

Im Allgemeinen ist also der Verlauf des Kreislaufs von den Blättern durch die Stengel mit zerstreuten Holzbündeln bei den krautartigen Gewächsen, zur Rinde der Wurzel, von der Art gar nicht verschieden, wie er durch die zerstreuten Gefäßbündel der Blattstiele bei den Bäumen und Sträuchern in den Rindenkörper des Stammes übergeht, nur daß er im ersten Fall einen weitern Weg durch die Gefäßbündel des Stengels zu machen hat, anstatt daß er im letzteren Fall sogleich durch die Blattstiele in die Rinde übergeht.

§. 167.

Verhältniß des Saftes zu den Gefäßen.

Soweit habe ich bloß von dem Laufe der Ströme gesprochen, ohne auf das Verhältniß des Saftes zu den Gefäßen Rücksicht zu nehmen. Oben ist bemerkt worden, daß der Lebenssaft in einer innerlichen Bewegung durch die Wechselwirkung gestalteter Theile sei, welche sich durch Wasser in abgesonderte Kügelchen trennen lassen. Dieselbe Wechselwirkung zeigt sich nun auch zwischen den eben so gestalteten Theilen der Gefäßwandungen und den Theilen des Saftes, und diese Wechselwirkung ist von der strömenden Bewegung völlig unzertrennlich. Der Lebenssaft kann sich noch innerlich bewegen, nachdem er aus dem Gefäße so eben lebendig ausgeströmt ist, ohne daß er eine wirklich fortschreitende Bewegung seiner ganzen Masse hätte, aber sobald er sich in dem Gefäß in sich selbst bewegt, so tritt er zugleich in Wechselwirkung mit den Wandungen des Gefäßes, und strömt auch fort. Hört die Strömung auf, so steht man weder die innere Bewegung des Saftes, noch eine Bewegung der Safttheile mit den Gefäßen, und umgekehrt steht die Strömung still, sobald diese Bewegungen der Saft- und Gefäßtheile aufhören. Ich habe schon früher [2]) als etwas Merkwürdiges angeführt, und muß es auch hier erwähnen, daß das gleichzeitige Erwachen dieser Bewegungen in schon welken Pflanzentheilen, welche man durch kühles Wasser wieder erfrischt, höchst auffallend ist. Alle drei Bewegungen, die innere Wechselwirkung der Safttheile, die Wechselwirkung der Saft- mit den Gefäßtheilen, und das Strömen der Saftmasse in dem Gefäß, hören in dem verwelkenden Pflanzentheil zugleich auf, und fangen zugleich wieder an, sobald das Leben noch einmal durch äußere Anregung wieder erwacht. Man sieht dieses überall, wo man den Kreislauf untersuchen und sehen kann, aber, wie überhaupt die innern Bewegungen, nur in einem reinen hellen Lichte. In der dunkeln Beleuchtung sieht man allenfalls nur den Strom des Saftes, aber von seiner Wechselwirkung mit den Gefäßen erkennt man nichts. So lange der Lebenssaft im Gefäße befindlich ist, bedingt die Bewegung zweier Safttheile gegen einander die Bewegung des ganzen Stroms: denn diese setzt die Veränderungen aller Theile der ganzen Saftmasse, und somit auch die Bewegungen derselben gegen die Gefäße voraus, eben so wie in den thierischen Gefäßen [3]).

§. 168.

Durch diese Wechselwirkung des Saftstroms mit seinem Gefäß, entsteht nun bei der Betrachtung dersel-

2) Ueber den Kreislauf im Schöllkraute ꝛc.

3) Der Lebensproceß im Blute p. 61.

ben der Umstand, daß man den Strom durchaus nicht so begrenzt sieht, als wenn man ihn im dunklen Lichte betrachtet, so wie ich es oben angemerkt habe. Die Bewegungen gehen nach allen Seiten des Stromes hin, über ihn selbst hinaus, und verwischen sich gleichsam allmählig in die übrige Substanz, so, daß man gar nicht deutlich unterscheiden kann, wo die bestimmte Grenze des Stroms ist. Dieses setzt denjenigen, welcher voraussetzt, daß es eine solche bestimmte Grenze durchaus geben müsse, anfangs in große Verlegenheit. Man sucht etwas, das man nicht finden kann, ohne zu fragen, ob das was man sucht, auch wirklich oder nur in unserer Vorstellung existirt. Mir ging es wenigstens zuförderst so, ehe ich mich überzeugte, daß es gar keine solche gesuchte scharfe Grenze des Saftstroms geben könne, und wirklich auch nicht gebe. Nämlich die Gefäße sind durch die Wechselwirkungen, welche sie mit dem Safte haben, die Vermittelung, durch welche der Lebenssaft Behufs der Ernährung und Bildung der Theile aus sich heraus, und in die Pflanzensubstanz übergeht. Die Gefäße sind der Durchgangspunkt für den bildenden Saft, und darum begrenzt sich die lebendige Thätigkeit und Bewegung keinesweges in dem Gefäß, sondern geht durch und über dieses hinaus. Da nun aber die Bewegungen jenseits des Gefäßes langsamer werden, und in dieser Rücksicht mit der Schnelligkeit derselben im Innern des Saftes kaum verglichen werden können, so entsteht dadurch das Unbestimmte der Begrenzung des ganzen Stroms im klaren Lichte. Die Gefäße selbst sind in einer immerwährenden Auflösung ihrer eigenen Substanz durch diese Wechselwirkung mit dem Safte begriffen, und dieß ist auch eigentlich der Grund ihrer unvollendeten und unhaltbaren Gestalt in den jüngeren Trieben, wovon ich oben gesprochen habe.

§. 169.

Ueberschauen wir nun die Erscheinungen, in welchen sich uns der Kreislauf des Saftes in den Pflanzen darstellt, so bemerken wir, daß es demselben durchaus an innerer Allgemeinheit seiner Theile in der ganzen Pflanze fehlt. Er ist sich überall selbst gleich, und alle seine Bestimmungen sind in dem einen Pflanzentheile wie in dem andern. Allerdings zeigt sich ein Zusammenhang des Kreislaufs der verschiedenen Pflanzentheile unter einander, allein dieser kann unterbrochen werden, ohne daß durch diese Unterbrechung eine nothwendige Störung in dem Ganzen hervorgebracht würde. Zufällig können dadurch Unordnungen entstehen, so zum Beispiel, wenn der Zusammenhang der Rinde der Wurzel mit der Rinde des Stammes aufgehoben wird, und die Wurzel keine eigene Triebe und Blätter erzeugt; aber wo dieß geschieht, da ist für das Bestehen des Ganzen durchaus nichts zu befürchten. Der Kreislauf trägt, in jedem Pflanzentheil, den Grund seiner Bewegungen in sich selbst, und hängt nirgends von einem allgemeinen Zusammenhange ab. Der Saft bewegt sich in der Wurzel, im Stamm, in den Blättern und übrigen Pflanzentheilen überall auf dieselbe Weise, und es treibt nicht, wie im Thier, ein Theil dem andern Blut, so in der Pflanze ein Theil dem andern Lebenssaft zu, sondern man könnte eher sagen, daß der Zusammenhang des Kreislaufs, durch welchen die Vertheilung des Lebenssaftes durch die ganze Pflanze bewirkt wird, durch eine Resorbtion des Saftes des einen Theils aus dem andern, hervorgebracht werde. Nämlich so, daß ein Gefäßglied den Saft aus dem andern einsauge. Eine Resorbtion im Sinne der thierischen, findet aber in der Pflanze, wegen ihres rein peripherischen Lebens ganz und gar nicht statt. Der Verlauf der verschiedenen vegetativen Processe in einander, ist eine unendliche Succession. Der Holzsaft geht in den Kreislauf, und der Kreislauf in die Bildungen durch und durch über, so daß nicht wie im Thier, die schon fertigen Gebilde wieder resorbirt, und durch den Kreislauf anderwärts verwendet werden können. So kehrt das Pflanzenleben nicht zu sich zurück. Sondern was sich einmal in die Bildungen übertragen hat, das läßt die folgende Vegetation hinter sich zurück, und schreitet zu einer ewigen Aufeinanderfolge neuer Bildungen über sich hinaus. Nur im ausgebildeten Geschlecht findet sich eine Rückkehr der Gebilde zur centralen vegetativen Einheit, wovon jedoch hier noch nicht die Rede sein kann. Aus dem angegebenen Grunde kann die Pflanze nicht wie das Thier abmagern, und aus sich zehren, sondern so wie es ihr an der ununterbrochen zuströmenden Nahrung gebricht, verwelkt sie und stirbt. Wollte man also in der continuirlich strömenden Ernährung der Pflanzen und der niederen Thiere einen wesentlichen Unterschied suchen, so könnte es nur auf diese Weise geschehen, daß von der continuirlichen Ernährung der Pflanze aus, eine reine Succession aller Processe fortgeht, aber im niedern Thier, da, wo diese unterbrochen ist, eine Resorbtion aus seinem centralen Innern Statt findet.

§. 170.

Vergleichen wir den Kreislauf des Saftes der Holzpflanzen in dieser Rücksicht mit dem Kreislauf des Blutes der Thiere, so finden wir hier im Besondern denselben Unterschied, der sich schon im Allgemeinen gezeigt hat: nämlich der thierische Kreislauf hat ein Zentrum, der pflanzliche nicht. Die Pflanze hat kein Herz, oder einen Stellvertreter desselben, und wenn sie sich im Ganzen dadurch auch nicht, wie Wolff es meinte, von dem Thier unterscheidet, so unterscheidet sich doch ihr Kreislauf von dem thierischen dadurch höchst streng und allgemein. Der Kreislauf des Lebenssaftes ist überall nur dem Kreislauf des Blutes in dem sogenannten Haargefäßsystem zu vergleichen, und mit diesem hat er die größte Uebereinstimmung. Eben so wie das Blut sich in den Haargefäßen bewegt, so bewegt sich der Lebenssaft überall in der ganzen Pflanze; und hier ist der Punkt, wo die unverkennbare Allgemeinheit des Kreislaufs der Pflanzen und der Thiere sich offenbart. Das Blut bewegt sich in den Haargefäßen der Thiere durch innere Bestimmungen, und darum kann man einen thierischen Theil abschneiden, und die Bewegung hört nicht gleich auf. So bewegt sich der Lebenssaft der Pflanze überall, und man kann den Kreislauf des Lebenssaftes, z. E. in einer Schotenvalvel oder einem Kelchblatt vom Schöllkraute, von der Bewegung des Blutes in den Haargefäßen, z. E. des Meseuteriums einer Maus, durchaus in keinem wesentlichen Punkte unterscheiden.

§. 171.

Die Art und Weise, wie ich so eben den Kreislauf des Saftes in den Holzpflanzen dargestellt habe, habe ich nun zwar bisher nur an den Pflanzen, welche einen sogenannten Milchsaft haben, beobachten können, und obgleich ich fast aus allen Pflanzenfamilien (aus den Gräsern, beim Mays, den Palmen, bei Musa) wenigstens bei einigen den Kreislauf gesehen habe, so könnte man mir doch gegen die Allgemeinheit, in welcher ich die Sache darstelle, Einwendungen machen. Allein wir finden, daß der Milchsaft durch unmerkliche Abstufungen, sowohl in dem verschiedenen Alter und zu verschiedenen Jahreszeiten an derselben Pflanze, als an verschiedenen sich sonst gleichen Arten einer Gattung rc. in den farbenlosen Lebenssaft, welcher freiwillig aus den Querdurchschnitten der meisten jüngeren Pflanzentheile fließt, übergeht, so daß also in der Farbe kein wesentlicher Unterschied liegt. Gleichwohl ist nun aber, nach meinen bisherigen Beobachtungen, diese Farbe gerade die einzige Bedingung, unter welcher man den Kreislauf dieses Saftes sehen kann, und zu der Zeit, wenn z. E. der Feigenbaum, wie im Frühling kurz vor dem Ausbruche der Knospen, farbenlosen Lebenssaft (wie der Saft der Chara) hat, ist es mir immer nur nach unsäglicher Mühe selten geglückt, die Bewegung zu sehen, anstatt zu allen übrigen Zeiten der Kreislauf hier ohne alle Mühe zu sehen ist. Weil nun der Saft in vielen anderen Pflanzen immer eine solche unmerkliche Farbe hat, so ist der Grund davon, daß man den Kreislauf hier nicht sehen kann, in nichts anderem als in dem Mangel einer etwas intensiven Farbe zu suchen, welche gestattet, daß man in den abgeschnittenen Pflanzenschichten ihn durch das Zellgewebe und andere Theile sehen kann. Könnte man die Gefäße, in denen er sich bewegt, so entblößen und isoliren wie die Schläuche der Chara, so würde man ohne allen Zweifel die Bewegung überall sehen, anstatt daß sie durch die kaum durchscheinenden parenchymatösen Lagen, in welchen man die Bewegung untersuchen muß, völlig verdunkelt und unsichtbar gemacht wird. Ich glaube also mit vollem Rechte denselben Kreislauf, da überdem der Bau der Gefäße und die Beschaffenheit des Lebenssaftes in allen Holzpflanzen dieselben sind, in allen Holzpflanzen annehmen zu dürfen, wenn ich ihn gleich nur in den Pflanzen mit Milchsaft (aber hier auch ohne alle Ausnahme, und selbst wenn er eine ziemlich schwache Farbe hat) beobachtet und verfolgt habe.

§. 172.

Ursachen des Kreislaufs der Holzpflanzen.

Eigentlich ist hierüber geschichtlich nichts zu erinnern, indem dieser Kreislauf früher unbekannt war. Aber es sind doch gewisse Versuche, die Bewegung der Säfte in den Pflanzen zu erklären, welche hierher gehören, wenn man dabei gleich die verschiedenen Pflanzensäfte nicht erkannt, und noch weniger ihre Bestimmungen erfaßt, sondern alles durch einander geworfen hat. Kielmeyer's Propulsionskraft mag sich wohl vorzugsweise nur auf die von Corti entdeckte Bewegung des Saftes in der Chara beziehen. Aber die van Marumschen Versuche über die sogenannte Reizbarkeit der Pflanzentheile gehören hierher. Darüber ist seitdem viel geredet und geschrieben worden. Van Marum [4]) ließ

4) Rozier Journal de Physique. T. 41. 1792.

durch die Stengel von Euphorbien und dem Feigenbaume (F. Carica) 20—30 Minuten lang elektrische Ströme vom Konductor der großen Taylorschen Elektrisirmaschine gehen, und wollte darauf ein Aufhören der Saftbewegung bemerkt haben, wenn er jetzt die Stengel durchschnitt, indem nichts mehr ausfloß. Daraus schloß er, daß die elektrische Wirkung die Gefäße gelähmt habe, indem sich noch mit den Fingern aus den Querdurchschnitten Saft ausdrücken ließ, und also wirklich noch nicht alles ausgeleert war.

§. 173.

Gesetzt, diese Erfolge bestätigten sich durch die Wirkung der Elektrizität, so liegt in dem Schluß, den man daraus macht, eine vorgefaßte Meinung, die erst bewiesen werden soll: nämlich daß es auch wirklich eine Zusammenziehung der Gefäße gebe, welche gelähmt werden könne; denn die Elektrizität hätte ja eben so gut auch andere Thätigkeiten, in denen die Saftbewegung ihren Grund haben konnte, und namentlich den lebendigen Saft selbst lähmen können, wodurch das Ausfließen verhindert wurde. Allein ich habe unendliche Mal, sowohl Euphorbien, als andere milchende Pflanzen: das Schöllkraut, Sonchus oleraceus, Angelica Arten, Imperatoria, Ahornzweige, Maulbeerwurzeln ꝛc. elekterisirt, und mittelst des Mikroskops, nach wie vor, die strömenden Bewegungen des Lebenssaftes bemerkt. Ich habe weder durch leise elektrische Ströme eine Erregung, noch durch heftige Schläge einen Stillstand des Kreislaufs bemerkt; aber wenn ich mich bei den Versuchen zu lange aufhielt, starb die Bewegung ab, worüber ich mich gar nicht wunderte, da dieß auch geschehen wäre, wenn ich die Pflanzentheile unberührt hätte im Trockenen liegen lassen. Es stimmen damit die Versuche überein, welche ich vorhin über die nichtige Wirkung der Elektrizität und des Galvanismus auf den Lebenssaft erzählt habe, so wie auch die Beobachtungen von Cavallo [5]), Sennebier [6]), Ingenhouß [7]), Landriani [8]) und Anderer, nach welchen die scheinbare Wirkung der Elektrizität auf die äußeren Bewegungen der Pflanzen, immer nur von der zugleich dabei Statt findenden mechanischen Berührung entsteht. Bedenkt man dazu die längere Zeit, in welcher van Marum die Pflanzen elektrisirte, so ist es höchst wahrscheinlich, daß ebenfalls weiter nichts, als andere äußere Umstände das Ausfließen des Saftes gestört haben mögen, ohne daß die Elektrizität den geringsten Antheil daran gehabt hat.

§. 174.

Ich sehe nun, abgesehen von diesen Versuchen, unmittelbar mit den Augen eine wirkliche Zusammenziehung der Gefäße, in denen der Lebenssaft enthalten ist; aber dessenungeachtet glaube ich nicht, daß diese an der Erregung der strömenden Bewegung des Kreislaufs den mindesten Theil hat. Daß aber die Gleichförmigkeit der Strömungen durch sie unterhalten, und dadurch eine festere Haltung und Spannung derselben her-

---

5) Cavallo Lehre von der Elektrizität. 2r Bd. S. 318.
6) Sennebier Physiologie végétale. T. III. p. 351.
7) Ingenhouß Versuche mit Pflanzen. Bd. 3. p. 80.
8) Landriani: Journal de Physique. T. 27. p. 468.

vorgebracht wird, will ich wohl zugeben; so daß z. E. beim stärkeren oder schwächeren Zuströmen des Saftes, die Gefäße sich der Saftmasse anpassen, und diesemgemäß lebendig erweitern und verengern, und so das System von außen beschließen, und in seinem Egoismus erhalten. Ich sprach mit einem gebildeten Laien, dem ich den Kreislauf an mehreren recht lebendigen Pflanzen gezeigt hatte, über die Ursache dieser Bewegung, die er selbst zum Vorwurf seiner Betrachtung machte. Dieser äußerte mir, er glaube, daß zu dieser Bewegung ein gewisser Schwung nöthig sei, in welchem und durch welchen sich die Strömung erhalte. Darin liegt etwas Wahres. Das principium movens bleibt dabei freilich immer nur die Kraft, aber durch die feste Umschließung des Stroms durch die lebendigen Gefäße, wird die Bewegung gewiß in ihren Grenzen gehalten, wenn gleich nicht erregt. Erregt werden kann sie dadurch nicht: denn in diesem Fall müßte aus einem querdurchschnittenen Gefäß, der Saft nach allen Richtungen ausgetrieben werden, was aber keinesweges geschieht. Er strömt nur aus einem Ende, und zwar nur aus demjenigen, wohin die Richtung des Stroms ging, das andere Ende ergießt nicht die mindeste Spur, welches doch geschehen müßte, wenn durch den Druck des sich zusammenziehenden Gefäßes der Strom getrieben würde.

§. 175.

Mit solchen Vorstellungen äußerer Verhältnisse reichen wir hier nicht aus. Die Pflanzen sind überhaupt sehr geeignet, die Annahme ähnlicher äußerer Erklärungsarten ihrer Lebenserscheinungen zu verscheuchen. Die meisten Bewegungen der Thiere, z. E. der Glieder durch die Wirkung der Muskeln auf die Knochen, der Anstoß des Herzens auf das Blut u. s. f., das sind Dinge, deren mechanische Beziehungen zunächst in die Augen fallen, wenn man gleich die weitere Analyse dieser Bewegungen bei solchen Vorstellungen auch liegen lassen muß. Damit begnügt man sich aber, wenn man fürs erste nur wenigstens Etwas von einer Sache erklären kann. Aber bei der Pflanze kann man damit auch ganz und gar nichts erklären. So lassen die Säftebewegungen, die man, wenn freilich nicht gekannt, doch wenigstens unter allerhand Formen vorausgesetzt hat, durchaus keine solche äußerlichen Bestimmungen zu ihrer Erklärung zu, und man zieht sich aus solchen Vorstellungen äußerer Ursachen, lieber in die dunkele Kraft zurück, weil man wenigstens bei ihr nicht den unendlich vielen Widersprüchen ausgesetzt ist, die sich einem überall aufdrängen, wenn man z. E. die Bewegung des Saftes durch Wärme, Licht, oder wohl gar durch einen galvanischen Proceß, wie ich so hin und wieder vernehme, erklären will. Das Pflanzenleben ist ganz still in sich gekehrt, und noch nicht in solche scharfe Gegensätze geschieden, wie es bei den höheren Thieren der Fall ist, deren Verhältnisse zu einander auf gewissen Stufen die Formen des Mechanismus in sich zu wiederholen bestrebt sind.

§. 176.

Wir müssen uns also mit der Erklärung der Ursachen des Kreislaufs, welche eben nichts anders ist, als die Analyse des Processes, wodurch derselbe zu Stande kömmt, auf die rein innerlichen Verhältnisse des Lebenssaftes zu den Gefäßen beschränken, und in ihnen den Grund der strömenden Bewegung suchen. Betrachten wir nun in dieser Rücksicht den unzertrennlichen Zusammenhang, in welchem die strömende Bewegung des Saftes mit der innern Wechselwirkung seiner Urtheile steht; das Aufhören der innern Bewegung mit dem Stillstande des Stroms; die erwachende strömende Bewegung in den Gefäßen mit dem Erwachen der Wechselwirkungen des Saftes mit deren Wandungen, und endlich den sichtbaren Verkehr, in welchem die Formbestandtheile des Saftes mit denen der Gefäße stehen, so werden wir den zureichenden Grund der strömenden Bewegung des Lebenssaftes in den Verhältnissen finden, welche derselbe durch diese lebendige Wechselthätigkeit mit den Gefäßen hat. Die Erklärung der Ursache dieses Kreislaufs liegt also durchaus nur in der Analyse seiner eigenen Momente, welche ihn zusammensetzen, und die Annahme jeder äußern Gewalt ist eben so wenig im Stande, eine befriedigende Erklärung dieser Erscheinung zu geben, als äußere Bestimmungen überhaupt vollkommen ohnmächtig sind, sie zu erregen. Der Kreislauf ist der eigene Grund seiner Existenz, und die Ursachen seiner Erscheinung liegen nicht außer ihr, sondern in ihren immanenten Verhältnissen, welche in sich selbst zu Grunde gehen, um der Grund ihrer Existenz zu sein. Da ich den Verlauf dieses Processes bereits in meinen früheren Schriften bis in seine letzten Momente genau verfolgt und beschrieben habe, so werde ich mich hier darauf berufen.

§. 177.

Diese Wechselwirkung des Lebenssaftes in den Gefäßen, durch welche die strömende Bewegung des Kreislaufs zu Stande kömmt, ist nun, indem sie über das Gefäß hinausgeht, zugleich die Vermittelung, durch welche die Bildungen der Pflanze hervorgebracht werden, und in sofern schließt sich also die Betrachtung derselben hier natürlich an, überdem da, wie bereits gezeigt worden ist, der eigentliche Zweck des pflanzlichen Kreislaufs nicht zugleich eine Erneuerung und Verbesserung eines Theils des zu Bildungen verwendeten Saftes, sondern einzig und allein die Erzeugung vegetativer Gebilde ist, in welche sich die ganze Substanz des Saftes vertheilt und überträgt.

Drittes Kapitel.

Von den Bildungen der Pflanzen.

§. 178.

Im Allgemeinen. Das Zellgewebe.

Die Bildungen sind der Schluß des Pflanzenlebens. Das Zellgewebe ist der Grund und Boden, auf und in welchem die pflanzlichen Bildungen vollbracht werden. Es ist das Element, in welches die ganze vegetative Differenz versenkt ist, und somit die vereinigende Mitte, durch welche die Organe des Kreislaufs und der Assimilation zu dem Ganzen des pflanzlichen Organismus zusammengehalten werden. Das Zellgewebe stellt sich ursprünglich in zwei verschiedenen und wohl zu unterscheidenden Formen dar, von welchen die eine nur in der Rindensubstanz, die andere aber in allen übrigen Pflanzentheilen ebenfalls vorkommt. Von dieser letztern

Form, die ich vorzugsweise Zellgewebe nenne, werde ich zuerst reden, von der andern, dem sogenannten Bast, nachher.

§. 179.

Von dem Bau des Zellgewebes gilt im Allgemeinen dasselbe, was von den Lebens-, und den Spiral- oder Holzgefäßen erinnert worden ist, nämlich daß derselbe in der Jugend und dem Alter des Pflanzentheils einen auffallenden Unterschied darstellt. Das Zellgewebe der jüngeren Pflanzentheile ist dem Zellgewebe der meisten thierischen Theile überhaupt, fast in allen Bestimmungen zu vergleichen, und man unterscheidet in demselben keinesweges die deutlich ausgebildeten Hölen, welche das Zellgewebe im spätern Alter so auszeichnend charakterisiren. Es ist mehr eine durchaus gleichförmige, welche Substanz, in der sich noch keine weiteren Unterschiede bemerken lassen, und diese Beobachtung verleitete Wolff zu glauben, daß auch im späteren Alter das Zellgewebe eine zusammenhängende dichte Substanz sei, in welcher sich Hölen gebildet haben. Diese Theorie von Wolff hat durch Mißverständnisse zu zweierlei sonderbaren Vorstellungen Anlaß gegeben.

§. 180.

Wolff mußte, seiner Theorie gemäß, annehmen, daß die ausgebildeten Zellen so unter einander zusammenhängen, daß sie gemeinschaftliche Wände hätten, welche aus der, zur Seite gedrängten, und verhärteten, dichten Substanz gebildet worden wären. Mirbel glaubte daher, daß das ganze Pflanzengewebe ursprünglich nichts als ein Membranengewebe sei, das auf verschiedene Weise modificirt erscheine [9]. Darauf gründete er weiter seine ganze Theorie der Vegetation, ohne auf den Verlauf Rücksicht zu nehmen, den die Bildung der Zellen, nach Wolff, hatte. Wolff merkte aber weiter die Schwierigkeiten sehr wohl, welche sich ihm bei der weitern Erklärung der Processe des Pflanzenlebens aufdrängen mußten, und besonders bei der des Laufs der Flüssigkeiten. Daher nahm er an, die Wandungen der Zellen seien durchlöchert, oder wo sie dick seien, mit Gängen (meatus) nach außen versehen, durch welche die Ausdünstung und Ernährung geschehe [10]. Dieß fand Mirbel sehr plausibel, und er bildete ohne Anstand Löcher aller Art in Zellenwandungen ab, die wirklich so groß sind, daß Flüssigkeiten in dicken Strömen durch sie passiren könnten, und gewiß keinen in Verlegenheit setzen, wenn er nach der Corpuskularphilosophie die Pflanze als ein maschinenmäßiges Getriebe betrachtet.

§. 181.

Die andere Vorstellung, zu welcher diese Wolffsche Meinung Anlaß gab, war die, daß das ganze organische Gewebe ursprünglich aus lauter abgesonderten Blasen bestehe, denen man noch wohl durch einen kleinen Zusatz den Namen Urblasen gegeben hat, welche durch ein äußeres Nebeneinanderreihen die thierische und pflanzliche Masse bilden sollten, und diese hohle Blasentheorie hört man seit einiger Zeit auf allen Ecken, sowohl philosophisch

9) Mirbel exposition de la théorie de l'organisation végétale. p. 59.

10) Wolff th. gener. c. 1. p. 15.

phisch als empirisch wiederhallen. Gleichwohl hat nun Wolff nichts weniger als von ursprünglichen Blasen geredet, sondern im Gegentheil auf die deutlichste und verständlichste Weise nur von einer dichten Substanz, in welcher sich später erst kleine Hölungen bilden, die er Blasen nennt [11]). Und in diesem Punkt hat Wolff vollkommen recht. Alle vegetativen Differenzen entwickeln sich aus einer durch und durch gleichförmigen Substanz, und wenn er diese im hellen Lichte besehen hätte, so würde er, eben so wie ich, bemerkt haben, daß diese in lauter feste Kügelchen oder Urtheile gestaltet ist, durch deren Wechselwirkungen alle späteren Bildungen in derselben zu Stande kommen. Davon jedoch gleich weiter. Jetzt soll nur von dem fertigen Zellgewebe die Rede sein.

§. 182.

Dieses ausgebildete Zellgewebe besteht also aus häutigen Hölen, welche Malpighi: utriculi, Grew: bullae und Wolff: vesiculae nennt. Grew vergleicht es mit

11) Wolff l. c. §. 33. p. 13. „Et particula trunci, proxime sub puncto summo vegetationis, foliola recentissima emittenti desumta, eandem substantiam vitream absque ulla stria, vascula sive meatus significante, apparet. Cum vero ipsae hae partes mox successu temporis vesiculares vel vasculosae appareant, et vesiculas et vascula eo modo, qui expositus est formari demonstratum sit: manifestum est oriri partes, vasis et vesiculis instructas, ita ut primo prodeat earum substantia mere mixta, nullaque prorsus interna organica structura gaudens, et deinceps tandem formentur in illa substantia vasa et vesiculae, adeoque oriri hoc modo vasa et vesiculas omnes quaecumque in partibus existunt."

dem Schaum einer Flüssigkeit, also z. E. mit Seifenblasen, und so hat er es auch abgebildet, womit jedoch die Gestalt der einzelnen Zellen in den wenigsten Fällen übereinstimmt. Daß das Gewebe der holzlosen Pflanzen (plantae axylae) nicht hierher gehört, habe ich bereits wiederholt erwähnt, obgleich es früher vom Zellgewebe der Holzpflanzen nicht unterschieden worden ist. Im ausgebildeten Zustande bildet jede Zelle einen in sich geschlossenen Sack, dessen äußere Form durch die Art, wie sich mehrere Zellen aneinanderfügen, verschieden ist, wie die Form der Bienenzellen. Durch Maceration, und noch leichter und schöner, durch starken Frost, der den Zusammenhang der Organisation zerstört, lassen sich die einzelnen Zellen in völliger Integrität von einander ablösen, so daß man selbst ihren Inhalt vollständig erhalten kann, besonders wenn es mehlige Absonderungen sind, wovon sogleich geredet werden wird. Dieß haben auch Link und Moldenhawer in Kiel ganz richtig bemerkt, und Wolff hat in diesem Punkte unrecht, daß er behauptet, die nebeneinander liegenden Wände mehrerer Zellen, seien gemeinschaftliche, einfache. Im Gegentheil sind sie immer doppelt, und jede Zelle läßt sich als ein völlig verschlossener Sack von der andern absondern, wenn dieß gleich im frischen Zustande nicht immer angeht, und selbst durch Maceration und Frost in den Fällen nicht, wo das Zellgewebe entweder noch ganz unausgebildet, oder im Gegentheil schon verholzt, und unter sich dichter verwachsen ist.

§. 183.

Die Wandungen der Zellen sind aus einer klaren durchsichtigen, zarten Membran gebildet, welche jedoch zuweilen auch durch dunkele Stellen unterbrochen erscheint, wie es, zum Beispiel, mit den getüpfelten Wänden der großen Holzhölen, und an mehreren ganz veralterten Theilen, wenn gleich hier auch keinesweges immer, der Fall ist. Löcher oder Poren finden sich in diesen Wänden nie, und es scheint auch, als wenn Wolff dieß nur sehr gezwungen annahm, weil er sich auf keine andere Weise die Bewegungen der Flüssigkeiten zu erklären vermochte, und weil er dem Zeitgeiste gemäß glaubte, daß die Ausdünstung nur durch sichtbare Poren geschehen könne, während er zugleich auf die Halesschen Grundsätze viel Gewicht legte. Die Entstehung der Flüssigkeiten im Zellgewebe geschieht auf eine, mit der Entstehung der Zellen selbst, gleichzeitige Weise, und hat ihren Grund in einer lebendigen Scheidung ihrer ganzen embryonischen Substanz, welche eben der immanente Proceß ist, wodurch das Ganze sich bildet.

§. 184.

Die Größe der Zellen ist in verschiedenen Pflanzen und Pflanzentheilen, und in ihrem verschiedenen Alter sehr verschieden. Im ausgebildeten Stengel der Binsen, den Blattstielen der Trapa natans, und vielen großen Gräsern, sieht man sie mit bloßen Augen nach Durchschneidung der Theile, als verschiedeneckig gestaltete Hölen; wogegen sie besonders in der Rinde vieler Bäume und Wurzeln so klein sind, daß man sie nur unter einer starken Vergrößerung deutlich sieht, wenn dabei ihre Gestalt gleich dieselbe bleibt. Der Inhalt der Zellen ist bald Luft, bald allerhand andere tropfbare Flüssigkeiten, wovon nachher die Rede sein wird.

§. 185.

Die Zusammenfügung der Zellen untereinander, und ihr Verhältniß in der Lage zu den Assimilations- und Kreislaufsorganen, ist sehr verschieden. In allen den Pflanzentheilen mit zerstreuten Gefäßbündeln, umgiebt es diese von allen Seiten, und bildet eigentlich den ganzen äußeren Zusammenhang derselben, wie in den Blattstielen, den Stengeln der Gräser, vieler Kräuter u. s. w. Wo sich aber das Holz von der Rinde allgemeiner scheidet, und die Gefäßbündel sich in einen Holz- und Rindenkörper vereinigen, da ist es anders, indem sich zugleich auch das Zellgewebe in Holz- und Rindenzellen, und meist auch in Mark trennt. In allen jüngeren Trieben des nach oben wachsenden Theils der Bäume und Sträucher, bildet es im Mittelpunkte des Holzes das Mark, welches jedoch meist durch später nachwachsendes Holz verdrängt wird. In den meisten Wurzeln ist ursprünglich kein Mark, doch, wie z. E. im Weinstock, findet es sich zuweilen in der Wurzel wie im Stamm. Von hier aus setzt es sich in strahlenförmigen Reihen, zwischen das Holz durch, zur Rinde, und durch diese oft noch bis zur Oberhaut dieser Gewächse fort, und bildet die Markstralen, von denen oben schon geredet worden ist. In der Rinde ist das ganze Kreislaufsystem im Zellgewebe versenkt, und man mag oftmals die gegliederten, völlig ausgebildeten Lebensgefäße, ebenfalls für Zellgewebe gehalten haben. Doch ordnet sich das Zellgewebe nie in gerade Reihen, wie es mit den Lebensgefäßen immer der Fall ist.

§. 186.

In den meisten Fällen schließt jede einzelne Zelle

nur einen besondern, von ihrer Substanz verschiedenen Inhalt ein; aber in vielen Fällen bilden sich durch Zusammenfügung vieler kleiner Zellen zu einer Haut, Hölenwandungen und Hölen in welchen verschiedene Flüssigkeiten abgesondert werden, wovon nachher die Rede sein wird.

§. 187.

Auf eine ähnliche Weise wird durch Zellgewebe die Oberhaut (epidermis) der Gewächse, sammt den Haaren, Schuppen ɪc. gebildet, welche von Rudolphi am besten untersucht und beschrieben worden ist [12]). Das Abziehen der Oberhaut von den Gewächsen, geschieht gemeinhin leicht durch Maceration oder Frieren der Theile, selbst da, wo man es sonst nicht bewerkstelligen konnte. In der Oberhaut verschiedener Gewächse und verschiedener Theile derselben, sieht man Oeffnungen, Poren genannt, von welchen ich aus einer Aloe Taf. 3. Fig. 15. eine Abbildung gegeben habe. Auf diese Poren hat man großes Gewicht gelegt, und ihnen allerlei Funktionen zugeschrieben. Ich werde nachher die Gründe angeben, weshalb ich glaube, daß sie gar keine Funktion haben, sondern sich völlig leidend verhalten. Ich glaube, daß Malpighi diese Poren schon gekannt hat. Er beschreibt sie aus der Pappel und der Kastanie, aber verwechselt sie zugleich mit den Oelbläschen in den Blättern der Zitronen- und Pommeranzenbäume [13]). Grew hat Poren aus der Oberhaut einer Lilie [14]) abgebildet, aber er

---

12) Rudolphi Anatomie der Pflanzen. Zweiter Abschnitt.

13) Malpighi l. c. 1. p. 37. Tab. 21.

14) Grew l. c. T. 48.

verwechselt sie wie Malpighi mit andern Dingen, die keine Poren sind. Kroker [15]) hat eine eigene Abhandlung über die Epidermis geschrieben, und Schrank [16]) faßt sie mit vielerlei anderen Zellengebilden unter einen gemeinschaftlichen Begriff zusammen, wogegen sich auch wenig einwenden läßt.

§. 188.

Verschieden von diesem Zellgewebe ist der Bast. Dieß ist derjenige Theil der Rindensubstanz, welcher von seiner ersten Bildung an eine auffallende und ausgezeichnete Festigkeit des Baues hat, und nach dem Verfaulen und Verstocken des ganzen übrigen Rindentheils von dieser Dauerhaftigkeit nichts verliert, so daß aus dem Bast der Linden die sogenannten Matten, und aus dem Baste des Flachses und Hanfes, die Leinewand und Seile zubereitet werden. Dieser Bast findet sich nur in der Rindensubstanz, und was man nach Malpighi für Bast im Holze gehalten hat, das sind, wie oben angegeben ist, nichts als die verholzten Spiralgefäße. Die Form der Bastzellen unterscheidet sich von dem Zellgewebe wesentlich durch die in die Länge gezogene Beschaffenheit, und die spitzen Enden mit denen sie sich aneinander legen, so wie durch die Festigkeit dieses Zusammenhanges, den wir an unserer Leinewand, den Seilen, Zwirn rc. täglich vor Augen haben. Der Zweck des Bastes ist offenbar kein anderer, als den äußeren Zusammenhang der zarten Rindentheile, und namentlich

15) Kroker de plantarum epidermide.

16) Schrank: von den Nebengefäßen.

des Kreislaufssystems zu bewirken und zu befestigen, da die Theile desselben nie völlig verholzen, und selbst im ausgebildetesten Zustande immer noch gegen die Festigkeit des Holzes eine höchst geringe Härte zeigen, und gewiß völlig, besonders im jüngeren Zustande, ganz in einander sinken würden, wenn sie nicht durch den Bast in ihrer Lage erhalten würden. Deshalb besteht auch jede Jahresschicht der Rinde aus einer Bastschicht und einer Schicht von Lebensgefäßen, welche sich daran befestigt, und meist so zart ist, daß nach kurzer Maceration alles zerstört wird, so daß nur der Bast übrig bleibt. Darum findet sich auch im Marke nie Bast, weil dieses durch das umgebende Holz ohnehin hinreichend in seinem äußeren Zusammenhange befestigt ist. Taf. 4. Fig. 16. habe ich eine Bastschicht abgebildet, so wie sie in abwechselnden Lagen mit einer Schicht von Lebensgefäßen im Ahornbaume angetroffen wird.

Das bildende Pflanzenleben unterscheidet sich nun zunächst wesentlich in die Bildung seiner selbst: das Wachsthum, und in die Bildung auszuscheidender Stoffe: die Absonderungen. Von beiden werde ich jetzt besonders handeln.

Erster Artikel.

Das Wachsthum.

§. 198.

Die Art, wie das Wachsthum der Pflanzen und Thiere durch die Wechselwirkung des Blutes und des Lebenssaftes zu Stande kömmt, habe ich in meiner Schrift: „der Lebensproceß im Blute rc." bereits auseinander gesetzt. Die Hauptmomente der Analyse dieses Processes liegen in der Wechselwirkung des Lebenssaftes mit den außer ihm befindlichen Gebilden. Beide bestehen aus denselben organischen Elementarformen, nur daß diese im Lebenssafte schleunig bewegt, in den Gebilden ruhig erscheinen. Ich habe diese „organische Urtheile" genannt, und sie sind es, welche in den lebendigen Säften nach ihrer gegenseitigen Trennung durch Wasser bei den Pflanzen die Kugelgestalt annehmen, und bei den Thieren zu der Vorstellung von ruhenden todten Kügelchen im Blute Gelegenheit gegeben haben. Diese Urtheile des Saftes treten, wie beschrieben worden ist, mit den Gefäßen, und über diese hinaus mit der übrigen organischen Substanz in Wechselwirkung, und vereinigen sich mit ihnen fest, ohne wieder zurückzugehen. Daher erscheint die Bewegung im hinreichend hellen Lichte, sich zu den Seiten allmählig in die ruhende Substanz zu verwischen, und in sehr saftreichen Theilen, wo die Bildungen schnell vor sich gehen, z. E. in den Fruchttheilen, wie man es an den Schotenvalveln des Schöllkrauts sehr schön beobachten kann, sieht man oft die ganze, zwischen den Saftströmen liegende Substanz, in einer innern, wiewohl langsamern, Bewegung, so wie sie die Masse des Saftes selbst zeigt. Dieser Bildungsproceß ist also sehr einfach, und er besteht aus den Verhältnissen des ganzen Kreislaufs zur übrigen organischen Masse der Pflanzen. Ein schwieriger Punkt ist hier freilich die Bildung immer neuer Theile außerhalb der alten, welche eigentlich bei den Pflanzen einzig und allein vorkömmt. Nämlich hier sind noch keine Theile, welche mit dem Lebenssafte in Wechselwirkung treten könnten, sondern das neue Gebilde muß von dem alten geradezu über sich hinaus getragen werden. Allein bei näherer Betrachtung sehen wir doch, daß die neuen Bildungen immer zwischen dem Assimilations- und Bildungssystem (Holz- und Rindensubstanz, es mag nun ein Holz- und Rindenkörper vorhanden sein oder nicht) zu Stande kommen. Dies geschieht beim Wachsthum in die Länge, wie beim Wachsthum in die Dicke, denn überall ist das Holz von Rinde umgeben, und der Kreislauf lagert diese zum Wachsthum nöthigen Bildungen immer nach innen ab, und die abgelagerten embryonischen Theile unterscheiden sich sogleich selbst wieder in die Differenz von Holz und Rinde, vermittelt durch Zellgewebe. Das Wachsthum der Pflanzen ist ein ewiges Hinzubilden neuer, vorher nicht vorhandener Theile, zu den alten, und unterscheidet sich dadurch wesentlich von dem thierischen Wachsthum, welches bloß in einer Vergrößerung ursprünglich vorhandener Theile besteht, zu denen keine neue hinzugebildet werden. Die hinzu gebildeten Pflanzentheile, durch welche sich die Pflanze vergrößert, sind nun den schon vorhandenen immer in allen Punkten gleich. So ist das zuerst gebildete, von dem zuletzt gebildeten Blatte gar nicht wesentlich verschieden; die innersten Holzschichten sind wie die äußersten beschaffen; der diesjährige Zweig ist dem vorjährigen in allen wesentlichen Bestimmungen gleich; kurz die Pflanze wächst durch eine Ansammlung neuer Theile, welche von den vorhandenen in nichts zu unterscheiden sind.

§. 190.

Aber alles, was in der Pflanze durch Wachsthum hinzugebildet ist, das ist immer eine gleichzeitige Entwickelung der Totalität. Dieser Punkt ist von der größten Wichtigkeit, und daß man ihn nicht gekannt hat, ist der Grund, warum man sich seit Grew und Malpighi über das Pflanzenwachsthum in Reflexionen herumtummelt, durch welche man unmöglich je zum Schluß kommen kann. Die äußeren Pflanzentheile mögen sich entwickeln wo sie wollen, in die Länge oder in die Dicke, so ist jeder sich neu entwickelnde Theil eigentlich kein Theil der Totalität des Pflanzenlebens, sondern immer die Totalität zugleich: nämlich der Gegensatz von Assimilations- und Kreislaufssystem in den Holzpflanzen, der in den holzlosen Pflanzen in sich versunken bleibt. Wir wollen von dem Wachsthum in die Dicke und in die Länge besonders sprechen, und mit dem ersteren anfangen.

§. 191.

Von dem Wachsthum in die Dicke.

Es ist eine eben so berühmte und alte, als einseitige und grundfalsche Frage: ob sich das Holz aus der Rinde, oder Rinde aus dem Holze entwickele? Holz und Rinde sind aber die wesentlichen inneren Gegensätze der Totalität des Pflanzenlebens, und daher ist die Frage eben so schlecht, als wenn ich wissen wollte, ob sich im Thier das Herz aus dem Magen, oder der Magen aus dem Herzen entwickele? Es liegt hier nun freilich bloß daran, daß man die Natur dieser Dinge früher noch nicht erkannt hatte, sonst würde man sich dergleichen Fragen nicht vorgeworfen haben. Holz- und Rindenbildung ist keine Succession, wie die Entwickelung eines Blattes oder Zweiges aus und nach dem andern: denn in jedem Zweige und Blatt entwickelt sich immer wieder die Totalität, in welcher nothwendig zugleich Holz und Rinde gebildet werden, wie im Thier Magen, Herz und Gehirn; und Holz kann sich nicht aus Rinde und Rinde nicht aus Holz entwickeln, sondern beide entfalten sich aus einer ununterschiedenen Totalität. Es ist selbst die Bildung und Entwickelung der äußeren Pflanzentheile zeither in einem doppelten Gesichtspunkte von einer ebenfalls ganz falschen Seite betrachtet worden, indem man 1. vorausgesetzt hat, daß sich die oberen Pflanzentheile aus den unteren entwickeln; also daß sich aus der Wurzel Knospen und Zweige bilden, da man doch eben so gut sagen könnte, die Knospen und Zweige bilden das Wachsthum der Wurzel nach unten u. s. f., und 2. indem man dies Wachsthum, welches man höchst einseitig als ein Wachsthum in die Höhe betrachtet hat, dem Wachsthum in die Dicke gegenüberstellt, und geglaubt hat, daß der Baum so durch neue Zweige in die Höhe, wie durch neues Holz in die Dicke wachse.

§. 192.

Das Wachsen des obern und untern Pflanzentheils ist, wie ich schon oben durch Beispiele gezeigt habe, ein gleichzeitiges, und der Baum wächst eben so gut in die Tiefe als in die Höhe, wenn gleich bald das eine bald das andere dieser äußeren Momente vorherrschen kann, und dies Wachsthum in die Höhe und in die Tiefe, ist von dem Wachsthum in die Dicke im Wesentlichen ganz und gar nicht verschieden, indem sich in beiden Fällen, wenn gleich in einer etwas von einander abweichenden Form, immer die ganze vegetative Totalität, von Holz- und Rindensubstanz zugleich zu dem Alten hinzubildet.

Die Totalität kann nie zerrissen erscheinen; aber es ist ohne Frage dieser Punkt etwas schwierig, und bei dem zeitherigen Zustande der Wissenschaft war er unmöglich aufs Reine zu bringen. Jedoch ist zugleich die Sache eben so einfach, als sie schwierig erscheint; es kömmt nur darauf an, daß man überhaupt den Unterschied des peripherischen Pflanzenlebens von dem centralen thierischen Leben richtig und scharf aufgefaßt hat, und diesemgemäß das thierische Wachsthum nicht als Maaßstab annimmt, wonach man das Wachsthum der Pflanze beurtheilen will. Was an der Pflanze hinzuwächst, ist immer, durch und durch, wieder die ganze Pflanze selbst, es mag nun die Form, unter welcher dieß geschieht, so verschieden sein als sie will.

§. 193.

Wir wollen diese Sache, so weit es nöthig erscheint, geschichtlich betrachten. Malpighi glaubte, die Rinde werde nach und nach Holz [17]), dabei dachte er sich um

17) Malpighi l. c. p. 11. „His accedat, libri portionem, interiores scil. fibrarum corticis portiones et involucra, antiquo ligno agglutinata, truncum augere, ita ut non raro oblongam et continuatam fibram mox in lignum ferruminatam, paulo infra, corticis naturam adhuc servantem, animadverterim; unde nil mirum, si in truncis et ramis arborum, quibus corticis exigua portio detracta est, subjecta lignea pars cortice destituta nunquam augmentum capiat, sed subcrescentibus, velut in ulceribus et vulneribus, circumcirca ligneis labiis, ex superstite jam cortice, sensim in lignum agglutinato, profunda subsit cavitas.“

so weniger eine große Veränderung der Rinde, weil er seine fibra lignea (die verholzten Spiralgefäße) durchaus für einerlei mit dem Bast der Rinde (fibra corticis) hielt, und deßhalb sagt er auch, die Rindenfasern wachsen bloß an das Holz fest an (agglutinantur). Da nun aber Malpighi in der Rinde seine Tracheen nicht fand, so glaubte er, sie seien hier noch nicht zu sehen, verrichten auch den Lungendienst noch nicht, sondern entwickelten sich erst nach der Verwandlung der Rinde in Holz. Diese Verwandlung der Rinde in Holz nahmen später Tournefort, Linnée, Sennebier, Thouars, Sprengel und Treviranus an.

§. 194.

Grew ging in diesem Punkt, ohne Frage, viel weiter als Malpighi, und damit man ohngefähr den ganzen Zusammenhang sehe, wie er sich den Verlauf des Pflanzenwachsthums gedacht hat, so will ich die wichtigste hierher gehörige Stelle aus seiner ersten Schrift unten anführen [18]). Ueber die Art, wie er sich an an-

---

18) The Anatomy of Vegetables begun; with a General accompt of Vegetation, founded thereon: by Nehemiah Grew M. D. Fellow of the royal Society 1671. in 12. (Im Auszug in Philosop. Transact. Decembr. 18. 1671. S. 5037.) Cap. II. De radice. S. 318. in: Misc. Ac. nat. cur. an. 8. „Dicimus ergo, radicula impraegnata et in terram protensa humiditatem contiguam per substantiam corticalem, tanquam laxum et spongiosum corpus facile admitti: non omnem tamen absque discrimine, sed illam, quae apte magis est, ut circumcingentem Cuticulam penetret. Qui succus transiens, licet hic clarus evadat non tamen est simplex; sed est mixtum particularum

dern Stellen über den Kreislauf in den Gewächsen verschieden geäußert hat, habe ich schon hin und wieder

tam quoad eas, quae originaliter sunt in radice, quam quoad seipsas invicem aliquantum heterogenearum. Cumque hae in substantia corticali in moderata laxitate et forma circulari sint repositae, lenis inde fermentatio exsurgit. Fermentato succo partium separatio sequitur aliquae earum circumferentiae corporis corticalis insinuantur unde cuticula in cutem degenerat, uti videmus in cuticulis caseorum crescentibus, in cute diversis liquoribus supertensa et similibus; per quam succus in corticalem substantiam defluens tamquam per manicam Hippocratis, pro majori puritate filtratur. Quo succo substantia corticalis eousque dilatatur, quousque ejus tonus absque continui solutione ferre potest succusque de novo semper suppletur et pars purissima tanquam aptissima, cum convenientibus suis tincturis a dicta corticali substantia ad lignosum corpus transit. Quod corpus lignosum itidem suas proprias tincturas in dictum succum transfert; his jam ad praeparationem summam deductus, fit, (uti alias nutrimentum animalium vocatur) Ros vegetans aut Cambium: cujus pars nobilissima tandem coagulatur et assimilatur in ejusmodi substantiam, qualis est lignosi corporis. Reliquiae licet ipsi non unitae, inipsa tamen tinctura dotatae, hinc recedunt hoc est: per continuum succi appulsum partitim in corticalem substantiam revehuntur, ubi a succo ejus in alimentum proficuum convertuntur ita quidem, ut, dum ante substantia corticalis in suis partibus laxa erat, et dilatabatur, nunc in realem partium quantitatem aut numerum excrescat et ita vere nutriatur. Corticalis substantia sic tanto vitali succo, quantum sibi sufficit, saturata remanentiam secundam hinc ad cutem demittit: qua eadem haec etiam nutritur et augmentatur.

das Nöthige angemerkt, und darauf kömmt hier auch weniger an. Man braucht sich an die Vorstellungen, welche Grew von den Filtrationen und Gährungen hat, durch welche der Pflanzensaft zubereitet werde, nicht zu stoßen. Das war dem Zeitgeiste gemäß, wo die rohen chemischen Ansichten des Sylvius und Helmont herrschten, und diese übten auf Malpighi ihre Wirkungen auch aus. Grew meint hier, der Saft steige in der Rinde in die Höhe [19]), werde mit Beihülfe des Holzes, dem er die Funktion der Nerven in den Thieren, beilegt, organisirt, und in eine höchst zubereitete Flüssigkeit umgeschaffen, welche er cambium, nach der von Ebn Sina in dem Ernährungsproceß der Thiere angenommenen secernirenden Kraft (vis secretoria sive cambium) [20]), nannte. Der edelste Theil dieses Cambiums gestalte sich zur Holzsubstanz, der übrige vermische sich wieder mit den Rindensäften, und auf diese Weise werde

---

Sic ut in animalium corpore instauratio et incrementum partium non per solum fit sanguinem sed nervosus quoque liquor hic suppetias fert, comparatum quoque est in his: succus in corticali substantia praeparatus, est quasi arteriosus et pars ejus in lignoso corpore praeparata tamquam liquor nervosus, qui partim seipsum nutriens partim rursus in substantiam corticalem remissus per succum inibi repertum Tincturam suam diffundit unde hic evadit verum nutrimentum substantiae corticalis et cutis et sic omnes hae partes crescunt."

19) Dasselbe trägt er auch in Anatomy of Plants p. 124. vor. Doch glaubte er, daß in denselben Gefäßen der Saft zu einer Zeit auf-, zu einer andern absteige.

20) Sprengel Geschichte der Arzneikunde. 2r Theil p. 410.

die Rinde ebenfalls ernährt. Er nahm also auf das regelmäßige periodische Anwachsen der Rinde durch Hinzubilden neuer Rindenlagen gar keine Rücksicht, und das that er auch später nicht; ob er gleich in seiner Pflanzenanatomie den Bau der Schichten recht gut bemerkte [21]). Auch sagt Grew eigentlich nicht, daß das Cambium eine neue Holzschicht bilde, sondern nur im Allgemeinen, daß es zur Holzsubstanz assimilirt werde, weshalb auch Duhamel [22]) glaubt, Grew rede hier weniger von der eigentlichen neuen Bildung, als vielmehr von einer bloßen Ernährung des schon vorhandenen alten Holzes. Grew legte mehr Gewicht auf ein gleichzeitiges Anwachsen von Holz an der innern Seite der Rinde und an der äußern Seite des Markes, so daß durch jährliches Anwachsen von neuem Holze um das Mark, dieses am Ende in den Stämmen viel kleiner werde, als in den Zweigen, und selbst oft ganz verschwinde [23]).

Verschieden von diesen Ansichten, dachte Hales. Er glaubte, daß die äußersten Holzschichten unmittelbar neues Holz

21) Grew l. c. p. 115.

22) Duhamel l. c. II. p. 24—25.

23) Grew Anatomy of Plants. Book III. Chap. III. P. 129. §. 5. „The sap vessels, as they are generated at the inner verge of the Barque: so likewise in a small quantity at the utmost Verge of the Pith. These beiny not only fed with a more vigorous sap, but with great caution secured within the Wood, for the propagation of the succeeding Buds. Hence also it is, that is by the annual accretion of these Vessels, that the Pith is sometimes less in the Trunk, than in the Branches etc."

Holz erzeugten, welches sich an das alte anlege, und so das Wachsthum desselben bewirke; ohne alle Mitwirkung der Rinde, so wie umgekehrt Grew glaubte, daß besonders die Rinde es sei, welche den Stoff zur Bildung des Holzes hergebe.

§. 195.

Höchst schätzbar und erfinderisch sind die Versuche, welche Duhamel über diesen Gegenstand angestellt hat, wenn gleich die Resultate derselben weder ihn selbst, noch alle seine Nachfolger über den Punkt, worauf es hier ankömmt, zur Zufriedenheit belehrt, und die Sache völlig aufs Reine gebracht haben. Die Duhamelschen Versuche sind sehr oft wiederholt, und ihre Richtigkeit allgemein anerkannt, so daß es meinerseits überflüssig ist, sie noch zu bestätigen, obgleich ich dieß könnte, da ich die meisten ebenfalls nachgemacht, und dasselbe, was Duhamel, erfahren habe. Aber ich bin in einem einzigen Punkte über die Duhamelschen Versuche hinausgegangen, von dem ich reden werde, sobald ich die Versuche Duhamels kurz werde berührt haben.

§. 196.

Duhamel oculirte auf Pflaumenstämmen (Prunus domestica) Pfirsichen, (Amygdalus Persica). Da das Holz des Pflaumenbaumes roth ist, das des Pfirsichenbaums aber weiß, so unterschied er, daß nach vier bis fünf Monaten unter dem Rindenstück, mit welchem er das Auge des Pfirsichenbaums auf den Pflaumenstamm oculirt hatte, eine Lage weißen Holzes befindlich war, welches sich gegen das röthliche Pflaumenholz deutlich unterscheiden ließ. Dieses mußte also von dem Rindenstück des Pfirsichenbaums erzeugt sein. Ich hatte dasselbe mit Birken und Eisen probirt, aber da ich die Versuche auf dem Lande angestellt hatte, so waren mir die Bäume beschädigt, und der Erfolg misglückt. Ich ließ mir also, um den Schaden wieder gut zu machen, von einem Gärtner mehrere durch Oculiren auf Stämmen mit weißem Holze ächt gemachte Pflaumen geben, und zerschnitt diese. Anstatt Duhamel auf rothem Pflaumenholze eine weiße Holzlage von der Pfirsichenrinde hatte, fand ich eine rothe Holzlage des Pflaumenbaumes auf weißem Pfirsichenholze, und seitdem habe ich mich in Baumschulen an vielen andern oculirten Obstbäumen davon überzeugt, daß unter dem Rindenstück des Auges sich immer eine Holzlage durch dies Rindenstück erzeugt, was man selbst in den Fällen deutlich sehen kann, wo das Holz gar keine sehr verschiedene Farbe hat, da, besonders im ersten Herbste, die junge Holzlamelle leicht von dem Holz des Stammes abzulösen ist, und also um so weniger aus dem Holze desselben erzeugt sein kann, da es sonst mit ihm innig verwachsen sein würde.

§. 197.

Um sich von der Richtigkeit dieser Sache noch mehr zu überzeugen, löste Duhamel Rindenstücke zur Saftzeit vom Holze ab, legte auf das entblößte Holz Zinnplatten, und deckte die Rinde wieder darauf. Es bildete sich zwischen der Zinnplatte und der Rinde eine neue Holzlage, zwischen dem Holze und der Zinnplatte aber nichts. In Ermangelung von Zinnplatten habe ich glatt ausgebreitete feuchte Stücke zarter Schweinsblasen, zwischen solche abgelöste Rindenstücke und das Holz von Eichen,

Buchen und Elsen gelegt, und das Ganze wieder befestigt, und ich habe dasselbe Resultat gehabt, nur finde ich allemal auch zu den alten Rindenschichten auch eine neue hinzugebildet. Ich bemerke hierbei, daß in den Fällen, wo man das Rindenstück von allen Seiten abgelöst hat, das Experiment höchst selten gelingt, weil die Rinde jetzt außer Zusammenhang mit dem Kreislaufssystem gesetzt wird, und die Ränder des abgeschnittenen Stückes selten wieder genau an die übrige Rinde anwachsen. Uebrigens ist es gleich, mit welchem Ende oder mit welcher Seite das Rindenstück mit der Rinde des Baums zusammenhängend bleibt, da der Lebenssaft durch den Kreislauf vermittelst der Artikulation der Gefäße überall sich verbreitet. Man kann auch die äußeren Rindenlagen wegnehmen, und bloß die innern übrig lassen. Der Erfolg ist derselbe, weil die Bewegung des Lebenssaftes vorzugsweise nur in den jüngsten Theilen vor sich geht. Schneidet man von der auf dem Holze festsitzenden Rinde alle äußern Lagen bis auf eine oder zwei der innersten weg, so erzeugt sich auf ihr eine neue höckrige Rindenlage, welches nicht geschieht, wenn man nur die ganz äußersten Rindenlagen abschält. Dieß geschieht aus dem Grunde, weil die Bewegung des Lebensaftes, und mithin der Grund zu Bildungen in den äußersten Lagen erstorben ist, während in den innersten der Lebensproceß noch in Thätigkeit ist.

§. 198.

Duhamel hat hierüber durch Spalten der Rindenlagen und Zwischenlegen von Silberblech unnütze Versuche angestellt. Auch steckte Duhamel Silberdräthe durch die innersten Rindenlagen, und fand sie nach mehreren Jahren tiefer im Holze, so daß es ihm schien, als ob seine Versuche der Malpighischen Meinung günstig seien. Allein in den Fällen, wo man die Dräthe (ich habe Eisendräthe genommen), aufs Gerathewohl zwischen die Rindenlagen durchsticht, kann man nie wissen, wo sie recht zu sitzen kommen, und wenn man das Rindenstück zuvor ablöst, und nun genau zwischen die innerste Rindenlage und den übrigen Rindenkörper durchschiebt, so bricht der Drath oft schon beim Durchziehen die dünne innere Rindenlamelle durch, diese stirbt ab, die zunächstliegenden äußeren geben den Stoff zu neuen Bildungen her, und nun ist es kein Wunder, wenn man im folgenden Sommer eine Holzlage über dem Drath und der unter ihm abgestorbenen innern Rindenlamelle findet. Da wo die innere Rindenlage unter dem Drath völlig unverletzt ist, wird man den Drath nie im Holze finden, sondern im Gegentheil rückt er jährlich um eine Rindenschicht mehr nach außen, und damit kann man ganz empirisch beweisen, daß es nicht die Rindensubstanz selbst ist, welche zu Holz wird, sondern im Gegentheil werden Rindenschichten hinzugebildet, welche die schon vorhandenen noch mehr nach außen drängen.

§. 199.

Dieß alles setzte Duhamel noch wenig in Verlegenheit; aber er machte außerdem noch ein Paar Versuche, deren Erfolge er nicht zu deuten verstand. Nämlich er entblößte zur Saftzeit das Holz von Rinde gänzlich, und bedeckte es behutsam, daß es nicht austrocknen konnte. Hier sah er, sich aus dem Holze neue Holz- und Rindenschichten bilden. Er löste ferner Rindenstücke vom Holze, die noch mit einem Theile mit der übrigen Rinde zusammenhingen, und hielt sie in einer vom Holze abgesonderten Lage. Unter dieser Rinde erzeugte sich eine Holzplatte, welche inwendig noch wieder mit einer dünnen Rinde überzogen war. Ueber diese beiden Fälle habe ich keine expressen Versuche angestellt, da ich ihre Erfolge zufällig beobachtet habe. Muthwillige Hirten hatten, auf dem Lande im Frühling des Jahres 1821, zur Saftzeit die Rinde von Elsen, Buchen und Birken abgelöst, und die Rindenstücke an den Bäumen frei hängen lassen. Ich freute mich sehr, im Herbste desselben Jahres schon die Erfolge von Versuchen zu sehen, welche ich im nächsten Frühling erst zu machen gedachte. Ich bemerkte richtig, wie Duhamel, an der innern Rindenseite eine Holzlamelle, welche weiter nach innen mit einer Rindenschicht bekleidet war, so daß das Holz mitten inne zwischen der äußeren Rinde des Baums und der innern neu erzeugten Rinde lag. Die ganze Bildung war zwar keinesweges zusammenhängend und regelmäßig, wie ich mir sie vorgestellt hatte; aber die Sache selbst war unverkennbar, besonders nachdem ich das Rindenstück kochte, und die Theile auseinander löste. Daß sich am entrindeten Holze unter Umständen neue Holz- und Rindenlagen bilden, habe ich, ohne expresse Versuche, ebenfalls unzählige Mal gesehen, und jeder der an Wegen, oder auf der Jagd, in Forsten darauf Acht geben will, wird dergleichen zufällig entrindete Bäume genug finden, ohne daß er dieserwegen noch einen gesunden Baum beschädigt.

§. 200.

Aus diesem letzten Versuch schloß Duhamel und mit ihm alle andere, welche sich mit der Betrachtung dieses Gegenstandes beschäftigt haben, daß das Holz unmittelbar Holz und Rinde aus sich entwickeln könne, eben so gut als die Rinde im Stande sei, aus sich Rinde und Holz zu entwickeln. So hat noch neuerlich Pollini [24]) in einer kritischen Abhandlung, aus den Duhamelschen, von ihm wiederholten Versuchen, denselben Schluß gemacht, und mir selbst hat die Sache unmittelbar richtig geschienen. Bevor ich indessen auseinandersetze, wie die Erscheinungen untereinander und mit dem Pflanzenleben zusammenhängen, will ich noch die Meinung von Mustel und du Petit Thouars über die Holzbildung anführen, so wie die Natur und Geschichte der Meinungen über das sogenannte Cambium kurz darstellen.

§. 201.

Mustel glaubte, der im Holze aufsteigende Saft bilde auf der Oberfläche des Holzkörpers einen Bast, der sich sogleich in Splint umwandele. Eben so bilde sich auf der innern Fläche der Rinde von dem absteigenden Saft eine Bastschicht, die sich zu einer neuen Rindenlage umwandele. So bilden sich in einem Sommer zwei Bastschichten, von denen die eine zu Rinde, die andere zu Holz werde. Im folgenden Frühling sondert sie der neue aufsteigende Saft von einander, und es fängt derselbe Proceß wieder an. Diese Theorie stützt sich

24) Pollini Saggio di Osservazioni a di sperienze sulla vegetatione degli alberi. Verona 1815. p. 158.

einzig und allein auf falsche Voraussetzungen: daß nämlich der rohe Holzsaft zu Bildungen geschickt sei, was er nicht ist, und daß ferner ein Saft absteige, der gar nicht existirt. Eine ähnliche Theorie hat Mirbel, indem er meint, es bilde sich Bast, der sich in zwei Schichten theile, von denen die eine zu Holz, die andere zu Rinde metamorphosirt werde [25]).

§. 202.

Du Petit Thouars [26]) dachte sich nach Tournefort, Medicus und Anderen, wie bereits angegeben, das ganze Pflanzengewebe aus Fibern bestehend, zwischen welchen der Saft aufsteige, und an deren Spitze sich durch ihre eigene Ausbreitung Knospen bilden. Mit der Entwikkelung der Knospen bilden die alten Fibern zwischen Holz und Rinde einen absteigenden Saft, das Cambium, aus welchem sich unterweges neue Fibern bilden, bis am untern Ende aus ihm noch das Wachsthum der Wurzeln nach unten geschieht. Diese Theorie rührt von einer mangelhaften Kenntniß des Baues der Pflanzen her, und ist eigentlich eine bloße Zusammensetzung aus den Meinungen von Grew, Mustel und Medicus.

§. 203.

Den Winter hindurch ist die Rinde aller unserer Bäume und Sträucher, so wie aller ausdauernden Wurzeln, mit dem Holze dicht zusammengewachsen, so daß

25) Mirbel traité d'anatomie et physiologie végétale. I. p. 170. Exposition et defense etc. a la Haye 1808. p. 296.

26) Du Petit Thouars essai sur la végétation considerée dans le developpement des bourgeons. Paris 1809.

beide in ihrer Integrität nicht von einander abgelöst werden können. Mit dem Ausbruch der Blätter hingegen ist an allen Theilen der Pflanze die Rinde vom Holze leicht abzulösen, und man bemerkt, daß dies von einer zwischen beiden befindlichen zarten, weichen Substanz herrührt, welche Grew und Duhamel Cambium genannt haben: eine Name, den wir schon aus Achtung gegen sein Alter und seine Erfinder beibehalten müssen.

Ich habe vorhin bemerkt, daß es zweifelhaft sei, ob Grew wirklich gemeint habe, daß sich aus dem Cambium die neuen Holzlagen bilden, oder ob er es bloß als einen Nahrungsstoff angesehen habe. Eben so wenig erhellet, ob er geglaubt habe, daß das Cambium aus der Rinde oder dem Holze entstehe, im Gegentheil scheint es, als ob er geglaubt habe, es entstehe aus beiden zugleich. Da man sowohl über die Entstehung als den Zweck dieses Cambiums verschiedener Meinung gewesen ist, so wollen wir es in dieser Rücksicht besonders betrachten.

§. 201.

Ueber die Entstehung des Cambiums spricht sich Duhamel nicht aus. Da er aber glaubte, daß sich die Holzschichten aus demselben bilden [27]), so ist es wohl wahrscheinlich, daß er über die Entstehung des Cambiums eben so zweifelhaft geblieben ist, als über die Entstehung des Holzes. Mirbel [28]) spricht deutlich und bestimmt aus, daß das Cambium unmittelbar aus dem Holze komme, weil Duhamel bemerkt habe, daß sich auf

27) Duhamel l. c. II. p. 27.

28) Mirbel traité d'anatomie et physiol. végétale. 1. p. 165.

dem Holze eines entrindeten Kirschbaums neues Holz und neue Rinde gebildet haben. Du Petit Thouars ist ganz derselben Meinung [29]), Pollini [30]) scheint anzunehmen, wie Grew, daß das Cambium eben so gut aus dem Holze wie aus der Rinde entstehen könne, weil sich aus beiden neue Holz- und Rindenlagen ansetzen. Diese Naturforscher unterscheiden das Cambium sehr wohl von den Dingen, welche sie, nach Malpighi, unter dem Namen des eigenthümlichen Saftes begreifen, was z. E. Keith [31]) nicht einmal thut, der es damit verwechselt, da es doch sein Landsmann Grew schon besser unterschieden hat. Andere Schriftsteller haben sich über den Ursprung des Cambiums ganz und gar nicht ausgesprochen. Da die Kenntniß des Ursprungs des Cambiums aber für die Natur dieser Substanz von Wichtigkeit ist, so dürfen wir diesen Punkt nicht übergehen.

§. 205.

Es ist eine leicht zu machende Erfahrung, daß das Cambium nicht früher erscheint, als bis die Blätter ausgebrochen sind, weil sich jetzt erst die Rinde vollständig vom Holze löst. Das wissen die Forstleute, z. E. sehr gut, und deshalb bestimmen sie die Zeit, zu welcher sie die Eichen, Behufs der Löhgärberei entrinden (plätten) wollen, nie früher, als bis die Eiche Blätter

29) Du Petit Thouars essai sur la végétation p. 114.

30) Pollini Saggio di Osservazioni è di Sperienze sulla veg. degli alberi p. 155.

31) Keith System of physiological botany. London 1816. p. 18[illegible].

hat. Dasselbe kann man an Birken, Ahornen, Rüstern und anderen Bäumen sehen, die durch und durch im Frühling schon voller Holzsaft sind, aber deswegen doch ihr Holz, wie mitten im Winter, dicht mit der Rinde verwachsen, zeigen. Diese Beobachtung ist dem Glauben wenig günstig, daß das Cambium unmittelbar aus dem Holzsafte sich erzeuge, denn in diesem Fall würde sich die Rinde sogleich vom Holze lösen, wenn der Saft aufsteigt, da sich im Gegentheil zur Zeit, wenn das Holz am saftreichsten ist, gerade nicht eine Spur von Cambium findet. Zu der Zeit ferner, wenn das Cambium erscheint, ist das Holz ziemlich saftleer, und darum ist es hier schon höchst unwahrscheinlich, daß sich das Cambium unmittelbar aus dem Holze erzeuge.

§. 206.

Ich habe ferner bereits oben darauf aufmerksam gemacht, daß die im Holze aufsteigenden gefärbten Flüssigkeiten nie über das Holz hinaus treten, und das Cambium färben, was doch geschehen müßte, wenn der Holzsaft das Cambium bildete. Das Holz kann voller gefärbter Flüssigkeit sein, und dessenungeachtet ist das Cambium gleich ungefärbt.

Vergleichen wir ferner die Beschaffenheit des Holzsaftes und des Cambiums, so zeigt sich, daß der erstere eine noch durchaus gestaltlose und indifferente Pflanzennahrung ist, während das Cambium eine höchst organisirte und innerlich vollkommen gestaltete Masse ist. Diese kann unmöglich mit einem Schlage plötzlich aus dem Holzsafte entstehen, und wir müssen daher die Meinung gänzlich verwerfen, daß der Holzsaft das Cambium unmittelbar erzeuge.

§. 207.

Es bleibt also weiter kein Ursprung übrig, als die Rinde, und hier könnte man wieder glauben, das Cambium und der Lebenssaft seien einerlei. Das ist aber auch nicht der Fall: denn Lebenssaft findet sich zu allen Zeiten im Kreislaufssystem in Bewegung, während im Winter die Rinde überall fest mit dem Holze verwachsen ist, und also das Cambium fehlt. Es giebt freilich einen Umstand, der noch auf die Analogie des Lebenssaftes und des Cambiums aufmerksam machen könnte: nämlich daß in den jüngsten Trieben sich den ganzen Sommer hindurch die Rinde vom Holze löst, während hier gerade der Kreislauf am lebendigsten vor sich geht. Allein im späten Herbst nach dem Blattfall verwächst Rinde und Holz, und der Kreislauf dauert fort. Es ist ferner leicht die Verschiedenheit des Cambiums vom Lebenssafte zu bemerken, wenn man auf den Sitz beider sieht. Der Lebenssaft ist immer mitten in der Rinde, und man sieht ihn zirkuliren, nachdem man die Rinde vom Holze abgelöst hat, während sich das Cambium nur zwischen der vorjährigen, äußersten Holz- und innersten Rindenschicht befindet. Endlich bewegt sich das Cambium nicht, wie der Lebenssaft, sondern bleibt wo es ist, wie man dieß schon mit bloßen Augen an einem querdurchschnittenen Ahorn- oder Feigenzweige sehen kann, aus denen der Lebenssaft freiwillig ausströmt, aber vom Cambium nichts. Deutlicher sieht man dieß unter dem Mikroskop. Das Cambium kann also auch kein absteigender Saft sein, sondern muß da erzeugt werden, wo es sich befindet.

Daraus geht also hervor, daß das Cambium 1.

wesentlich vom Lebenssafte verschieden sei, und 2. eine periodische Existenz in der Pflanze habe.

§. 208.

Ueber den Zweck des Cambiums sind die Botaniker auch verschiedener Meinung gewesen. Duhamel glaubt, das Cambium bilde das Holz, wie die organisirte Flüssigkeit die Fleischwärzchen in den Wunden der Thiere. Darin stimmt ihm Mirbel bei. Du Petit Thouars hält das Cambium für den absteigenden Saft, der im Vorbeigehen Holzfibern bilde, und unten die Wurzeln weiter bilde. Sprengel [32]) hält das Cambium auch für einen absteigenden Saft, der während des Absteigens die Theile bilde. Kurz es ist die Vorstellung gang und gebe, daß das Cambium die Theile bilde, wie das Blut, und darum hat man ihm auch wohl den Namen Bildungssaft gegeben. Man hält es für einen Saft, aus dem sich durch Niederschläge, oder was sonst noch für Vorgänge, festere Theile bilden. Allein darin liegt ein gewaltiger Irrthum.

§. 209.

Um die wahre Natur des Cambiums einzusehen, müssen wir den dialektischen Standpunkt in der Betrachtung der individuellen Totalität gänzlich verlassen, und uns zu einer freien Ansicht der ursprünglichen vegetabilischen Erzeugung und ihrer concreten Bestimmungen überhaupt erheben. Das Cambium ist ein Resultat des ganzen individuellen, wie die Fruchtbildung ein Re-

32) Sprengel: vom Bau und der Natur der Gewächse p. 440.

sultat des generellen Pflanzenlebens ist, und mithin geht es über die innern Verhältnisse der Momente der individuellen Totalität gänzlich hinaus, und stellt sich offenbar neben diese egoistisch hin, ist also auch in diesem seinen Egoismus, und nicht als dialektisches oder urtheilendes Moment in dem schon vorhandenen individuellen Pflanzenleben zu betrachten. Was darüber jetzt, als Resultat meiner mühevollen Beobachtungen und Betrachtungen folgt, sehe ich als einen der wichtigsten Punkte in der Darstellung des bildenden Pflanzenlebens an.

Das Cambium ist gar keine Flüssigkeit wie die übrigen Pflanzensäfte, und noch viel weniger eine solche, aus der sich erst etwas bilden soll, sondern es ist die zarte Embryonengestalt der ganzen schon gebildeten Pflanzentotalität. Es bildet sich aus dem Cambium weder Holz noch Rinde, sondern es ist die aus dem Lebenssafte gebildete, embryonische ganze Pflanze, welche sich zu der alten hinzubildet. Unmöglich kann sich aus dem Cambium Holz ohne Rinde, und Rinde ohne Holz bilden, eben so wenig als sich aus der verschmolzenen Einheit zweier Blut- und Saftkügelchen, das eine ohne das andere wieder entwickeln kann. Im Cambium ist die ganze höhere vegetative Totalität noch so embryonisch in sich unentfaltet versunken, wie die Differenzen des Assimilations- und Bildungssystems im Pflanzenreich in den holzlosen Pflanzen (p. axylae) noch versunken sind, so daß man aus diesem Grunde die holzlosen Pflanzen, die Embryonen des Pflanzenreichs, wie das Cambium den Embryo der Holzpflanze nennen kann. Die holzlosen Pflanzen können sich also auch nicht durch Erzeugung von Cambium vergrößern, weil sie selbst das

Cambium des Pflanzenreichs sind, was auf dieser Stufe stehen bleibt. Wie sich der Keim im unreifen Saamen, aus einer in sich selbst durch und durch gleichartigen und weichen vegetabilischen Einheit zu dem Gegensatz von Assimilations- und Bildungssystem entfaltet, so bildet sich das Cambium zu der Differenz von Holz und Rinde aus, deren Embryo es ist, so wie der Embryo des Saamens, das Cambium des Keims der künftigen Pflanze ist. Durch das Cambium wächst eine ganz neue Pflanze, aus der Embryonengestalt, auf die alte, durch welche es erzeugt ward, und die Theile bilden sich nicht aus dem Cambium, sondern das Cambium wird aus dem Lebenssafte der Rinde durch den Kreislauf gebildet, und seine ganze Substanz ist durch und durch der vollendete Keim der ganzen vegetativen Totalität, welche über die schon vorhandene hinauswächst. Also das Cambium ist kein Bildungssaft, sondern eine ganze gebildete unentwickelte Pflanzentotalität, und diese entwickelt sich aus ihm nicht wie der abgehauene Salamanderfuß aus dem Blute, sondern wie das vollendete Thier aus seinem Embryo. Damit hängt nothwendig zusammen, was ich schon zu wiederholten Malen gesagt habe, daß die jährlich sich aus dem Cambium entwickelnden Theile, historische Momente in dem zusammengesetzten periodischen Lebenskreis der Pflanze sind, und daß also diese gleichzeitige Entwickelung der Momente der individuellen Totalität über die vorhandenen Theile hinaus, die Pflanze zu dem concreten Bilde ihrer eigenen Lebensgeschichte macht, deren Theile sich eben so in einander verweben, wie die gleichzeitigen Begebenheiten in der Geschichte der ganzen Welt.

§. 210.

Hieraus wird nun klar, wie sich auf einem entblößten Rindenstück zugleich eine Holz- und Rindenlage bilden kann; aber wie es zugeht, daß sich auch auf einem zur selbigen Zeit von Rinde entblößten Holze eine Holz- und Rindenlage bilden kann, das ist noch zu erklären. Die Thatsache ist so wahr, daß sie über allen Zweifel erhaben ist, aber der aus dieser Thatsache gezogene Schluß, daß, weil sich auf dem entrindeten Holze diese Bildungen zeigen, sie auch aus demselben erzeugt sein müssen, ist so falsch, daß dadurch ein Haufen von Widersprüchen seit Duhamel in der Wissenschaft entstanden ist, in welchen man noch nicht hat zurecht finden können.

Es ist schon auffallend, daß man diese Holz- und Rindenbildung nur an solchen zur Saftzeit entrindeten Bäumen sieht, deren Holz durch die Markstralen der Rinde viele kleine längliche Gruben hat, wodurch es auf der Oberfläche ein höckriges Ansehen gewinnt, wie bei der Eiche, Buche, der Else ꝛc.; dagegen an denjenigen Bäumen, wo diese Bildung der Holzoberfläche nicht vorkömmt, wie beim Ahornbaum (A. platanoides) auch nie eine Spur von neuer Bildung, auf dem entrindeten Holze, zu sehen ist. Dazu bemerkt man weiter, daß die neue Bildung immer in den Gruben der Markstralen anfängt, wogegen das zwischen durch verlaufende erhabene Holz davon nichts zeigt. Das wußte Duhamel auch sehr gut, und darum bemerkt er, diese Bildung entstehe nach Art der Warzen (mamelons).

§. 211.

Diese Erscheinung führte mich zu der Vermuthung, daß nach dem Abziehen der Rinde, ein Theil des von ihr secernirten Cambiums auf dem Holze sitzen bleibe, und in den Gruben der Markstralen, wo dieses gegen die Einwirkung der äußern Luft geschützt ist, zu einer weitern Ausbildung der Holz- und Rindensubstanz gelange, während der Theil, welcher auf der ganz ebenen Holzoberfläche unmittelbar, von allen Seiten, der Luft ausgesetzt ist, austrocknet und abstirbt. Dieß wurde mir noch viel wahrscheinlicher, nachdem ich bemerkt hatte, daß die neuen Bildungen besonders nur an den Bäumen zum Vorschein kamen, welche im kühlen Schatten standen; daß sogar, im Fall eine Seite des entrindeten Stammes der Sonne ausgesetzt ist, während die andere Seite beschattet steht, nur an der Schattenseite diese Warzen aus den Gruben der Markstralen auf der Holzoberfläche hervor wuchsen.

Ich machte also folgenden Versuch. Nachdem ich, kurz nach dem Ausbruche der Blätter, mehrere Eichen, Buchen und Elsen, stellenweise entrindet hatte, nahm ich einen in Wasser ausgedrückten Schwamm, und wischte damit das entrindete Holz sorgfältig ab, indem ich besonders auf die Gruben aufmerksam war, und sie durchaus von dem darin befindlichen Cambium befreite, was bei einem oberflächlichen Abwischen der Holzfläche nicht geschieht, indem man hier bloß den auf den erhabenen Stellen befindlichen Theil abwischt, während in den Gruben alles sitzen bleibt. Andere darneben stehende Bäume entrindete ich eben so, aber wischte das Cambium nicht ab. Als ich im folgenden Herbst meine Bäume wiedersah, zeigte sich auf denen, von welchen ich mit dem Schwamm das junge Cambium abgewischt hatte, auch keine Spur neuer Bildung; dagegen war

dieß

dieß sehr wohl an den übrigen der Fall, mit denen ich weiter nichts vorgenommen hatte.

§. 212.

Ich folgere daraus, daß nur der Lebenssaft der Rinde Cambium erzeugen kann, und daß das Holz, für sich, dazu vollkommen ungeschickt ist. In den Fällen, wo sich auf entrindetem Holze neue Bildungen zeigen, geschieht dieß nur, indem das von der Rinde erzeugte Cambium nach dem Abziehen der Rinde auf dem Holze sitzen bleibt. Wo dieß der Fall ist, da mag wohl durch den im Holze zerstreut zirkulirenden Lebenssaft die junge Bildung fürs erste noch kümmerlich ernährt werden können, wodurch die Ausbildung unterstützt wird; aber auch dieß ist für die Folge ganz und gar nicht einmal nöthig. Wir müssen hier noch einen andern Verlauf des Bildungsprocesses annehmen. Nämlich es ist offenbar, daß in dem in den Gruben zurückbleibenden Theil des Cambiums nicht zugleich der Stoff zur weitern materiellen Vergrößerung der jungen Theile enthalten sein kann. Eben so deutlich ist es aber zugleich, daß in vielen Fällen die auf einer solchen entrindeten Stelle sich erzeugende Holzschicht, diejenige, welche sich unter der unverletzten Rinde erzeugt, an Dicke und Größe bei weitem übertrifft. Hier muß also durchaus der Stoff zu den Bildungen aus dem Holze gekommen sein. In vielen Fällen ist dieß zwar nicht der Fall, nämlich da, wo die Rinde der neuen Bildungen auf dem nackten Holze, mit der unverletzten Rinde des Stammes wieder zusammenwächst. Hier kann der Lebenssaft aus letzterer durch die Anastomosen des Kreislaufs leicht in die Rinde der neuen Gebilde überfließen, und das Wachsthum derselben unterhalten. Dieß kann aber da nicht geschehen, wo die neue Bildung völlig von der alten Rinde isolirt ist, wie man dieß ebenfalls sehr häufig sieht. Als Lebenssaft kann aber eben so wieder kein Stoff aus dem Holze kommen; denn aus den hier hin und wieder zerstreut laufenden Lebensgefäßen kann unmöglich eine solche Menge zufließen, als zu der, oft sehr bedeutenden, Vergrößerung der jungen Theile nöthig ist. Diese müssen sich also durchaus ihren Lebenssaft selbst höher organisiren, und dieß scheint mir auf folgende Weise zuzugehen. Das neu gebildete junge Holz saugt aus dem alten, den rohen Holzsaft ein, und da die jetzt noch zarte Struktur der neuen Rinde, dieß neue Holz eben so wenig, als das Parenchym der Blätter von der Einwirkung der atmosphärischen Luft abhält, so wird mit Hülfe dieser, wie in den Blättern, der Holzsaft in Lebenssaft umgewandelt, und durch diesen werden die weiteren Bildungen sogleich an Ort und Stelle weiter vollendet. Da wo die Rindensubstanz bereits älter und dicker ist, kann dieser Proceß nicht mehr statt finden, und deshalb geschieht auch hier nie ein Uebergang des Holzsaftes in die Rinde, sondern nur in den Blättern, wo die Spiralgefäße durch das zarte Parenchym mit der Luft in Wechselwirkung treten können, wie es auch mit den jungen Bildungen auf den entrindeten Holzstellen, und der vom Holze abgelösten Rinde der Fall sein muß.

Das ist also der Verlauf, durch welchen die Erscheinungen des Wachsthums der Pflanzen in die Dicke zu Stande kommen.

§. 213.

Die Ausbildung der embryonischen Theile der neuen Bildungen, zu dem deutlichen Gegensatze von Holz- und Rindensubstanz ist leicht zu verfolgen, und von der Ausbildung der nach unten und nach oben wachsenden jungen Pflanzentheile im Wesentlichen ganz und gar nicht verschieden. Kurz nach dem Ausbruche der Blätter sieht man in dem sich reichlich erzeugenden Cambium nichts als eine sich durch und durch gleiche, zarte, weiche und dichte Substanz, in der man im hellen Lichte die Organisation an der vollendeten Gestaltung zu den Urtheilen sieht, aus denen das Weitere gebildet werden soll. Die Ausbildung und Verhärtung zu vollkommener Holz- und Rindensubstanz geschieht aber ziemlich rasch, und unterdessen wird allmählig immer neues Cambium zwischen den eben erzeugten neuen Holz- und Rindentheilen abgesondert und ausgebildet, durch deren Vereinigung die Jahresschichten von Holz und Rinde erzeugt werden. Man sieht daher in den Theilen, welche sich, vom Frühling bis zum Herbste, an den ältern Theilen zwischen dem alten Holze und der alten Rinde erzeugen, immer zugleich junges Holz und Rinde in verschiedenen Stufen der Ausbildung. Ich wurde, leider erst zu spät im Jahre, aufmerksam darauf, ob man nicht in dem sich aus dem Cambium so eben scheidenden jungen Holze, sich abwickelnde Spiralgefäße finden würde. An den Theilen, welche ich nach dem July (dem zweiten Jahrestriebe) in dieser Rücksicht untersuchte, gelang es mir nie, Spiralgefäße abzurollen, wohl aber habe ich deutlich zu unterscheidende zarte Querstriche auf den Gefäßen des jungen, noch ganz weichen Holzes der Eiche und des Korneelkirschenstrauchs bemerkt. Dasselbe erinnerte ich mich dabei, schon im Frühling, an den Fichten gesehen zu haben, ohne daß ich mir damals zu erklären wußte, was es sei. Ich wählte nämlich zu meinen ersten Versuchen besonders die Fichten deshalb, weil es mir schien, als ob die ganzen Jahresschichten längere Zeit weich und unvollkommen blieben, und weil diese Pflanzen, wo sie im guten Boden wachsen, sehr dicke Jahrringe im Holze haben. Und man kann diesen Verholzungsproceß an unserer gemeinen Fichte (Pinus communis) auch sehr schön und deutlich verfolgen, nur ist es wahrscheinlich, daß, weil hier die Spiralgefäße schon in den jüngsten Trieben, meist zu Gefäßen mit ganz ebenen Wänden verwachsen sind, die Verwachsung der Spiralfäden so schnell vor sich geht, daß man keine sich abrollende in dem sich aus dem Cambium der Jahrringe erzeugenden Holze wird finden können.

§. 214.

Weil das Cambium sich nun rund um das Holz ablagert, so entstehen bei seiner Ausbildung zu Holz und Rinde zusammenhängende Ringe, welche die alten, beim Holze umfassen, bei der Rinde von diesen umfaßt werden. Man nennt sie Jahrringe. Die Dicke dieser Jahrringe ist nicht nur nach der Kraft, mit welcher der Baum wächst, in verschiedenen Jahren verschieden, sondern derselbe Jahrring, besonders aber des Holzes, ist meist an einer Seite ungleich dicker als an der andern. Dadurch kömmt es, daß die Jahrringe selten oder nie concentrisch gefunden werden, sondern sich immer vom Mittelpunkt aus weiter nach einer Seite hin ausdehnen. Bei den meisten Bäumen ist es der Fall, daß an derselben Seite die Jahrringe alle gleich dick oder gleich dünn sind, wie bei den Fichten. Merkwürdig in dieser Rücksicht ist aber die Rüster (U. campestris). Hier folgen, an derselben Seite, Jahrringe von der verschiedensten Dicke in einer merkwürdigen scheinbaren Unordnung, die sich nicht recht gut beschreiben läßt, so daß ungefähr das, was der früheren Jahresschicht an Dicke abgeht, durch die folgende wieder ersetzt wird. Diesem ähnlich ist die Beschaffenheit der Holzringe im Sassafrasholze.

§. 215.

Die nächste Ursache dieser verschiedenen Dicke der Jahrringe, ist nun wohl eine häufigere Ablagerung von Cambium durch den Lebenssaft an den dickeren Stellen; aber worin diese ihren Grund hat, ist eine andere Frage. Daß die Jahrringe nicht immer an derselben Seite, wie man wohl geglaubt hat, z. E. auf der Mittags- oder Mitternachtsseite, beständig dicker oder dünner sind, das wußte Büffon und Duhamel schon sehr gut, und sie haben es durch Versuche bewiesen [33]). Um so schwieriger scheint es zu erklären, warum sich an unbestimmten Stellen dickere Theile der Holzringe bilden. Duhamel meint, es seien die Holzringe nur an den Seiten dicker, wo größere Aeste vorhanden wären, die dem Theil mehr Saft zuführen könnten, und das scheint kein unrechter Grund zu sein, wenn man besonders bedenkt, was Duhamel nicht wissen konnte, daß der Lebenssaft nur von den Blättern in die Rinde zurückfließt. Allein

33) Duhamel physique des arbres. T. 1. p. 49.

der Lebenssaft steigt hinwiederum keinesweges geradezu ab, sondern wird durch den Kreislauf überall gleichmäßig verbreitet, und ferner ist auch die Voraussetzung von Duhamel nicht richtig, daß an derselben Seite die auf einander folgenden Jahrringe gleich dick oder dünn sind, wie man an denen der Rüster sehen kann, wo, wie bemerkt, an derselben Seite und Stelle, Jahrringe von der verschiedensten Dicke vorkommen. Mir ist die erregende entfernte Ursache des Processes, wodurch diese Erscheinung entsteht, nicht klar, aber ich vermuthe, daß äußere erregende Umstände die Thätigkeit zufällig mehr nach der einen, als nach der andern Stelle hinleiten.

§. 216.

Auf dieselbe Weise nun wie die Holzbildung unter der Rinde des auf dem entblößten Holze sich ausbildenden Cambiums vor sich geht, wird sie auch unter dem Rindenstück eines Holzauges, welches man auf einen fremden Stamm oculirt, zu Stande gebracht. In diesem Fall muß nun zwar zunächst der noch in der Rinde des Auges enthaltene Lebenssaft die ersten Anfänge zu dieser Bildung hergeben; aber das immer in dem Auge selbst sitzende Holzbündel, saugt weiter aus dem Holze des Stammes Holzsaft ein, die Knospe assimilirt ihn zu Lebenssaft, und nun geht hier der Bildungsproceß, wie überall, vor sich. Das sich unter der Rinde des Auges bildende Holz, verwächst nach und nach mit dem Holze des Stammes, bleibt jedoch immer von demselben unterschieden, weil der Lebenssaft aus dem es gebildet wird, immer nur von der Knospe selbst assimilirt wird, und also durchaus keine unmittelbare Gemeinschaft mit den übrigen Pflanzentheilen hat. Aus diesem Grunde wird auch die Abart durch Oculiren, und andere dieser ähnliche Fortpflanzungsmethoden, nie verändert, sondern behält durchaus alle Eigenschaften des Individuums sammt und sonders.

§. 217.

Die in den letzten Jahren gebildeten äußeren Holzringe nennt man Splint, die innern, welche sich durch Farbe und Dichtigkeit von ihnen gemeinhin deutlich unterscheiden, nennt man das eigentliche Holz, oder auch, mit einem technologischen Ausdrucke, wohl das Herz. Im Wesentlichen ist der Splint vom Holze oder Herze nicht verschieden, und der äußere Unterschied bezieht sich nur auf eine vollendetere Ausbildung und größere Festigkeit des letzteren, welche durch äußere Umstände erregt und verhindert werden kann und wird. Es hängt dieses mit dem Einfluß des Klimas und der Witterung zusammen. Bei den im guten Boden und unter günstiger Witterung wachsenden kraftvollen Bäumen, geschieht die Umwandlung des Splints in Holz früher, als bei den schwächlichen und verkrüppelten, wenn es gleich scheinen kann, als ob die kräftigen Bäume mehr Splint haben, als die verkrüppelten. Nämlich die Splintlagen sind bei den ersteren weit dicker, und daher macht eine geringe Zahl schon ein ziemlich dickes Splint. Bei den letztern sind sie hingegen so dünn, daß man sie kaum unterscheiden und zählen kann; so daß nicht selten die halbe Zahl der Jahrringe des Splints eines kräftigen Baums zusammengenommen viel dicker ist, als die ganze eines verkrüppelten. Dagegen findet sich zuweilen, daß der Splint der verkrüppelten Bäume, wahrscheinlich weil er älter ist, sich härter zeigt, als im umgekehrten Fall. Die Härte des Holzes überhaupt rührt aber nur von dem Verlauf und der Ausbildung des Holzes durch den Verholzungsproceß überhaupt her, und es ist nicht der Fall was Medicus meint, daß sich neue Holzfasern zwischen die weichen Holztheile einschieben, um es gleichsam festzukeilen. Das Holz wird hart ohne sich festzukeilen, und meist finden sich in den härtesten Hölzern, z. E. der Eiche, gerade die größten Lufträume in den Holzzellen, die doch nothwendig zusammengekeilt werden müßten, wenn die Natur keine andere Mittel hätte, ihr Holz fest zu machen, als Keile. Das jüngere Holz ist in demselben Maaße weicher und lockerer, als der Bildungsproceß weniger in ihm zur Ruhe und Vollendung gekommen ist, und immer noch mehr oder weniger in bildender Thätigkeit fortlebt, wogegen die älteren und fertigeren Theile eben wegen der Vollendung des Processes der Bewegung, starrer und härter sind. Darum stirbt auch das älteste Holz in der Mitte früher ab, als das zuletzt erzeugte. Der Baum wird im Alter hohl; der Proceß seines Lebens stockt, wie überall im Alter, und die Substanz geht aus dem organischen in das allgemeine Naturleben zurück: verfault. Der Forstmann sagt: der Baum ist abgestanden. Das ist der natürliche Lauf des peripherischen Pflanzenlebens, in welchem der ältere Theil stirbt, während der jüngere geboren wird.

§. 218.

Man unterscheidet außerdem, reifes und unreifes Holz. So wie mit dem Anfange des Frühlings ein neuer Puls des Pflanzenlebens anfängt, in welchem das herabgestimmte und fast zur Ruhe gekommene Leben wieder thätiger wird, so entsteht im Holze, wie in allen übrigen Theilen, wieder eine theilweise lebendige Auflösung der erstarrten Gebilde durch den rege werdenden Proceß, vermittelst welches die Vegetation im Werden begriffen ist, indem alle ihre Theile sich um- und fortbilden. Wegen dieser lebendigen innern Auflösung, ist während des Sommers nicht nur das Holz der jüngst gebildeten Jahresschicht, sondern noch die ganze Substanz des älteren Holzes, weich, und es mangelt ihm daher die nöthige Dauerhaftigkeit zum technischen Gebrauch.

Die Erhärtung der um den Stamm und die älteren Zweige aus dem Cambium entstandenen Jahrringe, geschieht gemeinhin in zwei Perioden, wovon die erste vom Mai bis July, die zweite vom July bis October dauert. Aus diesem Grunde kann man bei sehr vielen Hölzern diese beiden in den verschiedenen Perioden gebildeten Lagen, in demselben Jahrringe deutlich, durch die Härte und Farbe von einander unterscheiden. Der innere Theil ist gemeinhin weicher und heller gefärbt, der äußere härter und dunkler. Auch habe ich die Bemerkung gemacht, daß in der weicheren Schicht bei vielen Bäumen, z. E. der Eiche, besonders die großen Holzzellen (§. 39.), und nur zerstreut zwischen ihnen, einige Spiralgefäße liegen. Dagegen besteht die härtere Schicht nur aus verholzten Spiralgefäßen, ohne Zellen. Doch ist dieß nicht allgemein, da z. E. in der Wurzel des Maulbeerbaums, alles durcheinander gleichmäßig vertheilt erscheint, so daß die Querdurchschnitte des Holzes hier mit den großen Oeffnungen wie besäet erscheinen. Diese Trennung scheint folgenden Grund zu haden. Mit dem Anfange des Frühlings wird plötzlich eine große Menge Cambium zwischen Holz und Rinde des vorigen Jahres erzeugt, und die von hier immer noch zunehmende günstige Witterung, mag der schnellen Erhärtung wohl noch dadurch vorbeugen, daß die Theile sich zu einem höhern Grad der Ausbildung vervollkommnen können, ehe sie zu wachsen aufhören; oder mit andern Worten, die Witterung setzt dem Wachsthume hier keine Hindernisse in den Weg, und je länger die Theile wachsen, desto länger sind sie in innerer Auflösung durch die Thätigkeit ihrer Theile. Gegen den Herbst zu aber werden die neuen Bildungen schon sparsamer und kümmerlicher, und selbst diese werden an ihrer vollendeten Ausbildung gehindert, erhärten früher, und bilden dadurch einen festen Ring um den zuerst entstandenen lokkeren. So kann man sich den Verlauf dieses Reifungsprocesses vorstellen. Die zuletzt gegen den Herbst gebildeten äußeren Lagen sind gleichsam verkrüppelte Bildungen, gegen die vollendete Ausbildung der im Frühling gebildeten Theile, so wie auch die in die Länge gehenden Triebe des Frühlings allemal stärker und lebendiger sind, als die gegen den Herbst gebildeten. Doch sieht man leicht, daß dieses keinesweges allgemein ist, da es auch Pflanzen und Pflanzentheile giebt, welche den deutlichen Unterschied der beiden Lagen in derselben Jahresschicht nicht so bemerkbar zeigen, wenn sie gleich mit den andern zusammenwachsen. Wenn die äußern Bestimmungen dabei auch zu Hülfe kommen, so müssen wir doch zugleich die Natur dieses Wachsthums mit aus den immanenten inneren Bestimmungen der Pflanze erklären.

§. 219.

In demselben Maaße als nun die äußern Jahrringe völlig sich ausbilden und erhärten, werden auch die innern Holzlagen wieder fester. Aber im Frühling, besonders zur Saftzeit, wo alles in Thätigkeit ist, da ist das ganze Holz mehr oder weniger aufgelöst und weich. Man nennt ein solches Holz unreif, und zwar mit Recht; analog den Früchten, von denen diejenigen ebenfalls unvollkommen sind, welche noch in ihrem Bildungsproceß begriffen sind. Wie nun mit dem herannahenden Herbst die Lebensperiode des Baums sich allmählig in Bildungen erschöpft, so unterstützt zugleich die niedrigere Temperatur der Witterung diesen Proceß, indem die Kälte durch ihre contrahirende Wirkung dem Erhärtungsproceß des Holzes entspricht, und das Fester- und Reiferwerden des Holzes im Allgemeinen (wie das Reifwerden aller vegetativen Bildungen) der zunehmenden Kälte parallel läuft; so daß man den wichtigen Einfluß der Temperatur auf das Festerwerden der vegetativen Bildungen gar nicht verkennen kann, wenn die Kälte gleich nicht als der zureichende Grund dieses Processes anzusehen ist, indem dieser in dem geschlossenen Lebenskreise der Pflanze selbst begründet ist. Die Kälte unterstützt also das Reiferwerden des Holzes von Außen; aber der Reifungsproceß selbst ist in der Pflanze innerlich. Dieser Reifungsproceß ist mit einer allmähligen Erstarrung der Gebilde verbunden, und mit ihm enden viele Theile der Pflanze ihr Leben, oder ihren Zusammenhang mit dem Individuum. Dadurch erstarren nach und nach in diesen Theilen, wie in den Blättern, die Gefäße, ihre Glieder verschließen sich dem Laufe der Säfte, diese selbst gehen in feste Bildungen über, und beschließen den periodischen Lebenslauf dieser Theile. Auf diese Weise erlischt allmählig das Leben in den Blättern, sie werden hart, gelb, sterben und fallen ab. Geschieht dieß zur rechten Zeit, so erleiden die Bildungen der Pflanze keine Störungen, trifft aber noch in dem Aufruhr des Bildungsprocesses der Blätter, eine große Kälte ein, so unterbricht diese den Reifungsproceß des Ganzen in seinem normalen Laufe dadurch, daß z. E. die Lebenssäfte gerinnen rc., und dieß wirkt nachtheilig auf alle Bildungen, also auch auf die des Holzes, so daß sie in diesem unvollendeten Zustande stehen bleiben, und nicht zur gehörigen Reife gelangen, wenn nicht das Ganze gar dadurch zu Grunde geht. In diesen Fällen ist also das Holz, Behufs seiner Anwendung zu technologischen Zwekken, weniger brauchbar als dasjenige, dessen Bildungsproceß bei günstiger Witterung verlaufen ist.

§. 220.

Der Lebenslauf der Rinde ist nun im Allgemeinen, wie ein gleichzeitiger, so auch ein übereinstimmender mit dem des Holzes. Eben so wie sich in jedem Jahrringe des Holzes eine mehr lockere und weichere, und eine zweite mehr dichte und harte Lage unterscheidet, so scheidet sich in jeder Jahresschicht der Rinde, eine Schicht von Bast (Taf. 4. Fig. 16.) und eine Schicht von Lebensgefäßen, in denen der Kreislauf vor sich geht. (Taf. 4. Fig. 1.) Beide zusammengenommen machen einen einzigen Jahresring der Rinde aus. Doch giebt es auch Pflanzen, in denen diese deutliche Trennung weniger bemerkbar ist, und wo die weicheren und härteren Lagen von Bast und Lebensgefäßen in den Jahrringen der Rinde, wie des Holzes gleichsam vermengt durch einander liegen. Anstatt nun die innersten Holzschichten zuerst vollendet werden und absterben, sterben die äußersten Rindenschichten zuerst, und die innersten zuletzt, weil sich an dem Punkt, wo sich Holz und Rinde aus dem Cambium erzeugt, beide nach innen und nach außen von einander sondern, und die ältesten Rindenschichten zu äußerst, die ältesten Holzschichten zu innerst zu liegen kommen. Die Dicke der Rindenschichten ist gemeinhin, gegen das Holz, geringe, doch habe ich oben schon Beispiele angeführt, wo das Gegentheil Statt findet, und gezeigt, daß hierauf im Allgemeinen nichts ankomme.

§. 221.

In beiden, im Holz wie in der Rinde, entwickelt sich nun, gleichzeitig mit den Gefäßsystemen, das sie vereinigende Zellgewebe. Wie die Gefäße selbst, so entwikkelt sich auch das Zellgewebe durchaus aus dem unterschiedslosen Cambium zur oben angegebenen Gestalt, und wie sich in dem Gefäßsystem des Kreislaufs der Gegensatz von Lebensgefäß und Lebenssaft, und in dem Assimilationssystem der Gegensatz von Spiralgefäß und Holzsaft entfaltet, so entsteht im Zellgewebe der Gegensatz von Zelle und seinem flüssigen Inhalt, der entweder ein tropfbar flüssiges oder luftförmiges Sekret ist. An hohlen Blasen ist hier nicht im entferntesten zu denken, sondern überall ist ein Inhalt, und dieser ist der nothwendigste Gegensatz gegen seine Umgebung, indem sich beide wie zwei Blutkügelchen aus Einer Substanz scheiden. Beide entfalten sich aber ursprünglich aus der durch und durch dichten embryonischen Masse, in der ich, wie Wolff, durchaus keine weitere Differenzen erkenne, und wer mit mir die Sache im hellen Lichte besieht, der wird die Blasentheorie sich plötzlich verflüchtigen sehen.

§. 222.

Das Wachsthum in die Länge.

Fürs erste ist hier die Vorstellung aus dem Wege zu räumen, daß das Wachsthum in die Länge, von unten anfange und nach oben gehe. Dem ist nicht also. Oben ist schon an Beispielen gezeigt worden, daß das Wachsthum nach oben zugleich mit dem Wachsthum nach unten geschehe, und man könnte eben so gut sagen, das Wachsthum fängt von oben an und geht nach unten, als man das Umgekehrte sagt. Zweitens ist es eben so unrichtig, daß dies Wachsthum immer gerade in der Richtung von unten nach oben geschehe: es giebt viele, besonders rankende und parasitische Gewächse, die an dem Boden alter Mauern ꝛc. ihre Wurzeln gerade in die Höhe, oder horizontal nach einer Seite senken, während an der entgegengesetzten Seite des Theils, aus dem die Wurzeln entspringen, Blätter und Blumen zum Vorschein kommen. Man sehe sich ein Cactus triangularis, ein Epidendron und ähnliche Pflanzen an, um dieß zu bemerken. Ferner wachsen viele kriechende Gewächse unter wie über der Erde horizontal fort, und keinesweges nach oben und nach unten. Noch verschiedenartiger ist die Richtung des Längenwachsthums der Theile bei den niedern Pflanzen, z. E. den Conferven. Hier geht es bald von einer Seite zur andern, bald in der Diagonale von unten nach oben und von oben nach unten, und weil sich hier die Theile durch und durch gleich sind, sagt man auch, die Conserven haben gar keine Wurzeln. Man sieht leicht, daß es wenig Mühe machen kann, vielen anderen Pflanzen die Wurzeln ebenfalls abzustreiten.

§. 223.

Das Einzige, was also an diesem Längenwachsthum allgemein und bleibend ist, ist dieß, daß es in entgegengesetzter Richtung geschieht. Beide Richtungen bestimmen sich durcheinander, und ich kann die oben berührte Frage, warum die Wurzel nach unten wachse, nicht thun, ohne zugleich zu fragen, warum der Stengel nach oben wachse. Da nun aber diese Richtungen auch von einer Seite zur andern geschehen können, so muß man vor allen Dingen diese berühmte Frage erst anders umformen und sagen: warum wachsen die äußeren Pflanzentheile in entgegengesetzte Richtungen? Man würde sich lange nicht so viel und seit so geraumer Zeit mit solchen einseitigen Reflexionen über diesen Gegenstand herumgequält haben, wenn man nicht hartnäckig nur gerade hätte wissen wollen, warum die Wurzel nach unten wächst. Auf die Art wie ich die Frage gestellt habe, erklären sich auch die oben angeführten Knigthschen Versuche sehr leicht, indem sie eine bloße Veränderung in der Richtung des Wachsthums von unten nach oben bewirkten, aber keinesweges in der wesentlichen Natur desselben, daß es in einer entgegengesetzten Richtung geschehe. Man hätte alle die oben angeführten Versuche ersparen können, wenn man die Sache gleich beim rechten Ende angefangen hätte. Ich sehe, ohne einen einzigen Versuch zu machen, daß es überall nur auf die entgegengesetzte gleichzeitige

Richtung ankömmt, gleichviel, ob sie von unten nach oben, oder von einer Seite zur andern, oder in der Diagonale von beiden geschehe.

§. 224.

Die Pflanze dehnt sich durch ihr Wachsthum mit ihren äußeren Theilen auf dieselbe Weise in diese zwei Richtungen aus, als sich das Thier nach allen Dimensionen mehr oder weniger gleichmäßig ausdehnt, und es ist um nichts wunderbarer, daß die Pflanze nun gerade gemeinhin nach unten und nach oben wächst, als daß der Mensch zu beiden Seiten seines Körpers zwei sich gegenüberstehende Aerme hat, oder daß bei ihm die Füße nach unten, und der Kopf nach oben gerichtet sind. Die Frage aber, warum dieses gerade der Fall sei, hat sich meines Wissens noch niemand vorgeworfen. Gleichwohl ist die Art dieser Ausdehnungen im Allgemeinen von dem Wachsthum der Pflanze nach unten und nach oben, oder vielmehr in entgegengesetzter Richtung ganz und gar nicht verschieden. Ganz derselbe Fall ist es mit dem Wachsthum der gegenüberstehenden Blätter. Sie entfernen sich auch von einem Punkte, nach entgegengesetzten Richtungen von einander, und es macht wenig Mühe diese Analogie auf Alles auszudehnen, was an der individuellen und geschlechtlichen Pflanze symmetrisch vorkömmt. Der Punkt aber, wo hier der Knoten sitzt, ist der, daß die Pflanze immer nur allein in zwei entgegengesetzte Richtungen wächst, während das Thier sich nach allen Dimensionen ausdehnt. Und diesemgemäß muß unsere Frage noch eine andere Gestalt bekommen. Nämlich sie muß heißen: Warum wächst die Pflanze nur in zwei sich entgegengesetzte Richtungen mit ihren äußeren Theilen, da doch die Thiere sich zugleich in alle nur mögliche Richtungen ausdehnen? Und diese Frage läßt sich sehr vollständig beantworten, wenn man auf den peripherischen Lebenskreis des Pflanzenlebens überhaupt Rücksicht nimmt. Das Pflanzenleben ist ein Kreis ohne Mittelpunkt, und ich möchte selbst das Geschlecht als einen bloßen Knoten in diesem Kreise ansehen. Darum kann sie sich nur in die Länge ausdehnen, und nie in sich als Individuum zurückkehren, und dadurch nach mehreren Richtungen einen centralen körperlichen Inhalt gewinnen. Was das Thier in seinem Innern verbirgt, das hat die Pflanze peripherisch nach außen gelagert: das Kreislaufssystem, und anstatt alle Systeme im Thier, durch ihre Ausstrahlungen in ihre Mitte umlenken, geht das Pflanzenleben immer geradeaus über sich selbst hinaus, und ist da überall ganz, wo Assimilation und Bildung vor sich gehen können.

§. 225.

Man sieht also, daß die Menge von Hypothesen, welche man erdacht hat, den Grund des Wachsthums der Wurzel nach unten zu erklären, nur auf einer sehr einseitigen Ansicht des Gegenstandes beruhen, und keine von allen diesen Hypothesen die Frage im Mindesten erläutern kann, eben weil die Frage selbst nichts taugt.

§. 226.

Was nun die Art betrifft, wie die Pflanze in entgegengesetzter Richtung ihre äußeren Theile vergrößert, oder vielmehr verlängert und wächst, so ist diese nur in der Form von der Art verschieden, wie die Pflanze in die Dicke wächst. Anstatt daß sich die embryonischen Theile beim Wachsthum in die Dicke zu den Seiten der schon gebildeten Theile ablagern, häufen sie sich hier an den Enden an, und bilden sich weiter aus. Das Wachsthum aller Wurzeln in die Länge ist sehr einfach, und in allen Holzpflanzen sich gleich. Der Lebenssaft der Rinde secernirt die jungen Theile an ihrer Spitze, diese verwachsen durch Artikulationen mit den älteren, und dadurch verlängert sich die Wurzel.

Das Wachsthum aller Wurzeln nach unten, so wie das Wachsthum aller Zweige der Bäume und Sträucher nach oben, hat wie die Bildung der Jahresschichten zwei Perioden oder zwei Jahrestriebe. Doch geschieht in ihnen die Vollendung der Holzbildung allmähliger, und fast den ganzen Sommer hindurch wird auch, zugleich mit dem Längenwachsthum, durch Ablagerung von Cambium im Umfange zwischen dem neuen Holz nnd der neuen Rinde, der Zweig in die Dicke vergrößert, so daß an den jüngsten Trieben sich fast den ganzen Sommer hindurch die Rinde vom Holze, durch die seitlichen Bildungen leicht ablösen läßt; etwas das bei den älteren Zweigen und Stämmen der meisten Hölzer nicht der Fall ist, indem hier in zwei Pulsen die Holzbildung rasch beendet wird, worauf Holz und Rinde wieder zusammen verwachsen. Doch giebt es auch hier Ausnahmen, und von manchen Bäumen, besonders aber Wurzeln, löst sich die Rinde überall den ganzen Sommer hindurch, z. E. an der Wurzel vom Spitzahorn. Diese allmählige Holzbildung hat aber meist auch zur Folge, daß die Jahrringe durch gar keine scharfe Grenzen bezeichnet sind, sondern überall in einander übergehen, so daß man sagt: die Pflanze hat keine Jahrringe. Jahrringe hat sie aber wohl, es ist nur der Umstand, daß man sie nicht deutlich unterscheiden kann, weil sie nicht in so begrenzten Perioden gebildet sind, als es in der Regel der Fall ist.

Wie sich nun bei der Verlängerung der Wurzeln und Zweige auf ihren Spitzen die embryonischen neuen Bildungen ablagern, das kann man besonders im Frühling an den Bäumen mit dicken Knospen, z. E. am Kastanienbaum sehr gut sehen, wenn man die Knospe behutsam rein vom Holze, von unten mit der abgelösten Rinde, abzieht. Hier sieht man auf dem entblößten Gipfel des Holzes die weichen, noch halbflüssigen Bildungen liegen, und dieß ist eigentlich ein Analogon dessen, was Wolff beim Kohl die Vegetationsfläche genannt hat. Hier gehen die Bildungen aus der gleichförmigen Substanz so nach oben, wie aus dem Cambium zur Seite, und ein wesentlicher Unterschied findet zwischen beiden nicht Statt.

§. 227.

Das Wachsthum der nach oben strebenden Theile ist in den verschiedenen Pflanzen verschieden. Bei den Farrnkräutern, Gräsern und Palmen bildet sich ein Knoten auf dem andern in mehr oder weniger bemerkbarer Entfernung; bei den Zwiebelgewächsen bilden sich die Knoten neben einander, aus denen auf einer Seite Wurzeln, auf der andern die Knospen entspringen. Diese äußere Verknotung, gleichsam noch eine Wiederholung der Gefäßverknotungen, ist bei den höhern Pflanzen nicht mehr so deutlich sichtbar, sondern der äußere Zusammenhang des Ganzen befestigt sich hier mehr durch eine deutliche Bildung eines Holz- und Rindenkörpers, der entweder noch, wie bei den Kräutern, immer unter der Erde bleibt, oder, wie bei den Bäumen, sich über und unter die Erde gleichzeitig verlängert. Im ersten Fall entspringen gleich unmittelbar aus dem in der Erde befindlichen Theile die Blätter, an etwas zusammengesetzten Blattstielen, die man Stengel zu nennen gewohnt ist; im letzten Fall entspringen die Blätter erst aus dem Gipfel der über die Erde verlängerten Wurzel, dem sogenannten Baumstamm. Ein wesentlicher Unterschied ist dazwischen nicht. Die Art wie sich die Blätter aus diesen Knospen entfalten, hat bereits Wolff sehr schön und richtig angegeben, und man muß seine Betrachtungen verfolgen, indem man einen weißen Kohlkopf zur Hand nimmt, weil dieß eine sehr große Knospe ist.

§. 228.

In Bezug auf den ersten Ausbruch der Blätter, besonders der Bäume, scheint noch folgende Bemerkung von nöthen. Man sieht oft in einer einzigen schwülen Frühlingsnacht sich einen ganzen Baum plötzlich belauben, der wenige Stunden zuvor noch blätterlos da stand. Da nun zu dieser ungeheuren Masse neuer Bildungen, der Lebenssaft in der Rinde und den Knospen unmöglich vorbereitet liegen kann; so ist es ohne Zweifel nöthig, daß die Masse des Holzsaftes, von dem das Holz jetzt strotzt, zu diesen Bildungen verwendet wird, und hier kann die Frage auffallen, wie es möglich ist, daß der Holzsaft hier so plötzlich in Lebenssaft umgewandelt werde? Allein die Frage ist leicht zu beantworten. Den anfangenden Ausbruch und die erste Bildung der Blätter in den Knospen bewirkt ohne Frage der in der Rinde seit dem vergangenen Jahre noch circulirende Lebenssaft, und daraus erkläre ich es mir, daß kurz vor dem Ausbruche der Blätter so wenig Lebenssaft in der Rinde vorhanden ist, daß man den Kreislauf kaum zu sehen im Stande ist. So wie aber die atmosphärische Luft nur anfängt, mit den Blättern der kaum entfalteten Knospe in Wechselwirkung zu treten, so geschieht hier augenblicklich eine Assimilation des Holzsaftes zu Lebenssaft, und dieser wird nun sogleich an Ort und Stelle zu den neuen Bildungen verwendet, und erzeugt sich für alle Theile auch wieder im reichen Maaße. Deshalb sieht man kurz nach dem Ausbruche der Blätter den Kreislauf in der Rinde wieder so schön, wie zu allen folgenden Jahreszeiten, eben weil eine reiche Menge Lebenssaftes, der Rinde aus den Blättern zuströmt.

§. 229.

Nachdem diese Theile einmal fertig sind, vergrößern sie sich nicht in die Dicke, sondern fallen ab, mit einigen unbedeutenden Abweichungen in der Form, weshalb man die ganzen Theile für wesentlich verschiedene Dinge angesehen hat, was sie aber in ihrer ganzen Natur nicht sind. Dagegen ist es von größerer Wichtigkeit, auf die Verschiedenheit des Wachsthums der oberen Theile bei den Farrnkräutern, Gräsern und Palmen, von diesen sogenannten Stengeln zu sehen, und ihr Verhältniß mit dem Wachsthum der Wurzel überhaupt zu vergleichen, um die Bedeutung derselben zu bemerken. Wie bemerkt ist, hört die sichtbare äußere Verknotung, z. E. der Gräser da auf, wo sich ein Holz- und Rindenkörper bildet;

dagegen findet sich bei den Gräsern, Farren und Palmen, welche eine Büschelwurzel haben, ein solcher Holz- und Rindenkörper nicht, und dafür sind die starken Verknotungen der äußern Theile. Im Allgemeinen ist in der Art, wie sich hier ein Knoten nach dem andern erzeugt, ganz und gar keine Verschiedenheit; nur sind sie bei einigen durch eine Art Zwischenknoten mehr oder weniger getrennt; bei den meisten Palmen sitzen sie unmittelbar auf einander. Die Zwischenknoten sind auch nichts als die Blattscheiden oder Stiele des jedesmaligen nächstobern Blattes, wie man sich davon bei Gräsern leicht überzeugen kann. So wachsen also alle diese Theile durch Absonderung einer durch und durch noch unterschiedslosen, weichen, organischen Substanz, welche in sich die lebendigen Differenzen der Totalität in verschiedenen Formen setzt. Es giebt nun andere Absonderungen, welche sich nicht verändern, sondern meist todte Absätze sind, von denen ich jetzt noch sprechen will.

Zweiter Artikel.

Von den Absonderungen.

§. 230.

Der Grund und Boden dieser Absonderungen ist das Zellgewebe. Sie sind entweder unmittelbar in einzelnen Zellen eingeschlossen, oder mehrere Zellen reihen sich gemeinschaftlich zu einer Wand zusammen, welche eine Hölung bildet, worin diese Absonderungen enthalten sind. Diese Absonderungen sammt den Organen sind seit Malpighi unter dem Namen des eigenthümlichen

Saftes und der eigenthümlichen Gefäße mit einem Theil des Kreislaufssystems verschiedener Pflanzen zusammenbegriffen worden, und ich habe über diesen Irrthum schon oben gesprochen. Die meisten Beschreibungen und Abbildungen, welche man von den sogenannten eigenen Gefäßen gegeben hat, sind nach den Sekretionsorganen und besonders nach den Harzgängen gemacht worden, weil diese am deutlichsten in die Augen fallen, und auch am längsten bekannt sind, während der Bau der Lebensgefäße völlig verkannt worden ist.

§. 231.

Ich will die wichtigsten Merkmale angeben, durch welche die Sekretionsorgane und die Sekretionen sich von dem Kreislaufssystem unterscheiden. Die Sekretionen sind entweder luftförmige oder tropfbar flüssige, oder feste. Ersteres ist gemeinhin atmosphärische Luft, die zu verschiedenen Zwecken dient, und diese wird niemand mit dem Lebenssaft verwechseln. Die festen Sekrete sind mehlartige Erzeugnisse, besonders vieler Wurzeln, und auch ohne weiteres vom Lebenssafte zu unterscheiden. Die tropfbar flüssigen Absonderungen aber sind es, welche mit dem Lebenssafte verwechselt werden konnten, und vermengt worden sind. Es gehören hierher vorzugsweise die Balsame, das Gummi, und die ätherischen und fetten Oele. Alle diese Dinge sind als todte Absätze innerlich völlig gestaltlos und klar und durchsichtig wie Wasser, ohne alle Bewegung; sie können, besonders die Balsame und ätherischen Oele, jahrelang aufbewahrt werden, ohne die mindeste Veränderung zu erleiden, und am allerwenigsten wie der Lebenssaft zu gerinnen. Der Luft ausgesetzt, verdunsten sie ganz oder theilweise, und im letztern Fall bleibt ein reines Harz zurück. Das Gummi trocknet an der Luft zu einer klaren, durchsichtigen und brüchig harten Masse ein; in verschlossenen Gefäßen, bei einer etwas erhöhten Temperatur, der Luft ausgesetzt, geht es in Gährung und Fäulniß über, aber zu Gerinnung kommt es nicht, und kann es nie kommen.

§. 232.

Was ferner den Unterschied der Lebensgefäße von den Behältern dieser Sekrete betrifft, so sind diese letzteren immer Hölen im Zellgewebe, deren Wandungen aus vielen einzelnen Zellen zusammengesetzt sind, während die Wandungen der Lebensgefäße von einer einfachen, gleichförmigen durchsichtigen Membran gebildet werden. Die Lebensgefäße sind regelmäßig gegliedert; diese Sekretionsorgane liegen entweder ganz unzusammenhängend und zerstreut im Zellgewebe umher, oder bilden längere zusammenhängende und völlig ununterbrochene Gänge, die sich dann plötzlich blind endigen, und von neuem anfangen. Der Durchmesser dieser Gänge übertrifft den Durchmesser der ausgebildetsten Lebensgefäße zum allerwenigsten zwanzig Mal, und man kann sie mit bloßen Augen ohne viele Mühe, z. E. die Harzgänge in den Fichten, erkennen. Wer bei solchen bedeutenden Unterscheidungszeichen die Sekretionsorgane noch ferner mit den Lebensgefäßen verwechselt, und für eins und dasselbe hält, der muß eigensinnig und hartnäckig gegen seine eigene Ueberzeugung in der Wissenschaft zurückbleiben wollen, und dem ist also auch weiter nicht zu helfen.

§. 233.

Ehe ich zur besondern Betrachtung dieser Absonderungen übergehe, will ich noch auf ihr Verhältniß zu den thierischen Sekretionen Rücksicht nehmen. Das Thier sondert sein ganzes Leben, durch eine Leber oder zwei Nieren und Speicheldrüsen u. s. w. die, durch diese Organe abzusondernden, Flüssigkeiten ab. So macht es aber die Pflanze nicht. Aus dem einmal gebildeten Sekretionsorgan, welches immer nur zugleich sammt seinem Sekrete, entsteht, wird letzteres im natürlichen Verlaufe des Pflanzenlebens nie ausgeleert, und wo neue Sekretionen gebildet werden, da bildet die Pflanze zugleich wieder neue Organe dazu. Also hier giebt es noch keine Ausführungsgänge wie an den thierischen Sekretionsorganen, sondern die Sekrete bleiben in ihren Behältern, worin sie erzeugt sind, ruhig liegen, bis entweder die ganze Pflanze abstirbt, oder der Theil in welchem sie enthalten sind. So bildet die Pflanze einen Harz- und Gummigang nach dem andern; ein Oelbläschen nach dem andern, und wie ihr ganzes Wachsthum und bildendes Leben nur in einer ewig vorwärts gehenden Erzeugung neuer Theile besteht, so bildet die Pflanze mit diesen Theilen zugleich immer wieder andere und neue Sekretionsorgane zu den alten hinzu, und läßt diese hinter den neuen zurück. Wie man leicht sieht, hat auch dieses seinen zureichenden Grund in dem peripherischen Lebenskreise des Ganzen. Wie also kein Organ und System in der Pflanze eine centrale Natur hat, so ist es auch mit den Sekretionsorganen der Fall: sie gehören zur Totalität, und so lange neue Totalitäten zu den alten hinzugebildet werden, so lange geschieht dieß auch mit den Sekretionsorganen. Sie haben ihren Zweck ein für allemal erfüllt, wenn sie fertig sind, und hier wird nichts resorbirt, oder zu andern weitern Zwecken verwendet, sondern der Schluß des individuellen Pflanzenlebens ist seine fertige Bildung, welche nicht wieder in sich selbst durch Auflösung, wie im thierischen Körper zurückkehrt.

Ich werde zuerst von den Absonderungen der Luft in den Pflanzen, dann von den tropfbar flüssigen und festen Absonderungen reden.

§. 234.

Absonderung der Luft.

Ueber den Bau dieser Organe ist Rudolphi klassisch [34]). Nur rechnet er die von mir oben beschriebenen, und zeither zu den Spiralgefäßen gerechneten, großen Luftzellen im Holze noch nicht hierher, welche aber durchaus in keinem Punkte von allen übrigen Luftzellen verschieden sind, und mit den Spiralgefäßen ganz und gar nichts zu thun haben. Auch ist R. über die Entstehungsart der Luft, und besonders über ihre Analogie mit allen übrigen Sekretionen nicht ganz aufs Reine gekommen. Er dachte sich nämlich, wie es mir scheint, einen chemischen Zersetzungs- und Mischungsproceß, durch welchen die Luft entstehe, und auch wieder zu andern, weitern Zwecken verbraucht werde. Allein die Entstehungsart der Luft in den Pflanzen ist wie bei allen übrigen Sekretionen durch die lebendigen Wechselwirkungen der organischen Bestandtheile und nicht der chemischen.

---

34) Rudolphi Anatomie der Pflanzen. Vierter Abschnitt. Von den Luftwegen der Pflanzen.

Wo später Luftzellen erscheinen, da sind bei der Entstehung der Pflanze noch keine vorhanden, und fast überall sind die Zellen noch mit tropfbarer Flüssigkeit erfüllt, welche sich hier auf dieselbe Weise zu Luft umbildet, als in den weiterhin zu erwähnenden Absonderungen zu einer soliden Substanz. Man betrachte z. E. die Ausbildung des Markes der Bäume und Sträucher von ihrer Entstehung an, um dieses zu bemerken. In den jüngsten Trieben ist hier, wie bei allen Bildungen an der ganzen Pflanze, eine wesentliche Verschiedenheit von den ältern. Das Mark der jüngeren Triebe ist noch ganz saftig, und zwischen und in ihm verlaufen die Lebensgefäße, in denen man gemeinhin sehr schön den Kreislauf beobachten kann, wie in vielen Rhus-, Ficus- und Morus-Arten. Ich habe davon eine Abbildung aus Ficus populifolia Taf. 4. Fig. 4. gegeben. Nachdem die Bildungen vollendet sind, ist alles ganz anders. Die Markzellen sind jetzt mit Luft erfüllt, welche sich ohnfehlbar wie alle anderen Contenta des ausgebildeten Zellgewebes, aus dem, anfangs tropfbar flüssigen Inhalte gebildet hat, während vielleicht ein großer Theil zur Bildung der Wandungen der Markzellen selbst verwendet worden ist.

§. 235.

Die großen Luftzellenkanäle in Nymphaea, Potamogeton etc., beschreibt schon Tournefort, in der Geschichte der Pariser Academie vom Jahr 1692, und bemerkt dabei zugleich, daß diese Zellen mit horizontal stehenden Haaren besetzt seien, welche den Zellen Nahrungssaft zuzuführen scheinen. Später hat sie

Ypey [35]) unter dem Namen der Zacken, beschrieben und abgebildet, und Rudolphi entdeckte sie ebenfalls von Neuem. Die Wände dieser Luftkanäle sind aus kleineren Zellen gebildet, welche sich zu einer Fläche aneinander reihen. Man hüte sich hier, die Vorstellung verschiedener Botaniker anzubringen, daß diese Luftkanäle durch eine Zerreißung der Zellensubstanz, und Auseinanderweichen derselben entstehen, in welcher Voraussetzung man sie Lücken (lacunos) genannt hat. In der Pflanze zerreißt sich nichts, und die Pflanzenanatomie ist jetzt ohnehin schon zerrissen genug, als daß man sich noch durch solche sonderbare Vorstellungen die Sache verwirrter machen sollte. In demselben Maaße als sich die Zellenwandungen durch Wachsthum vergrößern, müssen sie natürlich, wo sie einen Kanal bilden, diesen weiter machen, und die Bildung dieser Lufthölen oder Luftwege, um mit Rudolphi zu reden, ist eine Zusammensetzung und keine Zerreißung.

§. 236.

Die Blatt- und Blumenstiele, so wie die krautartigen Stengel vieler Pflanzen mit zerstreuten Gefäßbündeln, in denen das Zellgewebe zwischen diese vertheilt ist, sind in der Mitte ganz und gar hohl, und es ist sehr richtig, was Rudolphi bemerkt, daß sich die vielen Lufthöhlen in den Wassergewächsen eben so bilden, wie diese eine Höhle dieser Stengel. An dem Blattstiel der Acacie (Robinia) dem Blumenstiel des Löwenzahns (Leon-

35) Ypey Verhandel. over de opslurpende Tepelen der Plantegewassen, in den Verh. der Maatschapp. der Weetensch. te Haarlem. Deel. 14. bladz. 367. 1773.

todon Taraxacum) und dem ausgebildeten Stengel des Schöllkrauts, kann man Beispiele zu dieser Form sehen.

Bemerkenswerth sind die Luftblasen (ampullae) an den Wurzeln der Utricularia und dem Laube einiger Tange, so wie die oft zu einer höchst auffallenden Größe durch Luft ausgedehnten Fruchtkapseln der Colutea und vieler anderer Gewächse mit Hülsenfrüchten.

§. 237.

Sehr interessant ist auch, wegen der so leicht in die Augen fallenden äußeren Zweckmäßigkeit, die Absonderung der Luft in den Blattstielen der Wassernuß (Trapa natans.) Die Pflanze wächst aus dem Boden des Wassers mit einem langen Stiel, aus dem von Knoten zu Knoten rumd herum Wurzeln entspringen, bis an die Oberfläche des Wassers. Hier erst entfaltet sie ihre Blätterknospen büschelförmig, in einer entfernten Aehnlichkeit mit Hydrocharis, Stratiotes und anderen. Die Blattstiele der Pflanze sind im Anfang dünn, und ohne eine bemerkbare Abweichung, wie bei andern Pflanzen. So wie aber die Pflanze zu blühen anfängt, schwellen die Blattstiele durch Erzeugung von Luft, in den sich allmählig erweiternden Zellen an, und zeigen sich in demselben Maaße, als die Früchte sich ausbilden, so dick aufgeschwollen, daß sie vermöge der hiermit verbundenen ungemeinen spezifischen Leichtigkeit gegen das Wasser, im Stande sind, die schwer mit Früchten beladene Pflanze über dem Wasser zu tragen, bis diese ihre völlige Reife erlangt haben. Endlich gewinnen die Früchte doch das Uebergewicht, und senken allmählig die ganze Pflanze wieder in die Tiefe des Wassers hinab. Es wächst die Trapa natans häufig in der Spree, in der Gegend des Dorfes Wahrnsdorf bei Berlin, und dort habe ich dies Schauspiel sehr schön beobachten können. Ich machte den Versuch, die Wassernüsse in einen kleinen See, in der Gegend von Ruppin, zu verpflanzen, um die Pflanze näher und bequemer beobachten zu können. Aber die Pflanze ging nicht fort. Die Saamen keimten, kamen auch bis an die Oberfläche (ich hatte sie in einer von 4—20 Fuß verschiedenen Tiefe, und in verschiedenen, sandigen und morastigen Boden gebracht) des Wassers, aber hatten ganz rothe Blätter, wie man es an der Abart der Rothbuche sieht, und die Pflanzen gingen ohne zu blühen und Früchte zu bringen, aus.

§. 238.

Zuweilen sieht man an den innern Wänden der Luftzellen Krystalle. Die Zellen an Musa paradisiaca, sind oft dick damit besäet. An Commelina und Tradescantia sieht man sie ebenfalls häufig. Rudolphi bemerkt richtig, daß man sie nicht mit den Haaren in den Zellen der Nymphaea verwechseln müsse. Aber noch wichtiger ist es, sie nicht mit den Koncretionen zu verwechseln, welche sich häufig ohne alle Regel und Ordnung in dem an der Luft, auf dem Glasschieber eintrocknenden, Lebenssafte verschiedener Pflanzen zeigen, besonders wenn er sehr dickflüssig ist. Diese sind nichts als die geronnenen Saftklumpen, die im dunkelen Lichte zuweilen eckig, aber auch in allerhand anderen Formen erscheinen. Rafn führte diese Erscheinung an den Milchsäften, zuerst als etwas Merkwürdiges an, was es aber keinesweges ist, da man sich dasselbe Schauspiel auf viele andere Weisen machen kann. Dagegen sind die wirklichen Krystalle in den Luftzellen mancher Pflanzen eben so entstanden, wie ich es oben bei der Chara angegeben habe, und sie haben mit der krümlichen Masse des geronnenen und eingetrockneten Lebenssaftes ganz und gar nichts zu thun.

§. 239.

Absonderung des Gummi's.

Das Gummi erscheint als eine gleichförmig durchsichtige, dickflüssige Masse, in der Regel in eigends dazu gebildeten Gängen des Zellgewebes. Man sieht diese sehr deutlich in den grünen Schalen der unreifen Früchte des Mandelbaums. Größer sind sie im Marke der jüngeren Triebe der Linde (Tilia europaea). Ich hatte Herrn Bouché aufmerksam darauf gemacht, beim Zerschneiden verschiedener Pflanzen, auf die großen Kanäle Acht zu geben, und er benachrichtigte mich auch bald, daß er in mehreren Malvaceen dergleichen gefunden hätte, bei denen man in den Treibhäusern häufig kleine Tropfen einer zähen Flüssigkeit an den Spitzen der Haare der Blätter sieht. Die Gummigänge zeigen sich hier im Marke wie in der Rinde, doch wie bei der Linde auch nur in den jüngern Trieben, aber auch selbst noch in den Blattstielen. Ich habe Taf. 4. Fig. 6. die Gummigänge im Querdurchschnitt des Stengels von Abroma augusta, daselbst Fig. 7. im Querdurchschnitt des Blattstiels von Hibiscus diversifolius abgebildet, a. sind die Gummigänge im Marke, b. in der Rinde. Sie haben hier eine runde oder elliptische Form. Bei Hibiscus mutabilis (Taf. 4. Fig. 9.) aber erscheinen sie sechseckig, ähnlich den Luftgängen in der Nymphaea, nur liegen sie zerstreuter. Eigene Wandungen, die man aus dem Zellgewebe ablösen könnte, haben die Gummigänge nie. Da wo sie, wie im vorhin genannten Fall, rund sind, ist das Zellgewebe rund um sie her etwas mehr zusammengedrängt, und dichter, als im übrigen Theil des Markes und der Rinde; aber bei Hibiscus diversifolius kann man die Kanäle nicht besser beschreiben, als wenn man sich vorstellt, daß eine Reihe übereinanderstehender Zellen zwischen den übrigen fehlt, und daß dieser Raum mit Gummi angefüllt ist. Die Wände der fremden, um den Gummigang liegenden Zellen, bilden also die Wandungen desselben, und wenn der Name Lücken, jedoch nicht in dem zerrissenen Sinn, irgendwo paßt, so möchte es hier der Fall sein. Uebrigens sind sie überall so groß, daß man sie auf den Querdurchschnitten mit bloßen Augen sehen kann. (Taf. 4. Fig. 8. stellt Gummigänge im Längsdurchschnitt aus Abroma aug. vor, c c im Marke a in der Rinde).

§. 240.

Ich habe, in der Absicht Gummigänge zu entdecken, viele jüngere und ältere Zweige von Acacien und Mimosen unserer Treibhäuser zerschnitten, aber nichts davon gefunden. Ueberall zeigte sich nur ein schmieriger klebriger Ueberzug von durchsichtiger Beschaffenheit auf den Blättern und jüngern Zweigen, der also unmittelbar durch das Zellgewebe nach außen abgesondert, und ausgeschieden war. Auf dieselbe Weise wird auch häufig an der Mannaesche, nach den Berichten der Reisebe-

schreiber

schreiber (da die Manna größtentheils nur vom Zellgewebe, innerhalb der Rinde abgesondert wird), von der Oberfläche der Blätter die Manna abgesondert, und ich habe oben das Beispiel angeführt, wo die Blätter der Weiden in einer heißen Jahreszeit im mittäglichen Frankreich ebenfalls Manna abgesondert hatten. Auf dieselbe Weise geschehen auch die Absonderungen des Wachses der Myrica cerifera, so wie der klebrigen Massen auf den Knospenhüllen der Kastanie und den Blättern der Pappel (besonders Pop. balsamea). Daß fettes Oel von irgend einem Theil einer individuellen Pflanze abgesondert würde, ist mir nicht bekannt. Meist sind es nur die Saamen, in denen fettes Oel vorkömmt, und davon werde ich, eben so wie von den übrigen Absonderungen der Blumen und Fruchttheile bei der Darstellung des geschlechtlichen Lebens der Pflanze überhaupt handeln.

§. 241.

Absonderung des ätherischen Oels und des Kamphers.

Ueberall wird das ätherische Oel in kleinen runden oder eiförmigen Hölen im Zellgewebe abgesondert, und durch diese Gestalt zeichnen sich diese Organe vor allen übrigen Sekretionsorganen, auf den ersten Blick, aus. Ueberall wo Absonderungen in solchen runden Zellenhölen Statt finden, da ist es ätherisches Oel, und nie findet sich dieß in langen Gängen, wie das Gummi und die Balsame. Ich werde diese Organe, um sie durch ihre Gestalt ein für allemal von den Harz- und Gummigängen zu unterscheiden, Oelsäcke nennen, weil sie einen in sich geschlossenen hohlen Sack bilden. Die Oelsäcke sind im allgemeinen von verschiedener Größe, so daß man sie bei einigen Pflanzen deutlich mit bloßen Augen, wie bei den Zitronen- und Pommeranzenbäumen, in den Fruchtkapseln der Baumwollenstaude xc., bei andern nur mit Hülfe des Mikroskops unterscheiden kann, z. E. in der Valeriana. Bei vielen Pflanzen sind sie vorzugsweise in der Wurzel, bei andern in den Theilen der nach oben wachsenden Pflanze, bei noch anderen in allen äußeren Pflanzentheilen gelagert. So hat die Valeriana ihr Oel nur in der Wurzel, die Pfeffermünze nur in dem Kraut, und bei den Scitaminen kann man es in allen Theilen finden. In den meisten Fällen liegen die Oelsäcke in dem Zellgewebe unter der Oberhaut; in den Blättern liegen sie zwischen den Gefäßnetzen im Parenchym. Wo, wie bei der Zitrone, die Oelsäcke dicht unter der Oberhaut im Parenchym liegen, da pflegt man das Oel auch durch äußere Verletzung geradezu zu sammeln, indem man damit Baumwolle tränkt, und diese nachher auspreßt. Ganz verschieden hiervon liegen die Oelsäcke bei der Valeriana, nur in den Zellen der Epidermis der Wurzel. Davon habe ich Taf. 4. Fig. 5. eine Abbildung gegeben. In den meisten Zellen liegt nur ein Oelsack, in vielen zeigen sich aber auch zwei, drei bis vier kleinere, neben einem größeren. Am besten sieht man dieß, wenn man die Epidermis der Wurzel nach einer kurzen Maceration losweicht.

§. 242.

Wo die Oelsäcke im Parenchym zerstreut liegen, da kann man sie durch Maceration abgesondert darstellen, z. E. aus den Blättern der Metrosideros- und Melaleuca-Arten. Sie zeigen sich hier als eiförmige Säcke, welche ich Taf. 4. Fig. 14. B aus Melaleuca salicifolia abgebildet habe. Der ganze Sack erscheint inwendig noch durch zartes Zellgewebe in mehrere Fächer (a) getheilt, worin sich das ätherische Oel befindet. In die Spitze des eiförmigen Sackes sieht man in der Regel sich ein einzelnes oder ein Paar neben einander liegende Gefäße inseriren (b), durch welche die Oelsäcke mit den Verzweigungen der Blattrippen zusammenhängen. Deutlicher sieht man dieß noch an den eiförmigen Saftzellen in der Zitrone, Pommeranze und Apfelsine, deren Beschreibung jedoch erst bei der Abhandlung des Pflanzengeschlechts vorkommen kann. Man sieht diese Oelsäcke in den meisten Blättern, besonders wenn man sie gegen das Licht hält, mit bloßen Augen, als helle Punkte durchschimmern, und man hat dafür auch den terminologischen Namen: punktirt (punctatum). Taf. 4. Fig. 14. A ist ein vergrößertes Stück aus dem Blatte derselben Melaleuca-Art, worin man die Oelsäcke durchschimmern sieht.

§. 243.

Ausgezeichnet sind die Oelsäcke der Amomum-Arten durch die dunkelgelbe Farbe ihres ätherischen Oels. Deshalb sind sie hier sehr leicht zu erkennen, anstatt sie in den Fällen, wo das Oel ganz wasserhell ist, nicht so sehr in die Augen fallen. Ihre Gestalt und Bildung ist wie bei den übrigen Pflanzen, doch fehlt ihnen die fachförmige Bildung im Innern, welche man zuweilen wahrnimmt, und sie bestehen immer nur aus einem ganz einfachen runden Sack. Sie liegen in der Wurzel hier durch das ganze Parenchym ziemlich häufig zerstreut, und sind leicht zu finden. Meist zeigen sie sich zwischen den mit Mehl erfüllten Zellen. Taf. 4. Fig. 15. b.

§. 244.

Zusammengesetzter wird schon die Bildung der Oelsäcke, wo das ätherische Oel selbst sich mehr der Natur der Balsame nähert, z. E. in Juniperus sabina. Hier zeigen sich am Grunde der Blätter länglich runde Säcke im Zellgewebe, deren Wände schon aus einem dichten undurchsichtigen Parenchym zusammengesetzt sind. Man sieht sie schon mit bloßen Augen leicht, wenn man die kleinen schuppenförmigen Blätter abreißt, worauf der Oelsack gemeinhin offen vor Augen liegt. Das ätherische Oel ist hier schon dickflüssiger und mehr harziger Natur.

Etwas ähnliches gilt von den Oelsäcken, welche sich in den Saamen der Doldengewächse, des Kümmels, der Angelika, des Anises 2c. finden.

§. 245.

Der Kampher in den Blättern von Laurus Camphora wird in ähnlichen Säcken, wie alle ätherischen Oele, abgesondert, da er auch weiter nichts, als ein festes ätherisches Oel ist. Dem unbewaffneten Auge erscheinen die Blätter zwar höchst selten punktirt; aber unter dem Mikroskop sieht man schon durch die unverletzte Blattsubstanz die Säcke durchschimmern, und nach einer hinreichenden Maceration kann man die Kamphersäcke wie die Oelsäcke aus den Blättern des Rosmarins, der Melalauka-Arten, des Diptams 2c. absondern.

§. 246.

Nicht immer wird indessen das ätherische Oel rein für sich abgesondert. In vielen Fällen ist es mit fetten Oelen, in noch andern mit Harzen vermengt, in denselben Organen abgeschieden. Das erstere ist z. E. bei Laurus nobilis, in den Früchten der Fall. Ich kann jedoch keine genaue Beschreibung dieser Organe geben, da ich keine frischen Lorbeeren zu untersuchen Gelegenheit hatte. Wo das ätherische Oel in Verbindung mit Harzen abgesondert wird, da stellt es sich mit diesem unter der Form der Balsame dar, von deren Absonderung jetzt noch geredet werden soll. Man spricht gemeinhin von einer Absonderung des Harzes in Pflanzen; darunter versteht man jedoch allemal die Balsame, da durchaus nirgends das Harz rein für sich abgesondert wird, wie es wohl mit den ätherischen Oelen geschieht.

§. 247.

Absonderung der Balsame.

Die Balsame werden wie das Gummi in langen Gängen abgesondert, welche sich jedoch von den Gummigängen wesentlich durch eine eigene Haut unterscheiden, welche sie bildet. Die Gummigänge entstehen bloß durch die Stellung der Zellen des Parenchyms um einen Kanal, so daß mit der Trennung dieser Zellen auch der Gummigang zerstört ist. Aber die Balsamgänge haben außerdem noch eine eigene, aus dichtem Zellgewebe zusammengesetzte Haut, mit welcher man sie aus dem umgebenden Zellgewebe nach einer gehörigen Maceration in völliger Integrität herausnehmen kann. Am schönsten ist mir diese Isolirung der Balsamgänge in den Rhus-Arten, und namentlich in Rhus typhinum gelungen. In der Fichte hängt die Haut der Terpenthingänge gemeinhin sehr dicht mit dem umgebenden Parenchym zusammen, und umgekehrt hat sie in sich selbst wieder einen so lockern Zusammenhang, daß man sie im frischen Zustande nicht gut auslösen kann, und nach der Maceration die Haut selbst sehr leicht sammt den Umgebungen zerfällt.

§. 248.

Die Terpenthingänge und wahrscheinlich auch die Balsamgänge mehrerer anderen Pflanzen, kannte schon Theophrast, und er nannte sie Adern, wie oben bemerkt worden ist; wenn er gleich auch noch mancherlei andere Dinge unter demselben Namen begriffen haben mag. Grew und Malpighi haben von ihnen ebenfalls gehandelt. Der erstere unter der Rubrik seiner eigenen Gefäße, der letztere unter dem Namen der Terpenthingefäße. Beide haben aber nur die Hölungen im Zellgewebe der Rinde abgebildet, ohne daß sie auf die eigentliche Struktur der Wandungen Rücksicht genommen hätten. Hill glaubte ebenfalls noch, die Balsamgänge entständen bloß durch das Aneinanderreihen seiner vasa propria exteriora um einen Kanal, der sonst keine eigene Bildung hätte. Dasselbe glaubt auch Moldenhawer in Kiel.

§. 249.

Allein die Hölung im Parenchym, in welcher die Balsame abgesondert werden, ist inwendig noch mit einer eigenen Haut umgeben, und man ist darauf nur nicht aufmerksam geworden, weil man gerade in denjenigen Pflanzen, wo man ihren Bau am besten untersuchen kann, die Balsamgänge gänzlich übersehen, und sie für die Behälter des milchweißen Lebenssaftes gehalten hat. Dieß ist mit den Balsamgängen in den Doldengewächsen, und bei den Rhus-Arten der Fall gewesen. Hier hat man ganz und gar nicht gewußt, daß außer den Milchgefäßen noch Balsamgänge vorhanden sind, und dieses mag um so mehr zu der großen Verwirrung Veranlassung gegeben haben, welche durch die Verwechselung der Lebensgefäße und des Lebenssaftes mit den Sekretionsorganen und Sekreten entstanden ist. Gleichwohl sind die Balsamgänge hier überall schon im frischen, besser aber noch im getrockneten Zustande, wegen des braunen Balsams, den sie bei den Doldengewächsen enthalten, unverkennbar, und man kann sie nach einer kurzen Maceration (oder durch starken Frost) ganz frei von ihren Umgebungen auslösen. Einen solchen Balsamgang habe ich Taf. 3. Fig. 13. aus Rhus typhinum, Fig. 14. aus der Wurzel der Angelica Archangelica und Fig. 12. aus der Fichte (Pinus sylvestris) abgebildet. Man sieht daß sie aus einem dichten Gewebe gebildet sind, dessen Struktur im Wesentlichen vom Zellgewebe auch ganz und gar nicht abweicht. Rund herum sind die Balsamgänge hier mit den Lebensgefäßen umlagert, und ich habe oben schon bemerkt, daß diese sich hier durch ihre häufige Anastomosen besonders auszeichnen; ohne Zweifel deshalb, weil die Absonderungen in diesen Theilen immer sehr bedeutend sind. Bei Rhus verlaufen die Balsamgänge meist geradeaus, ohne mit einander zusammenzuhängen, enden sich aber auch hier sehr oft plötzlich mit einem blinden Ende. Bei den Fichten und noch mehr in den Wurzeln der Doldengewächse, hängen oft sehr viele durch eine Art Anastomose zusammen, so daß dadurch ein netzförmiges Gewebe entsteht, welches sich an macerirten Theilen leicht der ganzen Ausdehnung nach ablösen läßt. (Taf. 3. Fig. 14.)

§. 250.

Die Entstehung der Balsamgänge ist, wie man bei den Fichten (am schönsten an der Weihmuthskiefer, Pinus Strobus) sieht, aus runden einzeln stehenden Säkken, wie die Oelsäcke, welche sich später aneinanderreihen, in einander öffnen, und so einen zusammenhängenden Gang bilden. Zieht man von der glatten Rinde einer Weihmuthskiefer die Epidermis ab, so sieht man mit bloßen Augen die unverletzten Balsamgänge zusammenhängend, oft lange Strecken verlaufen. Entfernt man die erste Rindenschicht, in welcher diese sich befinden, so sieht man die Balsamgänge schon kürzer in Gestalt wulstiger Aushölungen, die sich immer in kurzen Strecken blind endigen. Nimmt man noch eine Rindenschicht weg, so sieht man lauter abgesonderte, runde, mit Balsam erfüllte Höhlen, von denen sich viele schon mit einander halb, andere ganz verbunden haben. Am deutlichsten kann man diese Uebergänge verfolgen, wenn man die ganze Rinde mit kochendem Wasser übergießt, und nun bis zum folgenden, oder auf mehrere Tage an einen kalten Ort hinstellt. Dabei verflüchtigt sich in der Hitze das Terpenthinöl des Terpenthins, und das Harz bleibt in fester Gestalt, und von weißgelber Farbe in den Gängen zurück, und macht diese ungemein leicht kenntlich, was in dem frischen Zustande oft nicht der Fall ist, da der Balsam leicht ausfließt, und auch keine so auffallende Farbe hat, daß man daran die jüngeren und kleineren Gänge leicht erkennen könnte. Die mikroskopische Untersuchung dieser Theile in ihrer äußeren Gestaltung lehrt aber hier viel weniger als das bloße Auge, weil die Gänge in ihrer Integrität viel zu groß und undurchsichtig sind, um unter dem Mikroskop untersucht werden zu können. Die meisten Abbildungen dieser Theile sind auch gemeinhin gar nicht mikroskopisch, was leicht in die Augen fällt, wenn man z. E. die vergrößerten Spiralgefäße mancher Abbildungen mit darneben stehenden Balsamgängen vergleicht, und beide von einerlei Durchmesser gezeichnet sieht. Sollten die ausgebildeten Balsamgänge in der Vergrößerung, wie man die Gefäße in der Regel dargestellt findet, abgebildet werden, so würde oft ein Octavblatt kaum breit genug sein, die Ausdehnung zu fassen.

§. 251.

Absonderung des Mehls.

Das Mehl wird in Gestalt fester Körner in den Zellen frei abgelagert. Man spricht in der Regel von Stärkekörnern in den Zellen. Damit kann man nur das Mehl meinen: denn Stärke wird als solche in den Pflanzen nirgends vorgefunden, und das Mehl enthält außer der Stärke noch viele andere Dinge, welche auf chemischem Wege daraus abgeschieden werden können, was hier nicht weiter hergehört. Bekannt ist die Absonderung des Mehls in den Zellen der Cycas, woraus unser Sajo zubereitet wird. Ob diese Zellen Mark zu nennen sind oder nicht, will ich der beliebigen Entscheidung überlassen; aber im Sinne unserer Bäume können die Palmen kein Mark haben, und in sofern mag jeder seinen Ausdruck für diesen Theil entweder beibehalten oder abändern. Im allgemeinen kömmt darauf nicht viel an, da der Theil, in welchem das Mehl secernirt wird, überall Zellgewebe ist. An der individuellen Pflanze kommt die Absonderung des Mehls weniger als an den Saamen, besonders der Gräser, der Wassernuß, vor, was uns hier nichts angeht. Aber alle diejenigen Pflanzen und Pflanzentheile, aus denen man früher in Apotheken die sogenannten Satzmehle aufbewahrte, enthalten dies Mehl in reicher Menge. Dahin gehören die Bryonie, die Aronswurzeln, die Päonienwurzeln u. s. w. Auch viele Ranunkeln haben in den Wurzeln Mehl. Taf. 4. Fig. 15. a. habe ich die Mehlkörner in den Zellen der Wurzel aus Amomum abgebildet.

§. 252.

Absonderungen, welche durch die Oberhaut und deren Anhänge ausgeschieden werden.

Endlich giebt es nun noch Sekretionen, durch welche die Pflanze über die Sphäre ihrer äußeren Gestalt hinaustritt, und auf ihre Umgebungen wirkt, um sich diese zu assimiliren. Man hat den Spaltöffnungen oder Poren, wovon oben die Rede war, hierbei eine sehr wichtige Rolle zugeschrieben, und es ist ein Streit darüber entstanden, ob die Poren ausdünsten oder einsaugen. Einige haben sich für die erste, andere für die zweite Meinung, und noch andere für alle beide zugleich erklärt. Wie indessen die Oberhaut der Gewächse überhaupt, eben so gut als die Oberhaut der Thiere, bloß dazu dient, das Ganze von außen räumlich zu begrenzen und zu beschließen, während alle Thätigkeit im Innern fixirt ist, so verhalten sich auch die in der Oberhaut befindlichen Poren vollkommen leidend, und haben ganz und gar keine thätige Funktion, sondern einen bloß äusserlichen Nutzen. Wenn jemand von der Epidermis der Thiere sagen wollte, sie sei das Ausdünstungs- oder Einsaugungsorgan, so würde man darüber lachen, da jeder weiß, daß die Epidermis ein bloßer todter Absatz ist. Bei den Pflanzen ist es aber nicht nun ein Haar breit anders, und die Oberhaut der Gewächse stirbt von Zeit zu Zeit eben so ab, und fällt entweder wirklich, wie die Blätter vom Stamme, oder verhärtet darauf zu einer dicken Kruste, in der niemand Leben suchen wird. Dessenungeachtet sollte und mußte die Epidermis eine Funktion haben, weil sie Löcher hat, als ob die Löcher eine bedeutende Verrichtung ausüben könnten, da doch ihre Existenz gar nicht einmal allgemein ist, und wir dessenungeachtet die Pflanzen einsaugen und ausdünsten sehen. Was nun den äußern Zweck dieser Löcher betrifft, so kann dieser kein anderer sein, als die durch das Zellgewebe und die übrigen innern Pflanzentheile einzusaugenden und auszusondernden Flüssigkeiten durch sich da durchzulassen, wo sie entweder von Hause aus, oder durch die äußere Einwirkung der Luft so verhärtet ist, daß sie für diese Dinge undurchdringlich werden würde, und deshalb sehen wir auch, daß die Pflanze, da wo die Theile beständig durch Feuchtigkeit in der gehörigen Weichheit und Zartheit erhalten werden, wie an den Wurzeln, und den im Wasser befindlichen Theilen, ganz und gar keiner Spaltöffnungen bedarf, während sie dessenungeachtet aussondert und einsaugt. Wie überall, so gehören auch hier diese Funktionen bloß dem Zellgewebe an, und was durch das Zellgewebe ausgesondert oder eingesogen wird, passirt bloß die Oberhaut, und damit es nicht aufgehalten wird, so hat die Oberhaut da Löcher, wo ihr Bau zu starr und unnachgiebig ist, den Durchgang dieser Theile zu gestatten.

§. 253.

Diese Absonderungen nun, welche die Pflanze ausleert, führen uns jetzt am Schluß wieder zu dem Anfang des Pflanzenlebens zurück, von welchem wir ausgegangen sind. Was die (individuelle) Pflanze ausleert, sind Mittel, durch welche sie die auf der Stelle wieder einzusaugenden äußeren Nahrungsstoffe digerirt, und dadurch zur Assimilation vorbereitet, um sie in der Sphäre des Pflanzenlebens denselben Weg zu führen, welchen wir jetzt von Anfang bis zu Ende verfolgt haben. Hier ist die Brücke, über welche das allgemeine Naturleben zu der individuellen vegetativen Organisation hinüberschreitet, und zugleich die Angel der Pflanze, an welcher sie die Momente des allgemeinen Naturlebens zu sich herüberholt, und tödtet, um sie in ihren eigenen Kreis wieder zum neuen Leben zu erwecken. Zu diesen Aussonderungen gehören jedoch die an den Theilen der Blume und Frucht erscheinenden Sekretionen nicht, und was hier theils unmittelbar aus der Oberfläche der Theile, theis durch besondere Organe abgesondert wird, das hat andere Zwecke in Bezug auf das geschlechtliche Leben, wovon hier nicht die Rede ist.

Dagegen gehören die Absonderungen der Haare (als Verlängerungen des Zellgewebes)[36] aller Pflan-

---

36) Rudolphi Anatomie der Pflanzen p. 107.

zentheile, sowohl der oberirdischen, als der Wurzel hierher, und wie schon wiederholt bemerkt worden ist, nimmt die Pflanze durch die oberen Theile so gut ihre Nahrung zu sich, als es durch die Wurzel geschieht, hat also auch an allen diesen Theilen dieselbe Einrichtung zu diesem Zweck nöthig. Doch geschieht die Aufnahme flüssiger Nahrung vorzugsweise durch die Wurzel, und aus den oben schon angegebenen Gründen kann die Digestion der aufzunehmenden Nahrungsstoffe auch in der Erde besser als irgendwo, geschehen. Die Haare haben hier mit dem Zellgewebe, dessen Verlängerungen sie sind, ganz eine und dieselbe Verrichtung, und man kann sie mit als das Digestionsorgan der Pflanzen ansehen, welches, wie die innere Fläche des Magens und Darmkanals, die Stoffe zur Verdauung der Nahrung absondert, und die verdaute Nahrung unmittelbar einsaugt.

§. 254.

Schluß.

Es zeigt sich also der Verlauf des individuellen Pflanzenlebens der Holzpflanzen in seinem Fortgange als eine Aufeinanderfolge des Assimilations-, Kreislaufs- und Bildungssystems, so daß das letztere sich mit dem ersteren wieder zusammenschließt, so wie es von ihm ausgegangen war. Das Bildungssystem digerirt durch seine Sekretionen die Nahrungsstoffe, und hat mittelbar wieder nur seine Existenz durch die assimilirten Stoffe, aus welchen sich durch den Kreislauf die digerirende Materie erzeugt. Allein als eine solche Succession, wo der vorhergehende Proceß gleichsam nur die Ursache des folgenden, oder vielmehr der folgende das Resultat des vorhergehenden ist, dürfen wir das Pflanzenleben nur auf dem Standpunkte der reflektirenden Betrachtung; aber nicht in der Totalität ansehen. Hier ist alles gleichzeitig und Eins. Das Assimilationssystem stellt sich dem Kreislauf ursprünglich gegenüber, und das Bildungssystem ist ihre vereinigende Mitte. Alle Processe treten in gleichzeitige Spannung und Wechselwirkung auseinander, und wenn sie sich gleich als Ursache und Wirkung, oder als Mittel und Zwecke zu einander verhalten, so haben sie ihren einen höhern Grund doch nur in ihrer Vereinigung. Dieselben Stoffe, welche vom Holze eingesogen sind, und daselbst assimilirt werden, gehen freilich von hier aus erst in das Kreislaufssystem über, und so wie das Kreislaufssystem die Quelle der Bildungen, und die Bildungen wiederum die Quelle der Assimilation als Digestion sind, so ist das Assimilationssystem wieder die Quelle des Kreislaufs; aber in diesem Kreis von Ursachen und Wirkungen würden wir uns auch ewig so herumdrehen, wenn wir das Ganze nicht als Eins setzen wollten, das sich in sich eigenmächtig dirimirt, und die Unterschiede in sich als Totalität zusammenhält, in welcher sich alle Theilung geschlossen bewegt. So wie wir den Proceß analytisch verfolgen, ist es nur die fortgehende Vegetation, welche sich schon ursprünglich, wie zwei Saftkügelchen, in sich unterschied, und ihre Unterschiede in der Bewegung festhält, in welcher uns das Ganze als eine Aufeinanderfolge von Processen erscheint. Die Natur hat ihre inneren und wesentlichen Differenzen in den Holzpflanzen nur in deutlichere Unterschiede getrennt, als dieß bei den holzlosen Pflanzen (p. axylae) der Fall ist, und darum scheinen uns die Processe in ihrem Verlauf hier in der Zeit wie im Raum mehr geschieden; aber sie sind nichts destoweniger dieselben Momente, wie wir sie auch in den niedern Pflanzen finden, wo freilich die Einheit des Ganzen auf dem ersten Blick geschlossener erscheint [37]).

§. 255.

In diesen wesentlichen Momenten der Assimilation und des Kreislaufs, welche durch die Bildungen vermittelt werden, hat nun die Totalität der Vegetation einzig und allein ihren Grund, und mit ihrer Zerstörung hört nur erst das Pflanzenleben nothwendig auf. Dagegen ist jeder äußere Pflanzentheil, in dem sich diese Momente der Totalität finden, er mag nun Wurzel, oder Stengel, oder Blatt sein, ein Bild der ganzen äußern Pflanze, und ist unter günstigen äußeren Umständen im Stande für sich zu leben, so wie durch seine Trennung von einer Pflanze, dem Leben dieser nicht der mindeste Abbruch geschieht, wie es bereits oben mit Mehreren gezeigt worden ist.

Man darf also durchaus nicht sagen, Wurzel, Stengel und Blätter sind Theile der Pflanze, in demselben Sinne als Nerven und Gefäße, Herz und Gehirn Theile des Thieres sind, wenn von einer vernünftigen Betrachtung der Pflanze, als einem Ganzen die Rede sein soll. Denn Theile des ganzen Pflanzenlebens sind nur die

37) Theophrasti eresii opera. De causis plantarum. Lib. 1. c. 13. „Ἁπλῶς γὰρ ὡς εἰπεῖν ἡ φύσις οὐδὲν καθάπερ ἡ τέχνη ποιεῖ κατὰ μέρος, ἀλλὰ πάντ' ἀθρόα καταβάλλεται. συντελεῖ δὲ ἑτέρων ἕτερα πρότεροι."

Momente des Assimilations- und Bildungssystems, und alle sogenannten äußeren Theile der Pflanze: Wurzel, Stengel, Blätter rc. sind nichts als unwesentliche Veränderungen der Formen, in welchen die Totalität zu Tage kömmt. Spricht man daher von der Individualität der Pflanzen (Einl. §. 150.) so gehört zu dieser nur die Theilung in Assimilations- und Bildungssystem: alles andere läßt sich, ohne die Totalität zu Grunde zu richten, zertheilen und von einander trennen, aber sobald die Theile der Totalität getrennt werden, hört das Leben auf. Daran wird man also sehen, was für Verirrungen die sogenannte Philosophie der Natur nicht alles nothwendig beweisen kann. Nämlich sie beweist, Wurzel, Stengel und Blätter seien wesentliche Unterschiede an der Pflanze, und macht diesemgemäß ein Wurzel-, Stengel- und Blattleben. Ob dieß richtig oder falsch ist, darum bekümmert sie sich nicht, und geht unmittelbar weiter: also müssen sich das Wurzel-, Stengel- und Blattleben auch im Pflanzenreich wiederholen, und es muß Wurzel-, Stengel- und Blattpflanzen und was dergl. mehr, geben, und darnach will sie nothwendig die Pflanzen classificiren. Ohngefähr eben so, als wenn ich sagen wollte: Bauch, Brust und Kopf sind Theile des Thiers, also muß es Bauch-, Brust- und Kopfthiere geben, wobei denn sicher ein Streit entstehen würde, indem manches sich anmaßen würde, einen Kopf zu haben, was wirklich ohne Kopf ist, wenn es gleich dem Scheine nach auch einen haben sollte.

§. 256.

So wie nun die Pflanze durch Sekretion ihrer individuellen Bildungen zu Stande bringt, so geht sie zugleich

gleich durch die Sekretion aus dem individuellen Leben hinaus, und zur Gattung über. So wie sich die Pflanze im Individuum als Cambium secernirt, und dadurch über sich hinauswächst, so sondert sie weiter auch durch ihr Geschlecht die Gattung ab, welche gleichsam das Resultat aller vegetativen Processe ist, und darum schließt sich die Betrachtung des Geschlechts, an den Bildungsproceß des individuellen Pflanzenlebens, auf eine nothwendige und natürliche Weise an, und von diesem Uebergange des Individuums zur Gattung, werde ich in der Folge weiter reden. Was ich jetzt hier abgehandelt habe, ist also bloß der vorbereitende Proceß, durch welchen das ganze Pflanzenleben zur Vollendung gelangt, oder vielmehr die Dialektik, durch welche das Ganze zum Schluß übergeht. Das Individuum ist an der Pflanze etwas sehr Mangelhaftes, gleichsam etwas Unvollkommenes, und die eigentliche Vollendung der Vegetation ist nur im Geschlecht: in der Gattung. In dieser Rücksicht kann es sehr unwichtig scheinen, sich bei der Betrachtung des Individuums lange aufzuhalten, und es hat den Botanikern auch offenbar zeither so geschienen, indem sie immer ihre höchste Aufmerksamkeit auf das geschlechtliche Leben der Pflanze gerichtet haben. Einerseits liegt darin viel Wahres, indem der eigentliche, wenn auch nur formelle Mittelpunkt, um den sich die ganze Vegetation dreht, das Geschlecht ist, und dieß in sofern die Hauptsache am Pflanzenleben ausmacht. Allein von der anderen Seite wäre doch das Geschlecht ohne Individuum auch wieder nichts, und eben so wie ich nicht schließen oder vollenden kann, ohne angefangen und gearbeitet zu haben, so würde ohne Individuum die Pflanze nie zu ihrem Resultat in der Blumen- und Fruchtbildung kommen. Es ist dieß ein ganz nothwendiger Verlauf, gleichsam von der Arbeit zur Ruhe, und wir sind also gezwungen, dem vegetativen Leben zuerst in seinen Anfängen zuzusehen, wenn wir sein Ende begreifen wollen. Die Betrachtung des Pflanzengeschlechts hat freilich in jeder Beziehung viel mehr Interesse schon durch die Art, wie wir es unmittelbar wahrnehmen und empfinden. Alle Erscheinungen desselben sind für uns anziehender, und es ist hier wie überall, man genießt lieber die Früchte der Arbeiten, als daß man selbst arbeitet. Aber wie die Natur diesen Durchgang durch die innere Unruhe zur Beruhigung macht, so müssen wir, wenn wir in der Erkenntniß derselben wahrhaft beruhigt sein wollen, ihr Schritt für Schritt folgen, und in diesem Fall uns durch ihre Unruhe durcharbeiten, wenn wir die Früchte derselben begreifen wollen.

§. 257.

Es ist freilich umgekehrt auch wieder richtig, daß wir den wahren Begriff des Individuums erst im Zusammenhange mit der Gattung fassen können, wie wir überhaupt den Theil nicht früher, als das Ganze begriffen ist, in seiner wahren Natur anschauen können. Wir bleiben eigentlich bei der Betrachtung des Individuums immer noch in der größten Unruhe stehen; wir können es für sich nicht fassen, wie das peripherische Leben desselben sich als Totalität festhält, ohne über die Grenzen seiner Lebensbahn zu verirren. Das individuelle Pflanzenleben hat ganz und gar keinen inneren Haltungspunkt, wie das Thier, sondern geht immer unruhig über sich selbst hinaus, ohne als Individuum je sich selbst anzugehören: aus dem ganz natürlichen Grunde, weil es dem Geschlecht angehört. So wie das thierische Leben in seiner individuellen Centralität sich abschließt, und das Geschlecht gleichsam außer der Sphäre seines centralen Lebenskreises hat, so ist der Pflanze umgekehrt die Gattung die Sonne, um welche sich ihre ganze Existenz dreht, und in diesem Betracht ist das Individuum nur in seiner Abhängigkeit von der Gattung zu begreifen, weil diese das ganze Pflanzenleben erst regelt und im Zaume hält. Ich möchte sagen, das Pflanzenleben ist gegen die Gattung schwer, und wie ich die Schwere nicht allein aus dem fallenden Körper begreifen kann, so kann ich das Individuum an der Pflanze nicht aus sich, sondern nur aus seinen Verhältnissen zur Gattung begreifen, gegen welche es schwer ist. Es ist hier wie mit allen Totalitäten, die Eins sind: man kann die Theile nicht für sich begreifen oder vielmehr analysiren, weil dann bei der Zusammensetzung etwas fehlt, was eben das Gesetz des Ganzen ist. In der Analyse des Pflanzenlebens kommt, wie ich oben schon bemerkt habe, hier noch hinzu, daß die peripherische Bahn die es durchläuft, durchaus in nichts Anderem eine Analogie hat, die den Proceß durch Vergleichung anschaulich machen könnte. Man sieht bei der isolirten Betrachtung des individuellen Lebensprocesses der Pflanze nicht ein, wie es möglich ist, daß das Individuum sich in diesem, gleichsam zerrissenen Zustande, dennoch als Totalität erhalten kann. Das Assimilationssystem, der Kreislauf und die Bildungsprocesse, haben in sich durchaus keine innere Allgemeinheit, wie das Thier in seinen Centralorganen, sondern sie bestehen nur, in sofern alle zusammen sich gegenseitig in ihren Verhältnissen ergänzen. Die Systeme im Thier sind selbst relative Totalitäten, das sind sie in der Pflanze nicht. Hier sucht das eine in dem andern sein Bestehen, und in diesem Streben geht die Pflanze in Bildungen geschichtlich über sich hinaus, und zur Gattung über, um in dieser sich aus dem getheilten Leben wieder periodisch zu sammeln und zu beruhigen. Und darin liegt eben der nothwendige Grund, daß auch unsere Betrachtung dieses Processes in der Unruhe noch nicht beruhigt sein kann, indem erst mit der Analyse des geschlechtlichen Pflanzenlebens die vegetative Natur synthetisch begriffen werden kann.

§. 258.

Ich kann hier jedoch nur aphoristisch auf diese Momente im Voraus aufmerksam machen, indem die concrete Verfolgung und Darstellung dieses Verlaufs der Pflanzennatur erst im Zusammenhange mit der Erläuterung des Pflanzengeschlechtes selbst so eingesehen werden kann, wie ich es beobachte und denke. Aber man wird daran ohngefähr sehen können, daß die Art und Weise, wie man diesen Gegenstand zeither behandelt hat, den Geist mit der Erkenntniß der Sache nie zur Ruhe bringen kann. Wir müssen uns auf einen ganz andern Standpunkt erheben, von welchem aus wir das Individuum und Geschlecht der Pflanze als Eins setzen, in welchem sich zwei Momente zu einander verhalten. Alle Fragen und Aufgaben, welche man über diese Sache zeither gemacht hat, taugen ganz und gar nichts, und also kann ihre Beantwortung auch nur ein leerer Schatten in Bezug auf den wahren Begriff der Pflanzennatur sein, und alle Mühe und Arbeit muß daran nothwendig scheitern. Doch will ich hierüber nicht eher reden, als bis ich die Beweise ausführlich und inhaltvoll vorlegen kann, nnd es ist auch ganz und gar nicht meine Absicht, die ernstgemeinten Arbeiten anderer herabzusetzen, da hier wie überall die Wissenschaft, wie die Pflanze, historisch ist, und erst nach Durchwanderung vieler Perioden am Ende zum Zweck gelangt. Genug wir müssen die Betrachtung des individuellen Pflanzenlebens noch völlig unbefriedigt, in Bezug auf die Einsicht in die Analyse der Totalität, beschließen, und uns damit hier begnügen, wenigstens einen Anfang gemacht zu haben, der einen Schritt näher zur Wahrheit führen kann.

Druckfehler.

Seite xii Zeile 27 lies die, anstatt diese.
— xvi — 9 l. daß es st. daß er.
— xxxii — 20 l. Erschei= st. Erchei=
— xxvii — 10 l. Metamorphose st. Metarmophose.
— 1 — 2 l. zwiefachen st. zwiesachen.
— 25 — 9 l. wie st. als.
— 30 — 3 l. chemische st. chemischen.
— 43 — 5 l. sie st sle.
— 53 — 15 l. elektrische st elektrissche.
— 55 — 21 l. Delametherie st. Delametheria.
— 67 — 18 l. Reizbarkeit st. Reizbarkelt.
— 86 — 21 l. den st. dem.
— 120 — 13 l. Adansonia st. Adausonia.
— 154 — 10 l. nichts Anderes st. nicht andere.
— 243 — 7 l. digitata st. digatata.
— 288 — 26 l. welchen st. welcher.
— 356 — 20 l. von a nach c st. von d nach c.
— 356 — 24 l. nach d st. nach a.
— 357 — 25 l. an der st. in der.
— 470 — 25 l. vigueur st vigeur.
— 471 — 16 l. Punkt st. Puntt.
— 471 — 17 l. Nämlich st. nemlich.
— 541 — 20 l. jede vier st. jede zwei.
— 575 — 12 l. typhinum st. thyphinum.

Fig. 1

Fig. 2

Taf. I

Fig.1

Fig5

Fig.7

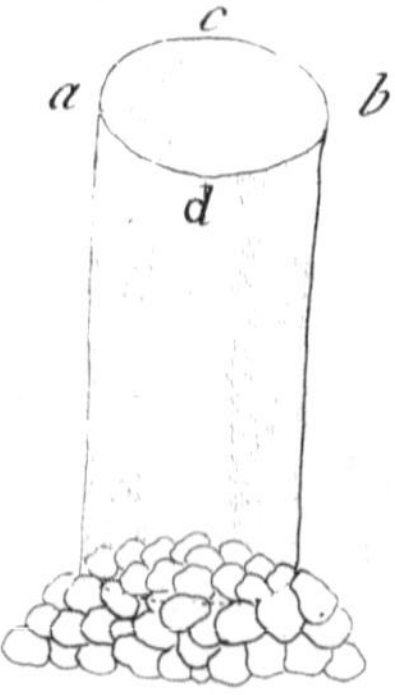

Fig.6

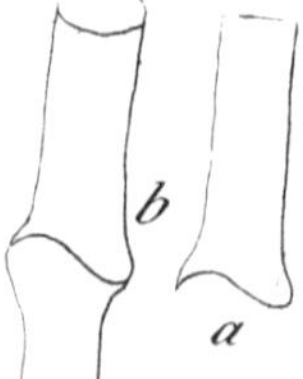

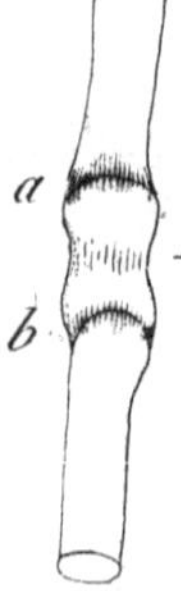

Fig.4

Taf. II

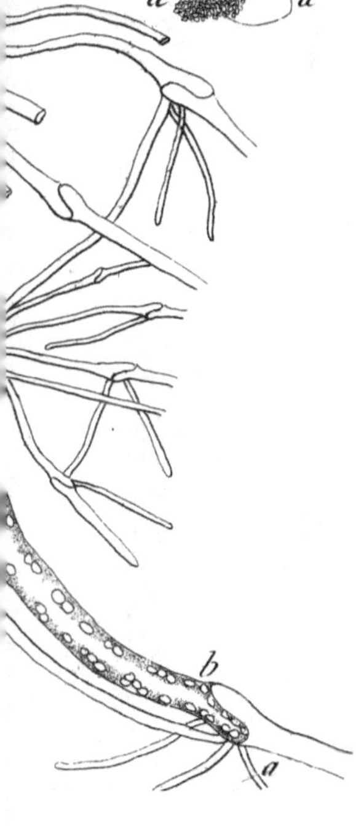

Fig. 2

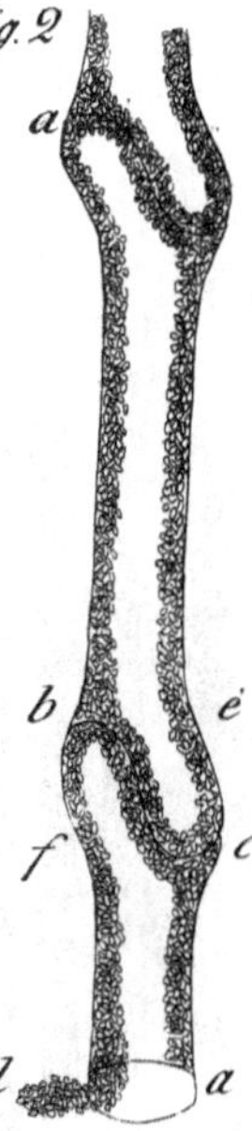

Fig. 8

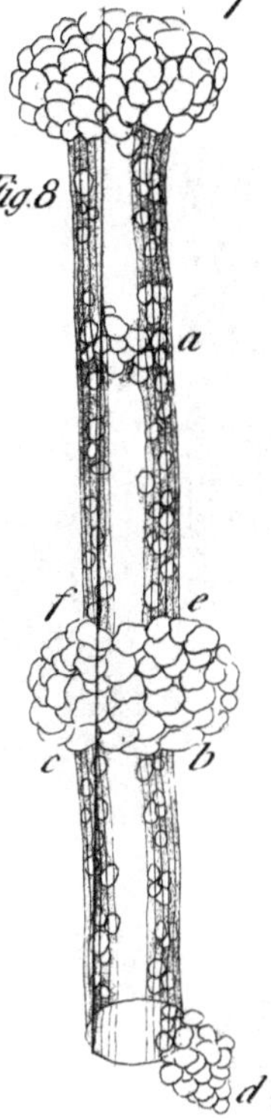

Fig. 10

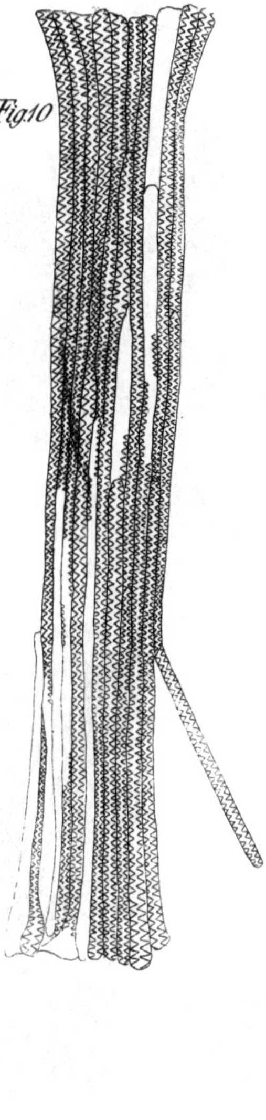

Fig. 3

Fig. 1

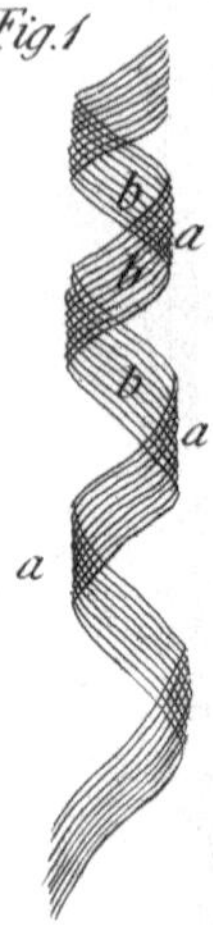

Fig. 2

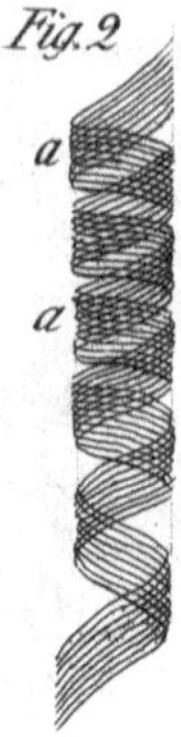

Fig. 3

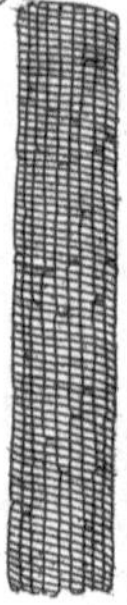

Fig. 4

Fig.

Fig. 9

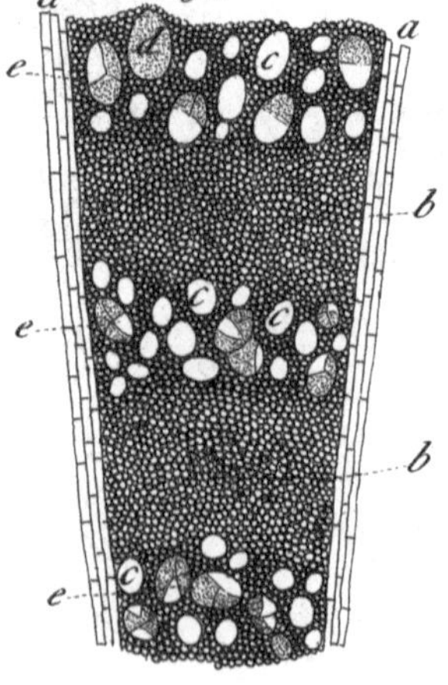

Fig. 12

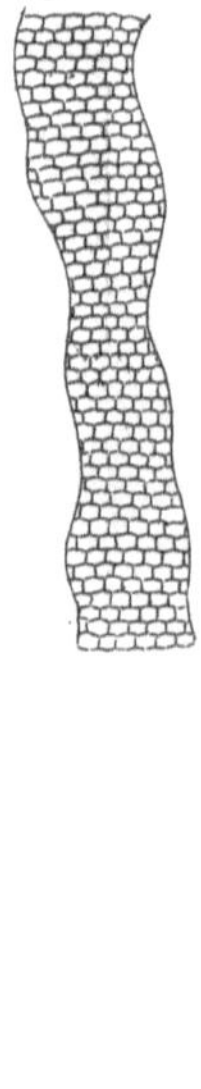

Fig. 13

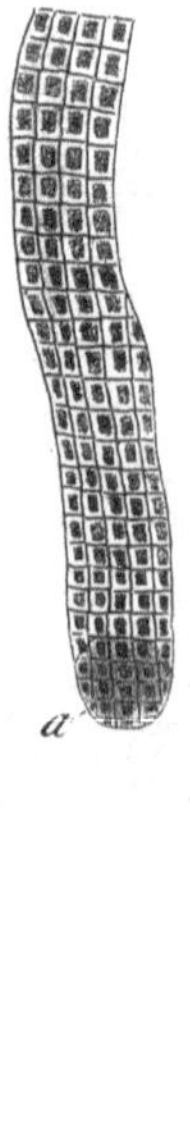

Taf. III

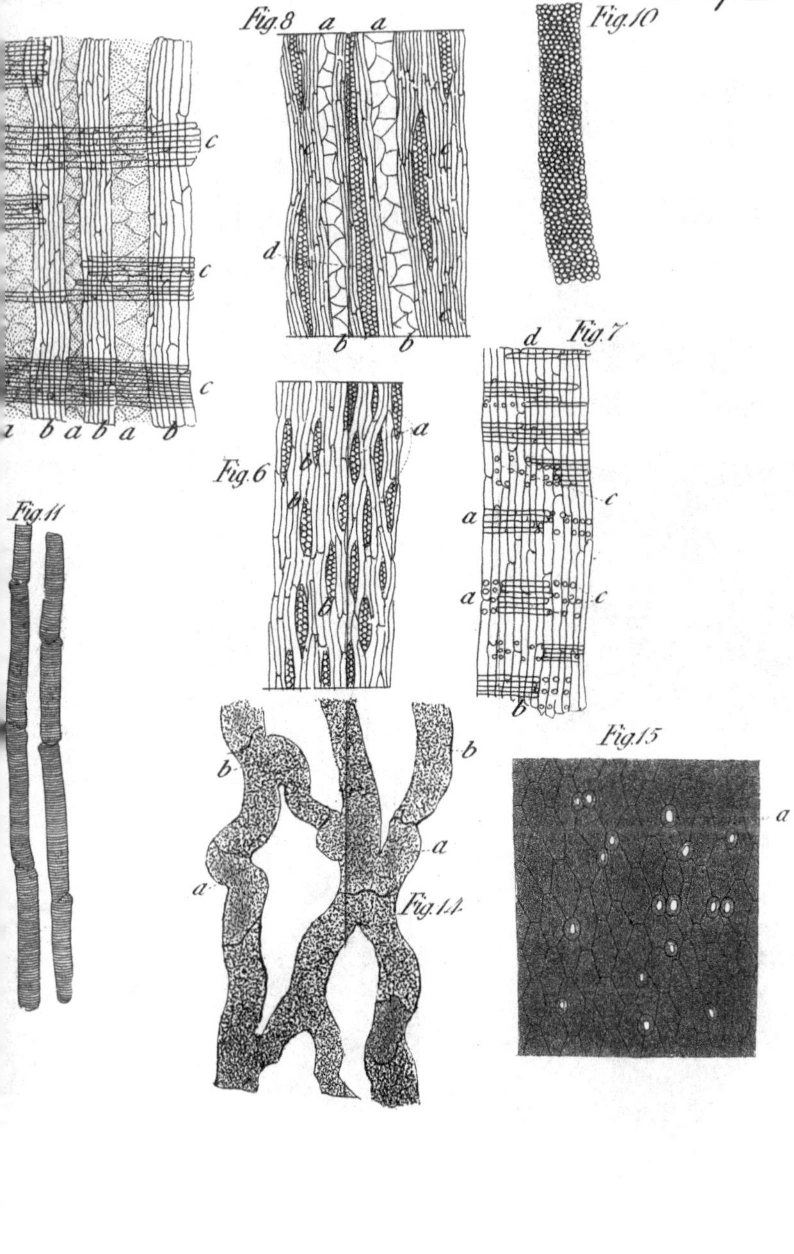

Fig.1

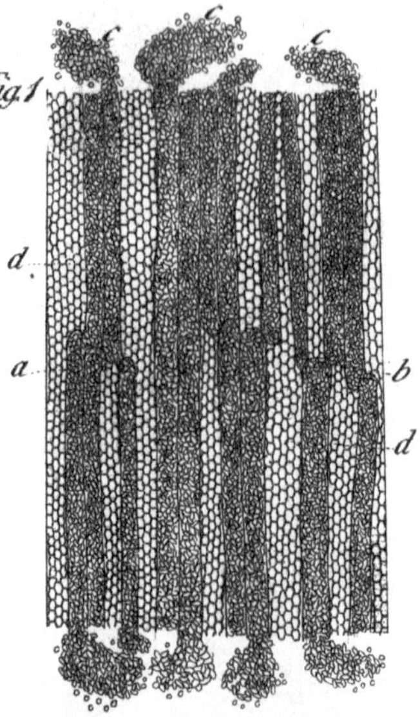

Fig.16

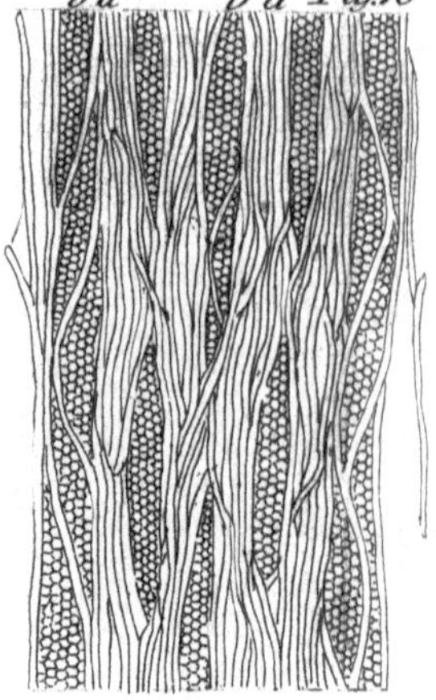

Fig.

Fig.14 A.

Fig. 5

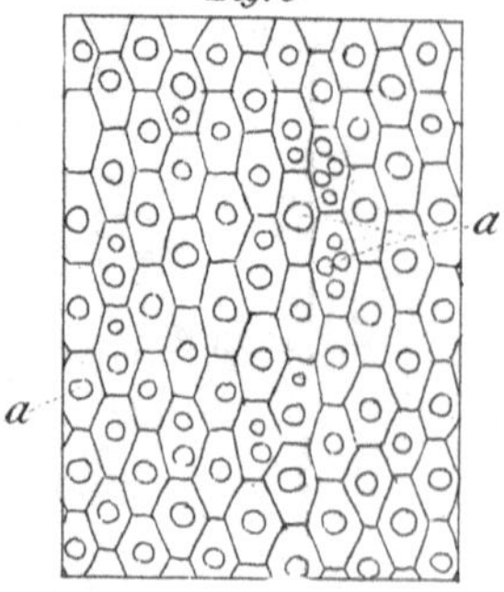

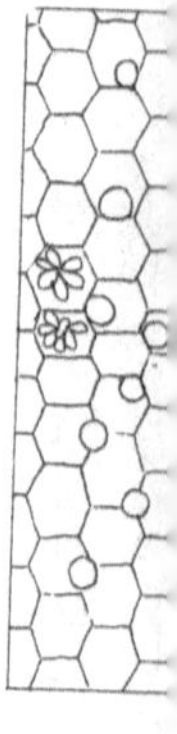

Fig. 6

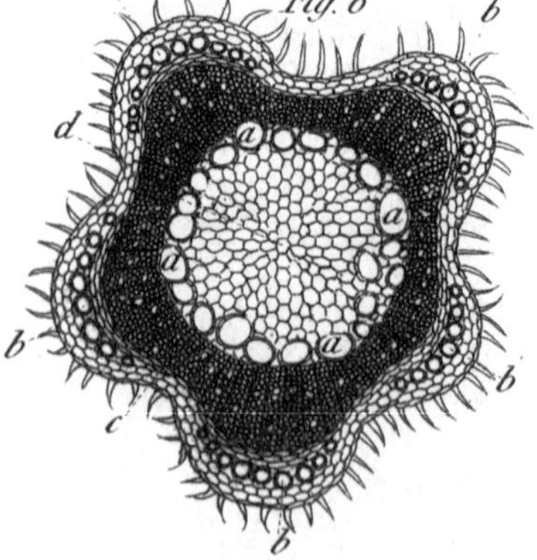

Fig. 7

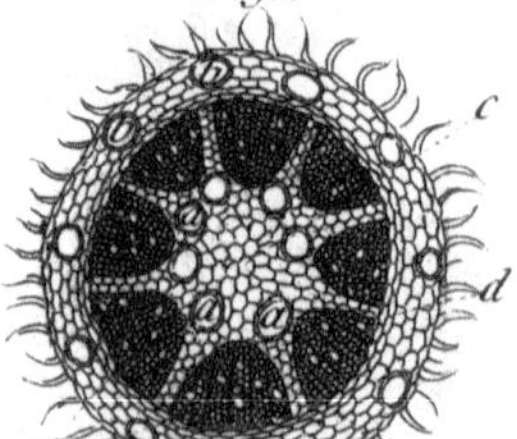

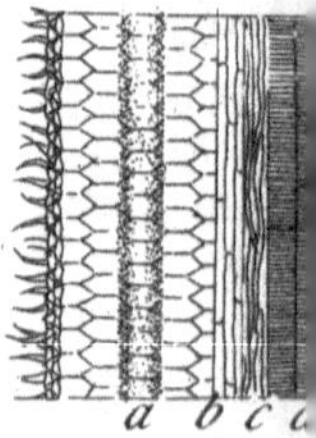

Taf. IV

Fig.13

Fig.10

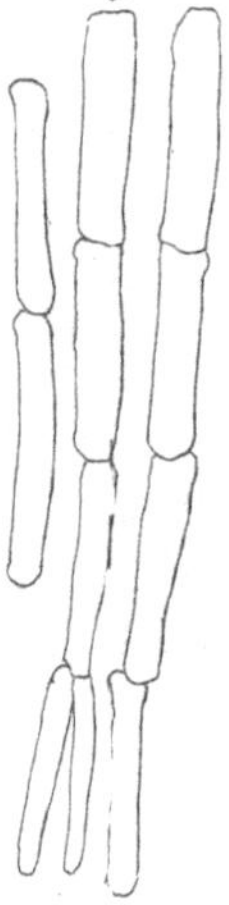

Fig.11

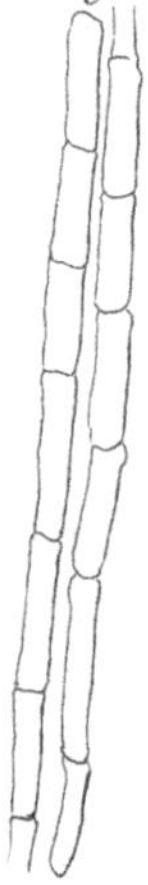

Fig.12

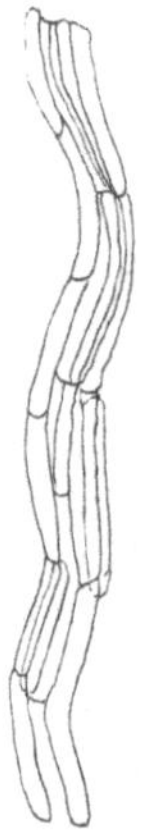

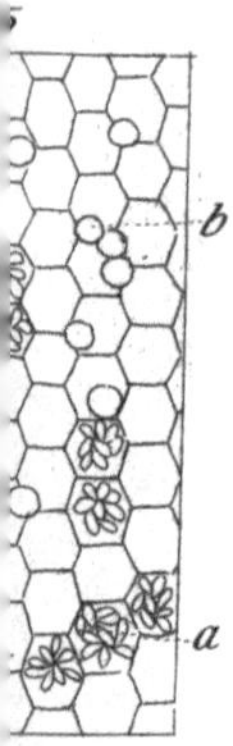

Fig.3

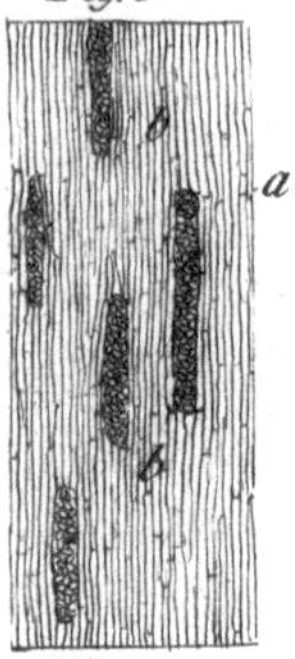

Fig.4

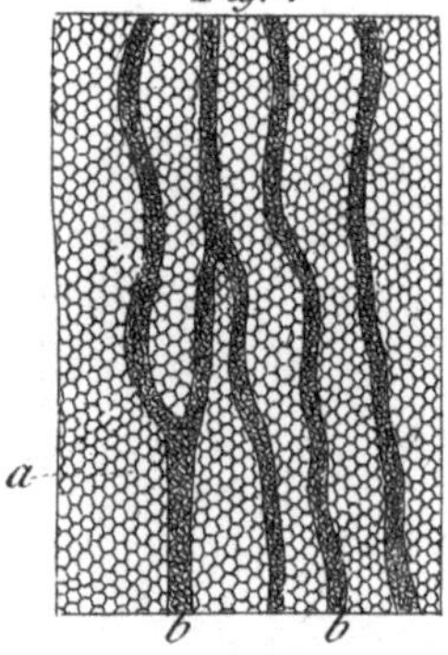

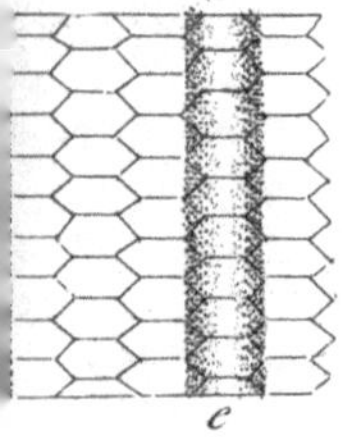

Fig. 9

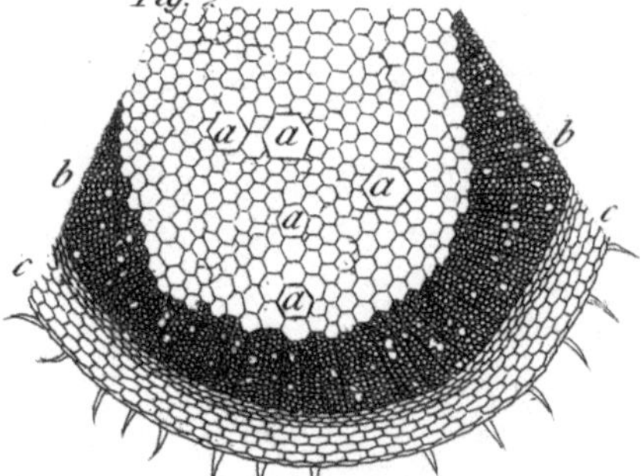

Kolibri 360 GmbH
Ferdinand-Jühlke-Straße 7
99095 Erfurt, Deutschland
produktsicherheit@kolibri360.de